CATIA V5工程应用精解丛书

CATIA V5-6 R2016

快速入门教程

U0280476

技有限公司 编著

扫描二维码
获取随书学习资源

机械工业出版社
CHINA MACHINE PRESS

本书是学习 CATIA V5-6R2016 的快速入门教程，内容包括 CATIA V5-6R2016 功能概述、软件安装、软件的环境设置与工作界面的定制、二维草图设计、零件设计、曲面设计、装配设计、工程图设计和钣金设计等。

在内容安排上，为了使读者更快地掌握该软件的基本功能，书中结合大量的实例对 CATIA V5-6R2016 软件中的一些抽象的概念、命令和功能进行讲解；另外，书中以范例讲述了一些实际生产一线产品的设计过程，能使读者较快地进入产品设计实战状态；在主要章节中还安排了习题，便于读者进一步巩固所学的知识。在写作方式上，本书紧贴软件的实际操作界面，使初学者能够尽快上手，提高学习效率。读者在系统学习本书后，能够迅速地运用 CATIA 软件来完成一般产品的零部件三维建模、装配和出工程图等设计工作。

本书附赠学习资源，制作了大量 CATIA 设计技巧和具有针对性实例的教学视频并进行了详细的语音讲解。学习资源还包含本书所有的练习素材源文件、范例文件以及 CATIA V5-6R2016 软件的配置文件。

本书内容全面、条理清晰、实例丰富、讲解详细，可作为工程技术人员的 CATIA 快速自学教程和参考书籍，也可作为大中专院校学生和各类培训学校学员的 CATIA 课程上课或上机练习教材。

图书在版编目（CIP）数据

CATIA V5-6R2016 快速入门教程/北京兆迪科技有限公司编著. —5 版. —北京：机械工业出版社，2017.10（2024.8 重印）
(CATIA V5 工程应用精解丛书)
ISBN 978-7-111-57813-0

I. ①C… II. ①北… III. ①机械设计—计算机辅助设计—应用软件—教材 IV. ①TH122

中国版本图书馆 CIP 数据核字（2017）第 206619 号

机械工业出版社（北京市百万庄大街 22 号 邮政编码：100037）
策划编辑：丁 锋 责任编辑：丁 锋
责任校对：杜雨霏 封面设计：张 静
责任印制：常天培
固安县铭成印刷有限公司印刷
2024 年 8 月第 5 版第 7 次印刷
184mm×260 mm · 28 印张 · 508 千字
标准书号：ISBN 978-7-111-57813-0
定价：79.90 元

电话服务
客服电话：010-88361066
010-88379833
010-68326294

网络服务
机 工 官 网：www.cmpbook.com
机 工 官 博：weibo.com/cmp1952
金 书 网：www.golden-book.com
机工教育服务网：www.cmpedu.com

前　言

CATIA 是法国达索（Dassault）系统公司的大型高端 CAD/CAE/CAM 一体化应用软件，在世界 CAD/CAE/CAM 软件领域中处于优势地位。2012 年，Dassault Systemes 推出了全新的 CATIA V6 平台。但作为经典的 CATIA 版本——CATIA V5 在国内外仍然拥有较多的用户，并且已经过渡到 V6 版本的用户仍然需要在内部或外部继续使用 V5 版本进行团队协同工作。为了使 CATIA 各版本之间具有高度兼容性，Dassault Systemes 随后推出了 CATIA V5-6 版本，对现有 CATIA V5 的功能系统进行加强与更新，同时用户还能够继续与使用 CATIA V6 的内部各部门、客户和供应商展开无缝协作。

本书是学习 CATIA V5-6R2016 的快速入门教程，其特色如下。

- 内容全面，涵盖了产品设计的零件创建、产品装配和工程图设计的全过程。
- 实例丰富，对软件中的主要命令和功能，先结合简单的范例进行讲解，然后安排一些较复杂的综合范例帮助读者深入理解、灵活应用。
- 讲解详细，条理清晰，保证自学的读者能独立学习和运用 CATIA V5-6R2016 软件。
- 写法独特，采用 CATIA V5-6R2016 中文版中真实的对话框、操控板和按钮等进行讲解，使初学者能够直观、准确地操作软件，从而大大提高学习效率。
- 附加值高，本书附赠学习资源，制作了大量知识点、设计技巧和具有针对性实例的教学视频并进行了详细的语音讲解，可以帮助读者轻松、高效地学习。

本书由北京兆迪科技有限公司编著，参加编写的人员有詹友刚、王焕田、刘静、雷保珍、刘海起、魏俊岭、任慧华、詹路、冯元超、刘江波、周涛、段进敏、赵枫、邵为龙、侯俊飞、龙宇、施志杰、詹棋、高政、孙润、李倩倩、黄红霞、尹泉、李行、詹超、尹佩文、赵磊、王晓萍、陈淑童、周攀、吴伟、王海波、高策、冯华超、周思思、黄光辉、党辉、冯峰、詹聪、平迪、管璇、王平、李友荣。本书难免存在疏漏之处，恳请广大读者予以指正。

电子邮箱：zhanygjames@163.com。　咨询电话：010-82176248，010-82176249。

编　者

读者购书回馈活动

活动一：本书随书学习资源中含有本书“读者意见反馈卡”的电子文档，请认真填写本反馈卡，并 E-mail 给我们。E-mail: 兆迪科技 zhanygjames@163.com，丁锋 fengfener@qq.com。

活动二：扫一扫右侧二维码，关注兆迪科技官方公众微信（或搜索公众号 zhaodikeji），参与互动，也可进行答疑。

凡参加以上活动，即可获得兆迪科技免费奉送的价值 48 元的在线课程一门，同时有机会获得价值 780 元的精品在线课程。

本书导读

为了能更好地学习本书的知识，请您仔细阅读下面的内容。

读者对象

本书可作为工程技术人员的 CATIA V5-6R2016 自学入门与提高教程，也可作为大中专院校的学生和各类培训学校学员的 CATIA V5-6R2016 课程上课或上机练习教材。

写作环境

本书使用的操作系统为 64 位的 Windows 7，系统主题采用 Windows 经典主题。本书采用的写作蓝本是 CATIA V5-6R2016。

学习资源使用

为方便读者练习，特将本书所有的学习素材文件、练习文件、实例文件等放入随书附赠的学习资源中，读者在学习过程中可以打开这些实例文件进行操作和练习。

本书附赠学习资源，建议读者在学习本书前，先将学习资源中的所有文件复制到计算机硬盘的 D 盘中。在 D 盘上 cat2016.1 目录下共有三个子目录。

（1）drafting 子目录：包含系统配置文件。

（2）work 子目录：包含本书的全部已完成的实例文件。

（3）video 子目录：包含本书讲解的视频文件（含语音讲解，时间近 9 小时）。读者学习时，可在该子目录中按顺序查找所需的视频文件。

学习资源中带有“ok”扩展名的文件或文件夹表示已完成的范例。

相比于老版本的软件，CATIA V5-6 R2016 在功能、界面和操作上变化极小，经过简单的设置后，几乎与老版本完全一样（书中已介绍设置方法）。因此，对于软件新老版本操作完全相同的内容部分，学习资源中仍然使用老版本的视频讲解，对于绝大部分读者而言，并不影响软件的学习。

本书约定

- 本书中有关鼠标操作的简略表述说明如下。
  - ☑ 单击：将鼠标指针移至某位置处，然后按一下鼠标的左键。
  - ☑ 双击：将鼠标指针移至某位置处，然后连续快速地按两次鼠标的左键。
  - ☑ 右击：将鼠标指针移至某位置处，然后按一下鼠标的右键。
  - ☑ 单击中键：将鼠标指针移至某位置处，然后按一下鼠标的中键。
  - ☑ 滚动中键：只是滚动鼠标的中键，而不能按中键。

- ☑ 选择（选取）某对象：将鼠标指针移至某对象上，单击以选取该对象。
- ☑ 拖移某对象：将鼠标指针移至某对象上，然后按下鼠标的左键不放，同时移动鼠标，将该对象移动到指定的位置后再松开鼠标的左键。

- 本书中的操作步骤分为 Task、Stage 和 Step 三个级别，说明如下。
  - ☑ 对于一般的软件操作，每个操作步骤以 Step 字符开始。例如，下面是草绘环境中绘制样条曲线操作步骤的表述。

    Step1. 选择命令。选择下拉菜单 插入(I) → 轮廓(P) → 样条(S) → 样条线 命令。

    Step2. 定义样条曲线的控制点。单击一系列点，可观察到一条“橡皮筋”样条附着在鼠标指针上。

    Step3. 按两次 Esc 键结束样条线的绘制。
  - ☑ 每个 Step 操作视其复杂程度，其下面可含有多级子操作，例如 Step1 下可能包含（1）、（2）、（3）等子操作，（1）子操作下可能包含①、②、③等子操作，①子操作下可能包含 a)、b)、c）等子操作。
  - ☑ 如果操作较复杂，需要几个大的操作步骤才能完成，则每个大的操作冠以 Stage1、Stage2、Stage3 等，Stage 级别的操作下再分 Step1、Step2、Step3 等操作。
  - ☑ 对于多个任务的操作，则每个任务冠以 Task1、Task2、Task3 等，每个 Task 操作下则可包含 Stage 和 Step 级别的操作。
- 由于已建议读者将随书学习资源中的所有文件复制到计算机硬盘的 D 盘中，所以书中在要求设置工作目录或打开学习资源文件时，所述的路径均以“D:”开始。

技术支持

本书由北京兆迪科技有限公司编著，该公司专门从事 CAD/CAM/CAE 技术的研究、开发、咨询及产品设计与制造服务，并提供 CATIA、ANSYS 和 ADAMS 等软件的专业培训及技术咨询。读者在学习本书的过程中如果遇到问题，可通过访问该公司的网站 http://www.zalldy.com/来获得技术支持。咨询电话：010-82176248，010-82176249。

目　　录

第 1 章　CATIA V5-6 简介

本章提要　随着计算机辅助设计——CAD（Computer Aided Design）技术的飞速发展和普及，越来越多的工程设计人员开始利用计算机进行产品的设计和开发。CATIA V5-6作为一种当前流行的高端三维CAD软件，越来越受到我国工程技术人员的青睐。本章内容主要包括：

- 用CAD工具进行产品设计的一般过程。
- CATIA V5-6主要功能模块简介。
- CATIA V5-6软件的特点。

1.1　CAD产品设计的一般过程

应用计算机辅助设计——CAD（Computer Aided Design）技术进行产品设计的一般流程如图1.1.1所示。

现说明如下。

- CAD产品设计的过程一般是从概念设计、零部件三维建模到二维工程图。有的产品，特别是民用产品（汽车和家用电器），对外观要求比较高，在概念设计以后，往往还需进行工业外观造型设计。
- 在进行零部件三维建模时或三维建模完成以后，根据产品的特点和要求，需进行大量的分析和其他工作，以满足产品结构强度、运动、生产制造与装配等方面的需求。这些分析工作包括应力分析、结构强度分析、疲劳分析、塑料流动分析、热分析、公差分析与优化、NC仿真及优化和动态仿真等。
- 产品的设计方法一般可分为两种：自底向上（Down-Top）和自顶向下（Top-Down），这两种方法也可综合运用/混合使用。
  - ☑ 自底向上：这是一种从零件开始，然后到子装配、总装配、整体外观的设计过程。
  - ☑ 自顶向下：与自底向上相反，它是从整体外观（或总装配）开始，然后到子装配、零件的设计方式。
- 随着信息技术的发展，同时面对日益激烈的竞争，企业采用并行设计、协同设计势在必行。只有这样，企业才能适应迅速变化的市场需求，提高产品竞争力，

解决所谓的 TQCS 难题，即以最快的上市速度（T—Time to Market）、最好的质量（Q—Quality）、最低的成本（C—Cost）以及最优的服务（S—Service）来满足市场的需求。

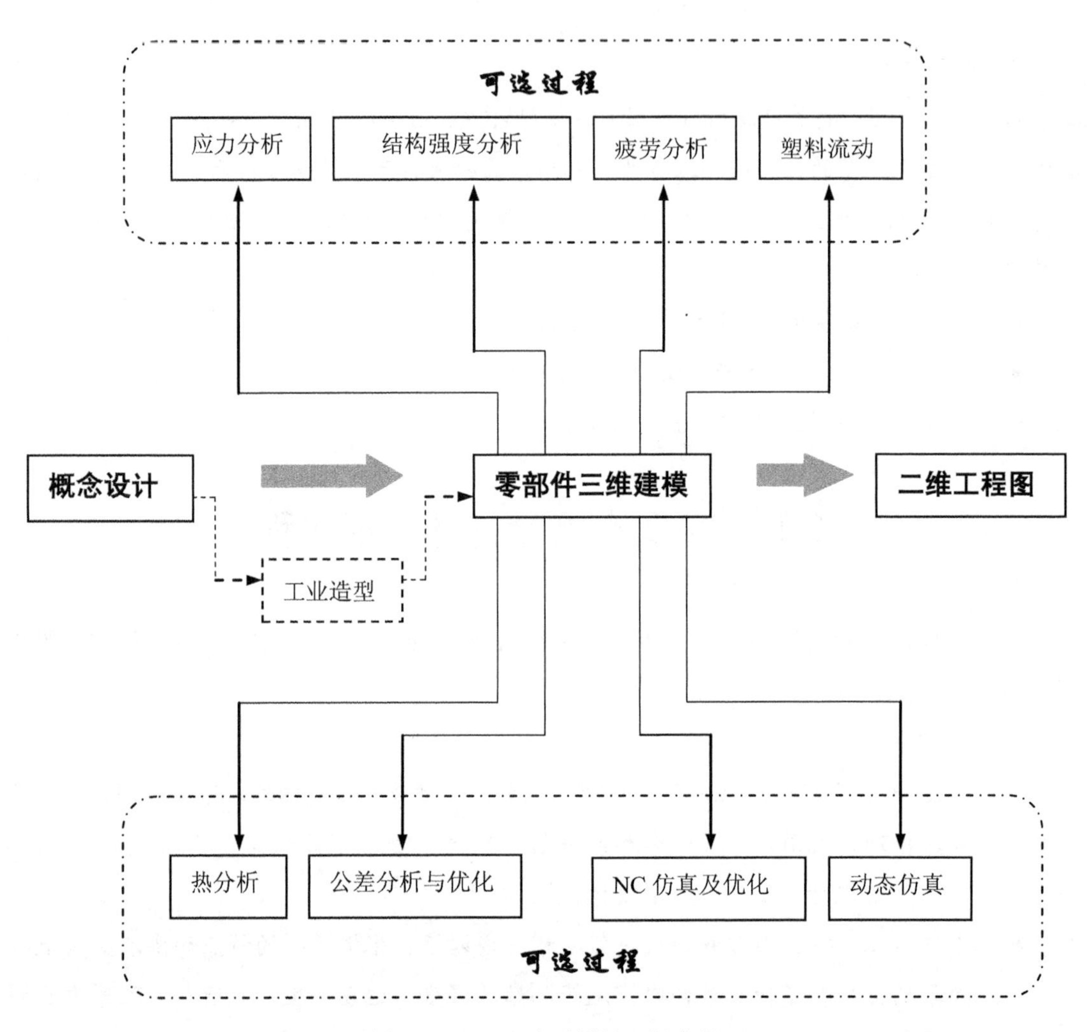

图 1.1.1　CAD 产品设计一般流程

1.2　CATIA V5-6 功能模块简介

CATIA 软件的全称是 Computer Aided Tri-Dimensional Interface Application，它是法国 Dassault Systemes 公司（达索公司）开发的 CAD/CAE/CAM 一体化软件。CATIA 诞生于 20 世纪 70 年代，从 1982 年到 1988 年，CATIA 相继发布了 V1 版本、V2 版本、V3 版本，并于 1993 年发布了功能强大的 V4 版本。现在的 CATIA 软件分为 V4、V5 和 V6 三个版本，V4 版本应用于 UNIX 系统，V5 和 V6 版本可用于 UNIX 系统和 Windows 系统。

为了扩大软件的用户群并使软件能够易学易用，Dassault Systemes 公司于 1994 年开始重新开发全新的 CATIA V5 版本。新的 V5 版本界面更加友好，功能也日趋强大，并且开创了 CAD/CAE/CAM 软件的一种全新风貌。围绕数字化产品和电子商务集成概念进行系统结构设计的 CATIA V5 版本，可为数字化企业建立一个针对产品整个开发过程的工作环境。在这个环境中，可以对产品开发过程的各个方面进行仿真，并能够实现工程人员和非工程人员之间的电子通信。产品整个开发过程包括概念设计、详细设计、工程分析、成品定义和制造以及成品在整个生命周期中（PLM）的使用和维护。

2012 年，Dassault Systemes 推出了全新的 CATIA V6 平台。但作为最经典的 CATIA 版本——CATIA V5 在国内外仍然拥有最多的用户，并且已经过渡到 V6 版本的用户仍然需要在内部或外部继续使用 V5 版本进行团队协同工作。为了使 CATIA 各版本之间具有高度兼容性，Dassault Systemes 随后推出了 CATIA V5-6 版本，对现有 CATIA V5 的功能系统进行加强与更新，同时用户还能够继续与使用 CATIA V6 的内部各部门、客户和供应商展开无缝协作。

在 CATIA V5-6R2016 中共有 12 个模组，分别是基础结构、机械设计、形状、分析与模拟、AEC 工厂、加工、数字化装配、设备与系统、制造的数字化处理、加工模拟、人机工程学设计与分析和知识工程模块（图 1.2.1），各个模组里又有一个到几十个不同的工作台。认识 CATIA 中的模块，可以快速地了解它的主要功能，下面介绍 CATIA V5-6R2016 中的一些主要模组。

1. “基础结构”模组

“基础结构”模组主要包括产品结构、材料库、CATIA 不同版本之间的转换、图片制作和实时渲染（Real Time Rendering）等基础模块。

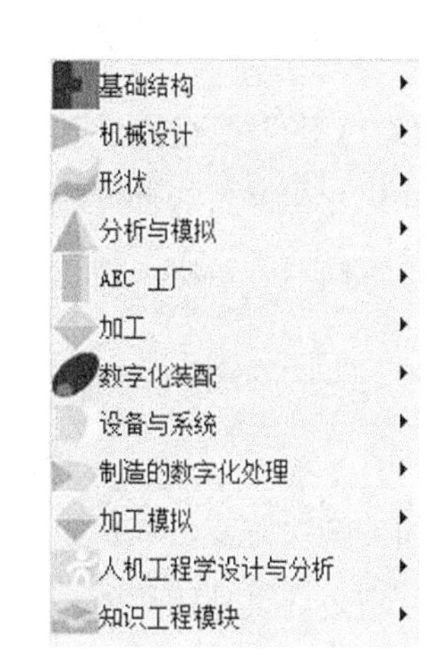

图 1.2.1　CATIA V5-6R2016 中的模组菜单

2. “机械设计”模组

从概念到细节设计，再到实际生产，CATIA V5-6 的“机械设计”模组可加速产品设计的核心活动。“机械设计”模组还可以通过专用的应用程序来满足钣金与模具制造商的需求，以大幅提升其生产力并缩短上市时间。

“机械设计”模组提供了机械设计中所需要的绝大多数模块，包括零部件设计、装配件设计、草图绘制器、工程制图、线框和曲面设计等模块。本书将主要介绍该模组中的一些模块。

3. “形状”模组

CATIA 外形设计和风格造型提供给用户有创意、易用的产品设计组合，方便用户进行构建、控制和修改工程曲面和自由曲面。它包括自由曲面造型（Free Style）、汽车白车身设计（Automotive Class A）、创成式曲面设计（Generativc Shapc Design）和快速曲面重建（Quick Surface Reconstruction）等模块。

“自由曲面造型”模块提供用户一系列工具，来定义复杂的曲线和曲面。对 NURBS 的支持使得曲面的建立和修改以及与其他 CAD 系统的数据交换更加轻而易举。

“汽车白车身设计”模块对设计类似于汽车内部车体面板和车体加强筋这样复杂的薄板零件提供了新的设计方法，可使设计人员定义并重新使用设计和制造规范。通过 3D 曲线对这些形状的扫掠，可自动地生成曲面，从而得到高质量的曲面和表面，并避免了重复设计，节省了时间。

“创成式曲面设计”模块的特点是通过对设计方法和技术规范的捕捉和重新使用，从而加速设计过程，在曲面技术规范编辑器中对设计意图进行捕捉，使用户在设计周期中的任何时候都能方便快速地实施重大设计更改。

4. “分析与模拟”模组

CATIA V5-6 创成式和基于知识的工程分析解决方案可快速对任何类型的零件或装配件进行工程分析，基于知识工程的体系结构，可方便地利用分析规则和分析结果优化产品。

5. “AEC 工厂”模组

“AEC 工厂”模组提供了方便的厂房布局设计功能，该模组可以优化生产设备布置，从而达到优化生产过程和产出的目的。“AEC 工厂”模组主要用于处理空间利用和厂房内物品的布置问题，可实现快速的厂房布置和厂房布置的后续工作。

6. “加工”模组

CATIA V5-6 的“加工”模组提供了高效的编程能力及变更管理能力，相对于其他现有的数控加工解决方案，其优点如下：

- 高效的零件编程能力。
- 高度自动化和标准化。
- 高效的变更管理。
- 优化刀具路径并缩短加工时间。
- 减少管理和技能方面的要求。

7. “数字化装配”模组

“数字化装配”模组提供了机构的空间模拟、机构运动和结构优化的功能。

8. “设备与系统”模组

“设备与系统”模组可用于在3D电子样机配置中模拟复杂电气、液压传动和机械系统的协同设计和集成并优化空间布局。CATIA V5-6的工厂产品模块可以优化生产设备布置，从而达到优化生产过程和产出的目的，它包括电气系统设计和管路设计等模块。

9. “人机工程学设计与分析”模组

“人机工程学设计与分析”模组使工作人员与其操作使用的作业工具安全而有效地加以结合，使作业环境更适合工作人员，从而在设计和使用安排上统筹考虑。“人机工程学设计与分析”模组提供了人体模型构造（Human Measurements Editor）、人体姿态分析（Human Posture Analysis）和人体行为分析（Human Activety Analysis）等模块。

10. “知识工程模块”模组

“知识工程模块”模组可以方便地进行自动设计，同时还可以有效地捕捉和重用知识。

注意：以上有关CATIA V5-6的功能模块的介绍仅供参考，如有变动应以法国Dassault System公司的最新相关正式资料为准，特此说明。

1.3 CATIA V5-6 软件的特点

CATIA V5-6自2012年发布以来，进行了大量的改进，相比较早的CATIA V5版本的软件，它具有以下几个特点。

1. 加强V5与V6的兼容性

Dassault Systemes推出CATIA V5-6的主要目的就是为了实现V5和V6的用户在功能层面实现数据共享和编辑。在CATIA V6版本中创建的三维模型，现在可以被发送到V5中，而且保留其核心特征。这些特征可以在V5中直接进入和修改，设计可以反复演变，工程师可以自由创建和修改功能部分。所有行业的原始设备制造商或供应商，无论他们是V5用户还是V6用户，在设计过程中，可更加灵活地修改和交换设计方案。

2. 增加了CATIA复合材料纤维建模（CFM）

CATIA复合材料纤维建模是CATIA V5-6中的一个新产品，整合了纤维增强材料结构的设计、分析和制造，提供可靠和精确的纤维仿真以优化层的形状和确保制造的准确性。2011年10月，达索公司收购Simulayt公司，并将复合材料纤维模拟和建模软件Simulayt

完全集成到了 CATIA V5 中。Simulayt 技术通常用于分析复杂表面，特别是在航空航天、直升机和赛车行业具有广泛应用，例如，大部分成功的 F1 赛车开发均使用 Simulayt 技术。

3. 在基本配置中增加了 CATIA 2D 布局浏览器功能

CATIA 2D 布局浏览器功能可以在 CATIA 3D 设计数据浏览 2D 布局，让用户实现 2D 布局并在 3D 设计数据中将 2D 布局加以 3D 可视化、同时还能进行产品数据过滤、打印生成和数据测量。该功能在 CATIA 的基本配置中即具备，而不需要另一个授权许可证。

4. 增加对 STEP AP242 标准的支持

STEP AP242（Application Protocol For Managed Model-based 3D Engineering）是航空航天和汽车工业进行数据交换、浏览和 3D 模型长期归档的标准。CATIA V5-6 通过对该标准的支持，可以导入和导出 ISO 标准的 BRep（Boundary Representation，边界表示）曲面，提供一个独立于供应商、以 ISO 标准为基础的数据压缩和交换工具。

5. 多种增强功能简化了 A 级曲面的工作流程

随着 CATIA V5-6 的推出，CATIA ICEM 外形设计扩展了其高端 A 级曲面建模功能。利用 ICEMSURF 扩展互操作性，ICEMSURF 和 CATIA ICEM 的组合提供了一套从构思到细节设计全 A 级过程的完美补充工具，使用户能够快速创建高质量的 A 级曲面，同时通过用户界面的增强功能和改进的图形性能为企业用户带来更高的生产力。

第2章　CATIA V5-6软件的安装

本章提要　本章将介绍CATIA V5-6安装的基本过程和相关要求。本章内容主要包括：

- 使用CATIA V5-6的硬件要求。
- 使用CATIA V5-6的操作系统要求。
- CATIA V5-6安装的一般过程。

2.1　CATIA V5-6安装的硬件要求

CATIA V5-6软件系统可在工作站（Work Station）或个人计算机（PC）上运行，如果在个人计算机上安装，为了保证软件安全和正常使用，计算机硬件要求如下。

- CPU芯片：AMD K7-1000以上，推荐使用Intel公司生产的Pentium4/1.4GHz以上的芯片。
- 内存：一般要求384MB以上。如果要装配大型部件或产品，进行结构、运动仿真分析或产生数控加工程序，则建议使用1024MB以上的内存。
- 显卡：正确支持OpenGL的专业绘图卡，如ELSA公司的Gloria系列、3D Labs公司的Oxygen或WildCat系列，如果要采用一般市面上常见的显卡，则推荐使用Geforce3，显存32MB以上的显卡。如果显卡性能太低，打开软件后，将会自动退出。
- 网卡：使用CATIA V5-6软件，必须安装网卡。
- 硬盘：高效能的7200转IDE硬盘或10000转SCSI硬盘。安装CATIA软件系统的基本模块，需要6.0GB左右的硬盘空间，考虑到软件启动后虚拟内存的需要，建议在硬盘上准备6.0GB以上的空间。
- 鼠标：强烈建议使用三键（带滚轮）鼠标，如果使用二键鼠标或不带滚轮的三键鼠标，会极大地影响工作效率。
- 显示器：CRT，17in以上，建议使用19in，分辨率1280×960或1152×864；LCD，16in以上，分辨率1280×960。
- 键盘：标准键盘。

以上属于基本配置，适合零件数目在 20 个以下，不使用 DMU 和装配设计等功能。如果零件数目在 20 个以上，或需要使用 DMU、装配设计和模拟分析等功能，则建议采用如下配置。

- CPU 芯片：一般要求 AMD XP 1600+以上，推荐使用 Intel 公司生产的 Pentium4/2.2GHz 以上的芯片。
- 内存：一般要求 768MB 以上。如果要装配大型部件或产品，进行结构、运动仿真分析或产生数控加工程序，则建议使用 1024MB 以上的内存。
- 显卡：正确支持 OpenGL 的专业绘图卡，如 ELSA 公司的 Gloria Ⅲ以上、3D Labs 公司的 Oxygen GVX-1 或 WildCat 系列、ATI 公司的 FireGL 系列。
- 网卡：使用 CATIA V5-6 软件，必须安装网卡。
- 硬盘：10000 转以上 SCSI 硬盘。安装 CATIA 软件系统的基本模块，需要 3.0GB 左右的硬盘空间，考虑到软件启动后虚拟内存的需要，建议在硬盘上准备 3.0GB 以上的空间。
- 鼠标：强烈建议使用三键（带滚轮）鼠标，如果使用二键鼠标或不带滚轮的三键鼠标，会极大地影响工作效率。
- 显示器：一般要求使用 15in 以上显示器。
- 键盘：标准键盘。

2.2　CATIA V5-6 安装的操作系统要求

如果在工作站上运行 CATIA V5-6 软件，操作系统可以为 UNIX 或 Windows NT；如果在个人计算机上运行，推荐使用 Windows 7 操作系统（32 位或 64 位均可）。

2.3　CATIA V5-6 的安装

本节将介绍 CATIA V5-6 主程序、Service Pack（服务包）的安装过程，用户如需购买相关授权许可服务证，请洽询 CATIA 的经销单位。

下面以 CATIA V5-6R2016 为例，简单介绍 CATIA V5-6 主程序和服务包的安装过程。

Step1. 先将安装光盘放入光驱内（如果已将系统安装文件复制到硬盘上，可双击系统安装目录下的 setup.exe 文件），等待片刻后，会出现图 2.3.1 所示的“选择设置语言”对话框，选择欲安装的语言系统，在中文版的 Windows 系统中建议选择“简体中文”选项，单击 确定 按钮。

说明：如果用户使用的是中文版的 CATIA 软件，则没有此步操作，系统直接弹出图 2.3.2 所示的“CATIA V5-6R2016 欢迎”对话框。

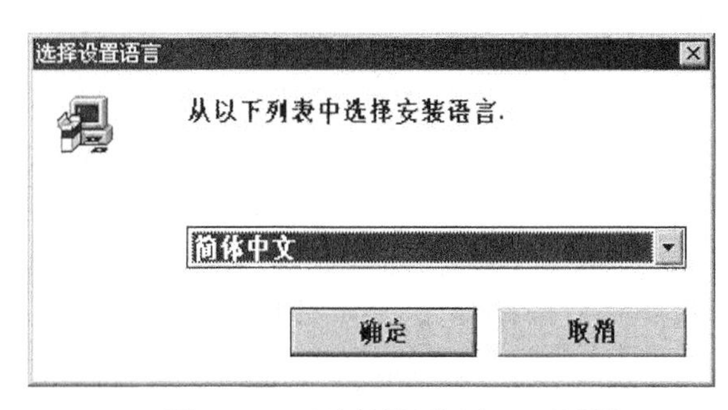

图 2.3.1 “选择设置语言”对话框

Step2. 系统弹出图 2.3.2 所示的“CATIA V5-6R2016 欢迎”对话框，单击 下一步 > 按钮。

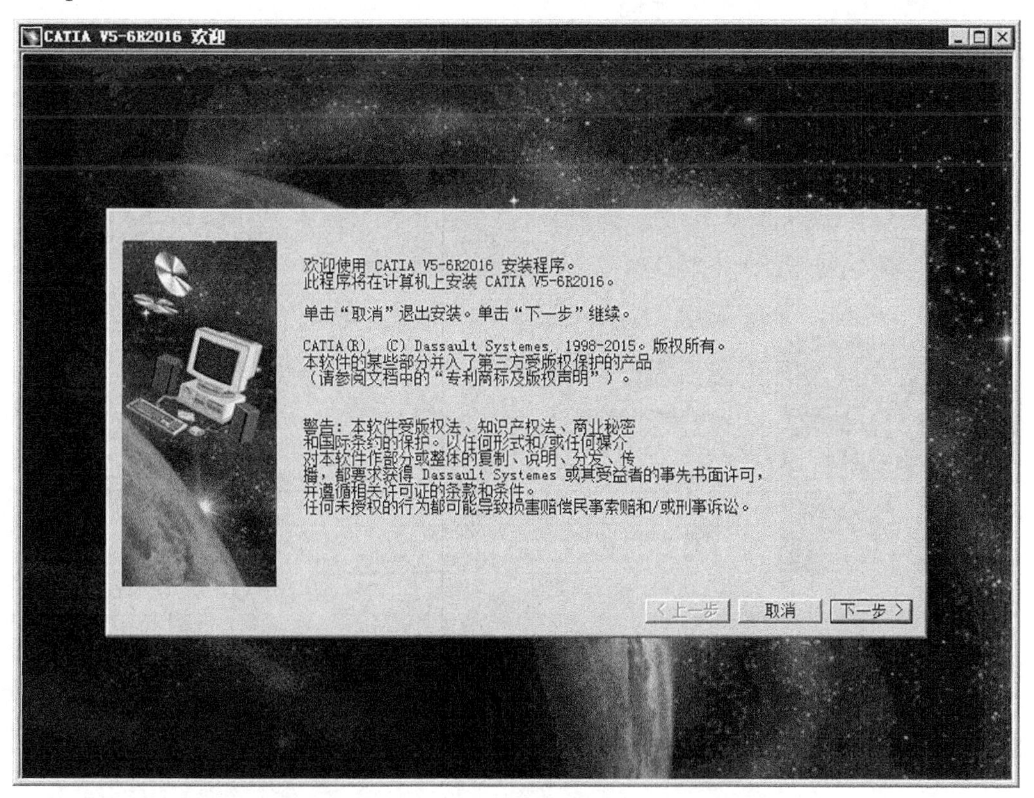

图 2.3.2 “CATIA V5-6R2016 欢迎”对话框

Step3. 系统弹出图 2.3.3 所示的对话框，接受系统默认的路径，单击 下一步 > 按钮。

说明：单击 浏览... 按钮，可以重新选择放置安装文件的位置。因为 CATIA 文件小且数量庞大，建议用户将 CAITA 主程序及其他相关程序（如在线帮助文档、CAA 等软件）放在使用 NTFS 分区的磁盘空间，这样可以加快执行速度，并且避免系统文件过于凌乱。

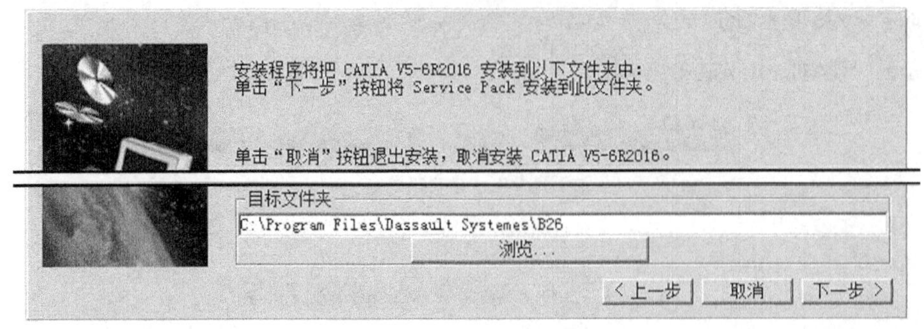

图 2.3.3　选择目标位置

Step4. 此时系统弹出图 2.3.4 所示的“确认创建目录”对话框，单击 是(Y) 按钮。

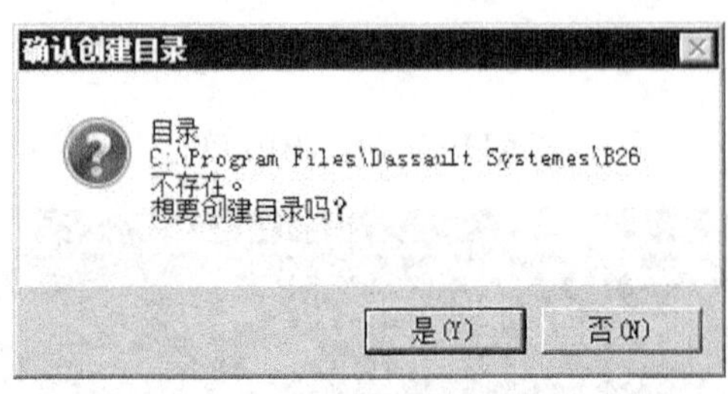

图 2.3.4　“确认创建目录”对话框

Step5. 系统弹出图 2.3.5 所示的对话框，接受系统默认路径，单击 下一步 > 按钮。在系统弹出的“确认创建目录”对话框中单击 是(Y) 按钮。

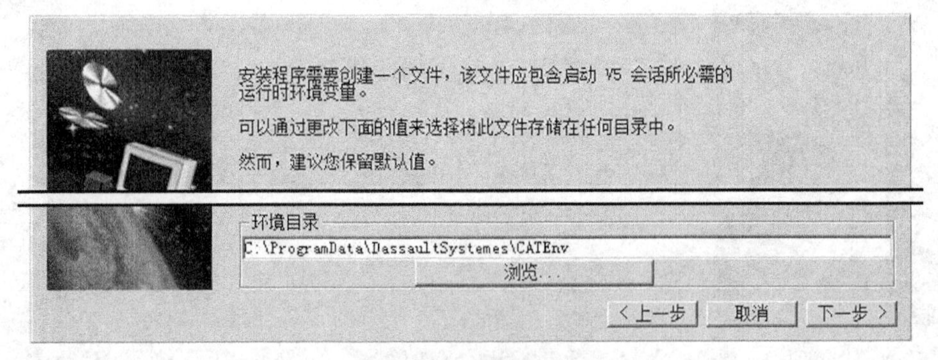

图 2.3.5　选择环境位置

Step6. 系统弹出图 2.3.6 所示的对话框，采用系统默认的安装类型 ⊙ 完全 - 将安装所有软件，单击 下一步 > 按钮。

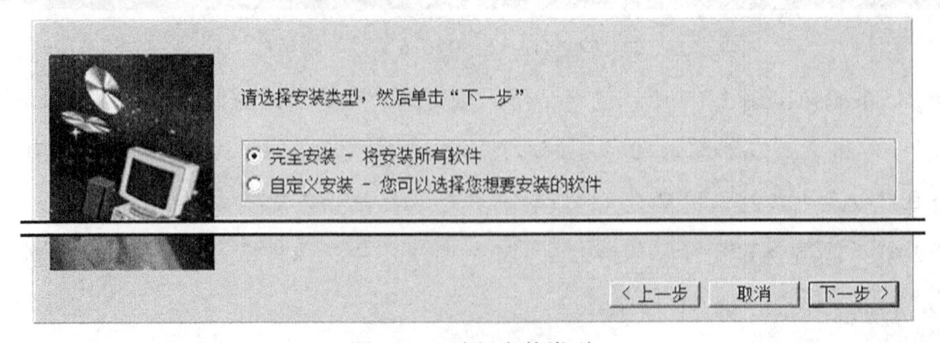

图 2.3.6　选择安装类型

Step7. 系统弹出图 2.3.7 所示的对话框，可设置 Orbix 相关选项，接受系统默认设置，单击下一步按钮。

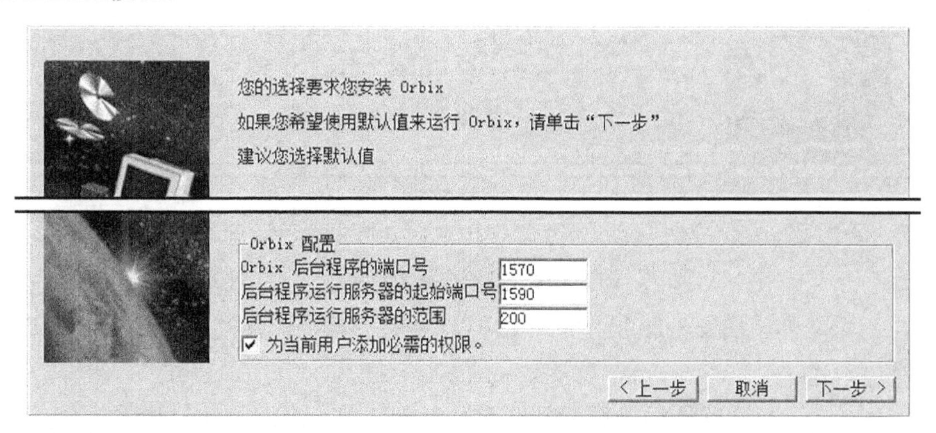

图 2.3.7 选择 Orbix 配置

Step8. 系统弹出图 2.3.8 所示的对话框，可设置服务器超时的时间，接受系统默认设置，单击下一步按钮。

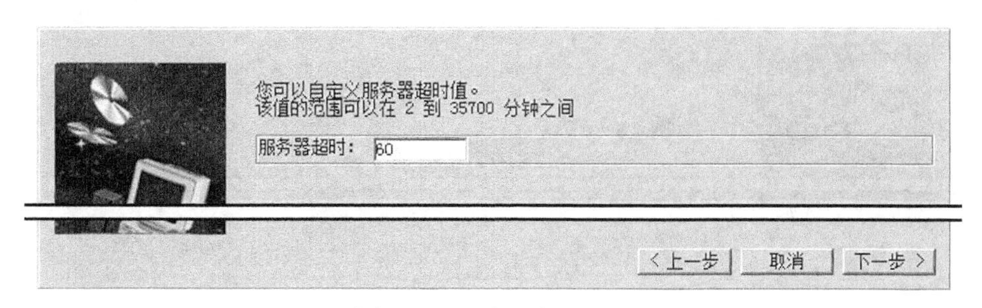

图 2.3.8 服务器超时配置

Step9. 系统弹出图 2.3.9 所示的对话框，接受系统默认设置（不安装 ENOVIA 电子仓客户机），单击两次下一步按钮。

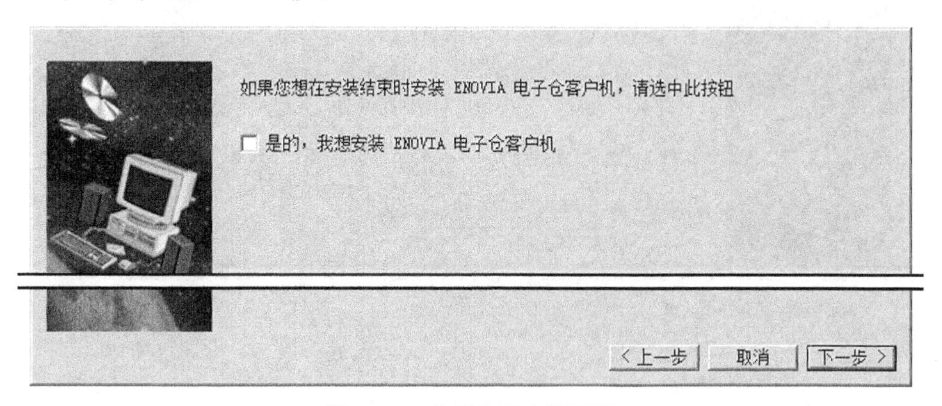

图 2.3.9 电子仓客户机配置

Step10. 系统弹出图 2.3.10 所示的对话框，接受默认设置，单击下一步按钮。

图 2.3.10　定制快捷方式创建

Step11. 系统弹出图 2.3.11 所示的对话框，接受系统默认设置（不安装联机文档），单击 下一步 > 按钮。

说明：如果选中 我想要安装联机文档 选项，则会在 CATIA 安装完成后，要求用户放入在线帮助文档的安装光盘，建议用户在此步骤即安装在线帮助文档。若在此不安装，也可以独立安装在线帮助文档。

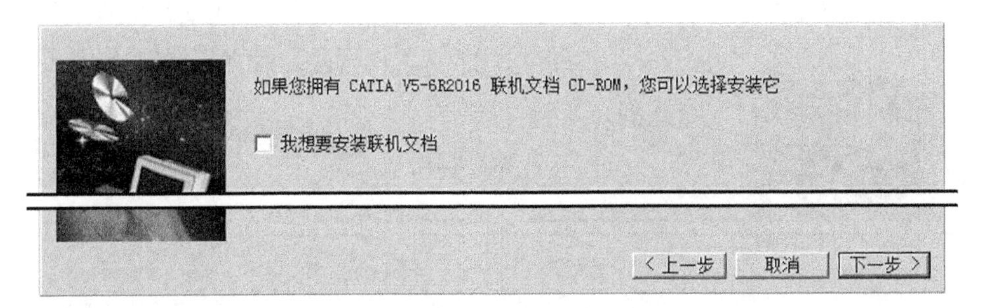

图 2.3.11　选择安装联机文档

Step12. 系统弹出图 2.3.12 所示的对话框，单击 安装 按钮。

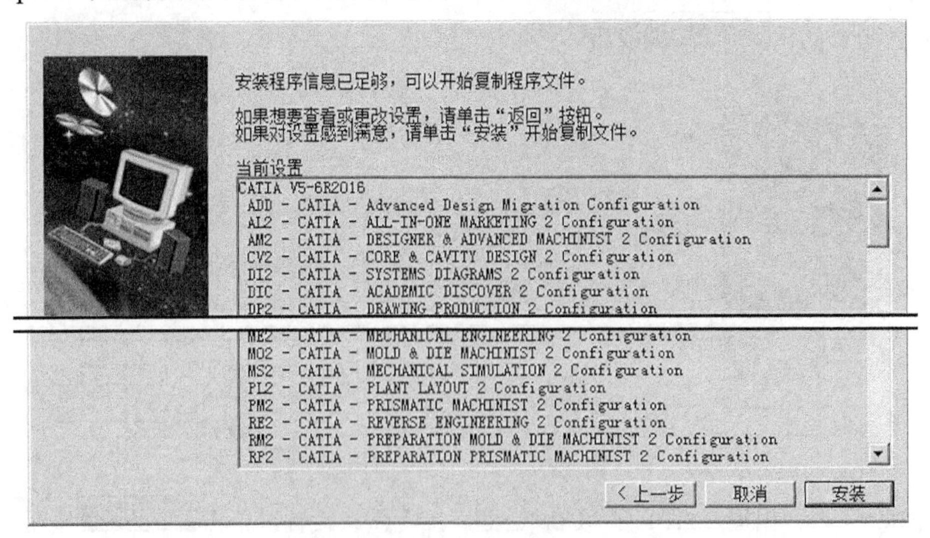

图 2.3.12　开始复制文件

Step13. 安装程序。系统弹出图 2.3.13 所示的对话框，此时系统开始安装 CATIA 主程序，并显示安装进度。

图 2.3.13 安装进度

Step14. 几分钟后，系统弹出“安装完成”对话框，单击 完成 按钮退出安装程序。

第 3 章　软件的工作界面与基本设置

本章提要　为了正常及高效地使用 CATIA V5-6 软件，同时也为了方便教学，在学习和使用 CATIA V5-6 软件前，需要先进行一些必要的设置。本章内容主要包括：

- 创建 CATIA V5-6 用户文件夹。
- CATIA V5-6 软件的启动。
- CATIA V5-6 工作界面简介。
- CATIA V5-6 工作界面的定制。
- CATIA V5-6 当前环境的设置。

3.1　启动 CATIA V5-6 软件

一般来说，有两种方法可启动并进入 CATIA V5-6 软件环境。

方法一：双击 Windows 桌面上的 CATIA V5-6 软件快捷图标（图 3.1.1）。

说明：只要是正常安装，Windows 桌面上都会显示 CATIA V5-6 软件快捷图标。快捷图标的名称可根据需要进行修改。

方法二：从 Windows 系统“开始”菜单进入 CATIA V5-6 软件环境，操作方法如下。

Step1. 单击 Windows 桌面左下角的开始按钮。

Step2. 选择 所有程序 → CATIA → CATIA V5-6R2016 命令，如图 3.1.2 所示，系统便进入 CATIA V5-6 软件环境。

图 3.1.1　CATIA 快捷图标

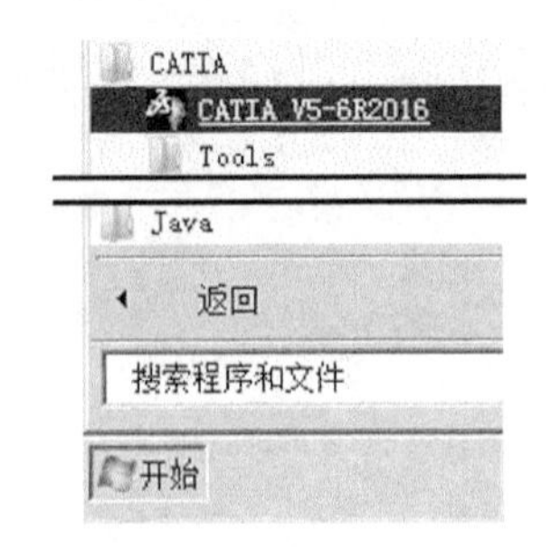

图 3.1.2　Windows“开始”菜单

3.2　CATIA V5-6 工作界面

在学习本节时，请先打开一个模型文件。具体的打开方法：选择下拉菜单 文件 → 打开... 命令，在“选择文件”对话框中选择 D:\cat2016.1\work\ch03.02.01 目录，选中 Product1.CATProduct 文件后单击 打开(O) 按钮。

CATIA V5-6 中文用户界面包括特征树、下拉菜单区、指南针、右工具栏按钮区、下部工具栏按钮区、功能输入区、消息区以及图形区（图 3.2.1）。

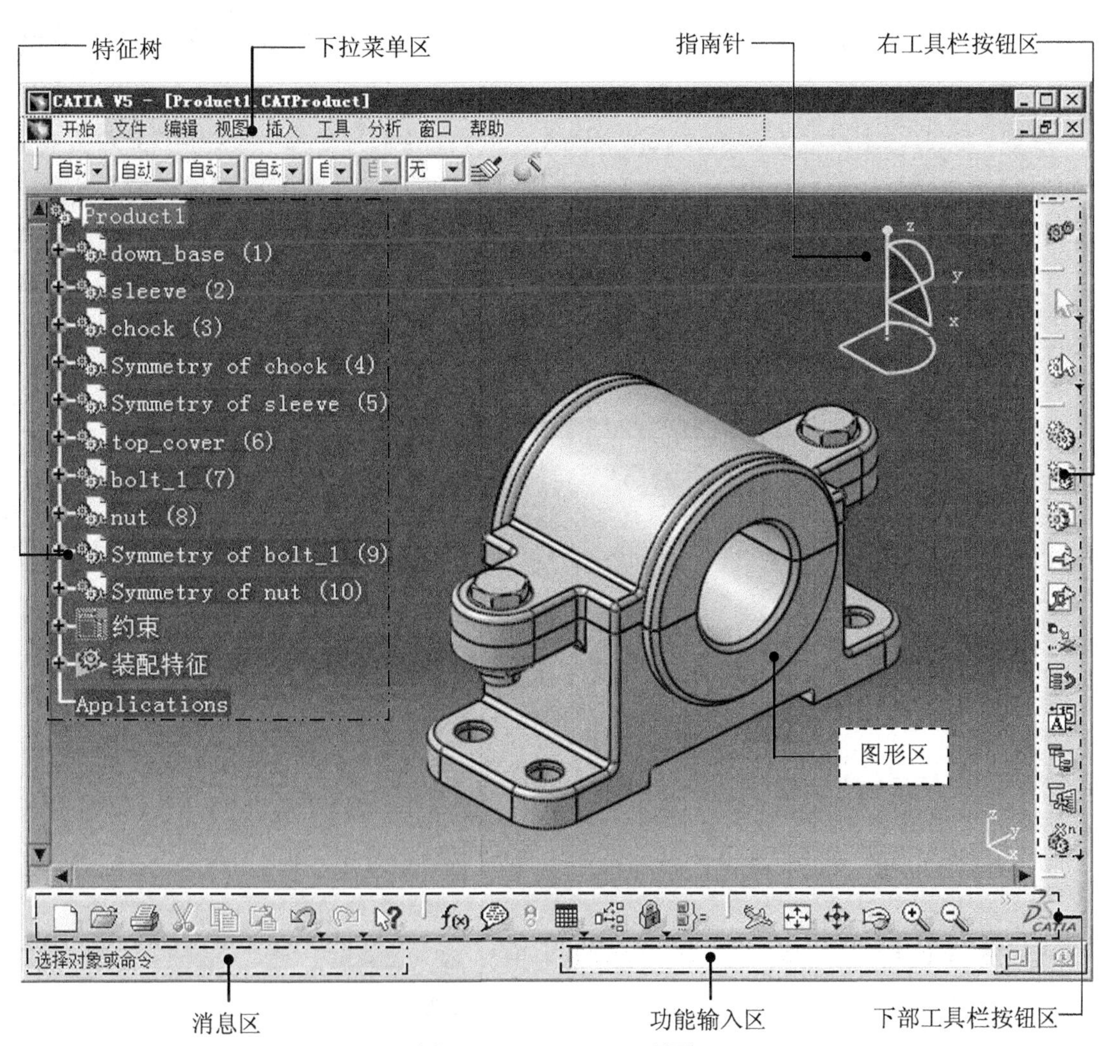

图 3.2.1　CATIA V5-6 界面

1. 特征树

“特征树”中列出了活动文件中的所有零件及特征，并以树的形式显示模型结构。根对象（活动零件或组件）显示在特征树的顶部，其从属对象（零件或特征）位于根对象之下。例如在活动装配文件中，“特征树”列表的顶部是装配体，装配体下方是每个零件的名称；在活动零件文件中，“特征树”列表的顶部是零件，零件下方是每个特征的名称。若打开多个 CATIA V5-6 模型，则“特征树”只反映活动模型的内容。

2. 下拉菜单区

下拉菜单中包含创建、保存、修改模型和设置 CATIA V5-6 环境的一些命令。

3. 工具栏按钮区

工具栏中的命令按钮为快速进入命令及设置工作环境提供了极大的方便，用户可以根据具体情况自定义工具栏。

注意：在图 3.2.1 所示的 CATIA V5-6 界面中，用户会看到部分菜单命令和按钮处于非激活状态（呈灰色，即暗色），这是因为该命令及按钮目前还没有处在发挥功能的环境中，一旦它们进入有关的环境，便会自动激活。

下面是图 3.2.2 所示的“标准”工具栏和图 3.2.3 所示的“视图”工具栏中的快捷按钮的含义和作用，请务必记牢。

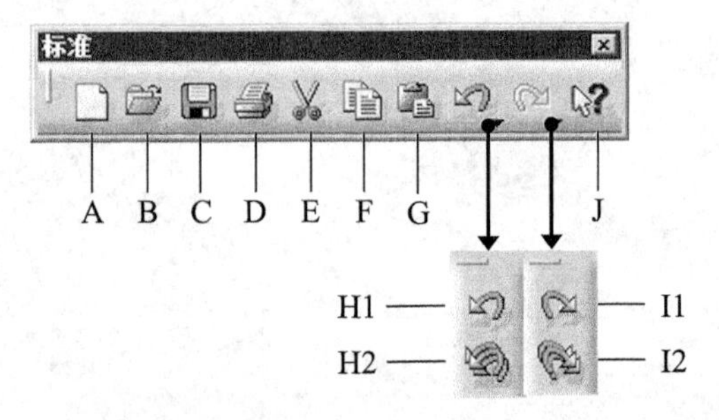

图 3.2.2 “标准”工具栏

图 3.2.2 所示的“标准”工具栏中的按钮说明如下。

A：新建文件。

B：打开文件。

C：保存文件。

D：快速打印。

E：剪切。

F：复制。

G：粘贴。

H1：撤销/空选择集。

H2：按历史撤销。

I1：重做。

I2：按历史重做。

J：在线帮助。

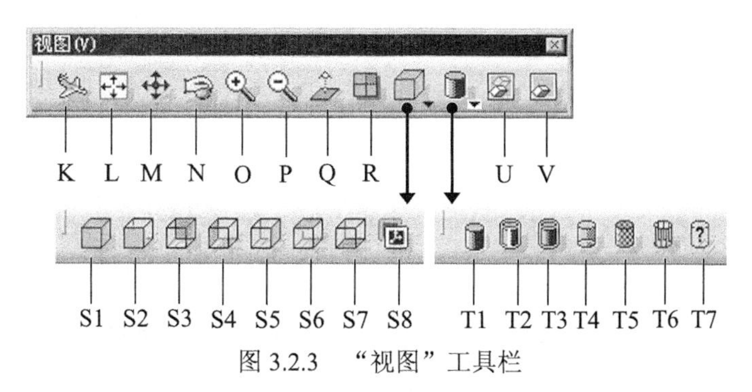

图 3.2.3 “视图”工具栏

图 3.2.3 所示的“视图”工具栏中的按钮说明如下。

K:“飞行”方式。

L: 适合全部。

M: 平移。

N: 旋转。

O: 放大。

P: 缩小。

Q: 法线视图。

R: 创建多视图。

S1: 等轴测视图。

S2: 正视图。

S3: 背视图。

S4: 左视图。

S5: 右视图。

S6: 俯视图。

S7: 仰视图。

S8: 已命名的视图。

T1: 着色(SHD)。

T2: 含边线着色

T3: 带边着色但不光顺边线。

T4: 含边线和隐藏边着色。

T5: 含材料着色。

T6: 线框。

T7: 定制视图参数。

U: 隐藏/显示。

V: 交换可变空间。

4. 指南针

指南针代表当前的工作坐标系，当物体旋转时指南针也随着物体旋转。关于指南针的具体操作参见“3.3.2 指南针的使用”。

5. 消息区

在用户操作软件的过程中，消息区会实时地显示与当前操作相关的提示信息等，以引导用户操作。

6. 功能输入区

用于从键盘输入 CATIA 命令字符来进行操作。

7．图形区

CATIA V5-6 各种模型图像的显示区。

3.3　CATIA V5-6 的基本操作技巧

使用 CATIA V5-6 软件以鼠标操作为主，用键盘输入数值。执行命令时主要是用鼠标单击工具图标，也可以通过选择下拉菜单或用键盘输入来执行命令。

3.3.1　鼠标的操作

与其他 CAD 软件类似，CATIA 提供各种鼠标按钮的组合功能，包括执行命令、选择对象、编辑对象以及对视图和特征树的平移、旋转和缩放等。

在 CATIA 工作界面中选中的对象被加亮（显示为橙色），选择对象时，在图形区与在特征树上选择是相同的，并且是相互关联的。利用鼠标也可以操作几何视图或特征树，要使几何视图或特征树成为当前操作的对象，可以单击特征树或窗口右下角的坐标轴图标。

移动视图是最常用的操作，如果每次都单击工具栏中的按钮，将会浪费用户很多时间。用户可以通过鼠标快速地完成视图的移动。

CATIA 中鼠标操作的说明如下。

- 缩放图形区：按住鼠标中键，单击鼠标左键或右键，向前移动鼠标可看到图形在放大，向后移动鼠标可看到图形在缩小。
- 平移图形区：按住鼠标中键，移动鼠标，可看到图形跟着鼠标的移动而移动。
- 旋转图形区：按住鼠标中键，然后按住鼠标左键或右键，移动鼠标可看到图形在旋转。

3.3.2　指南针的使用

图 3.3.1 所示的指南针是一个重要的工具，通过它可以对视图进行旋转、移动等多种操作。同时，指南针在操作零件时也有着非常强大的功能。下面简单介绍指南针的基本功能。

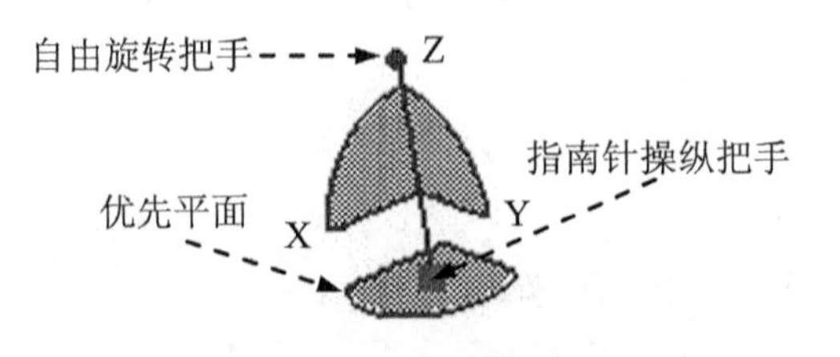

图 3.3.1　指南针

指南针位于图形区的右上角，并且总是处于激活状态，用户可以选择下拉菜单 视图 → 指南针 命令来隐藏或显示指南针。使用指南针既可以对特定的模型进行特定的操作，还可以对视点进行操作。

图 3.3.1 中，字母 X、Y、Z 表示坐标轴，Z 轴起到定位的作用；靠近 Z 轴的点称为自由旋转把手，用于旋转指南针，同时图形区中的模型也将随之旋转；红色方块是指南针操纵把手，用于拖动指南针，并且可以将指南针置于物体上进行操作，也可以使物体绕该点旋转；指南针底部的 XY 平面是系统默认的优先平面，也就是基准平面。

注意：指南针可用于操纵未被约束的物体，也可以操纵彼此之间有约束关系的但是属于同一装配体的一组物体。

1. 视点操作

视点操作是指使用鼠标对指南针进行简单的拖动，从而实现对图形区的模型进行平移或者旋转操作。

将鼠标指针移至指南针处，鼠标指针由变为，并且鼠标指针所经过之处，坐标轴、坐标平面的弧形边缘以及平面本身皆会以亮色显示。

单击指南针上的轴线（此时鼠标指针变为）并按住鼠标拖动，图形区中的模型会沿着该轴线移动，但指南针本身并不会移动。

单击指南针上的平面并按住鼠标移动，则图形区中的模型和空间也会在此平面内移动，但是指南针本身不会移动。

单击指南针平面上的弧线并按住鼠标拖动，图形区中的模型会绕该弧线的法线旋转，同时，指南针本身也会旋转，而且鼠标指针离红色方块越近旋转越快。

单击指南针上的自由旋转把手并按住鼠标拖动，指南针会以红色方块为中心点自由旋转，且图形区中的模型和空间也会随之旋转。

单击指南针上的 X、Y 或 Z 字母，则模型在图形区以垂直于该轴的方向显示，再次单击该字母，视点方向会变为反向。

2. 模型操作

使用鼠标和指南针不仅可以对视点进行操作，而且可以把指南针拖动到物体上，对物体进行操作。

将鼠标指针移至指南针操纵把手处（此时鼠标指针变为），然后拖动指南针至模型上释放，此时指南针会附着在模型上，且字母 X、Y、Z 变为 W、U、V，这表示坐标轴不再与文件窗口右下角的绝对坐标相一致。这时，就可以按上面介绍的视点的操作方法对物体进行操作了。

说明：

- 对模型进行操作的过程中，移动的距离和旋转的角度均会在图形区显示。显示的数据为正，表示与指南针指针正向相同；显示的数据为负，表示与指南针指针的正向相反。
- 将指南针恢复到位置的方法：拖动指南针操纵把手到离开物体的位置，松开鼠标，指南针就会回到图形区右上角的位置，但是不会恢复为默认的方向。
- 将指南针恢复到默认方向的方法：将其拖动到窗口右下角的绝对坐标系处；在拖动指南针离开物体的同时按 Shift 键，且先松开鼠标左键；选择下拉菜单 视图 ➡ 重置指南针 命令。

3．编辑

将指南针拖动到物体上，右击，在系统弹出的快捷菜单中选择 编辑... 命令，系统弹出图 3.3.2 所示的“用于指南针操作的参数”对话框。利用“用于指南针操作的参数”对话框可以对模型实现平移和旋转等操作。

图 3.3.2 所示的“用于指南针操作的参数”对话框的说明如下。

- 参考 下拉列表：该下拉列表包含 绝对 和 活动对象 两个选项。“绝对”坐标是指模型的移动是相对于绝对坐标的；“活动对象”坐标是指模型的移动是相对于激活的模型的（激活模型的方法是在特征树中单击模型。激活的模型以蓝色高亮显示）。此时，就可以对指南针进行精确的移动、旋转等操作，从而对模型进行相应操作。
- 位置 文本框：此文本框显示当前的坐标值。

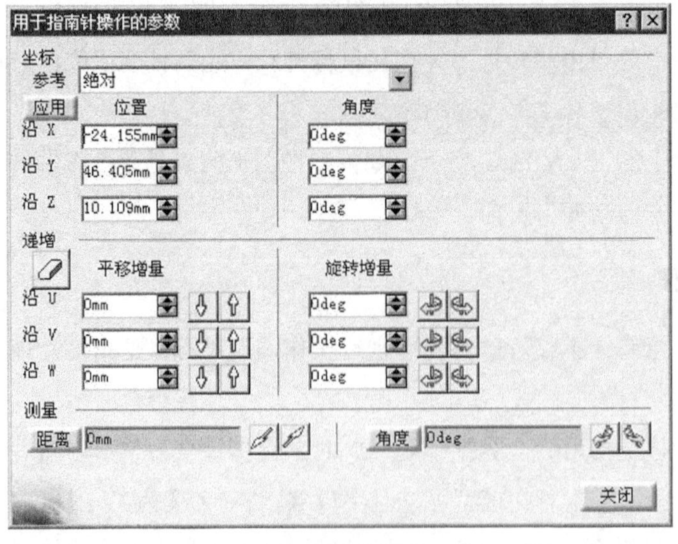

图 3.3.2 “用于指南针操作的参数”对话框

- 角度 文本框：此文本框显示当前坐标的角度值。
- 平移增量 区域：如果要沿着指南针的一根轴线移动，则需在该区域的 U、V 或 W 文本框中输入相应的距离，然后单击按钮或者按钮。
- 旋转增量 区域：如果要沿着指南针的一根轴线旋转，则需在该区域的 U、V 或 W 文本框中输入相应的角度，然后单击或者按钮。
- “距离”区域：要使模型沿所选的两个元素产生矢量移动，则需先单击 距离 按钮，然后选择两个元素（可以是点、线或平面）。两个元素的距离值经过计算会在 距离 按钮后的文本框中显示。当第一个元素为一条直线或一个平面时，除了可以选择第二个元素以外，还可以在 距离 按钮后的文本框中填入相应数值。这样，单击或按钮，便可以沿着经过计算所得的平移方向的反向或正向移动模型了。
- “角度”区域：要使模型沿所选的两个元素产生夹角旋转，则需先单击 角度 按钮，然后选择两个元素（可以是线或平面）。两个元素的角度值经过计算会在 角度 按钮后的文本框中显示。单击或按钮，便可以沿着经过计算所得的旋转方向的反向或正向旋转模型了。

4．其他操作

在指南针上右击，系统弹出图 3.3.3 所示的快捷菜单。下面介绍该菜单中的命令。

图 3.3.3 所示的快捷菜单中的命令说明如下。

- 锁定当前方向：即固定目前的视角，这样，即使选择下拉菜单 视图 ➡ 重置指南针 命令，也不会回到原来的视角，而且在拖动指南针的过程中以及指南针拖动到模型上以后，都会保持原来的方向。欲重置指南针的方向，只需再次选择该命令即可。

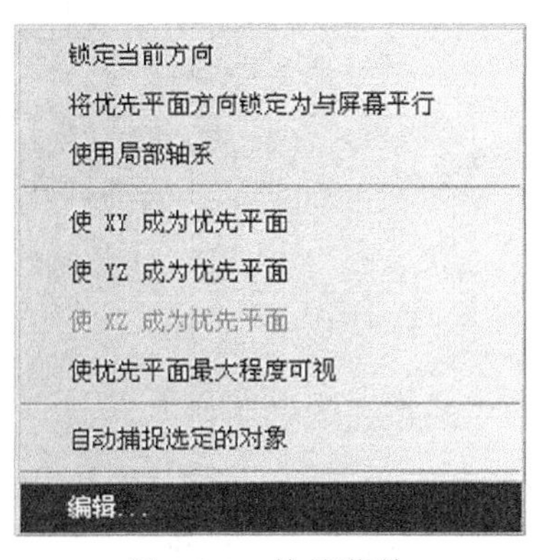

图 3.3.3 快捷菜单

- 将优先平面方向锁定为与屏幕平行：指南针的坐标系同当前自定义的坐标系保持一致。如果无当前自定义坐标系，则与文件窗口右下角的坐标系保持一致。

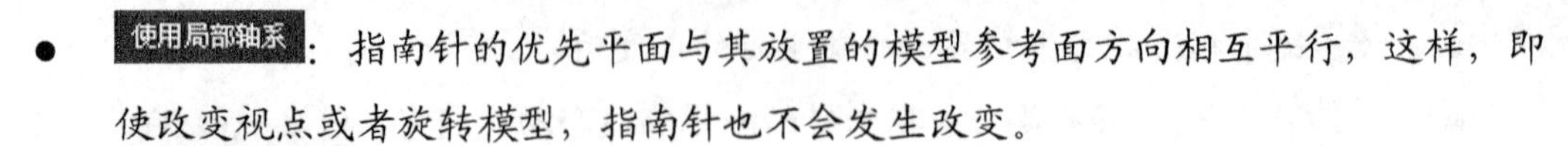

- 使用局部轴系：指南针的优先平面与其放置的模型参考面方向相互平行，这样，即使改变视点或者旋转模型，指南针也不会发生改变。
- 使 XY 成为优先平面：使 XY 平面成为指南针的优先平面，系统默认选用此平面为优先平面。
- 使 YZ 成为优先平面：使 YZ 平面成为指南针的优先平面。
- 使 XZ 成为优先平面：使 XZ 平面成为指南针的优先平面。
- 使优先平面最大程度可视：使指南针的优先平面为可见程度最大的平面。
- 自动捕捉选定的对象：使指南针自动到指定的未被约束的物体上。
- 编辑...：使用该命令可以实现模型的平移和旋转等操作，前面已详细介绍过。

3.3.3 对象的选择

在 CATIA V5-6 中选择对象常用的几种方法如下。

1. 选取单个对象

- 直接用鼠标的左键单击需要选取的对象。
- 在“特征树”中单击对象的名称，即可选择对应的对象，被选取的对象会高亮显示。

2. 选取多个对象

按住 Ctrl 键，用鼠标左键单击多个对象，可选择多个对象。

3. 利用图 3.3.4 所示的“选择”工具条选取对象

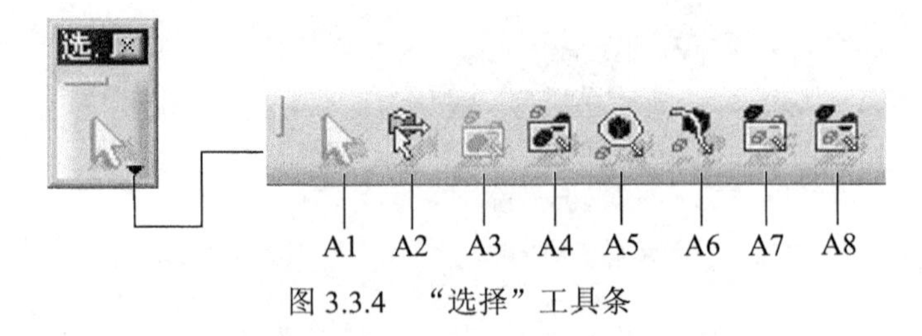

图 3.3.4 “选择”工具条

图 3.3.4 所示“选择”工具条中的按钮的说明如下。

A1：选择。选择系统自动判断的元素。

A2：几何图形上方的选择框。

A3：矩形选择框。选择矩形包括的元素。

A4：相交矩形选择框。选择矩形内及与矩形相交的元素。

A5：多边形选择框。用鼠标绘制任意一个多边形，选择多边形内部所有元素。

A6：手绘的选择框。用鼠标绘制任意形状，选择其中包括的元素。

A7：矩形选择框之外。选择矩形外部的元素。

A8：相交于矩形选择框之外。选择与矩形相交的元素及矩形以外的元素。

4. 利用“编辑”下拉菜单中的“搜索”功能，选择具有同一属性的对象

“搜索”工具可以根据用户提供的名称、类型和颜色等信息快速选择对象。下面以一个例子说明其具体操作过程。

Step1. 打开文件。选择下拉菜单 文件 → 打开... 命令。在“选择文件”对话框中找到 D:\cat2016.1\work\ch03.03.03 目录，选中 slide_block.CATPart 文件后单击 打开(O) 按钮。

Step2. 选择命令。选择下拉菜单 编辑 → 搜索... 命令，系统弹出图 3.3.5 所示的“搜索”对话框（一）。

Step3. 定义搜索名称。在“搜索”对话框的 常规 选项卡下的 名称: 下拉列表中输入*平面，如图 3.3.5 所示。

说明：*是通配符，代表任意字符，可以是一个字符，也可以是多个字符。

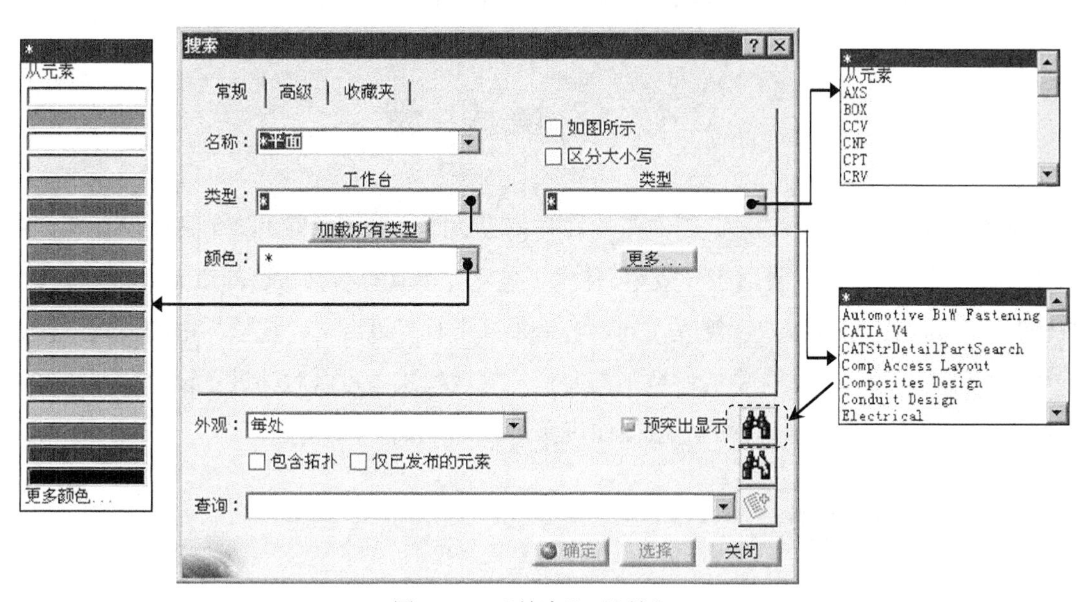

图 3.3.5 “搜索”对话框（一）

Step4. 选择搜索结果。单击“搜索”对话框的 常规 选项卡下的按钮后，“搜索”对话框下方则显示出符合条件的元素，如图 3.3.6 所示。单击 确定 按钮后，符合条件的对象被选中。

3.3.4 视图在屏幕上的显示

三维实体在屏幕上有两种显示方式，“透视”投影和“平行”投影方式。要选择三维实

体在屏幕上的显示方式，可以在视图下拉列表中选择渲染样式 ▸ → 透视或平行命令。图 3.3.7 所示为长方体在这两种方式下的显示状态。

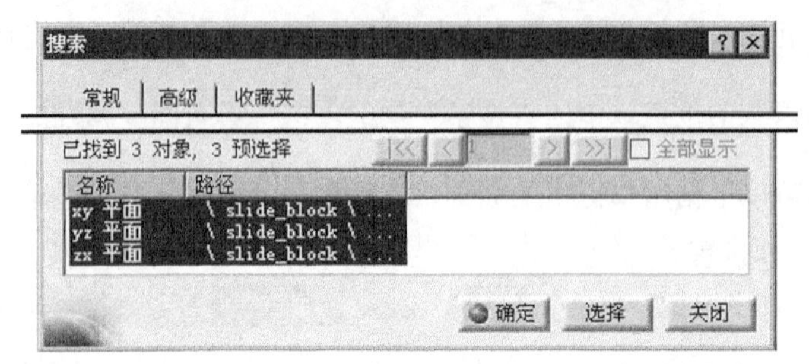

图 3.3.6　“搜索”对话框（二）

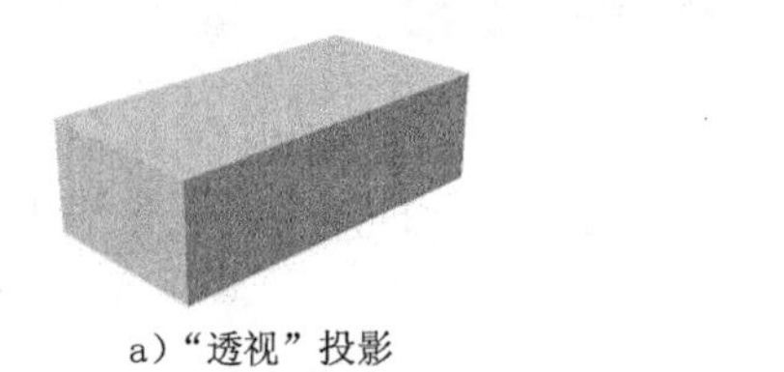

a）“透视”投影

b）“平行”投影

图 3.3.7　长方体在屏幕上的显示

3.4　环 境 设 置

设置 CATIA 的工作环境是用户学习和使用 CATIA 应该掌握的基本技能。合理设置 CATIA 的工作环境，对于提高工作效率、使用个性化环境具有极其重要的意义。进入 CATIA 软件有两种方法：普通模式和管理模式。普通模式下只可以改变“选项”中的参数，如显示和兼容性等；而“标准”中的参数则需要进入管理模式才可以对其进行设置。下面分别介绍进入管理模式和环境设置的一般操作步骤。

3.4.1　进入管理模式

进入管理模式的一般操作步骤如下。

Step1. 创建环境的存储目录。

（1）新建文件夹。在 D 盘中新建一文件夹，如 cat_env。

（2）选择命令。选择开始 → 所有程序 → CATIA → Tools → Environment Editor V5-6R2016命令，系统弹出图 3.4.1 所示的“环境编辑器消息”对话框（一）和“环境编辑器”对话框。

（3）单击“环境编辑器消息”对话框（一）中的是(Y)按钮，系统弹出图 3.4.2 所示的“环境编辑器消息”对话框（二），单击该对话框中的 确定 按钮。

说明：第一次进入管理模式时，当单击“环境编辑器消息”对话框（一）中的 是(Y) 按钮后还会弹出一个“环境编辑器”对话框，单击 是(Y) 按钮即可。

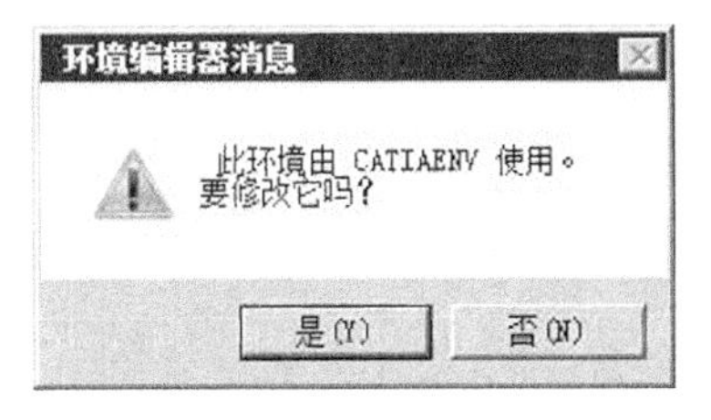

图 3.4.1　“环境编辑器消息”对话框（一）

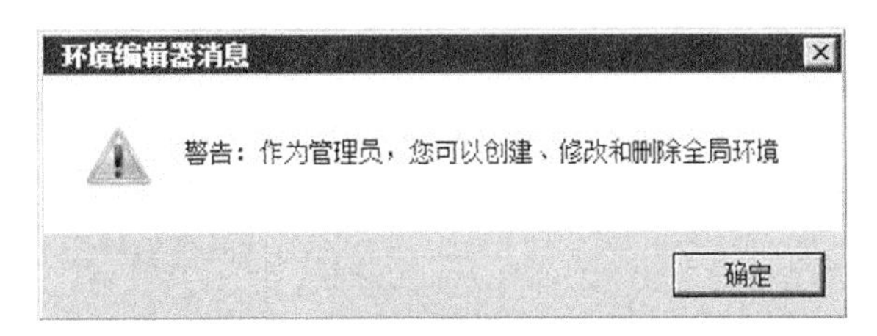

图 3.4.2　“环境编辑器消息”对话框（二）

（4）在“环境编辑器”对话框中选择 CATReconcilePath 并右击，在弹出的快捷菜单中选择 编辑变量 命令，系统弹出“变量编辑器”对话框；在“变量编辑器”对话框的 值： 文本框中输入上面所创建的文件夹的路径 D:\cat_env（图 3.4.3），单击 确定 按钮。

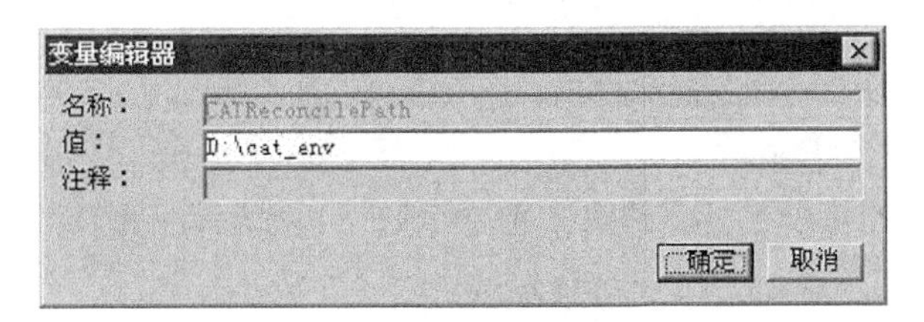

图 3.4.3　“变量编辑器”对话框

（5）在“环境编辑器”对话框中选择 CATReferenceSettingPath 选项并右击，在弹出的快捷菜单中选择 编辑变量 命令，系统弹出“变量编辑器”对话框；在“变量编辑器”对话框的 值： 文本框中输入路径 D:\cat_env，单击 确定 按钮。

（6）在“环境编辑器”对话框中选择 CATCollectionStandard 并右击，在弹出的快捷菜单中选择 编辑变量 命令，系统弹出“变量编辑器”对话框；在“变量编辑器”对话框的 值： 文本框中输入路径 D:\cat_env，单击 确定 按钮，此时“环境编辑器”对话框如图 3.4.4 所示。

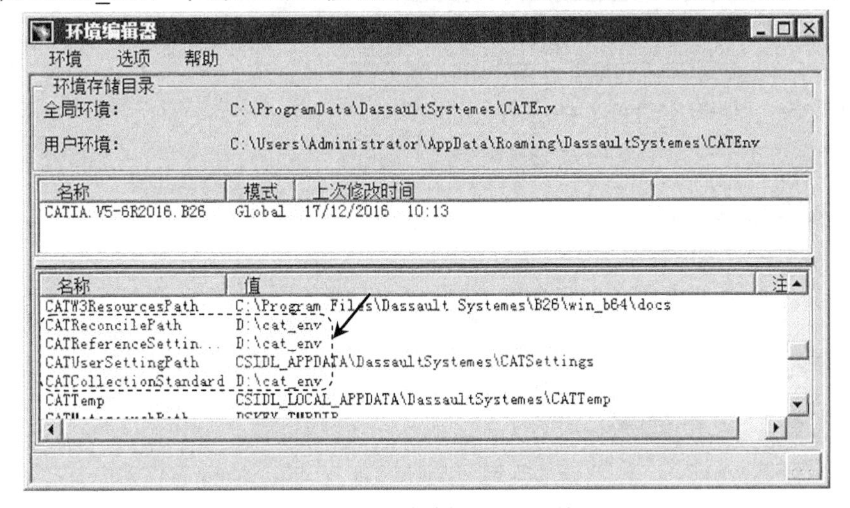

图 3.4.4　“环境编辑器”对话框

（7）关闭“环境编辑器”对话框，系统弹出图 3.4.5 所示的“环境编辑器消息”对话框（三），单击 是(Y) 按钮。

图 3.4.5 “环境编辑器消息”对话框（三）

Step2. 创建新的快捷图标。

（1）将桌面上 CATIA 的快捷图标复制并粘贴，右击粘贴的图标，在弹出的快捷菜单中选择 属性(R) 命令，系统弹出“CATIA V5-6R2016 属性”对话框。

（2）修改快捷图标的属性。单击 快捷方式 选项卡，在 目标(T): 文本框中找到 CNEXT.exe，并在其后面输入“≠-admin≠”，如图 3.4.6 所示，单击 应用(A) 按钮，再单击 确定 按钮。

说明：“≠”代表一个空格。

Step3. 双击粘贴的快捷图标，进入 CATIA 软件，系统弹出图 3.4.7 所示的“管理模式”对话框，单击 确定 按钮，进入管理模式。

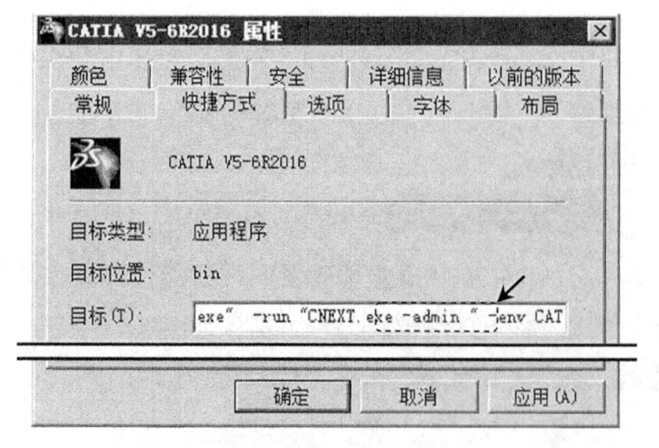

图 3.4.6 “CATIA V5-6R2016 属性”对话框

图 3.4.7 “管理模式”对话框

3.4.2 环境设置

环境设置主要包括“选项”设置和“标准”设置。

1. 选项的设置

选择 工具 → 选项... 命令，系统弹出“选项”对话框，利用该对话框可以设置草图编辑器、显示和工程制图的参数。在该对话框左侧选择 机械设计 → 草图编辑器（图3.4.8），此时可以设置草图编辑器的相关参数。

在"选项"对话框的左侧选择 显示，再单击 可视化 选项卡（图3.4.9），此时可以设置颜色及其他相关的一些参数。

单击"选项"对话框中的 按钮，可以将该设置锁定，使其在普通模式下不能被改变，如图3.4.10所示。

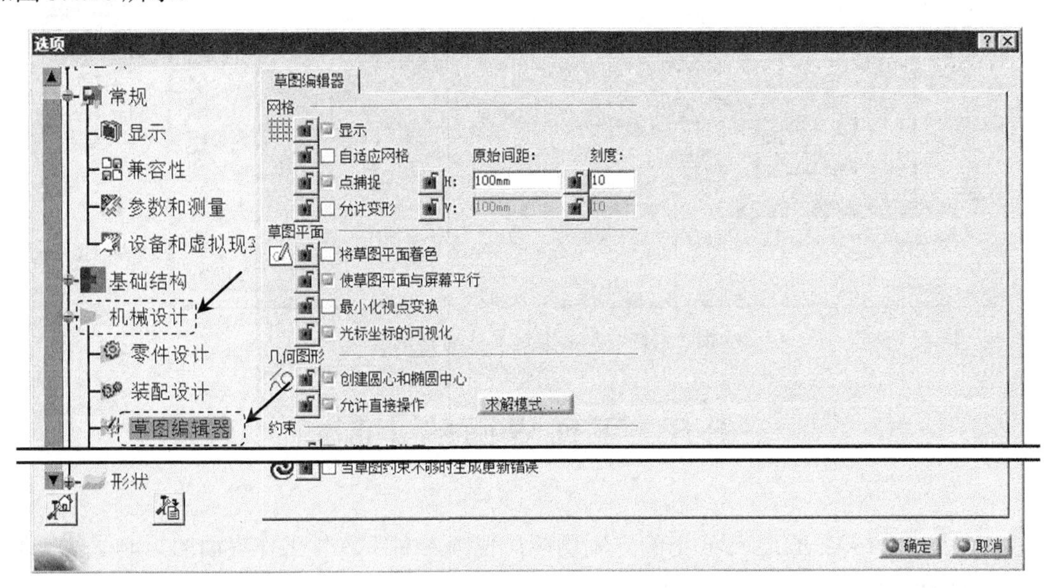

图3.4.8 "选项"对话框（草图编辑器）

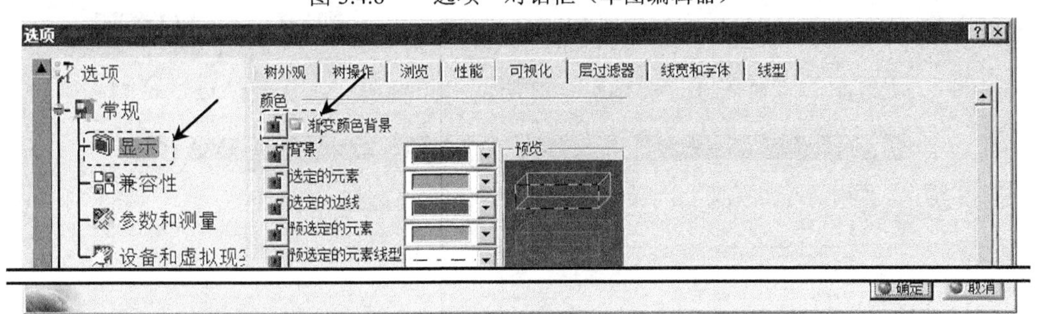

图3.4.9 "选项"对话框（管理模式）

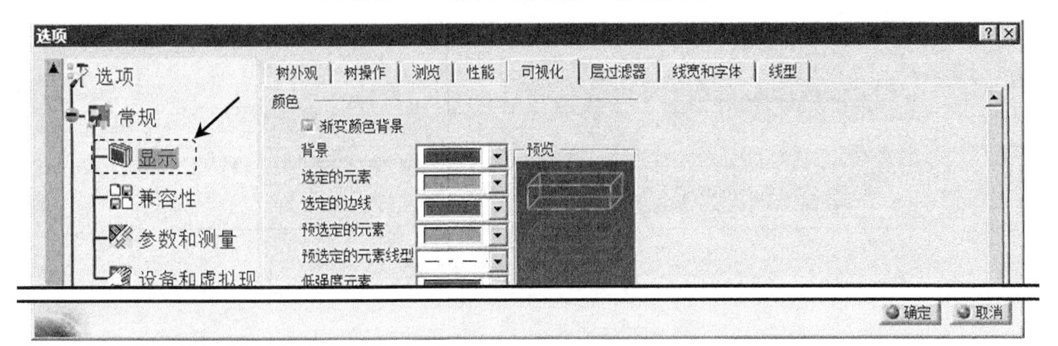

图3.4.10 "选项"对话框（普通模式）

2．标准的设置

选择下拉菜单 工具 → 标准... 命令，系统弹出“标准定义”对话框，选择图 3.4.11 所示的选项，此时可以设置相关参数（具体的参数定义在本书的后面章节会陆续讲到）。

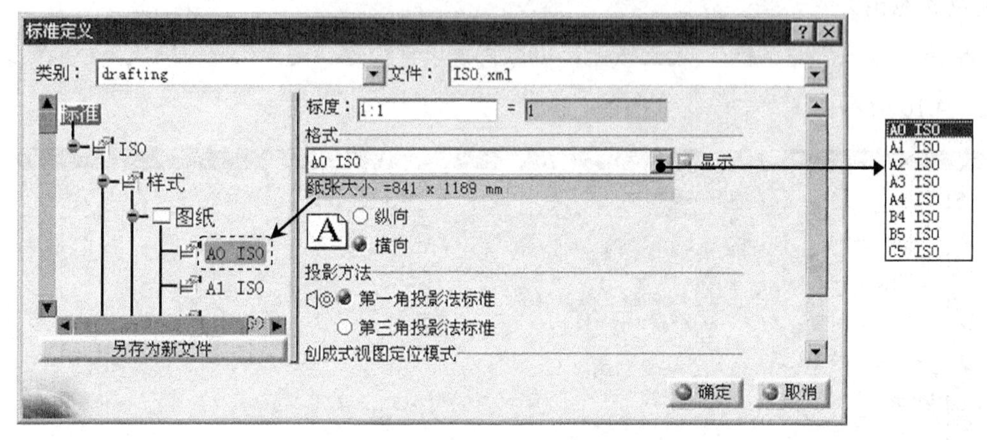

图 3.4.11　“标准定义”对话框

3.5　工作界面的定制

本节主要介绍 CATIA V5-6 中的定制功能，使读者对于软件工作界面的定制了然于胸，从而合理地设置工作环境。

进入 CATIA V5-6 系统后，在建模环境下选择下拉菜单 工具 → 自定义... 命令，系统弹出图 3.5.1 所示的“自定义”对话框，利用此对话框可对工作界面进行定制。

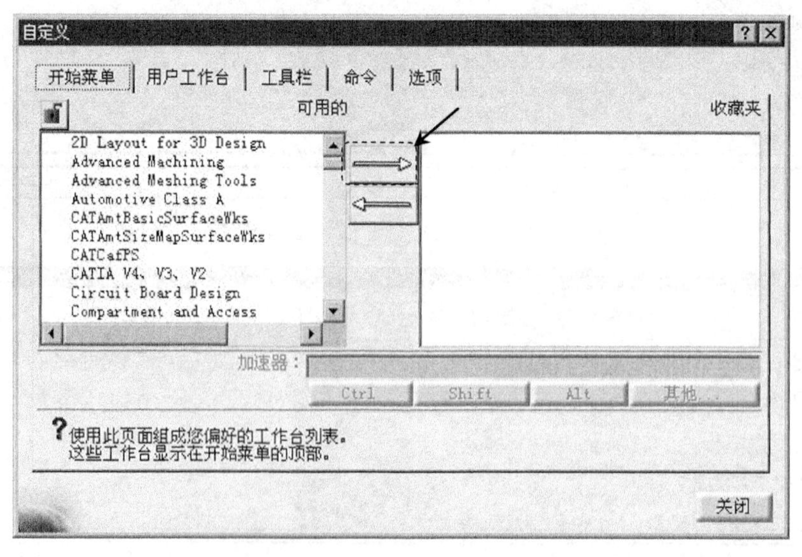

图 3.5.1　“自定义”对话框

3.5.1 开始菜单的定制

在图 3.5.1 所示的“自定义”对话框中单击 开始菜单 选项卡，即可进行开始菜单的定制。通过此选项卡，用户可以设置偏好的工作台列表，使之显示在开始菜单的顶部。下面以图 3.5.1 所示的2D Layout for 3D Design工作台为例说明定制过程。

Step1. 在“开始菜单”选项卡的可用的列表中选择2D Layout for 3D Design工作台，然后单击对话框中的⟹按钮，此时2D Layout for 3D Design工作台出现在对话框右侧的收藏夹中。

Step2. 单击对话框中的关闭按钮。

Step3. 选择下拉菜单开始命令，此时可以看到2D Layout for 3D Design工作台显示在开始菜单的顶部（图 3.5.2）。

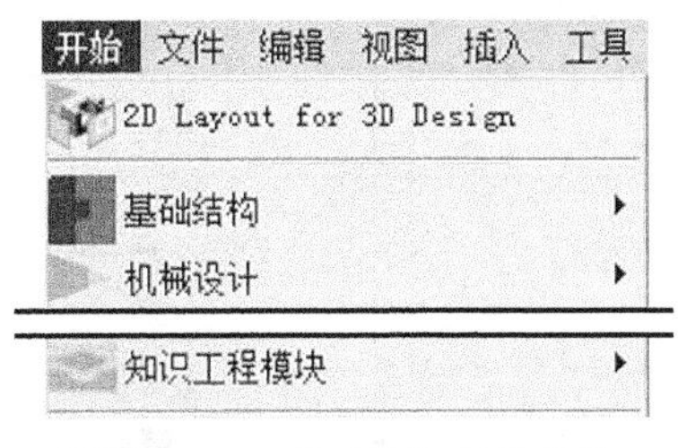

图 3.5.2 “开始”下拉菜单

说明：在 Step1 中，添加2D Layout for 3D Design工作台到收藏夹后，对话框的加速器：文本框即被激活（图 3.5.3），此时用户可以通过设置快捷键来实现工作台的切换，如设置加速键为 Ctrl + Shift，则用户在其他工作台操作时，只需使用这个加速键即可回到2D Layout for 3D Design工作台。

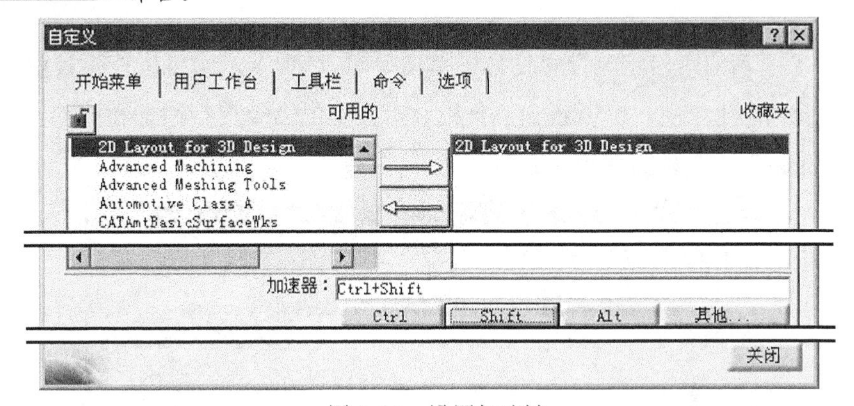

图 3.5.3 设置加速键

3.5.2 用户工作台的定制

在图 3.5.1 所示的“自定义”对话框中单击用户工作台选项卡，即可进行用户工作台的定制（图 3.5.4）。通过此选项卡，用户可以新建工作台作为当前工作台。下面以新建“我的工作台”为例说明定制过程。

Step1. 在图 3.5.4 所示的对话框中单击 新建... 按钮，系统弹出图 3.5.5 所示的“新用户工作台”对话框。

Step2. 在对话框的 工作台名称： 文本框中输入名称“我的工作台”，单击对话框中的 确定 按钮，此时新建的工作台出现在 用户工作台 区域中。

Step3. 单击对话框中的 关闭 按钮。

Step4. 选择 开始 下拉菜单，此时可以看到 我的工作台 显示在 开始 菜单中（图 3.5.6）。

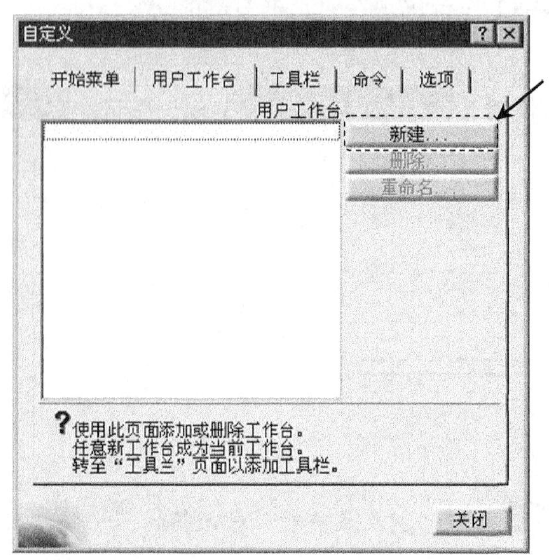

图 3.5.4 “用户工作台”选项卡

图 3.5.5 “新用户工作台”对话框

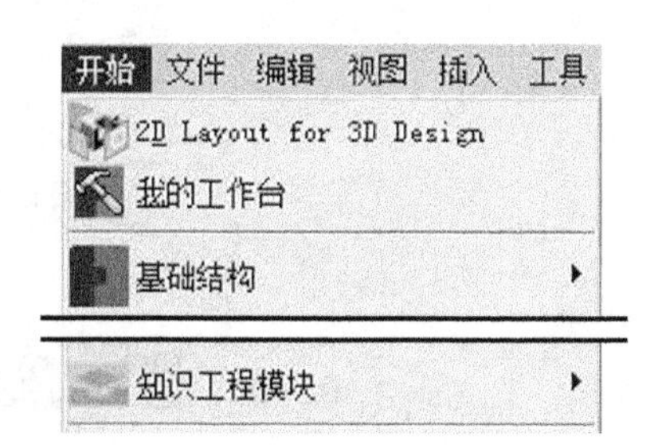

图 3.5.6 “开始”下拉菜单

3.5.3 工具栏的定制

在图 3.5.1 所示的“自定义”对话框中单击 工具栏 选项卡，即可进行工具栏的定制（图 3.5.7）。通过此选项卡，用户可以新建工具栏并对其中的命令进行添加和删除操作。下面以新建“my toolbar”工具栏为例说明定制过程。

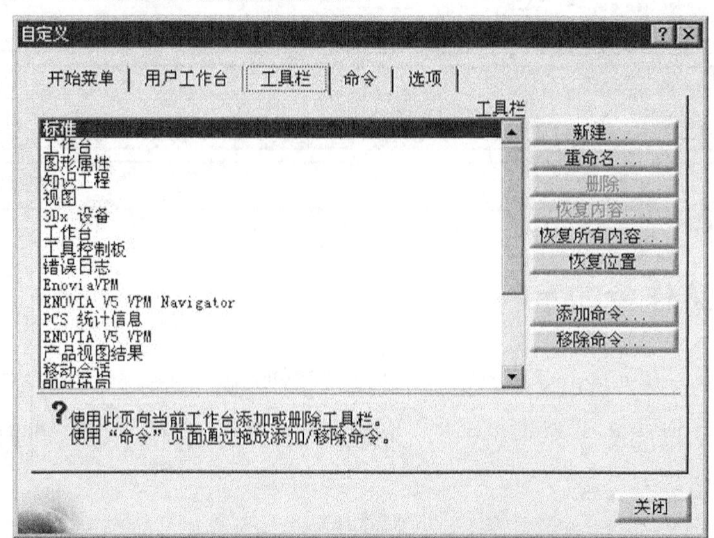

图 3.5.7 “工具栏”选项卡

Step1. 在图 3.5.7 所示的对话框中单击 新建... 按钮，系统弹出图 3.5.8 所示的“新工具栏”对话框，默认新建工具栏的名称为“自定义已创建默认工具栏名称 001”，同时出现一个空白工具栏。

Step2. 在对话框的工具栏名称：文本框中输入名称“my toolbar”，单击对话框中的 确定 按钮。此时，新建的空白工具栏将出现在主应用程序窗口的右端，同时定制的“my toolbar”（我的工具栏）被加入列表中（图 3.5.9）。

注意： 定制的“my toolbar”（我的工具栏）加入列表后，“自定义”对话框中的 删除 按钮被激活，此时可以执行工具栏的删除操作。

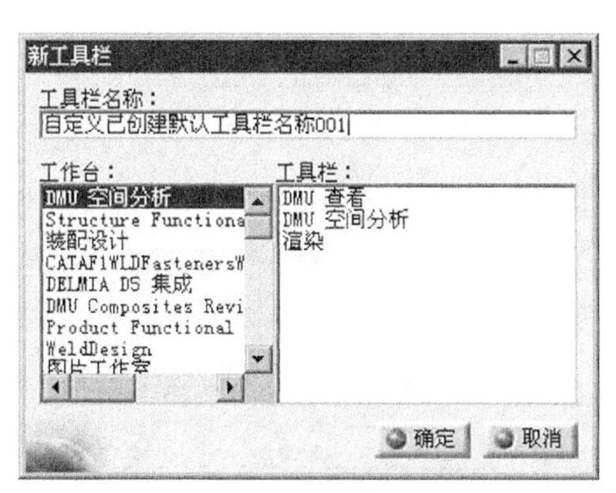

图 3.5.8 “新工具栏”对话框

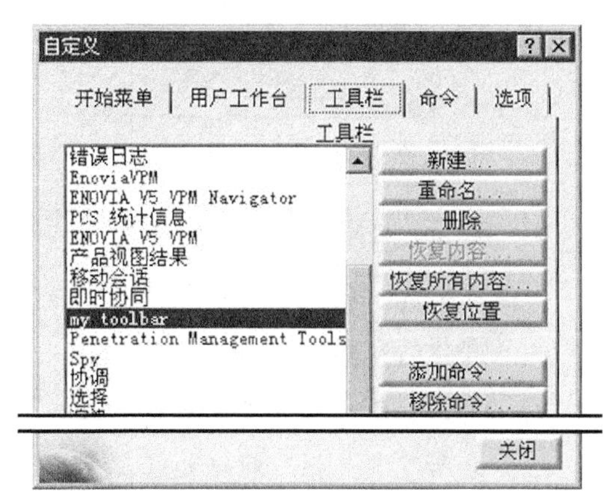

图 3.5.9 “自定义”对话框

Step3. 在“自定义”对话框中选中“my toolbar”工具栏，单击对话框中的 添加命令... 按钮，系统弹出图 3.5.10 所示的“命令列表”对话框（一）。

Step4. 在对话框的列表项中，按住 Ctrl 键选择 “虚拟现实”光标、“虚拟现实”监视器 和 “虚拟现实”视图追踪 三个选项，然后单击对话框中的 确定 按钮，完成命令的添加，此时“my toolbar”工具栏如图 3.5.11 所示。

图 3.5.10 “命令列表”对话框（一）

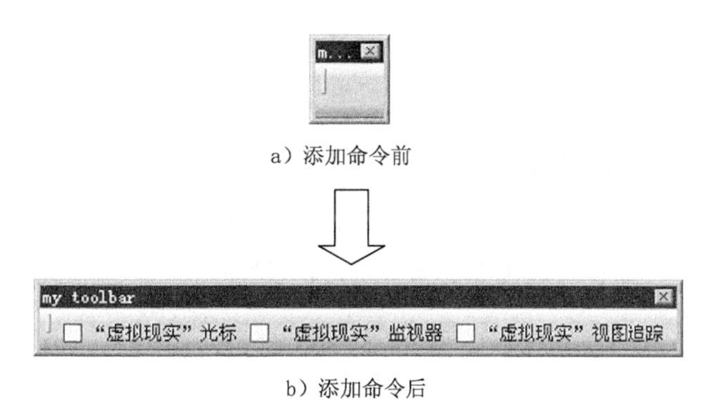

图 3.5.11 “my toolbar”工具栏

说明：

- 单击“自定义”对话框中的 重命名... 按钮，系统弹出图 3.5.12 所示的“重命名工具栏”对话框，在此对话框中可修改工具栏的名称。
- 单击“自定义”对话框中的 移除命令... 按钮，系统弹出图 3.5.13 所示的“命令列表”对话框（二），在此对话框中可进行命令的删除操作。

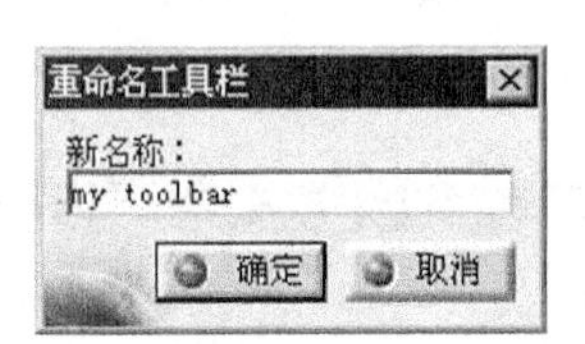

图 3.5.12 “重命名工具栏”对话框

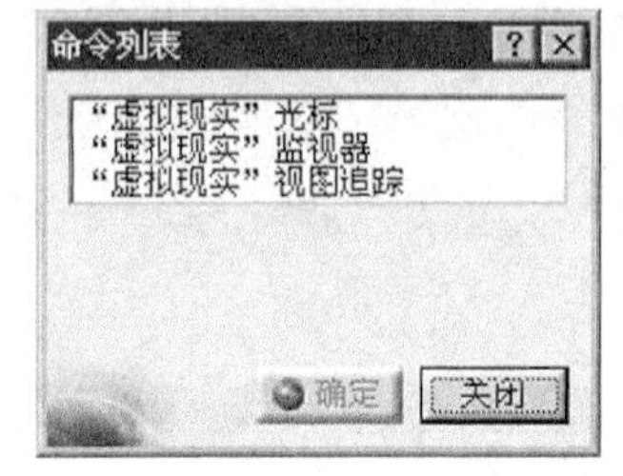

图 3.5.13 “命令列表”对话框（二）

- 单击“自定义”对话框中的 恢复所有内容... 按钮，系统弹出图 3.5.14 所示的“恢复所有工具栏”对话框（一），单击对话框中的 确定 按钮，可以恢复所有工具栏的内容。
- 单击“自定义”对话框中的 恢复位置 按钮，系统弹出图 3.5.15 所示的“恢复所有工具栏”对话框（二），单击对话框中的 确定 按钮，可以恢复所有工具栏的位置。

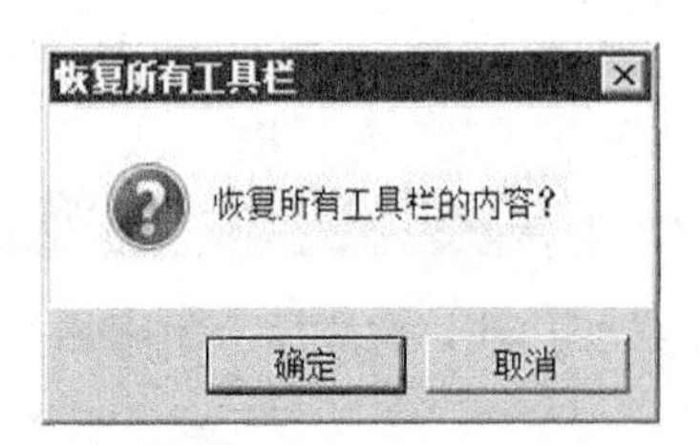

图 3.5.14 “恢复所有工具栏”对话框（一）

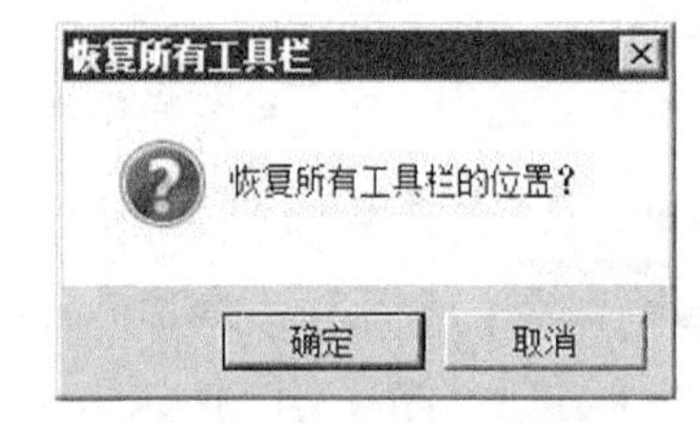

图 3.5.15 “恢复所有工具栏”对话框（二）

3.5.4 命令定制

在图 3.5.1 所示的“自定义”对话框中单击“命令”选项卡，即可进行命令的定制（图 3.5.16）。通过此选项卡，用户可以对其中的命令进行拖放操作。下面以拖放“目录”命令到“标准”工具栏为例说明定制过程。

Step1. 在图 3.5.16 所示的对话框的“类别”列表中选择“文件”选项，此时在对话框右侧的“命令”列表中出现对应的文件命令。

Step2. 在文件命令列表中选中 目录 命令，按住鼠标左键不放，将此命令拖动到“标准”工具栏，此时“标准”工具栏如图 3.5.17b 所示。

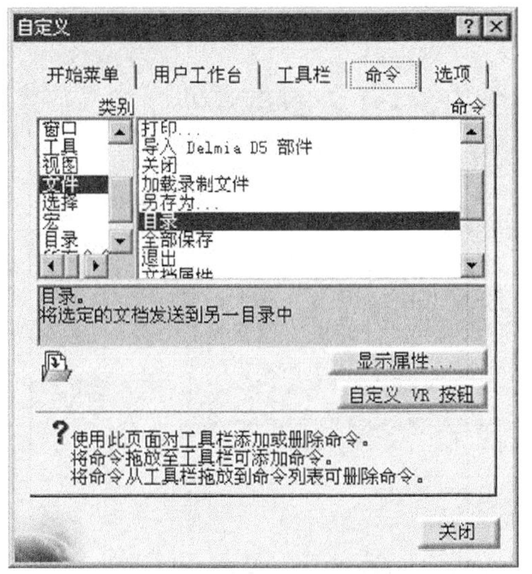

图 3.5.16　“命令”选项卡

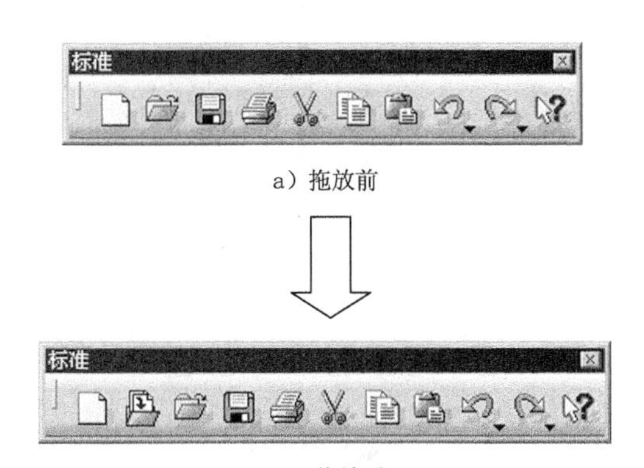

图 3.5.17　“标准”工具栏

说明：单击图 3.5.16 所示对话框中的按钮，可以展开对话框的隐藏部分（图 3.5.18），在对话框的命令属性区域，可以更改所选命令的属性，如名称、图标和命令的快捷方式等。命令属性区域中各按钮说明如下。

- ...按钮：单击此按钮，系统将弹出“图标浏览器”对话框，从中可以选择新图标以替换原有的“目录”图标。
- 按钮：单击此按钮，系统将弹出“选择文件”对话框，用户可导入外部文件作为“目录”图标。
- 重置...按钮：单击此按钮，系统将弹出图 3.5.19 所示的“重置”对话框，单击对话框中的确定按钮，可将命令属性恢复到原来的状态。

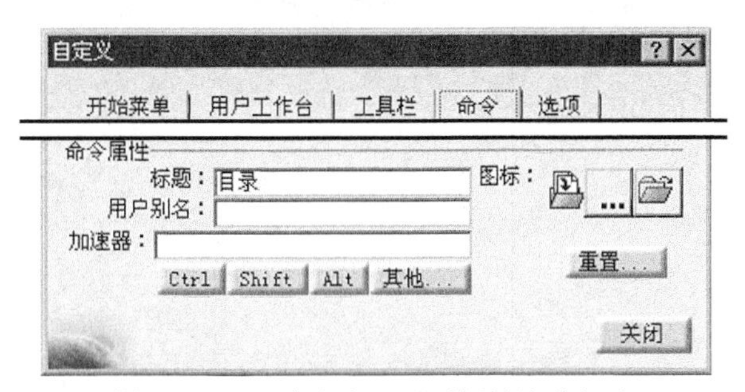

图 3.5.18　“自定义”对话框的隐藏部分

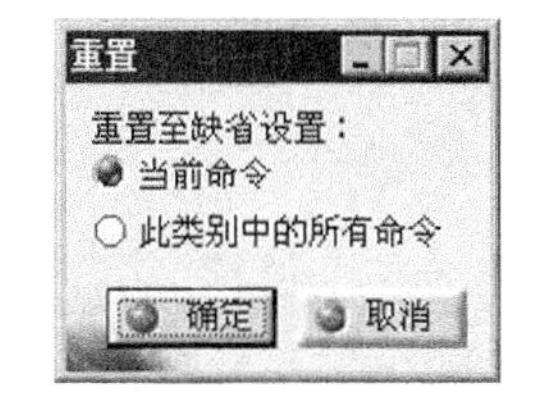

图 3.5.19　“重置”对话框

3.5.5　选项定制

在图 3.5.1 所示的“自定义”对话框中单击选项选项卡，即可进行选项的自定义（图 3.5.20）。通过此选项卡，可以更改图标大小、图标比率、工具提示和用户界面语言等。

注意：在此选项卡中，除☐锁定工具栏位置选项外，更改其余选项均需重新启动软件，才能使更改生效。

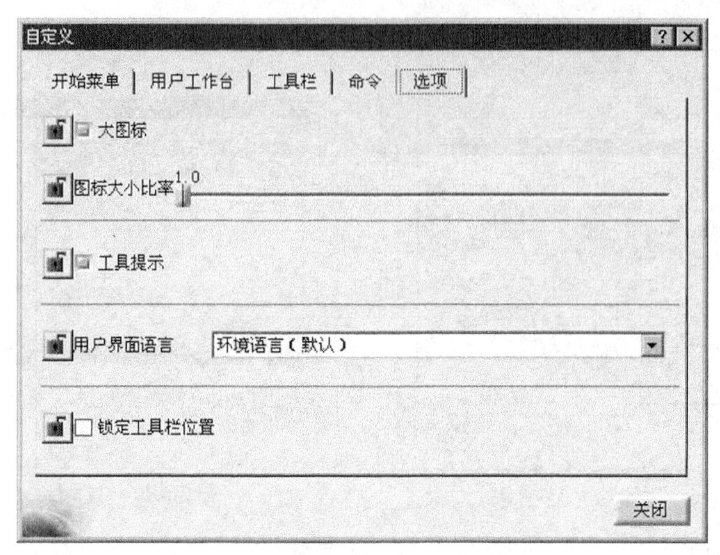

图 3.5.20 “选项”选项卡

第 4 章 二维草图的设计

本章提要 二维草图是创建特征的基础。例如创建拉伸、旋转和扫掠等特征时，往往需要先绘制二维草图（特征截面），其中创建筋（肋）（扫描）特征时还需要绘制草图以定义中心曲线（扫掠轨迹）。本章内容包括：

- 进入与退出草图设计工作台。
- 二维草图的绘制。
- 草图的编辑。
- 草图的标注。
- 草图中的几何约束。
- 草图的分析。

4.1 草图设计工作台简介

草图设计工作台是用户建立二维草图的工作界面，通过草图设计工作台中建立的二维草图轮廓可以生成三维实体或曲面，草图中各个元素之间可用约束来限制它们的位置和尺寸。因此，建立草图是建立三维实体或曲面的基础。

注意：要进入草图编辑器必须选择一个草图平面，可以在图形窗口中选择三个基准平面（xy 平面、yz 平面和 zx 平面），也可以在特征树上选择。

4.2 进入与退出草图设计工作台

1. 进入草图设计工作台的操作方法

打开 CATIA V5-6 后，选择下拉菜单 开始 → 机械设计 ▸ → 草图编辑器 命令，系统弹出“新建零件”对话框；在 输入零部件名称 文本框中输入文件名称（也可采用默认的名称 Part1），单击 确定 按钮；在特征树中选择 xy 平面为草图平面，系统即可进入草图设计工作台（图 4.2.1）。

说明：

- 从机械设计、外形设计等设计工作台都可以进入草图工作台。方法：选择下拉菜

单 插入 → 草图编辑器 → 草图 命令（或单击“草图编辑器”工具条中的“草图”按钮），然后选择草图平面，系统进入草图设计工作台。

- 在图形区双击已有的草图可以直接进入草图设计工作台。

注意：要进入草图设计工作台必须先选择一个草图平面，也就是要确定新草图在三维空间的放置位置。草图平面是草图所在的某个空间平面，它可以是基准平面，也可以是实体的某个表面等。

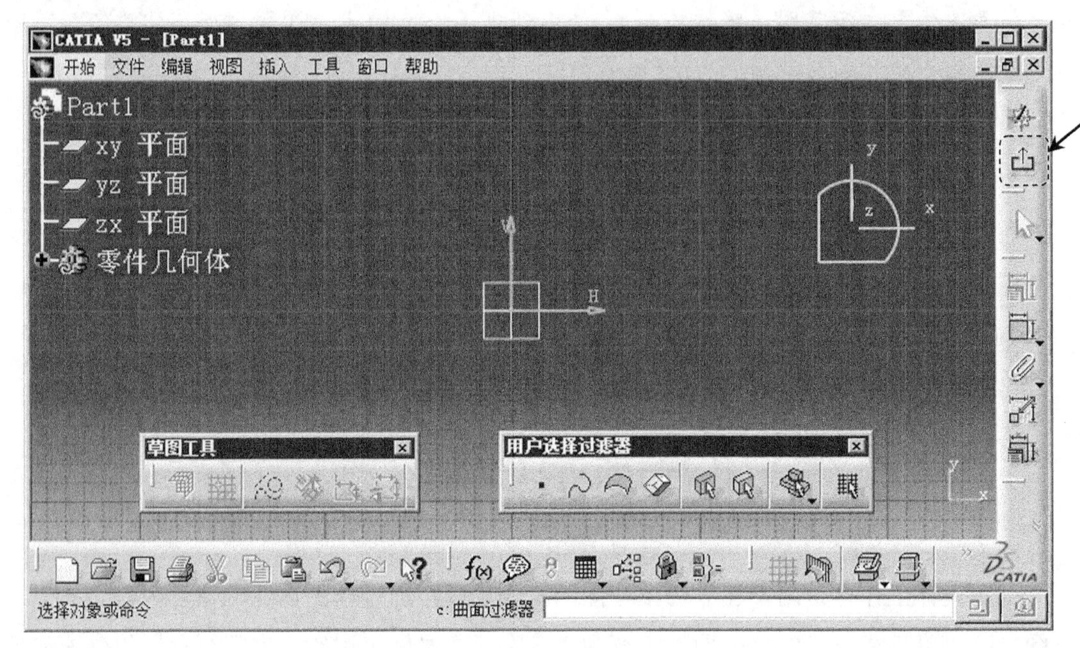

图 4.2.1　草图设计工作台

2. 退出草图设计工作台的操作方法

在草图设计工作台中，选择下拉菜单 开始 → 机械设计 → 零件设计 命令（或单击“工作台”工具条中的“退出工作台”按钮），即可退出草图设计工作台。

4.3　草图工具按钮简介

进入草图设计工作台后，屏幕上会出现草图设计中所需要的各种工具按钮，其中常用工具按钮及其功能注释如图 4.3.1～图 4.3.3 所示。

图 4.3.1 所示的“轮廓”工具条中的按钮说明如下。

A：创建连续轮廓线，可连续绘制直线、相切弧和三点弧。

B1：通过确定矩形的两个对角顶点，绘制与坐标轴平行的矩形。

B2：选择三点来创建矩形。

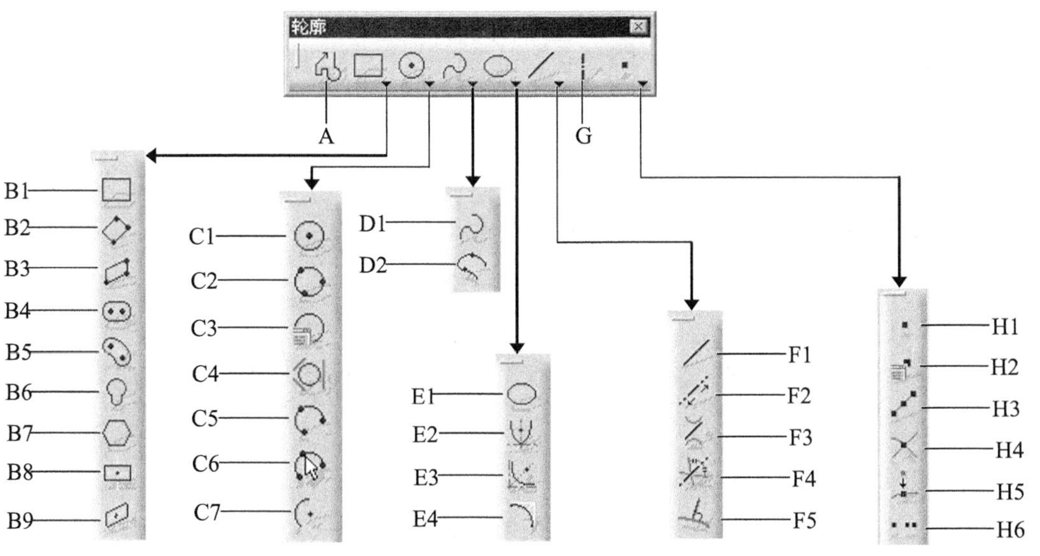

图 4.3.1 “轮廓”工具条

B3：通过选择三点来创建平行四边形。选择的三个点为平行四边形的三个顶点。

B4：创建延长孔。延长孔是由两段圆弧和两条直线组成的封闭轮廓。

B5：创建弧形延长孔，也称圆柱形延长孔。圆柱形延长孔是由四段圆弧组成的封闭轮廓。

B6：创建钥匙孔轮廓。钥匙孔轮廓是由两条平行直线和两段圆弧组成的封闭轮廓。

B7：创建正六边形。

B8：创建定义中心的矩形。

B9：创建定义中心的平行四边形。

C1：通过确定圆心和半径创建圆。

C2：通过确定圆上的三个点来创建圆。

C3：通过输入圆心坐标值和半径值来创建圆。

C4：创建与三个元素相切的圆。

C5：通过三个点绘制圆弧。

C6：在草图平面上选择三个点，系统过这三个点作圆弧，其中第一个点和第三个点分别作为圆弧的起点和终点。

C7：通过确定圆弧起点、终点以及圆心绘制弧。

D1：通过定义多个点来创建样条曲线。

D2：创建样条连接线，即通过样条线将两条曲线连接起来。

E1：创建椭圆。

E2：创建抛物线。

E3：创建双曲线。

E4：创建圆锥曲线。

F1：通过两点创建线。

F2：创建直线。该直线是无限长的。

F3：创建双切线，即与两个元素相切的直线。

F4：创建角平分线。角平分线是无限长的直线。

F5：创建曲线的法线。

G：通过两点创建轴线。创建的轴线在图形区以点画线形式显示。

H1：创建点。

H2：通过定义点的坐标来创建点。

H3：创建等距点（是在已知曲线上生成若干等距离点）。

H4：创建交点。

H5：创建投影点。

H6：创建对齐点。

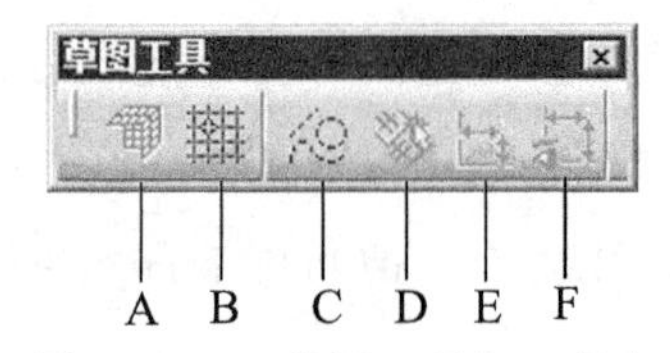

图 4.3.2 “草图工具”工具条

图 4.3.2 所示的“草图工具”工具条中的按钮说明如下。

A：获取当前 3D 网格的参数。

B：打开或关闭网格捕捉。

C：切换标准或构造几何体。

D：打开或关闭几何约束。

E：打开或关闭尺寸约束。

F：打开或关闭自动尺寸约束。

注意：在创建圆角、倒角、延长孔、钥匙孔轮廓和圆柱形延长孔时，若将“草图工具”工具条中的“几何约束”按钮和“尺寸约束”按钮激活，则创建后系统会自动添加几何约束和尺寸约束，如图 4.3.3 所示；若关闭，则不会自动添加，如图 4.3.4 所示。本章在学习圆角、倒角、延长孔、钥匙孔轮廓和圆柱形延长孔时，“几何约束”和“尺寸约束”均为关闭状态。

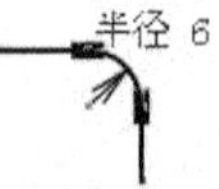

图 4.3.3 激活“几何约束”和“尺寸约束”

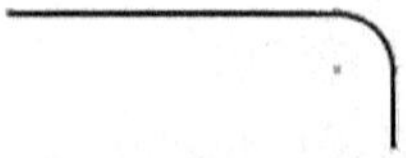

图 4.3.4 关闭“几何约束”和“尺寸约束”

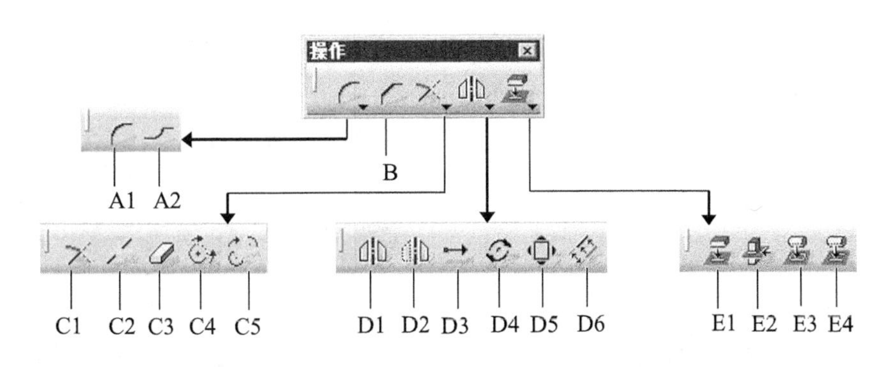

图 4.3.5 “操作”工具条

图 4.3.5 所示的“操作”工具条中的按钮说明如下。

A1：创建圆角。

A2：创建相切弧。

B： 创建倒角。

C1：使用边界修剪元素。

C2：将选定的元素断开。

C3：快速修剪选定的元素。

C4：将不封闭的圆弧或椭圆弧转换为封闭的圆或椭圆。

C5：将圆弧或者椭圆弧转换为与之互补的圆弧或者椭圆弧。

D1：镜像选定的对象。镜像后保留原对象。

D2：对称命令。在镜像复制选择的对象后删除原对象。

D3：平移命令。将图形沿着某一条直线方向移动一定的距离。

D4：旋转命令。将图形绕中心点旋转一定的角度。

D5：比例缩放选定的对象。

D6：将图形沿着法向进行偏置。

E1：平面投影。将三维物体的边线投影到草图工作平面上。

E2：平面交线。用于创建实体的面与草图工作平面的交线。

E3：投影曲面轮廓。可以将曲面轮廓投影到草图工作平面上。

E4：投影侧影轮廓边。可以将曲面侧影轮廓投影到草图工作平面上。

4.4 草图设计工作台中的下拉菜单

插入(I)下拉菜单是草图设计工作台中的主要菜单，它的功能主要包括草图轮廓的绘制、约束和操作等，如图 4.4.1～图 4.4.3 所示。

单击该下拉菜单，即可弹出其中的命令，其中绝大部分命令都以快捷按钮方式出现在屏幕的工具栏中。

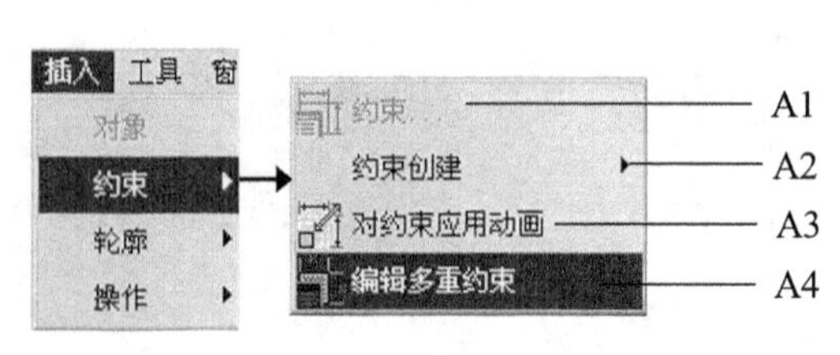

图 4.4.1 “约束”子菜单

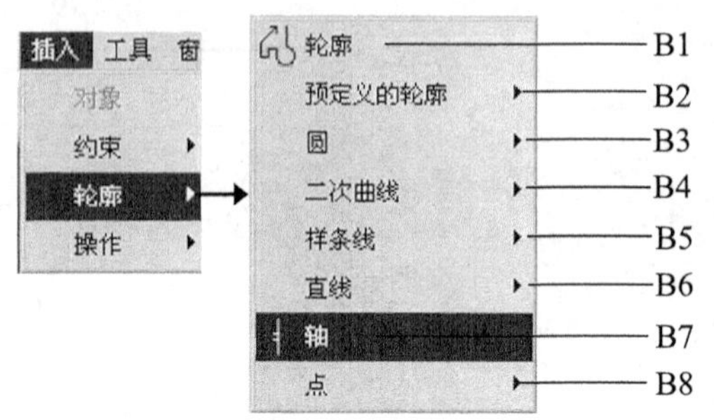

图 4.4.2 “轮廓”子菜单

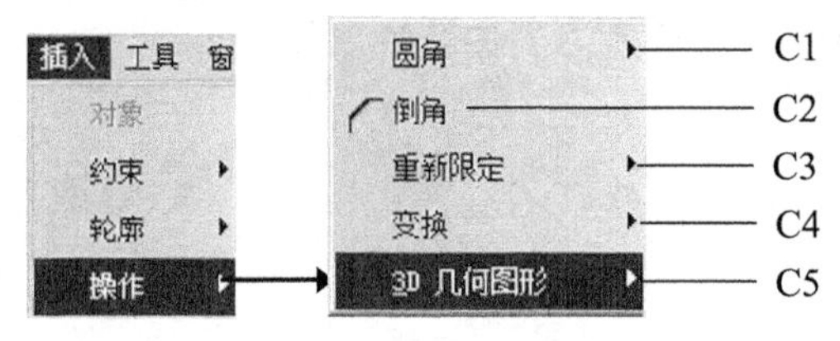

图 4.4.3 “操作”子菜单

图 4.4.1～图 4.4.3 所示的下拉菜单中的命令说明如下。

A1：对选定的元素进行约束，在使用该命令时，必须先选中元素。

A2：建立元素及元素之间的尺寸约束和几何约束。

A3：建立变量约束。

A4：用于修改选定对象的尺寸约束。

B1：创建连续轮廓线（可连续绘制直线和圆弧/轮廓线，也可以是直线或圆弧）

B2：建立预定义好的图形模板。

B3：创建圆，包括四种创建圆的方法和三种创建圆弧的方法。

B4：创建二次曲线，包括椭圆、抛物线、双曲线及圆锥曲线的创建。

B5：创建样条曲线及连接曲线。

B6：创建直线，可用五种不同的方式创建直线。

B7：创建轴线。

B8：创建点，可用五种不同的方式创建点。

C1：创建圆角，包括六种不同的圆角方式。

C2：创建倒角，包括六种不同的倒角方式。

C3：草图的再限制操作，用于对草图进行修剪、分段、快速修剪、封闭及互补等操作。

C4：草图的变换操作，用于对草图进行移动、镜像、旋转和比例缩放等操作。

C5：三维实体操作，包括三维元素的投影、相交操作等。

4.5 绘制草图前的设置

1. 设置网格间距

根据模型的大小，可设置草图设计工作台中的网格大小，其操作流程如下。

Step1. 选择下拉菜单 工具 → 选项... 命令。

Step2. 系统弹出“选项”对话框，在该对话框的左边列表中选择“机械设计”中的 草图编辑器 选项（图 4.5.1）。

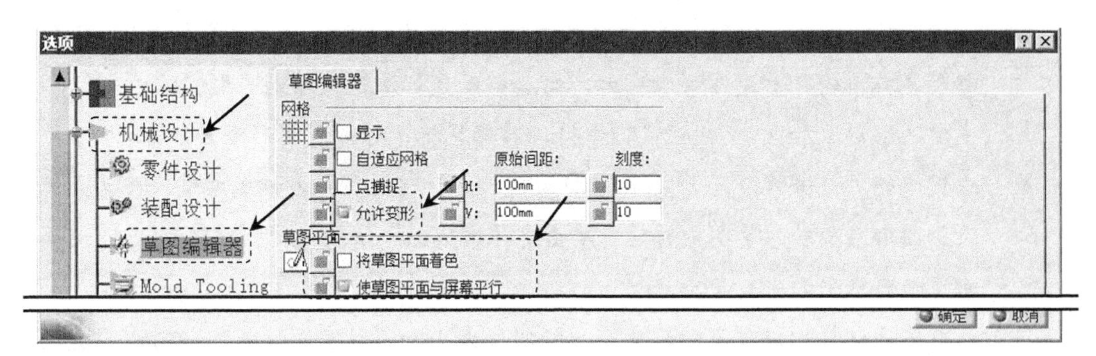

图 4.5.1 “选项”对话框（一）

Step3. 设置网格参数。选中 允许变形 复选框；在 网格 选项组的 原始间距： 和 刻度： 文本框中输入 H 和 V 方向的间距值；在“选项”对话框中单击 确定 按钮，结束网格设置。

2. 设置自动约束

在“选项”对话框的 草图编辑器 选项卡中，可以设置在创建草图过程中是否自动产生约束（图 4.5.2）。只有选中了这些显示选项，在绘制草图时，系统才会自动创建几何约束和尺寸约束。

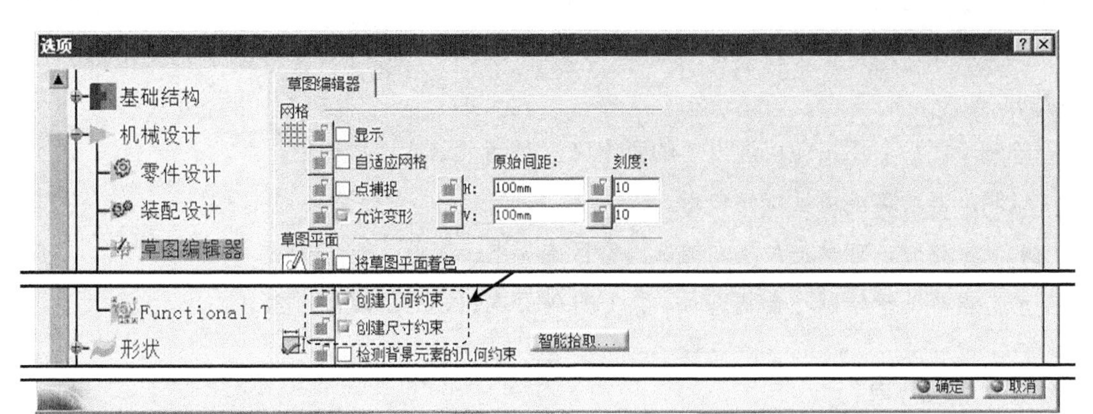

图 4.5.2 “选项”对话框（二）

3．草绘区的快速调整

单击“可视化”工具条中的“网格”按钮（图 4.5.3），可以控制草图设计工作台中网格的显示。当网格显示时，如果看不到网格，或者网格太密，可以缩放草绘区；如果想调整图形在草绘区的上下、左右的位置，可以移动草绘区。

图 4.5.3 “可视化”工具条

鼠标操作方法的说明如下。

- 中键滚轮（缩放草绘区）：按住鼠标中键，再单击一下鼠标左键或右键，然后向前移动鼠标滚轮可看到图形在变大，向后移动鼠标滚轮可看到图形在缩小。
- 中键（移动草绘区）：按住鼠标中键，移动鼠标，可看到图形跟着鼠标移动。
- 中键滚轮（旋转草绘区）：按住鼠标中键，然后按住鼠标左键或右键，移动鼠标可看到图形在旋转。草图旋转后，单击屏幕下部的“法线视图”按钮，可使草图回至与屏幕平面平行状态。

注意：草绘区这样的调整不会改变图形的实际大小和实际空间位置，它的作用是便于用户查看和操作图形。

4.6 二维草图的绘制

4.6.1 草图绘制概述

要绘制草图，应先从草图设计工作台中的工具条按钮区或插入下拉菜单中选取一个绘图命令，然后可通过在图形区中选取点来创建草图。

在绘制草图的过程中，当移动鼠标指针时，CATIA 系统会自动确定可添加的约束并将其显示。

绘制草图后，用户还可通过“约束定义”对话框继续添加约束。

说明：草绘环境中鼠标的使用。

- 草绘时，可单击鼠标左键在图形区选择点。
- 当不处于绘制元素状态时，按 Ctrl 键并单击，可选取多个项目。

4.6.2 绘制直线

Step1. 进入草图设计工作台前，在特征树中选取 xy 平面作为草图平面。

说明：

- 如果创建新草图，则在进入草图设计工作台之前必须先选取草图平面，也就是要确定新草图在空间的哪个平面上绘制。
- 以后在创建新草图时，如果没有特别的说明，则草图平面为 xy 平面。

Step2. 选择命令。选择下拉菜单 插入 → 轮廓 ▸ → 直线 ▸ → ╱直线 命令（或单击“轮廓”工具栏中“直线”按钮 中的 ，再单击 按钮）。此时，“草图工具”工具条如图 4.6.1 所示。

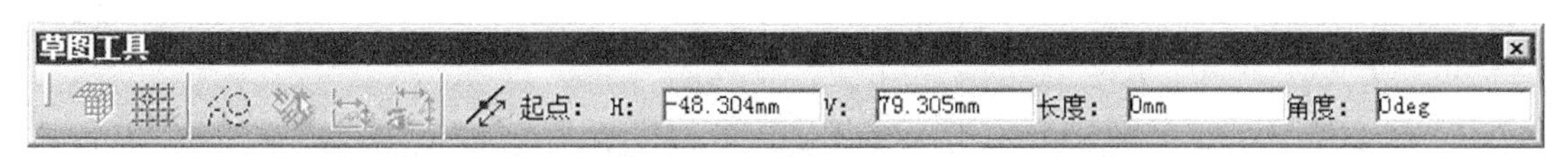

图 4.6.1 “草图工具”工具条

Step3. 定义直线的起始点。根据系统提示 选择一点或单击以定位起点，在图形区中的任意位置单击左键，以确定直线的起始点，此时可看到一条“橡皮筋”线附着在鼠标指针上。

说明：

- 单击 按钮绘制一条直线后，系统自动结束直线的绘制；双击 按钮可以连续绘制直线。草图设计工作台中的大多数工具按钮均可双击来连续操作。
- 系统提示 选择一点或单击以定位起点 显示在消息区，有关消息区的具体介绍请参见“3.2 CATIA V5-6 工作界面”的相关内容。

Step4. 定义直线的终止点。根据系统提示 选择一点或单击以定位终点，在图形区中的任意位置单击左键，以确定直线的终止点，系统便在两点间创建一条直线。

说明：

- 在草图设计工作台中，单击“撤销”按钮 可撤销上一个操作，单击“重做”按钮 重新执行被撤销的操作。这两个按钮在绘制草图时十分有用。
- CATIA 具有尺寸驱动功能，即图形的大小随着图形尺寸的改变而改变。
- 直线的精确绘制可以通过在“草图工具”工具条中输入相关的参数来实现，其他曲线的精确绘制也一样。
- “橡皮筋”是指操作过程中的一条临时虚构线段，它始终是当前鼠标光标的中心点与前一个指定点的连线。因为它可以随着光标的移动而拉长或缩短，并可绕前一点转动，所以我们形象地称为“橡皮筋”。

4.6.3 绘制相切直线

下面以图 4.6.2 为例，来说明创建相切直线的一般操作过程。

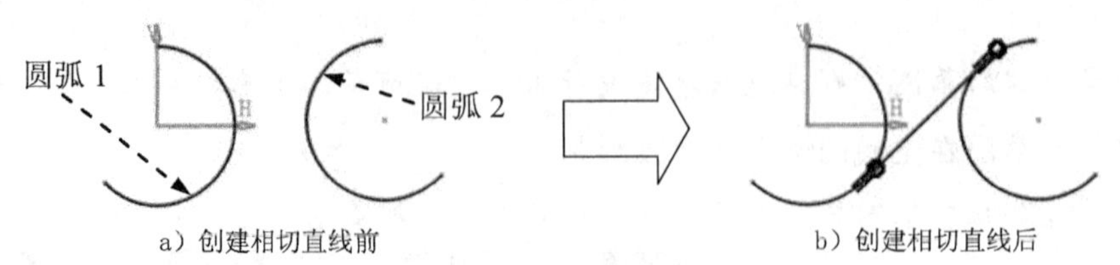

图 4.6.2　相切直线 1

Step1. 选择下拉菜单 文件 → 打开... 命令，系统弹出图 4.6.3 所示的“选择文件”对话框，在 查找范围(I): 下拉列表中选择目录 D:\cat2016.1\work\ch04.06.03，选择文件 tangency_line.CATPart，然后单击 打开(O) 按钮。

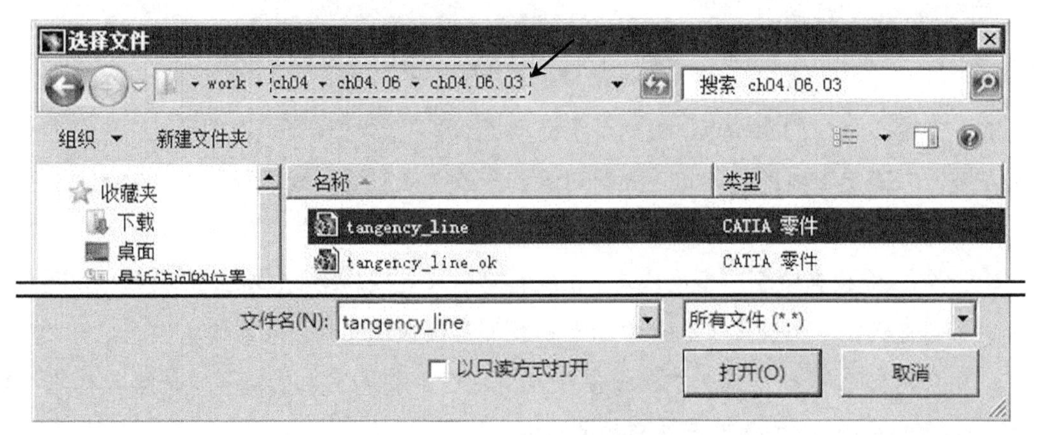

图 4.6.3　“选择文件”对话框

Step2. 选择命令。选择下拉菜单 插入 → 轮廓 → 直线 → 双切线 命令（或单击“轮廓”工具栏中“直线”按钮中的，再单击按钮）。

Step3. 定义第一个相切对象。根据系统提示 第一切线：选择几何图形以创建切线，在第一个圆弧上单击一点，如图 4.6.2a 所示。

Step4. 定义第二个相切对象。根据系统提示 第二切线：选择几何图形以创建切线，在第二个圆弧上单击与直线相切的位置点，这时便生成一条与两个圆（弧）相切的直线段。

说明： 单击圆或弧的位置不同，创建的直线也不一样，图 4.6.4 ~ 图 4.6.6 所示为创建的另三种相切线。

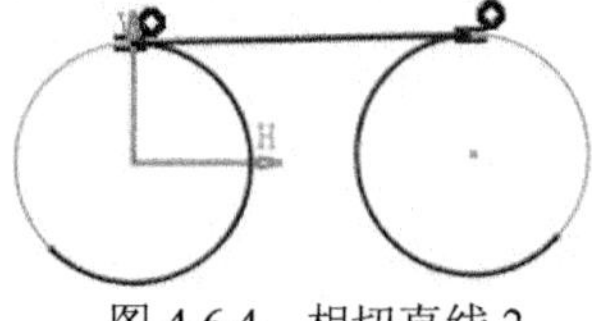

图 4.6.4　相切直线 2

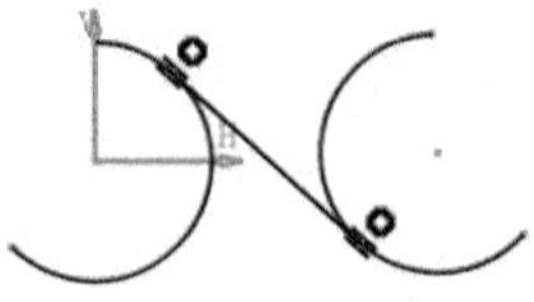

图 4.6.5　相切直线 3

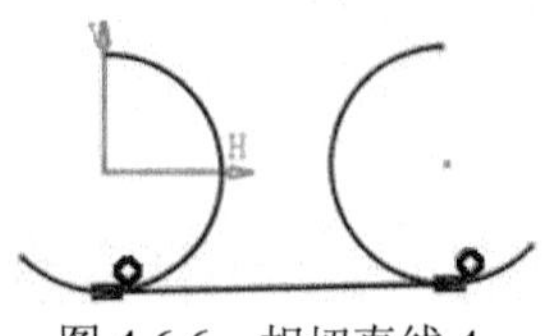

图 4.6.6　相切直线 4

4.6.4 绘制轴

轴是一种特殊的直线，它不能直接作为草图轮廓，只能作为旋转实体或旋转曲面的中心线。通常在一个草图中只有一条轴线，使用 轴 命令绘制多条线时，前面绘制的将自动转化为构造线（轴在图形区显示为点画线，构造线在图形区显示为虚线）。

Step1. 选择命令。选择下拉菜单 插入 → 轮廓 → 轴 命令（或单击“轮廓”工具栏中的 按钮）。

Step2. 定义轴的起始点。根据系统提示 选择一点或单击以定位起点 ，在图形区中的任意位置单击左键，以确定轴线的起始点，此时可看到一条“橡皮筋”线附着在鼠标指针上。

Step3. 定义轴的终止点。根据系统提示 选择一点或单击以定位终点 ，选择直线的终止点，系统便在两点间创建一条轴线。

4.6.5 绘制矩形

矩形对于绘制截面十分有用，可省去绘制四条线的麻烦。

方法一：

Step1. 选择下拉菜单 插入 → 轮廓 → 预定义的轮廓 → 矩形 命令（或在“轮廓”工具栏单击“矩形”按钮 ）。

Step2. 定义矩形的第一个角点。根据系统提示 选择或单击第一点以创建矩形 ，在图形区某位置单击，放置矩形的一个角点，然后将该矩形拖至所需大小。

Step3. 定义矩形的第二个角点。根据系统提示 选择或单击第二点以创建矩形 ，再次单击，放置矩形的另一个角点。此时，系统即在两个角点间绘制一个矩形。

方法二：

Step1. 选择命令。选择下拉菜单 插入 → 轮廓 → 预定义的轮廓 → 斜置矩形 命令（或单击“轮廓”工具栏“矩形”按钮 中的 ，再单击 按钮）。

Step2. 定义矩形的起点。根据系统提示 选择一个点或单击以定位起点 ，在图形区某位置单击，放置矩形的起点，此时可看到一条“橡皮筋”线附着在鼠标指针上。

Step3. 定义矩形的第一面终点。在系统 单击或选择一点，定位第一面的终点 提示下，单击以放置矩形的第一面终点，然后将该矩形拖至所需大小。

Step4. 定义矩形的一个角点。在系统 单击或选择一点，定义第二面 提示下，再次单击，放置矩形的一个角点。此时，系统以第二点与第一点的距离为长，以第三点与第二点的距离为宽创建一个矩形。

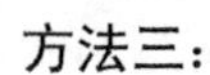

方法三：

Step1. 选择命令。选择下拉菜单 插入 → 轮廓 → 预定义的轮廓 → 居中矩形 命令（或单击“轮廓”工具栏“矩形”按钮中的，再单击按钮）。

Step2. 定义矩形中心。根据系统提示 选择或单击一点，创建矩形的中心 ，在图形区某位置单击，创建矩形的中心，然后将该矩形拖至所需大小。

Step3. 定义矩形的一个角点。在系统 选择或单击第二点，创建居中矩形 提示下，再次单击，放置矩形的一个角点。此时，系统立即创建一个矩形。

4.6.6 绘制圆

方法一： 中心/点——通过选取中心点和圆上一点来创建圆。

Step1. 选择命令。选择下拉菜单 插入 → 轮廓 → 圆 → 圆 命令（或单击“轮廓”工具栏“圆”按钮中的，再单击按钮）。

Step2. 定义圆的中心点及大小。在某位置单击，放置圆的中心点，然后将该圆拖至所需大小并单击确定。

方法二： 三点——通过选取圆上的三个点来创建圆。

方法三： 使用坐标创建圆。

Step1. 选择命令。选择下拉菜单 插入 → 轮廓 → 圆 → 使用坐标创建圆 命令（或单击“轮廓”工具栏“圆”按钮中的，再单击按钮），系统弹出图 4.6.7 所示的“圆定义”对话框。

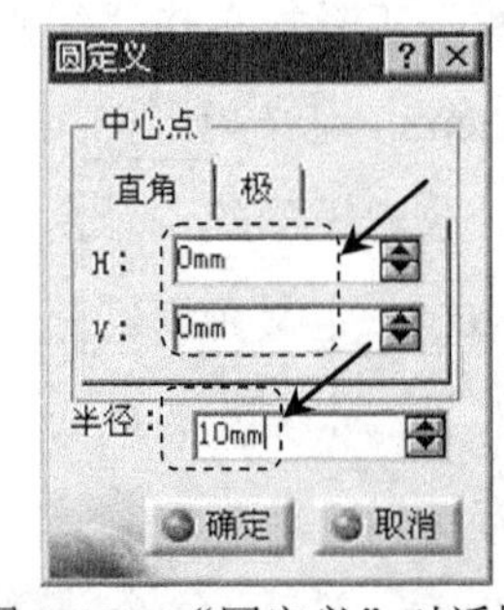

图 4.6.7 “圆定义”对话框

Step2. 定义参数。在“圆定义”对话框中输入中心点坐标和半径，单击 确定 按钮，系统立即创建一个圆。

方法四： 三切线圆。

Step1. 选择命令。选择下拉菜单 插入 → 轮廓 → 圆 → 三切线圆 命令（或单击“轮廓”工具栏“圆”按钮中的，再单击按钮）。

Step2. 选取相切元素。分别选取三个元素，系统便自动创建与这三个元素相切的圆。

4.6.7 绘制圆弧

共有三种绘制圆弧的方法。

方法一： 圆心/端点圆弧。

Step1. 选择命令。选择下拉菜单 插入 → 轮廓 → 圆 → 弧 命令（或

单击“轮廓”工具栏“圆”按钮中的，再单击按钮）。

Step2. 定义圆弧中心点。在某位置单击，确定圆弧中心点，然后将圆拖动至所需大小。

Step3. 定义圆弧端点。在图形区单击两点以确定圆弧的两个端点。

方法二：起始受限制的三点弧——确定圆弧的两个端点和弧上的一个附加点来创建三点圆弧。

Step1. 选择下拉菜单 插入 → 轮廓 → 圆 → 起始受限的三点弧 命令（或单击“轮廓”工具栏“圆”按钮中的，再单击按钮）。

Step2. 定义圆弧端点。在图形区某位置单击，放置圆弧一个端点；在另一位置单击，放置另一端点。

Step3. 定义圆弧上一点。移动鼠标，圆弧呈“橡皮筋”样变化，单击确定圆弧上的一点。

方法三：三点弧——确定圆弧的两个端点和弧上的一个附加点来创建一个三点圆弧。

Step1. 选择命令。选择下拉菜单 插入 → 轮廓 → 圆 → 三点弧 命令（或单击“轮廓”工具栏“圆”按钮中的，再单击按钮）。

Step2. 在图形区某位置单击，放置圆弧的一个端点；在另一位置单击，放置圆弧上的一点。

Step3. 此时移动鼠标指针，圆弧呈“橡皮筋”样变化，单击放置圆弧的另一个端点。

说明：起始受限制的三点弧是通过依次点击圆弧起点、终点和圆弧中间的一点来创建圆弧，它先确定圆弧的起始和终止点，再决定圆弧的曲率；而三点弧是通过依次点击圆弧的起点、中间一点和终点来创建圆弧的。

4.6.8 绘制椭圆

Step1. 选择命令。选择下拉菜单 插入 → 轮廓 → 二次曲线 → 椭圆 命令（或单击“轮廓”工具栏“椭圆”按钮中的，再单击按钮）。

Step2. 定义椭圆中心点。在图形区某位置单击，放置椭圆的中心点。

Step3. 定义椭圆长轴。在图形区某位置单击，定义椭圆的长轴和方向。

Step4. 确定椭圆大小。移动鼠标指针，将椭圆拉至所需形状并单击，完成椭圆的绘制。

4.6.9 绘制轮廓

“轮廓”命令用于连续绘制直线和（或）圆弧，它是绘制草图时最常用的命令之一。轮廓线可以是封闭的，也可以是不封闭的。

Step1. 选择命令。选择下拉菜单 插入 → 轮廓 → 轮廓 命令（或单击“轮廓”

工具栏中按钮)，此时“草图工具”工具条（一）如图 4.6.8 所示。

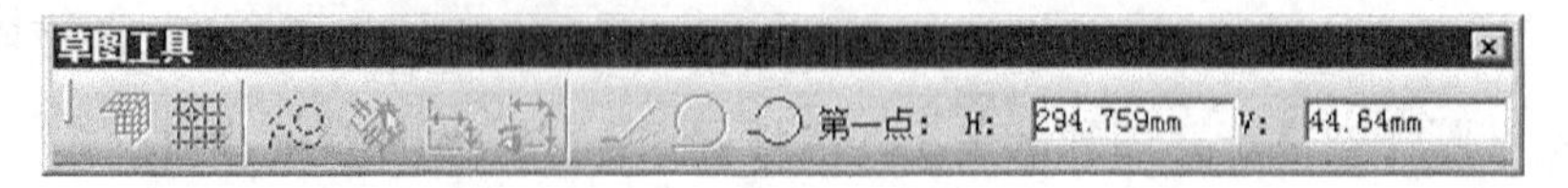

图 4.6.8 “草图工具”工具条（一）

Step2. 选用系统默认的“直线”按钮，在图形区绘制图 4.6.9 所示的直线，此时“草图工具”工具条中的“相切弧”按钮被激活，单击该按钮，绘制图 4.6.10 所示的圆弧。

图 4.6.9 绘制直线

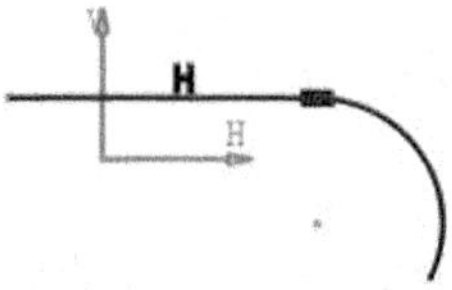

图 4.6.10 绘制相切圆弧

Step3. 按两次 Esc 键完成轮廓线的绘制。

说明：

- 轮廓线包括直线和圆弧，“轮廓线”命令和“圆”“直线”命令的区别在于，轮廓线可以连续绘制线段和（或）圆弧。
- 绘制线段或圆弧后，若要绘制相切弧，可以在画圆弧起点时拖动鼠标，系统自动转换到圆弧模式。
- 可以利用动态输入框确定轮廓线的精确参数。
- 结束轮廓线的绘制有如下三种方法：按两次 Esc 键；单击工具条中的“轮廓线”按钮；在绘制轮廓线的结束点位置双击鼠标左键。
- 如果绘制时轮廓已封闭，则系统自动结束轮廓线的绘制。

4.6.10 绘制圆角

下面以图 4.6.11 为例，来说明绘制圆角的一般操作过程。

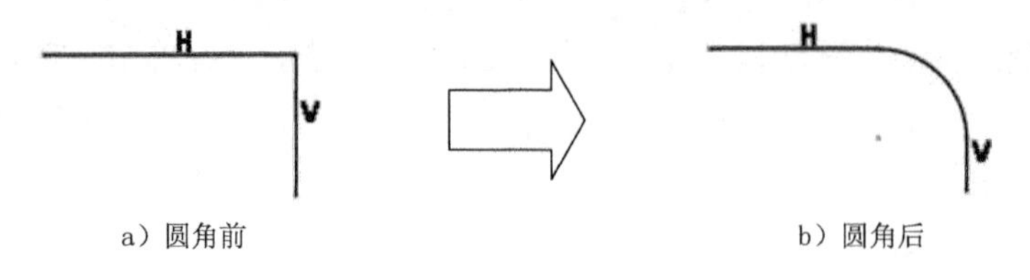

a）圆角前　　b）圆角后

图 4.6.11 绘制圆角

Step1. 打开文件 D:\cat2016.1\work\ch04.06.10\fillet.CATPart。

Step2. 选择命令。选择下拉菜单 插入 → 操作 ▸ → 圆角 命令，此时“草图工

具”工具条（二）如图 4.6.12 所示。

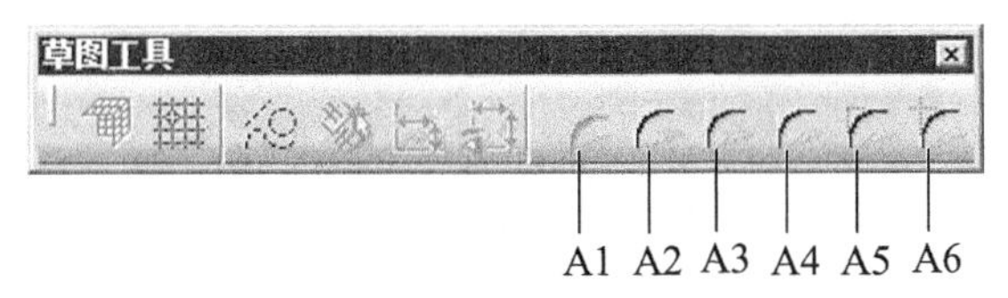

图 4.6.12 “草图工具”工具条（二）

图 4.6.12 所示的“草图工具”工具条中的部分按钮说明如下。

A1：修剪所有元素。

A2：修剪第一元素。

A3：不修剪。

A4：标准线修剪。

A5：构造线修剪。

A6：构造线未修剪。

Step3. 选用系统默认的“修剪所有元素”方式，分别选取两个元素（两条直线），然后单击以确定圆角位置，系统便在这两个元素间创建圆角，并将两个元素裁剪至交点。

4.6.11 绘制倒角

下面以图 4.6.13 为例，来说明绘制倒角的一般操作过程。

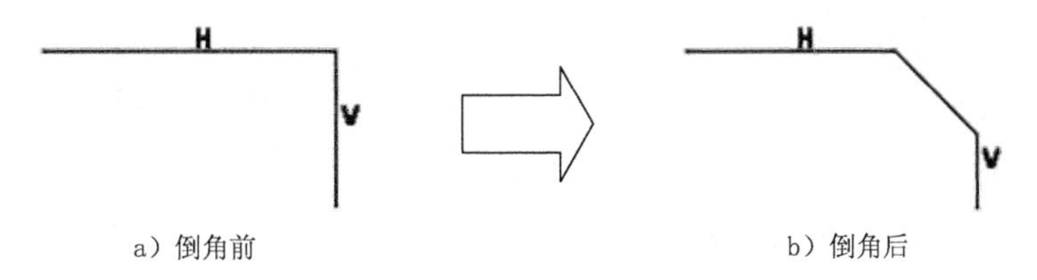

a）倒角前　　b）倒角后

图 4.6.13 绘制倒角

Step1. 打开文件 D:\cat2016.1\work\ch04.06.11\chamfer.CATPart。

Step2. 选择命令。选择下拉菜单 插入 → 操作 ▸ → 倒角 命令。

Step3. 分别选取两个元素（两条边），此时图形区出现倒角预览（一条线段），且该线段随着光标的移动而变化。

Step4. 根据系统提示 单击定位倒角，在图形区单击以确认放置倒角的位置，完成倒角操作。

4.6.12 绘制样条曲线

下面以图 4.6.14 为例，来说明绘制样条曲线的一般操作过程。

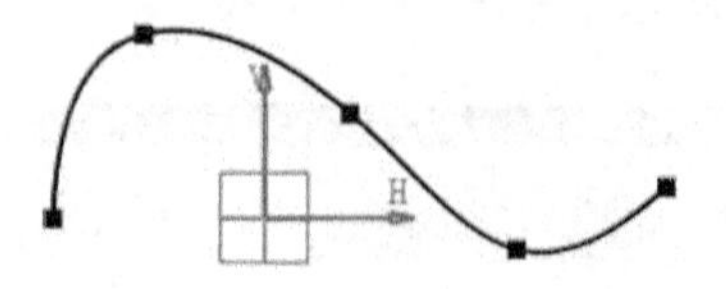

图 4.6.14 绘制样条曲线

样条曲线是通过任意多个点的平滑曲线，其创建过程如下。

Step1. 选择命令。选择下拉菜单 插入 ➡ 轮廓 ▸ ➡ 样条线 ▸ ➡ 样条线 命令（或单击“轮廓”工具栏“样条曲线”按钮中的，再单击按钮）。

Step2. 定义样条曲线的控制点。单击一系列点，可观察到一条“橡皮筋”样条附着在鼠标指针上。

Step3. 按两次 Esc 键结束样条线的绘制。

说明：

- 当绘制的样条线形成封闭曲线时，系统自动结束样条线的绘制。
- 结束样条线的绘制有如下三种方法：按两次 Esc 键；单击工具条中的“样条线”按钮；在绘制轮廓线的结束点位置双击鼠标左键。

4.6.13 绘制角平分线

角平分线就是两条平行直线的中间线或两条相交直线的角平分线，绘制的角平分线是无限长的。绘制角平分线的一般操作过程如下。

Step1. 选择命令。选择下拉菜单 插入 ➡ 轮廓 ▸ ➡ 直线 ▸ ➡ 角平分线 命令（或单击“轮廓”工具栏“线”按钮中的，再单击按钮）。

Step2. 定义源曲线。在图形区单击已有的两条直线，系统立即创建一条无限长的直线。

注意：图 4.6.15 和图 4.6.16 所示为利用两条平行直线和两条相交直线绘制的角平分线。

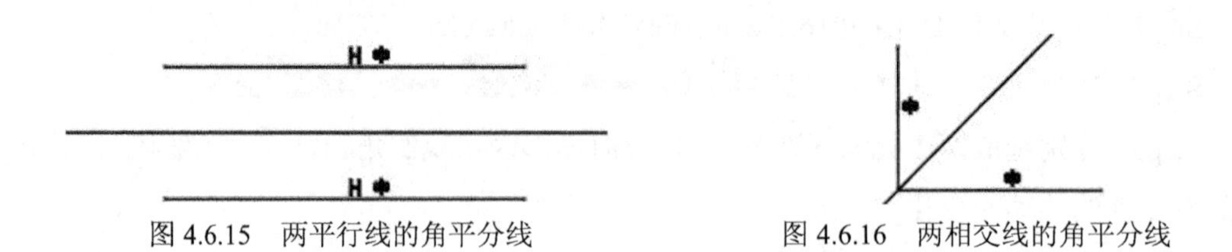

图 4.6.15 两平行线的角平分线　　图 4.6.16 两相交线的角平分线

4.6.14 绘制曲线的法线

曲线的法线就是通过曲线上一点，且垂直于该曲线的直线。下面以图 4.6.17 为例，来说明绘制曲线的法线的一般操作过程。

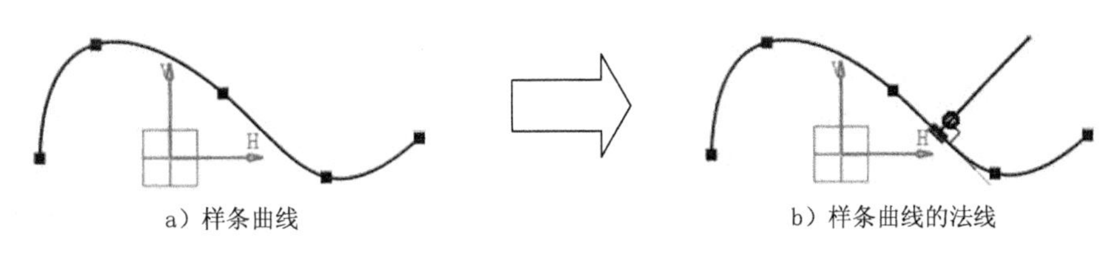

图 4.6.17　创建样条曲线的法线

Step1. 打开文件 D:\cat2016.1\work\ch04.06.14\normai.CATPart。

Step2. 选择命令。选择下拉菜单 插入 → 轮廓 → 直线 → 曲线的法线 命令（或单击"轮廓"工具栏"线"按钮中的，再单击按钮）。

Step3. 定义法线的起点。根据系统提示 单击选择曲线或点，单击样条曲线上的任意一点，放置曲线法线的起点。

Step4. 定义法线的端点。根据系统提示 单击定义直线的第二端点，在绘图区任意位置单击以确定曲线法线的端点。

4.6.15　绘制平行四边形

绘制平行四边形的一般过程如下。

Step1. 选择命令。选择下拉菜单 插入 → 轮廓 → 预定义的轮廓 → 平行四边形 命令（或单击"轮廓"工具栏"矩形"按钮中的，再单击按钮）。

Step2. 定义角点 1。在图形区某位置单击，放置平行四边形的一个角点，此时可看到一条"橡皮筋"线附着在鼠标指针上。

Step3. 定义角点 2。单击以放置平行四边形的第二个角点，然后将该平行四边形拖至所需大小。

Step4. 定义角点 3。再次单击，放置平行四边形的第三个角点。此时，系统立即绘制一个平行四边形。

4.6.16　绘制六边形

六边形对于绘制截面十分有用，可省去绘制六条线的麻烦，还可以减少约束。

Step1. 选择命令。选择下拉菜单 插入 → 轮廓 → 预定义的轮廓 → 六边形 命令（或单击"轮廓"工具栏"矩形"按钮中的，再单击按钮）。

Step2. 定义中心点。在图形区的某位置单击，放置六边形的中心点，然后将该六边形拖至所需大小。

Step3. 定义六边形上的点。再次单击，放置六边形的一条边的中点。此时，系统立即

绘制一个六边形。

4.6.17　绘制延长孔

利用“延长孔”命令可以绘制键槽、螺栓孔等一类的延长孔，延长孔是由两段弧和两条直线组成的封闭轮廓。下面以图 4.6.18 所示的延长孔为例来说明其一般绘制过程。

图 4.6.18　延长孔

Step1. 选择命令。选择下拉菜单 插入 → 轮廓 → 预定义的轮廓 → 延长孔 命令（或单击“轮廓”工具栏“矩形”按钮中的，再单击按钮）。

Step2. 定义中心点 1。在图形区图 4.6.18 所示的中心点 1 处单击，放置延长孔的一个中心点。

Step3. 定义中心点 2。移动光标至图 4.6.18 所示的中心点 2 处单击，以放置延长孔的另一个中心点，然后将延长孔拖至合适的大小。

Step4. 定义延长孔上的点。再次单击，放置延长孔上一点。此时，系统立即绘制一个延长孔。

4.6.18　绘制圆柱形延长孔

圆柱形延长孔是由四段圆弧组成的封闭轮廓。下面以图 4.6.19 所示的圆柱形延长孔为例来说明其一般绘制过程。

Step1. 选择命令。选择下拉菜单 插入 → 轮廓 → 预定义的轮廓 → 圆柱形延长孔 命令（或单击“轮廓”工具栏“矩形”按钮中的，再单击按钮）。

Step2. 定义中心线圆心。在图形区的某位置单击，放置圆柱形延长孔中心线圆弧的圆心。

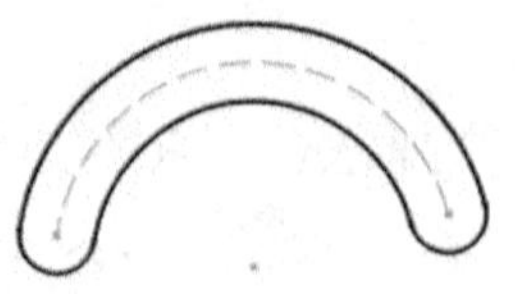

图 4.6.19　圆柱形延长孔

Step3. 定义中心线的起始点。移动光标至合适位置，单击以放置圆柱形延长孔中心线的起始点，此时可看到一条“橡皮筋”线附着在鼠标指针上。

Step4. 定义中心线的终止点。再次单击，放置圆柱形延长孔中心线的终止点，然后将该圆柱形延长孔拖至所需大小。

Step5. 定义圆柱形延长孔上一点。单击以放置圆柱形延长孔上一点，系统立即绘制一个圆柱形延长孔。

4.6.19　创建点

点的创建很简单。在设计管路和电缆布线时，创建点对工作十分有帮助。

Step1. 选择命令。选择下拉菜单 插入 → 轮廓 ▸ → 点 ▸ → 点 命令（或单击“轮廓”工具栏“点”按钮中的，再单击按钮）。

Step2. 在图形区的某位置单击以放置该点。

4.6.20　将一般元素变成构造元素

CATIA 中构造元素（构建线）的作用为辅助线（参考线），构造元素以虚线显示。草绘中的直线、圆弧和样条线等元素都可以转化为构造元素。下面以图 4.6.20 为例，说明其创建方法。

Step1. 打开文件 D:\cat2016.1\work\ch04.06.20\construct.CATPart。

Step2. 按住 Ctrl 键不放，依次选取图 4.6.20a 中的直线、圆弧和圆。

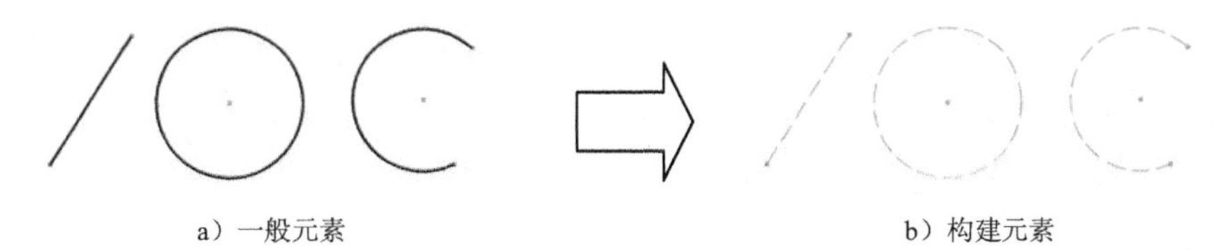

a）一般元素　　b）构建元素

图 4.6.20　将元素转换为构建元素

Step3. 在“草图工具”工具条中单击“构造/标准元素”按钮，被选取的元素转换为构造元素。

4.7　草图的编辑

4.7.1　删除元素

Step1. 在图形区单击或框选要删除的元素。

Step2. 按一下键盘上的 Delete 键，所选元素即被删除。也可采用下面两种方法删除元

素。

- 右击，在系统弹出的快捷菜单中选择 删除 命令。
- 在 编辑 下拉菜单中选择 删除 命令。

4.7.2 直线的操纵

CATIA 提供了元素操纵功能，可方便地旋转、拉伸和移动元素。

直线操纵 1 的操作流程：在图形区，把鼠标指针移到直线上，按下左键不放，同时移动鼠标（此时鼠标指针变为），此时直线随着鼠标指针一起移动（图 4.7.1），达到绘制意图后，松开鼠标左键。

直线操纵 2 的操作流程：在图形区，把鼠标指针移到直线的某个端点上，按下左键不放，同时移动鼠标，此时会看到直线以另一端点为固定点伸缩或转动（图 4.7.2），达到绘制意图后，松开鼠标左键。

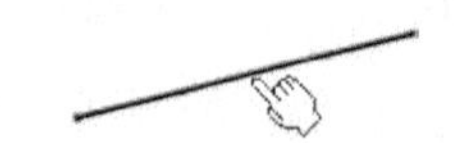

图 4.7.1 直线操纵 1

图 4.7.2 直线操纵 2

4.7.3 圆的操纵

圆操纵 1 的操作流程：把鼠标指针移到圆的边线上，按下左键不放，同时移动鼠标，此时会看到圆在变大或缩小（图 4.7.3）。达到绘制意图后，松开鼠标左键。

圆操纵 2 的操作流程：把鼠标指针移到圆心上，按下左键不放，同时移动鼠标，此时会看到圆随着指针一起移动（图 4.7.4）。达到绘制意图后，松开鼠标左键。

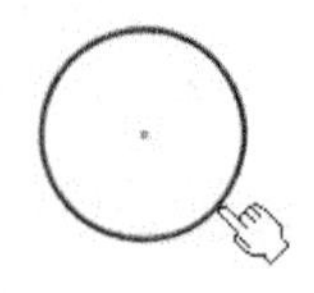

图 4.7.3 圆操纵 1

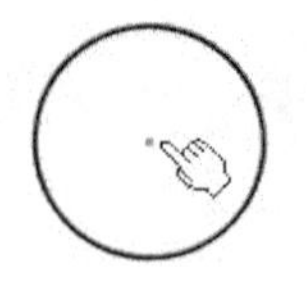

图 4.7.4 圆操纵 2

4.7.4 圆弧的操纵

圆弧操纵 1 的操作流程：把鼠标指针移到圆弧上，按下左键不放，同时移动鼠标，此时会看到圆弧随着指针一起移动（图 4.7.5）。达到绘制意图后，松开鼠标左键。

圆弧操纵 2 的操作流程：把鼠标指针移到圆弧的圆心点上，按下左键不放，同时移动鼠标，此时圆弧以某一端点为固定点旋转，并且圆弧的包角及半径也在变化（图 4.7.6）。达到绘制意图后，松开鼠标左键。

圆弧操纵 3 的操作流程：把鼠标指针移到圆弧的某个端点上，按下左键不放，同时移动鼠标，此时会看到圆弧以另一端点为固定点旋转，并且圆弧的包角也在变化（图 4.7.7）。达到绘制意图后，松开鼠标左键。

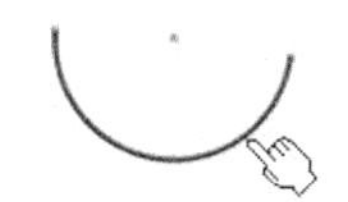
图 4.7.5　圆弧操纵 1

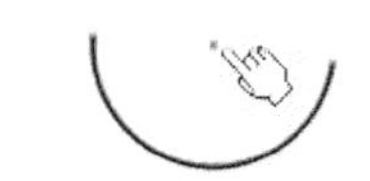
图 4.7.6　圆弧操纵 2

图 4.7.7　圆弧操纵 3

说明：点和坐标系的操纵很简单，读者不妨自己试一试。

4.7.5　样条曲线的操纵

样条曲线操纵 1 的操作流程（图 4.7.8）：把鼠标指针移到样条曲线的某个端点上，按下左键不放，同时移动鼠标，此时样条曲线以另一端点为固定点旋转，同时大小也在变化。达到绘制意图后，松开鼠标左键。

样条曲线操纵 2 的操作流程（图 4.7.9）：把鼠标指针移到样条曲线的中间点上，按下左键不放，同时移动鼠标，此时样条曲线的拓扑形状（曲率）不断变化。达到绘制意图后，松开鼠标左键。

样条曲线操纵 3 的操作流程（图 4.7.10）：把鼠标指针移到样条曲线上，按下左键不放，同时移动鼠标，此时样条曲线的拓扑形状（曲率）不会发生变化，变化的只是样条曲线在空间中的位置。达到绘制意图后，松开鼠标左键。

图 4.7.8　样条曲线操纵 1

图 4.7.9　样条曲线操纵 2

图 4.7.10　样条曲线操纵 3

4.7.6　缩放对象

下面以图 4.7.11 为例，来说明缩放对象的一般操作过程。

Step1. 打开文件 D:\cat2016.1\work\ch04.07.06\zoom.CATPart。

Step2. 选择命令。选择下拉菜单 插入 → 操作 ▸ → 变换 ▸ → 缩放 命令（或在“操作”工具栏单击“镜像”按钮中的，再单击按钮），系统弹出图 4.7.12 所示的“缩放定义”对话框。

Step3. 定义是否复制。在“缩放定义”对话框中取消选中□复制模式复选框。

Step4. 定义要缩放的对象。在图形区中选取图 4.7.11a 所示的矩形为要缩放的对象。

Step5. 定义缩放中心点。在图形区单击原点以确定缩放的中心点。此时，“缩放定义”对话框中缩放选项组下的文本框被激活。

Step6. 定义缩放参数。在缩放选项组下的文本框中输入值 0.7，单击确定按钮完成对象的缩放操作。

说明：

- 在进行缩放操作时，可以先选择需要缩放的对象，然后再选择命令。
- 在定义缩放值时，可以在图形区中移动鼠标至所需数值，单击即可。

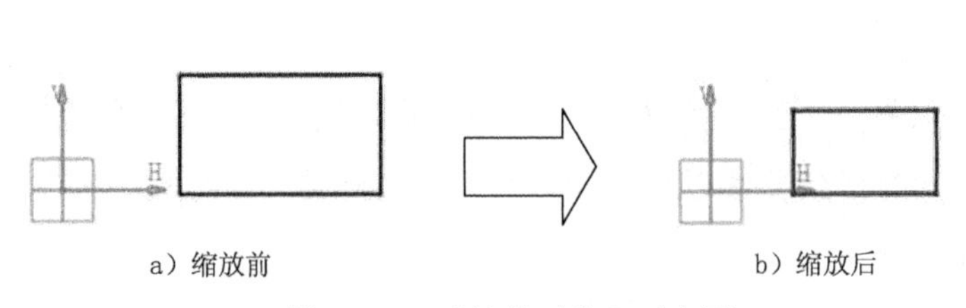

a）缩放前　　b）缩放后

图 4.7.11　“缩放对象”示意图

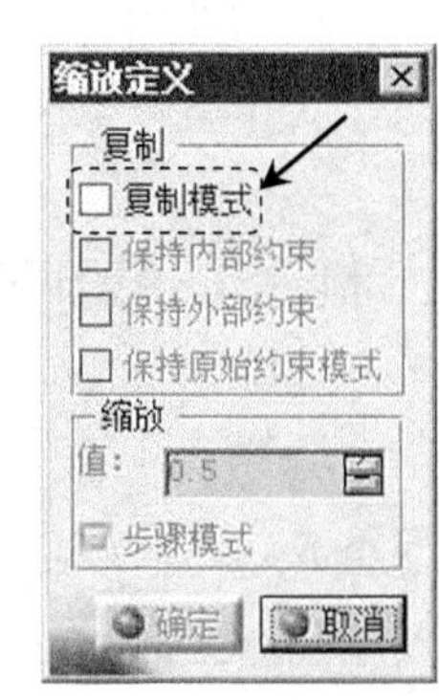

图 4.7.12　“缩放定义”对话框

4.7.7　旋转对象

下面以图 4.7.13 所示的圆弧为例，来说明旋转对象的一般操作过程。

Step1. 打开文件 D:\cat2016.1\work\ch04.07.07\circumgyrate.CATPart。

Step2. 选择命令。选择下拉菜单 插入 → 操作 ▸ → 变换 ▸ → 旋转 命令（或在“操作”工具栏单击“镜像”按钮中的，再单击按钮），系统弹出图 4.7.14 所示的“旋转定义”对话框。

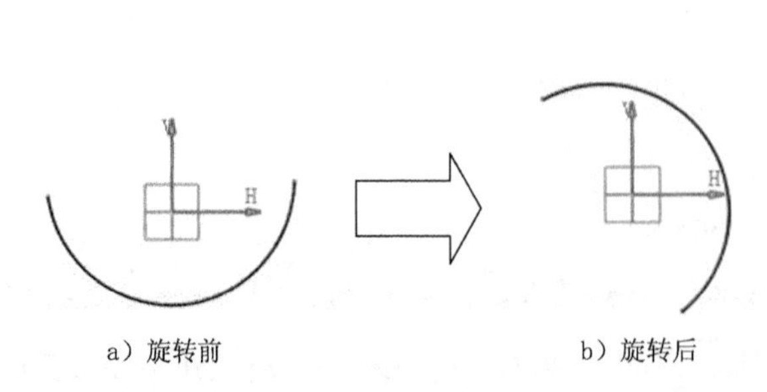

a）旋转前　　b）旋转后

图 4.7.13　“旋转对象”示意图

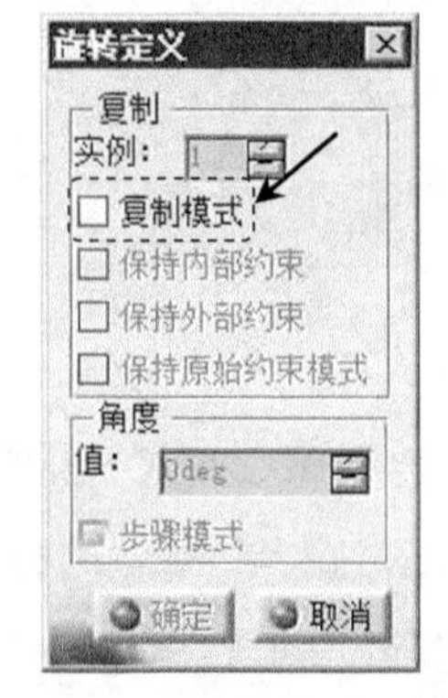

图 4.7.14　“旋转定义”对话框

Step3. 定义是否复制。在“旋转定义”对话框中取消选中□复制模式复选框。

Step4. 选取对象。在图形区单击图 4.7.13a 所示的圆弧为要旋转的元素。

Step5. 定义旋转中心点。在图形区选择原点为旋转的中心点。此时，“旋转定义”对话框中 角度 选项组下的文本框被激活。

Step6. 定义参数。在 角度 选项组下的文本框中输入值 120，单击 确定 按钮完成对象的旋转操作。

4.7.8　平移对象

下面以图 4.7.15 所示的圆弧为例，来说明平移对象的一般操作过程。

Step1. 打开文件 D:\cat2016.1\work\ch04.07.08\move.CATPart。

Step2. 选择命令。选择下拉菜单 插入 → 操作 ▸ → 变换 ▸ → 平移 命令（或在“操作”工具栏单击“镜像”按钮中的，再单击按钮），系统弹出图 4.7.16 所示的“平移定义”对话框。

Step3. 定义是否复制。在“平移定义”对话框中取消选中□复制模式复选框。

Step4. 选取对象。在图形区单击图 4.7.15a 所示的圆弧为要平移的对象。

Step5. 定义平移起点。在图形区单击原点以确定平移起点。此时，“平移定义”对话框中 长度 选项组下的文本框被激活。

Step6. 定义参数。在 长度 选项组下的文本框中输入值 40，单击 确定 按钮。

Step7. 定义平移方向。在图形区单击以确定平移的方向。

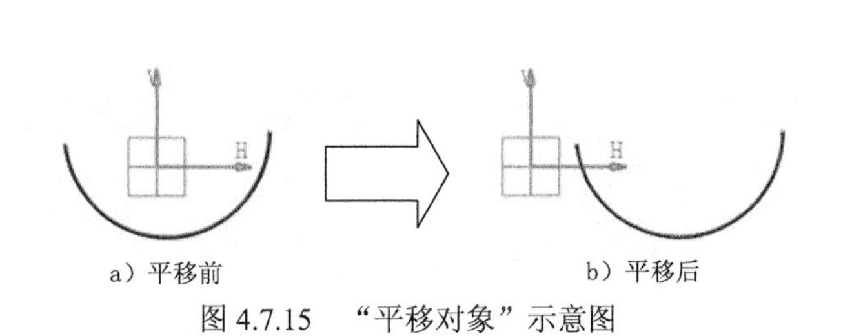

a）平移前　　b）平移后

图 4.7.15　“平移对象”示意图

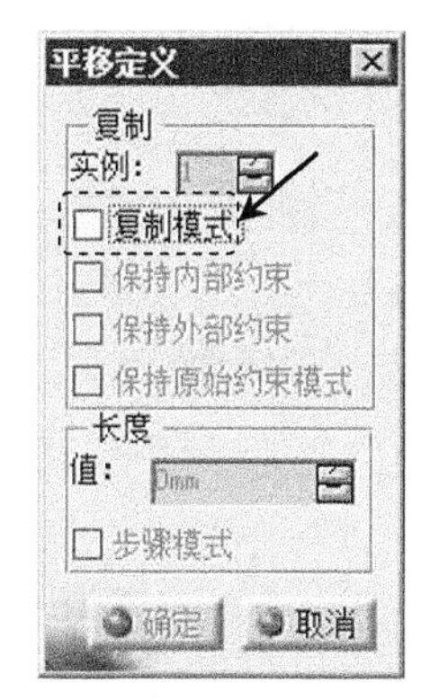

图 4.7.16　“平移定义”对话框

4.7.9　复制元素

Step1. 在图形区单击或框选（框选时要框住整个元素）要复制的元素。

Step2. 先选择下拉菜单 编辑 → 复制 命令，然后选择下拉菜单 编辑 →

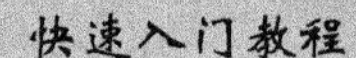命令，系统立即绘制出一个与源对象形状大小和位置完全一致的图形。

4.7.10 镜像元素

镜像操作就是以一条线（或轴）为中心复制选择的对象，保留源对象。下面以图 4.7.17 为例，来说明镜像元素的一般操作过程。

Step1. 打开文件 D:\cat2016.1\work\ch04.07.10\mirror.CATPart。

Step2. 选取对象。选取图形区（图 4.7.17a）中的三角形为要镜像的对象。

Step3. 选择命令。选择下拉菜单 插入 → 操作 → 变换 → 镜像 命令（或在“操作”工具栏单击“镜像”按钮中的，再单击按钮）。

Step4. 定义镜像中心线。选择图 4.7.17a 所示的垂直轴线为镜像中心线。

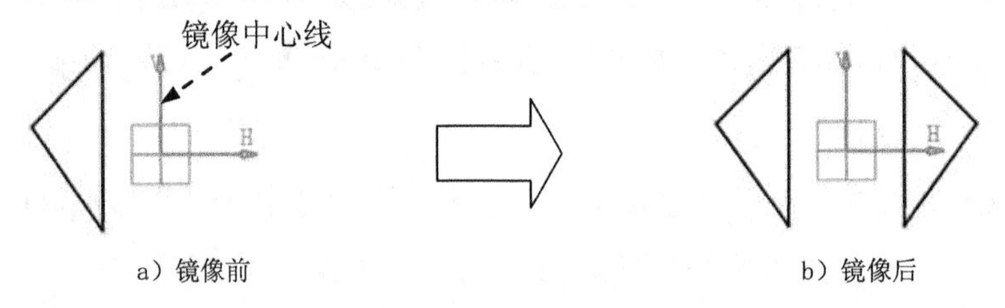

a）镜像前　　b）镜像后

图 4.7.17　元素的镜像

4.7.11 对称元素

对称操作是在镜像复制选择的对象后删除源对象，其操作方法与镜像操作相同，这里不再赘述。

4.7.12 修剪元素

方法一：快速修剪。

Step1. 选择命令。选择下拉菜单 插入 → 操作 → 重新限定 → 快速修剪 命令（或在“操作”工具栏单击“修剪”按钮中的，再单击按钮）。

Step2. 定义修剪对象。分别单击各相交元素上要去掉的部分，如图 4.7.18a 所示。

方法二：使用边界修剪。

Step1. 选择命令。选择下拉菜单 插入 → 操作 → 重新限定 → 修剪 命令（或在“操作”工具栏单击“修剪”按钮中的，再单击按钮）。

Step2. 定义修剪对象。依次单击两个相交元素上要保留的一侧，如图 4.7.19a 所示。

说明：如果所选两元素不相交，则系统将对其延伸，并将线段修剪至交点。

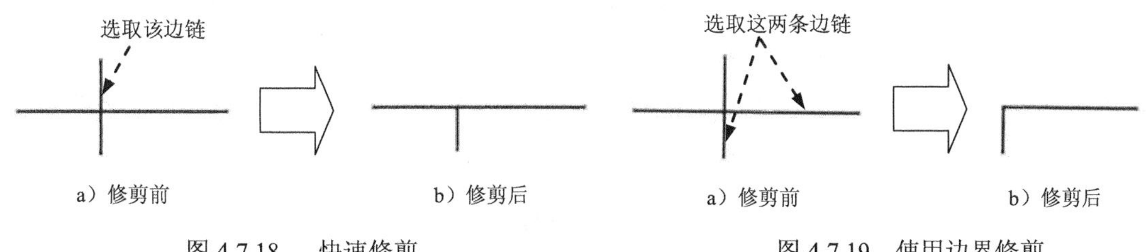

图 4.7.18 快速修剪　　图 4.7.19 使用边界修剪

方法三：断开元素。

Step1. 选择命令。选择下拉菜单 插入 → 操作 ▸ → 重新限定 ▸ → 断开 命令（或在“操作”工具栏单击“修剪”按钮中的，再单击按钮）。

Step2. 定义断开对象。选择一个要断开的元素（图 4.7.20a 所示的圆）。

Step3. 选择断开位置。在图 4.7.20a 所示的位置 1 处单击，则系统在位置 1 及经过位置 1 形成直径的另一端点处断开元素。

Step4. 重复 Step1～Step3，选择断开后的上部分圆弧，将圆在位置 2 处断开。此时，圆被分成了三段圆弧。

Step5. 验证断开操作。按住鼠标左键拖动其中两段圆弧（图 4.7.20b），可以看到圆弧已经断开。

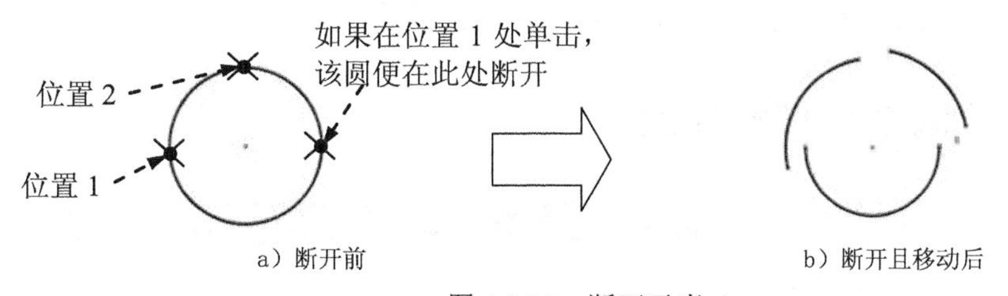

图 4.7.20 断开元素

4.7.13 偏移曲线

偏移曲线就是绘制选取对象的等距线。下面以图 4.7.21 为例，来说明偏移曲线的一般操作过程。

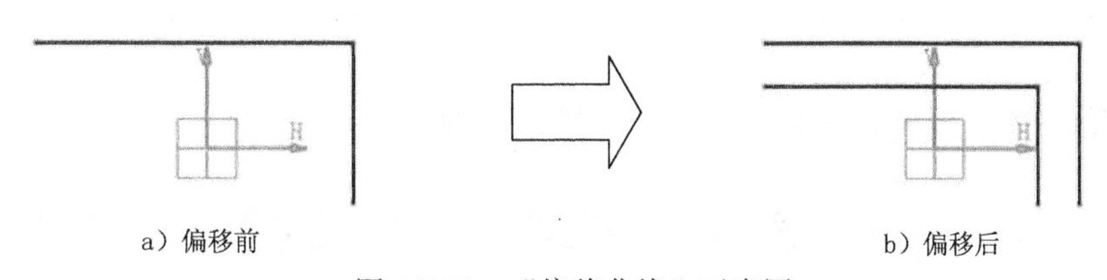

图 4.7.21 “偏移曲线”示意图

Step1. 打开文件 D:\cat2016.1\work\ch04.07.13\offset.CATPart。

Step2. 选取对象。在图形区单击或框选要偏移的元素。

Step3. 选择命令。选择下拉菜单 插入 → 操作 ▸ → 变换 ▸ → 偏移 命令（或在“操作”工具栏单击“镜像”按钮中的，再单击按钮）。

Step4. 定义偏移位置。在图形区移动鼠标至合适位置单击，完成曲线的偏移操作。

4.8 草图的标注

草图标注是决定草图中的几何图形的尺寸，如长度、角度、半径和直径等，它是一种以数值来确定草绘元素精确尺寸的约束形式。一般情况下，在绘制草图之后，需要对图形进行尺寸定位，使尺寸满足预定的要求。

4.8.1 标注线段长度

Step1. 选择命令。选择下拉菜单 插入 → 约束 ▸ → 约束创建 ▸ → 约束 命令（或在“约束”工具栏单击“约束”按钮中的，再单击按钮）。

Step2. 选取要标注的元素。单击位置 1 以选择直线（图 4.8.1）。

说明：在草图标注时，可以先选取要标注的对象，再选择命令。

Step3. 确定尺寸的放置位置。在位置 2 处单击鼠标左键。

4.8.2 标注两条平行线间的距离

Step1. 选择下拉菜单 插入 → 约束 ▸ → 约束创建 ▸ → 约束 命令（或在“约束”工具栏单击“约束”按钮中的，再单击按钮）。

Step2. 分别单击位置 1 和位置 2 以选择两条平行线，然后单击位置 3 以放置尺寸（图 4.8.2）。

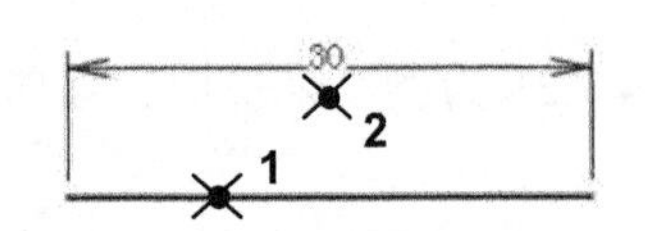

图 4.8.1　线段长度尺寸的标注

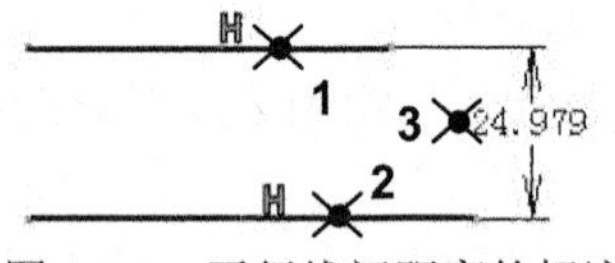

图 4.8.2　平行线间距离的标注

4.8.3 标注一点和一条直线之间的距离

Step1. 选择下拉菜单 插入 → 约束 ▸ → 约束创建 ▸ → 约束 命令（或在“约束”工具栏单击“约束”按钮中的，再单击按钮）。

Step2. 单击位置 1 以选择点，单击位置 2 以选择直线；单击位置 3 放置尺寸（图 4.8.3）。

4.8.4　标注两点间的距离

Step1. 选择下拉菜单 插入 → 约束 → 约束创建 → 约束 命令（或在“约束”工具栏单击“约束”按钮中的，再单击按钮）。

Step2. 分别单击位置 1 和位置 2 以选择两点，单击位置 3 放置尺寸（图 4.8.4）。

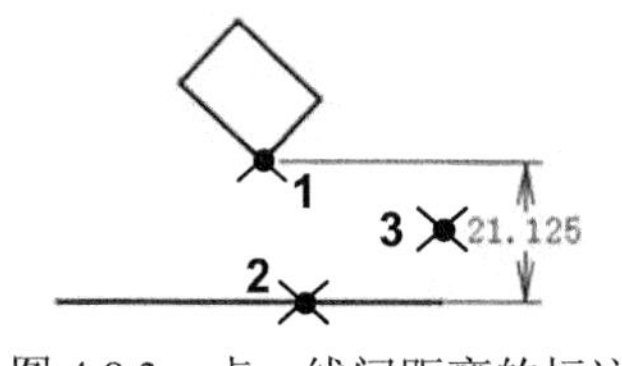

图 4.8.3　点、线间距离的标注

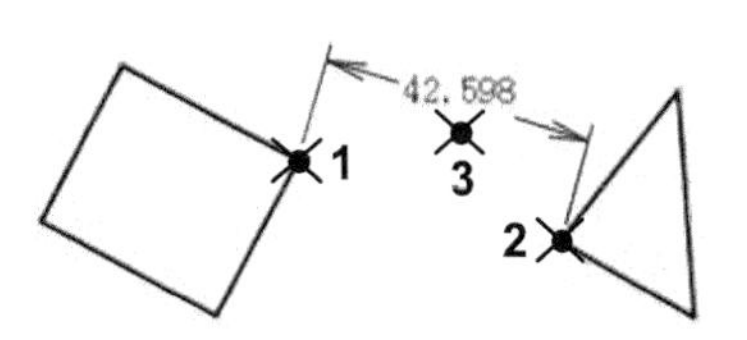

图 4.8.4　两点间距离的标注

4.8.5　标注直径

Step1. 选择下拉菜单 插入 → 约束 → 约束创建 → 约束 命令（或在“约束”工具栏单击“约束”按钮中的，再单击按钮）。

Step2. 选取要标注的元素。单击位置 1 以选择圆（图 4.8.5）。

Step3. 确定尺寸的放置位置。在位置 2 单击鼠标左键（图 4.8.5）。

4.8.6　标注半径

Step1. 选择下拉菜单 插入 → 约束 → 约束创建 → 约束 命令（或在“约束”工具栏单击“约束”按钮中的，再单击按钮）。

Step2. 单击位置 1 选择圆上一点，然后单击位置 2 放置尺寸（图 4.8.6）。

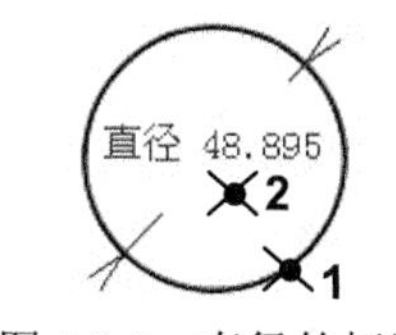

图 4.8.5　直径的标注

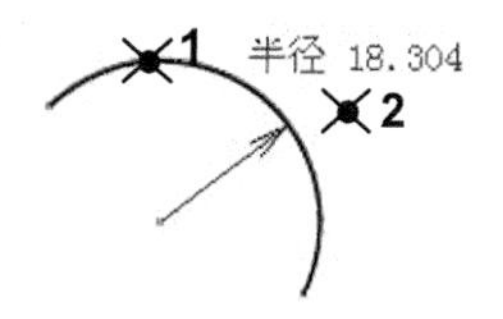

图 4.8.6　半径的标注

4.8.7　标注两条直线间的角度

Step1. 选择下拉菜单 插入 → 约束 → 约束创建 → 约束 命令（或在“约束”工具栏单击“约束”按钮中的，再单击按钮）。

Step2. 分别在两条直线上选择点 1 和点 2；单击位置 3 放置尺寸（锐角，图 4.8.7），或单击位置 4 放置尺寸（钝角，图 4.8.8）。

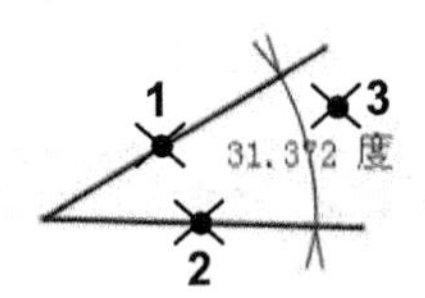

图 4.8.7　两条直线间角度的标注——锐角

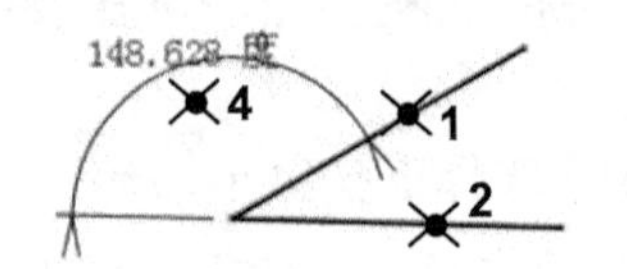

图 4.8.8　两条直线间角度的标注——钝角

4.9　尺寸标注的修改

4.9.1　移动尺寸

1．移动尺寸文本

如果要移动尺寸文本的位置，可按以下步骤操作。

Step1．单击要移动的尺寸文本。

Step2．按下左键并移动鼠标，将尺寸文本拖至所需位置。

2．移动尺寸线

如果要移动尺寸线的位置，可按下列步骤操作。

Step1．单击要移动的尺寸线。

Step2．按下左键并移动鼠标，将尺寸线拖至所需位置（尺寸文本随着尺寸线的移动而移动）。

4.9.2　修改尺寸值

有两种方法可修改标注的尺寸值。

方法一：

Step1．打开文件 D:\cat2016.1\work\ch04.09.02\amend_dimension.CATPart。

Step2．选取对象。在要修改的尺寸文本上双击，系统弹出图 4.9.1 所示的“约束定义”对话框。

Step3．定义参数。在“约束定义”对话框的文本框中输入值 50，单击 确定 按钮完成尺寸的修改操作，如图 4.9.2 所示。

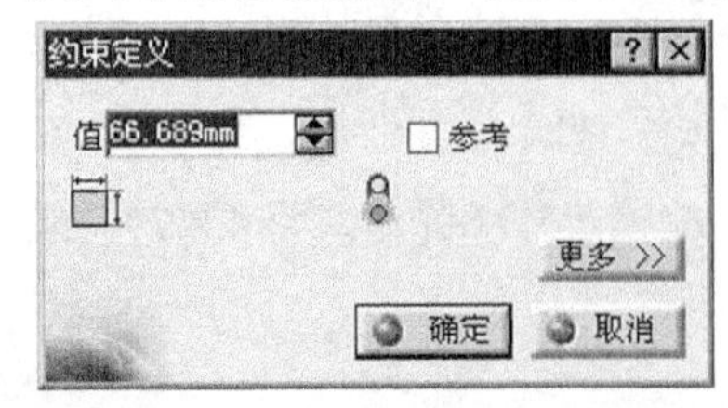

图 4.9.1　“约束定义”对话框

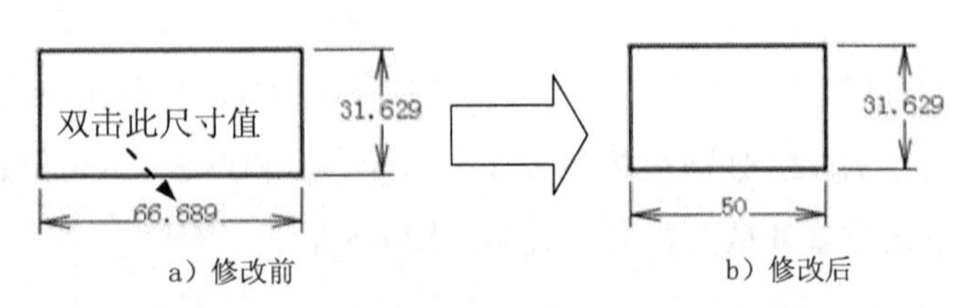

图 4.9.2　修改尺寸值 1

Step4. 重复步骤 Step2 和 Step3，可修改其他尺寸值。

方法二：

Step1. 打开文件 D:\cat2016.1\work\ch04.09.02\amend_dimension.CATPart。

Step2. 选择下拉菜单 插入 → 约束 ▸ → 编辑多重约束 命令（或单击“约束”工具栏中的“编辑多重约束”按钮），系统弹出图 4.9.3 所示的“编辑多重约束”对话框，图形区中的每一个尺寸约束和尺寸参数出现在列表框中。

Step3. 在列表框中选择需要修改的尺寸约束，然后在文本框中输入新的尺寸值。

Step4. 修改完毕后，单击 确定 按钮。修改后的结果如图 4.9.4 所示。

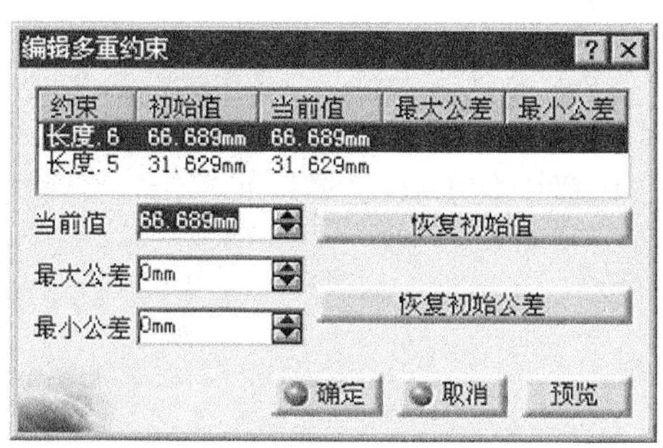

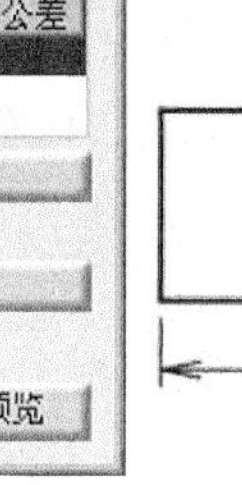

图 4.9.3 “编辑多重约束”对话框

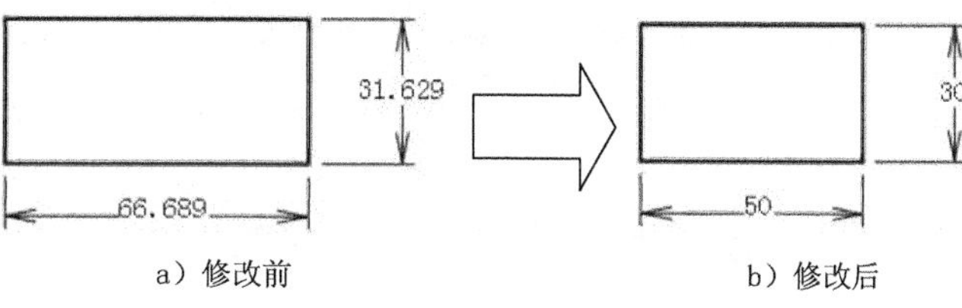

图 4.9.4 修改尺寸值 2

4.9.3 输入负尺寸

在修改线性尺寸时，可以输入一个负尺寸值。在草绘环境中，负号总是出现在尺寸旁边，但在“零件”模式中，尺寸值总以正值出现。

4.9.4 控制尺寸的显示

图 4.9.5 所示的“可视化”工具栏可以用来控制尺寸的显示。单击“可视化”工具栏中的“尺寸约束”按钮（单击后按钮显示为橙色），图形区中显示标注的尺寸；再次单击该按钮，则系统关闭尺寸的显示。

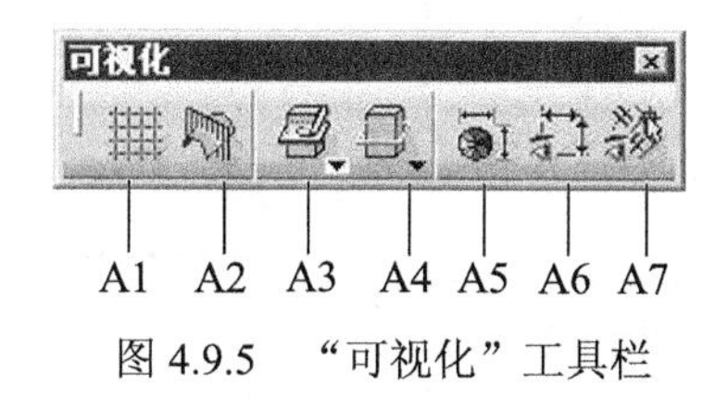

图 4.9.5 “可视化”工具栏

图 4.9.5 所示“可视化”工具栏中的按钮说明如下。

A1：打开或关闭网格显示。

A2：按草图平面剪切零件。

A3：用于控制工作台背景中模型的显示状态。

A4：用于控制工作台中的背景。

A5：交替地显示或隐藏解析器的诊断。

A6：显示/隐藏尺寸约束。

A7：显示/隐藏几何约束。

4.9.5 删除尺寸

删除尺寸的操作方法如下。

Step1. 单击需要删除的尺寸（按住 Ctrl 键可多选）。

Step2. 选择下拉菜单编辑 ➡ 删除命令（或按键盘中的 Delete 键；或右击，在弹出的快捷菜单中选择删除命令），选取的尺寸即被删除。

4.9.6 修改尺寸值的小数位数

可以使用“选项”对话框来指定尺寸值的默认小数位数。

Step1. 选择下拉菜单工具 ➡ 选项...命令。

Step2. 在弹出的“选项”对话框中选择“常规”下的参数和测量选项，单击单位选项卡（图 4.9.6）。

Step3. 在尺寸显示选项组的读/写数字的小数位文本框中输入一个新值，单击确定按钮，系统接受该变化并关闭对话框。

注意：增加尺寸时，系统将数值四舍五入到指定的小数位数。

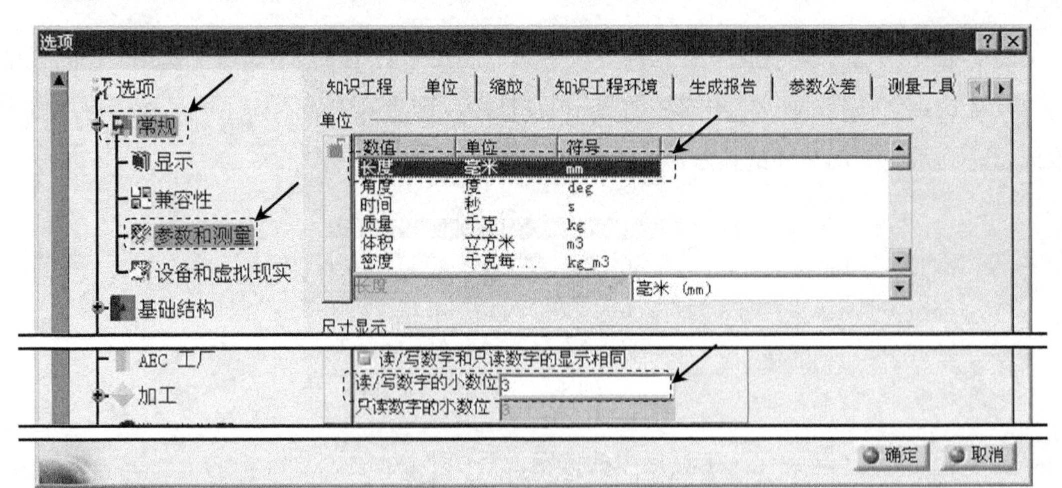

图 4.9.6 “选项”对话框

4.10 草图中的几何约束

按照工程技术人员的设计习惯，在草绘时或草绘后，希望对绘制的草图增加一些平行、相切、相等或共线等几何约束来帮助定位，CATIA 系统可以很容易地做到这一点。下面对约束进行详细的介绍。

4.10.1 约束的显示

1. 约束的屏幕显示控制

在“可视化”工具栏中单击“几何约束”按钮，即可控制约束符号在屏幕中的显示/关闭。

2. 约束符号颜色含义

- 约束：显示为黑色。
- 鼠标指针所在的约束：显示为橙色。
- 选定的约束：显示为橙色。

3. 各种约束符号列表

各种约束的显示符号见表 4.10.1。

表 4.10.1 约束符号列表

约 束 名 称	约束显示符号
中点	
相合	
水平	H
垂直	V
同心度	
相切	=
平行	
垂直	
对称	
等距点	
固定	

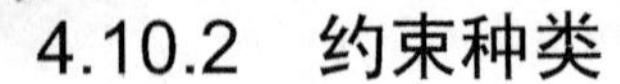

4.10.2 约束种类

CATIA 所支持的约束种类见表 4.10.2。

表 4.10.2 约束种类

按 钮	约 束
距离	约束两个指定元素之间的距离（元素可以为点、线、面等）
长度	约束一条直线的长度
角度	定义两个元素之间的角度
半径/直径	定义圆或圆弧的直径或半径
半长轴	定义椭圆的长半轴的长度
半短轴	定义椭圆的短半轴的长度
对称	使两点或两直线对称于某元素
中点	定义点在曲线的中点上
等距点	使空间中三个点彼此之间的距离相等
固定	使选定的对象固定
相合	使选定的对象重合
同心度	当两个元素（直线）被指定该约束后，它们的圆心将位于同一点上
相切	使选定的对象相切
平行	当两个元素（直线）被指定该约束后，这两条直线将自动处于平行状态
垂直	当两个元素（直线）被指定该约束后，这两条直线将自动处于垂直状态
水平	使直线处于水平状态
竖直	使直线处于竖直状态

4.10.3 创建约束

下面以图 4.10.1 所示的相切约束为例，来说明创建约束的一般操作过程。

Step1. 打开文件 D:\cat2016.1\work\ch04.10.03\restrict.CATPart。

Step2. 选择对象。按住 Ctrl 键，在图形区选取直线和圆弧。

Step3. 选择命令。选择下拉菜单 插入 → 约束 → 约束... 命令，系统弹出图 4.10.2 所示的“约束定义”对话框。

说明：在“约束定义”对话框中，选取的元素能够添加的所有元素变为可选。

Step4. 定义约束。在“约束定义”对话框中选中 相切 复选框，单击 确定 按钮，完

成相切约束的添加。

Step5. 重复步骤 Step1～Step3，可创建其他的约束。

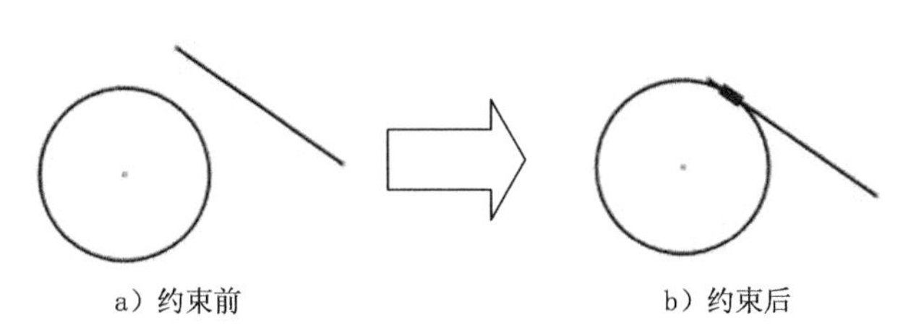

图 4.10.1　元素的相切约束

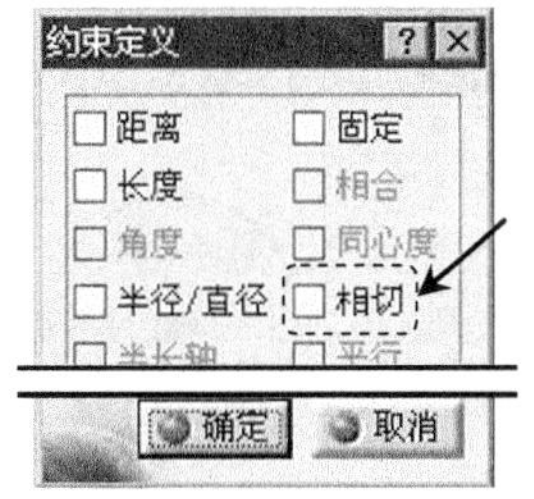

图 4.10.2　“约束定义”对话框

4.10.4　删除约束

下面以图 4.10.3 为例，说明删除约束的一般操作过程。

Step1. 打开文件 D:\cat2016.1\work\ch04.10.04\restrict_delete.CATPart。

Step2. 选择对象。在图 4.10.4 所示的特征树中单击要删除的约束。

Step3. 选择命令。右击，弹出图 4.10.5 所示的快捷菜单，选择其中的删除命令（或按下 Delete 键），系统删除所选的约束。

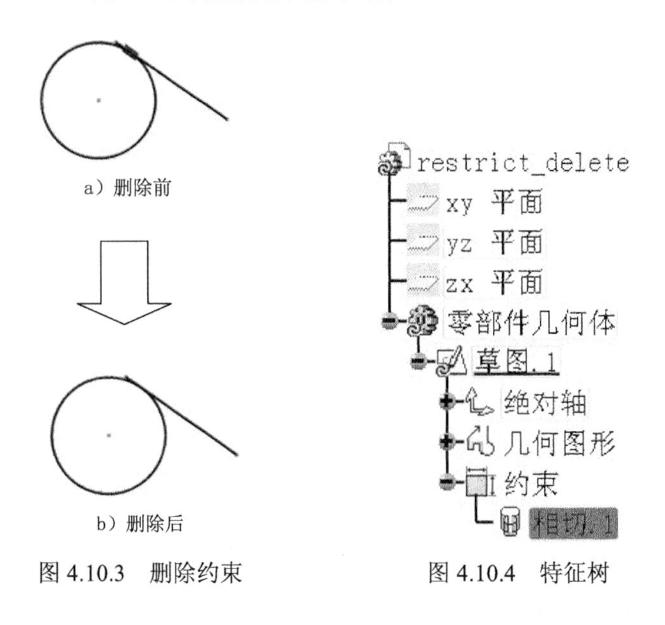

图 4.10.3　删除约束

图 4.10.4　特征树

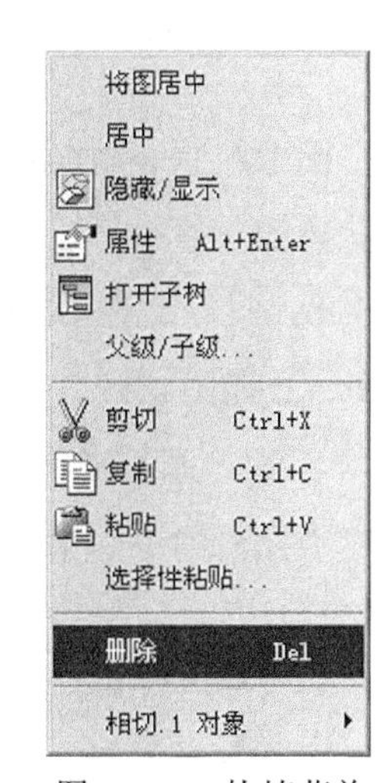

图 4.10.5　快捷菜单

4.10.5　接触约束

接触约束是进行快速约束的一种方法，添加接触约束就是添加两个对象之间的相切、同心和共线等约束关系。其中，点和其他元素之间是重合约束，圆和圆以及椭圆之间是同心约束，直线之间是共线约束，直线与圆之间以及除了圆和椭圆之外的其他两个曲线之间是相切约束。下面以图 4.10.6 所示的同心约束为例，说明创建接触约束的一般操作步骤。

Step1. 选取对象。按住 Ctrl 键，在图形区选取两个圆。

Step2. 选择命令。选择下拉菜单 插入 → 约束 → 约束创建 → 接触约束 命令，系统立即创建同心约束。

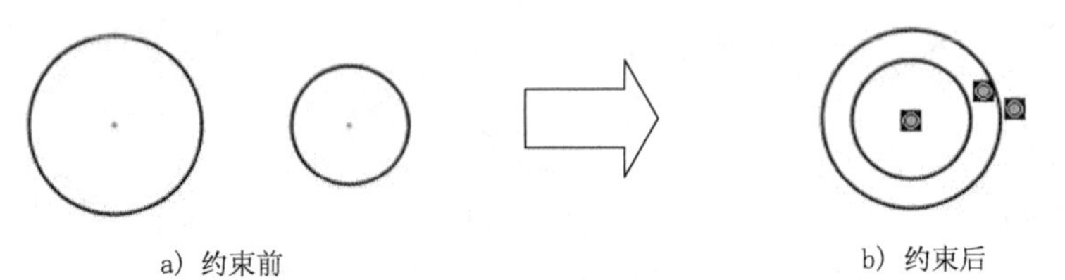

a）约束前　　b）约束后

图 4.10.6　同心约束

4.11　草图求解状态与分析

完成草图的绘制后，应该对它进行一些简单的分析。在分析草图的过程中，系统显示草图未完全约束、已完全约束和过分约束等状态，然后通过此分析可进一步地修改草图，从而使草图完全约束。

4.11.1　草图求解状态

草图求解状态就是对草图轮廓作简单的分析，判断草图是否完全约束。下面介绍草图求解状态的一般操作过程。

Step1. 打开文件 D:\cat2016.1\work\ch04.11\sketch_analysis.CATPart（图 4.11.1）。

Step2. 在图 4.11.2 所示的"工具"工具条中，单击"草图求解状态"按钮中的，再单击按钮，系统弹出图 4.11.3 所示的"草图求解状态"对话框（一）。此时，对话框中显示"不充分约束"字样，表示该草图未完全约束。

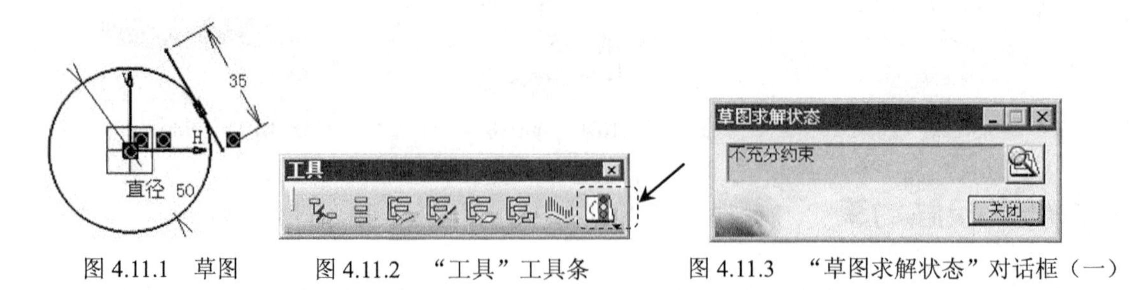

图 4.11.1　草图　　图 4.11.2　"工具"工具条　　图 4.11.3　"草图求解状态"对话框（一）

说明：当草图完全约束和过分约束时，"草图求解状态"对话框分别如图 4.11.4 和图 4.11.5 所示。

图 4.11.4 “草图求解状态”对话框（二）

图 4.11.5 “草图求解状态”对话框（三）

4.11.2 草图分析

利用工具下拉菜单中的草图分析命令可以对草图几何图形、草图投影/相交和草图状态等进行分析。下面介绍利用“草图分析”命令分析草图的一般操作过程。

Step1. 打开文件 D:\cat2016.1\work\ch04.11\sketch_analysis.CATPart。

Step2. 选择下拉菜单工具 ⟶ 草图分析命令（或在“工具”工具栏中单击“草图求解状态”按钮中的▾，再单击按钮），系统弹出图 4.11.6 所示的“草图分析”对话框。

Step3. 在“草图分析”对话框中单击诊断选项卡，其列表框中显示草图中所有的几何图形和约束以及它们的状态（图 4.11.7）。

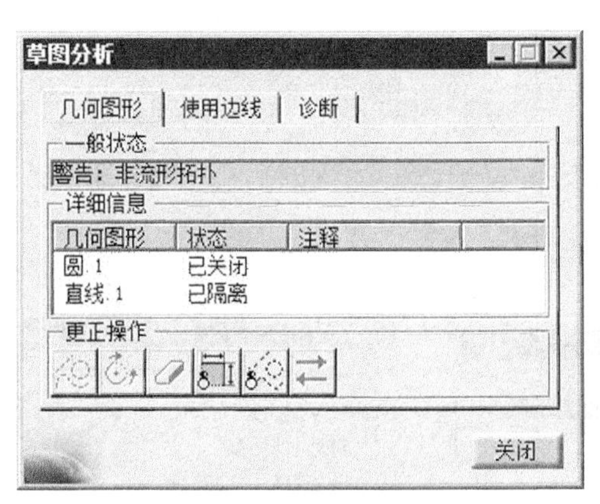

图 4.11.6 “草图分析”对话框

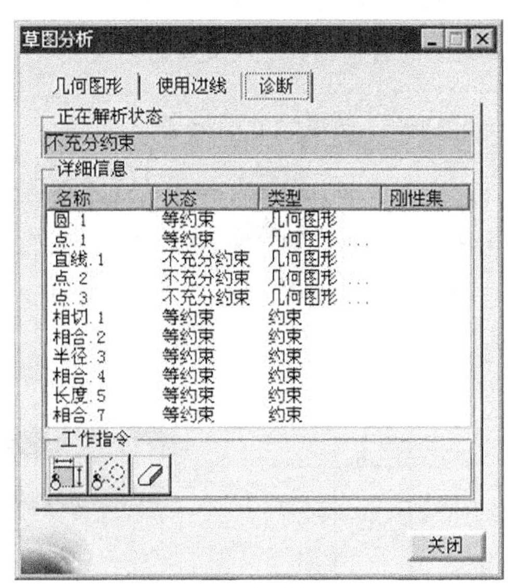

图 4.11.7 “诊断”选项卡

4.12 草绘范例

与其他二维软件（如 AutoCAD）相比，CATIA 中二维草图的绘制有自己的方法、规律和技巧。用 AutoCAD 绘制二维图形，通过一步一步地输入准确的尺寸，可以直接得到最终需要的图形；而用 CATIA 绘制二维图形，一般开始不需要给出准确的尺寸，而是先绘制草图，勾勒出图形的大概形状，然后对草图创建符合工程需要的尺寸布局，最后修改草图的尺寸，在修改时输入各尺寸的准确值（正确值）。由于 CATIA 具有尺寸驱动功能，草图在修改尺寸后，图形的大小会随着尺寸的改变而变化。这样绘制图形的方法虽然繁琐，但在实际的产品设计中，它比较符合设计师的思维方式和设计过程。例如，某个设计师现需要对产品中的一个零件进行全新设计，在设计刚开始时，设计师的脑海里只会有这个零件的大概轮廓和形状，因此他会先以草图的形式把它勾勒出来。草图完成后，设计师接着会考虑图形（零件）的尺寸布局、基准定位等。最后设计师根据诸多因素（如零件的功能、零件的强度要求、零件与产品中其他零件的装配关系等），确定零件每个尺寸的最终准确值，而完成零件的设计。由此看来，CATIA 的这种“先绘草图、再改尺寸”的绘图方法是有一定道理的。

4.12.1 草绘范例 1

范例概述：

本范例从新建一个草图开始，详细介绍了草图的绘制、编辑和标注的过程，要重点掌握的是约束的自动捕捉以及尺寸的处理技巧。图形如图 4.12.1 所示，其绘制过程如下。

Stage1．新建一个草绘文件

选择下拉菜单 文件 → 新建... 命令，系统弹出图 4.12.2 所示的“新建”对话框，在 类型列表： 中选择 Part 选项，单击 确定 按钮，系统弹出图 4.12.3 所示的“新建零件”对话框，在 输入零件名称 文本框中输入文件名为 spsk1，单击 确定 按钮，进入零件设计工作台。

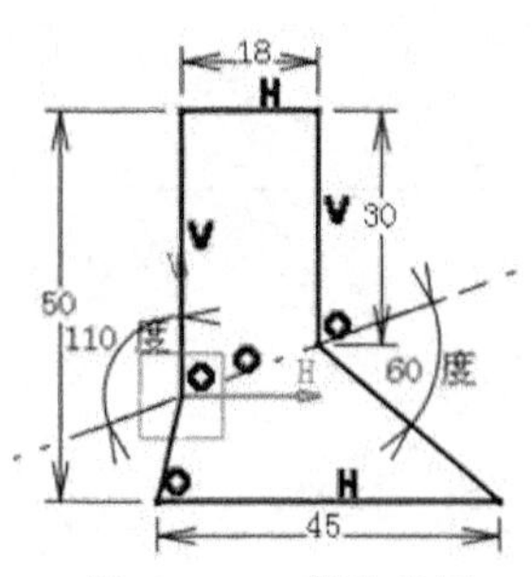

图 4.12.1 草绘范例 1

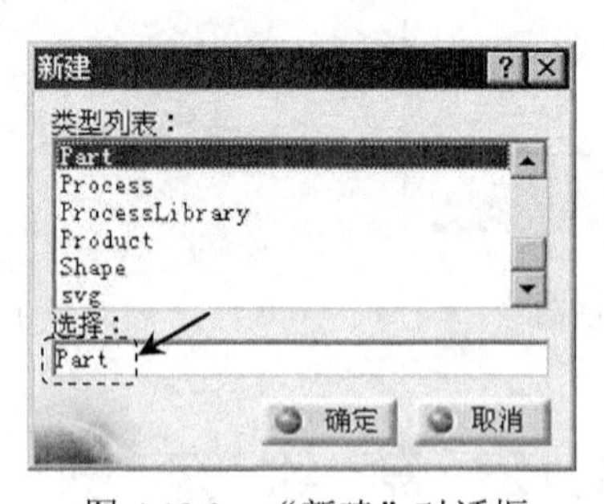

图 4.12.2 “新建”对话框

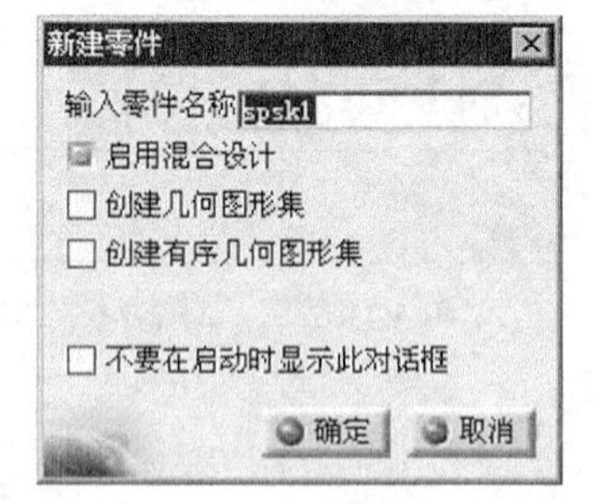

图 4.12.3 “新建零件”对话框

Stage2．绘制草图前的准备工作

Step1．选择下拉菜单 插入 → 草图编辑器 ▸ → 草图 命令，在特征树中选择“xy 平面”作为草图平面，系统进入草图设计工作台。

Step2. 确认“草图工具”工具条中的“几何约束”按钮和“尺寸约束”按钮显示橙色（即“几何约束”和“尺寸约束”处于开启状态）。

Stage3. 创建草图以勾勒出图形的大概形状

Step1. 绘制轴线。选择下拉菜单 插入 → 轮廓 ▸ → 轴 命令，绘制图 4.12.4 所示的轴线，并添加几何约束。

Step2. 绘制轮廓线。选择下拉菜单 插入 → 轮廓 ▸ → 轮廓 命令，在图形区绘制图 4.12.5 所示的轮廓线。

说明：在绘制草图的过程中，系统会自动创建一些几何约束。在本例中所需的几何约束均可由系统自动创建。

Stage4. 创建尺寸约束

Step1. 添加图 4.12.6 所示的长度约束。

（1）选择命令。在下拉菜单中选择 插入 → 约束 ▸ → 约束创建 ▸ → 约束 命令。

（2）标注尺寸。单击图 4.12.7 所示的位置 1 选择标注对象，单击位置 2 放置尺寸。

（3）用相同方法添加其他长度约束。

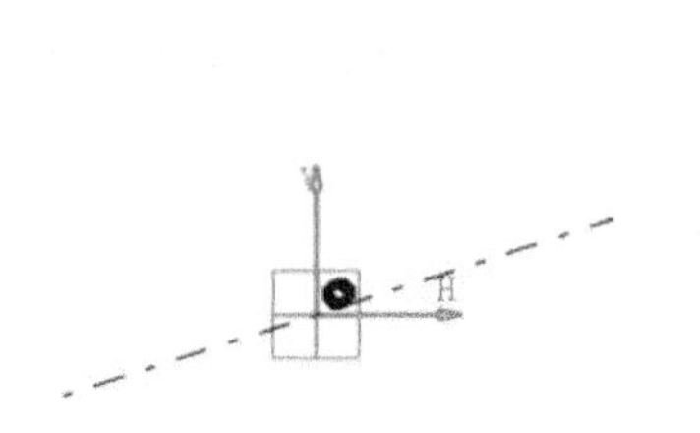

图 4.12.4 绘制轴线

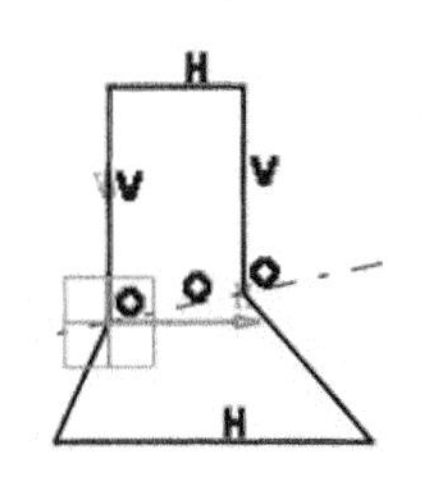

图 4.12.5 绘制图形的轮廓

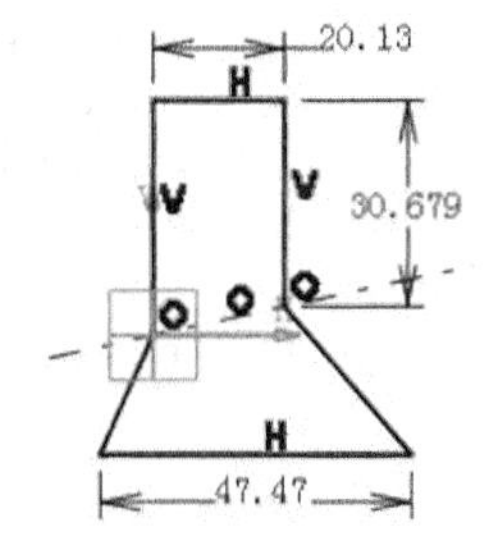

图 4.12.6 添加长度约束（一）

Step2. 添加图 4.12.8 所示的距离约束。

（1）选择命令。在下拉菜单中选择 插入 → 约束 ▸ → 约束创建 ▸ → 约束 命令。

（2）标注尺寸。单击图 4.12.8 所示的位置 3 以选择标注对象 1，单击位置 4 以选择标注对象 2，单击位置 5 放置尺寸。

Step3. 添加图 4.12.9 所示的角度约束。

（1）选择命令。选择下拉菜单 插入 → 约束 ▸ → 约束创建 ▸ → 约束 命令。

（2）标注尺寸。单击图 4.12.10 所示的位置 6 以选择标注对象 3，单击位置 7 以选择标注对象 4，单击位置 8 放置尺寸。

（3）用相同方法添加其他角度约束。

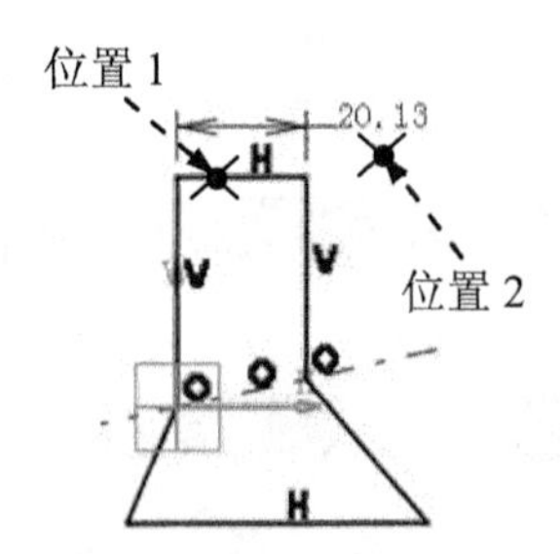

图 4.12.7　添加长度约束（二）

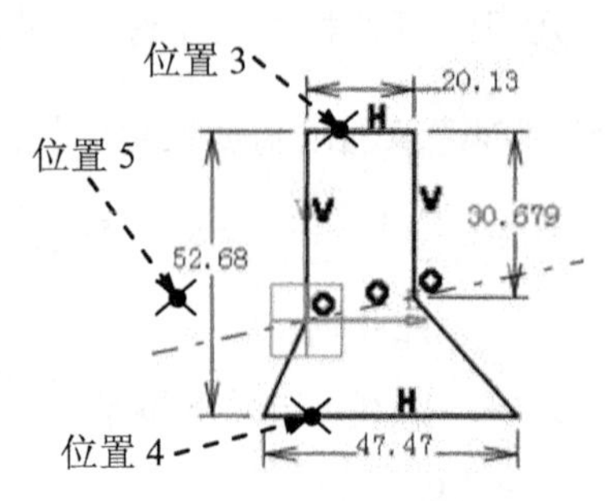

图 4.12.8　添加距离约束

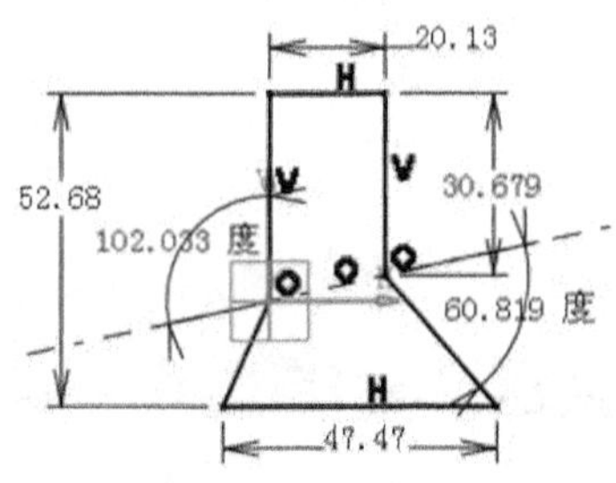

图 4.12.9　添加角度约束

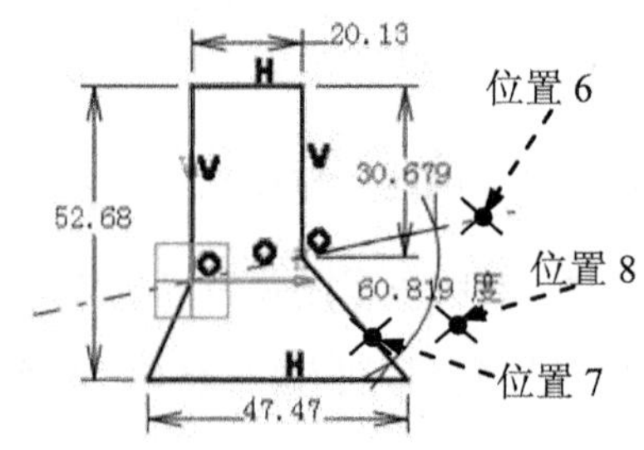

图 4.12.10　添加角度约束过程

Stage5．修改尺寸至最终尺寸

Step1．在图 4.12.11 所示的图形中，双击要修改的尺寸，系统弹出图 4.12.12 所示的“约束定义”对话框，在文本框中输入值 50，单击 确定 按钮，完成尺寸的修改，如图 4.12.13 所示。

Step2．用同样的方法修改其余尺寸，结果如图 4.12.1 所示。

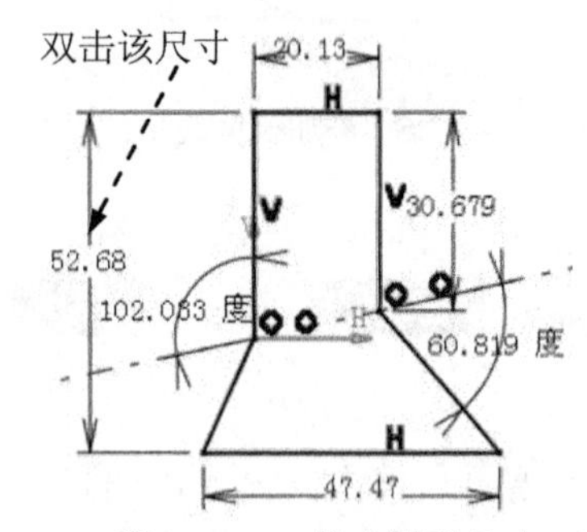

图 4.12.11　修改图形尺寸

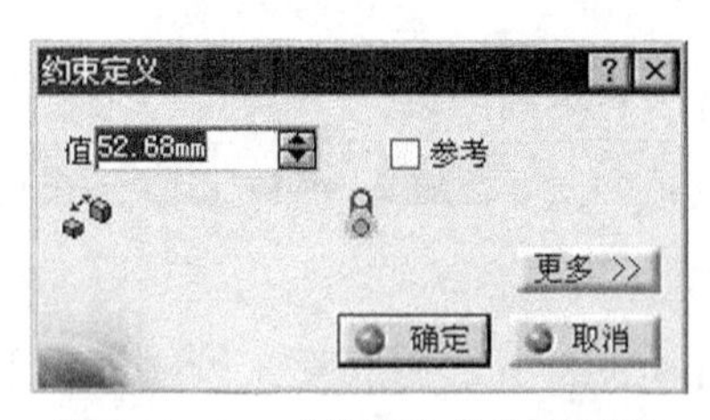

图 4.12.12　“约束定义”对话框

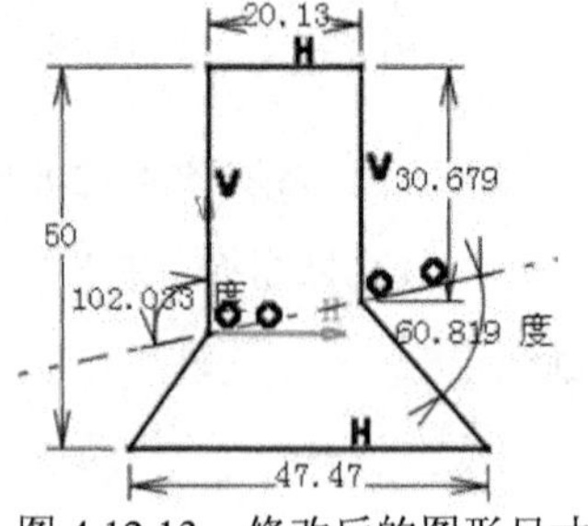

图 4.12.13　修改后的图形尺寸

4.12.2　草绘范例 2

范例概述：

本范例介绍对已有草图的编辑过程，重点讲解利用“快速修剪”和“修剪”命令进行草

图的编辑。图形如图 4.12.14 所示，其创建过程如下。

Stage1．打开文件

打开文件 D:\cat2016.1\work\ch04.12\spsk2.CATPart。

Stage2．绘制草图前的准备工作

Step1. 关闭尺寸约束显示。单击“可视化”工具条中的“尺寸约束”按钮。

Step2. 关闭几何约束显示。单击“可视化”工具条中的“几何约束”按钮。

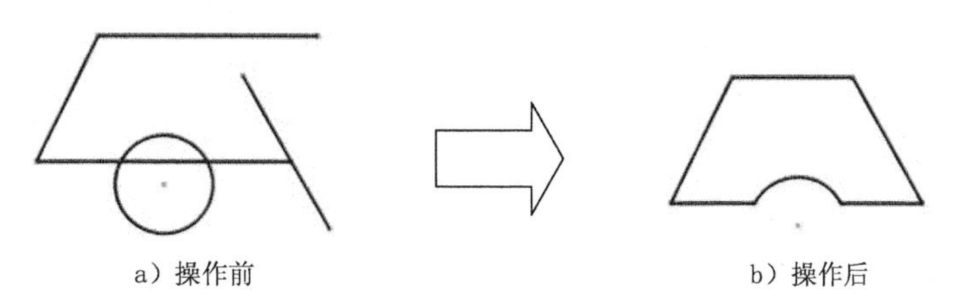

图 4.12.14　草绘范例 2

Stage3．编辑草图

Step1. 修剪元素（图 4.12.15）。

（1）选择命令。在“操作”工具栏单击“修剪”按钮中的，然后双击按钮。

说明：双击按钮可以连续使用“快速修剪”命令。

（2）定义修剪对象。在图形区依次单击图 4.12.15a 所示的位置 1、位置 2 和位置 3 以选择需修剪的对象。

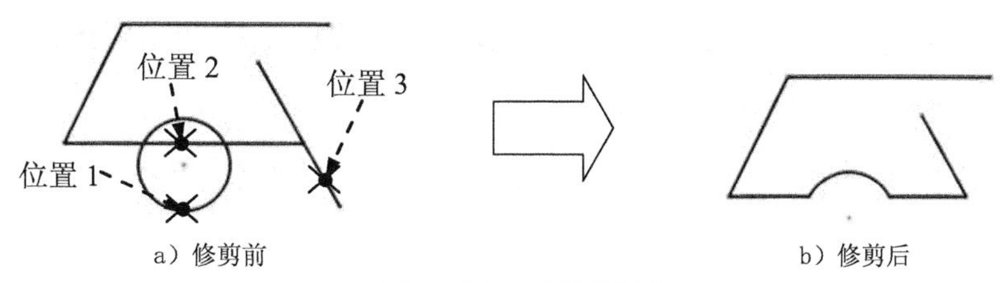

图 4.12.15　修剪元素

Step2. 延伸修剪元素（图 4.12.16）。

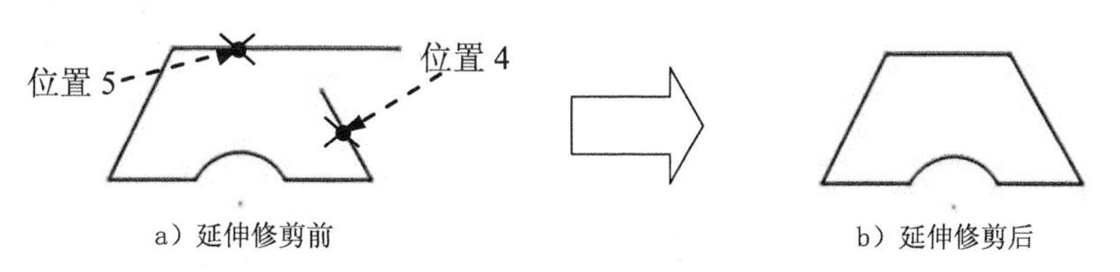

图 4.12.16　延伸修剪元素

（1）选择命令。选择下拉菜单 插入 → 操作 ▸ → 重新限定 ▸ → 修剪 命令。

（2）定义延伸修剪。在位置 4 单击以确定延伸对象，在位置 5 单击以确定修剪边界。

4.12.3 草绘范例 3

范例概述：

本范例主要介绍利用“添加约束”的方法进行草图编辑的过程。图形如图 4.12.17 所示，其创建过程如下。

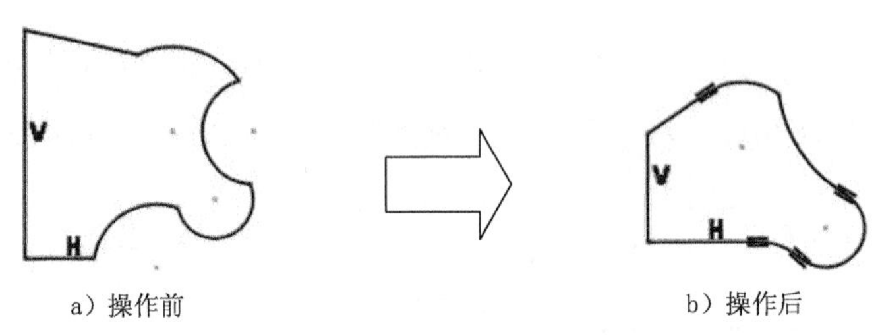

a）操作前　　b）操作后

图 4.12.17　草绘范例 3

Stage1. 打开文件

打开文件 D:\cat2016.1\work\ch04.12\spsk3.CATPart。

Stage2. 添加几何约束

注意：在添加几何约束前必须确认“草图工具”工具条中的“几何约束”按钮和“尺寸约束”按钮显示橙色（即“几何约束”和“尺寸约束”处于激活状态）。

添加几何约束完成后的图形如图 4.12.18 所示。

Step1. 选取对象。在图形区选择图 4.12.19 所示的两条曲线。

Step2. 选择命令。选择下拉菜单 插入 → 约束 ▸ → 约束... 命令，系统弹出图 4.12.20 所示的“约束定义”对话框。

Step3. 定义约束类型。在“约束定义”对话框中选中 相切 复选框。单击 确定 按钮，完成相切约束 1 的添加。

Step4. 按照步骤 Step1～Step3 的操作，添加相切约束 2、相切约束 3 和相切约束 4。

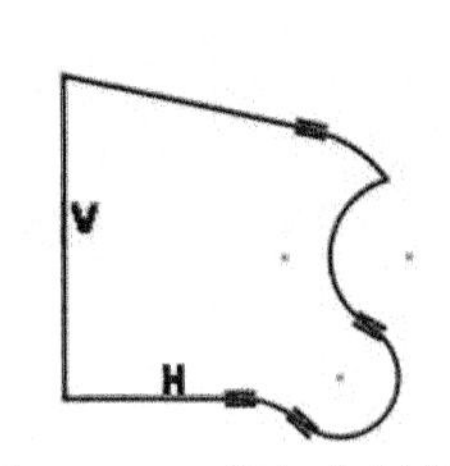

图 4.12.18　添加几何约束

图 4.12.19　选取曲线

图 4.12.20　“约束定义”对话框

Step5. 移动顶点 1 和顶点 2 至图 4.12.21 所示的位置（为了方便添加相切约束 5）。

（1）单击顶点 1，拖动鼠标至位置 1。

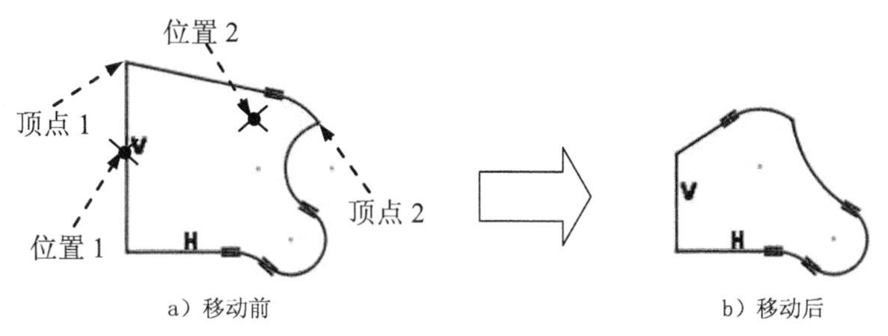

图 4.12.21　移动顶点

（2）单击顶点 2，拖动鼠标至位置 2。

Step6. 添加相切约束 5（图 4.12.22）。

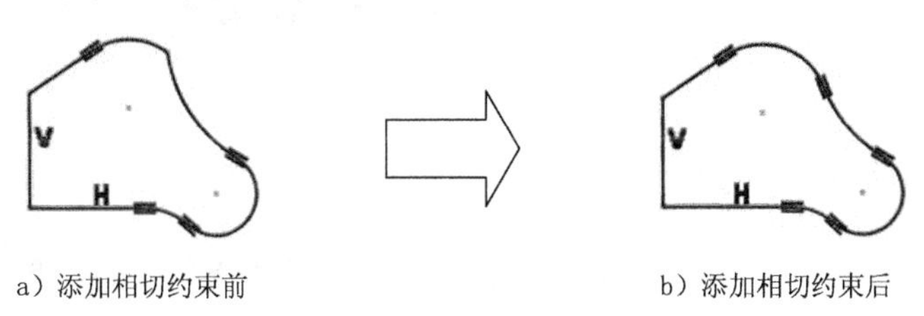

图 4.12.22　添加相切约束

4.12.4　草绘范例 4

范例概述：

本范例介绍了草图的绘制、标注和编辑的过程，重点讲解了利用“旋转”和“镜像”命令进行草图的编辑。图形如图 4.12.23 所示，其创建过程如下。

Stage1. 新建文件

启动 CATIA V5-6 软件，选择下拉菜单 开始 → 机械设计 → 草图编辑器 命令，系统弹出“新建零件”对话框，在 输入零件名称 文本框中输入文件名为 spsk4，单击 确定 按钮，选择 xy 平面为草图平面。

Stage2. 绘制草图前的准备工作

确认“草图工具”工具条中的“几何约束”按钮和“尺寸约束”按钮显示橙色（即开启几何约束和尺寸约束）。

Stage3. 绘制草图

Step1. 选择下拉菜单 插入 → 轮廓 → 轮廓 命令，在图形区绘制图 4.12.24 所示的轮廓线。

Step2. 选择下拉菜单 插入 → 约束 → 约束... 命令，添加图 4.12.25 所示

的几何约束。

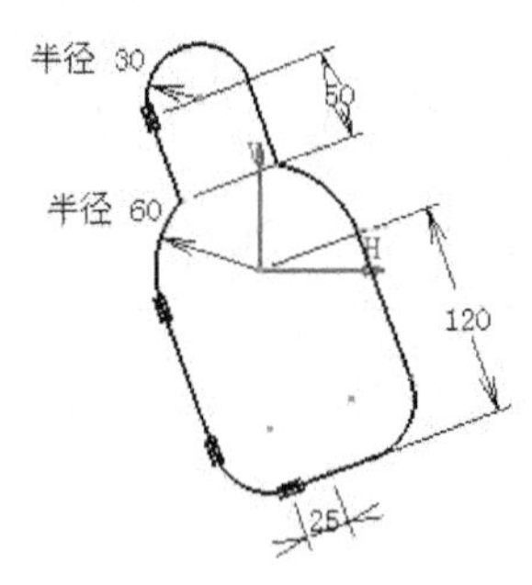

图 4.12.23 草绘范例 4

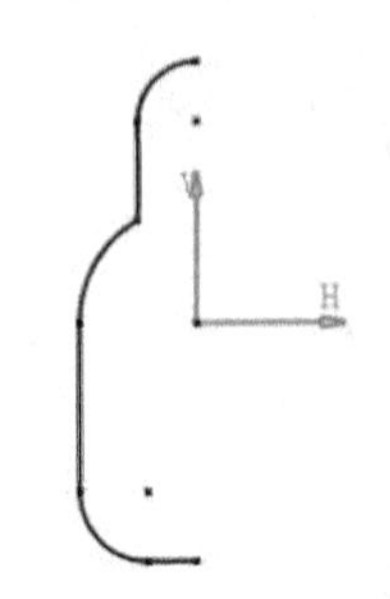

图 4.12.24 绘制轮廓线

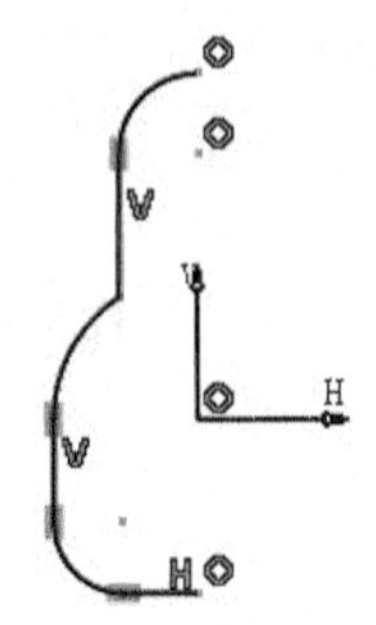

图 4.12.25 添加几何约束

Step3. 选择下拉菜单插入 → 约束 → 约束创建 → 约束命令，添加图 4.12.26 所示的尺寸约束。

Stage4. 镜像绘制的草图

Step1. 选取绘制的草图，然后选择下拉菜单插入 → 操作 → 变换 → 镜像命令。

Step2. 选取垂直轴线为镜像中心线，系统立即镜像出图 4.12.27 所示的另一半图形。

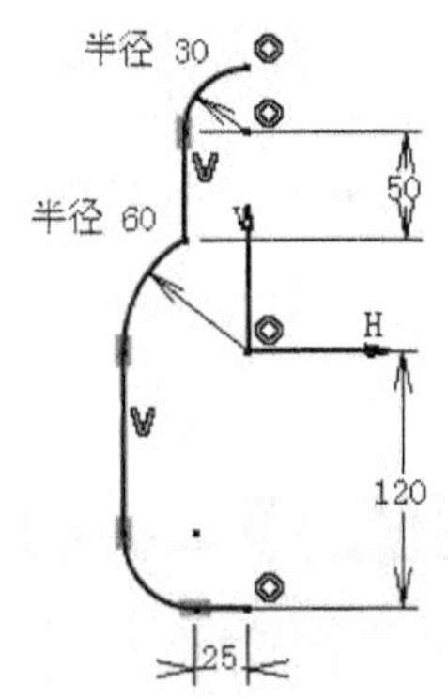

图 4.12.26 添加尺寸约束

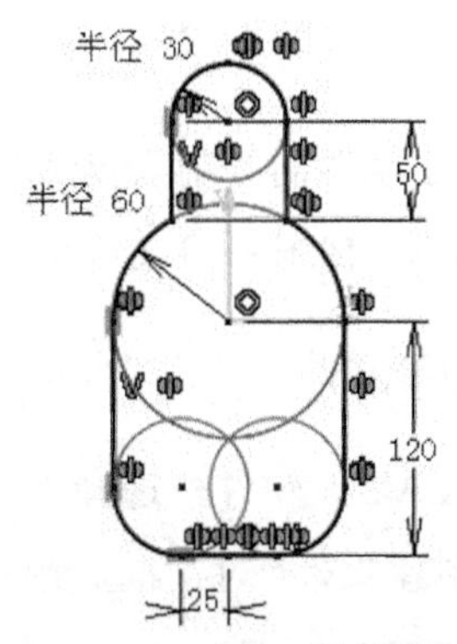

图 4.12.27 绘制轮廓线

Stage5. 旋转镜像后的草图

Step1. 选取镜像后的草图，然后选择下拉菜单插入 → 操作 → 变换 → 旋转命令，系统弹出图 4.12.28 所示的“旋转定义”对话框（一）。

Step2. 在“旋转定义”对话框中取消选中□复制模式复选框，然后在图形区选择坐标原点为旋转中心点，此时“旋转定义”对话框中的“角度值”文本框被激活。

Step3. 在“旋转定义”对话框的角度选项组下的文本框中输入旋转角度值 20（图 4.12.29），单击确定按钮，完成旋转操作，结果如图 4.12.30 所示。

说明：为了使图形简洁，图 4.12.30 中已经将对称约束隐藏。

图 4.12.28 “旋转定义”对话框（一）

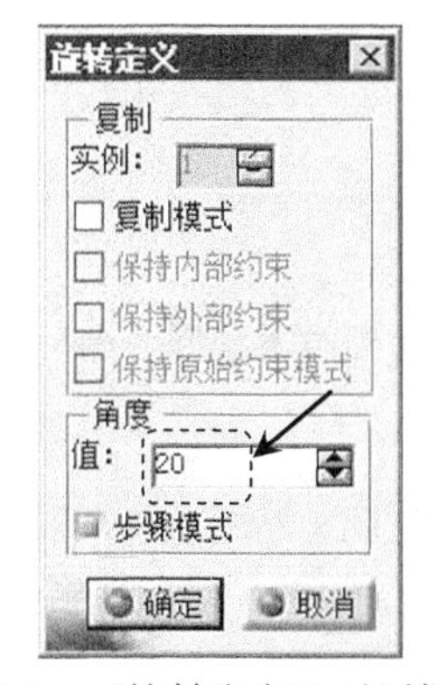

图 4.12.29 “旋转定义”对话框（二）

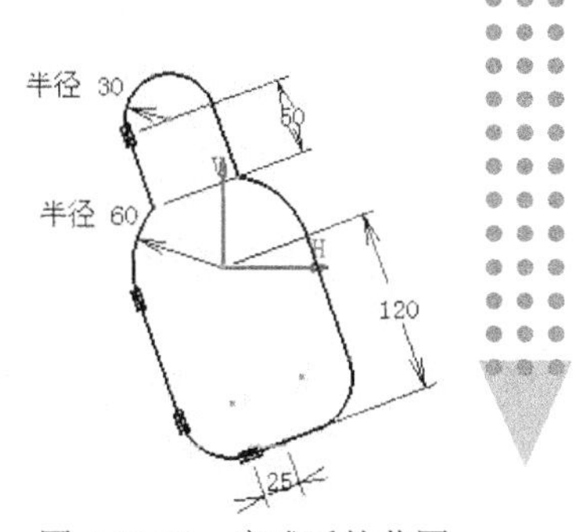

图 4.12.30 完成后的草图

4.12.5 草绘范例 5

范例概述：

本范例介绍了草图的绘制、编辑和约束的过程，读者要重点掌握约束与尺寸的处理技巧。图形如图 4.12.31 所示，其创建过程如下。

Stage1. 新建文件

启动 CATIA V5-6 软件，选择下拉菜单 开始 → 机械设计 → 草图编辑器 命令，系统弹出“新建零件”对话框，在 输入零件名称 文本框中输入文件名为 spsk5，单击 确定 按钮，进入零件设计工作台。

Stage2. 绘制草图前的准备工作

Step1. 在特征树中选择 xy 平面为草图平面，进入草图设计工作台。

Step2. 确认“草图工具”工具条中的“几何约束”按钮和“尺寸约束”按钮显示橙色（即开启几何约束和尺寸约束）。

Stage3. 绘制草图的大概轮廓

Step1. 绘制封闭轮廓。选择下拉菜单 插入 → 轮廓 → 轮廓 命令，绘制图 4.12.32 所示的封闭轮廓。

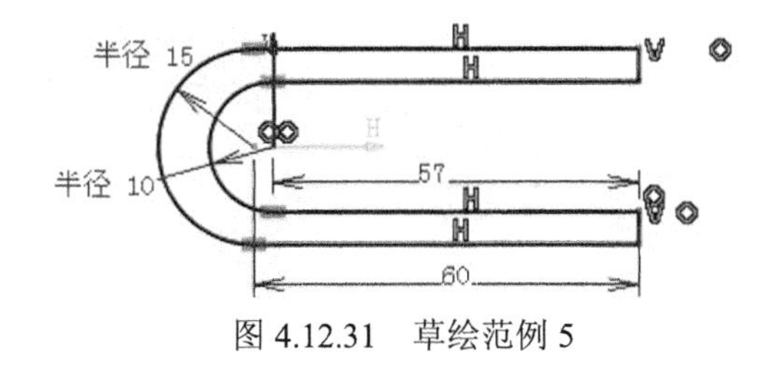

图 4.12.31 草绘范例 5

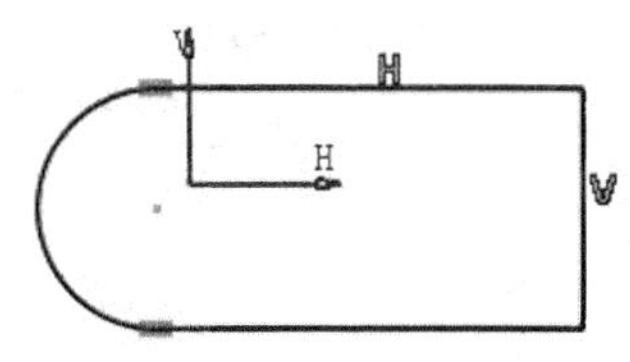

图 4.12.32 绘制封闭轮廓

Step2. 绘制轮廓线。选择下拉菜单 插入 → 轮廓 → 轮廓 命令，绘制图 4.12.33 所示的轮廓线。

Stage4. 编辑草图

Step1. 选择命令。选择下拉菜单 插入 → 操作 → 重新限定 → 快速修剪 命令。

Step2. 定义修剪对象。在图形区单击图 4.12.33 所示的位置 1 以选择需修剪的直线。编辑完成后的草图如图 4.12.34 所示。

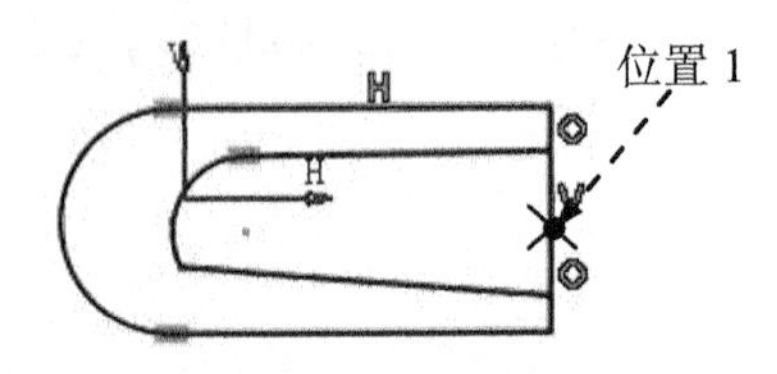

图 4.12.33 绘制轮廓线

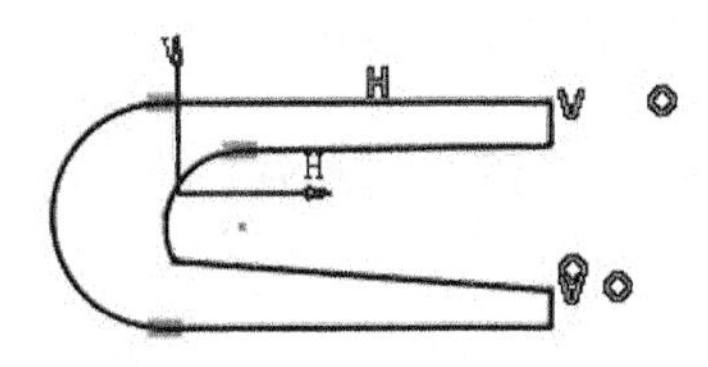
图 4.12.34 修剪后的草图

Stage5. 添加几何约束

Step1. 选择下拉菜单 插入 → 约束 → 约束 命令，添加图 4.12.35 所示的水平约束。

Step2. 选择下拉菜单 插入 → 约束 → 约束 命令，添加图 4.12.36 所示的相切约束。

Step3. 选择下拉菜单 插入 → 约束 → 约束 命令，添加图 4.12.37 所示的相合约束（两段圆弧的圆心与 H 轴线相合）。

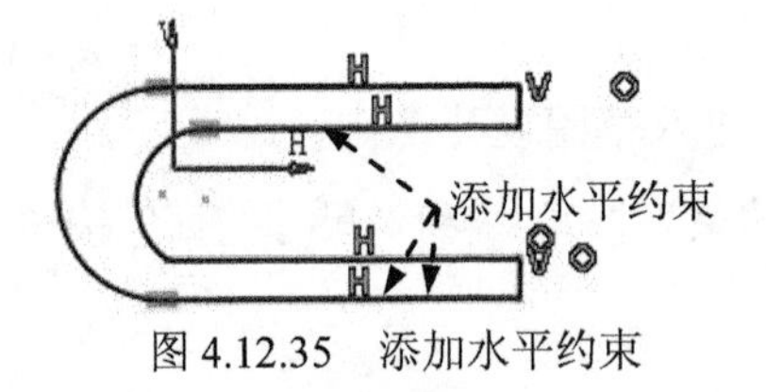

图 4.12.35 添加水平约束

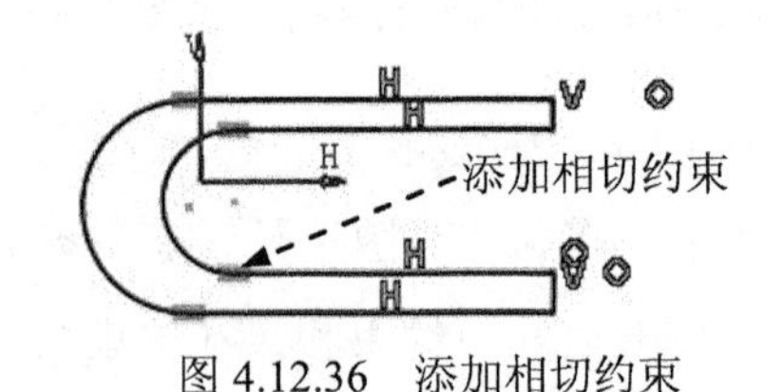

图 4.12.36 添加相切约束

Stage6. 添加尺寸约束

选择下拉菜单 插入 → 约束 → 约束创建 → 约束 命令，添加图 4.12.38 所示的尺寸约束。

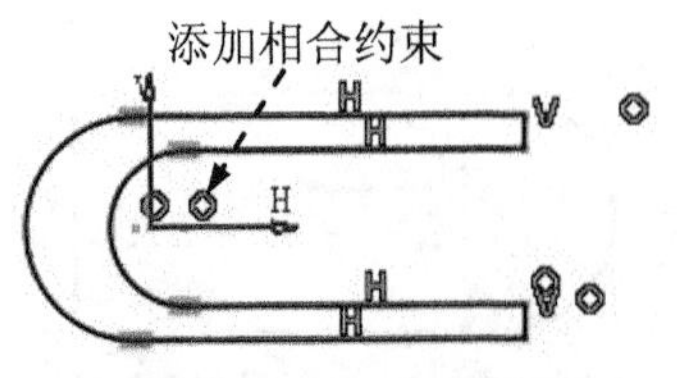

图 4.12.37 添加相合约束

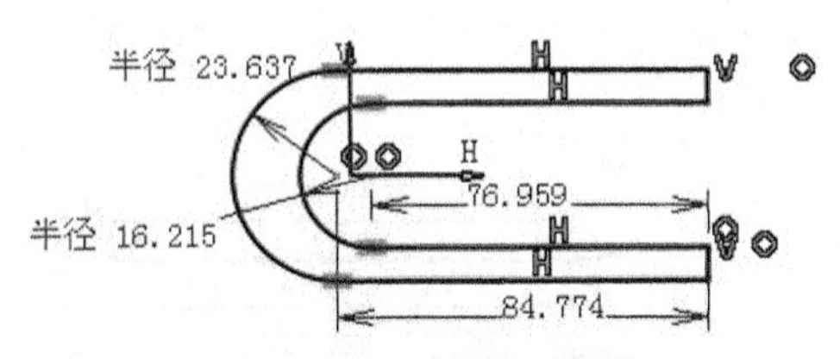

图 4.12.38 添加尺寸约束

Stage7．修改尺寸约束

Step1．选择下拉菜单 插入 → 约束 ▸ → 编辑多重约束 命令。

Step2．在“编辑多重约束”对话框中分别选中图 4.12.39 所示的参数，在其下的文本框中输入新的参数，完成后如图 4.12.40 所示。

Step3．单击 确定 按钮，完成尺寸约束的修改。

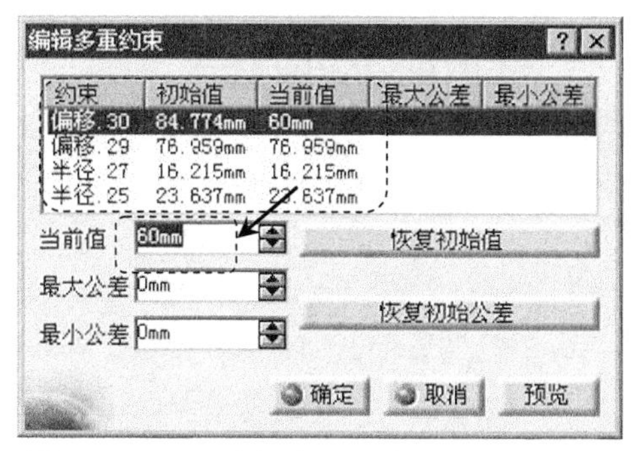

图 4.12.39　“编辑多重约束”对话框（一）

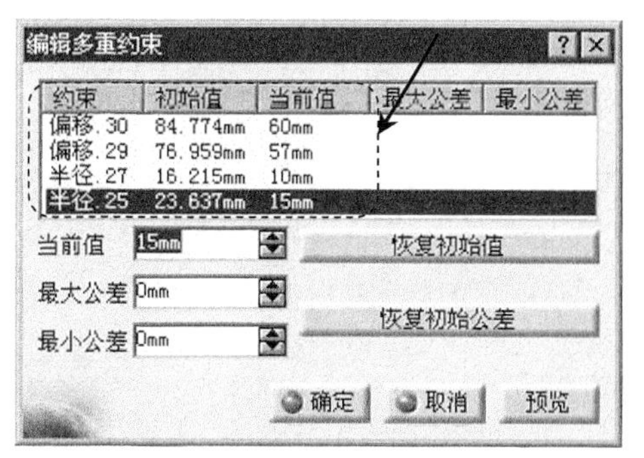

图 4.12.40　“编辑多重约束”对话框（二）

4.13　习　　题

1．绘制图 4.13.1 所示的草图。

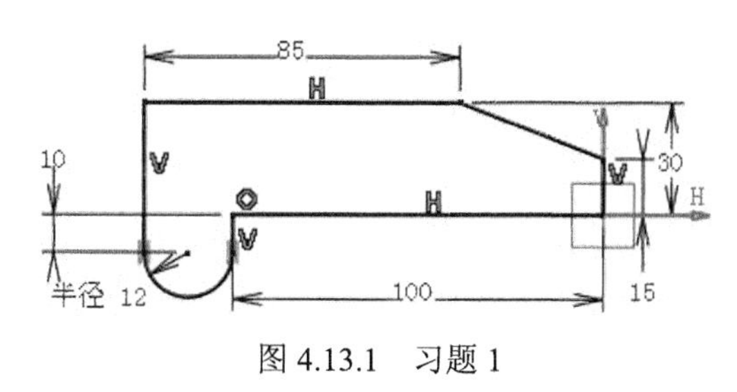

图 4.13.1　习题 1

2．打开文件 D:\cat2016.1\work\ch04.13\ex02.CATPart，然后对打开的草图进行编辑，如图 4.13.2 所示。

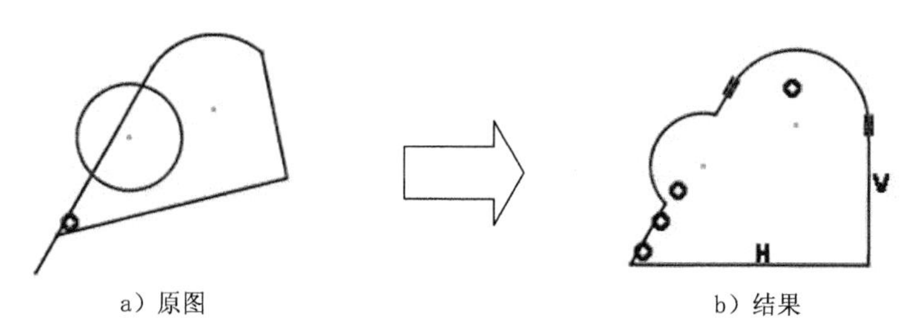

a）原图　　　　b）结果

图 4.13.2　习题 2

3．绘制图 4.13.3 所示的草图。

4. 绘制图 4.13.4 所示的草图。

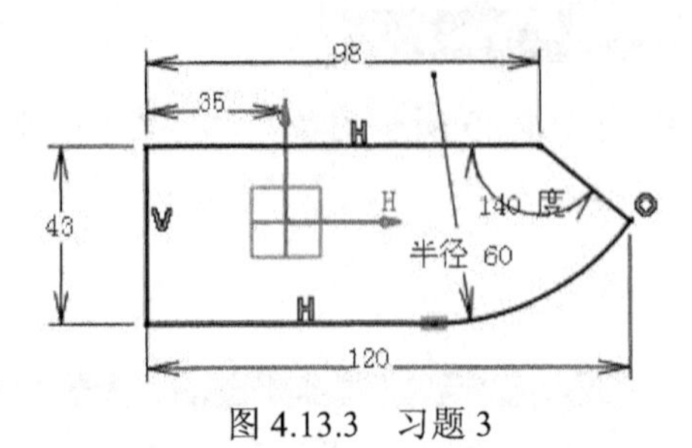

图 4.13.3　习题 3

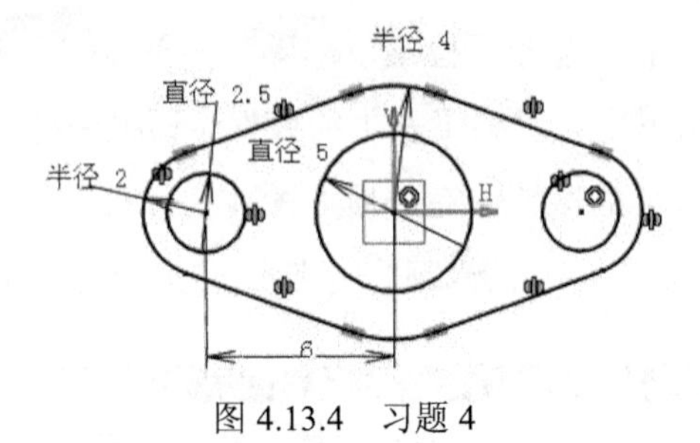

图 4.13.4　习题 4

第5章 零件设计

本章提要 复杂的产品设计都是以简单的零件建模为基础的，而零件建模的基本组成单元则是特征。本章先介绍用凸台和凹槽特征创建一个零件模型的一般操作过程，然后介绍其他一些基本的特征工具，包括旋转体、旋转槽、孔、肋、倒角、倒圆角和抽壳等。主要内容包括：

- 三维建模的管理工具——特征树和层。
- 一些基本特征的创建、编辑、删除和变换。
- 特征失败的出现和处理方法。
- 基准元素（包括平面、直线和点）的创建。

5.1 三维建模基础

5.1.1 基本的三维模型

一般来说，基本的三维模型是具有长、宽（或直径、半径等）、高的三维几何体。图 5.1.1 中列举了几种典型的基本模型，它们是由三维空间的几个面拼成的实体模型，形成这些面的基础是线，构成线的基础是点，要注意三维几何图形中的点是三维概念的点，也就是说，点需要由三维坐标系（如笛卡尔坐标系）中的 X、Y、Z 三个坐标来定义。用 CAD 软件创建基本三维模型的一般过程如下。

（1）首先要选取或定义一个用于定位的三维坐标系或三个垂直的空间平面，如图 5.1.2 所示。

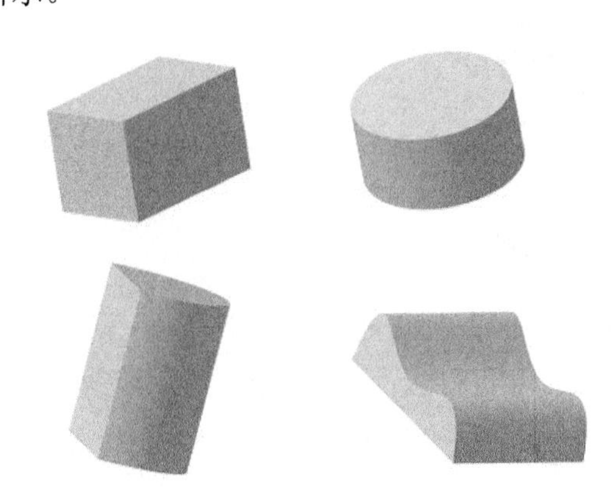

图 5.1.1 基本三维模型

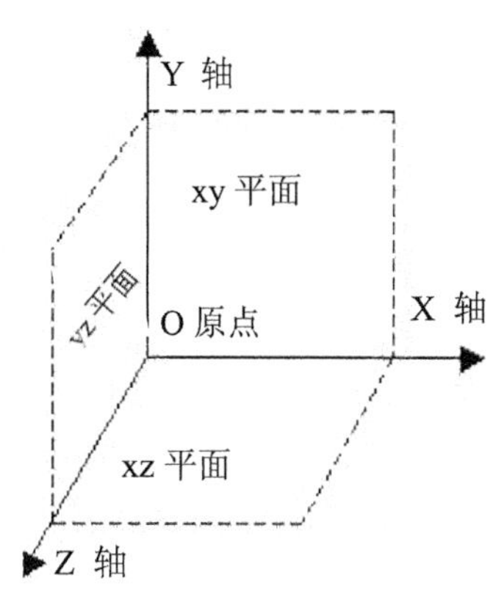

图 5.1.2 坐标系

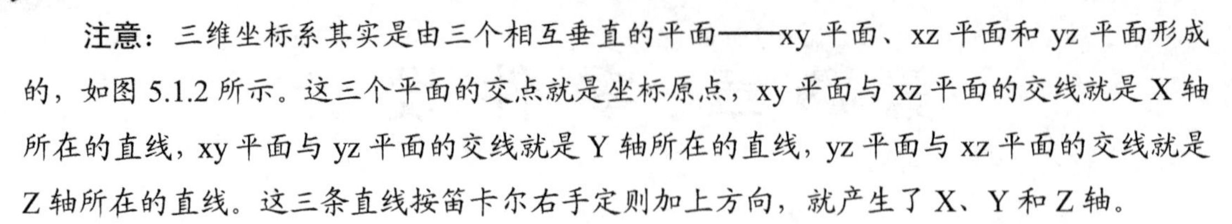

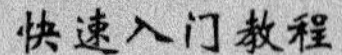

注意：三维坐标系其实是由三个相互垂直的平面——xy 平面、xz 平面和 yz 平面形成的，如图 5.1.2 所示。这三个平面的交点就是坐标原点，xy 平面与 xz 平面的交线就是 X 轴所在的直线，xy 平面与 yz 平面的交线就是 Y 轴所在的直线，yz 平面与 xz 平面的交线就是 Z 轴所在的直线。这三条直线按笛卡尔右手定则加上方向，就产生了 X、Y 和 Z 轴。

（2）选定一个面（一般称为“草图平面”），作为二维平面几何图形的绘制平面。

（3）在草绘面上创建形成三维模型所需的截面和轨迹线等二维平面几何图形。

（4）形成三维立体模型。

5.1.2 复杂的三维模型

图 5.1.3 所示图形是一个由基本的三维几何体构成的较复杂的三维模型。

在目前的 CAD 软件中，对于这类复杂的三维模型有两种创建方法，下面分别予以介绍。

一种方法是布尔运算，通过对一些基本的三维模型进行布尔运算（并、交、差）来形成复杂的三维模型。图 5.1.3 中的三维模型的创建过程如下。

（1）用 5.1.1 节介绍的“基本三维模型的创建方法”，创建本体 1。

（2）在本体 1 上减去一个半圆柱体形成凹槽 2。

（3）在本体 1 上加上两个扇形实体形成凸台 3。

（4）在本体 1 上减去四个截面为弧的柱体形成倒圆角 4。

（5）在凸台 3 上减去一个圆柱体形成孔 5。

（6）在凸台 3 上减去一个圆柱体形成孔 6。

（7）在本体 1 上减去四个圆柱体形成孔 7。

（8）在本体 1 上减去一个长方体形成凹槽 8。

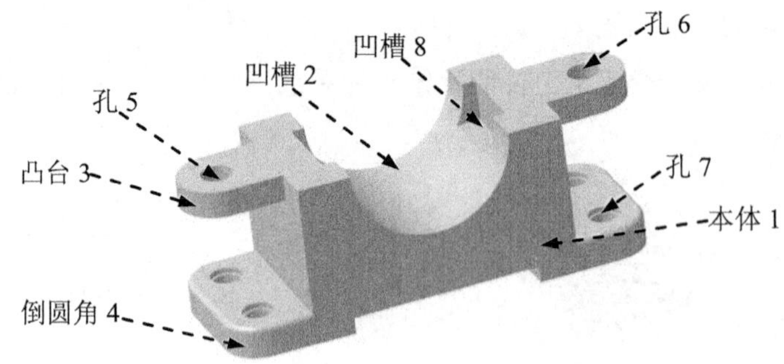

图 5.1.3 复杂三维模型

这种方法的优点是，无论什么形状的实体都能创建，但其缺点也有不少。

第一，用 CAD 软件创建的所有三维模型将来都要进行生产、加工和装配，以获得真正的产品，所以我们希望 CAD 软件在创建三维模型时，从创建的原理、方法和表达方式上，应该有很强的工程意义（即制造意义）。显然，在用布尔运算的方法创建圆角、倒角、肋（筋）和壳等这类工程意义很强的几何形状时，从创建原理和表达方式来说，其工程意义不是很明确，因为它强调的是点、线、面和体等这些没有什么实际工程意义的术语，以及由这些要素构成的“几何形状”的并、交、差运算。

第二，这种方法创建的图形和 NC 处理等的计算非常复杂，需要较高配置的计算机硬件，同时用这种方法创建的模型一般需要得到边界评估的支持来处理图形和 NC 计算等问题。

后面两节将介绍第二种三维模型的创建方法，即“特征添加”的方法。“特征”和“特征添加”的概念和方法，很早就被制造业软件系统供应商所注意，因而在现行的三维软件中得到广泛的应用。

5.1.3 “特征”与三维建模

目前，“特征”和“基于特征的”这些术语在 CAD 领域中频频出现，在创建三维模型时，这被普遍认为是一种更直接、更有用的创建表达方式。

下面是一些书中或文献中对特征的定义。

- “特征”是表示与制造操作和加工工具相关的形状和技术属性。
- “特征”是需要一起引用的成组几何或者拓扑实体。
- “特征”是用于生成、分析和评估设计的单元。

一般来说，“特征”构成一个零件或者装配件的单元，虽然从几何形状上看，它也包含作为一般三维模型基础的点、线、面或者实体单元，但更重要的是，它具有工程制造意义，也就是说基于特征的三维模型具有常规几何模型所没有的附加的工程制造等信息。

用“特征添加”的方法创建三维模型的好处如下。

- 表达更符合工程技术人员的习惯，并且三维模型的创建过程与其加工过程十分相近，软件容易上手和深入。
- 添加特征时，可附加三维模型的工程制造等信息。
- 由于在模型的创建阶段，特征结合于零件模型中，并且采用来自数据库的参数化通用特征来定义几何形状，这样在设计进行阶段就可以很容易地做出一个更为丰富的产品工艺，能够有效地支持下游活动的自动化，如模具和刀具等的准备、加工成本的早期评估等。

下面以图 5.1.4 为例，说明用“特征”创建三维模型的一般过程。

（1）创建或选取作为模型空间定位的基准特征，如基准面、基准线或基准坐标系。

（2）用 5.1.1 节介绍的“基本三维模型的创建方法”，创建本体 1。

（3）在本体 1 上加上一个凹槽特征——凹槽 2。

（4）在本体 1 上加上一个凸台特征——凸台 3。

（5）在本体 1 上添加四个倒圆角特征——倒圆角 4。

（6）在凸台 3 上添加一个孔特征——孔 5。

（7）在凸台 3 上镜像孔特征——镜像特征 6。

（8）在本体 1 上添加两个孔特征并镜像——孔 7。

（9）在本体 1 上添加凹槽特征——凹槽 8。

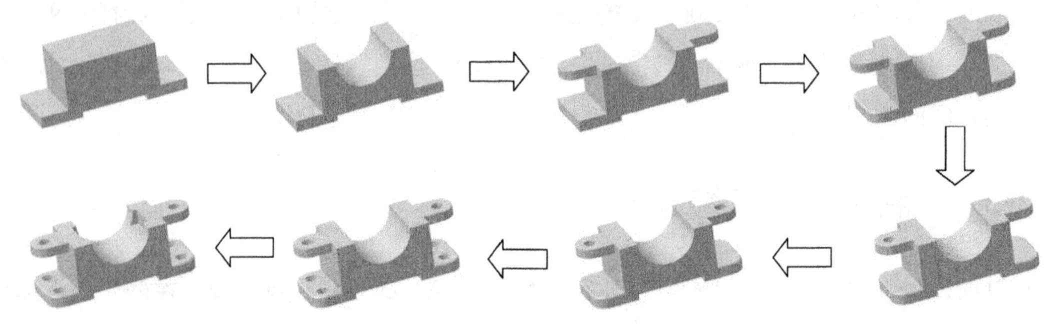

图 5.1.4　复杂三维模型的创建过程

5.2　零件设计工作台用户界面

5.2.1　进入零件设计工作台

进入 CATIA 软件环境后，系统默认创建了一个装配文件，名称为 Product1，此时应选择下拉菜单 开始 → 机械设计 → 零件设计 命令，系统弹出图 5.2.1 所示的“新建零件”对话框，在对话框中输入零件名称，选中 启用混合设计 复选框，单击 确定 按钮，即可进入零件设计工作台。

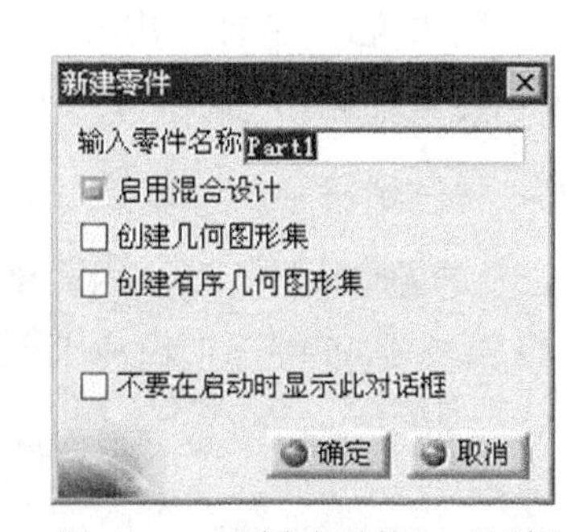

图 5.2.1　“新建零件”对话框

图 5.2.1 所示的“新建零件”对话框中各选项的说明如下。

- 启用混合设计：在混合设计环境中，用户可以在同一个主体创建线框架和平面，即实现零件工作台与线框和曲面设计工作台的相互切换。
- 创建几何图形集：此选项允许用户在创建了新的零件后，能够立即创建几何图形集合。
- 创建有序几何图形集：此选项允许用户在创建了新的零件后，能立即创建有序的几何图形集合。
- 不要在启动时显示此对话框：若选中此复选框，则用户下一次选择下拉菜单 开始 →

机械设计 → 零件设计命令时，系统自动进入零件创建工作台。

5.2.2 用户界面简介

在学习本节时，请先将工作路径设置至 D:\cat2016.1\work\ch05.02，然后打开模型文件 slide_block.CATPart。

CATIA 零件设计工作台的用户界面包括下拉菜单区、工具栏区、消息区、特征树区、图形区和功能输入区，如图 5.2.2 所示，其中右工具栏区是零件工作台的常用工具栏区。

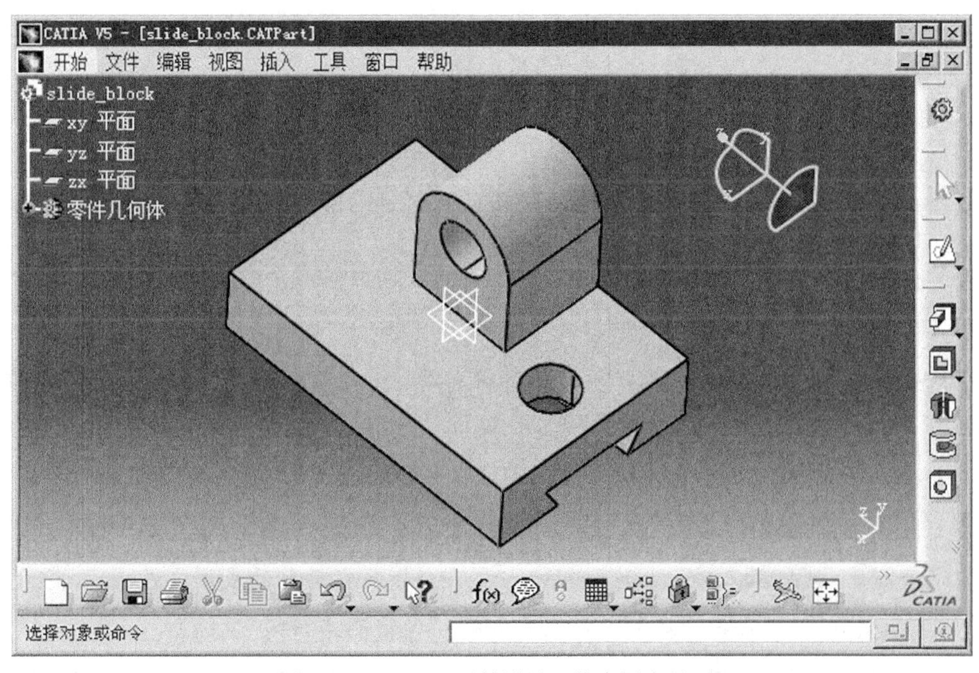

图 5.2.2 CATIA 零件设计工作台用户界面

右工具栏中的命令按钮为快速进入命令及设置工作环境提供了极大方便，用户可以根据实际情况定制工具栏。

注意： 在工具栏中，用户会看到有些菜单命令和按钮是灰色的（即暗色的），这是因为它们目前还没有处在发挥功能的环境中，一旦它们进入可以发挥功能的环境，便会自动显亮。

进入零件设计工作台后，屏幕上会出现建模所需的各种工具按钮，其中常用的工具按钮及其功能注释如图 5.2.3 ~ 图 5.2.6 所示。

图 5.2.3 所示的“基于草图的特征”工具按钮中各工具按钮的说明如下。

A1（凸台）：将指定的封闭轮廓沿某一方向进行拉伸的操作，建立三维实体。

A2（拔模圆角凸台）：该命令可使用户在对实体进行拔模的过程中，一并完成拔模斜角和倒圆角。

A3（多凸台）：与凸台功能相似，其特点在于可同时对多个封闭轮廓进行拉伸。

B1（凹槽）：与凸台相反。其特点是可以在实心物体上挖出槽、孔或其他形状的材料。

B2（拔模圆角凹槽）：在去除材料的过程中，可同时完成拔模和倒圆角的功能，不需要额外的操作。

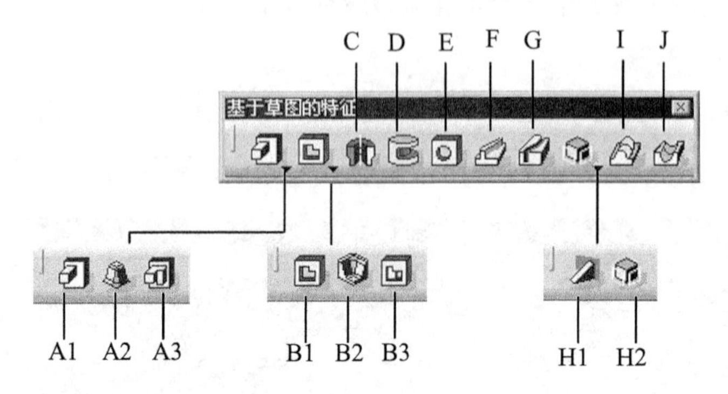

图 5.2.3 “基于草图的特征”工具按钮

B3（多凹槽）：与凹槽功能相似，其特点在于可同时对多个封闭轮廓进行除料操作。

C（旋转体）：将一组轮廓线绕轴旋转，形成实体。

D（旋转槽）：与旋转体相似，是将轮廓绕轴进行旋转成体，不同点是在旋转时进行除料操作。

E（孔）：可以在实体上钻出多种不同形状的孔。

F（肋）：将平面轮廓沿着中心曲线进行扫掠，形成三维实体。

G（开槽）：使轮廓沿中心曲线扫描，形成一个槽，它与肋的成形方式相反。

H1（加强肋）：其成形方式与凸台特征相似，但截面不封闭。

H2（实体混合）：将两个轮廓沿一定方向拉伸并进行求交运算即可形成三维实体。

I（多截面实体）：利用两个以上不同的轮廓，以渐变的方式产生实体，并可以使用引导线来引导实体的生成。

J（已移除的多截面实体）：可以在实体零件上切除两个以上轮廓所连接的空间，与多截面实体功能相反。

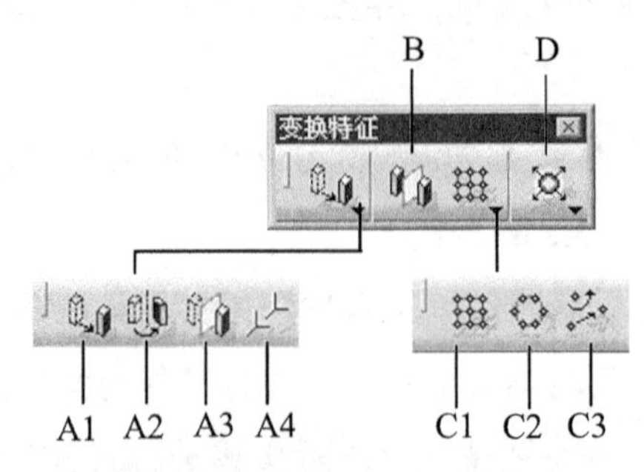

图 5.2.4 “变换特征”工具按钮

图 5.2.4 所示的“变换特征”工具按钮中各工具按钮的说明如下。

A1（平移）：将实体沿着指定方向移动到坐标系中新的位置。

A2（旋转）：将实体绕轴旋转到新的位置。

A3（对称）：将实体相对于某个选定的平面进行移动，原来的实体并不保留。

A4（定位）：将实体相对于某个选定的轴系移动至另一个轴系。

B（镜像）：让实体通过指定的对称面，生成对称的实体，原来的实体仍然存在。

C1（矩形阵列）：以矩形排列方式复制所选定的实体特征，形成新的实体特征。

C2（圆形阵列）：以圆形排列方式复制所选定的实体特征，形成新的实体特征。

C3（用户阵列）：按照用户指定的实例排布规则复制实体。

D（缩放）：对实体进行等比例放大或缩小。

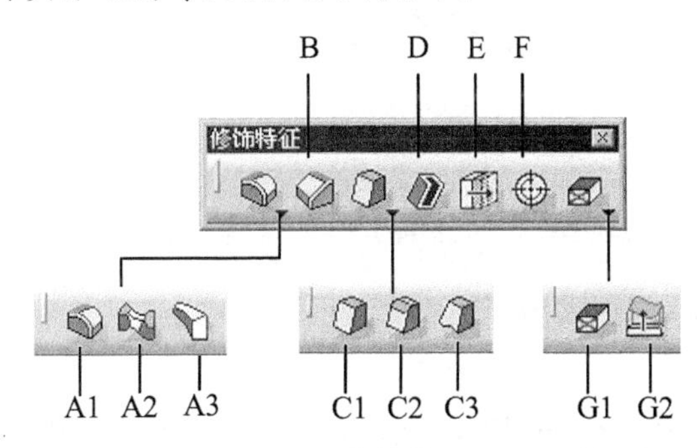

图 5.2.5 “修饰特征”工具按钮

图 5.2.5 所示的“修饰特征”工具按钮中各工具按钮的说明如下。

A1（倒圆角）：可以在实体的边线进行倒圆角的操作。

A2（面与面的圆角）：在两个面之间进行倒圆角操作。

A3（三切线内圆角）：可以将零件的某一面用倒圆角的方式改变成一个圆曲面。

B（倒角）：可以将尖锐的直角边磨成平直的斜角边线。

C1（拔模斜度）：可以把零件中需要拔模的部分向上或向下生成拔模斜角。

C2（拔模反射线）：可以将零件中的曲面以某条反射线为基准线来进行拔模。

C3（可变角度拔模）：可以在实体上放置变化斜度的拔模角特征。

D（盒体）：将实体中多余的部分挖去，形成空腔薄壁实体。

E（厚度）：在不改变实体基本形状的情况下，增加或减少厚度。

F（内螺纹/外螺纹）：在圆柱面上建立螺纹。

G1（移除面）：通过定义要移除的面和要保留的面达到实体成形的目的。

G2（替换面）：通过定义要移除的面和可以替换的曲面达到实体成形的目的。

图 5.2.6 所示的“基于曲面的特征”工具按钮中各工具按钮的说明如下。

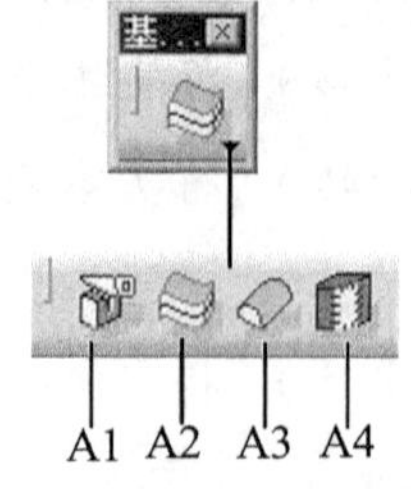

图 5.2.6 “基于曲面的特征”工具按钮

A1（分割）：通过平面或曲面切除相交实体的某一部分。

A2（厚曲面）：使曲面（可以是实体的表面）沿其法矢方向拉伸变厚。

A3（封闭曲面）：可以将曲面构成的封闭体积转换为实体，若为非封闭体积 CATIA 也可以自动以线性的方式封闭。

A4（缝合曲面）：可以将实体零件与曲面连接在一起。

5.2.3 零件设计工作台中的下拉菜单

1. 插入 下拉菜单

插入 下拉菜单是零件设计工作台中的主要菜单，如图 5.2.7 所示，它的主要功能包括编辑草图、建立基于草图的特征、修饰特征等。

插入 工具 窗口 帮助	
对象	插入新的对象（包括几何体、几何图形）
几何体	插入新的几何体（进行所需的布尔操作）
集合中的几何体...	插入集合中的几何体
几何图形集...	插入新的几何图形集
有序几何图形集...	插入新的有序几何图形集
插入到新几何体	将所选元素或特征插入到新几何体中
标注 ▸	创建文本，作为剖面的一部分
约束 ▸	在截面草图中添加约束
草图编辑器 ▸	进入草绘环境
轴系...	创建新坐标系
基于草图的特征 ▸	基于草图创建特征
修饰特征 ▸	对已创建的三维实体进行各种修饰
基于曲面的特征 ▸	以曲面为基础，构建新的实体零件
变换特征 ▸	对实体零件进行变换操作
布尔操作 ▸	对实体零件进行布尔运算及装配操作
高级修饰特征 ▸	对已创建的实体作更全面、快速的修饰
分析 ▸	用于对实体或实体表面进行分析
知识工程模板 ▸	用于创建特征副本或用户特征的模板
从文档实例化...	从文档中选择对象进行多实例化操作
从选择实例化...	在当前零件中选择特征进行多实例化操作

图 5.2.7 “插入”下拉菜单

单击 插入 下拉菜单，即可显示其中的命令，其中大部分命令都以快捷按钮方式出现在

屏幕的右工具栏按钮区。

2. 工具下拉菜单

工具下拉菜单中有两个实用性非常强的命令——显示和隐藏命令（图 5.2.8）。当图形区中元素过多时，为使模型便于观察及操作，可以使用这两个命令进行不同类型元素的显示和隐藏操作。

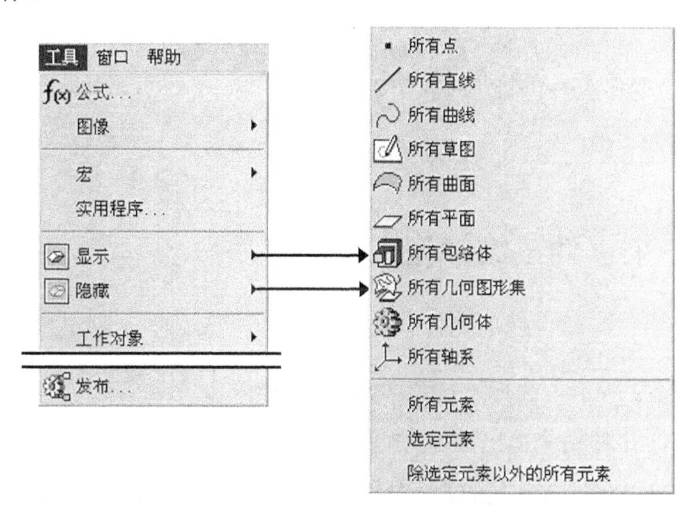

图 5.2.8 “工具”下拉菜单

5.3 创建 CATIA 零件模型的一般过程

用 CATIA 系统创建零件模型，其方法十分灵活，按大的方法分类，有以下几种。

1. “积木”式的方法

这是大部分机械零件的实体三维模型的创建方法。这种方法是先创建一个反映零件主要形状的基础特征，然后在这个基础特征上添加其他的一些特征，如凸台、凹槽、倒角和圆角等。

2. 由曲面生成零件的实体三维模型的方法

这种方法是先创建零件的曲面特征，然后把曲面转换成实体模型。

3. 从装配中生成零件的实体三维模型的方法

这种方法是先创建装配体，然后在装配体中创建零件。

本节将主要介绍用第一种方法创建零件模型的一般过程，其他的方法将在后面章节中陆续介绍。

下面以一个简单实体三维模型为例，说明用 CATIA 软件创建零件三维模型的一般过程，同时介绍凸台（Pad）特征的基本概念及其创建方法。三维模型如图 5.3.1 所示。

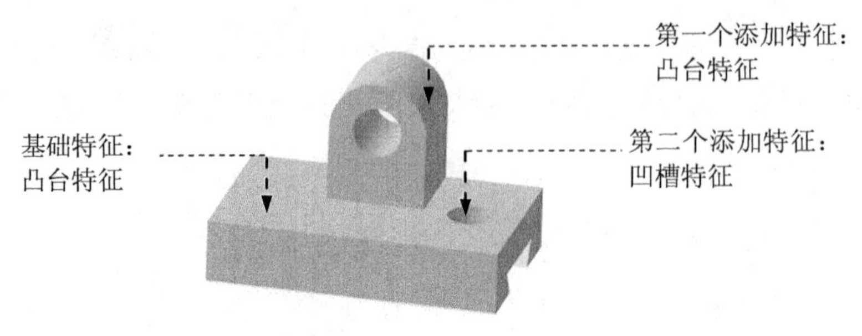

图 5.3.1　零件模型

5.3.1　新建一个零件三维模型

操作步骤如下。

Step1. 如图 5.3.2 所示，选择下拉菜单 文件(F) → 新建... 命令（或在“标准”工具栏中单击按钮），此时系统弹出图 5.3.3 所示的“新建”对话框。

Step2. 选择文件类型。在“新建”对话框的 类型列表： 栏中选择文件类型为 Part，然后单击对话框中的 确定 按钮。

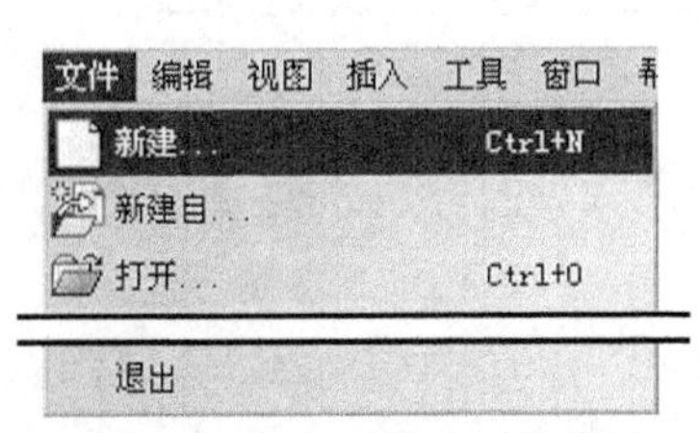

图 5.3.2　“文件”下拉菜单

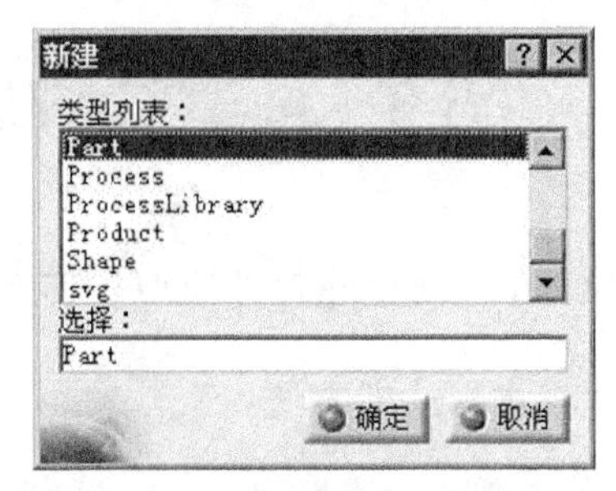

图 5.3.3　“新建”对话框

说明：每次新建一个文件，CATIA 系统都会显示一个默认名。如果要创建的是零件，默认名的格式是 Part 后跟序号（如 Part1），以后再新建一个零件，序号自动加 1。

5.3.2　创建一个凸台特征作为零件的基础特征

基础特征是一个零件的主要结构特征，创建什么样的特征作为零件的基础特征比较重要，一般由设计者根据产品的设计意图和零件的特点灵活掌握。本例中的三维模型的基础特征是一个图 5.3.4 所示的凸台（Pad）特征。凸台特征是通过对封闭截面轮廓进行单向或双向拉伸建立三维实体的特征，它是最基本且经常使用的零件造型命令。

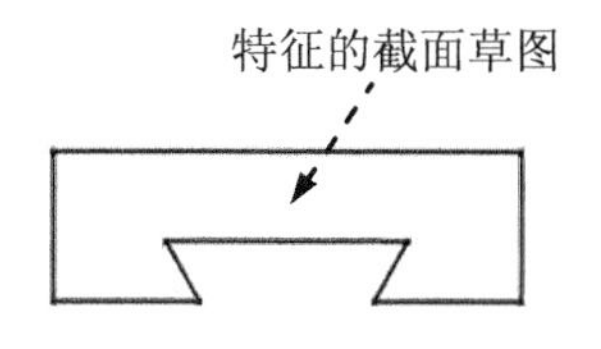

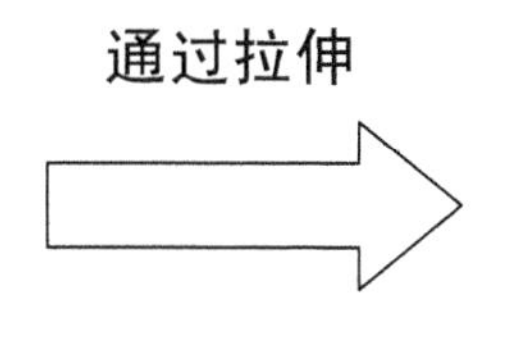

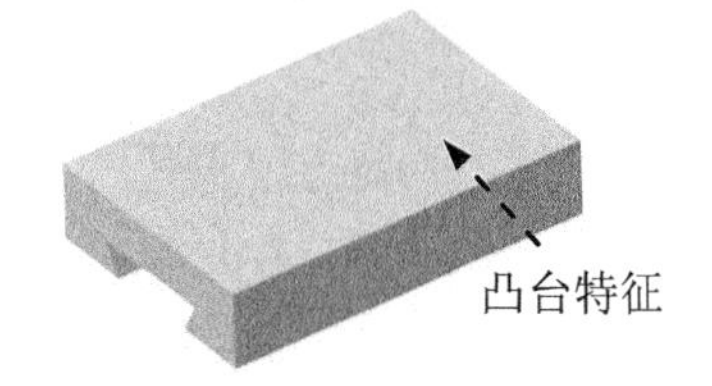

图 5.3.4　凸台特征

1. 选取凸台特征命令

选取特征命令一般有如下两种方法。

方法一：从下拉菜单中获取特征命令。本例可以选择下拉菜单 插入 ➡ 基于草图的特征 ▸ ➡ 凸台... 命令，如图 5.3.5 所示。

方法二：从工具栏中获取特征命令。本例可以直接单击“基于草图的特征”工具栏中的命令按钮。

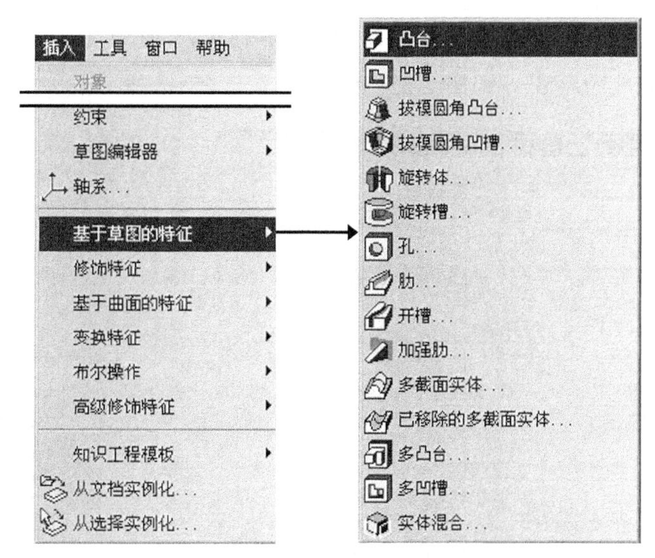

图 5.3.5　“插入”下拉菜单

2. 定义凸台类型

完成特征命令的选取后，系统弹出图 5.3.6 所示的“定义凸台”对话框（一），在对话框中不进行选项操作，创建系统默认的实体类型。

说明：利用“定义凸台”对话框（一）可以创建实体和薄壁两种类型的特征，分别介绍如下。

- 实体类型：创建实体类型时，实体特征的截面草图完全由材料填充，如图 5.3.7 所示。

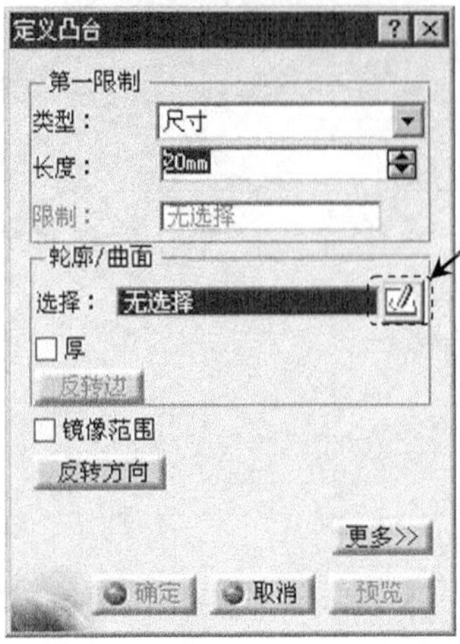

图 5.3.6 “定义凸台”对话框（一）

图 5.3.7 实体类型

- 薄壁类型：在“定义凸台”对话框（一）中的轮廓/曲面区域选中□厚复选框，通过展开对话框的隐藏部分可以将特征定义为薄壁类型（图 5.3.8）。在由草图截面生成实体时，薄壁特征的草图截面则由材料填充成均厚的环，环的内侧或外侧或中心轮廓边是截面草图，如图 5.3.9 所示。

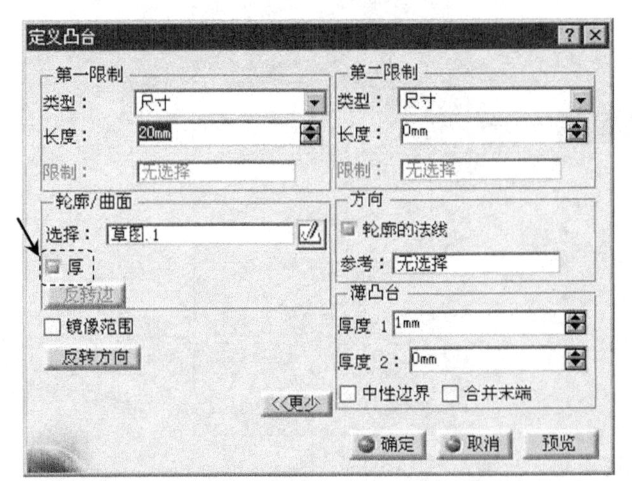

图 5.3.8 “定义凸台”对话框（二）

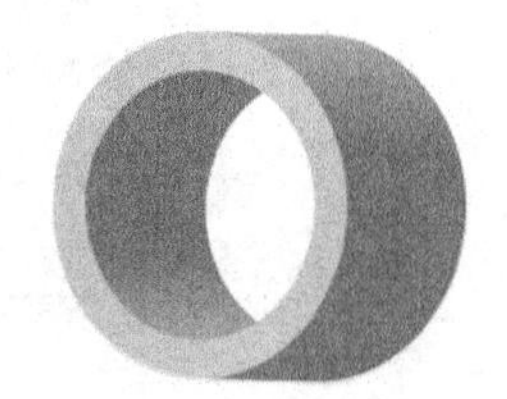

图 5.3.9 薄壁类型

3．定义凸台特征截面草图

定义特征截面草图的方法有两种：第一是选择已有草图作为特征的截面草图，第二是创建新的草图作为特征的截面草图。本例中，介绍定义截面草图的第二种方法，操作过程如下。

Step1. 选择草图命令并选取草图平面。单击“定义凸台”对话框（一）（图 5.3.6）中的按钮，系统弹出图 5.3.10 所示的“运行命令”对话框，在系统选择草图平面提示下，选取 xy 平面作为草图绘制的基准平面，进入草绘工作台。

对草图平面的概念和有关选项介绍如下。

- 草图平面是特征截面或轨迹的绘制平面。
- 选择的草图平面可以是坐标系的“xy 平面”“yz 平面”“zx 平面”中的一个，也可以新创建一个平面作为草图平面，还可以选择模型的某个表面作为草图平面。

Step2. 绘制截面草图。

本例中的基础凸台特征的截面草绘图形如图 5.3.11 所示，其绘制步骤如下。

（1）设置草图环境，调整草绘区。

操作提示与注意事项：

- 绘图前可先单击按钮，使绘图更方便。
- 除可以移动和缩放草绘区外，如果用户想在三维空间绘制草图或希望看到模型截面草图在三维空间的方位，可以旋转草绘区，方法是同时按住鼠标的中键和右键并移动鼠标，此时可看到图形跟着鼠标旋转。旋转后，选择下拉菜单 视图 ➡ 修改 ➡ 法线视图 命令（或单击“视图”工具栏中的按钮），可恢复绘图平面与屏幕平行。

图 5.3.10 “运行命令”对话框

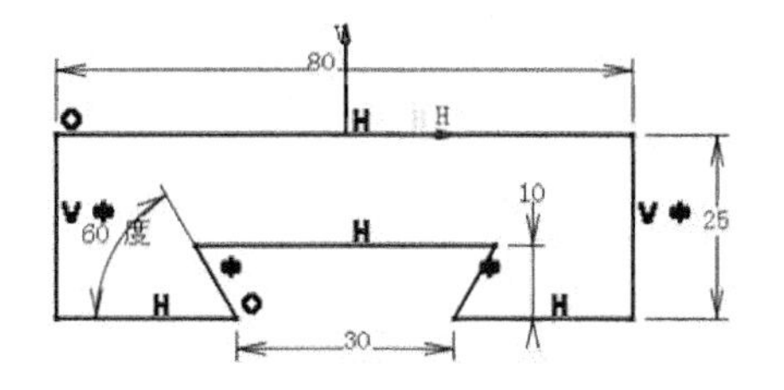

图 5.3.11 基础特征的截面草图

（2）创建截面草图。下面将介绍创建截面草图的一般流程，在以后的章节中，创建二维草图时，都可参照这里的操作步骤。

① 绘制图 5.3.12 所示的截面草图的大体轮廓。

操作提示与注意事项：

- 开始绘制草图时，没有必要很精确地绘制截面草图的几何形状、位置和尺寸，只需要绘制一个很粗略的形状。本例与图 5.3.12 相似就可以。
- 绘制直线前可先确认“草图工具”工具栏中的按钮被激活，在创建轮廓时可自动建立水平和垂直约束，详细操作可参见第 4 章中草绘的相关内容。

② 建立几何约束。建立图 5.3.13 所示的水平、竖直、相合和对称等约束。

③ 建立尺寸约束。建立图 5.3.14 所示的五个尺寸约束。

④ 修改尺寸。将尺寸修改为设计要求的尺寸，如图 5.3.15 所示，其操作提示如下。

- 尺寸的修改往往安排在建立完约束以后进行。
- 注意修改尺寸的顺序，先修改对截面外观影响不大的尺寸。
- 修改尺寸前要注意，如果需要修改的尺寸较多，且与设计目的尺寸相差太大，应该单击“约束”工具栏中的按钮，输入所有目的尺寸，达到快速整体修改的效果。

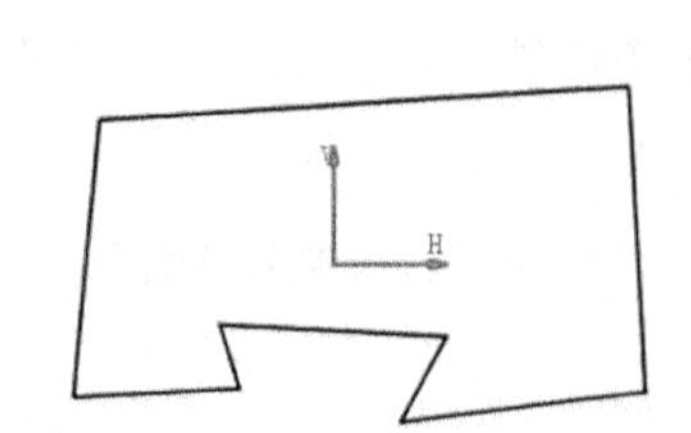

图 5.3.12　草绘截面的初步图形

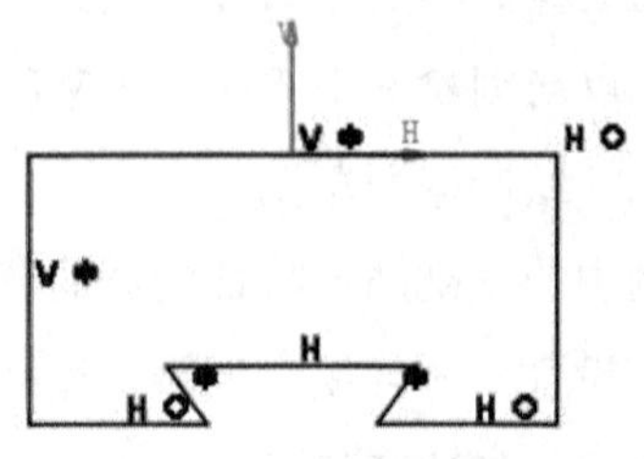

图 5.3.13　建立几何约束

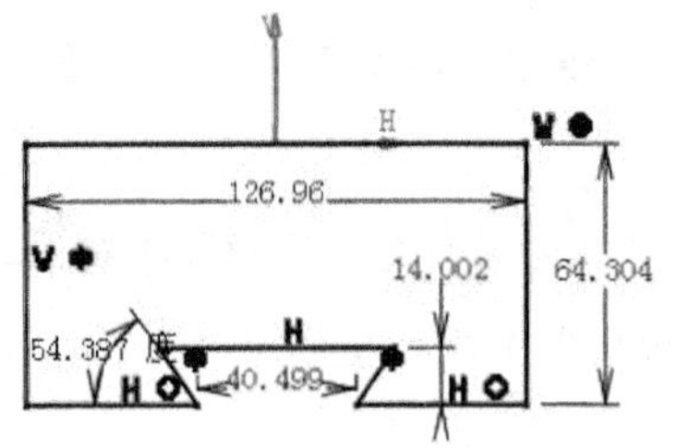

图 5.3.14　建立尺寸约束

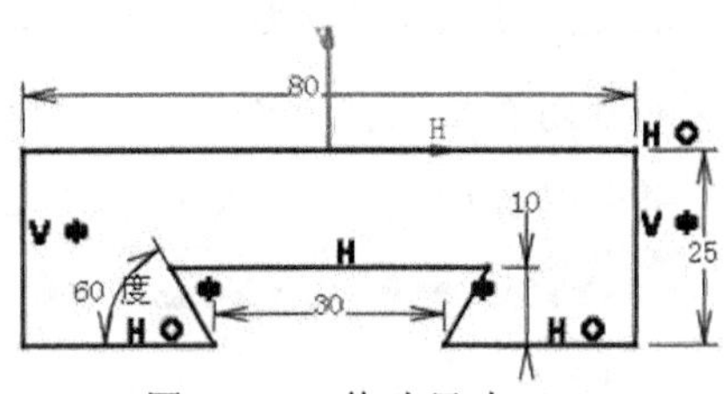

图 5.3.15　修改尺寸

Step3. 完成草图绘制后，单击“工作台”工具栏中的按钮，退出草绘工作台（按钮的位置一般如图 5.3.16 所示）。

注意：

- 如果系统弹出图 5.3.17 所示的“特征定义错误”对话框，则表明截面草图不闭合或截面中有多余的线段。

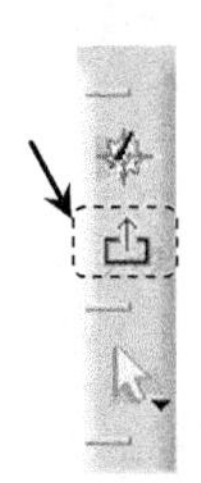

图 5.3.16　“退出工作台”按钮

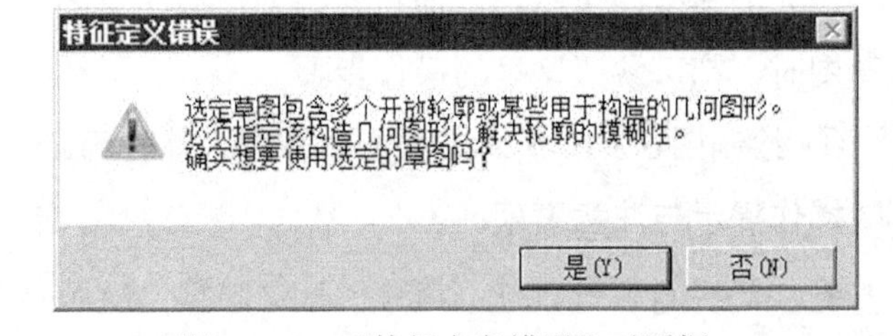

图 5.3.17　“特征定义错误”对话框

- 绘制实体凸台特征的截面时，应该注意如下要求。
  - ☑ 截面必须闭合，截面的任何部位不能有缺口，如图 5.3.18a 所示。
  - ☑ 截面的任何部位不能探出多余的线头，如图 5.3.18b 所示。
  - ☑ 截面可以包含一个或多个封闭环，生成特征后，外环以实体填充，内环则为孔。环与环之间不能相交或相切，如图 5.3.18c 和图 5.3.18d 所示；环与环之间也不能有直线（或圆弧等）相连，如图 5.3.18e 所示。
- 曲面拉伸特征的截面可以是开放的，但截面不能有多于一个的开放环。

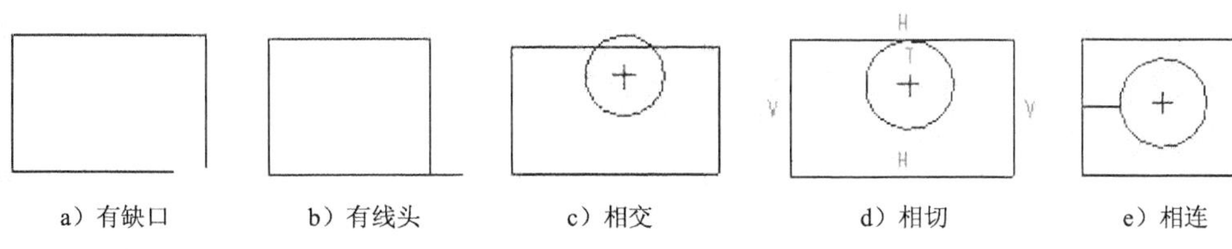

图 5.3.18 凸台特征的几种错误截面

4. 定义凸台是法向拉伸还是斜向拉伸

退出草绘工作台后，接受系统默认的拉伸方向（草图平面的法向），即进行凸台的法向拉伸。

说明： CATIA V5-6 中的凸台特征可以通过定义方向以实现法向或斜向拉伸。若不选择拉伸的参考方向，则系统默认为法向拉伸（图 5.3.19）。若在图 5.3.20 所示“定义凸台”对话框（三）的 方向 区域的 参考: 文本框中单击，则可激活斜向拉伸，这时只需选择一条斜线作为参考方向（图 5.3.21），便可实现实体的斜向拉伸。必须注意的是，作为参考方向的斜线必须事先绘制好，否则无法创建斜实体。

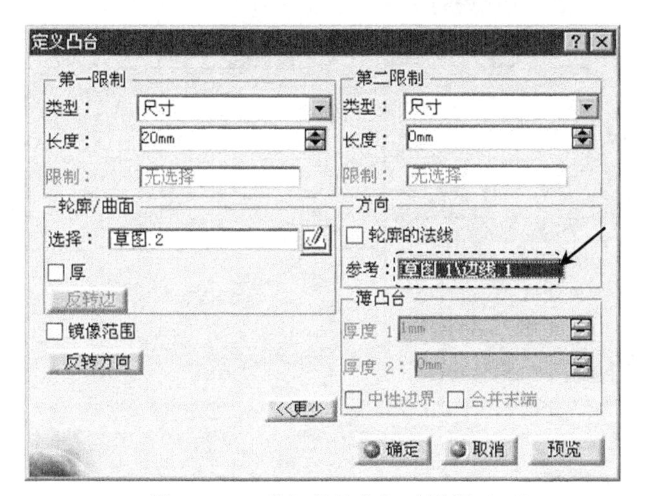

图 5.3.20 “定义凸台”对话框（三）

图 5.3.19 法向拉伸

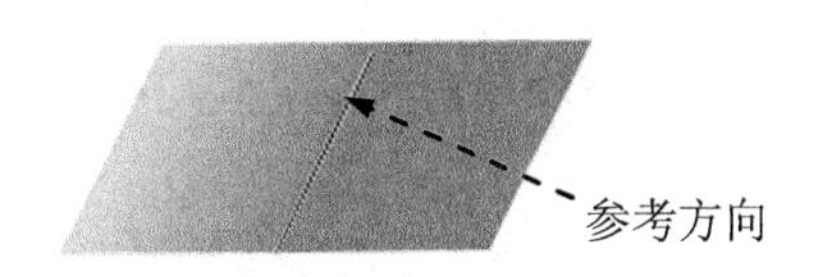

图 5.3.21 斜向拉伸

5. 定义凸台的拉伸深度属性

Step1. 定义凸台的拉伸深度方向。采用模型中默认的深度方向。

说明： 按住鼠标的中键和右键且移动鼠标，可将草图旋转到三维视图状态，此时在模型中可看到一个橙色的箭头，该箭头表示特征拉伸深度的方向，无论选取的深度类型为双向拉伸还是单向拉伸，该箭头指示的都是第一限制的拉伸方向。要改变箭头的方向，有如下两种方法。

方法一： 将鼠标指针移至深度方向箭头上单击。

方法二： 在图 5.3.6 所示的“定义凸台”对话框（一）中单击 反转方向 按钮。

Step2. 定义凸台的拉伸深度类型。单击图 5.3.6 所示的“定义凸台”对话框（一）中的 更多>> 按钮，展开对话框的隐藏部分，在对话框 第一限制 区域和 第二限制 区域的 类型： 下拉列表中均选择 尺寸 选项。

说明：

- 如图 5.3.22 所示，单击“定义凸台”对话框（四）中 第二限制 区域的 类型： 下拉列表，可以选取特征的拉伸深度类型，各选项说明如下。
  - ☑ 尺寸 选项：特征将从草图平面开始，按照所输入的数值（即拉伸深度值）向特征创建的方向一侧进行拉伸。
  - ☑ 直到下一个 选项：特征将拉伸至零件的下一个曲面处终止。
  - ☑ 直到最后 选项：特征在拉伸方向上延伸，直至与所有曲面相交。
  - ☑ 直到平面 选项：特征在拉伸方向上延伸，直到与指定的平面相交。
  - ☑ 直到曲面 选项：特征在拉伸方向上延伸，直到与指定的曲面相交。

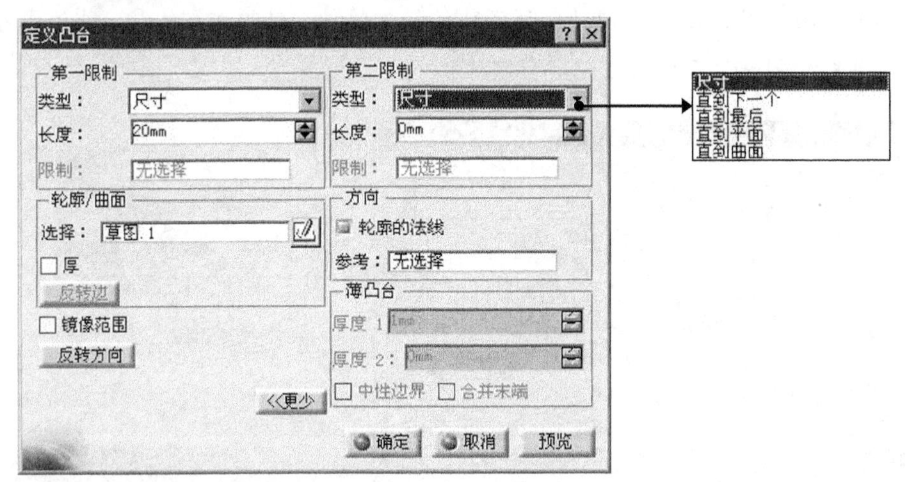

图 5.3.22 “定义凸台”对话框（四）

- 选择拉伸深度类型时，要考虑下列规则。
  - ☑ 如果特征要拉伸至某个终止曲面，则特征的截面草图的大小不能超出终止的曲面（或面组）范围。
  - ☑ 如果特征应终止于其到达的第一个曲面，必须选择 直到下一个 选项。
  - ☑ 如果特征应终止于其到达的最后曲面，必须选择 直到最后 选项。
  - ☑ 使用 直到平面 选项时，可以选择一个基准平面（或模型平面）作为终止面。
  - ☑ 穿过特征没有与深度有关的参数，修改终止平面（或曲面）可改变特征深度。
- 图 5.3.23 显示了凸台特征的有效深度选项。

图 5.3.23 中，a 为尺寸；b 为直到下一个；c 为直到平面；d 为直到最后；1 为草图平面；2 为下一个曲面（平面）；3、4、5 为模型的其他表面（平面）。

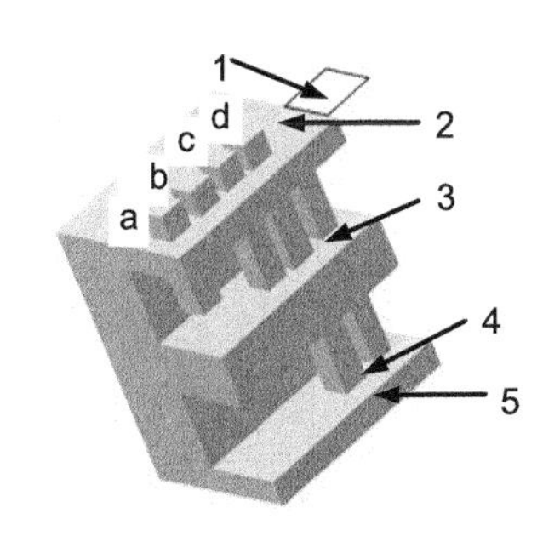

图 5.3.23 拉伸深度选项示意图

Step3. 定义拉伸深度值。在对话框 第一限制 区域和 第二限制 区域的 长度: 文本框中均输入数值 60.0，并按 Enter 键，完成拉伸深度值的定义。

6. 完成凸台特征的创建

Step1. 特征的所有要素被定义完毕后，单击对话框中的 预览 按钮，预览所创建的特征，以检查各要素的定义是否正确。

说明：预览时，可按住鼠标中键和右键进行旋转查看，如果所创建的特征不符合设计意图，可选择对话框中的相关选项重新定义。

Step2. 预览完成后，单击“定义凸台”对话框中的 确定 按钮，完成特征的创建。

5.3.3 添加其他特征（凸台特征和凹槽特征）

1. 添加凸台特征

在创建零件的基本特征后，可以添加其他特征。现在要添加图 5.3.24 所示的凸台特征，操作步骤如下。

Step1. 选择命令。选择下拉菜单 插入(I) → 基于草图的特征 ▸ → 凸台... 命令（或单击“基于草图的特征”工具栏中的 按钮），系统弹出“定义凸台”对话框。

Step2. 选择凸台类型。本例中创建系统默认的实体类型特征。

Step3. 创建截面草图。

（1）选择草图命令并选取草图平面。在“定义凸台”对话框中单击 按钮，选取图 5.3.24 所示的模型表面 1 为草图平面，进入草绘工作台。

（2）绘制图 5.3.25 所示的截面草图。

① 绘制截面轮廓。绘制图 5.3.25 所示的截面草图的大体轮廓。

② 建立几何约束。建立图 5.3.25 所示的相合约束、对称约束和相切约束。

③ 建立尺寸约束。建立图 5.3.25 所示的三个尺寸约束。

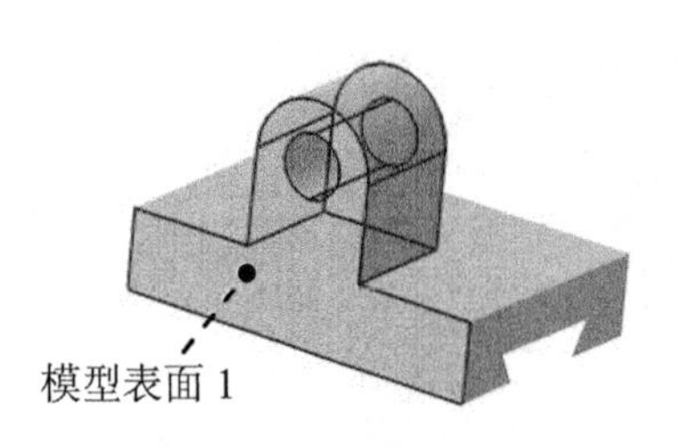

图 5.3.24　添加凸台特征

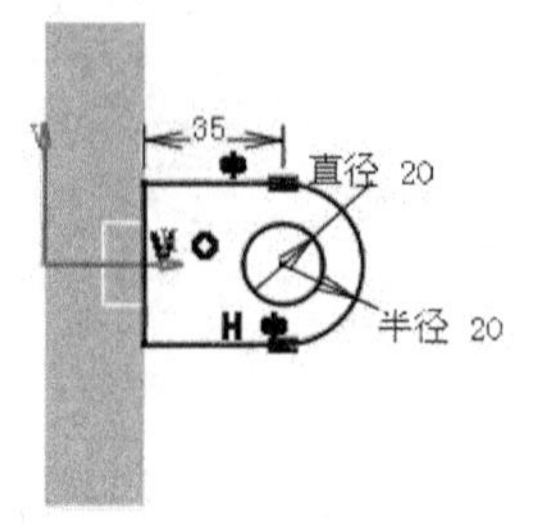

图 5.3.25　截面草图

④ 修改尺寸。将尺寸修改为设计要求的尺寸。

⑤ 完成草图绘制后，单击“工作台”工具栏中的按钮，退出草绘工作台。

Step4. 选取拉伸方向。采用系统默认的拉伸方向（截面法向）。

Step5. 定义拉伸深度。

（1）选取深度方向。单击“定义凸台”对话框中的 反转方向 按钮，使特征反向拉伸。

（2）选取深度类型。在“定义凸台”对话框 第一限制 区域的 类型: 下拉列表中选取 尺寸 选项。

（3）定义深度值。在 长度: 文本框中输入深度值 40.0。

Step6. 单击“定义凸台”对话框中的 确定 按钮，完成特征的创建。

2. 添加凹槽特征

凹槽特征的创建方法与凸台特征基本一致，只不过凸台是增加实体（加材料特征），而凹槽则是减去实体（减材料特征），其实二者本质上都属于拉伸。

现在要添加图 5.3.26 所示的凹槽特征，具体操作步骤如下。

Step1. 选择命令。选择下拉菜单 插入(I) → 基于草图的特征 ▸ → 凹槽... 命令（或单击“基于草图的特征”工具栏中的按钮），系统弹出图 5.3.27 所示的“定义凹槽”对话框。

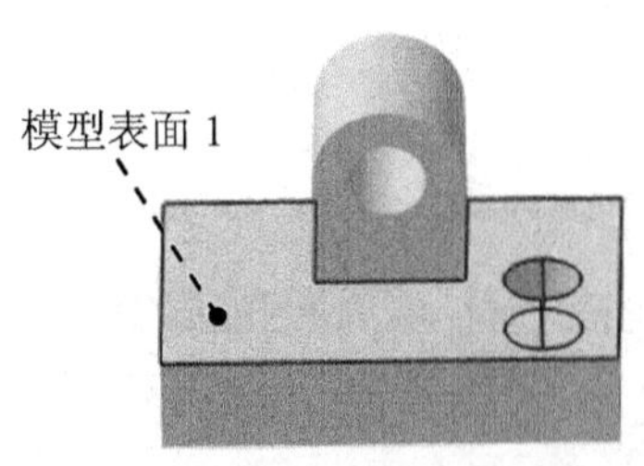

图 5.3.26　添加凹槽特征

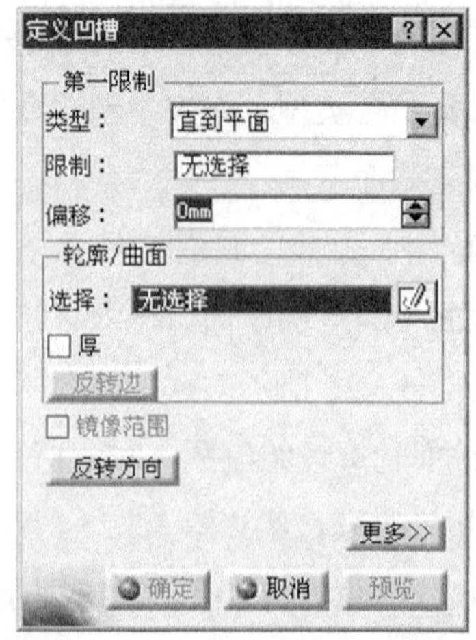

图 5.3.27　“定义凹槽”对话框

Step2. 创建截面草图。

（1）选择草图命令并选取草图平面。在对话框中单击按钮，选取图 5.3.26 所示的模型表面 1 为草图平面。

（2）绘制截面草图。在草绘工作台中创建图 5.3.28 所示的截面草图。

① 绘制一个圆的轮廓，添加图 5.3.28 所示的三个尺寸约束。

② 将尺寸修改为设计要求的目标尺寸。

③ 完成特征截面后，单击“工作台”工具栏中的按钮，退出草绘工作台。

Step3. 选取拉伸方向。采用系统默认的拉伸方向。

Step4. 定义拉伸深度。

（1）选取深度方向。本例不进行操作，采用模型中默认的深度方向。

（2）选取深度类型。在“定义凹槽”对话框 第一限制 区域的 类型：下拉列表中选择 直到平面 选项。

（3）定义深度值。选取图 5.3.29 所示的模型表面 2 为凹槽特征的终止面。

说明：“定义凹槽”对话框 第一限制 区域的 偏移：文本框中的数值表示的是偏移凹槽特征拉伸终止面的距离。

Step5. 单击“定义凹槽”对话框中的 确定 按钮，完成特征的创建。

Step6. 保存模型文件，文件名称为 slide_block。

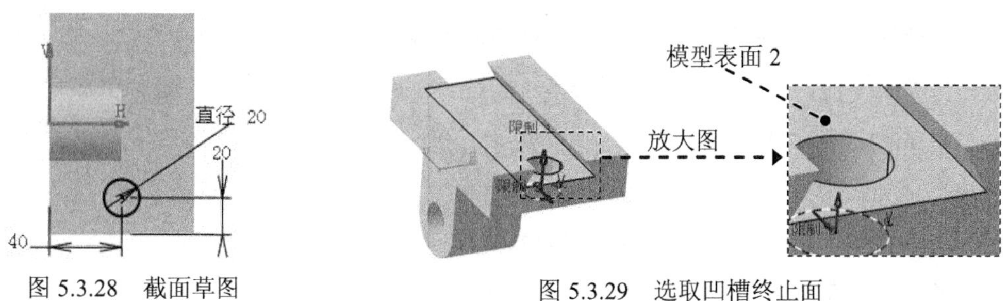

图 5.3.28 截面草图

图 5.3.29 选取凹槽终止面

5.4 CATIA V5-6 中的文件操作

5.4.1 打开文件

假设已经退出 CATIA 软件，重新进入软件环境后，要打开名称为 sidle_block.CATPart 的文件，其操作过程如下。

Step1. 选择下拉菜单 文件 ➡ 打开... 命令（或单击“标准”工具栏中的按钮），系统弹出图 5.4.1 所示的“选择文件”对话框。

Step2. 单击 查找范围(I): 文本框右下角的 ▼ 按钮，找到模型文件所在的文件夹（路径）后，在文件列表中选择要打开的文件名 slide block，单击 打开(O) 按钮，即可打开文件（或双击文件名也可打开文件）。

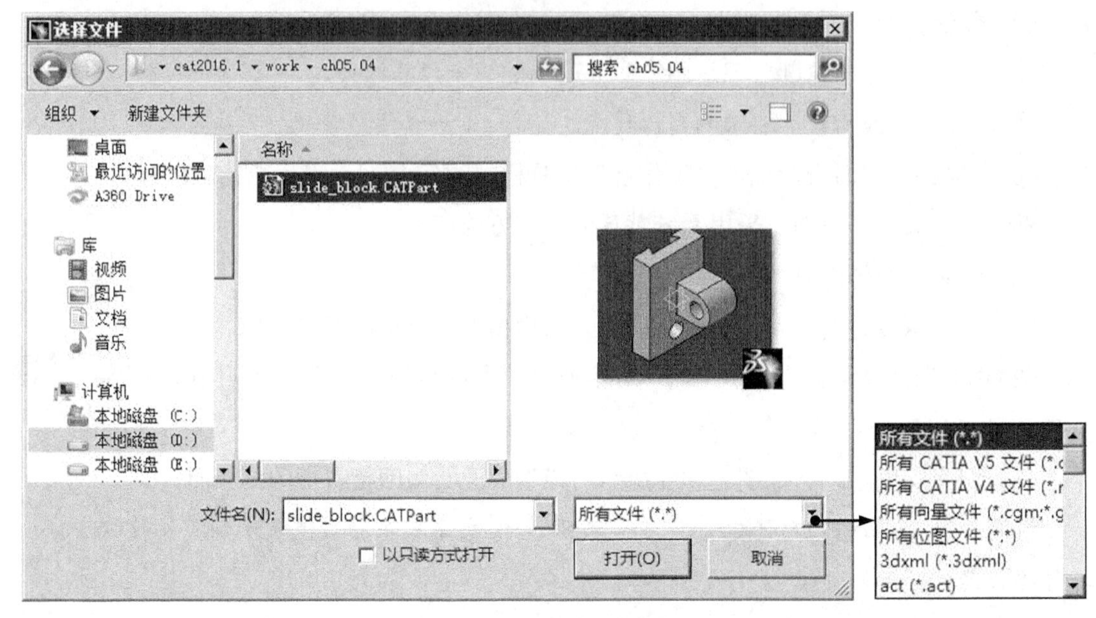

图 5.4.1 “选择文件”对话框

图 5.4.1 所示“选择文件”对话框中有关按钮的说明如下。

- 单击 □ 按钮，在对话框右侧显示或关闭预览窗格。
- 单击 ▾ 中的 ▾ 按钮，出现图 5.4.2 所示的文件选项菜单，可选取相应命令。
- 单击对话框右下角的 ▾ 按钮，从弹出的“文件类型”列表中选取某个文件类型，文件列表中将只显示该类型的文件。
- 选中 ☑ 以只读方式打开(R) 复选框，可将所选文件以只读方式打开。
- 单击 取消 按钮，放弃打开所选文件。

注意：对于最近才打开的文件，可以在 文件 下拉菜单将其打开，如图 5.4.3 所示。

5.4.2 保存文件

CATIA V5-6 是一个基于服务器的软件系统，所有设计文件只能保存在服务器上，而不能保存在设计人员的本地工作电脑中。这是 CATIA V5-6 系统最典型也是最具创新的变动，这样既保证了设计文件的唯一性，也方便管理。同时，由于加强了数据的安全性，也可以在很大程度上避免技术的非正常扩散，促使企业加大自主设计创新的投入，促进整个行业的发展。

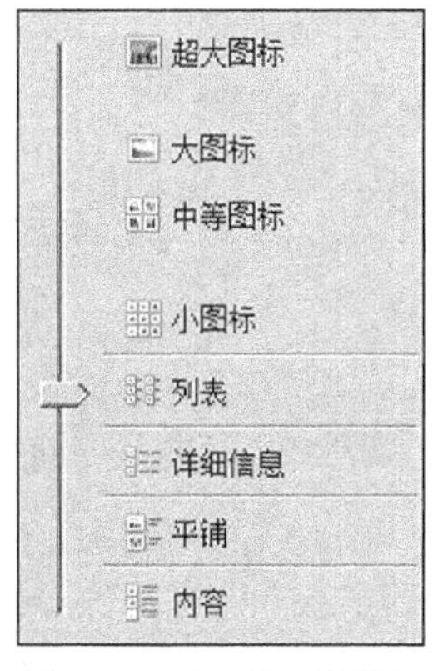

图 5.4.2　文件选项菜单

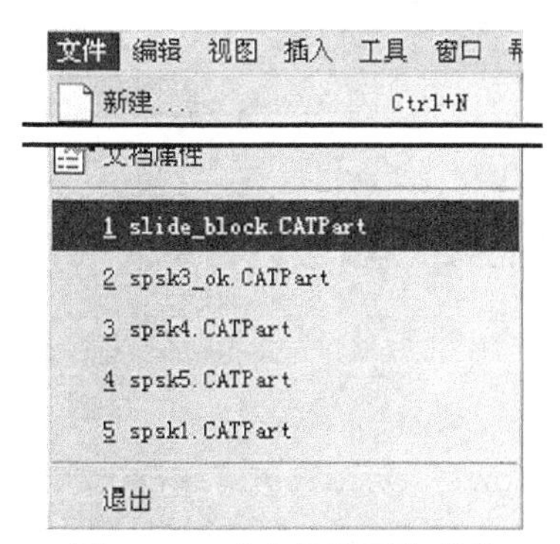

图 5.4.3　“文件”下拉菜单

一般情况下，服务器上的数据会通过 PLM 软件来进行管理，达索公司推出的 PLM 软件 ENOVIA 可以和 CATIA 系统无缝集成。下面简要介绍构建了 ENOVIA V6 服务器后，在 CATIA V5-6 集成 ENOVIA 系统和保存文件至服务器的操作方法。

Step1. 选择下拉菜单 工具 → 选项... 命令，系统弹出“选项”对话框，在该对话框左侧选择 常规 → 兼容性，此时可以设置草图编辑器的相关参数。

Step2. 单击 ENOVIA V6/3DEXPERIENCE 选项卡，在 集成模式 下拉列表中选择 嵌入式集成 选项（图 5.4.4），按提示信息重启软件后，即可在 CATIA V5-6 中集成 ENOVIA V6 系统。

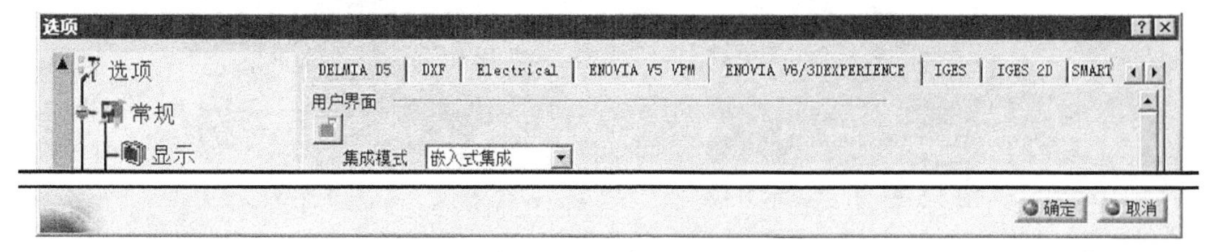

图 5.4.4　“选项”对话框

Step3. 选择下拉菜单 ENOVIA V6 → 连接至 V6... 命令，连接至 ENOVIA 服务器，然后再选择 ENOVIA V6 → 保存 命令，即可保存文件至服务器。

5.5　CATIA V5-6 的模型显示与控制

学习本节时，请先打开模型文件 D:\cat2016.1\work\ch05.05\slide_block.CATPart。

5.5.1　模型的几种显示方式

CATIA 提供了六种模型显示的方法，可通过选择下拉菜单 视图 → 渲染样式 ▸ 命令（图 5.5.1），或单击“视图（V）”工具栏中按钮右下方的小三角形，从弹出的图 5.5.2 所示的“视图方式”工具栏中选择显示方式。

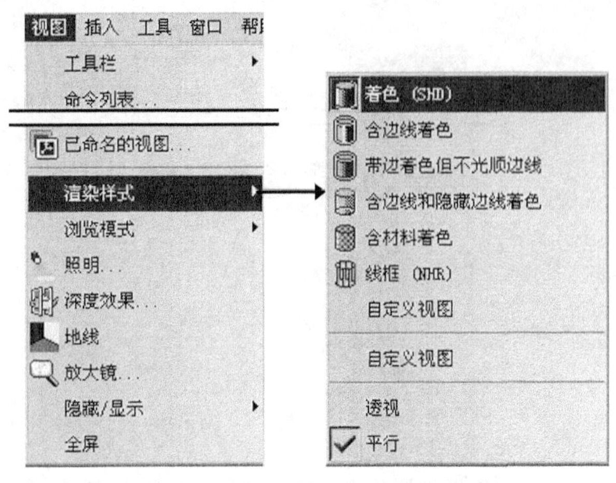

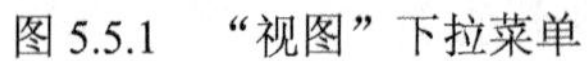
图 5.5.1 “视图”下拉菜单

图 5.5.2 “视图方式”工具栏

- （着色显示方式）：单击此按钮，只对模型表面着色，不显示边线轮廓，如图 5.5.3 所示。
- （含边线着色显示方式）：单击此按钮，显示模型表面，同时显示边线轮廓，如图 5.5.4 所示。

图 5.5.3 着色显示方式

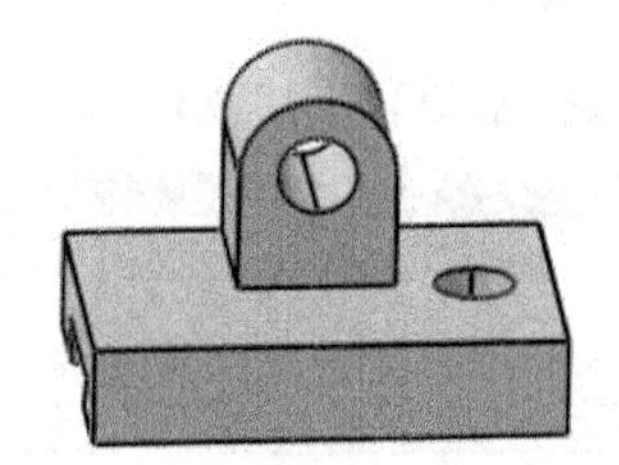
图 5.5.4 含边线着色显示方式

- （带边着色但不光顺边线显示方式）：这是一种渲染方式，也显示模型的边线轮廓，但是光滑连接面之间的边线不显示出来，如图 5.5.5 所示。
- （含边和隐藏边着色显示方式）：显示模型可见的边线轮廓和不可见的边线轮廓，如图 5.5.6 所示。

图 5.5.5 带边着色但不光顺边线显示方式

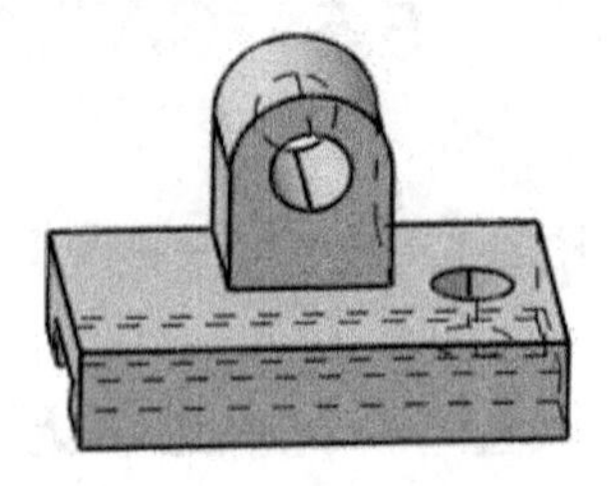
图 5.5.6 含边和隐藏边着色显示方式

- （含材料着色显示方式）：这种显示方式可以将已经应用了新材料的模型显示出模型的属性。图 5.5.7 所示即应用了新材料后的模型显示（应用新材料的方法将

在 5.8.1 节“零件模型材料的设置”中讲到)。

- （线框显示方式）：单击此按钮，模型将以线框状态显示，如图 5.5.8 所示。

图 5.5.7　含材料着色显示方式

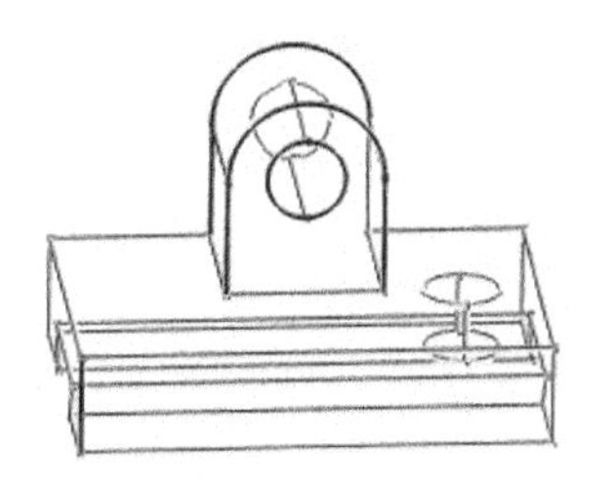

图 5.5.8　线框显示方式

- 选择下拉菜单 视图 → 渲染样式 ▸ → 自定义视图 命令（或单击“视图方式”工具栏中的 按钮），系统将弹出图 5.5.9 所示的“视图模式自定义”对话框，用户可以根据自己的需要选择模型的显示方式。

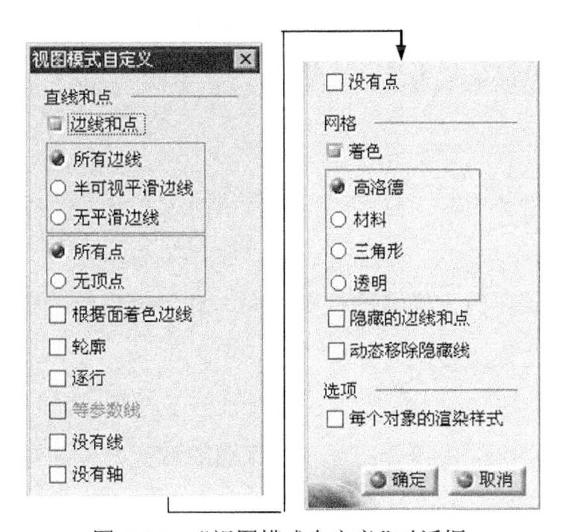

图 5.5.9　“视图模式自定义”对话框

5.5.2　视图的平移、旋转与缩放

视图的平移、旋转与缩放是零件设计中的常用操作，这些操作只改变模型的视图方位而不改变模型的实际大小和空间位置，操作方法叙述如下。

1. 平移的操作方法

方法一：选择下拉菜单 视图 → 平移 命令（或在“视图（V）”工具栏中单击 按钮），在图形区按住左键不放并移动鼠标，此时模型会随鼠标移动而平移。

方法二：按住鼠标中键不放并移动鼠标，模型将随鼠标移动而平移。

2．旋转的操作方法

方法一：选择下拉菜单 视图 → 旋转 命令（或在“视图（V）”工具栏中单击按钮），然后在图形区按住左键并移动鼠标，此时模型会随鼠标移动而旋转。

方法二：先按住鼠标中键，再按住鼠标左（或右）键不放并移动鼠标，模型将随鼠标移动而旋转（单击鼠标中键可以确定旋转中心）。

3．缩放的操作方法

方法一：选择下拉菜单 视图 → 缩放 命令，然后在图形区按住左键并移动鼠标，此时模型会随鼠标移动而缩放，向上可使视图放大，向下则使视图缩小。

方法二：在“视图（V）”工具栏中单击按钮，可使视图放大。

方法三：在“视图（V）”工具栏中单击按钮，可使视图缩小。

方法四：按住鼠标中键不放，再单击左（或右）键，光标变成一个上下指向的箭头，向上移动鼠标可将视图放大，向下移动鼠标将缩小视图。

注意：若缩放过度使模型无法显示清楚，可在“视图（V）”工具栏中单击按钮，使模型填满整个图形区。

5.5.3　模型的视图定向

在零件设计时经常需要改变模型的视图方向，利用模型的“定向”功能可以将绘图区中的模型精确定向到某个视图方向。

在“视图（V）”工具栏中单击按钮右下方的小三角形，可以展开图 5.5.10 所示的“快速查看”工具栏，工具栏中的按钮介绍如下（视图的默认方位如图 5.5.11 所示）。

- （等轴测视图）：单击此按钮，可将模型视图旋转到等轴测三维视图模式，如图 5.5.12 所示。

图 5.5.10　“快速查看”工具栏

图 5.5.11　默认方位

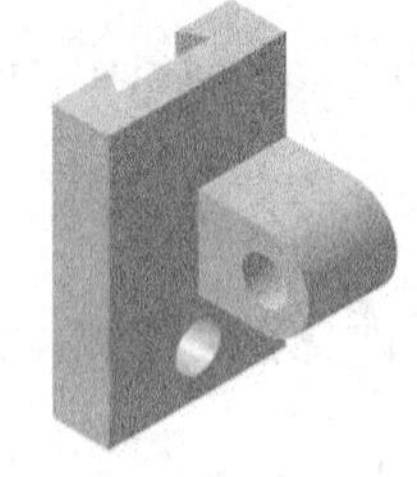

图 5.5.12　等轴测视图

- （正视图）：沿着 X 轴正向查看得到的视图，如图 5.5.13 所示。
- （后视图）：沿着 X 轴负向查看得到的视图，如图 5.5.14 所示。
- （左视图）：沿着 Y 轴正向查看得到的视图，如图 5.5.15 所示。

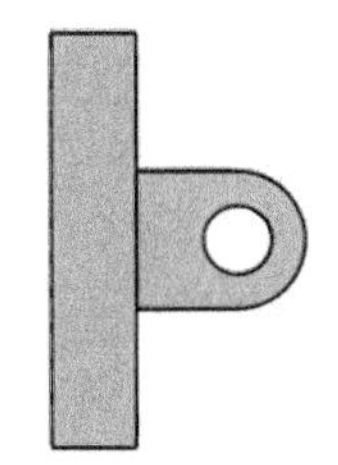

图 5.5.13 正视图

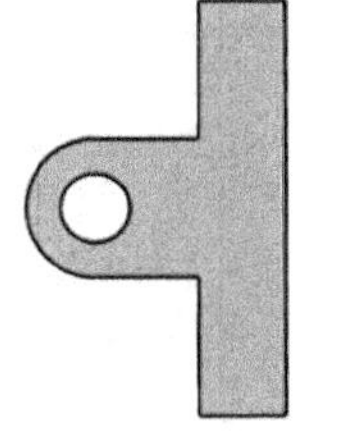

图 5.5.14 后视图

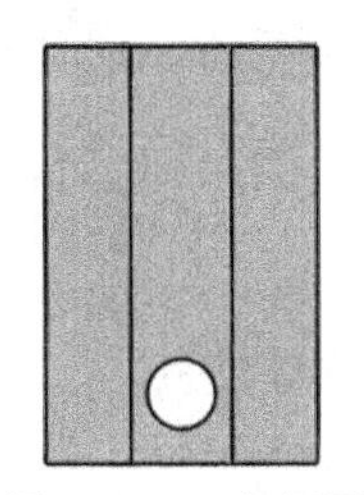

图 5.5.15 左视图

- （右视图）：沿着 Y 轴负向查看得到的视图，如图 5.5.16 所示。
- （俯视图）：沿着 Z 轴负向查看得到的视图，如图 5.5.17 所示。
- （仰视图）：沿着 Z 轴正向查看得到的视图，如图 5.5.18 所示。

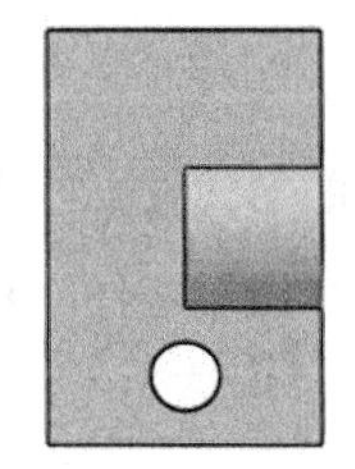

图 5.5.16 右视图

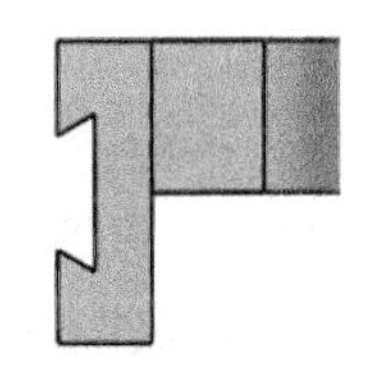

图 5.5.17 俯视图

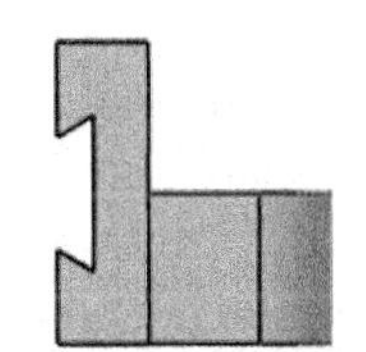

图 5.5.18 仰视图

- （已命名的视图）：这是一个定制视图方向的命令，用于保存某个特定的视图方位，若用户需要经常查看某个模型方位，可以将该模型方位通过命名保存起来，然后单击按钮，便可找到已命名的这个视图方位。操作方法如下。

（1）将模型旋转到预定视图方位，在“快速查看”工具栏中单击按钮，系统弹出图 5.5.19 所示的“已命名的视图”对话框。

（2）在“已命名的视图”对话框中单击 添加 按钮，系统自动将此视图方位添加到对话框的视图列表中，并将之命名为 Camera 1（也可输入其他名称，如 C1）。

（3）单击“已命名的视图”对话框中的 确定 按钮，完成视图方位的定制。

（4）将模型旋转后，单击按钮，在“已命名的视图”对话框的视图列表中，选中 Camera 1 视图，然后单击对话框中的 确定 按钮，即可观察到模型又快速回到 Camera 1 视图方位。

说明：如要重新定义视图方位，只需旋转到预定的角度，再单击“已命名的视图”对话框（图 5.5.19）中的 修改 按钮即可。

- 单击“已命名的视图”对话框中的 反转 按钮，即可反转当前的视图方位。
- 单击“已命名的视图”对话框中的 属性 按钮，系统弹出图 5.5.20 所示的“照相机属性”对话框，在该对话框中可以修改视图方位的相关属性。

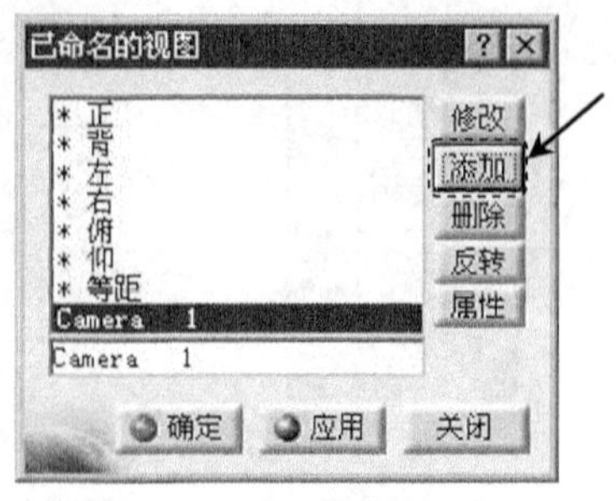

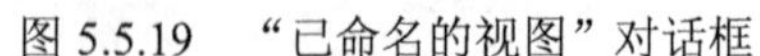
图 5.5.19 “已命名的视图”对话框

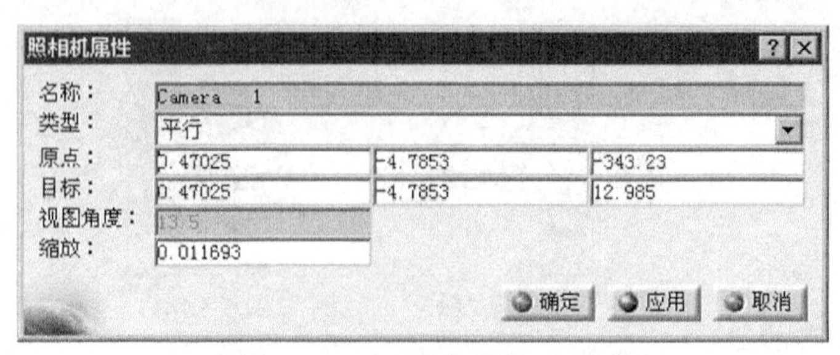

图 5.5.20 “照相机属性”对话框

5.6 CATIA V5-6 的特征树

5.6.1 特征树概述

CATIA V5-6 的特征树一般出现在屏幕左侧，它的功能是以树的形式显示当前活动模型中的所有特征或零件，在树的顶部显示根（主）对象，并将从属对象（零件或特征）置于其下。在零件模型中，特征树列表的顶部是零件名称，零件名称下方是每个特征的名称；在装配体模型中，特征树列表的顶部是总装配，总装配下是各子装配和零件，每个子装配下方则是该子装配中的每个零件的名称，每个零件名的下方是零件的各个特征的名称。

如果打开了多个 CATIA 窗口，则特征树内容只反映当前活动文件（即活动窗口中的模型文件）。

5.6.2 特征树界面简介

在学习本节时，请先将工作路径设置至 D:\cat2016.1\work\ch05.06，然后打开模型文件 slide_block.CATPart。

CATIA V5-6 的特征树操作界面如图 5.6.1 所示。

5.6.3 特征树的作用与操作

1. 特征树的作用

（1）在特征树中选取对象。可以从特征树中选取要编辑的特征或零件对象，当要选取的特征或零件在图形区的模型中不可见时，此方法尤为有用；当要选取的特征和零件在模型中禁用选取时，仍可在特征树中进行选取操作。

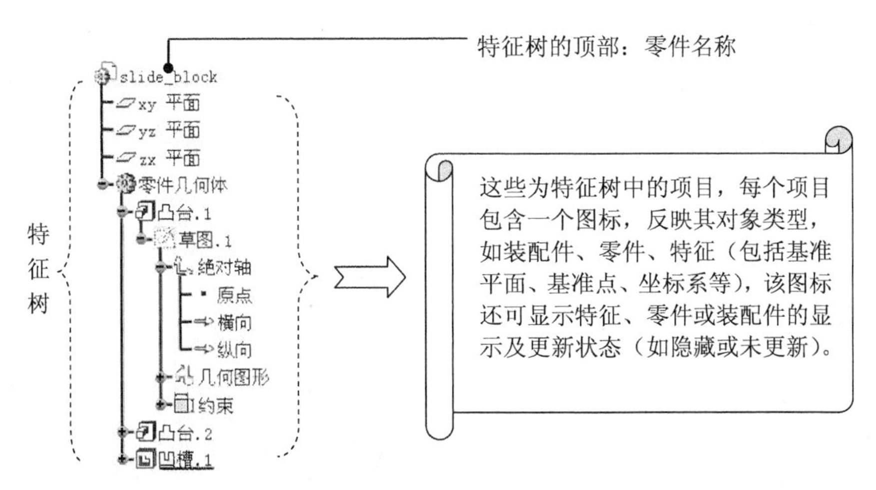

图 5.6.1　特征树操作界面

注意：CATIA 的特征树中列出了特征的几何图形（即草图的从属对象），但在特征树中，几何图形的选取必须是在草绘状态下。

（2）在特征树中使用快捷命令。右击特征树中的特征名或零件名，可打开一个快捷菜单，从中可选择相对于选定对象的特定操作命令。

2．特征树的操作

（1）特征树的平移与缩放。

方法一：在 CATIA V5-6 软件环境下，滚动鼠标滚轮可使特征树上下移动。

方法二：单击图 5.6.2 所示图形区右下角的坐标系，模型颜色将变灰暗，此时，按住中键不放移动鼠标，特征树将随鼠标移动而平移；按住鼠标中键不放，再单击鼠标右键，上移鼠标可放大特征树，下移鼠标可缩小特征树（若要重新用鼠标操纵模型，需再单击坐标系）。

（2）特征树的显示与隐藏。

方法一：按 F3 键可以切换特征树的显示与隐藏状态。

方法二：选择下拉菜单 工具 → 选项... 命令，系统弹出“选项”对话框，选中对话框左侧 常规 下的 显示 选项，通过 树外观 选项卡中的 树显示/不显示模式 复选框可以调整特征树的显示与隐藏状态。

（3）特征树的折叠与展开。

方法一：单击特征树根对象左侧的 ✚ 按钮，可以展开对应的从属对象，单击根对象左侧的 ━ 按钮，可以折叠对应的从属对象。

方法二：选择下拉菜单 视图 → 树展开 ▸ 命令，在图 5.6.3 所示的菜单中可以控制特征树的展开和折叠。

注意：用鼠标对特征树进行缩放时，可能将特征树缩为无限小，此时用特征树的“显示与隐藏”操作是无法使特征树复原的。使特征树重新显示的方法是：单击图 5.6.2 所示的坐标系，然后在图形区右击，从弹出的快捷菜单中选择 重新构造图形 选项，即可使特征树重新显示。

图 5.6.2　坐标系

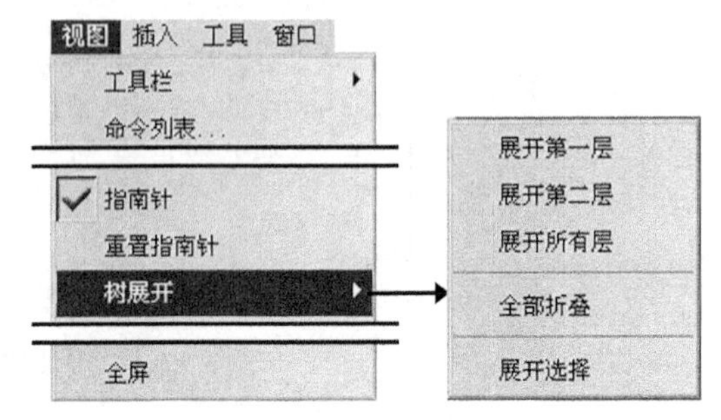

图 5.6.3　“视图”下拉菜单

5.6.4　特征树中模型名称的修改

在特征树中可以修改模型零件的名称，方法：右击位于特征树顶部的零件名称，在弹出的快捷菜单中选择 属性 命令，然后在弹出的“属性”对话框中，通过 零件编号 文本框即可修改模型的名称。

装配模型名称的修改方法与上面介绍的相同：在装配特征树中，选取某个部件，然后右击，通过 属性 命令和 零件编号 文本框，即可修改所选部件的名称。

5.7　CATIA V5-6 软件中的层

在学习本节时，请先将工作路径设置至 D:\cat2016.1\work\ch05.07，然后打开模型文件 slide_block.CATPart。

5.7.1　层的基本概念

CATIA V5-6 中提供了一种有效组织管理零件要素的手段，这就是“层（Layer）”。通过层，可以对所有共同的要素进行显示、隐藏等操作，在模型中，可以创建 0～999 层。通过组织层中的模型要素并用层来简化显示，可以使很多任务流水线化，并可提高可视化程度，极大地提高工作效率。

5.7.2 进入层的操作界面并创建新层

层的操作界面位于图 5.7.1 所示的“图形属性”工具栏中，进入层的操作界面和创建新层的操作方法如下。

图 5.7.1 “图形属性”工具栏

说明：“图形属性”工具栏最初在用户界面中是不显示的，要使之显示，只需在工具栏区右击，从弹出的快捷菜单中勾选“图形属性”选项即可。

Step1. 单击工具栏“无”文本框右下方的小三角形，在层列表中选择“其他层...”选项，系统弹出图 5.7.2 所示的“已命名的层”对话框。

图 5.7.2 “已命名的层”对话框

Step2. 单击“已命名的层”对话框中的“新建”按钮，系统将在列表中创建一个编号为 2 的新层，在新层的名称处单击，将其修改为 my layer（图 5.7.2），单击“已命名的层”对话框中的“确定”按钮，完成新层的创建。

5.7.3 将项目添加到层中

层中的内容，如特征、零件、参考元素等，称为层的“项目”。本例中需将三个基准平面添加到层“1 Basic geometry”中，同时将模型添加到层“2 my layer”中，具体操作如下。

Step1. 打开“图形属性”工具栏。

Step2. 按住 Ctrl 键，在特征树中选取三个基准平面为需要添加到层“1 Basic geometry”的项目。

Step3. 单击“图形属性”工具栏中“无”文本框右下方的小三角形，在层列表中选择“1 Basic geometry”为项目所要放置的层。

Step4. 在特征树中选中“零件几何体”为需要添加到层“2 my layer”中的项目。

Step5. 单击“图形属性”工具栏中“无”文本框右下方的小三角形，在层列表中选择“2 my layer”为项目所要放置的层。

5.7.4 设置层的隐藏

如将某个层设置为“过滤”状态，则其他层中项目（如特征、零件和参考元素等）在模型中将被隐藏。设置的一般方法如下。

Step1. 选择下拉菜单 工具 → 可视化过滤器... 命令，系统弹出图 5.7.3 所示的“可视化过滤器”对话框。

Step2. 单击“可视化过滤器”对话框中的 新建 按钮，系统将弹出图 5.7.4 所示的“可视化过滤器编辑器”对话框。

Step3. 在“可视化过滤器编辑器”对话框的 条件： 图层 下拉列表中选择层 2 加入过滤器，操作完成后，单击对话框中的 确定 按钮，新的过滤器将被命名为 过滤器001 并加入过滤器列表中。

图 5.7.3 “可视化过滤器”对话框

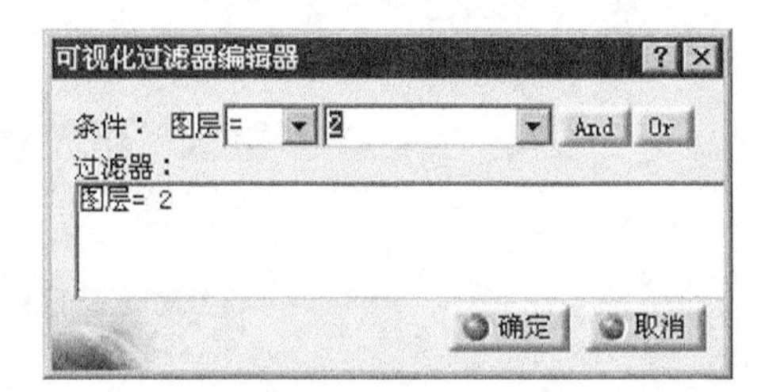

图 5.7.4 “可视化过滤器编辑器”对话框

Step4. 单击工具栏 无 文本框右下方的小三角形，在层列表中选择 0 General 选项，使当前不显示任何项目。

Step5. 在过滤器列表中选中 过滤器001 选项，单击“可视化过滤器”对话框中的 应用 按钮，则图形区中仅模型可见，而三个基准平面则被隐藏。

Step6. 单击对话框中的 确定 按钮，完成其他层的隐藏。

说明：在“可视化过滤器编辑器”对话框的 条件： 栏中可进行层的 And 和 Or 操作，此操作的目的是将需要显示的层加入到过滤器中。

5.8 设置零件模型的属性

5.8.1 零件模型材料的设置

在零件工作台中，选择下拉菜单 开始 → 基础结构 → 材料库 命令，系统切换至图 5.8.1 所示的“材料库工作台”，通过该工作台可以创建新材料并定义材料属性，如照明效果和结构属性等。

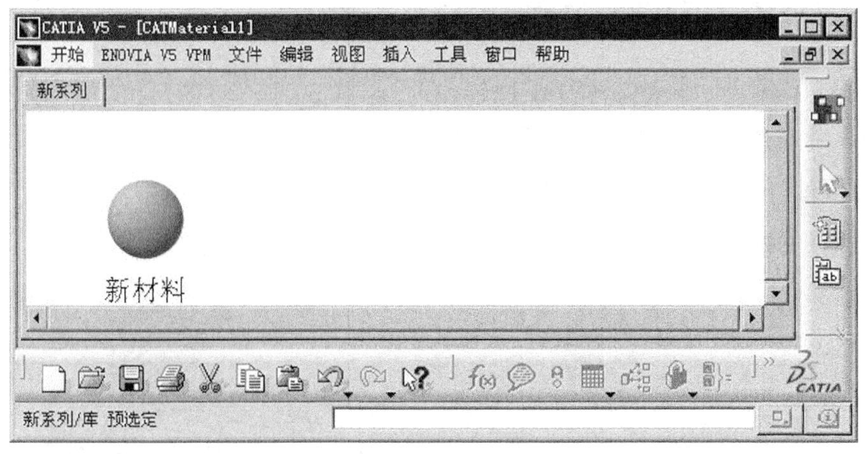

图 5.8.1 材料库工作台

下面以一个简单模型为例，说明设置零件模型材料属性的一般操作步骤，操作前请打开模型文件 D:\cat2016.1\work\ch05.08\slide_block.CATPart。

Step1. 在材料库工作台的“应用材料”工具栏（图 5.8.2）中单击按钮，系统弹出图 5.8.3 所示的“库（只读）”对话框。

图 5.8.2 “应用材料”工具栏

图 5.8.3 “库（只读）”对话框

Step2. 在“库（只读）”对话框中单击 Metal 选项卡，选中材料“Steel”所在的颜色球，按住左键不放并将其拖动到模型上，然后单击“库（只读）”对话框中的 确定 按钮。

Step3. 选择下拉菜单 视图 → 渲染样式 → 含材料着色 命令，将模型切换到材料显示模式，此时模型表面颜色将变暗，如图 5.8.4 所示。

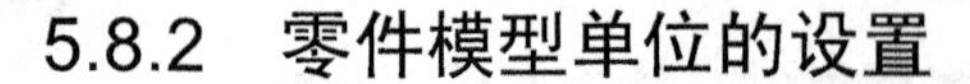

5.8.2 零件模型单位的设置

每个模型都有一个基本的米制和非米制单位系统，以确保该模型的所有材料属性保持测量和定义的一致性。CATIA V5-6 系统提供了一些预定义单位系统，用户也可以自定义单位和单位系统（称为定制单位和定制单位系统）。在进行一个产品设计前，应该使产品中各元件具有相同的单位系统。

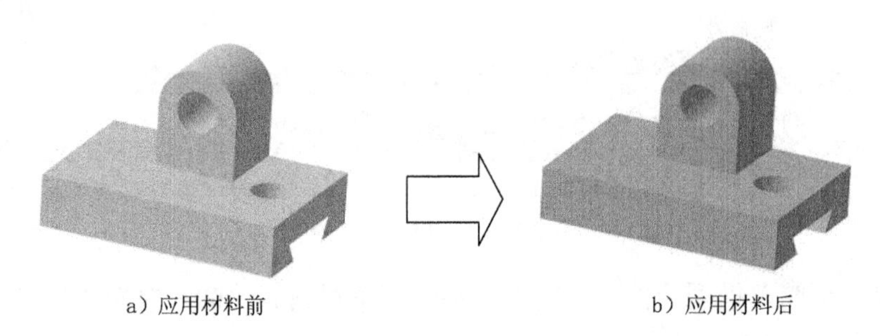

图 5.8.4 给模型指定材料

选择下拉菜单 工具 → 选项... 命令，在弹出的对话框的 参数和测量 选项中可以设置、更改模型的单位系统。

本书所采用的是米制单位系统，其设置方法如下。

Step1. 选择命令。在零件工作台中选择下拉菜单 工具 → 选项... 命令，系统弹出图 5.8.5 所示的“选项”对话框。

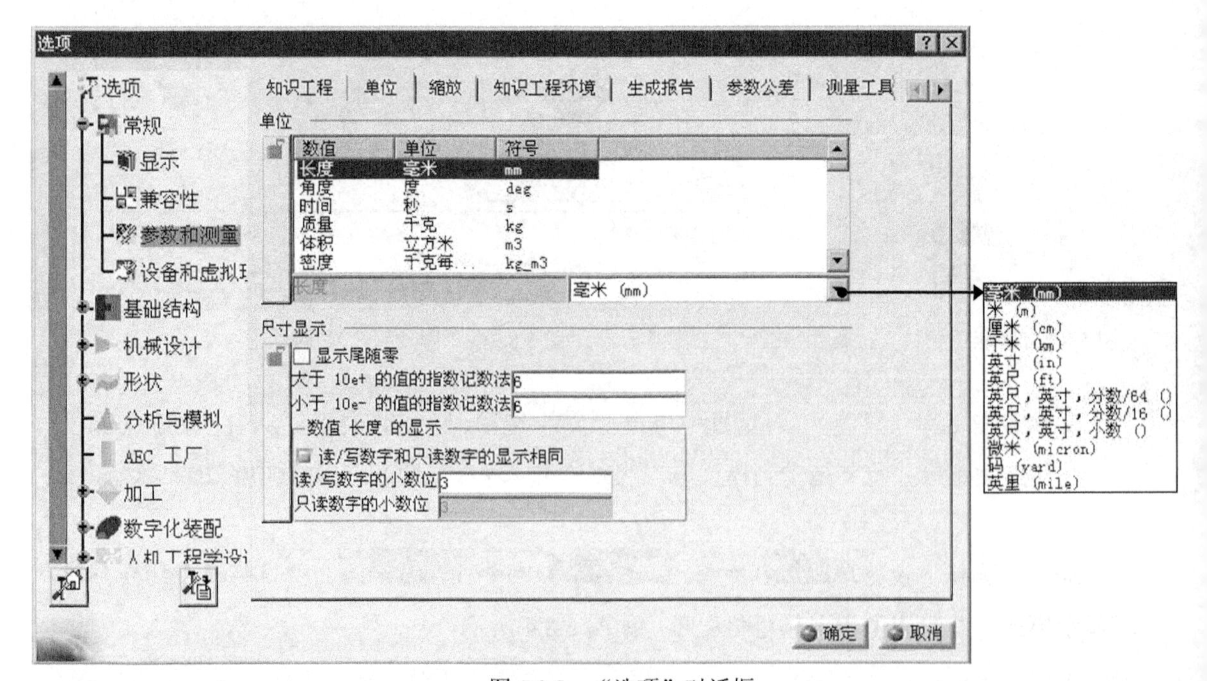

图 5.8.5 “选项”对话框

Step2. 在“选项”对话框左侧的常规列表中选择参数和测量选项，对话框右侧将出现相应的内容，此时在单位选项卡的单位区域中显示的即是默认单位系统。

（1）设置长度单位。在“选项”对话框的单位列表框中选择长度选项，然后在单位列表框右下方的下拉列表中选择毫米（mm）选项。

（2）将角度单位设置为度（deg）选项。

注意：有些版本的CATIA安装后，其默认的角度单位是弧度（rad），读者在学习本书时，请将其设置成度（deg）。

（3）将时间单位设置为秒（s）。

（4）将质量单位设置为千克（kg）。

Step3. 单击确定按钮，完成单位系统的设置。

说明：

- 在单位选项卡的尺寸显示区域可以调整尺寸显示值的小数位和尾部零显示的指数记数法。
- 若读者有兴趣，可在单位系统修改后，对模型进行简单的测量，再查看测量结果中的单位变化（模型的具体测量方法参见第8章内容）。

5.9 特征的编辑与编辑定义

5.9.1 编辑特征

特征尺寸的编辑是指对特征的尺寸和相关修饰元素进行修改，以下将举例说明其操作方法。

Step1. 打开文件D:\cat2016.1\work\ch05.09\slide_block.CATPart。

Step2. 在图5.9.1所示的特征树中，右击要编辑的特征凸台.2，在系统弹出的图5.9.2所示的快捷菜单中选择凸台.2 对象 ➡ 编辑参数命令，此时该特征的所有尺寸都显示出来，以便进行编辑。

通过上述方法进入尺寸的编辑状态后，如果要修改特征的某个尺寸值，方法如下。

Step1. 在模型中双击要修改的某个尺寸，系统弹出图5.9.3所示的“约束定义”对话框（一）。

Step2. 在对话框的值文本框中输入新的尺寸，并单击对话框中的确定按钮。

Step3. 编辑特征的尺寸后，必须进行“再生”操作，重新生成模型，这样修改后的尺寸才会重新驱动模型。方法是选择下拉菜单编辑 ➡ 更新...命令（或单击“工具”

工具栏中的按钮）。

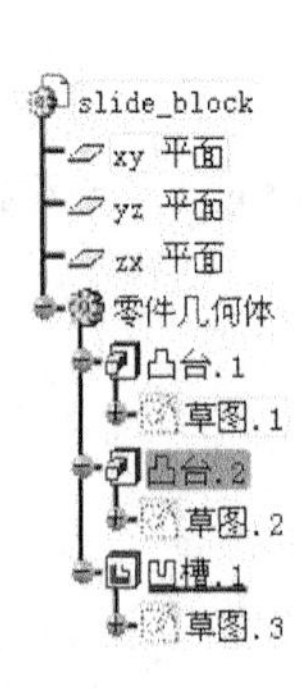

图 5.9.1　特征树

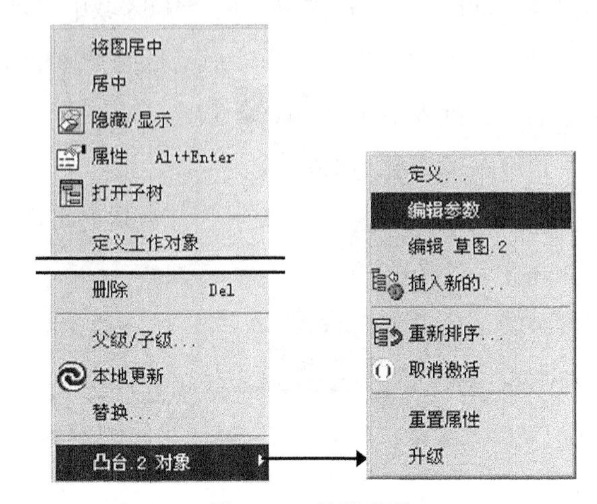

图 5.9.2　快捷菜单

说明：

- 选中“约束定义”对话框（一）中的参考选项，模型中的这个尺寸将被锁定，整个模型将变红，需进行更新操作才可重新修改尺寸。
- 单击“约束定义”对话框（一）中的更多 >>按钮，对话框将变为图 5.9.4 所示的“约束定义”对话框（二），在此对话框中可修改尺寸约束的名称，并查看该尺寸的支持元素。

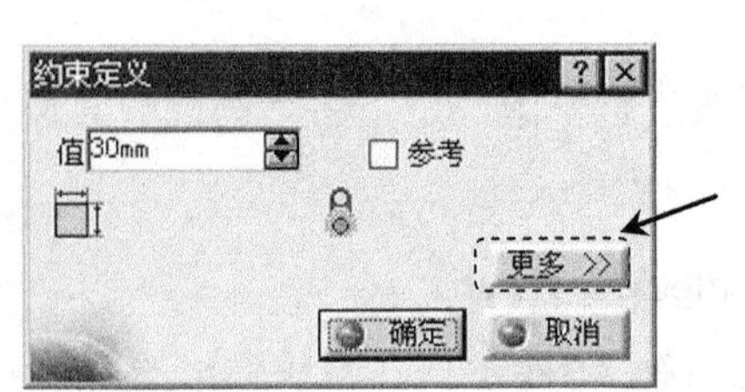

图 5.9.3　“约束定义”对话框（一）

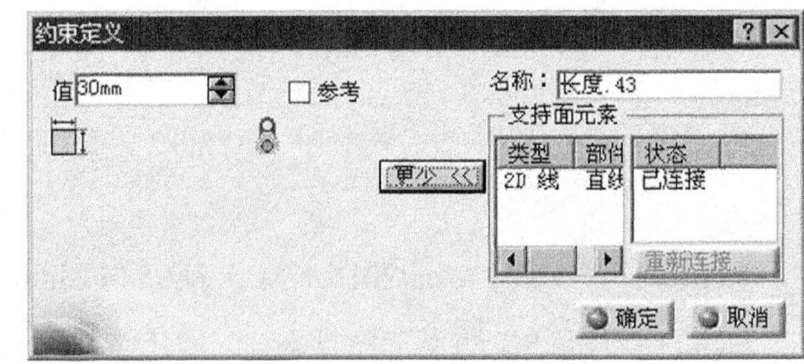

图 5.9.4　“约束定义”对话框（二）

5.9.2　查看特征父子关系

在图 5.9.2 所示的快捷菜单中选择父级/子级...命令，系统弹出图 5.9.5 所示的“父级和子级”对话框，在对话框中可查看所选特征的父级和子级特征。

说明：在“父级和子级”对话框中，加亮的是当前选中的特征，其父级居于左侧，即特征生成的草图；子级居于右侧，即基于当前特征而创建的草图及由该草图生成的特征。

5.9.3 删除特征

删除特征的一般过程如下。

Step1. 选择命令。在图 5.9.2 所示的快捷菜单中选择 删除 命令，系统弹出图 5.9.6 所示的“删除”对话框。

Step2. 定义是否删除聚集元素。在“删除”对话框中选中 删除聚集元素 复选框。

说明：聚集元素即所选特征的草图，如本例中所选特征的聚集元素即为 草图.2，若取消选中 删除聚集元素 复选框，则系统执行删除命令时，只删除特征，而不删除草图。

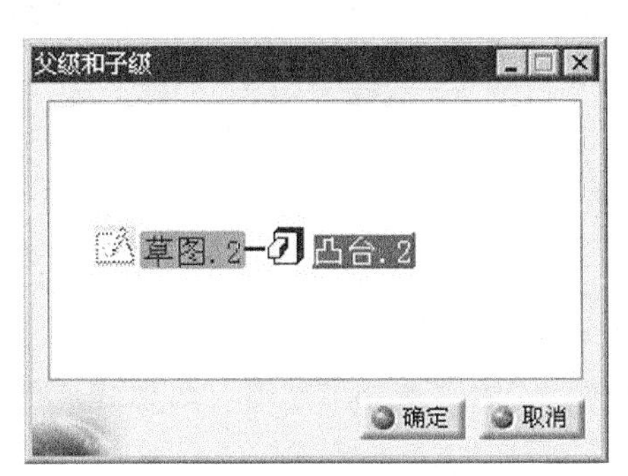

图 5.9.5 “父级和子级”对话框

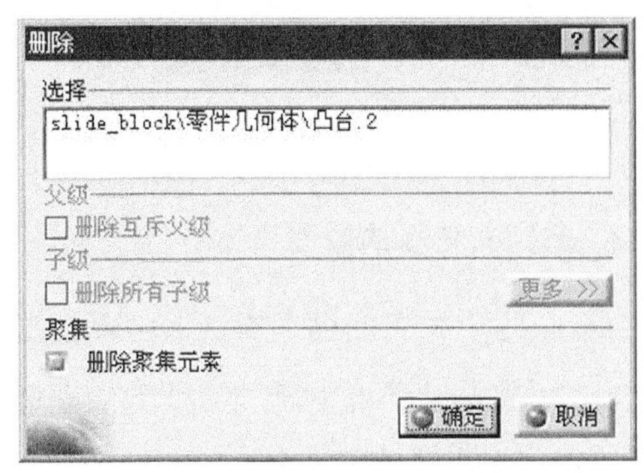

图 5.9.6 “删除”对话框

Step3. 单击对话框中的 确定 按钮，完成特征的删除。

5.9.4 特征的编辑定义

当特征创建完毕后，如果需要重新定义特征的属性、草图平面、截面的形状或特征的深度选项类型，就必须对特征进行“编辑定义”，也叫“重定义”。特征的编辑有两种方法，下面以模型（slide_block）的凹槽特征为例说明其操作方法。

方法一：从快捷菜单中选择“定义”命令，然后进行尺寸的编辑。

在特征树中右击 凹槽.1 特征，在弹出的快捷菜单中选择 凹槽.1 对象 → 定义... 命令(图 5.9.7)，此时该特征的所有尺寸和“定义凹槽”对话框都将显示出来，以便进行编辑，如图 5.9.8 所示。

方法二：双击模型中的特征，然后进行尺寸的编辑。

这种方法是直接在图形区的模型上双击要编辑的特征，此时该特征的所有尺寸和“定义凹槽”对话框也都会显示出来。对于简单的模型，这是编辑特征的一种常用方法。

1. 重定义特征的属性

在操控板中重新选定特征的深度类型和深度值及拉伸方向等属性。

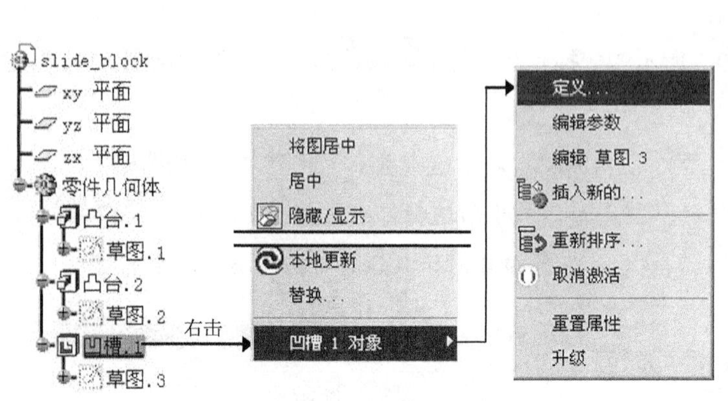

图 5.9.7　选取命令

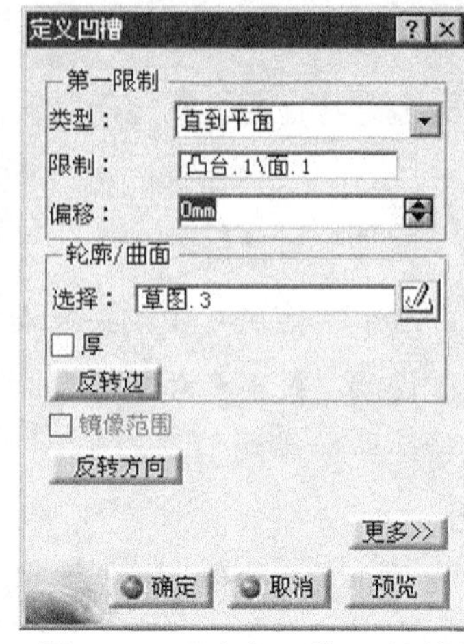

图 5.9.8　“定义凹槽”对话框

2. 重定义特征的截面草绘

Step1. 在“定义凹槽”对话框中单击按钮，进入草绘工作台。

Step2. 在草绘环境中修改特征截面草图的尺寸、约束关系和形状等。修改完成后，单击按钮，退出草绘工作台。

Step3. 单击“定义凹槽”对话框中的确定按钮，完成特征的修改。

说明：在编辑特征的过程中可能需要修改草绘的基准平面，其方法是在图 5.9.9 所示的特征树中右击草图.3，从弹出的快捷菜单（图 5.9.10）中选择草图.3 对象 → 更改草图支持面...命令，系统将弹出图 5.9.11 所示的“警告”对话框（此对话框的含义是草图平面基于其他特征，不可更改约束），单击对话框中的确定按钮，系统将弹出“草图定位”对话框（图 5.9.12），在对话框草图定位区域的参考：文本框中可以选择草图平面。

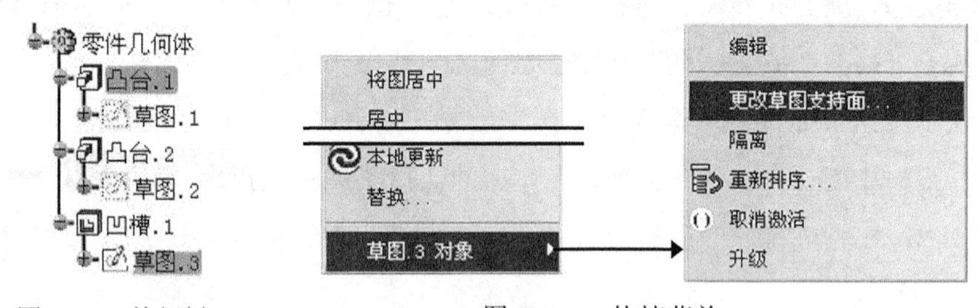

图 5.9.9　特征树　　　　图 5.9.10　快捷菜单

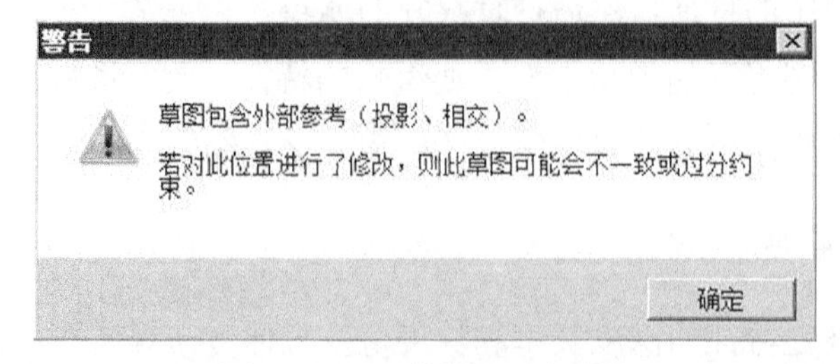

图 5.9.11　“警告”对话框

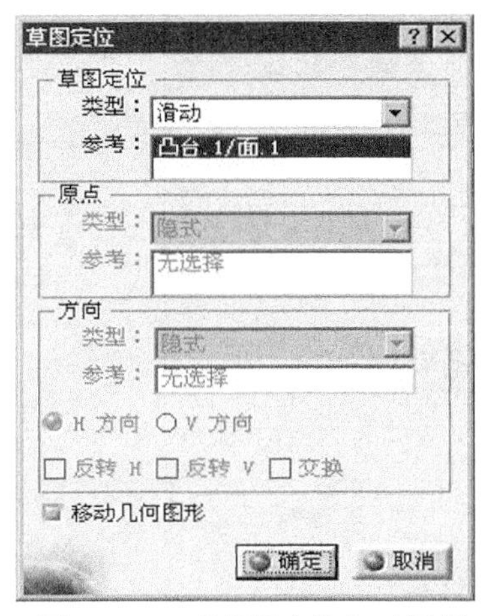

图 5.9.12 “草图定位”对话框

5.10 特征的多级撤销/重做功能

CATIA V5-6 提供了多级撤销/重做（Undo/Redo）功能，这意味着，在所有对特征、组件和制图的操作中，如果错误地删除、重定义或修改了某些内容，只需一个简单的“撤销”操作就能恢复原状。下面以一个例子进行说明。

Step1. 新建一个零件模型，将其命名为 undo_operation。

Step2. 创建图 5.10.1 所示的凸台特征。

Step3. 创建图 5.10.2 所示的凹槽特征。

图 5.10.1 凸台特征

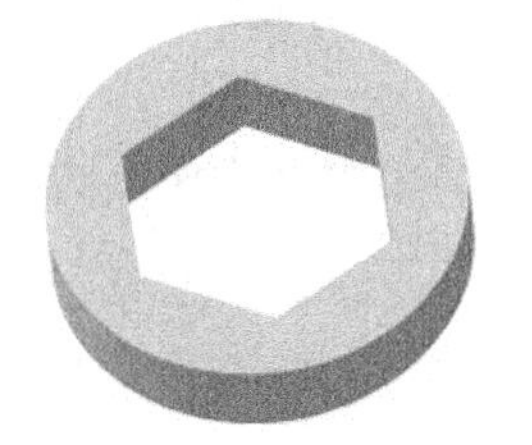

图 5.10.2 凹槽特征

Step4. 删除上步创建的凹槽特征，然后单击工具栏中的按钮，则刚刚被删除的凹槽特征又恢复回来了。

5.11 旋转体特征

5.11.1 旋转体特征简述

如图 5.11.1 所示，旋转体（Revolve）特征是将截面草图绕着一条轴线旋转以形成实体的特征。

注意：旋转类的特征必须有一条旋转轴线。

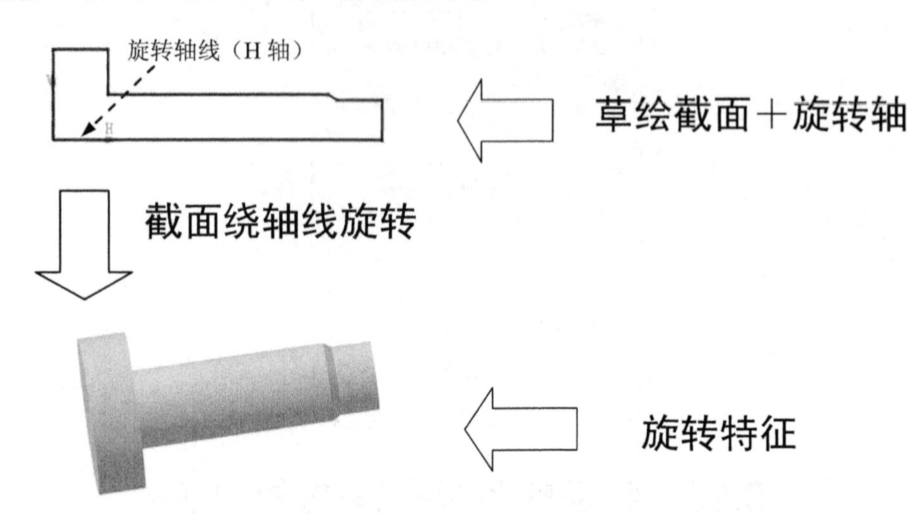

图 5.11.1　旋转体特征示意图

另外值得注意的是，旋转体特征分为旋转体和薄旋转体。旋转体的截面必须是封闭的，而薄旋转体截面则可以不封闭。

要创建或重新定义一个旋转体特征，可按下列操作顺序给定特征要素。

定义特征属性（草图平面）→绘制特征截面→确定旋转轴线→确定旋转方向→输入旋转角度。

5.11.2　旋转体特征创建的一般过程

下面以一个简单模型为例，说明创建旋转体特征的详细过程。

Step1. 在零件工作台中新建一个文件，命名为 revolve1。

Step2. 选择命令。选择下拉菜单 插入 → 基于草图的特征 → 旋转体... 命令（或单击“基于草图的特征”工具栏中的按钮），系统弹出图 5.11.2 所示的“定义旋转体”对话框（一）。

Step3. 定义截面草图。

（1）选择草图平面。单击对话框中的按钮，选择 xy 平面为草图平面，进入草绘工作台。

（2）绘制图 5.11.3 所示的截面几何图形。

① 绘制几何图形的大致轮廓。

② 按图中的要求，建立几何约束和尺寸约束，修改并整理尺寸。

（3）完成特征截面的绘制后，单击按钮，退出草绘工作台。

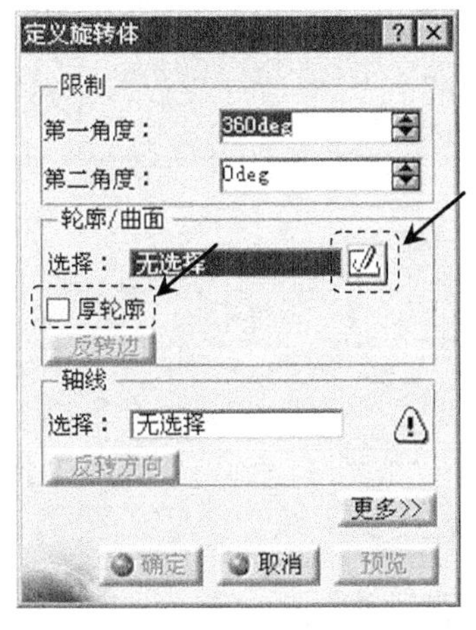

图 5.11.2 “定义旋转体”对话框（一）

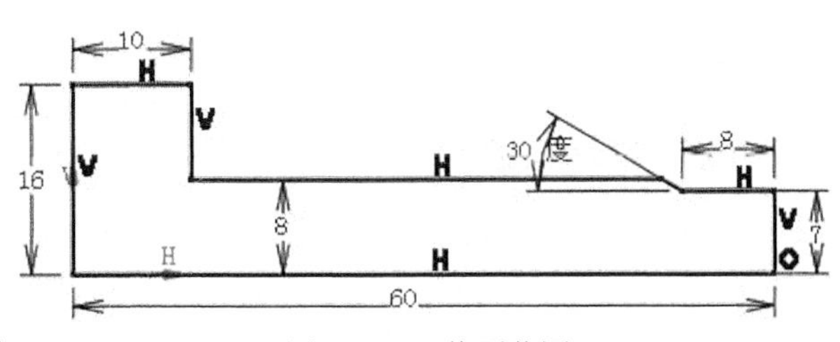

图 5.11.3 截面草图

Step4. 定义旋转轴线。激活“定义旋转体”对话框 轴线 区域的 选择： 文本框，在图形区选择长度值为 60 的直线作为旋转体的中心轴线。

Step5. 定义旋转角度。在对话框 限制 区域的 第一角度： 文本框中输入角度值 360。

说明： 限制 区域的 第一角度： 文本框中的值，表示截面草图绕旋转轴沿逆时针转过的角度， 第二角度： 中的值与之相反，二者之和必须小于 360°。

Step6. 单击对话框中的 确定 按钮，完成旋转体的创建。

说明：

- 旋转截面必须有一条轴线，围绕轴线旋转的草图只能在该轴线的一侧。
- 如果轴线和轮廓是在同一个草图中，系统会自动识别。
- “定义旋转体”对话框（一）中的 第一角度： 和 第二角度： 的区别在于： 第一角度： 是以逆时针方向为正向，从草图平面到起始位置所转过的角度；而 第二角度： 是以顺时针方向为正向，从草图平面到终止位置所转过的角度。

5.11.3 薄旋转体特征创建的一般过程

下面以一个简单模型为例，说明创建薄旋转体特征的一般过程。

Step1. 新建文件。新建一个零件文件，命名为 revolve2。

Step2. 选择命令。选择下拉菜单 插入 → 基于草图的特征 → 旋转体... 命令（或单击“基于草图的特征”工具栏中的 按钮），系统弹出“定义旋转体”对话框（二）。

Step3. 选择旋转体类型。在“定义旋转体”对话框（二）中选择 厚轮廓 复选框，展开对话框的隐藏部分（图 5.11.4）。

Step4. 定义截面草图。

（1）选择草图平面。单击对话框中的按钮，选择 xy 平面为草图平面，系统进入草绘工作台。

（2）绘制截面几何图形，如图 5.11.5 所示。

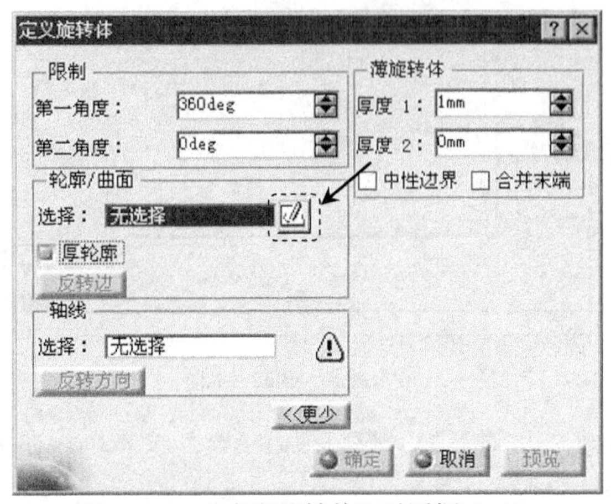

图 5.11.4　“定义旋转体”对话框（二）

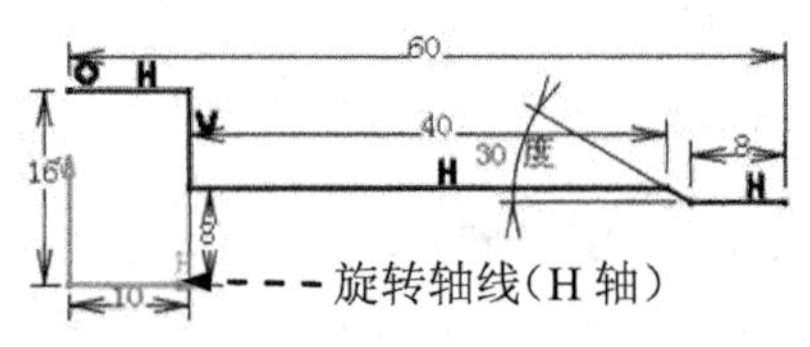

图 5.11.5　截面草图

① 绘制几何图形的大致轮廓。

② 按图中的要求，建立几何约束和尺寸约束，修改并整理尺寸。

（3）完成特征截面的绘制后，单击按钮，退出草绘工作台。

Step5. 定义旋转轴线。激活“定义旋转体”对话框 轴线 区域的 选择： 文本框，选择 H 轴作为旋转体的中心轴线（此时 选择： 文本框显示为 横向）。

Step6. 定义旋转角度。在对话框 限制 区域的 第一角度： 文本框中输入角度值 360。

Step7. 定义薄旋转体厚度。在对话框 薄旋转体 区域的 厚度 1： 文本框中输入厚度值 3.0。

Step8. 单击对话框中的 确定 按钮，完成薄旋转体的创建（图 5.11.6）。

图 5.11.6　薄旋转体特征

5.12　旋转槽特征

5.12.1　旋转槽特征简述

旋转槽特征的功能与旋转体相反，但其操作方法与旋转体基本相同。

如图 5.12.1 所示，旋转槽（Revolve）特征是将截面草图绕着一条轴线旋转成体并从另外的实体中除去材料。

注意：旋转槽特征也必须有一条绕其旋转的轴线。

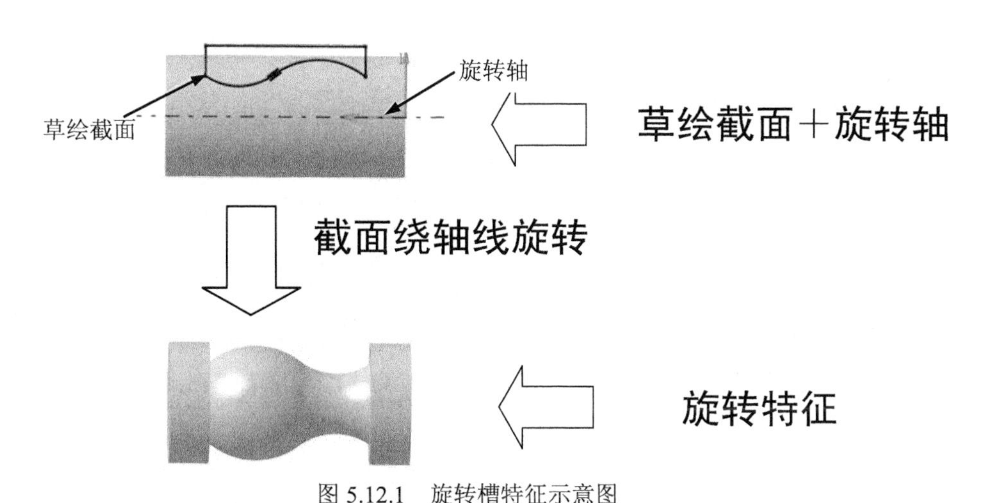

图 5.12.1　旋转槽特征示意图

5.12.2　旋转槽特征创建的一般过程

下面以一个简单模型为例，说明在新建一个以旋转特征为基础特征的零件模型时，创建旋转槽特征的详细过程。

Step1. 打开文件 D:\cat2016.1\work\ch05.12\groove.CATPart。

Step2. 选择命令。选择下拉菜单 插入 ➡ 基于草图的特征 ▸ ➡ 旋转槽... 命令（或单击“基于草图的特征”工具栏中的按钮），系统弹出图 5.12.2 所示的“定义旋转槽”对话框。

Step3. 定义截面草图。

（1）选择草图平面。单击对话框中的按钮，选择 zx 平面为草图平面，系统进入草绘工作台。

（2）绘制截面几何图形，如图 5.12.3 所示。

① 绘制几何图形的大致轮廓。

② 按图中的要求，建立几何约束和尺寸约束，修改并整理尺寸。

（3）完成特征截面的绘制后，单击按钮，退出草绘工作台。

Step4. 定义旋转轴线。激活“定义旋转槽”对话框 轴线 区域的 选择： 文本框，选择 H 轴作为旋转槽的中心轴线（此时 选择： 文本框显示为 横向）。

Step5. 定义旋转角度。在对话框 限制 区域的 第一角度： 文本框中输入角度值 360。

Step6. 单击对话框中的 确定 按钮，完成旋转槽的创建。

说明：旋转截面必须有一条轴线，轴线可以选择绝对轴，也可以在草图中绘制。

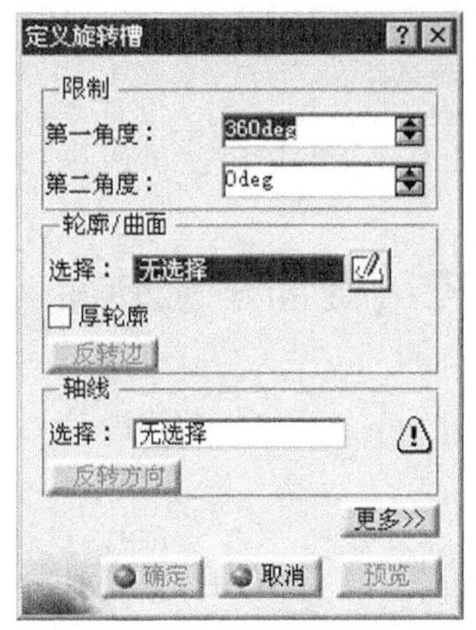

图 5.12.2 “定义旋转槽”对话框

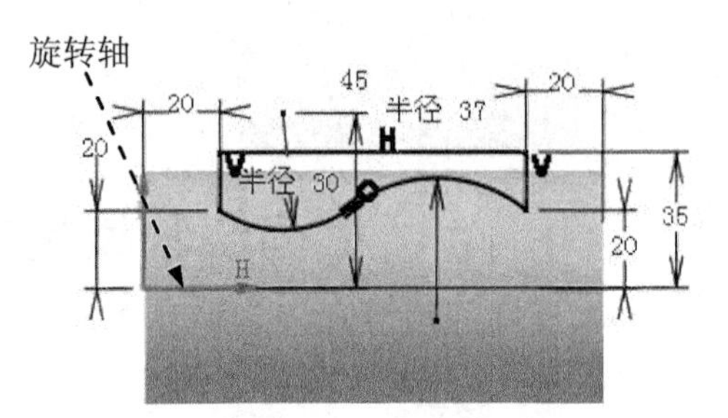

图 5.12.3 截面草图

5.13 孔 特 征

CATIA V5-6 系统中提供了专门的孔特征（Hole）命令，用户可以方便快速地创建各种要求的孔。

5.13.1 孔特征简述

孔特征（Hole）命令的功能是在实体上钻孔。在 CATIA V5-6 中，可以创建三种类型的孔特征。

- 直孔：具有圆截面的切口，它始于放置曲面并延伸到指定的终止曲面或用户定义的深度。
- 草绘孔：由截面草图定义的旋转特征。锥形孔可作为草绘孔进行创建。
- 标准孔：具有基本形状的螺孔。它是基于相关的工业标准的，可带有不同的末端形状、标准沉头孔和埋头孔。对选定的紧固件，既可计算攻螺纹参数，也可计算间隙直径；用户既可利用系统提供的标准查找表，也可创建自己的查找表来查找这些直径。

5.13.2 孔特征（直孔）创建的一般过程

下面以图 5.13.1 所示的简单模型为例，说明在模型上添加孔特征（直孔）的详细操作过程。

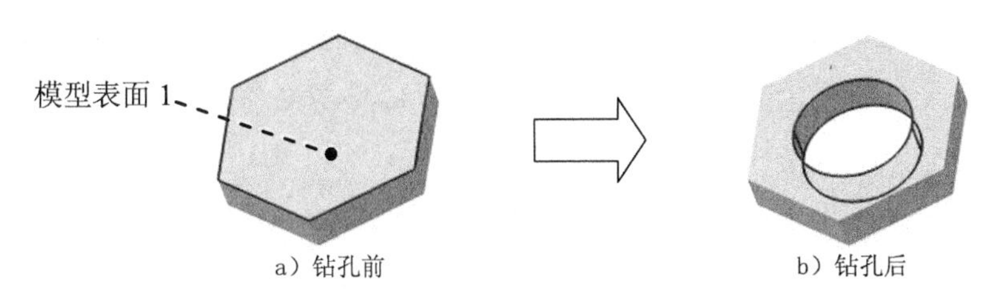

图 5.13.1 孔特征

Step1. 打开文件 D:\cat2016.1\work\ch05.13\hole_straight.CATPart。

Step2. 选择命令。选择下拉菜单 插入 → 基于草图的特征 → 孔... 命令（或单击“基于草图的特征”工具栏中的按钮）。

Step3. 定义孔的放置面。选取图 5.13.1 所示的模型表面 1 为孔的放置面，此时系统弹出图 5.13.2 所示的“定义孔”对话框。

注意：

- “定义孔”对话框中有三个选项卡：扩展 选项卡、类型 选项卡、定义螺纹 选项卡。扩展 选项卡主要定义孔的直径和深度及延伸类型；类型 选项卡用来设置孔的类型以及直径、深度等参数；定义螺纹 选项卡用于创建标准孔。
- 本例是添加直孔，由于直孔为系统默认类型，所以选取孔类型的步骤可省略。

Step4. 定义孔的位置。

（1）进入定位草图。单击对话框 扩展 选项卡中的按钮，系统进入草绘工作台。

（2）定义几何约束。如图 5.13.3 所示，约束孔的中心线与 yz 平面、zx 平面相合。

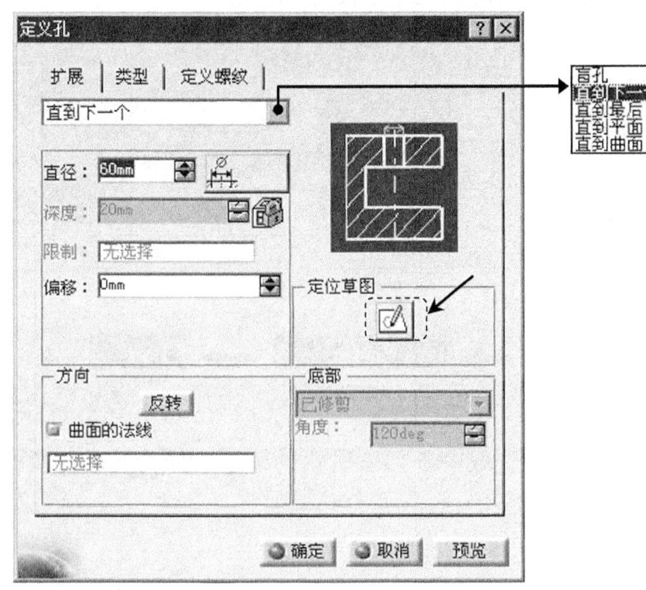

图 5.13.2 “定义孔”对话框

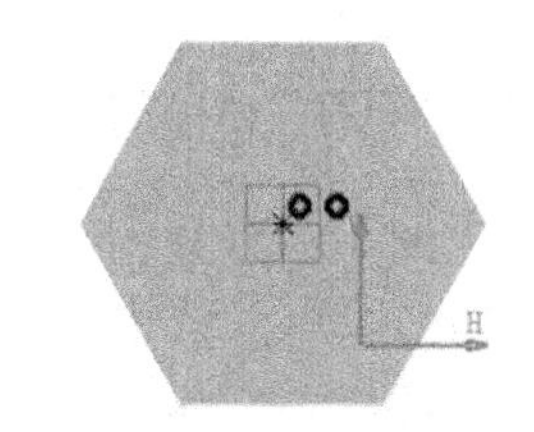

图 5.13.3 编辑孔的定位

（3）完成几何约束后，单击按钮，退出草绘工作台。

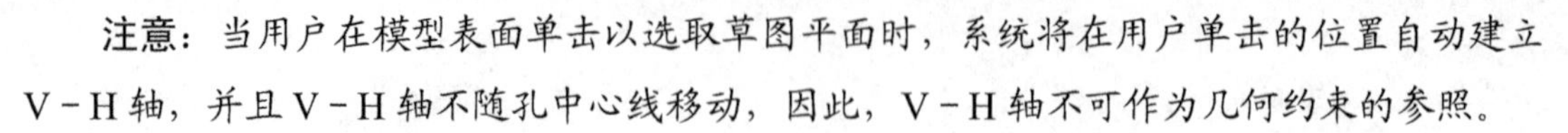

注意：当用户在模型表面单击以选取草图平面时，系统将在用户单击的位置自动建立V－H轴，并且V－H轴不随孔中心线移动，因此，V－H轴不可作为几何约束的参照。

Step5. 定义孔的扩展参数。

（1）定义孔的深度。在“定义孔”对话框 扩展 选项卡的下拉列表中选择 直到下一个 选项。

（2）定义孔的直径。在对话框 扩展 选项卡的 直径： 文本框中输入数值 60.0。

Step6. 单击对话框中的 确定 按钮，完成直孔的创建。

说明：在图 5.13.2 所示的对话框中，单击 直到下一个 选项后的小三角形，可选择五种深度选项，各深度选项功能如下。

- 盲孔 选项：创建一个平底孔。如果选中此深度选项，则必须指定“深度值”。
- 直到下一个 选项：创建一个一直延伸到零件的下一个面的孔。
- 直到最后 选项：创建一个穿过所有曲面的孔。
- 直到平面 选项：创建一个穿过所有曲面直到指定平面的孔。必须选择一平面来确定孔的深度。
- 直到曲面 选项：创建一个穿过所有曲面直到指定曲面的孔。必须选择一面来确定孔的深度。

5.13.3 创建螺孔（标准孔）

下面以图 5.13.4 所示的简单模型为例，说明创建螺孔（标准孔）的一般过程。

Step1. 打开文件 D:\cat2016.1\work\ch05.13\hole_thread.CATPart。

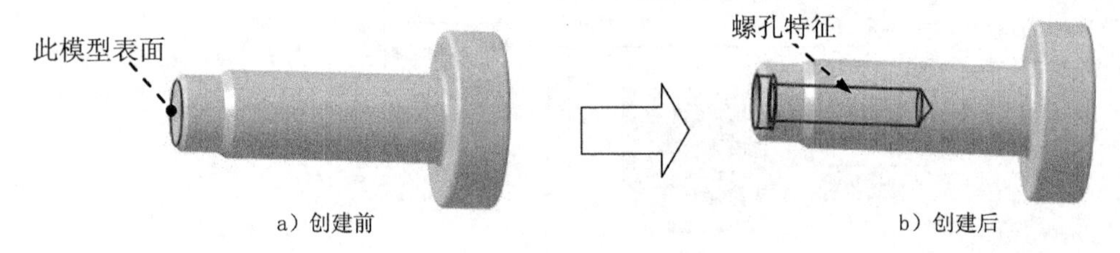

图 5.13.4 创建螺孔

Step2. 选择命令。选择下拉菜单 插入 → 基于草图的特征 ▸ → 孔... 命令（或单击“基于草图的特征”工具栏中的 按钮）。

Step3. 选取孔的定位元素。在图形区中选取图 5.13.4 所示的模型表面为孔的定位平面，系统弹出图 5.13.5 所示的“定义孔”对话框。

Step4. 定义孔的类型。

（1）选取孔的类型。单击对话框中的 类型 选项卡，在下拉列表中选择 沉头孔 选项。

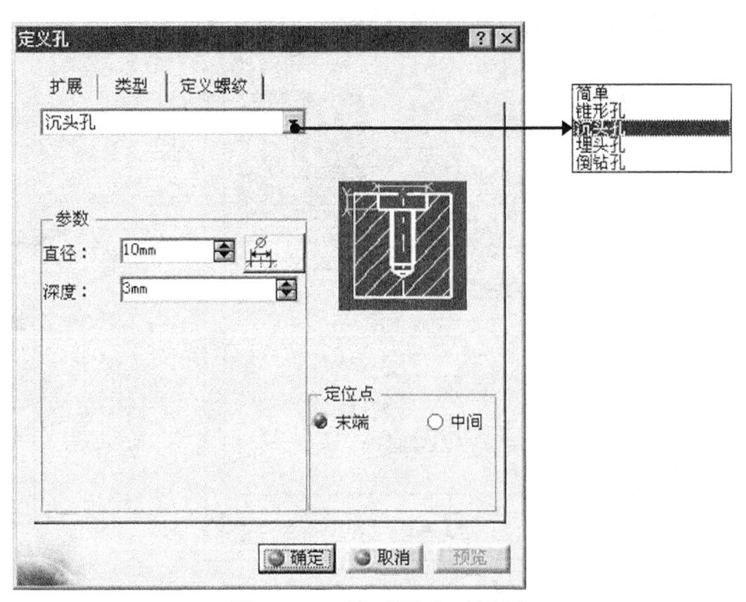

图 5.13.5 “定义孔”对话框

（2）输入类型参数。在 参数 区域的 直径： 和 深度： 文本框中分别输入数值 10.0 和 3.0。

（3）确定定位点。在 定位点 区域选择 末端 单选项。

说明：“定义孔”对话框中，孔的五种类型如图 5.13.6 所示。

简单

锥形孔

沉头孔

埋头孔

倒钻孔

图 5.13.6 孔的类型

Step5. 定义孔的螺纹。单击对话框中的 定义螺纹 选项卡，选中 螺纹孔 复选框，激活“定义螺纹”区域，如图 5.13.7 所示。

（1）选取螺纹类型。在 定义螺纹 区域的 类型： 下拉列表中选择 公制细牙螺纹 选项。

（2）定义螺纹描述。在 螺纹描述： 下拉列表中选择 M8x1 选项。

（3）定义螺纹参数。在 螺纹深度： 和 孔深度： 文本框中分别输入值 20.0 和 30.0。

Step6. 定义孔的延伸参数。

（1）选取底部类型。单击对话框中的 扩展 选项卡，在 底部 区域的下拉菜单中选择 V 形底 选项，如图 5.13.8 所示。

（2）输入角度。在 角度： 文本框中输入数值 120。

Step7. 单击对话框中 确定 按钮，完成孔的创建。

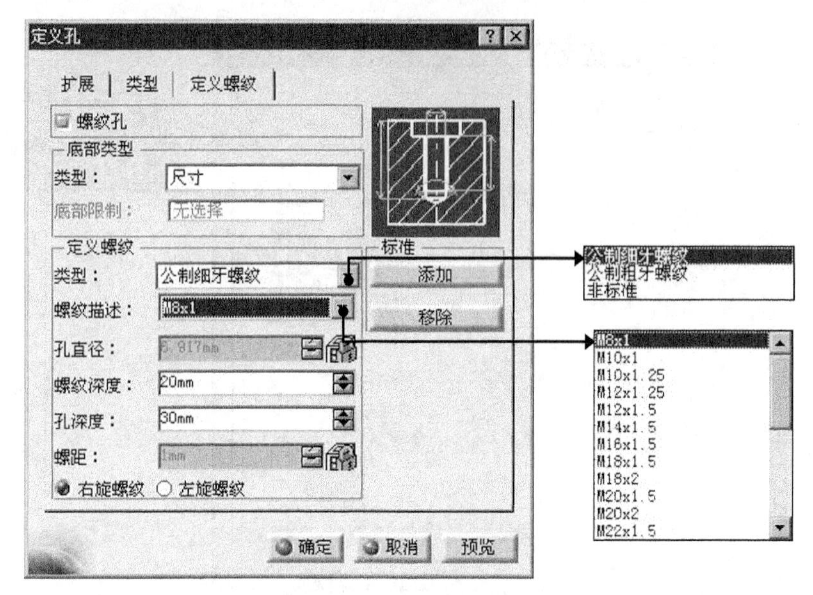

图 5.13.7 “定义孔”对话框（一）

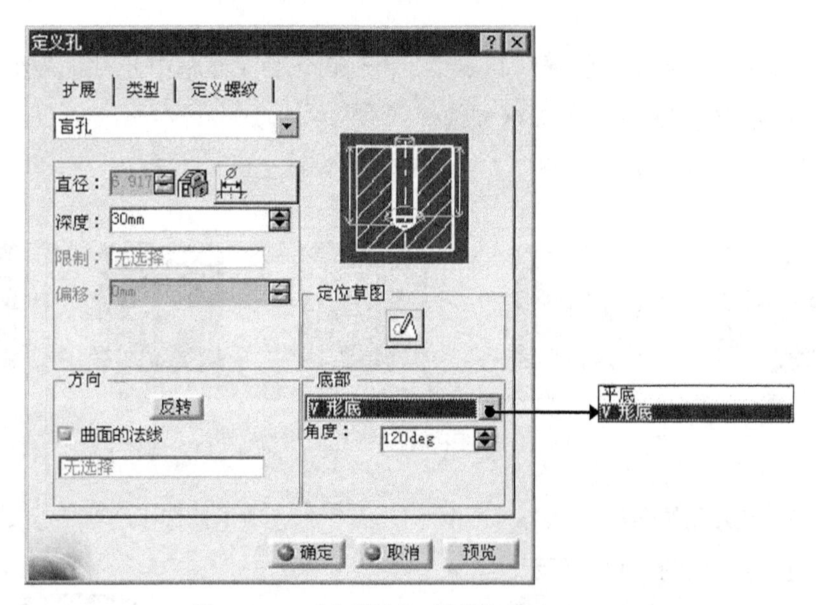

图 5.13.8 “定义孔”对话框（二）

5.14 修饰特征

修饰（Cosmetic）特征是在其他特征上创建，并能在模型上清楚地显示出来的起修饰作用的特征，如螺钉上的修饰螺纹和零件上的倒角等。这类特征不能单独创建，只能建立在其他特征的基础上。

由于修饰特征也被认为是零件的特征，它们一般也可以重定义和修改。下面介绍几种

修饰特征：螺纹修饰特征、倒角特征、圆角特征、盒体特征和拔模特征。

5.14.1 螺纹修饰特征

修饰螺纹（Thread）是表示螺纹直径的修饰特征，与其他修饰特征不同，螺纹的线型是不能修改的，本例中的螺纹以系统默认的极限公差设置来创建。

修饰螺纹可以是外螺纹或内螺纹，也可以是不通的或贯通的。可通过指定螺纹内径或螺纹外径（分别对于外螺纹和内螺纹）、起始曲面和螺纹长度或终止边，来创建修饰螺纹。

创建螺纹修饰特征的一般过程如下。

这里以 thread_feature.CATPart 零件模型为例，说明如何在模型的圆柱面上创建图 5.14.1 所示的（外）螺纹修饰。

Step1. 打开文件 D:\cat2016.1\work\ch05.14.01\thread_feature.CATPart。

Step2. 选择命令。选择下拉菜单 插入 ➡ 修饰特征 ▸ ➡ 内螺纹/外螺纹... 命令（或单击“修饰特征”工具栏中的 按钮），系统弹出图 5.14.2 所示的“定义外螺纹/内螺纹”对话框。

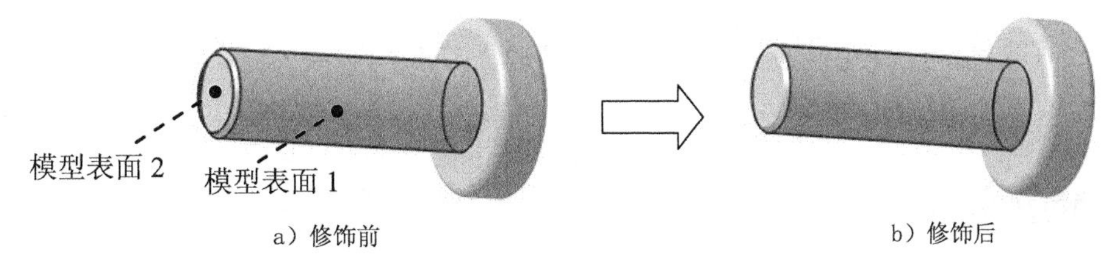

a）修饰前　　b）修饰后

图 5.14.1 螺纹修饰特征

Step3. 定义螺纹修饰类型。在“定义外螺纹/内螺纹”对话框中选择 外螺纹 单选项。

Step4. 定义螺纹几何属性。

（1）定义螺纹支持面。在系统 选择支持面 提示下，选择图 5.14.1a 所示的模型表面 1 为螺纹支持面。

（2）定义螺纹限制面。选择模型表面 2 为螺纹限制面。

（3）定义螺纹方向。采用系统默认方向。

注意： 螺纹支持面必须是圆柱面，而限制面必须是平面。

Step5. 定义螺纹参数。

（1）定义螺纹类型。在 数值定义 区域的 类型： 下拉列表中选择 公制粗牙螺纹。

（2）定义螺纹直径。在 外螺纹描述： 下拉列表中选择 M16。

（3）定义螺纹深度。在 外螺纹深度： 文本框中输入值 30.0。

Step6. 单击对话框中的 确定 按钮，完成螺纹修饰特征的创建。

说明：

- 对话框 标准 区域中的 添加 和 移除 按钮用于导入或移除标准数据，用户如有自定义的标准，可将其以文件的形式导入。
- 数值定义 区域的 ◉ 右旋螺纹 和 ○ 左旋螺纹 单选项可以控制螺纹旋向。

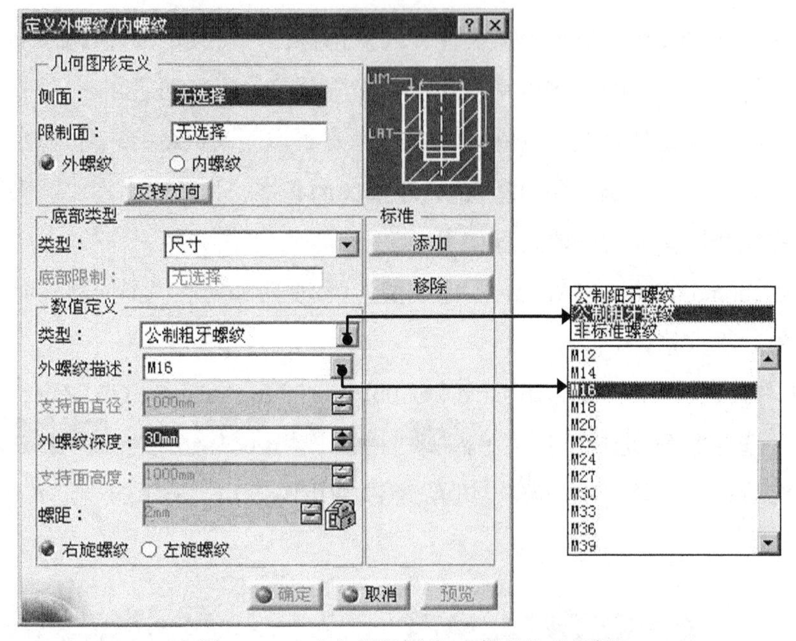

图 5.14.2 “定义外螺纹/内螺纹”对话框

5.14.2 倒角特征

如图 5.14.3 所示，倒角（Chamfer）特征是在选定交线处截去一块平直剖面的材料，以在共有该选定边线的两个平面之间创建斜面的特征。

下面以图 5.14.3 所示的简单模型为例，说明创建倒角特征的一般过程。

Step1. 打开文件 D:\cat2016.1\work\ch05.14.02\chamfer.CATPart。

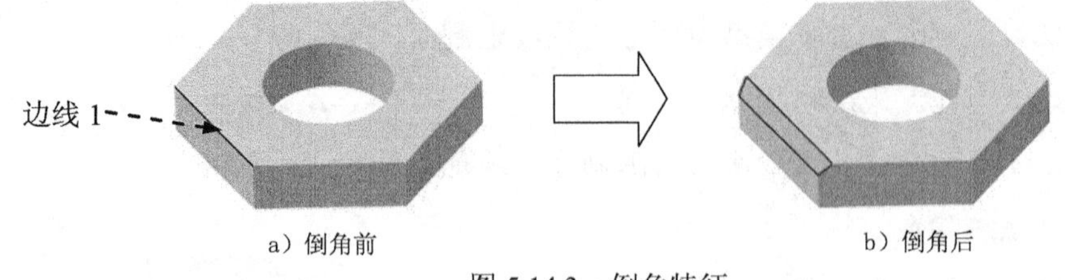

a）倒角前　　b）倒角后

图 5.14.3 倒角特征

Step2. 选择命令。选择下拉菜单 插入 → 修饰特征 ▸ → 倒角... 命令（或单击“修饰特征”工具栏中的 按钮），系统弹出图 5.14.4 所示的“定义倒角”对话框。

Step3. 选择要倒角的对象。在“定义倒角”对话框的 传播： 下拉列表中选择 最小 选项，

选择图 5.14.3a 所示的边线 1 为要倒角的对象。

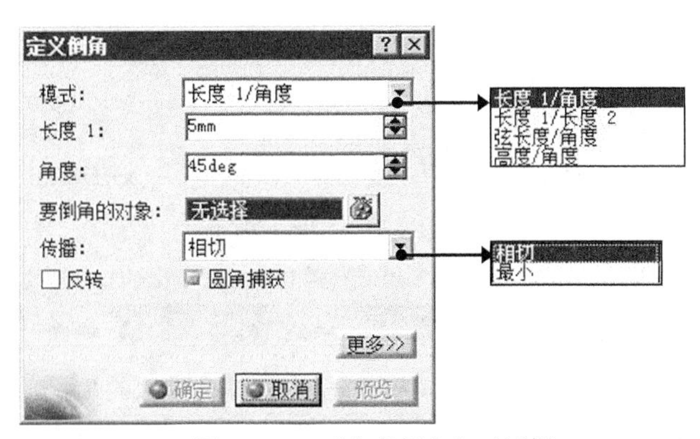

图 5.14.4 “定义倒角”对话框

Step4. 定义倒角参数。

（1）定义倒角模式。在对话框的 模式： 下拉菜单中选择 长度 1/角度 选项。

（2）定义倒角尺寸。在 长度 1： 和 角度： 文本框中分别输入数值 5.0 和 45。

Step5. 单击对话框中的 确定 按钮，完成倒角特征的定义。

说明：

- “定义倒角”对话框的 模式： 下拉列表用于定义倒角的表示方法，模式中有四种类型：长度 1/角度 设置的数值中 长度 1： 表示一个面的切除长度， 角度： 表示斜面和切除面所成的角度；长度 1/长度 2 设置的数值分别表示两个面的切除长度；弦长度/角度 设置的数值中 弦长： 表示斜面的切除长度， 角度： 表示斜面和切除面所成的角度；高度/角度 设置的数值中 高度： 表示倒角边线到斜面的距离， 角度： 表示斜面和切除面所成的角度。
- 在对话框的 传播： 下拉列表中选中 相切 选项时，模型中与所选边线相切的直线也将被选择；选中 最小 选项时，系统只对所选边线进行操作。

5.14.3 倒圆角特征

倒圆角特征是零件工作台中非常重要的修饰特征，CATIA V5-6 中提供了三种倒圆角的方法，用户可以根据不同情况进行倒圆角操作。

1. 倒圆角

使用“倒圆角”命令可以创建曲面间的圆角或中间曲面位置的圆角，使实体曲面实现圆滑过渡，如图 5.14.5b 所示。

下面以图 5.14.5 所示的简单模型为例，说明创建倒圆角特征的一般过程。

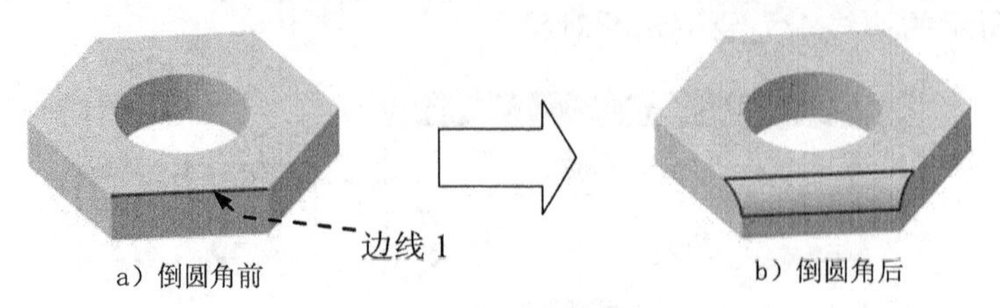

图 5.14.5 倒圆角特征

Step1. 打开文件 D:\cat2016.1\work\ch05.14.03\edge_fillet01. CATPart。

Step2. 选择命令。选择下拉菜单 插入 → 修饰特征 ▸ → 倒圆角... 命令（或单击“修饰特征”工具栏中的按钮），系统弹出图 5.14.6 所示的“倒圆角定义”对话框（一）。

Step3. 定义要倒圆角的对象。在“倒圆角定义”对话框的 传播: 下拉列表中选择 最小 选项，然后在系统 选择元素以编辑边线圆角。提示下，选择图 5.14.5a 所示的边线 1 为要倒圆角的对象。

Step4. 定义倒圆角半径。在对话框的 半径: 文本框中输入数值 10.0。

Step5. 单击对话框中的 确定 按钮，完成倒圆角特征的创建。

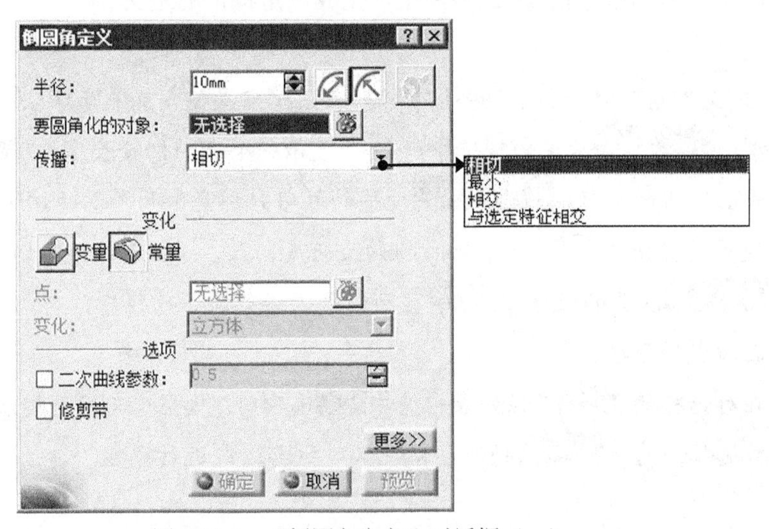

图 5.14.6 “倒圆角定义”对话框（一）

说明：

- ：弦方式圆角。
- ：半径方式圆角。
- 在对话框的 传播: 下拉列表中选择 相切 选项时，要圆角化的对象只能为面或锐边，且在选取对象时模型中与所选对象相切的边线也将被选择；选择 最小 选项时，要圆角化的对象只能为面或锐边，且系统只对所选对象进行操作；选择 相交 选项时，要圆角化的对象只能为特征，且系统只对与所选特征相交的锐边进行操作；选择 与选定特征相交 选项时，要圆角化的对象只能为特征，且还要选择一个与其相交的特征为相交对象，系统只对相交时所产生的锐边进行操作。

- 利用“倒圆角定义”对话框还可创建面倒圆角特征。选择图 5.14.7a 所示的模型表面 1 作为要倒圆角的对象，再定义倒圆角参数即可完成特征的创建。

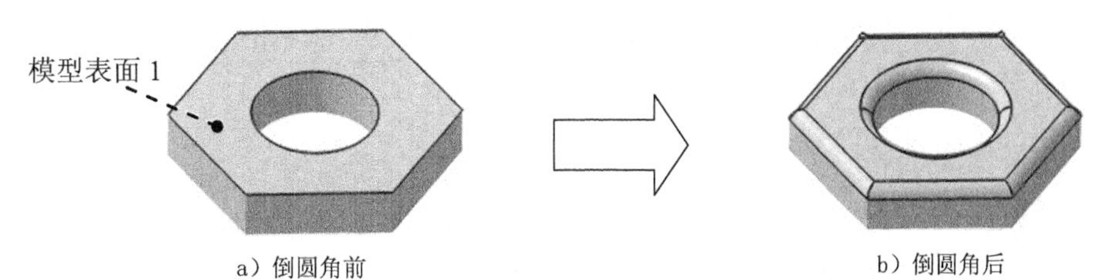

图 5.14.7 面倒圆角特征

- 在对话框的 变化 区域中有 变量和 常量 两种类型。
- 单击“倒圆角定义”对话框中的 更多>> 按钮，对话框变为图 5.14.8 所示的“倒圆角定义”对话框（二），在对话框可以选择要保留的边线和限制元素等（限制元素即倒圆角的边界）。

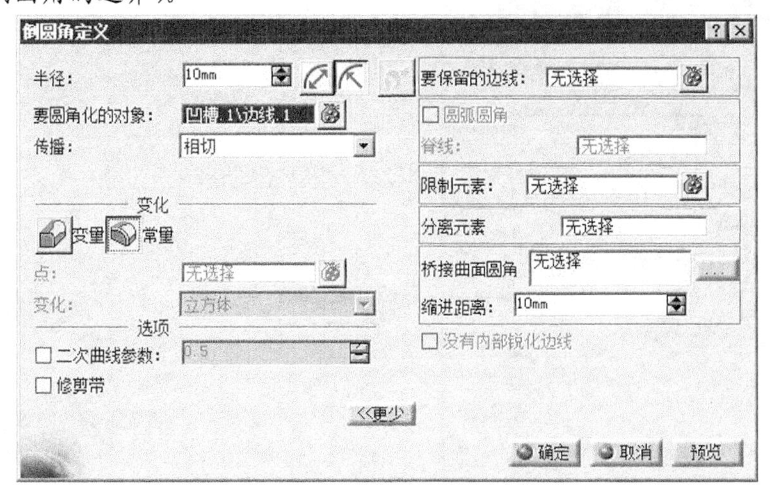

图 5.14.8 “倒圆角定义”对话框（二）

2．可变半径圆角

“可变半径圆角”是通过在某条边线上指定多个圆角半径，从而生成半径以一定规律变化的圆角。

下面以图 5.14.9 所示的简单模型为例，说明创建可变半径圆角特征的一般过程。

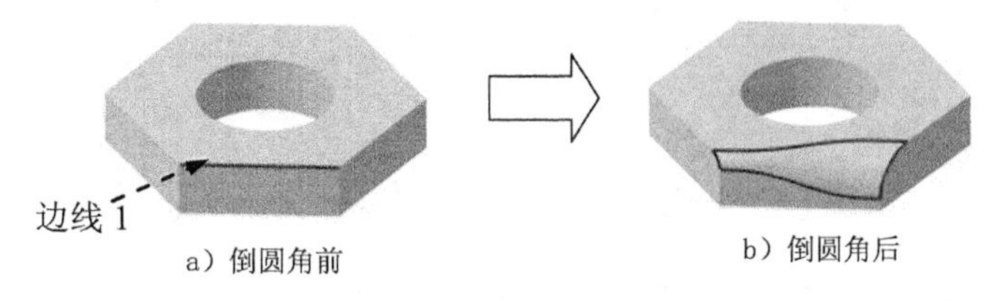

图 5.14.9 可变半径圆角

Step1. 打开文件 D:\cat2016.1\work\ch05.14.03\variable_radius_fillet.CATPart。

Step2. 选择命令。选择下拉菜单 插入 ➡ 修饰特征 ▸ ➡ 倒圆角... 命令，系统弹出图 5.14.10 所示的“倒圆角定义”对话框（三），然后在 变化 区域中选择 变量 类型。

Step3. 选择要倒圆角的对象。在“倒圆角定义”对话框的 传播: 下拉列表中选择 最小 选项，然后在系统 选择元素以编辑边线圆角。 提示下，选择图 5.14.9a 所示的边线 1 为要倒可变半径圆角的对象。

Step4. 定义倒圆角半径，如图 5.14.11 所示。

（1）单击以激活 点: 文本框（此时可以开始设置边线不同位置的圆角半径），在模型指定边线的两端双击预览的尺寸线，在系统弹出的“参数定义”对话框中更改半径值，将左侧的数值设为 5.0，右侧数值设为 15.0。

（2）完成上步操作后，在所选边线需要指定半径值的位置单击，然后在“倒圆角定义”对话框的 半径: 文本框中输入值 10.0。

Step5. 单击对话框中的 确定 按钮，完成可变半径圆角特征的创建。

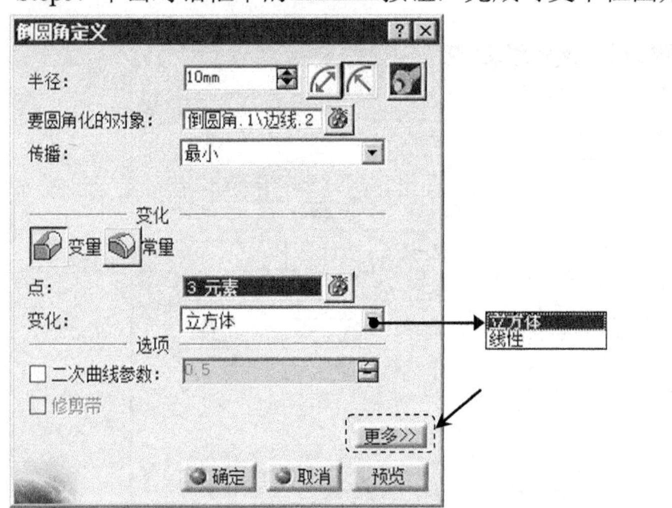

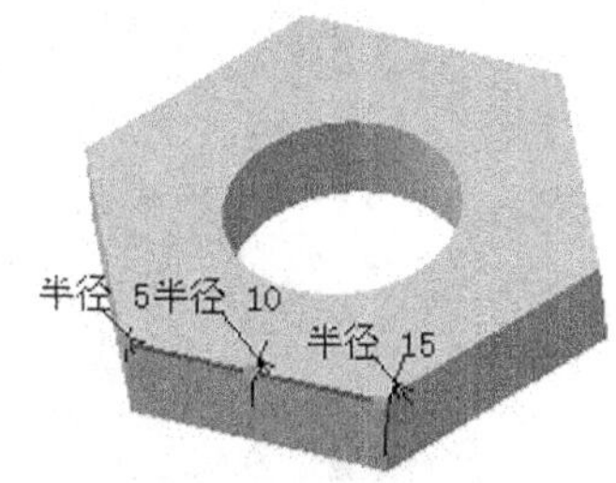

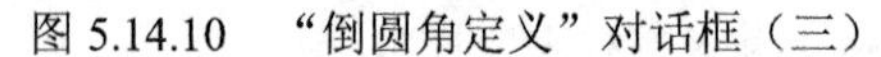

图 5.14.10 “倒圆角定义”对话框（三）　　图 5.14.11 定义倒圆角半径

说明：单击“倒圆角定义”对话框中的 更多>> 按钮，展开对话框的隐藏部分，如图 5.14.12 所示，在对话框中可以定义可变半径圆角的限制元素。

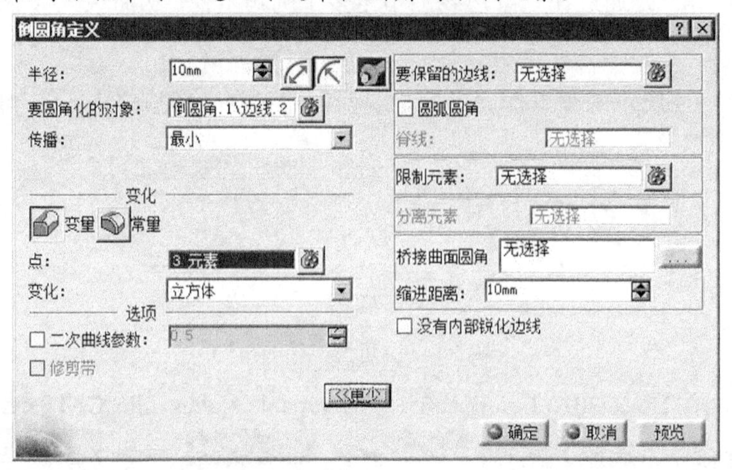

图 5.14.12 “倒圆角定义”对话框（四）

3．三切线内圆角

“三切线内圆角”命令的功能是创建与三个指定面相切的圆角。

下面以图 5.14.13 所示的简单模型为例，说明创建三切线内圆角特征的一般过程。

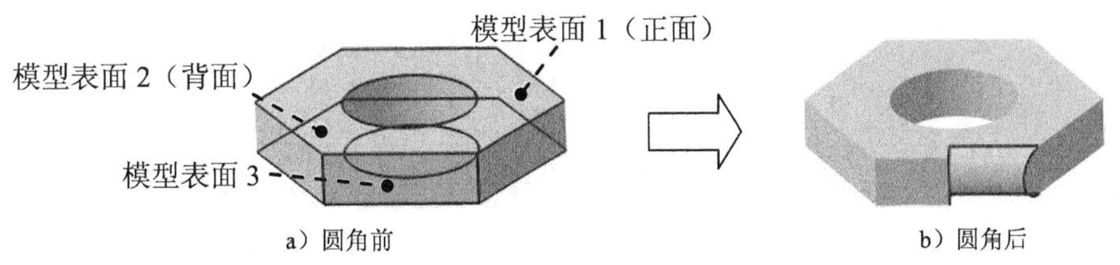

图 5.14.13　三切线内圆角

Step1．打开文件 D:\cat2016.1\work\ch05.14.03\trianget_fillet.CATPart。

Step2．选择命令。选择下拉菜单 插入 → 修饰特征 ▸ → 三切线内圆角... 命令（或单击“修饰特征”工具栏中的按钮），系统弹出图 5.14.14 所示的“定义三切线内圆角”对话框。

Step3．定义要圆化的面。在系统 选择面。提示下，选择图 5.14.13a 所示的模型表面 1 和模型表面 2 为要圆化的对象。

Step4．选择要移除的面。选择模型表面 3 为要移除的面。

Step5．定义限制元素。在“定义三切线内圆角”对话框中单击 更多>> 按钮，展开对话框的隐藏部分，单击以激活 限制元素: 文本框，然后在特征树中选取 yz 平面作为限制平面，如图 5.14.14 所示。

定义三切线内圆角

要圆角化的面：2 元素　　限制元素：yz 平面

要移除的面：凹槽.1\面.4

<<更少

确定　取消　预览

图 5.14.14　“定义三切线内圆角”对话框

Step6．单击对话框中的 确定 按钮，完成倒圆角特征的创建。

5.14.4　抽壳特征

如图 5.14.15 所示，“抽壳”特征（Shell）是将实体的一个或几个表面去除，然后掏空实体的内部，留下一定壁厚的壳。在使用该命令时，要注意各特征的创建次序。

下面以图 5.14.15 所示的简单模型为例，说明创建抽壳特征的一般过程。

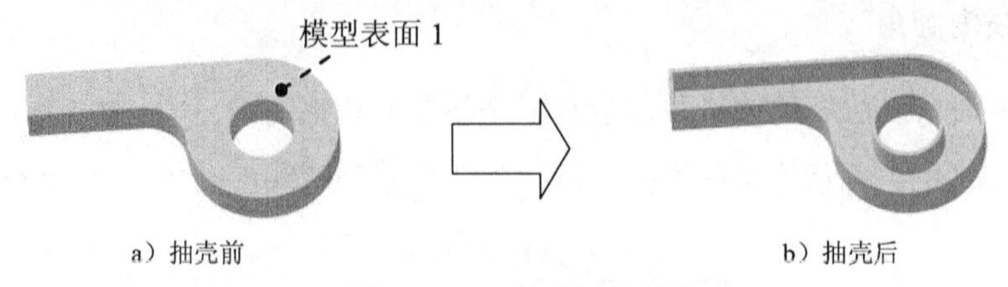

a）抽壳前　　　　b）抽壳后

图 5.14.15　等壁厚的抽壳

Step1. 打开文件 D:\cat2016.1\work\ch05.14.04\shell_feature.CATPart。

Step2. 选择命令。选择下拉菜单 插入 → 修饰特征 ▸ → 抽壳... 命令（或单击"修饰特征"工具栏中的按钮），系统弹出图 5.14.16 所示的"定义盒体"对话框。

Step3. 选择要移除的面。在系统 选择要移除的面。 提示下，选择图 5.14.15a 所示模型表面 1 为要移除的面。

Step4. 定义抽壳厚度。在对话框的 默认内侧厚度： 文本框中输入数值 2.0。

Step5. 单击对话框中的 确定 按钮，完成抽壳特征的创建。

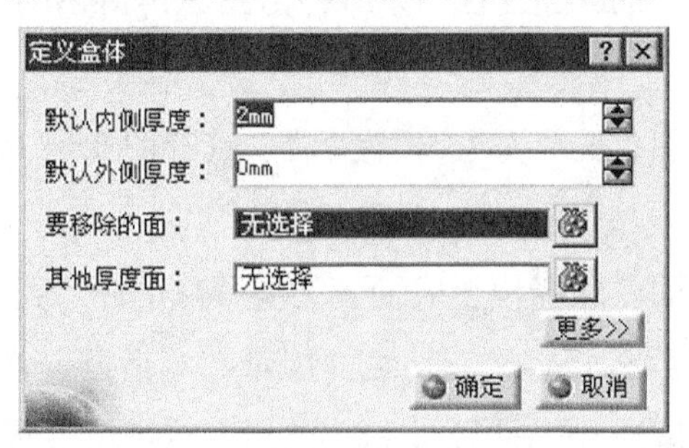

图 5.14.16　"定义盒体"对话框

说明：

- 默认内侧厚度： 是指实体表面向内的厚度；
- 默认外侧厚度： 是指实体表面向外的厚度。
- 其他厚度面： 用于选择与默认壁厚不同的面，并需设定目标壁厚值，设定方法是双击模型表面的尺寸线，在弹出的对话框中输入相应的数值。

5.14.5　拔模特征

注塑件和铸件往往需要一个拔模斜面，才能顺利脱模，CATIA V5-6 的拔模（Draft）特征就是用来创建模型的拔模斜面的。拔模特征共有三种：角度拔模（Draft Angle）、可变半径拔模（Variable Draft）和反射线拔模（Draft Reflect Line）。下面分别举例介绍。

1. 角度拔模

角度拔模的功能是通过指定要拔模的面、拔模方向和中性元素等参数创建拔模斜面。下面以图 5.14.17 所示的简单模型为例，说明创建角度拔模特征的一般过程。

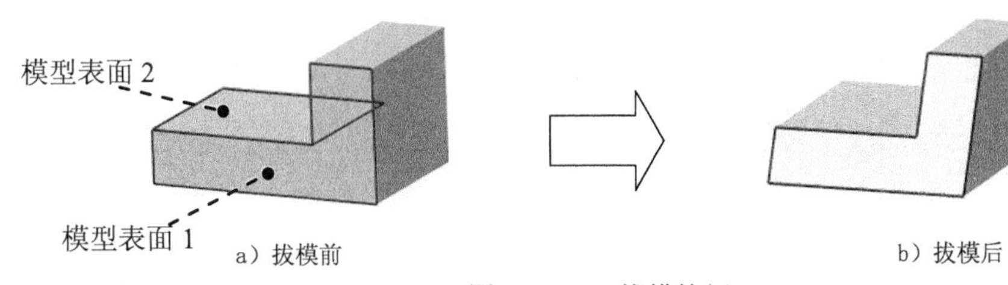

图 5.14.17 拔模特征

Step1. 打开文件 D:\cat2016.1\work\ch05.14.05\draft_angle.CATPart。

Step2. 选择命令。选择下拉菜单 插入 ➡ 修饰特征 ➡ 拔模... 命令（或单击“修饰特征”工具栏中的按钮），系统弹出图 5.14.18 所示的“定义拔模”对话框（一）。

Step3. 定义要拔模的面。在系统 选择要拔模的面 提示下，选择图 5.14.17a 所示的模型表面 1 为要拔模的面。

Step4. 定义拔模的中性元素。单击以激活 中性元素 区域的 选择： 文本框，选择模型表面 2 为中性元素。

Step5. 定义拔模属性。

（1）定义拔模方向。单击以激活 拔模方向 区域的 选择： 文本框，选择 zx 平面为拔模方向面。

说明：在系统弹出“定义拔模”对话框的同时，模型表面将出现一个指示箭头，箭头表明的是拔模方向（即所选拔模方向面的法向），如图 5.14.19 所示。

（2）输入角度值。在对话框的 角度： 文本框中输入角度值 30。

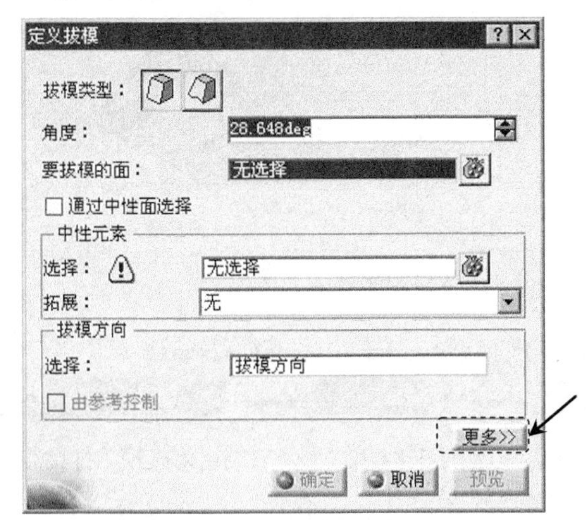

图 5.14.18 “定义拔模”对话框（一）

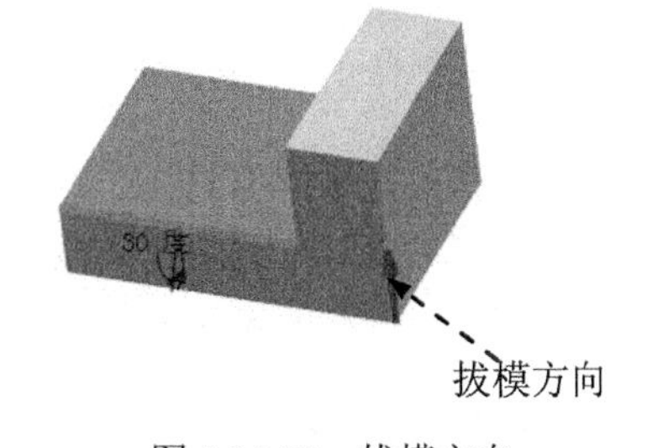

图 5.14.19 拔模方向

Step6. 单击对话框中的  按钮，完成角度拔模的创建。

说明：

- 拔模角度可以是正值也可以是负值，正值是沿拔模方向的逆时针方向拔模，负值则反之。

- 单击“定义拔模”对话框（一）中的 更多>> 按钮，展开对话框隐藏的部分（图 5.14.20），用户可以根据需要在对话框中设置不同的拔模形式和限制元素。

2. 可变角度拔模

“可变角度拔模”命令的功能是通过在某拔模面上指定多个拔模角度，从而生成角度以一定规律变化的拔模斜面。

下面以图 5.14.21 所示的简单模型为例，说明创建可变角度拔模特征的一般过程。

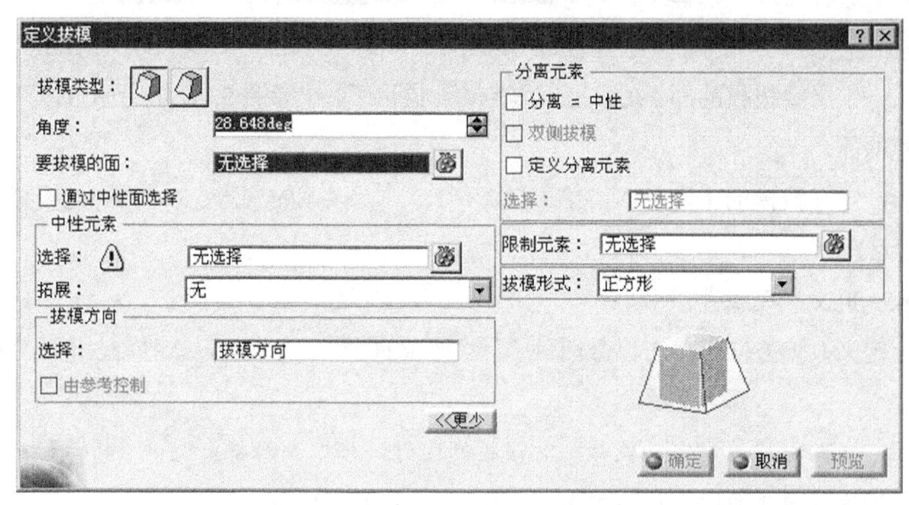

图 5.14.20 “定义拔模”对话框（二）

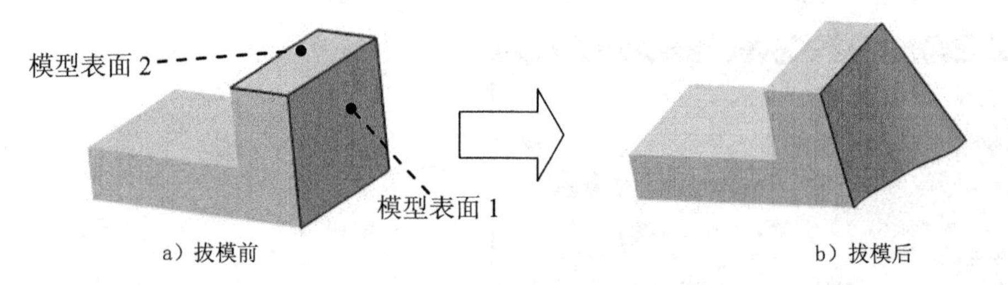

图 5.14.21 可变角度拔模特征

Step1. 打开文件 D:\cat2016.1\work\ch05.14.05\variable_draft.CATPart。

Step2. 选择命令。选择下拉菜单 插入 → 修饰特征 ▸ → 可变角度拔模... 命令（或单击“修饰特征”工具栏中的 按钮），系统弹出图 5.14.22 所示的“定义拔模”对话框（三）。

Step3. 定义要拔模的面。在系统 选择要拔模的面 提示下，选择图 5.14.21a 所示模型表面 1 为要拔模的面。

Step4. 定义拔模的中性元素。单击以激活 中性元素 区域的 选择： 文本框，选择模型表面 2 为中性元素。

Step5. 定义拔模属性。

（1）定义拔模方向。激活 拔模方向 区域的 选择： 文本框，选取 zx 平面为拔模方向面。

（2）定义拔模角度。

① 单击以激活 点： 文本框（拔模面与中性元素面的交线端点是默认设置角度的位置），在模型指定边线的端点处双击预览的尺寸线，在系统弹出的“参数定义”对话框中更改半径值，将左侧的数值设为 5，右侧数值设为 30，如图 5.14.23 所示。

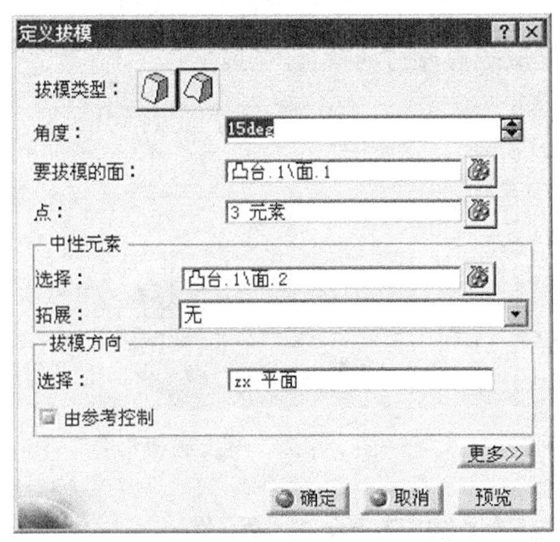

图 5.14.22 “定义拔模”对话框（三）

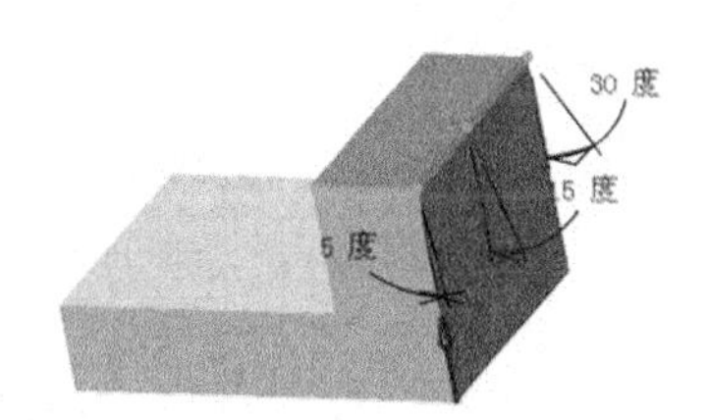

图 5.14.23 定义拔模角度

② 完成上步操作后，在边线需要指定拔模角度值的位置单击（直到出现尺寸线，才表明该点已加入 点： 文本框中），然后在“定义拔模”对话框的 角度： 文本框中输入值 15。

Step6. 单击对话框中的 确定 按钮，完成可变拔模角度特征的创建。

3. 反射线拔模

反射线拔模的功能是通过指定模型表面上的一个曲面作为基准，生成与实体相切的拔模面。

下面以图 5.14.24 所示的简单模型为例，说明创建反射线拔模特征的一般过程。

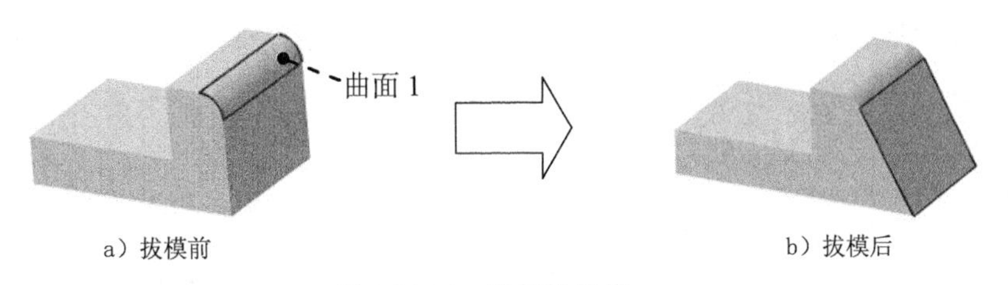

图 5.14.24 反射线拔模

Step1. 打开文件 D:\cat2016.1\work\ch05.14.05\draft_reflect_line.CATPart。

Step2. 选择命令。选择下拉菜单 插入 → 修饰特征 → 拔模反射线... 命令（或单击“修饰特征”工具栏中的按钮），系统弹出图 5.14.25 所示的“定义拔模反射线”对话框。

Step3. 定义拔模基准面。选择图 5.14.24a 所示的曲面 1 为拔模基准面。

Step4. 定义拔模属性。

（1）定义拔模方向。激活 拔模方向 区域的 选择： 文本框，选取 ZX 平面为拔模方向面。

（2）定义拔模角度（图 5.14.26）。在对话框的 角度： 文本框中输入角度值 30。

Step5. 单击对话框中的 确定 按钮，完成拔模反射线特征的创建。

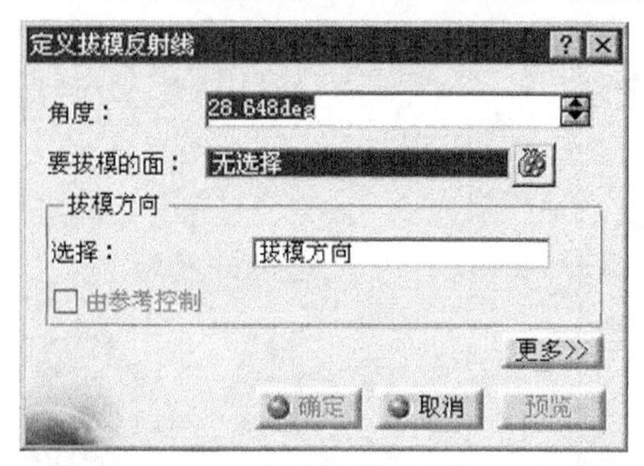

图 5.14.25 “定义拔模反射线”对话框

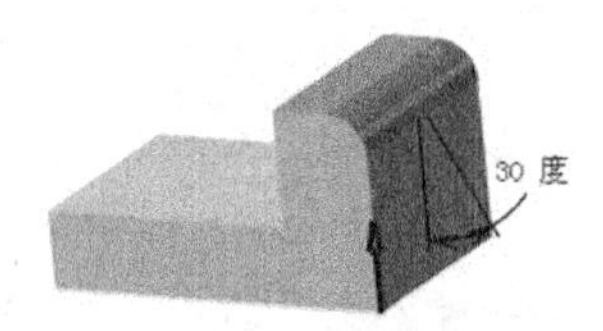

图 5.14.26 定义拔模角度

5.15 特征的重新排序及插入操作

5.15.1 概述

在 5.14 节中，曾提到对一个零件进行抽壳时，零件中特征的创建顺序非常重要。如果各特征的顺序安排不当，抽壳特征会生成失败，有时即使能生成抽壳，但结果也不会符合设计的要求。可按下面的操作方法进行验证。

Step1. 打开文件 D:\cat2016.1\work\ch05.15\cup.CATPart。

Step2. 将模型特征中 倒圆角.1 的半径从 R12 改为 R30，会看到杯子的底部出现多余的实体区域，如图 5.15.1 所示。显然这不符合设计意图，之所以会产生这样的问题，是因为圆角特征和抽壳特征的顺序安排不当，解决办法是将圆角特征调整到抽壳特征的前面，这种特征顺序的调整就是特征的重排顺序（Reorder）。

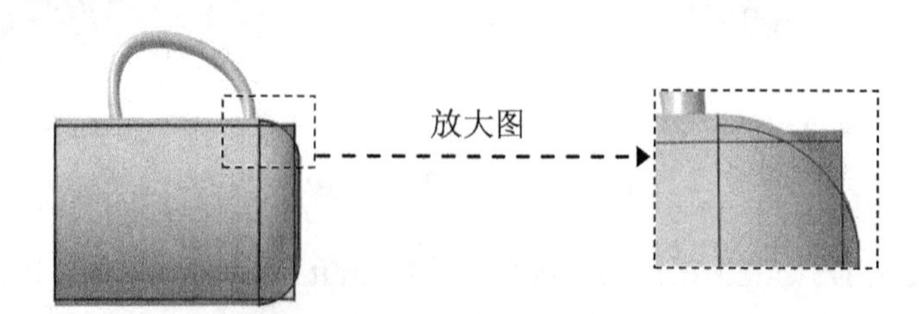

图 5.15.1 注意抽壳特征的顺序

5.15.2 重新排序的操作方法

这里仍以（cup.CATPart）为例，说明特征重新排序（Reorder）的操作方法。

Step1. 在图 5.15.2 所示的特征树中，右击 盒体.1 特征，在弹出的快捷菜单中选择 盒体.1 对象 ⟶ 重新排序... 命令，系统弹出图 5.15.3 所示的“重新排序特征”对话框。

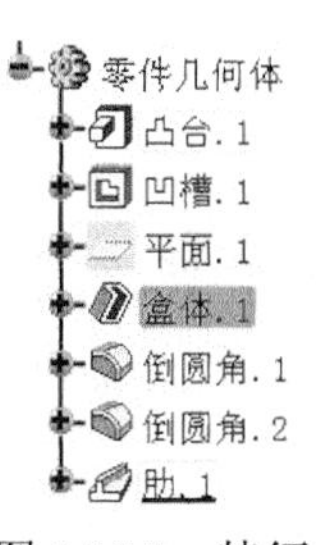

图 5.15.2 特征树

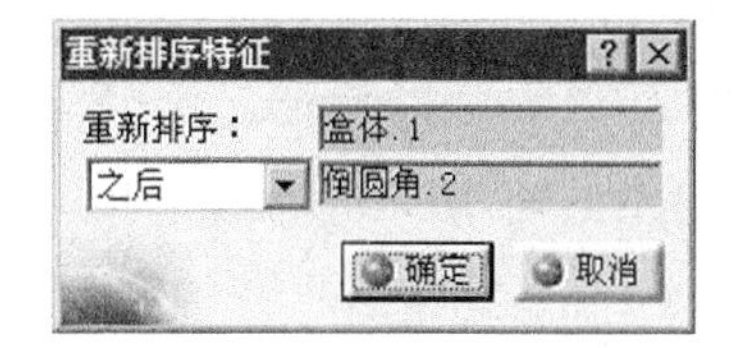

图 5.15.3 “重新排序特征”对话框

Step2. 在特征树中选择特征 倒圆角.2，在“重新排序特征”对话框的下拉列表中选择 之后 选项，单击对话框中的 确定 按钮，这样抽壳特征就调整到倒圆角特征之后，此时再修改倒圆角数值，将不会出现多余的实体区域。

说明：

- 特征重新排序后，右击抽壳特征，从快捷菜单中选择 定义工作对象 命令，模型将重新生成抽壳特征及排列在抽壳特征以前的所有特征。
- 特征的重新排序（Reorder）是有条件的，条件是不能将一个子特征拖至其父特征的前面。例如，在这个茶杯的例子中，不能把杯口的抽壳特征 盒体.1 移到凸台特征 凸台.1 的前面，因为它们存在父子关系，抽壳特征是凸台特征的子特征。为什么存在这种父子关系呢？这要从该抽壳特征的创建过程说起，抽壳特征中要移除的抽壳面就是凸台特征的表面，也就是说抽壳特征是建立在凸台特征表面的基础上，这样就在抽壳特征与凸台特征之间建立了父子关系。
- 如果要调整有父子关系的特征的顺序，必须先解除特征间的父子关系。解除父子关系有两种办法：一是改变特征截面的参照基准或约束方式；二是特征的重定次序（Reroute），即改变特征的草图平面和草图平面的参照平面。

5.15.3 特征的插入操作

在上一节的 cup.CATPart 的练习中，当所有的特征完成以后，假如还要添加一个图 5.15.4b 所示的倒圆角特征，并要求该特征添加在抽壳特征的后面，利用“特征的插入”功能可以满足这一要求。下面说明其操作过程。

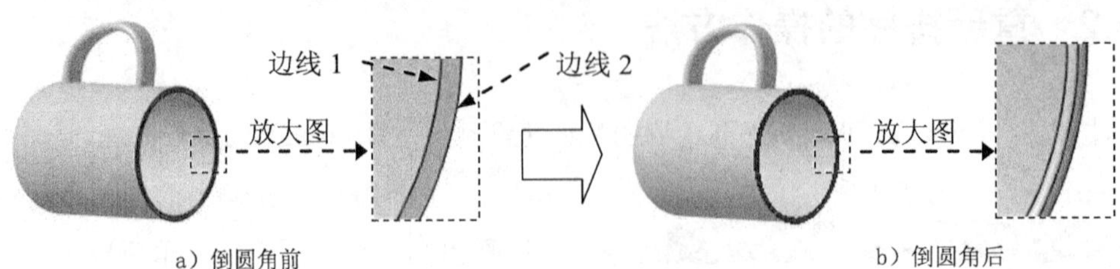

图 5.15.4　添加倒圆角特征

Step1. 定义添加特征的位置。在特征树中，右击抽壳特征 盒体.1，从快捷菜单中选中 定义工作对象 命令。

Step2. 定义添加的特征。选择下拉菜单 插入(I) → 修饰特征 → 倒圆角... 命令，选择图 5.15.4a 所示的边线 1 和边线 2，在 半径: 文本框中输入数值 2.0，创建倒圆角特征。

Step3. 完成倒圆角特征的创建后，右击特征树中的 肋.1，从快捷菜单中选择 定义工作对象 命令，显示茶杯的所有特征。

5.16　特征生成失败及其解决方法

在特征创建或重定义时，若给定的数据不当或参照丢失，就会出现特征生成失败的警告。以下将说明特征生成失败的情况及其解决方法。

5.16.1　特征生成失败的出现

这里以一个简单模型为例进行说明。如果进行下列“编辑定义”操作，如图 5.16.1 所示，将会产生特征生成失败。

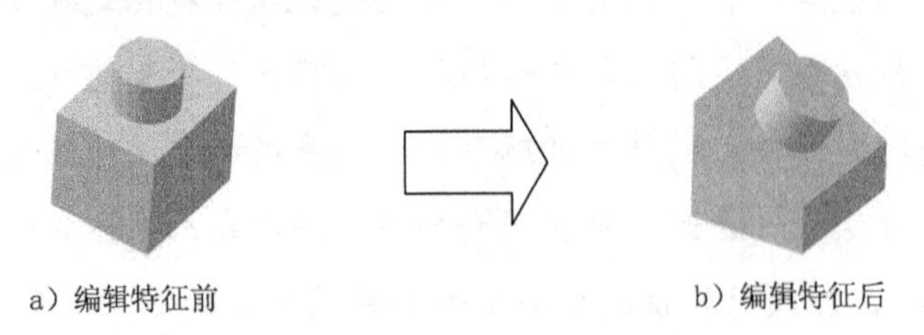

图 5.16.1　特征的编辑定义

Step1. 打开文件 D:\cat2016.1\work\ch05.16\fail.CATPart。

Step2. 在图 5.16.2 所示的特征树中，右击截面草图标识 草图.1，从弹出的快捷菜单中选择 草图.1 对象 → 编辑 命令，进入草绘工作台。

Step3. 修改截面草图。将截面草图改为图 5.16.3 所示的形状，并建立图中的几何约束和尺寸约束，单击 按钮，完成截面草图的修改。

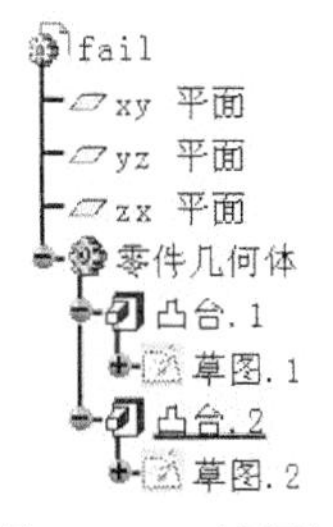

图 5.16.2 特征树

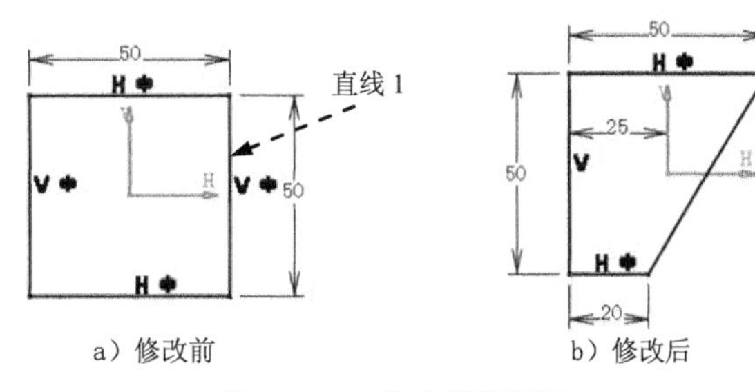

图 5.16.3 修改截面草图

说明：在修改图 5.16.3a 所示的草图时应先删除直线 1，再添加直线并对其进行修剪，最后添加尺寸约束。

Step4. 退出草绘工作台后，系统弹出图 5.16.4 所示的“更新诊断：草图.1”对话框，提示“草图.2”生成的参照面不可识别，这是因为第一个凸台特征重定义后，第二个凸台特征的截面草图参照便丢失，所以出现特征生成失败。

图 5.16.4 “更新诊断：草图.1”对话框

说明：在“更新诊断：草图.1”对话框的白色背景区显示的是存在问题的特征及解决的方法，对话框的灰色背景区则只显示当前错误特征的解决方法。

5.16.2 特征生成失败的解决方法

1. 解决方法一：取消第二个凸台特征

Step1. 在“更新诊断：草图.1”对话框的左侧选中 草图.2，单击对话框中的 取消激活 按钮，系统弹出图 5.16.5 所示的“取消激活”对话框。

Step2. 在对话框中选中 取消激活所有子级 复选框，然后单击对话框中的 确定 按钮。

说明：这是退出特征失败环境比较简单的操作方法。但实际的创建过程中删除特征再重新创建是比较浪费时间的，若想节省时间则可求助于其他的解决办法。

2. 解决方法二：去除第二个凸台特征的草绘参照

Step1. 在“更新诊断：草图.1”对话框的左侧选中 绝对轴，单击对话框中的

取消激活 或 隔离 按钮。

Step2. 完成上步操作后，系统将自动去除第二个凸台特征的草绘参照，生成的模型如图 5.16.6 所示。

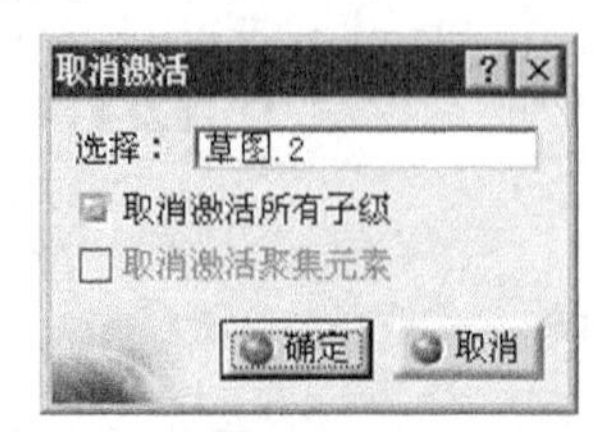

图 5.16.5 “取消激活”对话框

图 5.16.6 模型（一）

说明：这是退出特征失败环境最简单的操作方法，但更改后不符合设计意图。

3. 解决方法三：更改第二个凸台特征的草绘参照

Step1. 在“更新诊断：草图.1”对话框的左侧选中 面.1，单击对话框中的 编辑 按钮。

Step2. 完成上步操作后，系统弹出图 5.16.7 所示的“编辑”对话框，此时可以选择第二个凸台特征的草绘参照，生成的模型如图 5.16.8 所示。

说明：这是退出特征失败环境并符合设计意图的修改方法。

图 5.16.7 “编辑”对话框

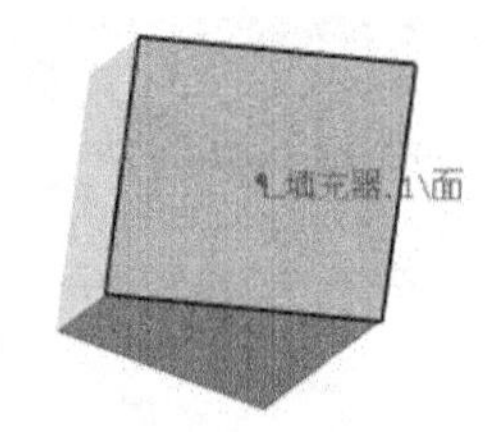

图 5.16.8 模型（二）

5.17 基 准 元 素

CATIA V5-6 中的基准元素包括平面、线和点等基本几何元素，这些基准元素可作为其他几何体构建时的参照，在创建零件的一般特征、曲面和零件的剖切面和装配中起着非常重要的作用。

说明：基准元素的命令按钮集中在图 5.17.1 所示的“参考元素（扩展）”工具栏中，从图标上即可清晰辨认点、线和面基准元素。

图 5.17.1 “参考元素（扩展）”工具栏

5.17.1 平面

“平面（Plane）”按钮的功能是在零件设计模块中建立平面，作为其他实体创建的参考

元素。注意：若要选择一个平面，可以选择其名称或一条边界。

1. 创建偏移平面

下面介绍图 5.17.2 所示偏移平面的创建过程。

Step1. 打开文件 D:\cat2016.1\work\ch05.17.01\offset_from_plane.CATPart。

Step2. 选择命令。单击“参考元素（扩展）”工具栏中的 按钮，系统弹出图 5.17.3 所示的“平面定义”对话框（一）。

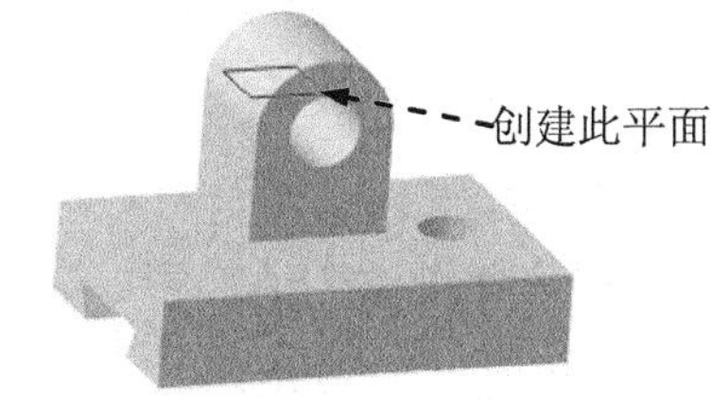

a）创建前　　b）创建后

图 5.17.2 创建偏移平面

Step3. 定义平面的创建类型。在对话框的 平面类型： 下拉列表中选择 偏移平面 选项。

Step4. 定义平面参数。

（1）定义偏移参考平面。选取图 5.17.4 所示的模型表面 1 为偏移参考平面。

（2）定义偏移方向。接受系统默认的偏移方向。

说明： 如需更改方向，单击对话框中的 反转方向 按钮即可。

（3）输入偏移值。在对话框的 偏移： 文本框中输入偏移值 30.0。

Step5. 单击对话框中的 确定 按钮，完成偏移平面的创建。

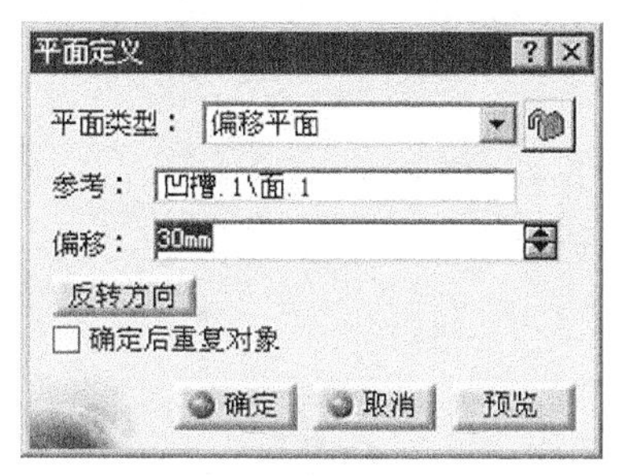

图 5.17.3 “平面定义”对话框（一）

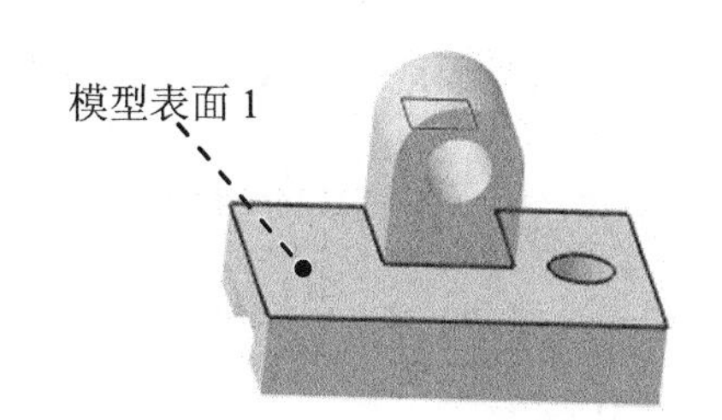

图 5.17.4 定义偏移参考平面

说明： 选中对话框中的 确定后重复对象 复选框，可以连续创建偏移平面，其后偏移平面的定义均以上一个平面为参照。

2. 创建“平行通过点”平面

下面介绍图 5.17.5 所示的平行通过点平面的创建过程。

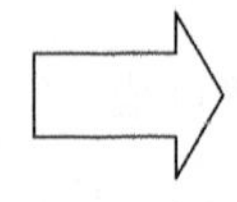

a）创建前　　　　b）创建后

图 5.17.5　创建“平行通过点”平面

Step1. 打开文件 D:\cat2016.1\work\ch05.17.01\parallel_through_point.CATPart。

Step2. 选择命令。单击“参考元素（扩展）”工具栏中的按钮，系统弹出“平面定义”对话框（一）。

Step3. 定义平面的创建类型。在对话框的平面类型：下拉列表中选择平行通过点选项，此时，对话框变为图 5.17.6 所示的“平面定义”对话框（二）。

Step4. 定义平面参数。

（1）选择参考平面。选取图 5.17.7 所示的模型表面为参考平面。

（2）选择平面通过的点。选择图 5.17.7 所示的点 2 为平面通过的点。

Step5. 单击对话框中的确定按钮，完成平面的创建。

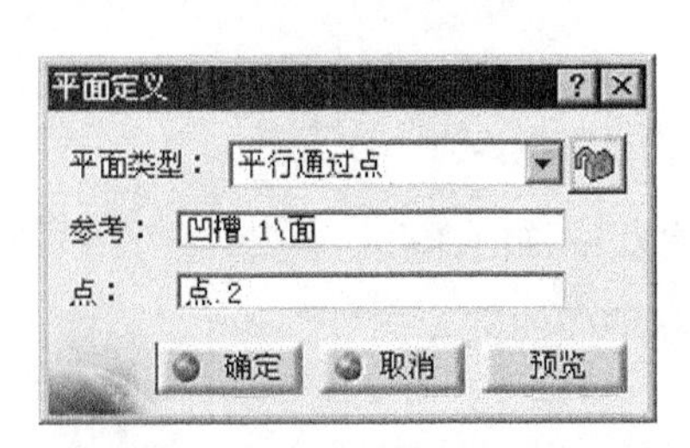

图 5.17.6　“平面定义”对话框（二）

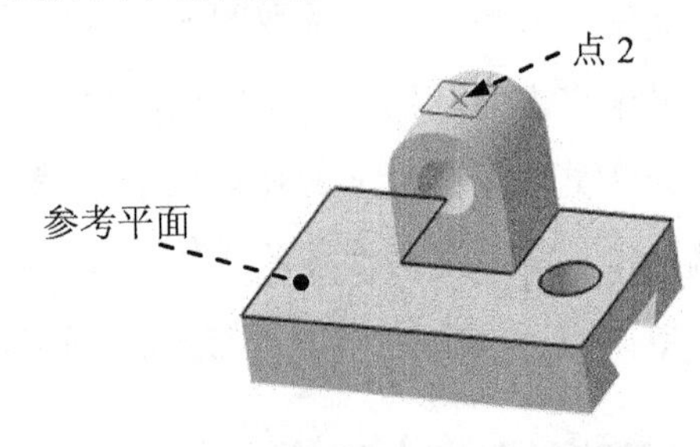

图 5.17.7　定义平面参数

3. 创建“与平面成一定角度或垂直”平面

下面介绍图 5.17.8 所示的平面的创建过程。

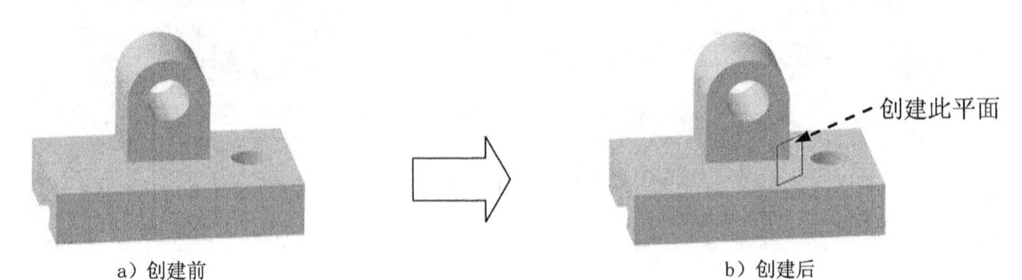

图 5.17.8　创建“与平面成一定角度或垂直”平面

Step1. 打开文件 D:\cat2016.1\work\ch05.17.01\angle_or_normal_to_plane.CATPart。

Step2. 选择命令。单击“参考元素（扩展）”工具栏中的按钮，系统弹出“平面定义”对话框（一）。

Step3. 定义平面的创建类型。在对话框的 平面类型：下拉列表中选择 与平面成一定角度或垂直 选项，此时，对话框变为图 5.17.9 所示的“平面定义”对话框（三）。

Step4. 定义平面参数。

（1）选择旋转轴。选取图 5.17.10 所示的边线 1 作为旋转轴。

（2）选择参考平面。选择图 5.17.10 所示的模型表面 1 为旋转参考平面。

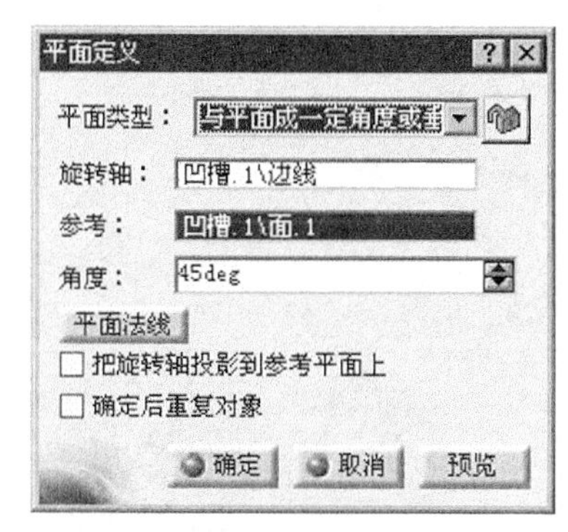

图 5.17.9 “平面定义”对话框（三）

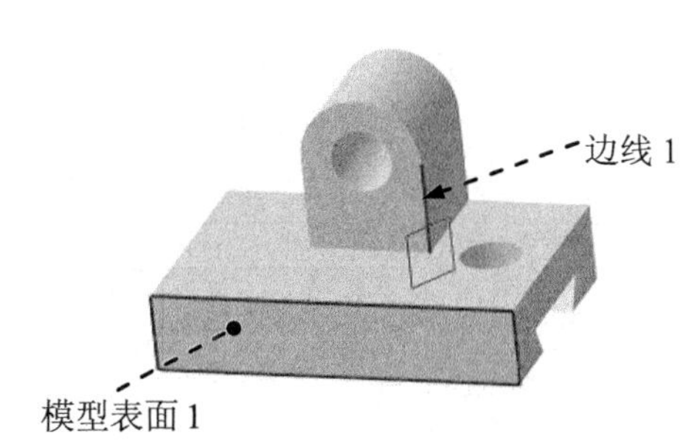

图 5.17.10 定义平面参数

（3）输入旋转角度值。在对话框的 角度：文本框中输入旋转数值 45。

Step5. 单击对话框中的 确定 按钮，完成平面的创建。

5.17.2 直线

“直线（Line）”按钮的功能是在零件设计模块中建立直线，作为其他实体创建的参考元素。

1. 利用“点—点”创建直线

下面介绍图 5.17.11 所示直线的创建过程。

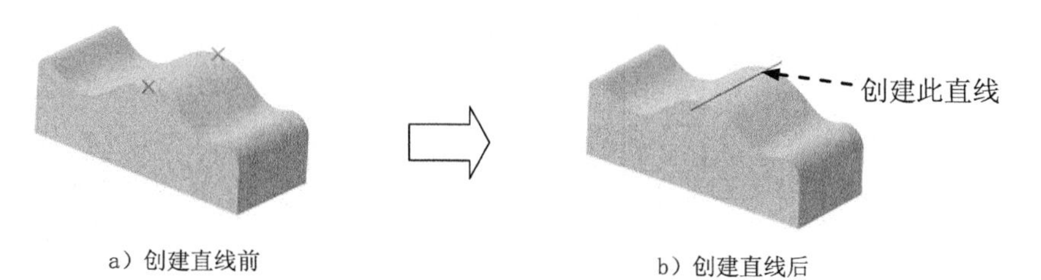

a）创建直线前　　b）创建直线后

图 5.17.11 利用“点—点”创建直线

Step1. 打开文件 D:\cat2016.1\work\ch05.17.02\point_point.CATPart。

Step2. 选择命令。单击“参考元素（扩展）”工具栏中的 按钮，系统弹出图 5.17.12 所示的“直线定义”对话框（一）。

Step3. 定义直线的创建类型。在对话框的 线型： 下拉列表中选择 点-点 选项。

Step4. 定义直线参数。

（1）选择元素。在系统 选择第一元素（点、曲线甚至曲面） 的提示下，选取图 5.17.13 所示的点 1 为第一元素；在系统 选择第二点或方向 的提示下，选取图 5.17.13 所示的点 2 为第二元素。

（2）定义长度值。在对话框的 起点： 文本框和 终点： 文本框中均输入数值 10.0。

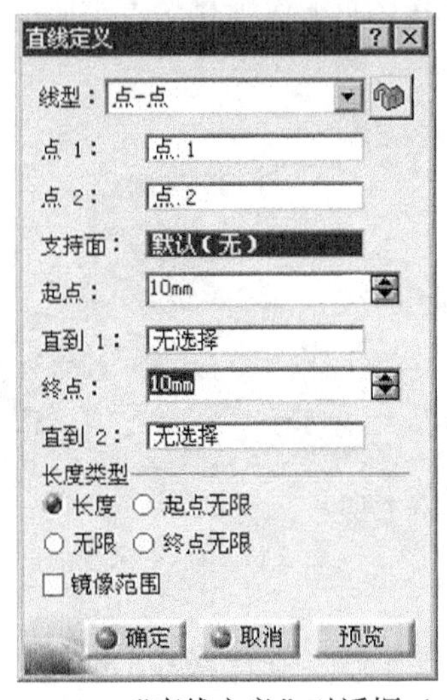

图 5.17.12 “直线定义”对话框（一）

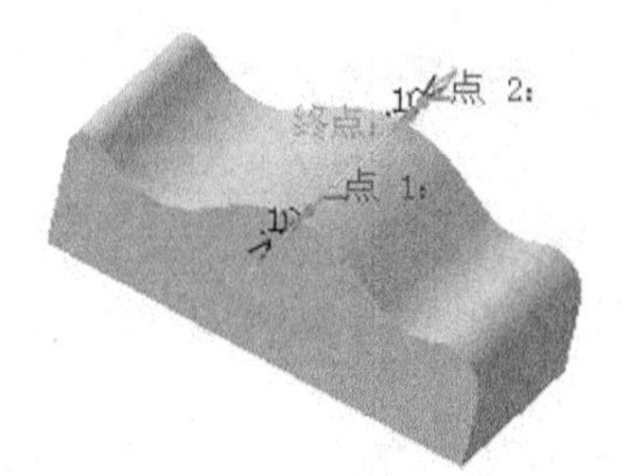

图 5.17.13 定义参考元素

Step5. 单击对话框中的 确定 按钮，完成直线的创建。

说明：

- “直线定义”对话框中的 起点： 和 终点： 文本框用于设置第一元素和第二元素反向延伸的数值。
- 在对话框的 长度类型 区域中，用户可以定义直线的长度类型。

2. 利用“点—方向”创建直线

下面介绍图 5.17.14 所示直线的创建过程。

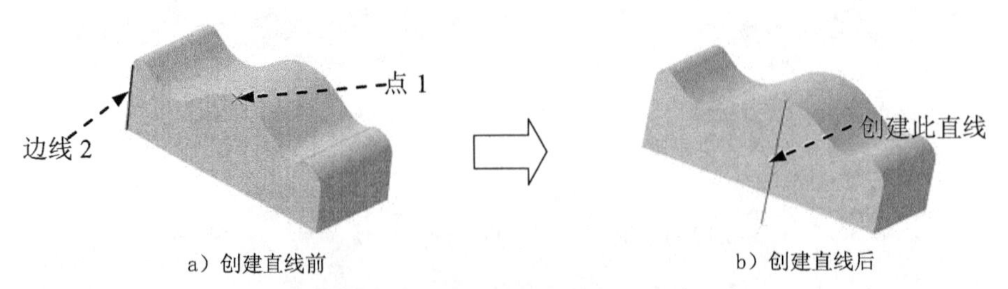

a）创建直线前　　b）创建直线后

图 5.17.14 利用“点—方向”创建直线

Step1. 打开文件 D:\cat2016.1\work\ch05.17.02\point_direction.CATPart。

Step2. 选择命令。单击“参考元素(扩展)”工具栏中的 按钮，系统弹出图 5.17.15 所示的“直线定义”对话框（二）。

Step3. 定义直线的创建类型。在对话框的 线型: 下拉列表中选择 点-方向 选项。

Step4. 定义直线参数。

（1）选择第一元素。选取图 5.17.14a 所示的点 1 为第一元素。

（2）定义方向。选取图 5.17.14a 所示的边线 2 为方向线，然后单击对话框中的 反转方向 按钮，完成方向的定义。

（3）定义起始值和结束值。在对话框的 起点: 文本框和 终点: 文本框中分别输入值 0 和 60.0，定义之后模型如图 5.17.16 所示。

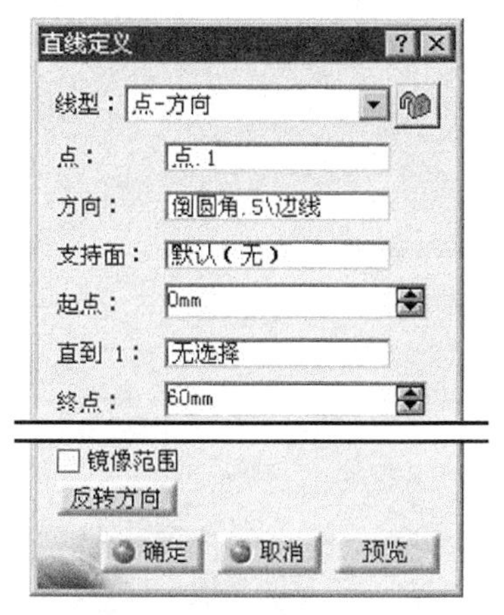

图 5.17.15 “直线定义”对话框（二）

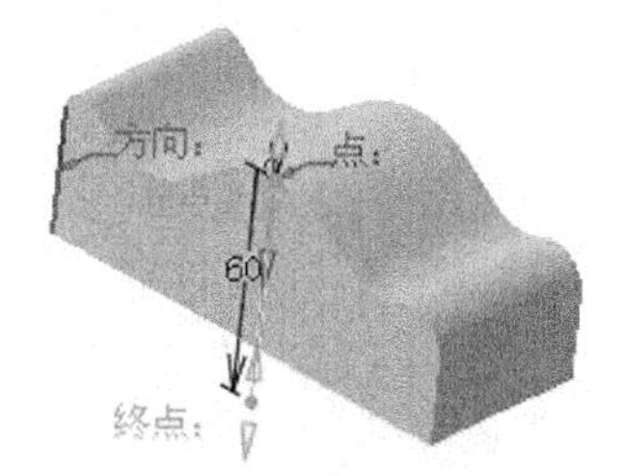

图 5.17.16 定义直线参数

Step5. 单击对话框中的 确定 按钮，完成直线的创建。

3. 利用“角平分线”创建直线

下面介绍图 5.17.17 所示直线的创建过程。

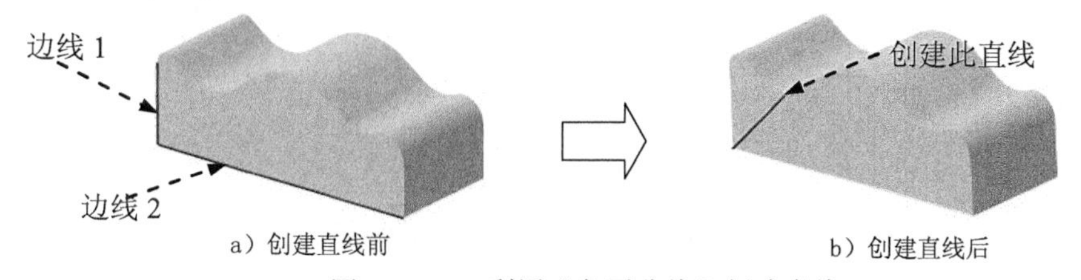

图 5.17.17 利用“角平分线”创建直线

Step1. 打开文件 D:\cat2016.1\work\ch05.17.02\bisecting.CATPart。

Step2. 选择命令。单击“参考元素（扩展）”工具栏中的 按钮，系统弹出图 5.17.18

所示的“直线定义”对话框（三）。

Step3. 定义直线的创建类型。在对话框的 线型: 下拉列表中选择 角平分线 选项。

Step4. 定义直线参数。

（1）定义第一条直线。选取图 5.17.17a 所示的边线 1。

（2）定义第二条直线。选取图 5.17.17a 所示的边线 2。

（3）定义解法。单击对话框中的 下一个解法 按钮，选择解法 2。

注意：创建直线的两种不同解法如图 5.17.19 所示，解法 2 为加亮尺寸线所示的直线。

（4）定义起始值和结束值。在对话框的 起点: 文本框和 终点: 文本框中分别输入数值 0 和 40.0，定义之后模型如图 5.17.19 所示。

Step5. 单击对话框中的 确定 按钮，完成直线的创建。

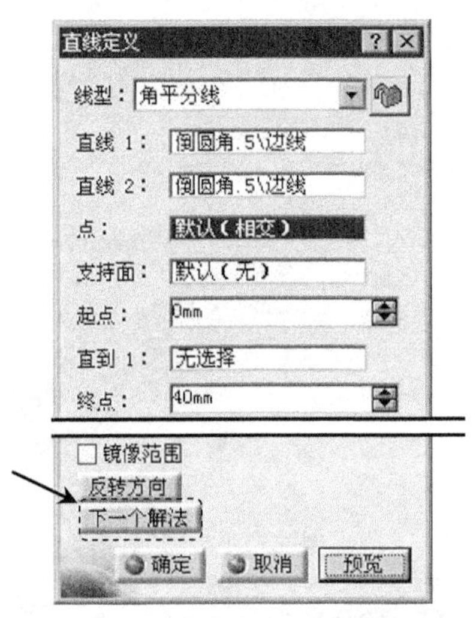

图 5.17.18　“直线定义”对话框（三）

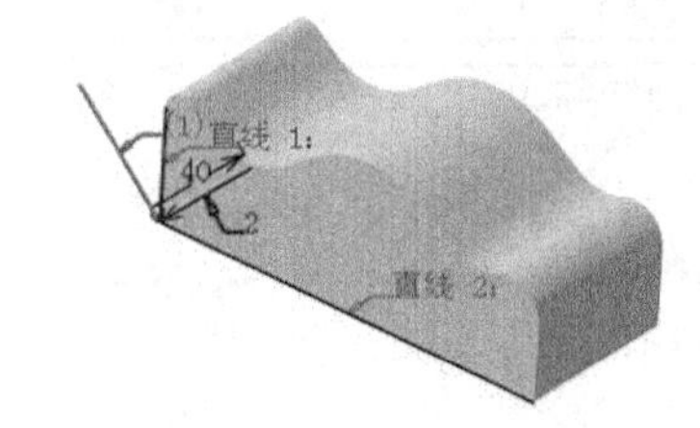

图 5.17.19　定义解法

5.17.3　点

“点（Point）”的功能是在零件设计模块中创建点，作为其他实体创建的参考元素。

1. 在曲线上创建点

下面介绍图 5.17.20 所示点的创建过程。

Step1. 打开文件 D:\cat2016.1\work\ch05.17.03\on_curve. CATPart。

Step2. 选择命令。单击“参考元素（扩展）”工具栏中的 按钮，系统弹出图 5.17.21 所示的“点定义”对话框（一）。

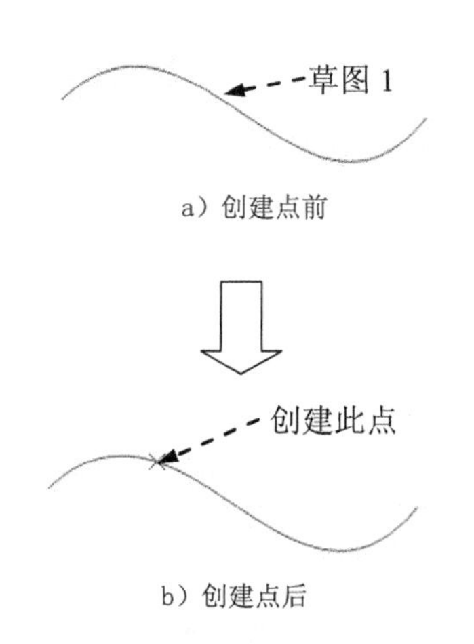

图 5.17.20 在“曲线上”创建点

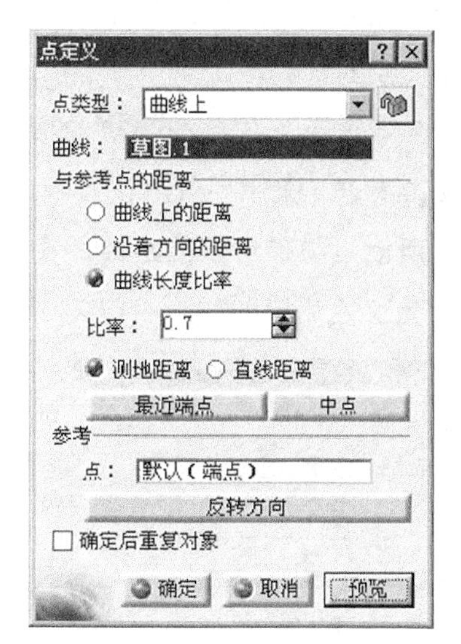

图 5.17.21 “点定义”对话框（一）

Step3. 定义点的创建类型。在对话框的 点类型： 下拉列表中选择 曲线上 选项。

Step4. 定义点的参数。

（1）选择曲线。在系统 选择曲线 的提示下，选择图 5.17.20a 所示的草图 1。

（2）定义参考点。采用系统默认的端点作为参考点。

注意：在对话框 参考 区域的 点： 文本框中显示了参考点的名称。

（3）定义所创点与参考点的距离。在对话框 与参考点的距离 区域中选择 曲线长度比率 单选项，在 比率： 文本框中输入数值 0.7。

Step5. 单击 确定 按钮，完成点的创建。

2. 在平面上创建点

下面介绍图 5.17.22 所示点的创建过程。

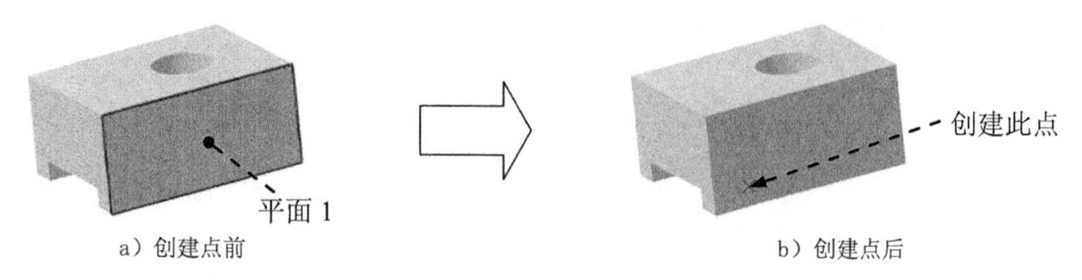

图 5.17.22 在平面上创建点

Step1. 打开文件 D:\cat2016.1\work\ch05.17.03\on_plane.CATPart。

Step2. 选择命令。单击“参考元素（扩展）”工具栏中的 按钮，系统弹出图 5.17.23 所示的“点定义”对话框（二）。

Step3. 定义点的创建类型。在对话框的 点类型： 下拉列表中选择 平面上 选项。

Step4. 定义点的参数。

（1）选择参考平面。在系统 选择平面 的提示下，选择图 5.17.22a 所示的平面 1。

（2）定义参考点。采用系统默认参考点（原点）。

（3）定义所创点与参考点的距离。在对话框的 H: 文本框和 V: 文本框中分别输入值 15.0 和-45.0，定义之后模型如图 5.17.24 所示。

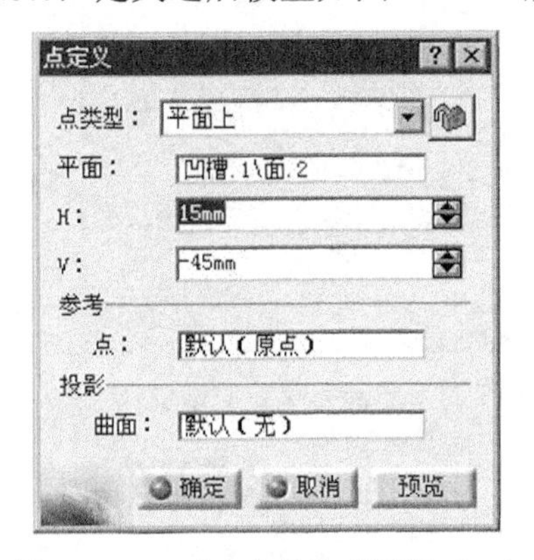

图 5.17.23 “点定义”对话框（二）

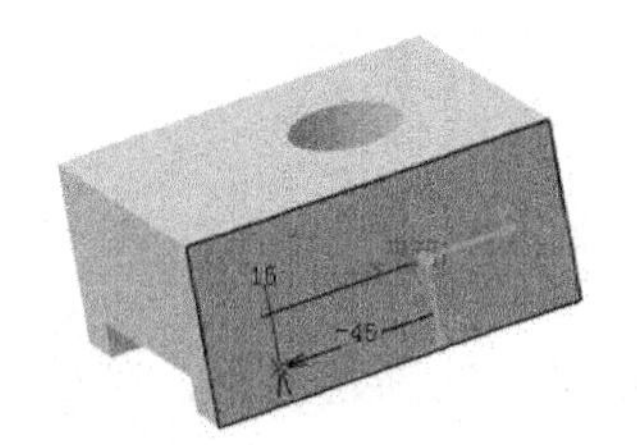

图 5.17.24 定义参考点

Step5. 单击 确定 按钮，完成点的创建。

5.18 模型的平移、旋转、对称及缩放

5.18.1 模型的平移

“平移（Translation）”命令的功能是将模型沿着指定方向移动到指定距离的新位置，此功能不同于 5.5.2 节中视图的平移，模型的平移是相对于坐标系移动，而视图的平移则是模型和坐标系同时移动，模型的坐标没有改变。

下面对图 5.18.1 所示的模型进行平移，操作步骤如下。

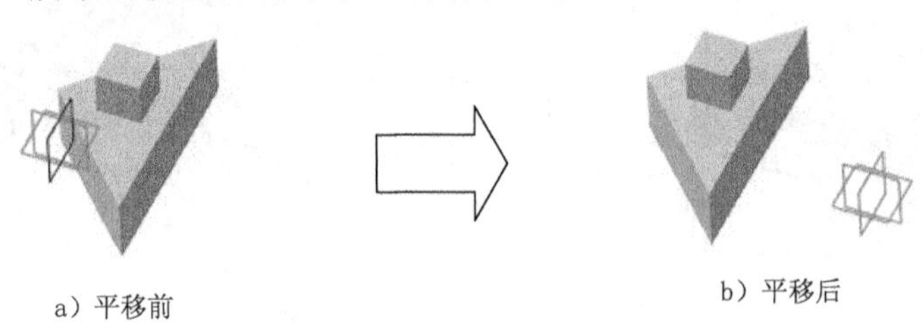

a）平移前　　b）平移后

图 5.18.1 模型的平移

Step1. 打开文件 D:\cat2016.1\work\ch05.18.01\translate.CATPart。

Step2. 选择命令。选择下拉菜单 插入 → 变换特征 → 平移... 命令（或单击“变换特征”工具栏中的 按钮），系统弹出图 5.18.2 所示的“问题”对话框和图 5.18.3 所

示的“平移定义”对话框。

Step3. 定义是否保留变换规格。在“问题”对话框中单击 是(Y) 按钮，保留变换规格。

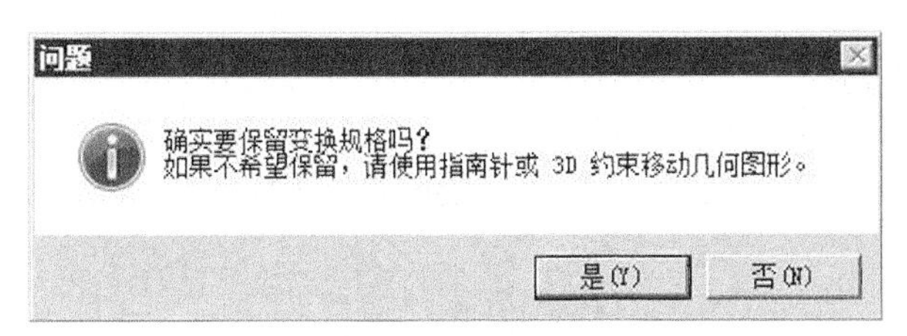

图 5.18.2 “问题”对话框

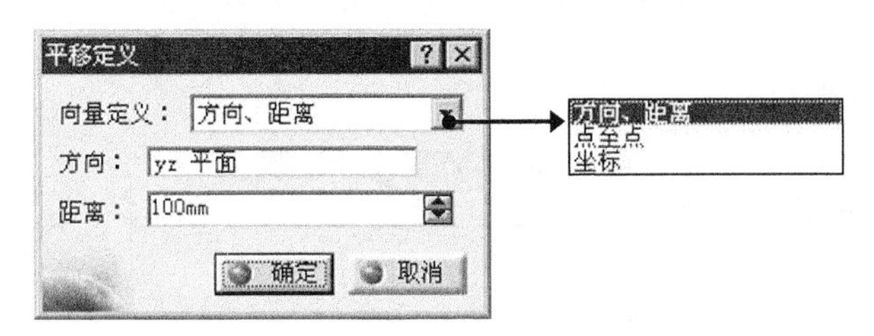

图 5.18.3 “平移定义”对话框

Step4. 定义平移类型和参数。

（1）选择平移类型。在“平移定义”对话框的 向量定义： 下拉列表中选择 方向、距离 选项。

（2）定义平移方向。在特征树中选择 yz 平面作为平移的方向平面（即模型将平行于 yz 平面进行平移）。

（3）定义平移距离。在对话框的 距离： 文本框中输入数值 100.0。

Step5. 单击对话框中的 确定 按钮，完成模型的平移操作，平移后的模型如图 5.18.1b 所示。

5.18.2 模型的旋转

“旋转（Rotation）”命令的功能是将模型绕轴线旋转到新位置。

下面对图 5.18.4 中的模型进行旋转，操作步骤如下。

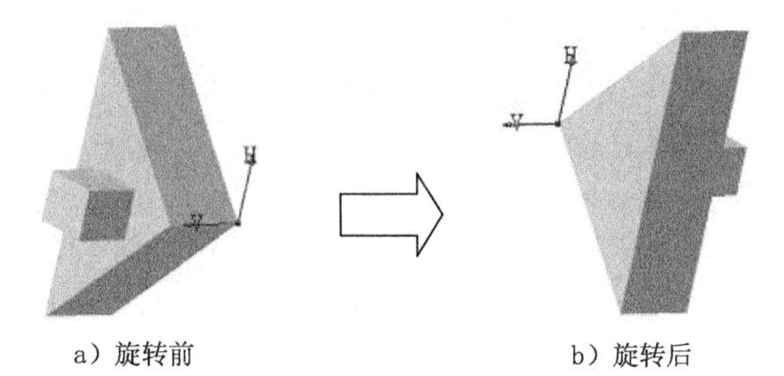

图 5.18.4 模型的旋转

Step1. 打开文件 D:\cat2016.1\work\ch05.18.02\rotate.CATPart。

Step2. 选择命令。选择下拉菜单 插入 → 变换特征 → 旋转... 命令（或单击“变换特征”工具栏中的按钮），系统弹出“问题”对话框和图 5.18.5 所示的“旋转定义”对话框。

Step3. 定义变换规格。单击对话框中的 是(Y) 按钮，保留变换规格。

Step4. 选择中心轴线。在“旋转定义”对话框的 定义模式： 下拉列表中选择 轴线-角度 选项，在图形区中选择 H 轴作为旋转模型的中心轴线(即模型将绕 H 轴进行中心旋转，如图 5.18.6 所示)。

Step5. 定义旋转角度。在对话框的 角度： 文本框中输入数值 180.0。

Step6. 单击对话框中的 确定 按钮，完成模型的旋转操作。

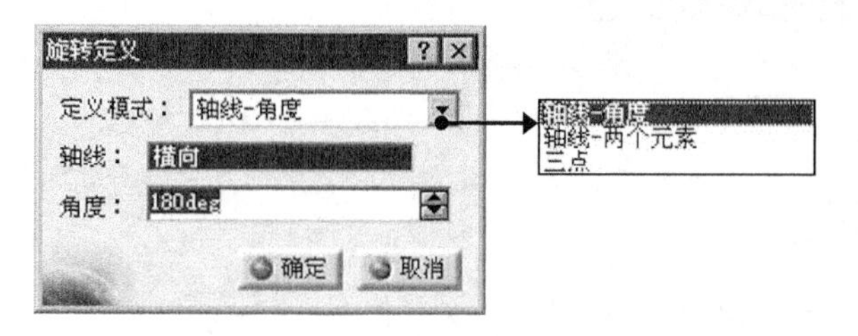

图 5.18.5 “旋转定义”对话框

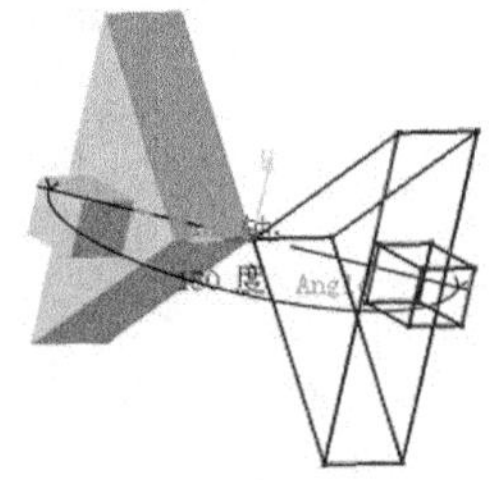

图 5.18.6 定义旋转参数

5.18.3 模型的对称

“对称（Symmerty）”命令的功能是将模型相对于某个选定平面移动到与原位置对称的位置，即其相对于坐标系的位置发生了变化，操作的结果就是移动。

下面对图 5.18.7 中的模型进行对称操作，操作步骤如下。

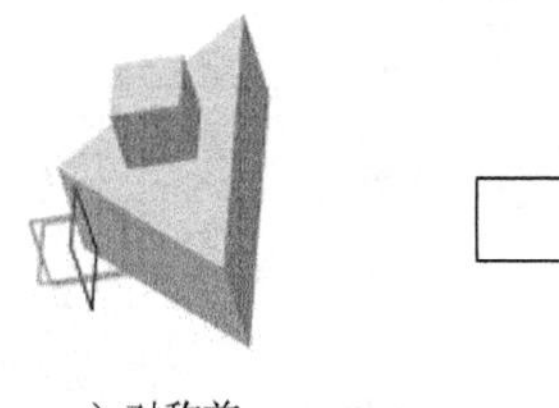

a）对称前

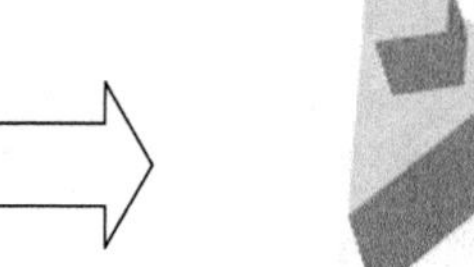

b）对称后

图 5.18.7 模型的对称

Step1. 打开文件 D:\cat2016.1\work\ch05.18.03\symmetry.CATPart。

Step2. 选择命令。选择下拉菜单 插入(I) → 变换特征 → 对称... 命令（或单击“变换特征”工具栏中的按钮），系统弹出“问题”对话框和图 5.18.8 所示的“对称定义”对话框。

Step3. 定义变换规格。单击对话框中的 是(Y) 按钮，保留变换规格。

Step4. 选择对称平面。在“对称定义”对话框的 参考： 文本框中右击，在弹出的快捷菜单中选择 YZ 平面 作为对称平面，如图 5.18.9 所示。

Step5. 单击对话框中的 确定 按钮，完成模型的对称操作。

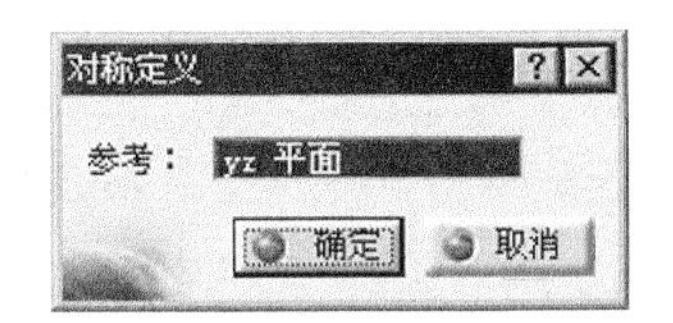

图 5.18.8 “对称定义”对话框

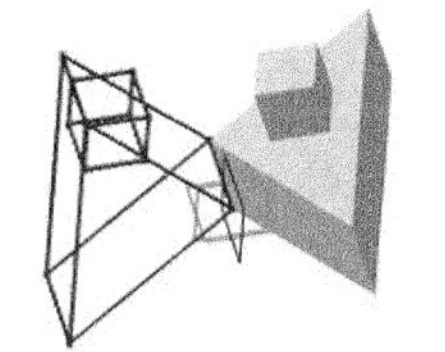

图 5.18.9 选择对称平面

5.18.4 模型的缩放

模型的缩放就是将源模型相对一个点或平面（称为参考点和参考平面）进行缩放，从而改变源模型的大小。采用参考点缩放时，模型的角度尺寸不发生变化，线性尺寸进行缩放（图 5.18.10a）；而选用参考平面缩放时，参考平面的所有尺寸不变，模型的其余尺寸进行缩放（图 5.18.10c）。下面对图 5.18.10 中的模型进行缩放操作，操作步骤如下。

Step1. 打开文件 D:\cat2016.1\work\ch05.18.04\scaling.CATPart。

Step2. 选择命令。选择下拉菜单 插入 → 变换特征 → 缩放... 命令（或单击“变换特征”工具栏中的 按钮），系统弹出图 5.18.11 所示的“缩放定义”对话框。

Step3. 定义参考平面。选择图 5.18.12a 所示的模型表面 1 作为缩放的参考平面，缩放结果如图 5.18.12b 所示。

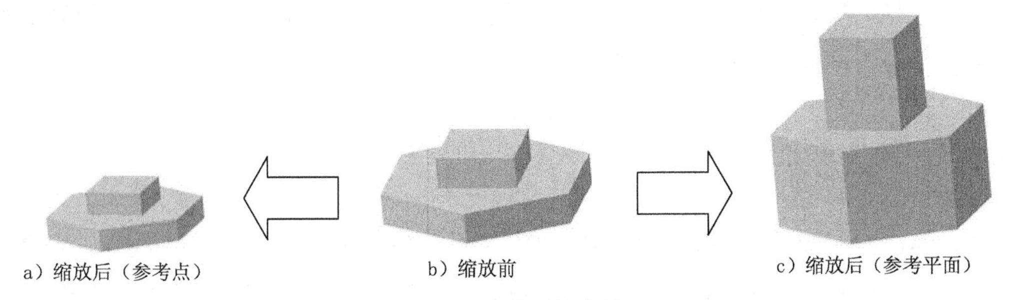

图 5.18.10 模型的缩放

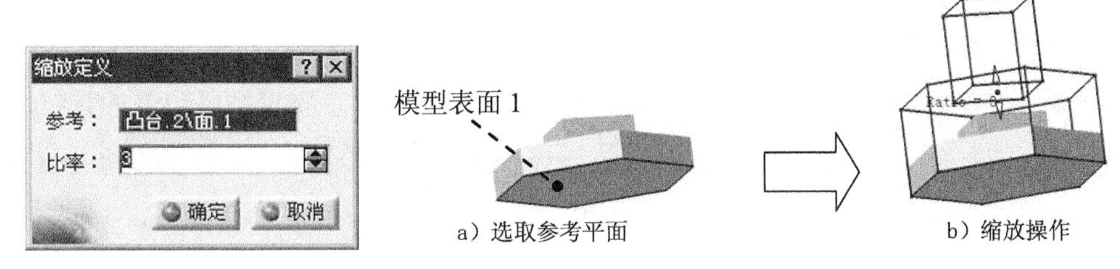

图 5.18.11 “缩放定义”对话框

图 5.18.12 缩放（一）

Step4. 定义比率值。在对话框的 比率： 文本框中输入数值 3。

Step5. 单击对话框中的 确定 按钮，完成模型的缩放操作。

说明：

- 在 Step3 中若选择图 5.18.13a 所示的模型表面 2 作为缩放的参考平面，则特征定义如图 5.18.13b 所示。
- 在设计零件模型的过程中，有时会包括多个独立的几何体，最后都需要通过交、并、差运算成为一整个几何体，本节所讲的平移、旋转、对称及缩放命令也可用于几何体的操作。

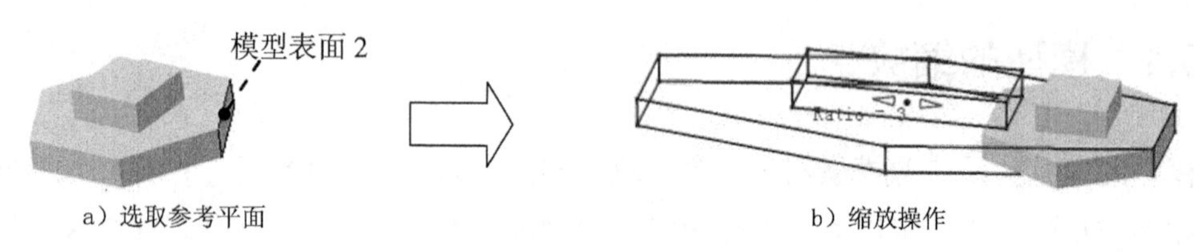

图 5.18.13　缩放（二）

5.19　特征的变换

特征的变换命令用于创建一个或多个特征的副本。CATIA V5-6 的特征变换包括镜像特征、矩形阵列、圆形阵列、删除阵列、分解阵列及用户自定义阵列，下面几节将分别介绍它们的操作过程。

注意：本节"特征的变换"中的"特征"是指拉伸、旋转、孔、肋、开槽、加强肋（筋）、多截面实体和已移出的多截面实体等这类对象。

5.19.1　镜像特征

特征的镜像复制就是将源特征相对一个平面（这个平面称为镜像中心平面）进行镜像，从而得到源特征的一个副本。如图 5.19.1 所示，对这个凹槽特征进行镜像复制的操作过程如下。

Step1. 打开文件 D:\cat2016.1\work\ch05.19.01\mirror.CATPart。

Step2. 选择特征。在模型中选择图 5.19.1 所示的凹槽特征作为需要镜像的特征。

Step3. 选择命令。选择下拉菜单 插入 → 变换特征 → 镜像... 命令（或单击"变换特征"工具栏中的按钮），系统弹出图 5.19.2 所示的"定义镜像"对话框。

Step4. 选择镜像平面。选择 yz 平面作为镜像中心平面（此时"定义镜像"对话框的 镜像元素： 文本框中显示为 yz 平面）。

Step5. 单击对话框中的 确定 按钮，完成特征的镜像操作。

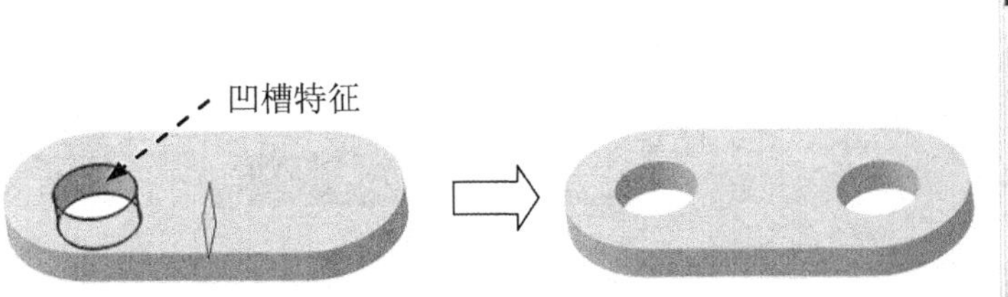

a）镜像前　　b）镜像后

图 5.19.1　镜像特征

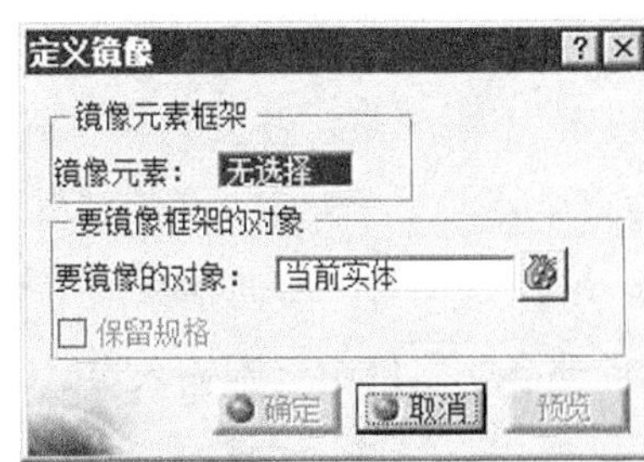

图 5.19.2　“定义镜像”对话框

5.19.2　矩形阵列

特征的矩形阵列就是将源特征以矩形排列方式进行复制，使源特征产生多个副本。如图 5.19.3 所示，对这个凸台特征进行阵列的操作过程如下。

Step1. 打开文件 D:\cat2016.1\work\ch05.19.02\pattern_rectangular.CATPart。

Step2. 选择特征。在特征树中选中特征 凸台.2 作为矩形阵列的源特征。

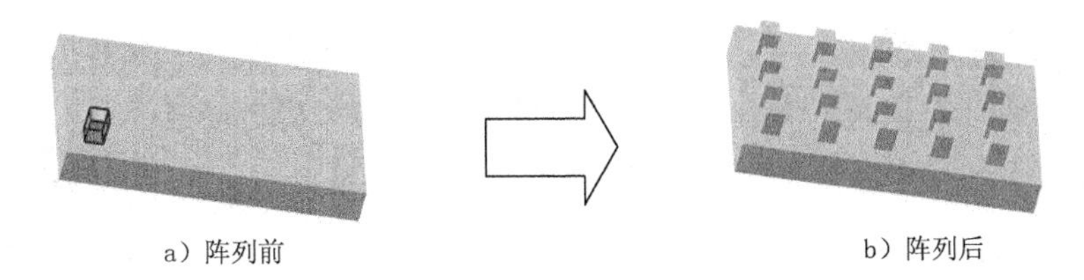

a）阵列前　　b）阵列后

图 5.19.3　矩形阵列

Step3. 选择命令。选择下拉菜单 插入 → 变换特征 → 矩形阵列... 命令（或单击“变换特征”工具栏中的 按钮），系统弹出图 5.19.4 所示的“定义矩形阵列”对话框（一）。

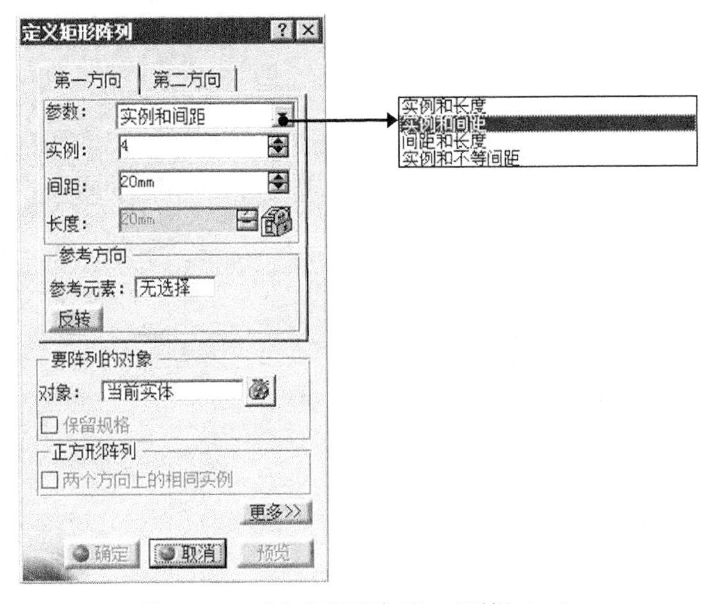

图 5.19.4　“定义矩形阵列”对话框（一）

Step4. 定义阵列参数。

（1）定义第一方向参考元素。单击以激活 参考元素: 文本框，选择图 5.19.5 所示的边线 1 为第一方向参考元素，单击 反转 按钮，使特征阵列在 凸台.1 的表面。

（2）定义第一方向参数。在 第一方向 选项卡 参数: 下拉列表中选择 实例和间距 选项，在 实例: 和 间距: 文本框中分别输入参数 4.0 和 20.0。

说明： 参数: 下拉列表中的选项用于定义源特征在第一方向上副本的分布数目和间距（或总长度），选择不同的列表项，则可输入不同的参数定义副本的位置。

（3）选择第二方向参考元素。单击 第二方向 选项卡，在 参考方向 区域单击以激活 参考元素: 文本框，选择图 5.19.5 所示的边线 2 为第二方向参考元素。

（4）定义第二方向参数。在 参数: 下拉菜单中选择 实例和间距 选项，在 实例: 和 间距: 文本框中分别输入参数 5.0 和 30.0，如图 5.19.6 所示。

Step5. 单击对话框中的 确定 按钮，完成矩形阵列的创建。

说明：

- 如果先单击 按钮，再选择特征，那么系统将对当前所有实体进行阵列操作。
- 如果已经选中某个实体，在进行矩形阵列操作的过程中想将阵列的对象改为所有实体，可以在对话框 要阵列的对象 区域的 对象: 文本框中右击，选择 获取当前实体 选项。
- 单击"定义矩形阵列"对话框（二）中的 更多>> 按钮，展开对话框隐藏的部分（图 5.19.7），在对话框中可以设置要阵列的特征在图样中的位置。

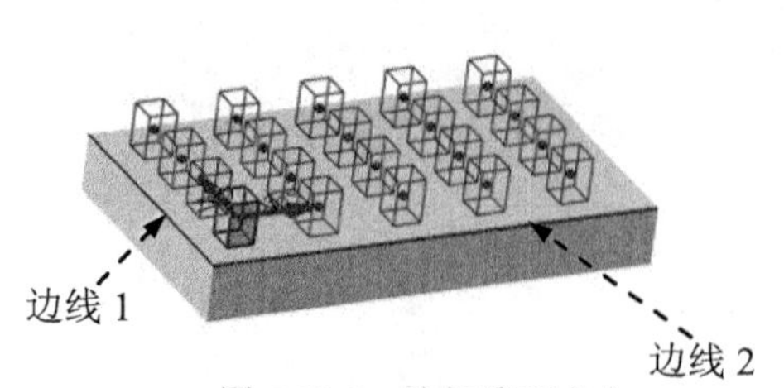

图 5.19.5 选择阵列方向

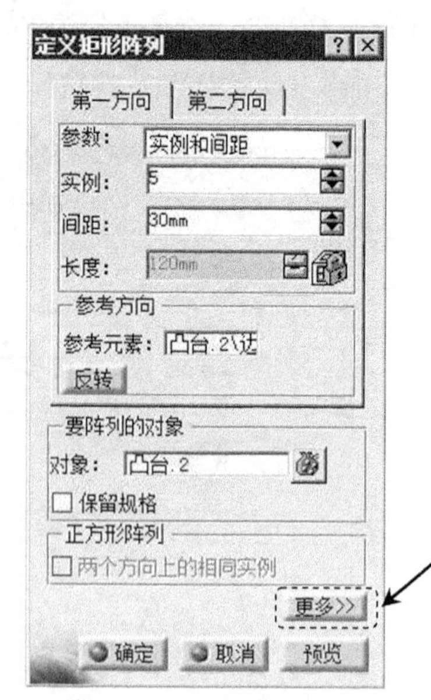

图 5.19.6 "定义矩形阵列"对话框（二）

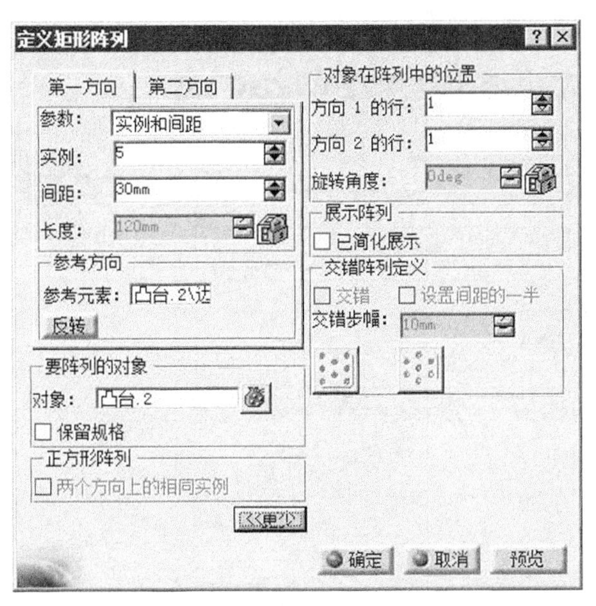

图 5.19.7 “定义矩形阵列”对话框（三）

5.19.3 圆形阵列

特征的圆形阵列就是将源特征通过轴向旋转和（或）径向偏移，以圆周排列方式进行复制，使源特征产生多个副本。下面以图 5.19.8 所示的模型为例来说明阵列的一般操作步骤。

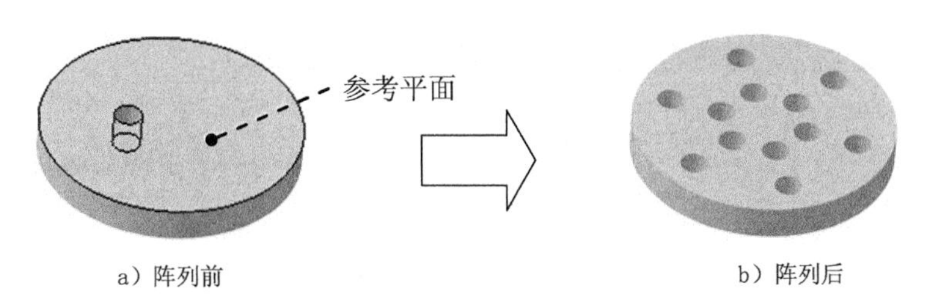

a）阵列前　　b）阵列后

图 5.19.8 圆形阵列

Step1. 打开文件 D:\cat2016.1\work\ch05.19.03\pattern_circle.CATPart。

Step2. 选择特征。在特征树中选中特征 槽.1 作为圆形阵列的源特征。

Step3. 选择命令。选择下拉菜单 插入 → 变换特征 → 圆形阵列... 命令（或单击“变换特征”工具栏中的 按钮），系统弹出图 5.19.9 所示的“定义圆形阵列”对话框（一）。

Step4. 定义阵列参数。

（1）选择参考平面。激活 参考元素：文本框，选择图 5.19.8a 所示的模型表面为参考平面。

（2）定义轴向阵列参数。在对话框中单击 轴向参考 选项卡，在 参数：下拉菜单中选择实例和角度间距选项，在 实例： 和 角度间距： 文本框中分别输入参数 6.0 和 60.0。

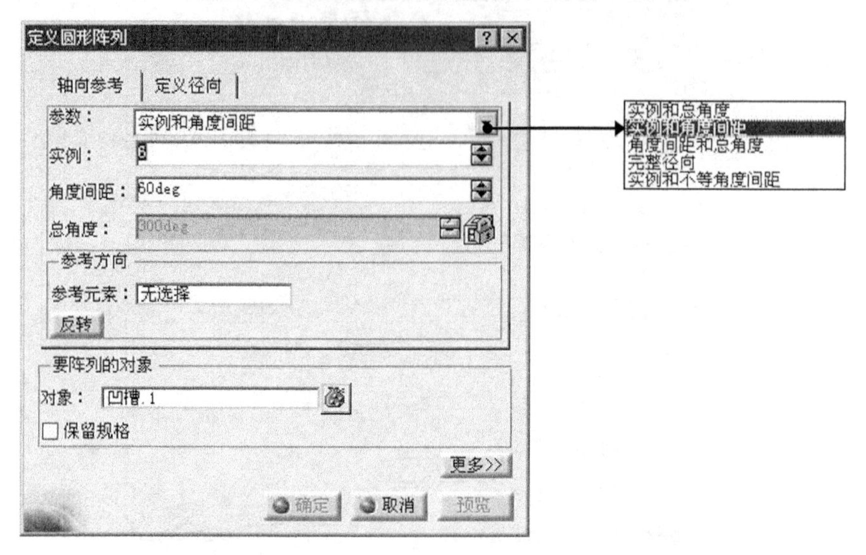

图 5.19.9 “定义圆形阵列”对话框（一）

说明： 参数：下拉列表中的选项用于定义源特征在轴向的副本分布数目和角度间距，选择不同的列表项，则可输入不同的参数定义副本的位置。

（3）定义径向阵列参数。在对话框中单击 定义径向 选项卡，在 参数： 下拉列表中选择 圆和圆间距选项，在 圆： 和 圆间距： 文本框中分别输入参数 2.0 和 30.0，如图 5.19.10 所示。

Step5. 单击对话框中的 确定 按钮，完成圆形阵列的创建。

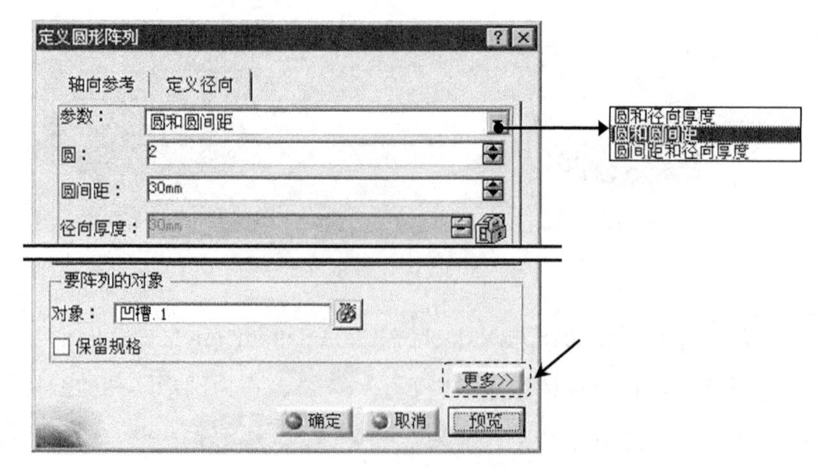

图 5.19.10 “定义圆形阵列”对话框（二）

说明：

- 参数：下拉列表中的选项用于定义源特征在径向的副本分布数目和角度间距，选择不同的列表项，则可输入不同的参数定义副本的位置。
- 单击“定义圆形阵列”对话框（二）中的 更多>> 按钮，展开对话框隐藏的部分（图

5.19.11），在对话框中可以设置要阵列的特征在图样中的位置。

图 5.19.11 “定义圆形阵列”对话框（三）

5.19.4 用户阵列

用户阵列就是将源特征按用户指定的排布方式复制（指定位置一般以草绘点的形式表示），使源特征产生多个副本。如图 5.19.12 所示，对这个凸台特征进行阵列的操作过程如下。

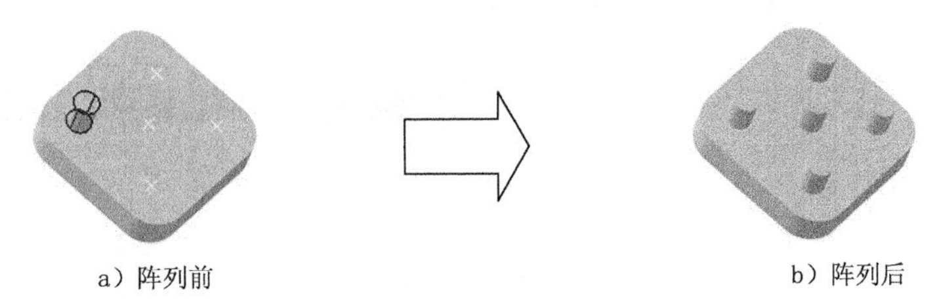

a）阵列前　　b）阵列后

图 5.19.12 用户阵列

Step1. 打开文件 D:\cat2016.1\work\ch05.19.04\pattern_user.CATPart。

Step2. 选择特征。在特征树中选中特征 凸台.2 作为用户阵列的源特征。

Step3. 选择命令。选择下拉菜单 插入 → 变换特征 → 用户阵列... 命令（或单击“变换特征”工具栏中的按钮），系统弹出图 5.19.13 所示的“定义用户阵列”对话框。

Step4. 定义阵列的位置。在系统 选择草图。 的提示下，选择 草图.3 作为阵列位置。

Step5. 单击对话框中的 确定 按钮，完成用户阵列的定义。

说明：“定义用户阵列”对话框中的 定位： 文本框使用于指定特征阵列的对齐方式，默认的对齐方式是实体特征的中心与指定放置位置重合。

5.19.5 删除阵列

下面以图 5.19.14 所示为例，说明删除阵列的一般过程。

Step1. 打开文件 D:\cat2016.1\work\ch05.19.05\delete_pattern.CATPart。

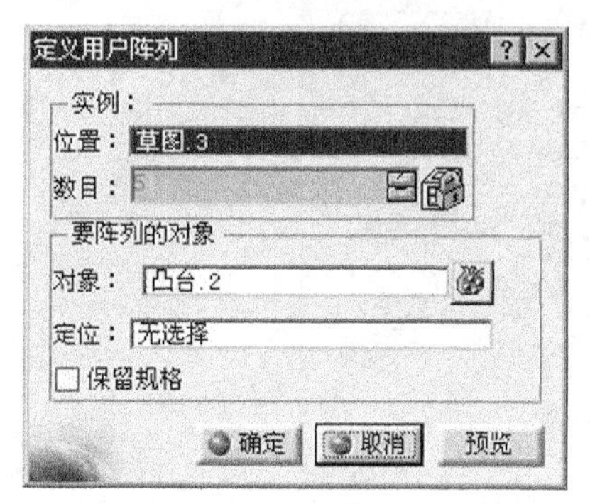

图 5.19.13 “定义用户阵列”对话框

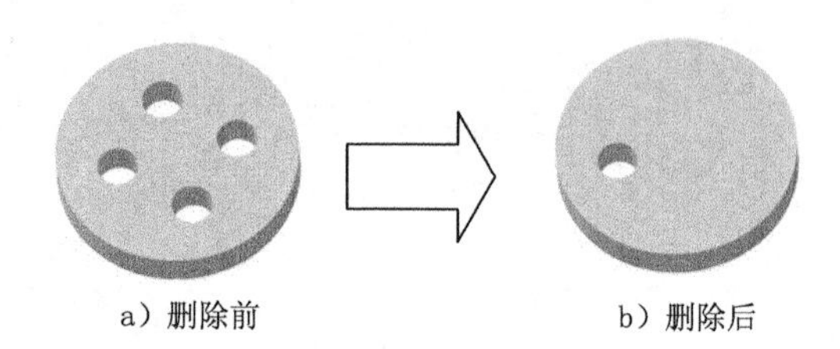

图 5.19.14 删除阵列

Step2. 选择命令。在图 5.19.15 所示的特征树中右击 圆模式.1，从弹出的快捷菜单中选择 删除 命令，系统弹出图 5.19.16 所示的“删除”对话框。

Step3. 定义是否删除父级。在对话框中取消选中 □ 删除互斥父级 复选框。

说明：若选中 删除互斥父级 选项，则系统执行删除阵列命令时，还将删除阵列的源特征 凹槽.1。

Step4. 单击对话框中的 确定 按钮，完成阵列的删除。

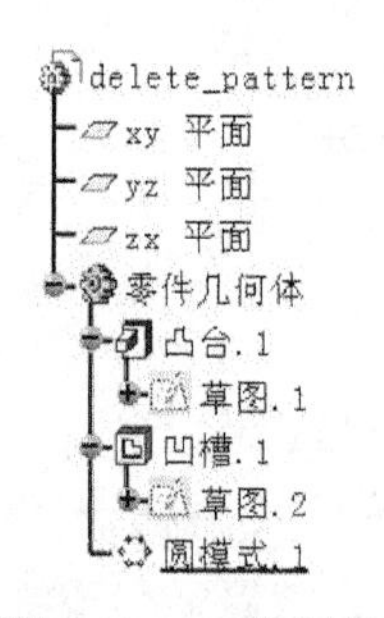

图 5.19.15 特征树

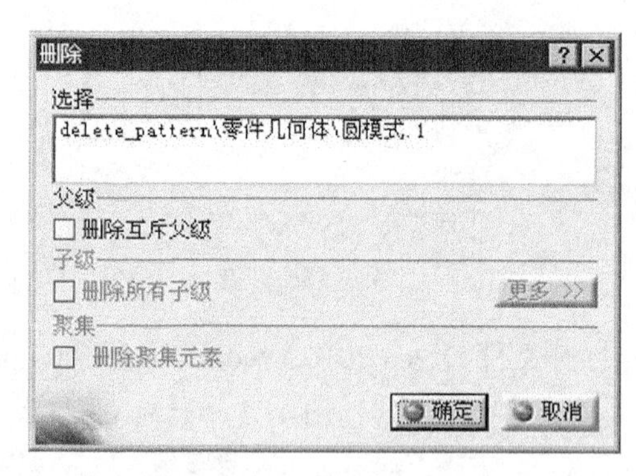

图 5.19.16 “删除”对话框

5.19.6 分解阵列

分解阵列就是将阵列的特征分解为与源特征性质相同的独立特征，并且分解后，特征可以单独进行定义和编辑。如图 5.19.17 所示，对这个圆形阵列的分解和特征修改的过程如下。

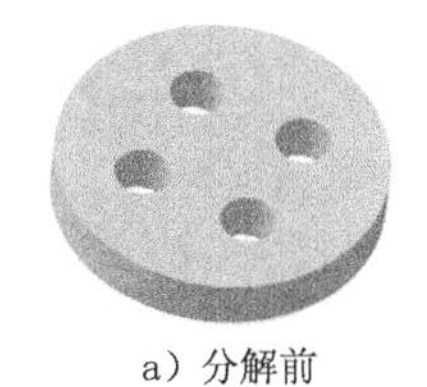

a）分解前

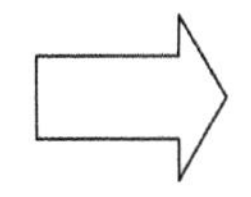

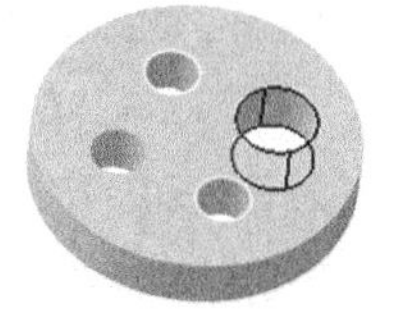

b）分解后（进行编辑后）

图 5.19.17　分解阵列

Step1. 打开文件 D:\cat2016.1\work\ch05.19.06\explode_pattern.CATPart。

Step2. 选择命令。在图 5.19.18 所示的特征树中右击 圆模式.1，从弹出的快捷菜单中选择 圆模式.1 对象 → 分解... 命令（图 5.19.19），完成阵列的分解，此时特征树如图 5.19.20 所示。

Step3. 修改特征。在图 5.19.20 所示的特征树中双击 草图.4，进入草绘工作台，将圆的尺寸约束修改为 30.0，单击 按钮，完成特征的修改。

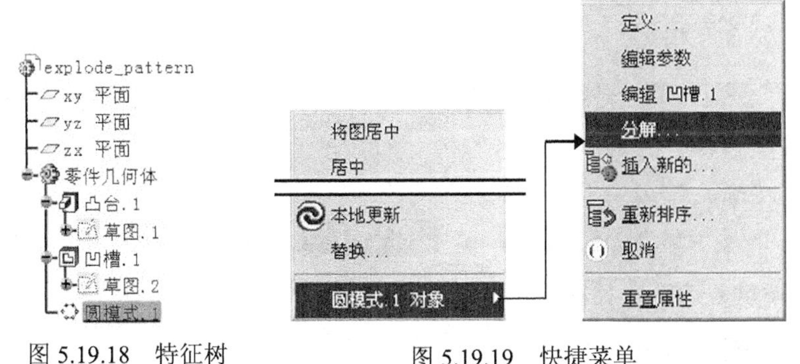

图 5.19.18　特征树　　图 5.19.19　快捷菜单

凸台.1
草图.1
凹槽.1
草图.2
凹槽.2
草图.3
凹槽.3
草图.4
凹槽.4
草图.5

图 5.19.20　特征树

5.20 肋 特 征

5.20.1 肋特征简述

如图 5.20.1 所示，肋（Sweep）特征是将一个轮廓沿着给定的中心曲线“扫掠”而生成的，所以也可以称之为“扫掠”特征。要创建或重新定义一个肋特征，必须给定两个要素，即中心曲线和轮廓。

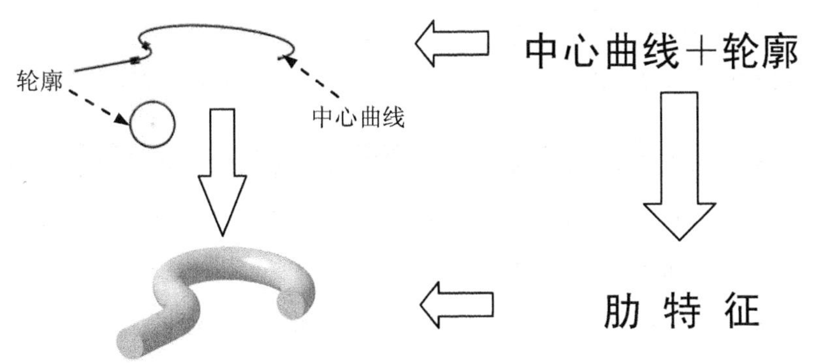

图 5.20.1　肋特征

5.20.2 肋特征创建的一般过程

下面以图 5.20.1 为例，说明创建肋特征的一般过程。

Step1. 新建文件。新建一个零件文件，命名为 sweep。

Step2. 定义肋特征的中心曲线。

（1）选择草图平面。选择下拉菜单 插入 → 草图编辑器 ▸ → 草图 命令，选择 yz 平面为草图平面，进入草绘工作台。

（2）绘制中心曲线的截面草图，如图 5.20.2 所示。

① 草绘肋特征的中心曲线。

② 按图中的要求，建立几何约束和尺寸约束，修改并整理尺寸。

（3）单击“工作台”工具栏中的按钮，退出草绘工作台。

创建中心曲线时应注意下面几点，否则肋特征可能生成失败。

- 中心曲线轨迹不能自身相交。
- 相对于轮廓截面的大小，中心曲线的弧或样条半径不能太小，否则肋特征在经过该弧时会由于自身相交而出现特征生成失败。

Step3. 定义肋特征的轮廓。

（1）选择草图平面。选择下拉菜单 插入 → 草图编辑器 ▸ → 草图 命令，选择 ZX 平面为草图平面，系统进入草绘工作台。

（2）绘制轮廓的截面草图，如图 5.20.3 所示。

① 草绘肋特征的轮廓。

② 按图中的要求，建立几何约束和尺寸约束，修改并整理尺寸。

（3）单击“工作台”工具栏中的按钮，完成截面轮廓的绘制。

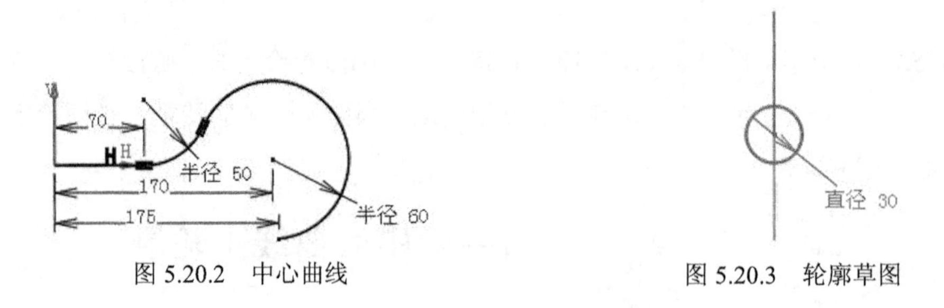

图 5.20.2 中心曲线　　图 5.20.3 轮廓草图

Step4. 选取命令。选择下拉菜单 插入 → 基于草图的特征 ▸ → 肋... 命令（或单击“基于草图的特征”工具栏中的按钮），系统弹出图 5.20.4 所示的“定义肋”对话框。

Step5. 选择中心曲线和轮廓线。单击以激活 轮廓 后的文本框，选取图 5.20.3 所示的草图为轮廓；单击以激活 中心曲线 后的文本框，选取图 5.20.2 所示的草图为中心曲线。

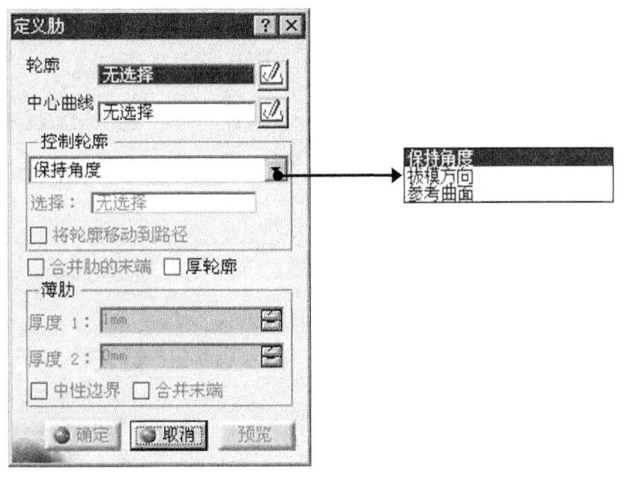

图 5.20.4 “定义肋”对话框

Step6. 在“定义肋”对话框轮廓控制区域的下拉列表中选择保持角度选项，单击对话框中的确定按钮，完成肋特征的定义。

说明：在“定义肋”对话框中选择厚轮廓选项，在薄肋区域的厚度 2：文本框中输入厚度值 5.0，如图 5.20.5 所示，然后单击对话框中的确定按钮，模型将变为图 5.20.6 所示的薄壁特征。

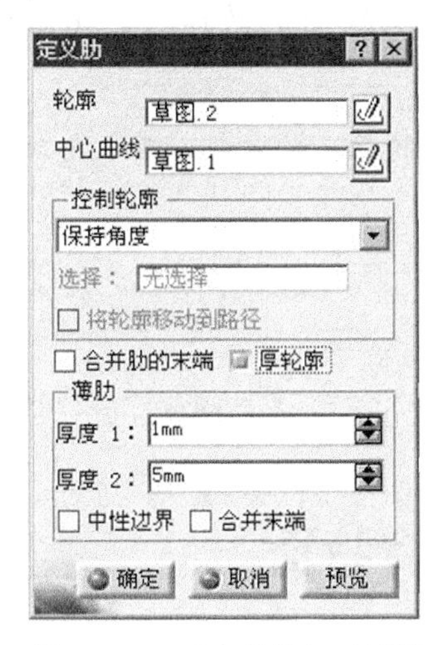

图 5.20.5 “定义肋”对话框

图 5.20.6 薄壁特征

5.21 开槽特征

如图 5.21.1 所示，开槽（Slot）特征实际上与肋特征的性质相同，也是将一个轮廓沿着给定的中心曲线“扫掠”而成，二者的区别在于肋特征的功能是生成实体（加材料特征），而开槽特征则是用于切除实体（去材料特征）。

下面以图 5.21.1 为例，说明创建开槽特征的一般过程。

Step1. 打开文件 D:\cat2016.1\work\ch05.21\slot.CATPart。

Step2. 选取特征命令。选择下拉菜单 插入 → 基于草图的特征 → 开槽... 命令（或单击“基于草图的特征”工具栏中的按钮），系统弹出图 5.21.2 所示的“定义开槽”对话框。

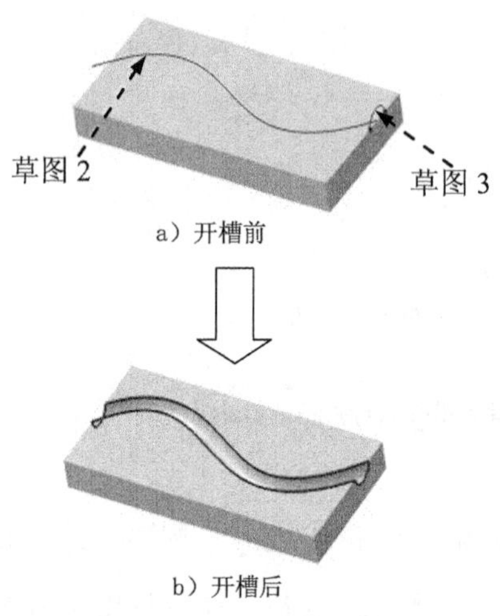

图 5.21.1 开槽特征

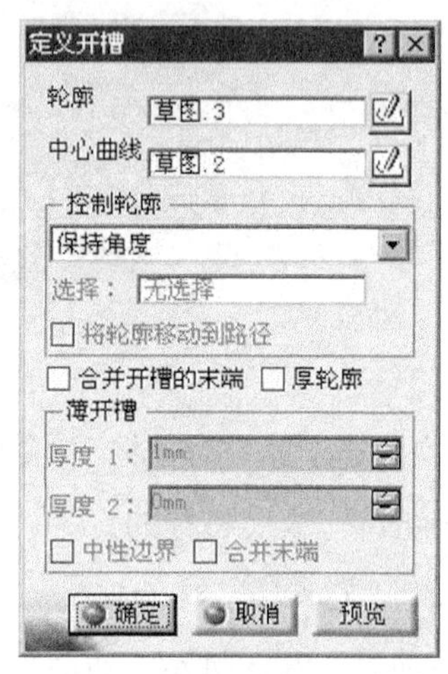

图 5.21.2 “定义开槽”对话框

Step3. 定义开槽特征的轮廓。在系统 定义轮廓。 的提示下，选择图 5.21.1a 所示的草图 3 作为开槽特征的轮廓。

说明：一般情况下，用户可以定义开槽特征的轮廓控制方式，默认在“定义开槽”对话框 控制轮廓 区域的下拉列表中选中 保持角度 选项。

Step4. 定义开槽特征的中心曲线。在系统 定义中心曲线。 的提示下，选择草图 2 作为中心曲线。

Step5. 单击“定义开槽”对话框中的 确定 按钮，完成开槽特征的创建。

5.22 实体混合特征

5.22.1 实体混合特征简述

如图 5.22.1 所示，实体混合特征就是将两个草图沿一定方向拉伸并进行求交运算所得出的实体特征，其本质是由凸台和凹槽两个特征复合而成的。

5.22.2 实体混合特征创建的一般过程

下面以图 5.22.1 所示的模型为例，说明创建混合特征的一般过程。

Step1. 新建文件。新建一个零件文件，命名为 solid_combines。

Step2. 选取命令。选择下拉菜单 插入 → 基于草图的特征 → 实体混合... 命令（或单击“基于草图的特征”工具栏中的按钮），系统弹出图 5.22.2 所示的“定义混合”对话框。

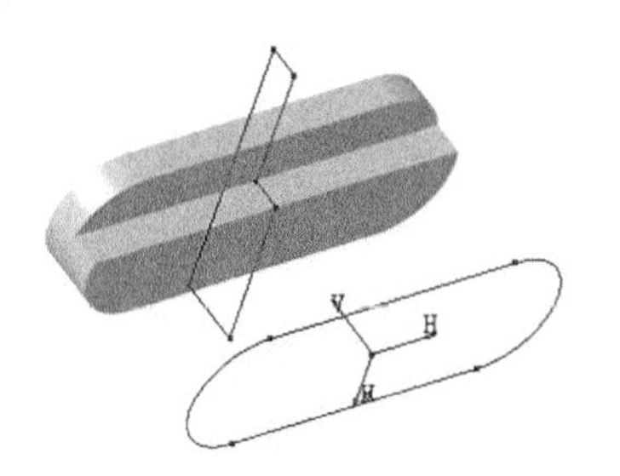

图 5.22.1 实体混合特征

图 5.22.2 “定义混合”对话框

Step3. 定义第一个轮廓的截面草图。

（1）选择草图平面。在“定义混合”对话框的 第一部件 区域中单击按钮，选择 xy 平面作为第一个轮廓的草图平面，系统进入草绘工作台。

（2）绘制第一个轮廓的截面草图，如图 5.22.3 所示。

① 绘制几何图形的大致轮廓。

② 按图中的要求，建立几何约束和尺寸约束，修改并整理尺寸。

（3）单击“工作台”工具栏中的按钮，退出草绘工作台。

Step4. 定义第二个轮廓的截面草图。

（1）选择草图平面。在“定义混合”对话框的 第二部件 区域中单击按钮，选择 yz 平面作为第二个轮廓的草图平面，系统进入草绘工作台（此时弹出“更新诊断：草图 1”对话框，单击 关闭 按钮将其关闭即可）。

（2）绘制第二个轮廓的截面草图，如图 5.22.4 所示。

（3）单击“工作台”工具栏中的按钮，退出草绘工作台。

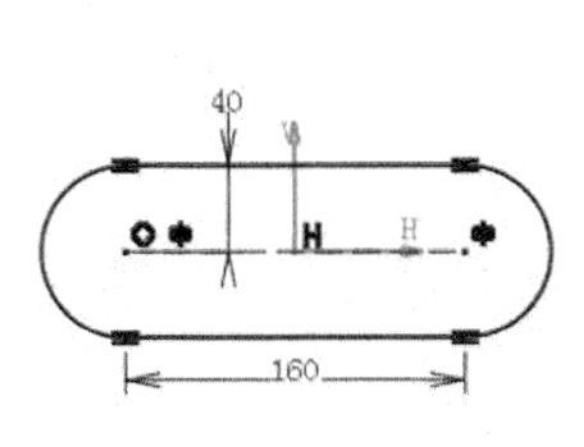

图 5.22.3 截面草图 1

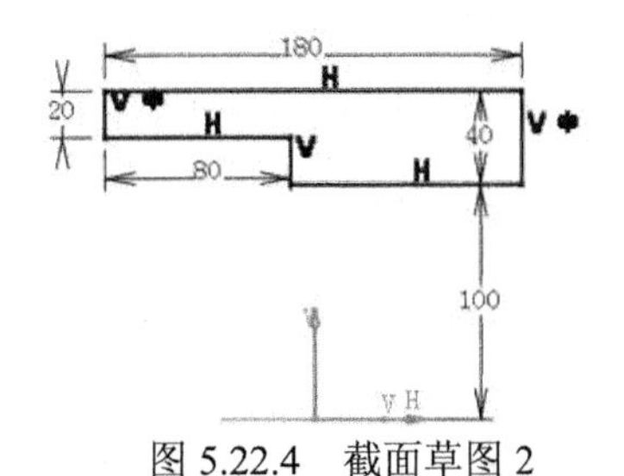

图 5.22.4 截面草图 2

Step5. 定义轮廓的拉伸方向。在对话框 第一部件 区域和 第二部件 区域分别选中 轮廓的法线 复选框。

Step6. 单击“定义混合”对话框中的 确定 按钮，完成实体混合特征的创建。

5.23 加强肋特征

如图 5.23.1 所示，加强肋特征的创建过程与凸台特征基本相似，不同的是加强肋特征的截面草图是不封闭的（图 5.23.2）。

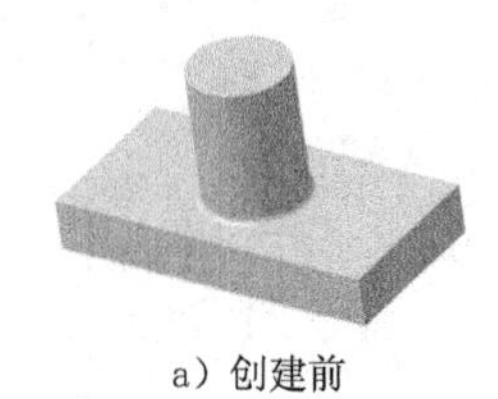

a）创建前

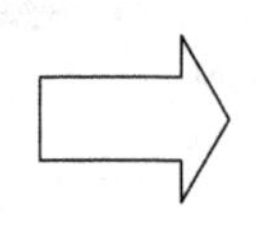

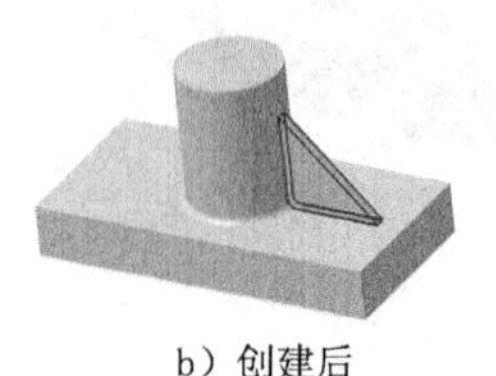

b）创建后

图 5.23.1　加强肋特征

下面以图 5.23.1 所示的模型为例，说明加强肋特征创建的一般过程。

Step1．打开文件 D:\cat2016.1\work\ch05.23\rib.CATPart。

Step2．选择命令。选择下拉菜单 插入 ➡ 基于草图的特征 ▸ ➡ 加强肋... 命令（或单击“基于草图的特征”工具栏中的按钮），系统弹出图 5.23.3 所示的“定义加强肋”对话框。

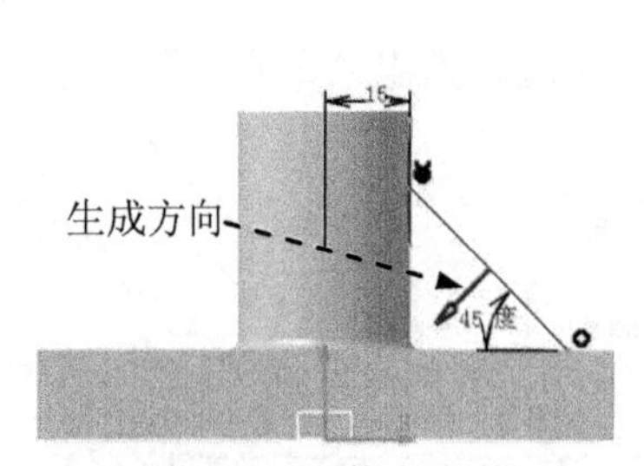

图 5.23.2　截面草图

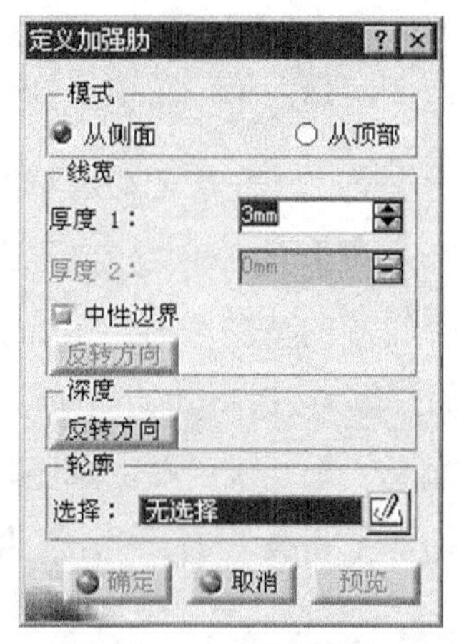

图 5.23.3　“定义加强肋”对话框

Step3．定义截面草图。

（1）选择草图平面。在“定义加强肋”对话框的 轮廓 区域单击按钮，选择 zx 平面作为草图平面，进入草绘工作台。

（2）绘制截面的几何图形（即图 5.23.2 所示的直线）。

（3）建立几何约束和尺寸约束，并将尺寸修改为设计要求的尺寸，如图 5.23.2 所示。

（4）单击“工作台”工具栏中的按钮，退出草绘工作台。

Step4．定义加强肋的参数。

（1）定义加强肋的模式。在对话框的 模式 区域选中 从侧面 单选项。

（2）定义加强肋的生成方向。图 5.23.2 所示的箭头即为加强肋的正确生成方向，若方向与之相反，可单击对话框 深度 区域的 反转方向 按钮使之反向。

（3）定义加强肋的厚度。在 厚度 区域的 厚度 1: 文本框中输入数值 3.0。

Step5. 单击对话框中的 确定 按钮，完成加强肋的创建。

说明：

- 定义加强肋的生成方向时，若未指示正确的方向，预览时系统将弹出图 5.23.4 所示的"特征定义错误"对话框，此时需将生成方向重新定义。
- 加强肋的模式 从顶部 表示输入的厚度沿草图平面的法向生成。

图 5.23.4 "特征定义错误"对话框

5.24 多截面实体特征

5.24.1 多截面实体特征简述

将一组不同的截面沿其边线用过渡曲面连接形成一个连续的特征，就是多截面实体特征。多截面实体特征至少需要两个截面。图 5.24.1 所示的多截面实体特征是由三个截面混合而成的。

注意：这三个截面是在不同的草图平面上绘制的。

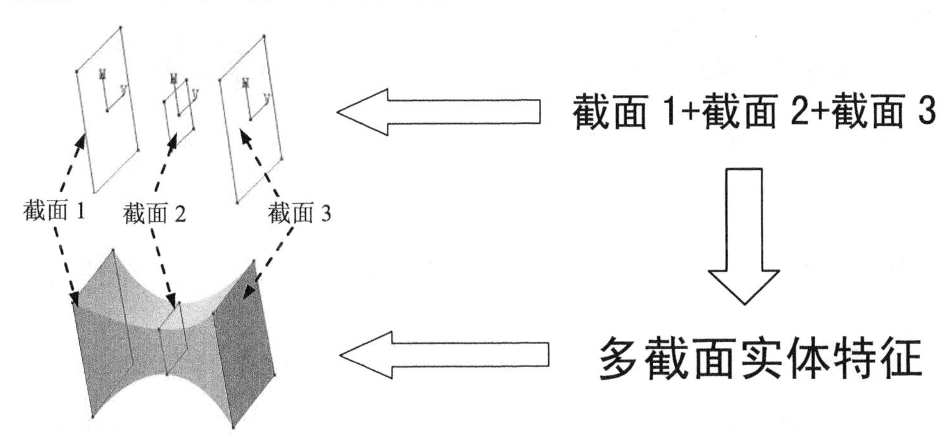

图 5.24.1 多截面实体特征

5.24.2 多截面实体特征创建的一般过程

Step1. 打开文件 D:\cat2016.1\work\ch05.24\loft.CATPart。

Step2. 选取命令。选择下拉菜单 插入 → 基于草图的特征 → 多截面实体... 命令（或单击“基于草图的特征”工具栏中的按钮），系统弹出图 5.24.2 所示的“多截面实体定义”对话框。

Step3. 选择截面轮廓。在系统选择曲线提示下，分别选择草图 1、草图 2 和草图 3 作为多截面实体特征的截面轮廓，闭合点和闭合方向如图 5.24.3 所示。

注意： 多截面实体，实际上是利用截面轮廓以渐变的方式生成的，因此在选择的时候要注意截面轮廓的先后顺序，否则实体无法正确生成。

Step4. 选择引导线。本例中未使用引导线。

Step5. 选择连接方式。在对话框中单击 耦合 选项卡，在 截面耦合： 下拉列表中选择 相切然后曲率 选项。

Step6. 单击“多截面实体定义”对话框中的 确定 按钮，完成多截面实体特征的创建。

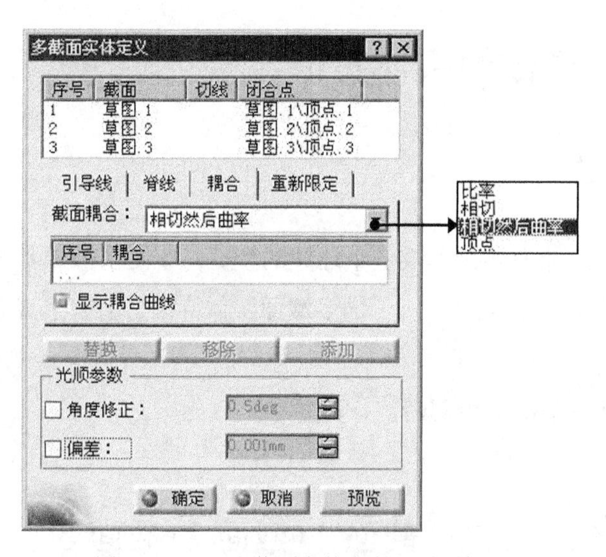

图 5.24.2 “多截面实体定义”对话框

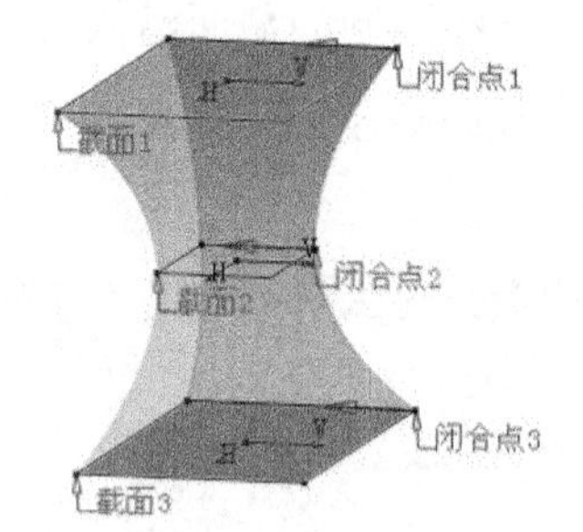

图 5.24.3 选择截面轮廓

说明：

- 耦合 选项卡的 截面耦合： 下拉列表中有四个选项，分别代表四种不同的图形连接方式。
  - ☑ 比率方式：将截面轮廓以比例方式连接，其具体操作方法是先将两个截面间的轮廓线沿闭合点的方向等分，再将等分线段依次连接，这种连接方式通常用在不同几何图形的连接上，如圆和四边形的连接。

- ☑ 相切方式：将截面轮廓上的斜率不连续点（即截面的非光滑过渡点）作为连接点，此时，各截面轮廓的顶点数必须相同。
- ☑ 相切然后曲率方式：将截面轮廓上的相切连续而曲率不连续点作为连接点，此时，各截面轮廓的顶点数必须相同。
- ☑ 顶点方式：将截面轮廓的所有顶点作为连接点，此时，各截面轮廓的顶点数必须相同。

- 多截面实体特征的截面轮廓一般使用闭合轮廓，每个截面轮廓都应有一个闭合点和闭合方向，各截面的闭合点和闭合方向都应处于相对应的位置，否则会发生扭曲（图 5.24.4）或生成失败。
- 闭合点和闭合方向均可修改。修改闭合点的方法：在闭合点图标处右击，从弹出的快捷菜单中选择替换命令，然后在正确的闭合点位置单击，即可修改闭合点。修改闭合方向的方法：在表示闭合方向的箭头上单击，即可使之反向。
- 多截面实体特征可以指定脊线或者引导线来完成（若用户没有指定，系统采用默认的脊线引导实体生成），它的生成实际上也是截面轮廓沿脊线或者引导线的“扫掠”过程，图 5.24.5 所示即选定了脊线所生成的多截面实体特征。

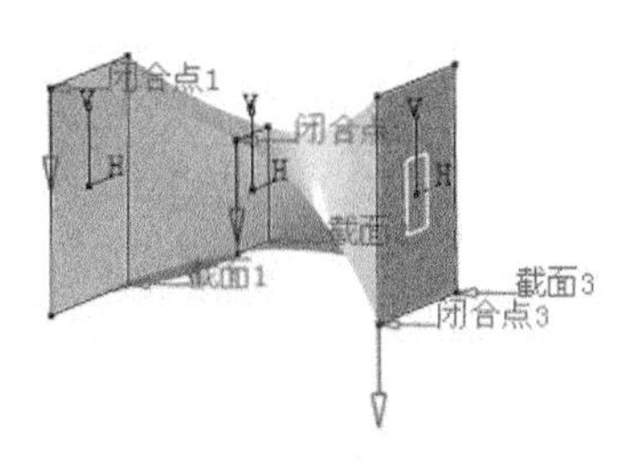

图 5.24.4 选择截面轮廓

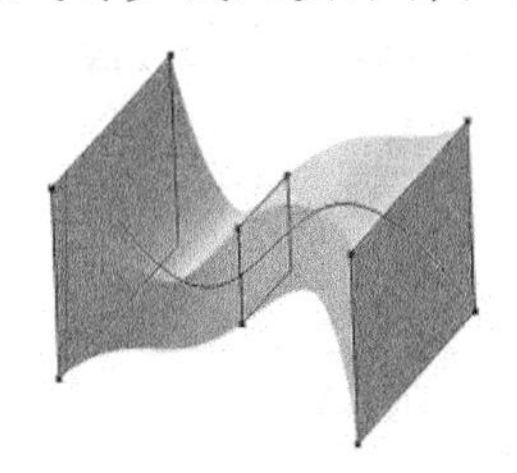

图 5.24.5 多截面实体特征

5.25 已移除的多截面实体

已移除的多截面实体特征（图 5.25.1）实际上是多截面特征的相反操作，即多截面特征是截面轮廓沿脊线扫掠形成实体，而已移除的多截面实体特征则是截面轮廓沿脊线扫掠除去实体，其一般操作过程如下。

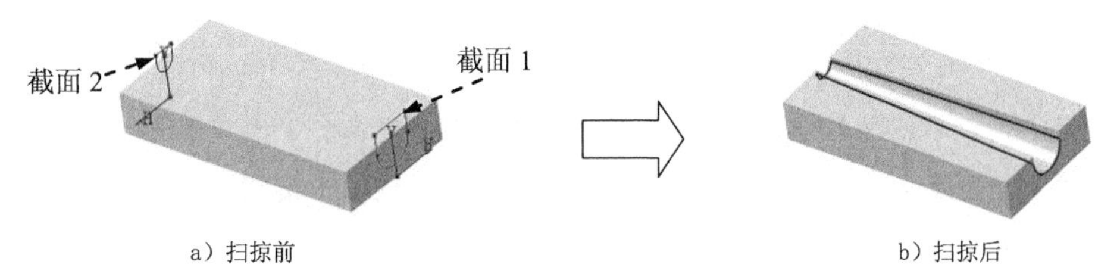

a）扫掠前　　b）扫掠后

图 5.25.1 已移除的多截面实体特征

Step1. 打开文件 D:\cat2016.1\work\ch05.25\remove_lofted_material.CATPart。

Step2. 选取命令。选择下拉菜单 插入 → 基于草图的特征 → 已移除的多截面实体... 命令（或单击“基于草图的特征”工具栏中的按钮），系统弹出图 5.25.2 所示的“已移除多截面实体定义”对话框。

Step3. 选择截面轮廓。在系统选择曲线提示下，分别选择草图 2 和草图 3 作为已移除的多截面实体特征的截面轮廓，截面轮廓的闭合点和闭合方向如图 5.25.3 所示。

注意：各截面的闭合点和闭合方向都应处于正确的位置，若需修改闭合点或闭合方向，参见 5.24.2 节的说明。

Step4. 选择引导线。本例中使用系统默认的引导线。

Step5. 选择连接方式。在对话框中单击 耦合 选项卡，在 截面耦合： 下拉列表中选择 相切然后曲率 选项。

Step6. 单击“已移除多截面实体定义”对话框中的 确定 按钮，完成已移除多截面实体特征的创建。

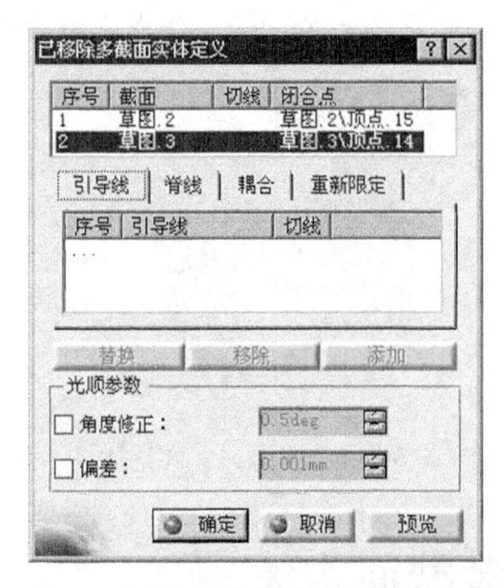

图 5.25.2 “已移除多截面实体定义”对话框

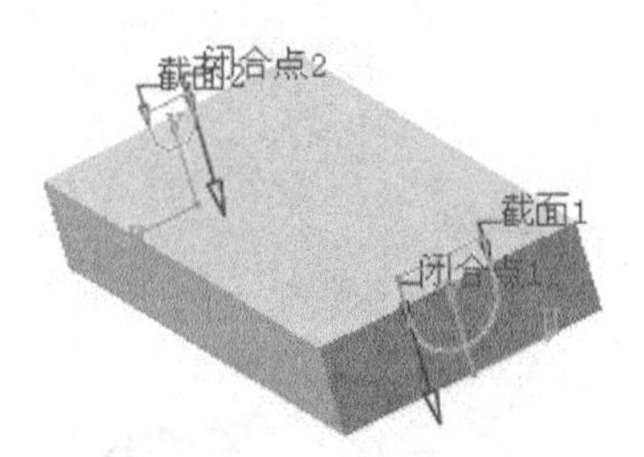

图 5.25.3 选择截面轮廓

5.26 实体零件设计范例

5.26.1 范例 1

范例概述

本范例是滑动轴承基座的设计，主要运用了凸台、凹槽、孔和倒圆角等特征创建命令。需要注意在选取草图平面、凹槽的切削方向及倒圆角顺序等过程中用到的技巧和注意事项。零件实体模型及相应的特征树如图 5.26.1 所示。

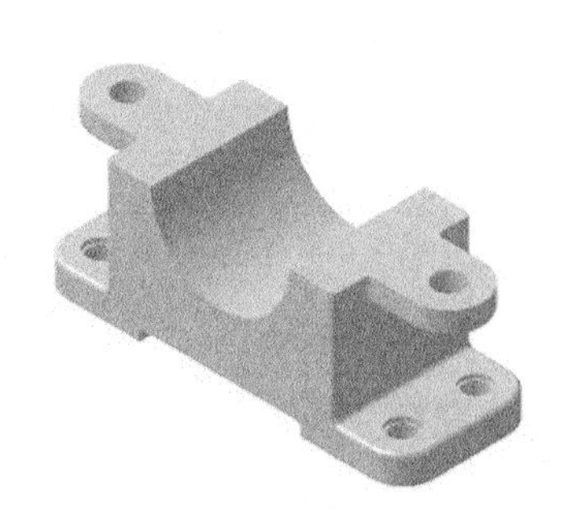

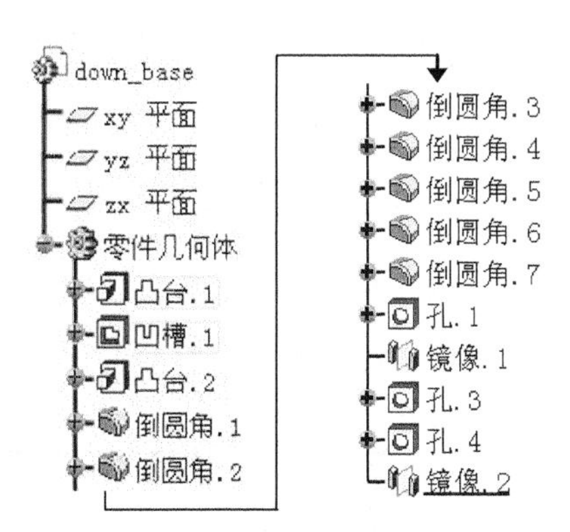

图 5.26.1 基座模型和特征树

Step1. 新建模型文件。选择下拉菜单 开始 → 机械设计 → 零件设计 命令，在系统弹出的“新建零件”对话框中输入名称 down_base，选中 启用混合设计 复选框，单击 确定 按钮，进入零件设计工作台。

Step2. 添加图 5.26.2a 所示的零件基础特征——凸台 1。

（1）选择命令。选择下拉菜单 插入 → 基于草图的特征 → 凸台... 命令（或单击按钮），系统弹出“定义凸台”对话框。

（2）定义凸台类型。创建系统默认的实体类型（以后未加注明，均为实体类型）。

（3）创建截面草图。

① 定义草图平面。在“定义凸台”对话框中单击按钮，选取 yz 平面作为草图平面。

② 绘制截面草图。在草绘工作台中绘制图 5.26.2b 所示的截面草图。

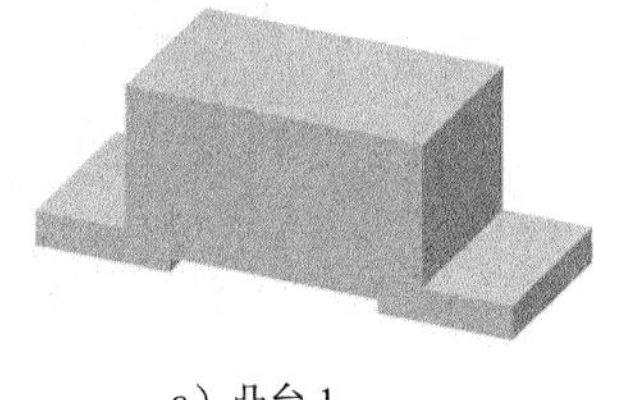

a）凸台 1

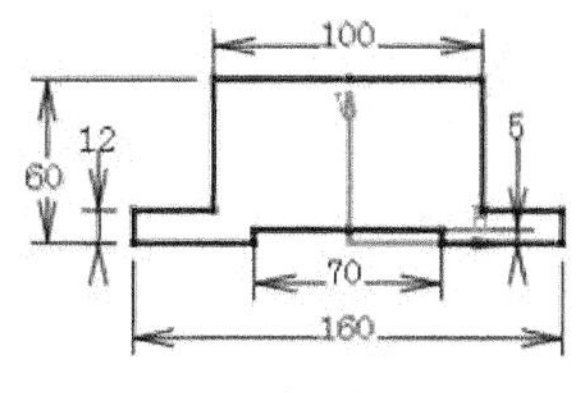

b）截面草图

图 5.26.2 添加基础特征凸台 1

说明：为了清楚表现草图，图 5.26.2b 中的几何约束（对称、水平和垂直等）均被隐藏。

③ 单击“工作台”工具栏中的按钮，退出草绘工作台。

（4）定义凸台的拉伸方向。退出草绘工作台后，接受系统默认的拉伸方向（截面法向），即进行凸台的法向拉伸（以后未加注明，均为法向拉伸）。

（5）定义拉伸深度属性，如图 5.26.3 所示。

① 定义深度方向。采用系统默认的深度方向（以后未加注明，均为默认的深度方向）。

② 定义深度类型。在 第一限制 与 第二限制 区域的 类型： 下拉列表中均选择 尺寸 选项。

③ 定义深度值。在 第一限制 与 第二限制 区域的 长度： 文本框中均输入值 30。

（6）完成特征的创建。单击确定按钮，完成凸台 1 的创建。

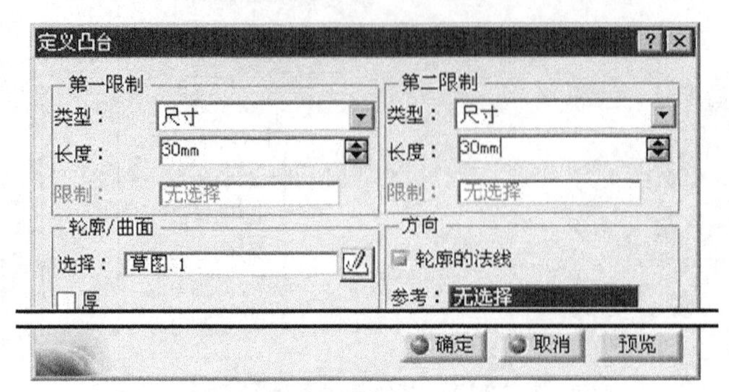

图 5.26.3 “定义凸台”对话框

Step3. 添加图 5.26.4a 所示的零件特征——凹槽 1。

（1）选择命令。选择下拉菜单 插入 → 基于草图的特征 → 凹槽... 命令（或单击按钮），系统弹出“定义凹槽”对话框。

（2）创建截面草图。

① 定义草图平面。在“定义凹槽”对话框中单击按钮，选取图 5.26.5 所示的模型表面为草图平面。

② 绘制截面草图。在草绘工作台中绘制图 5.26.4b 所示的截面草图。

③ 单击“工作台”工具栏中的按钮，退出草绘工作台。

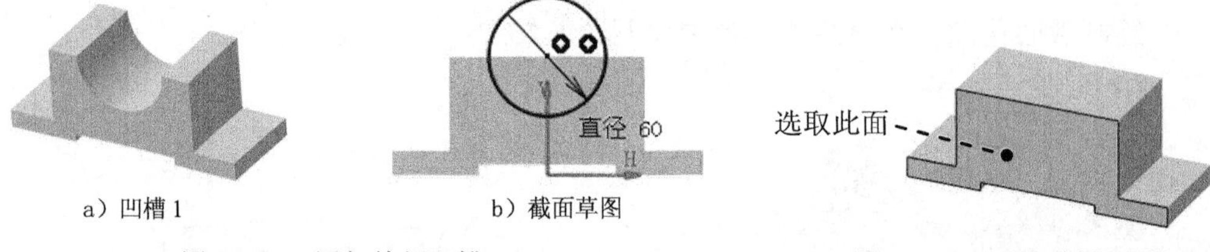

a）凹槽 1　　b）截面草图

图 5.26.4 添加特征凹槽 1　　图 5.26.5 选取草图平面

（3）定义凹槽深度属性。采用系统默认的剪切方向，在“定义凹槽”对话框的 类型： 下拉列表中选择 直到最后 选项。

（4）单击 确定 按钮，完成凹槽 1 的创建。

Step4. 添加图 5.26.6a 所示的零件特征——凸台 2。

（1）选择命令。选择下拉菜单 插入 → 基于草图的特征 → 凸台... 命令（或单击按钮），系统弹出“定义凸台”对话框。

（2）创建截面草图。

① 定义草图平面。在“定义凸台”对话框中单击按钮，选取图 5.26.7 所示的模型表面为草图平面。

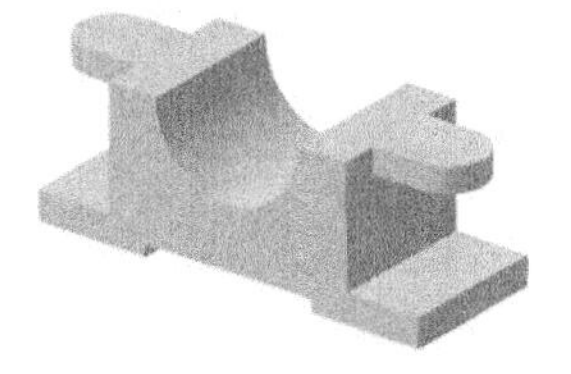

a）凸台 2

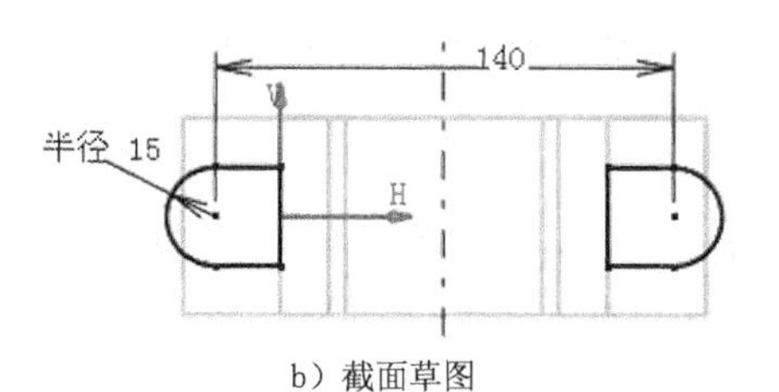

b）截面草图

图 5.26.6　添加基础特征凸台 2

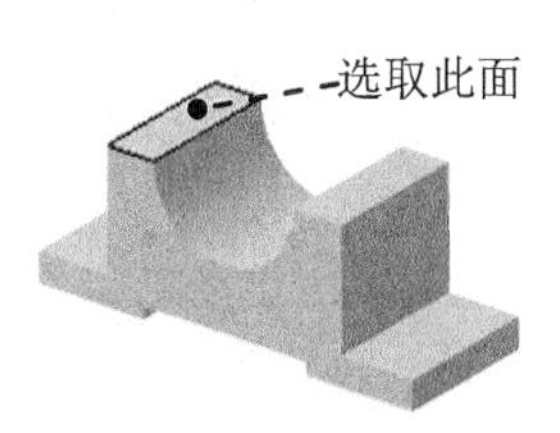

图 5.26.7　选取草绘面

② 绘制截面草图。在草绘工作台中绘制图 5.26.6b 所示的截面草图。

③ 单击“工作台”工具栏中的按钮，退出草绘工作台。

说明：单击 预览 按钮，观察凸台的方向是否与图 5.26.6 相同，如果相反，单击 反转方向 按钮。

（3）定义深度属性。采用默认的深度方向，在 类型: 下拉列表中选择 尺寸 选项，在 长度: 文本框中输入值 10。

（4）单击 确定 按钮，完成凸台 2 的创建。

Step5. 添加图 5.26.8b 所示的倒圆角 1。

（1）选择命令。选择下拉菜单 插入 → 修饰特征 → 倒圆角... 命令，系统弹出“倒圆角定义”对话框。

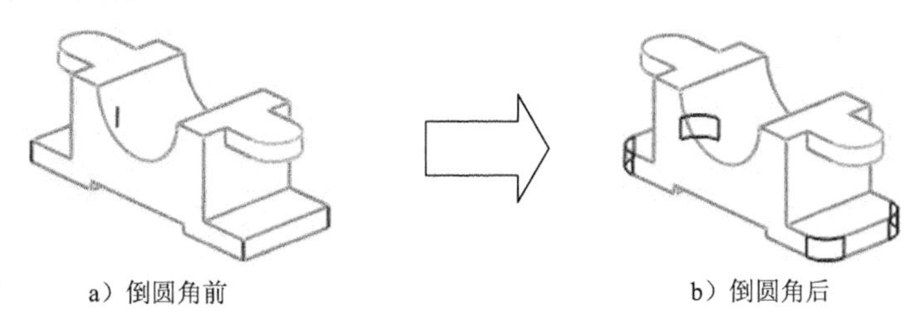

a）倒圆角前　　b）倒圆角后

图 5.26.8　创建倒圆角 1

（2）定义倒圆角的对象。在对话框的 传播: 下拉列表中选择 最小 选项，选取图 5.26.8a 所示的边为倒圆角的对象。

（3）输入倒圆角半径。在对话框的 半径: 文本框中输入值 14。

（4）单击“倒圆角定义”对话框中的 确定 按钮，完成倒圆角 1 的创建。

Step6. 添加图 5.26.9b 所示的倒圆角 2，倒圆角的对象为图 5.26.9a 所示的边，倒圆角半径值为 2.0。

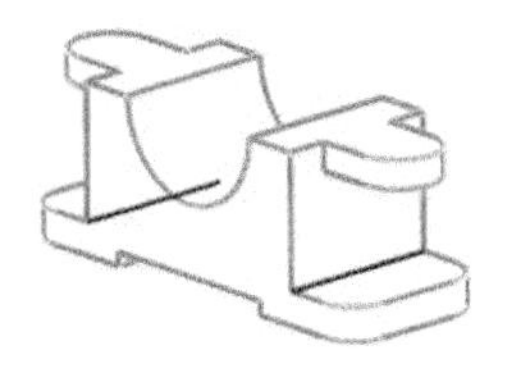

a）倒圆角前

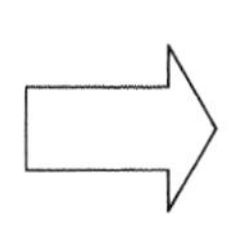

b）倒圆角后

图 5.26.9　创建倒圆角 2

Step7. 添加图 5.26.10b 所示的倒圆角 3，倒圆角的对象为图 5.26.10a 所示的边，倒圆角半径值为 2.0。

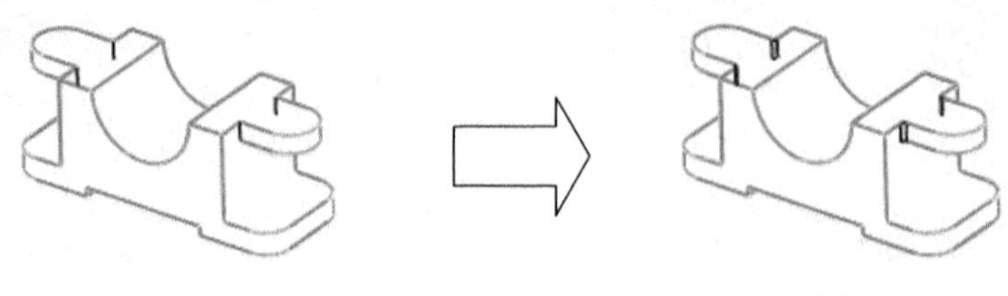
a）倒圆角前　　b）倒圆角后

图 5.26.10　创建倒圆角 3

Step8. 添加图 5.26.11b 所示的倒圆角 4，倒圆角的对象为图 5.26.11a 所示的边，倒圆角半径值为 2.0。

Step9. 添加图 5.26.12b 所示的倒圆角 5，倒圆角的对象为图 5.26.12a 所示的边，倒圆角半径值为 2.0。

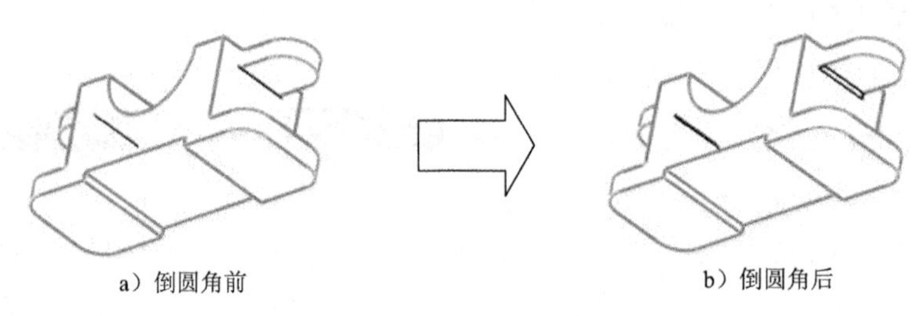
a）倒圆角前　　b）倒圆角后

图 5.26.11　创建倒圆角 4

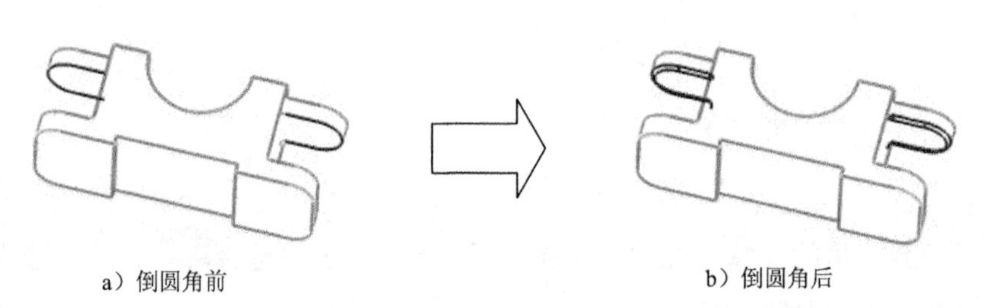
a）倒圆角前　　b）倒圆角后

图 5.26.12　创建倒圆角 5

Step10. 添加图 5.26.13b 所示的倒圆角 6，倒圆角的对象为图 5.26.13a 所示的边，倒圆角半径值为 2.0。

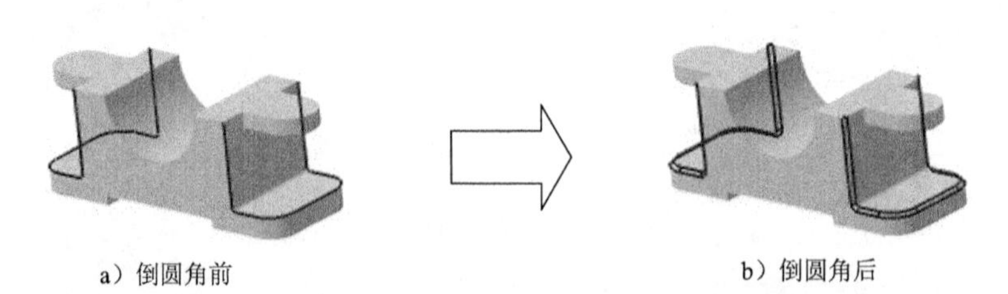
a）倒圆角前　　b）倒圆角后

图 5.26.13　创建倒圆角 6

Step11. 添加图 5.26.14b 所示的倒圆角 7，倒圆角的对象为图 5.26.14a 所示的边，倒圆角半径值为 2.0。

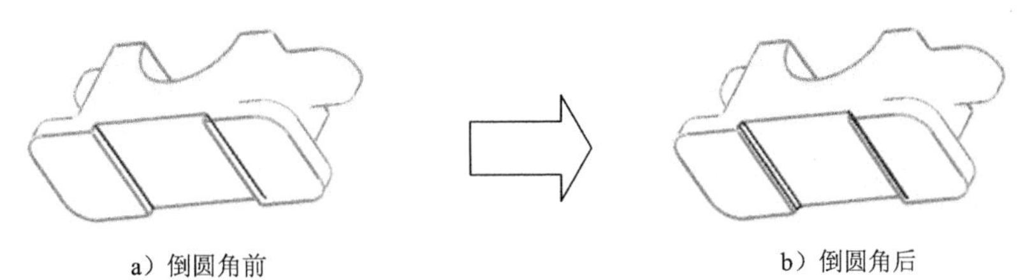

a）倒圆角前　　b）倒圆角后

图 5.26.14　创建倒圆角 7

Step12. 添加图 5.26.15a 所示的零件特征——孔 1。

（1）选择命令。选择下拉菜单 插入 ➡ 基于草图的特征 ▸ ➡ 孔... 命令。

（2）定义孔的放置面。选取图 5.26.16 所示的模型表面为孔的放置面，系统弹出“定义孔”对话框。

（3）定义孔的位置。

① 在“定义孔”对话框中单击按钮，进入草绘工作台。

② 在草绘工作台中约束孔的中心线与边线（图 5.26.15b）同心。

③ 单击“工作台”工具栏中的按钮，退出草绘工作台。

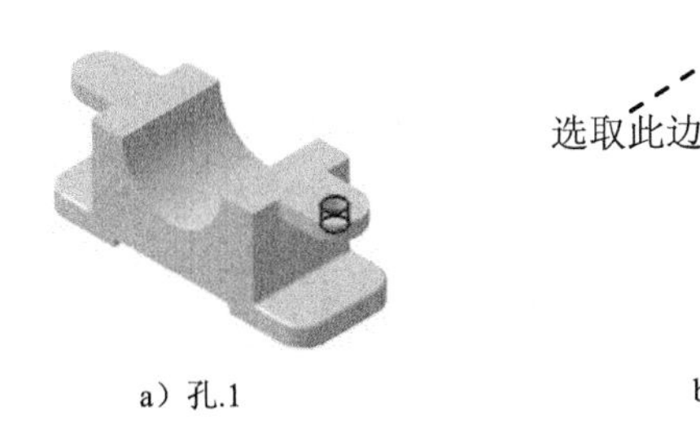

a）孔.1　　b）定位草绘

图 5.26.15　添加孔 1　　图 5.26.16　选取孔的放置面

（4）定义孔的参数。在“定义孔”对话框中设置图 5.26.17 所示的参数。

（5）单击 确定 按钮，完成孔 1 的创建。

Step13. 添加图 5.26.18 所示的镜像 1。

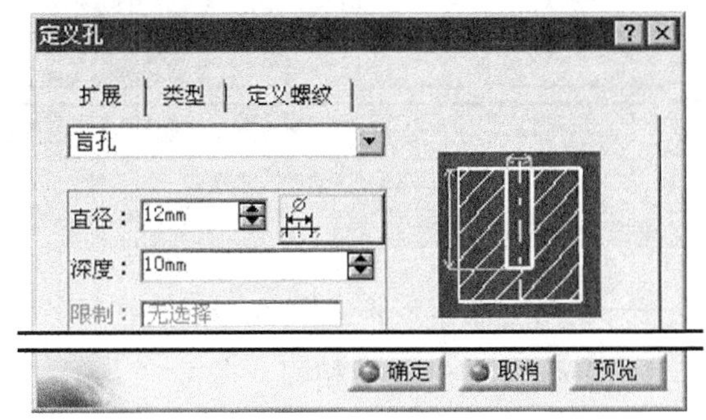

图 5.26.17　“定义孔”对话框

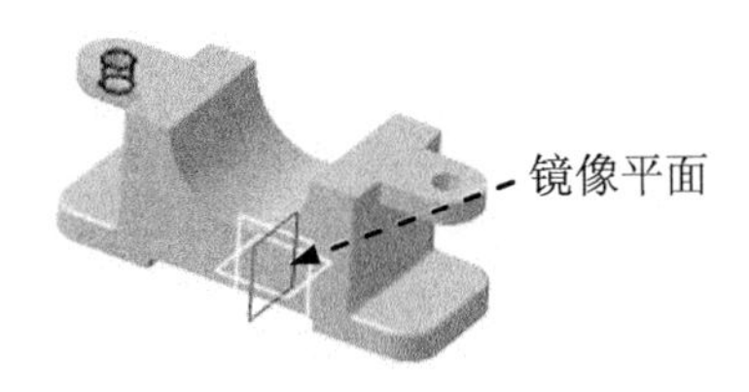

图 5.26.18　添加镜像 1

（1）定义镜像对象。在特征树上选取孔.1。

（2）选择命令。选择下拉菜单插入 → 变换特征 → 镜像...命令，弹出“定义镜像”对话框。

（3）定义镜像平面。选择 zx 平面为镜像平面。

（4）单击确定按钮，完成镜像 1 的创建。

Step14. 添加图 5.26.19a 所示的零件特征——孔 3。

（1）选择命令。选择下拉菜单插入 → 基于草图的特征 → 孔...命令。

（2）定义孔的放置面。选取图 5.26.20 所示的模型表面为孔的放置面，系统弹出“定义孔”对话框。

（3）定义孔的位置。

① 在“定义孔”对话框中单击按钮，进入草绘工作台。

② 在草绘工作台中约束孔的中心线与左侧圆角边线（图 5.26.19b）同心。

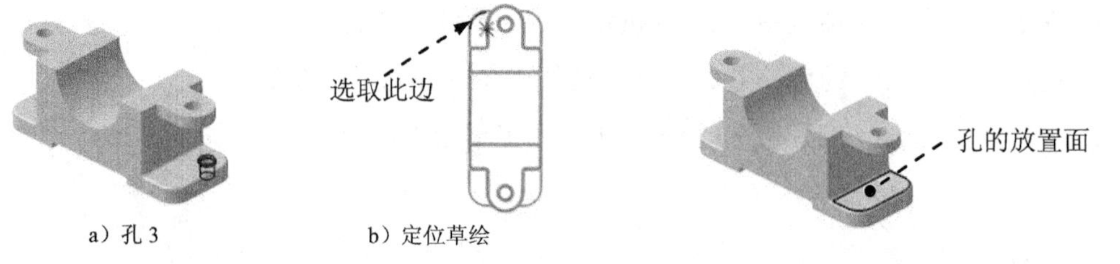

a）孔 3　　b）定位草绘

图 5.26.19　添加孔 3

图 5.26.20　选取孔的放置面

③ 单击“工作台”工具栏中的按钮，退出草绘工作台。

（4）定义孔的参数。在“定义孔”对话框中设置图 5.26.21 所示的参数。

（5）单击确定按钮，完成孔 3 的创建。

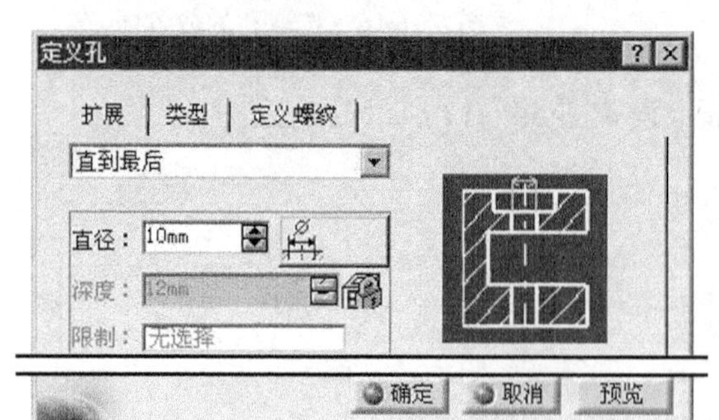

a）“扩展”选项卡

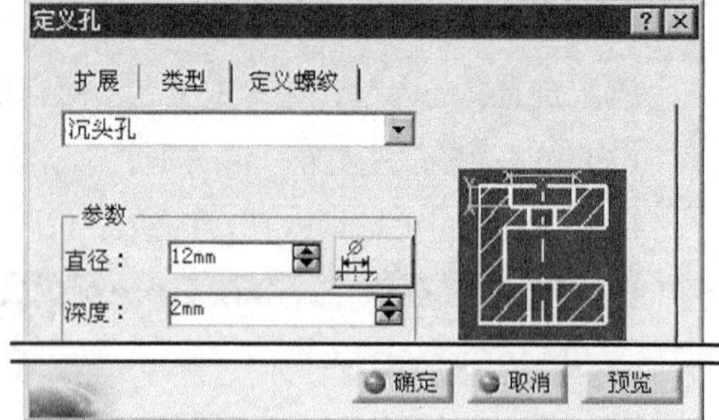

b）“类型”选项卡

图 5.26.21　“定义孔”对话框设置

Step15. 添加图 5.26.22 所示的零件特征——孔 4，操作步骤参照 Step14。在草绘工作台中约束孔的中心线与右侧圆角边线同心，其余参数与 Step14 中相同。

Step16. 添加图 5.26.23 所示的镜像 2。

图 5.26.22 添加孔 4

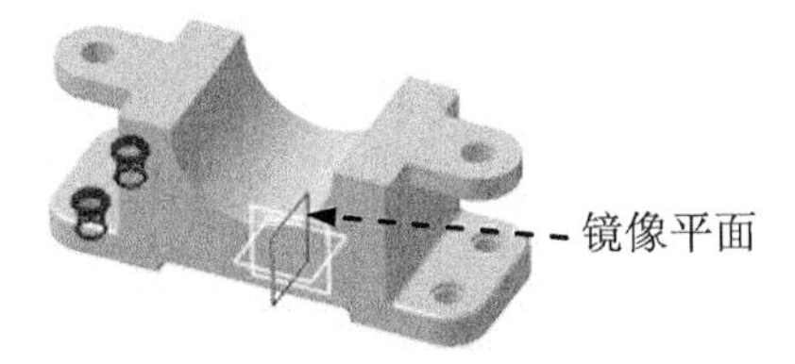

图 5.26.23 添加镜像 2

（1）确定镜像对象。按住 Ctrl 键，在特征树上分别选取孔.3与孔.4。

（2）选择命令。选择下拉菜单插入 ➞ 变换特征 ➞ 镜像...命令，弹出“定义镜像”对话框。

（3）定义镜像平面。选择 zx 平面为镜像平面。

（4）单击确定按钮，完成镜像 2 的创建。

Step17. 至此，滑动轴承基座的零件模型创建完毕。

5.26.2 范例 2

范例概述

本范例是一个基座的设计，主要运用了凸台、凹槽、孔和倒圆角等特征创建命令。需要注意在选取草图平面、凹槽的切削方向和倒圆角顺序等过程中用到的技巧和注意事项。零件实体模型及相应的特征树如图 5.26.24 所示。

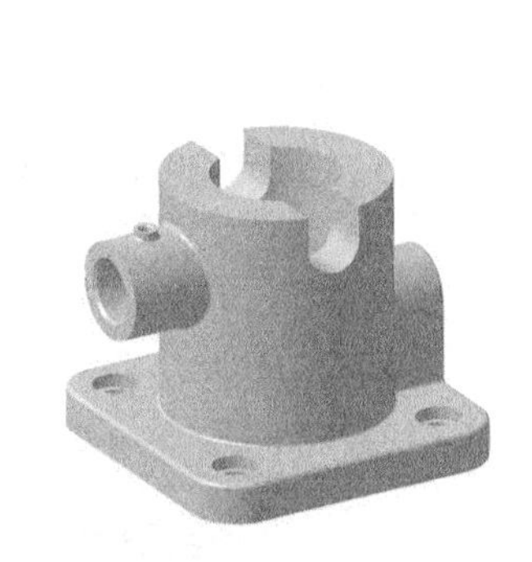

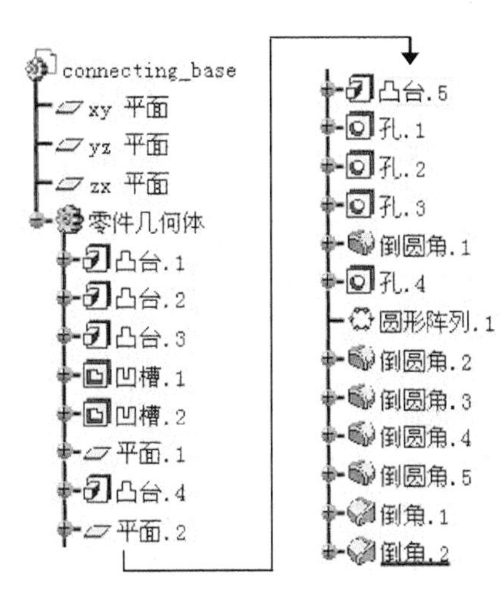

图 5.26.24 模型和特征树

Step1. 新建模型文件。选择下拉菜单开始 ➞ 机械设计 ➞ 零件设计命令，在弹出的“新建零件”对话框中输入名称 connecting_base，选取启用混合设计复选项，单击确定按钮，进入“零件设计”工作台。

Step2. 创建图 5.26.25a 所示的零件基础特征——凸台 1。

（1）选择命令。选择下拉菜单 插入 → 基于草图的特征 → 凸台... 命令（或单击按钮），系统弹出“定义凸台”对话框。

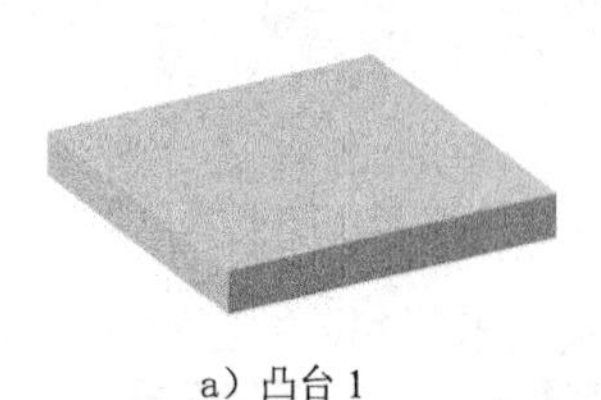

a）凸台 1

b）截面草图

图 5.26.25　添加基础特征凸台 1

（2）创建截面草图。

① 定义草图平面。在“定义凸台”对话框中单击按钮，选取 xy 平面作为草图平面。

② 绘制截面草图。在草绘工作台中绘制图 5.26.25b 所示的截面草图。

③ 单击“工作台”工具栏中的按钮，退出草绘工作台。

（3）定义深度属性。

① 定义深度方向。采用系统默认的方向。

② 定义深度类型。在“定义凸台”对话框的 类型： 下拉列表中选择 尺寸 选项。

③ 定义深度值。在“定义凸台”对话框的 长度： 文本框中输入数值 25.0。

（4）单击 确定 按钮，完成凸台 1 的创建。

Step3. 创建图 5.26.26a 所示的零件基础特征——凸台 2。

（1）选择命令。选择下拉菜单 插入 → 基于草图的特征 → 凸台... 命令（或单击按钮），系统弹出“定义凸台”对话框。

（2）创建图 5.26.26b 所示的截面草图。

① 定义草图平面。单击按钮，选取图 5.26.27 所示的模型表面为草图平面。

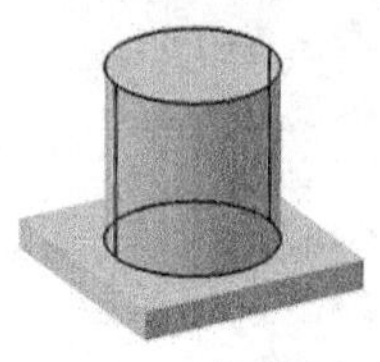

a）凸台 2

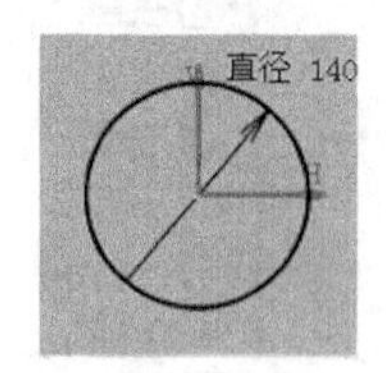

b）截面草图

图 5.26.26　添加特征凸台 2

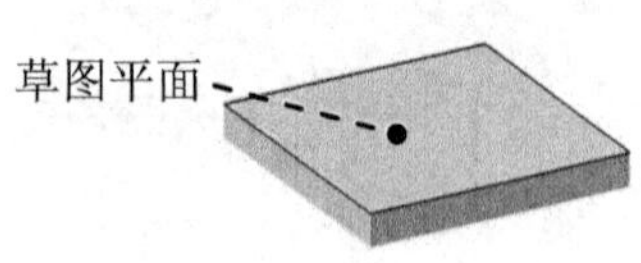

图 5.26.27　选取草图平面

② 绘制截面草图。在草绘工作台中绘制图 5.26.26b 所示的截面草图。

③ 单击“工作台”工具栏中的按钮，退出草绘工作台。

（3）定义深度属性。

① 定义拉伸方向。采用系统默认的方向。

② 定义拉伸类型。在“定义凸台”对话框的类型：下拉列表中选择尺寸选项。

③ 输入深度值。在“定义凸台”对话框的长度：文本框中输入数值 145.0。

（4）单击 确定 按钮，完成凸台 2 的创建。

Step4. 创建图 5.26.28a 所示的零件基础特征——凸台 3。

（1）选择命令。选择下拉菜单 插入 → 基于草图的特征 → 凸台... 命令（或单击按钮），系统弹出“定义凸台”对话框。

（2）创建图 5.26.28b 所示的截面草图。

① 定义草图平面。单击按钮，选取图 5.26.29 所示的模型表面为草图平面。

② 绘制截面草图。在草绘工作台中绘制图 5.26.28b 所示的截面草图。

③ 单击“工作台”工具栏中的按钮，退出草绘工作台。

（3）定义深度属性。

① 定义拉伸方向。采用系统默认的方向。

② 定义拉伸类型。在“定义凸台”对话框的类型：下拉列表中选择直到曲面选项。

③ 定义深度值。在“定义凸台”对话框的限制：区域选择图 5.26.29 所示的圆柱面。

（4）单击 确定 按钮，完成凸台 3 的创建。

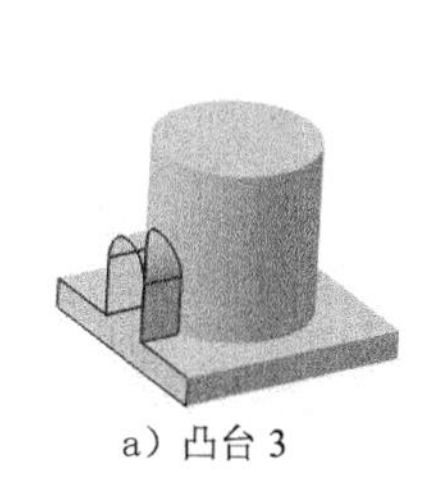
a）凸台 3

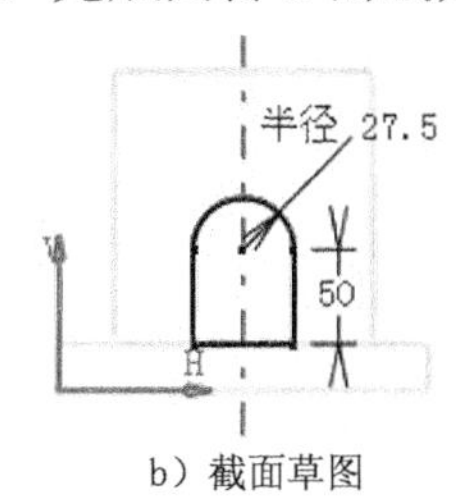

b）截面草图

图 5.26.28 添加特征凸台 3

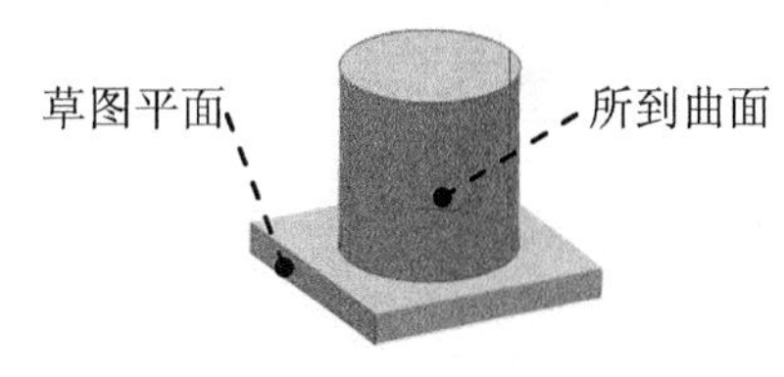

图 5.26.29 选取草图平面及其所到曲面

Step5. 添加图 5.26.30a 所示的零件特征——凹槽 1。

（1）选择命令。选择下拉菜单 插入 → 基于草图的特征 → 凹槽... 命令（或单击按钮），系统弹出“定义凹槽”对话框。

（2）创建图 5.26.30b 所示的截面草图。

① 定义草图平面。在“定义凹槽”对话框中单击按钮，选取 zx 平面为草图平面。

② 绘制截面草图。在草绘工作台中绘制图 5.26.30b 所示的截面草图。

③ 单击“工作台”工具栏中的按钮，退出草绘工作台。

（3）定义深度属性。

① 定义深度方向。采用系统默认的深度方向。

② 定义深度类型。在对话框 第一限制 区域与 第二限制 区域的 类型：下拉列表中均选择直到最后选项。

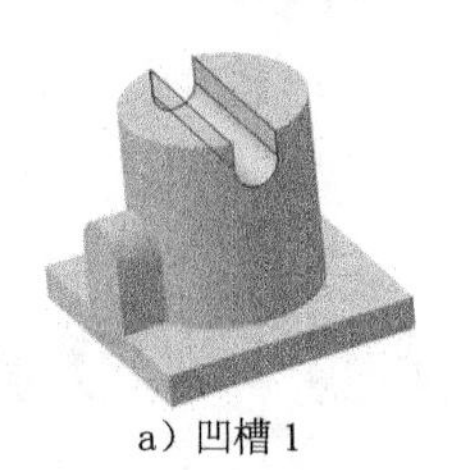

a）凹槽 1

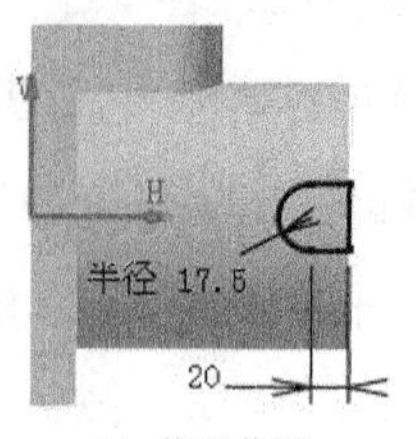

b）截面草图

图 5.26.30　添加特征凹槽 1

（4）单击 确定 按钮，完成凹槽 1 的创建。

Step6. 创建图 5.26.31a 所示的零件特征——凹槽 2。

（1）选择命令。选择下拉菜单 插入 ➡ 基于草图的特征 ▸ ➡ 凹槽... 命令（或单击 按钮），系统弹出“定义凹槽”对话框。

（2）创建图 5.26.31b 截面草图。

① 定义草图平面。在“定义凹槽”对话框中单击 按钮，选取图 5.26.32 所示的模型表面为草图平面。

② 绘制截面草图。在草绘工作台中绘制图 5.26.31b 所示的截面草图。

③ 单击“工作台”工具栏中的 按钮，退出草绘工作台。

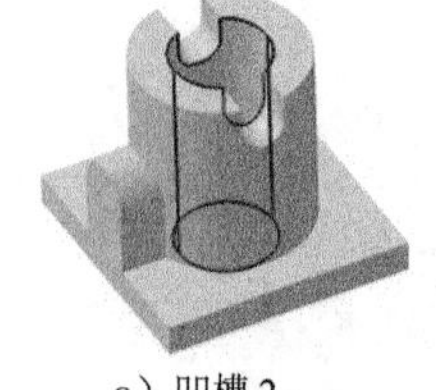

a）凹槽 2

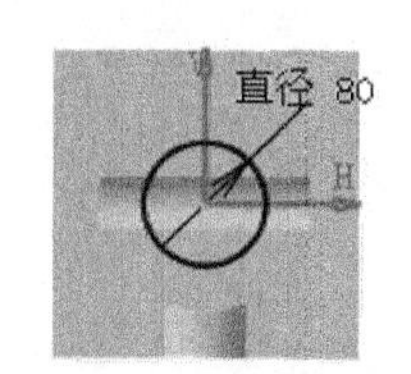

b）截面草图

图 5.26.31　添加特征凹槽 2

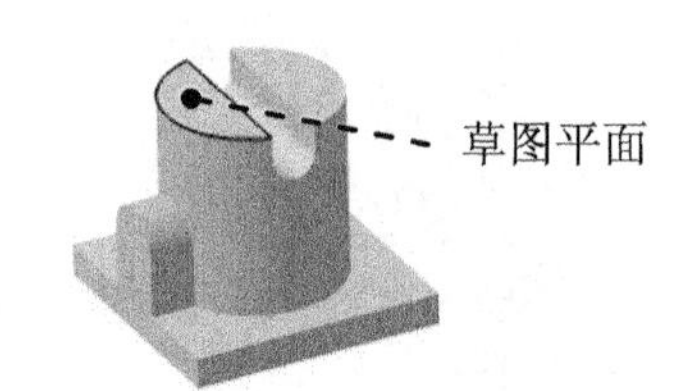

图 5.26.32　选取草图平面

（3）定义深度属性。

① 定义深度方向。采用系统默认的拉伸方向。

② 定义凹槽深度类型。在“定义凹槽”对话框 类型： 下拉列表中选择 直到最后 选项。

（4）单击 确定 按钮，完成凹槽 2 的创建。

Step7. 添加图 5.26.33 所示的平面 1。

（1）选择命令。单击“参考元素（扩展）”工具栏中的 按钮，弹出“平面定义”对话框。

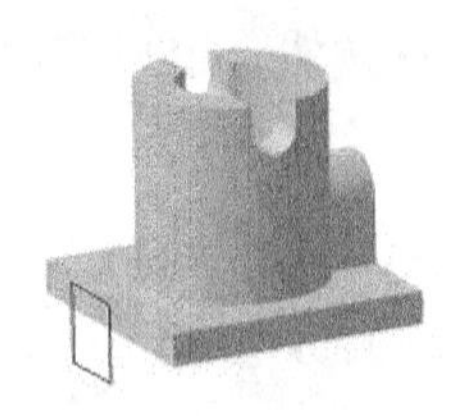

图 5.26.33　添加平面 1

（2）定义平面的创建类型。在“平面定义”对话框的平面类型：下拉列表中选择偏移平面选项。

（3）定义平面参数。

① 定义参考平面。在“平面定义”对话框的参考：中选择 yz 平面为参考平面。

② 定义方向。确定平面方向为图 5.26.33 所示的方向。

③ 定义偏移距离。在“平面定义”对话框的偏移：文本框中输入数值 115.0。

（4）单击确定按钮，完成平面 1 的创建。

Step8. 创建图 5.26.34a 所示的零件基础特征——凸台 4。

（1）选择命令。选择下拉菜单插入 ➡ 基于草图的特征 ▸ ➡ 凸台...命令（或单击按钮），系统弹出“定义凸台”对话框。

（2）创建图 5.26.34b 所示的截面草图。

① 定义草图平面。在对话框中单击按钮，选取刚创建的平面 1 为草图平面。

② 绘制截面草图。在草绘工作台中绘制图 5.26.34b 所示的截面草图。

③ 单击按钮，退出草绘工作台。

（3）定义深度属性。

① 定义深度方向。采用系统默认的方向。

② 定义深度类型。在“定义凸台”对话框类型：下拉列表中选择直到曲面选项。

③ 定义终止面。选择图 5.26.35 所示的圆柱面作为凸台特征的终止面。

（4）单击确定按钮，完成凸台 5 的创建。

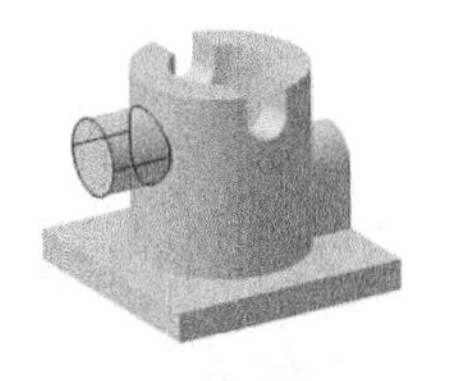

a）凸台 4

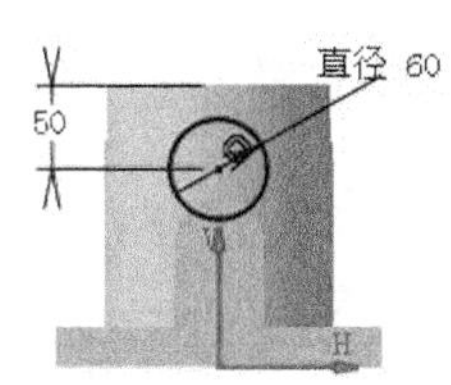

b）截面草图

图 5.26.34　添加特征凸台 4

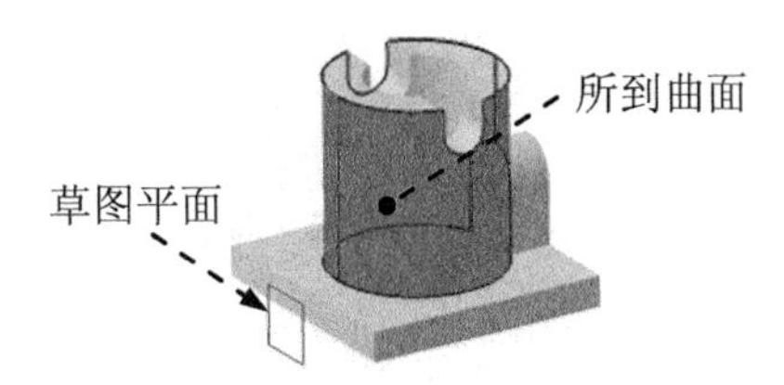

图 5.26.35　选取草图平面及其所到曲面

Step9. 添加图 5.26.36 所示的平面 2。

（1）选择命令。单击“参考元素（扩展）”工具栏中的按钮，弹出“平面定义”对话框。

（2）定义平面的创建类型。在“平面定义”对话框平面类型：下拉列表中选择偏移平面选项。

（3）定义平面参数。

① 定义参考平面。选择图 5.26.37 所示零件的最低面为参考平面。

② 定义方向。观察平面的方向是否与图 5.26.36 所示的方向相同，若不相同单击“平面定义”对话框中的反转方向按钮。

③ 输入偏移距离。在“平面定义”对话框的偏移：文本框中输入数值 155.0。

（4）单击“平面定义”对话框中的 确定 按钮，完成平面 2 的创建。

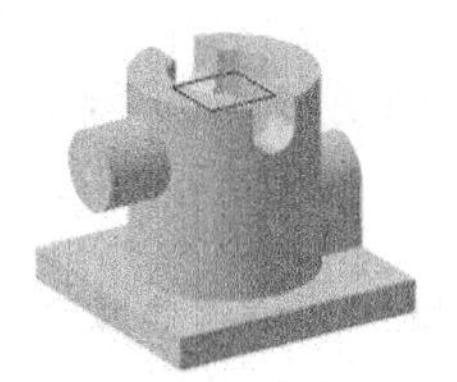

图 5.26.36　添加平面 2

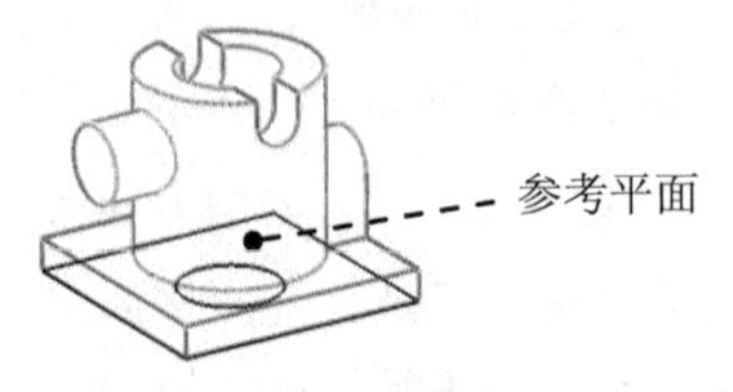

图 5.26.37　选取参考平面

Step10. 创建图 5.26.38a 所示的零件特征——凸台 5。

（1）选择命令。选择下拉菜单 插入 → 基于草图的特征 → 凸台... 命令，系统弹出“定义凸台”对话框。

（2）创建图 5.26.38b 所示的截面草图。

① 定义草图平面。单击按钮，选取刚创建的平面 2 为草图平面。

② 绘制截面草图。在草绘工作台中绘制图 5.26.38b 所示的截面草图。

③ 单击按钮，退出草绘工作台。

（3）定义深度属性。

① 定义深度方向。采用系统默认的方向。

② 定义深度类型。在“定义凸台”对话框的 类型： 下拉列表中选择 直到曲面 选项。

③ 定义终止面。选择图 5.26.39 所示的圆柱面作为凸台特征的终止面。

（4）单击 确定 按钮，完成凸台 5 的创建。

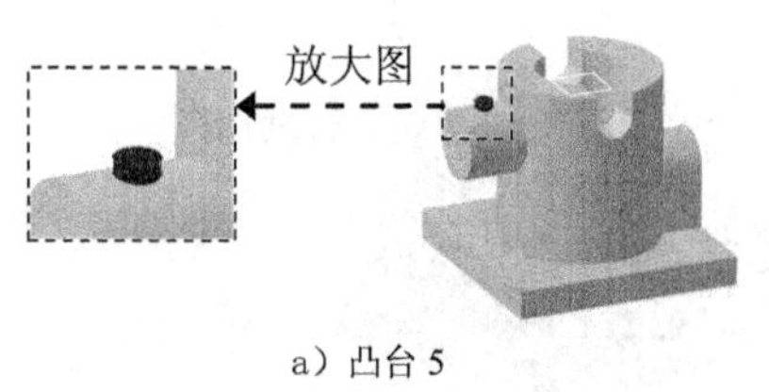

a）凸台 5

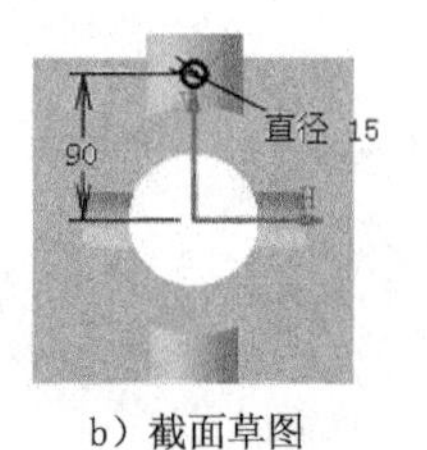

b）截面草图

图 5.26.38　添加特征凸台 5

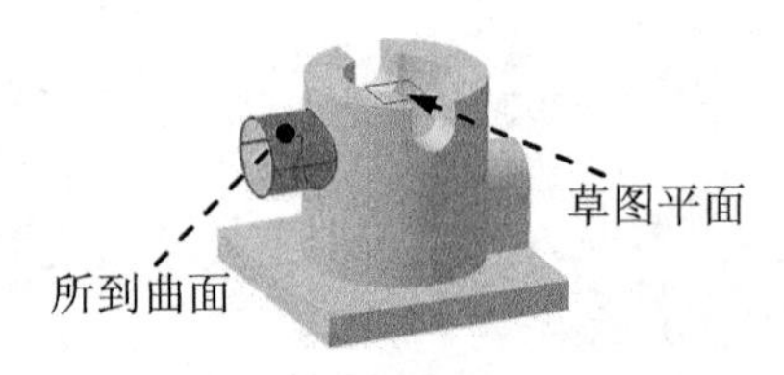

图 5.26.39　选取草图平面及其所到曲面

Step11. 添加图 5.26.40a 所示的零件特征——孔 1。

（1）选择命令。选择下拉菜单 插入 → 基于草图的特征 → 孔... 命令（或单击按钮）。

（2）定义孔的放置面。选取图 5.26.41 所示的模型表面为孔的放置面，系统弹出“定义孔”对话框。

（3）定义孔的位置。

① 在“定义孔”对话框中单击按钮。

② 在草绘工作台中约束孔的中心线与圆心（图 5.26.40b）同心。

③ 单击按钮，退出草绘工作台。

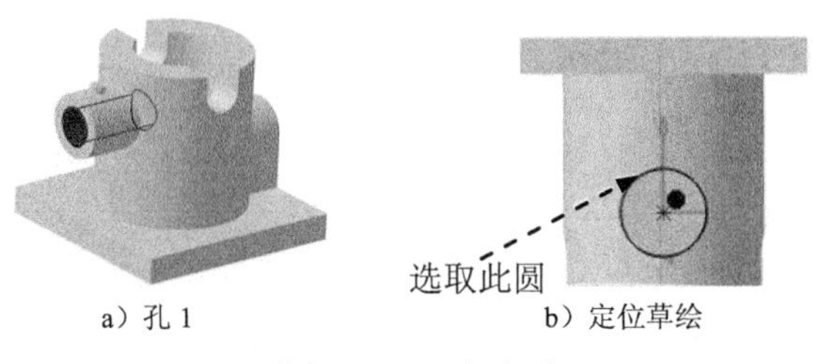

图 5.26.40 添加孔 1

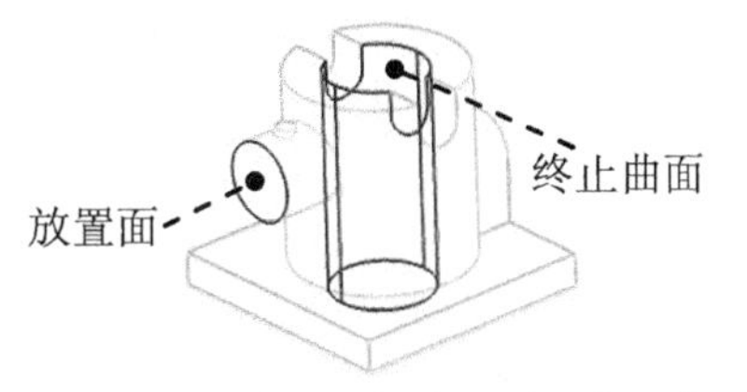

图 5.26.41 选取孔的放置面及终止曲面

（4）定义孔的延伸参数。

① 定义孔的深度。在“定义孔”对话框的扩展选项卡中选择直到曲面选项，选择图 5.26.41 所示的曲面作为孔的终止面。

② 定义孔的直径。在“定义孔”对话框的扩展选项卡的直径文本框中输入值 37。

（5）单击“定义孔”对话框中的确定按钮，完成孔 1 的创建。

Step12. 添加图 5.26.42a 所示的零件特征——孔 2。

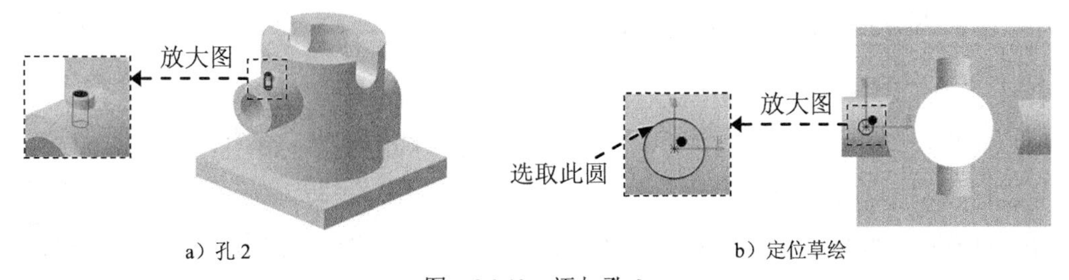

图 5.26.42 添加孔 2

（1）选择命令。选择下拉菜单插入 → 基于草图的特征 → 孔...命令（或单击按钮）。

（2）定义孔的放置面。选取图 5.26.43 所示的模型表面为孔的放置面，系统弹出“定义孔”对话框。

（3）定义孔的位置。

① 在“定义孔”对话框中单击按钮。

② 在草绘工作台中约束孔的中心线与圆（图 5.26.42b）同心。

③ 单击按钮，退出草绘工作台。

（4）定义孔的延伸参数。

① 定义孔的深度。在“定义孔”对话框的扩展选项卡中选择直到曲面选项，选择图 5.26.43 所示的曲面作为孔的终止面。

② 定义孔的直径。在“定义孔”对话框的扩展选项卡的直径文本框中输入值 8.0。

（5）单击“定义孔”对话框中的确定按钮，完成孔 2 的创建。

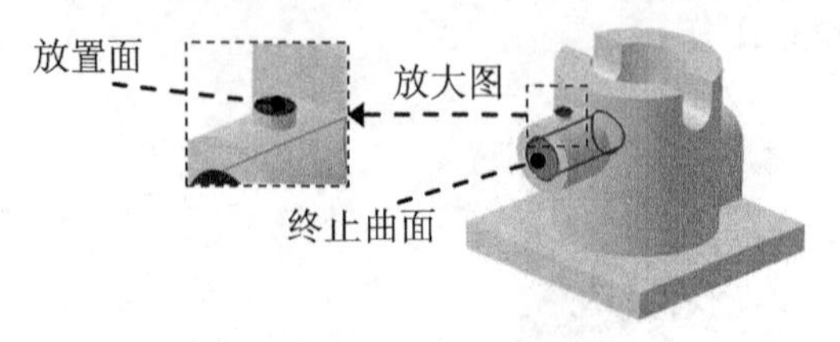

图 5.26.43　选取面

Step13. 添加图 5.26.44a 所示的零件特征——孔 3。

（1）选择命令。选择下拉菜单 插入 → 基于草图的特征 → 孔... 命令（或单击按钮）。

（2）定义孔的放置面。选取图 5.26.45 所示的模型表面为孔的放置面，系统弹出“定义孔”对话框。

（3）确定孔的位置。

① 在“定义孔”对话框中单击按钮。

② 在草绘工作台中约束孔的中心线与圆（图 5.26.44b）同心。

③ 单击按钮，退出草绘工作台。

（4）定义孔的延伸参数。

① 定义孔的深度。在“定义孔”对话框的 扩展 选项卡中选择 直到曲面 选项，选择图 5.26.45 所示的曲面作为孔的终止面。

② 定义孔的直径。在“定义孔”对话框的 扩展 选项卡的直径文本框中输入值 35。

（5）单击“定义孔”对话框中的 确定 按钮，完成孔 3 的创建。

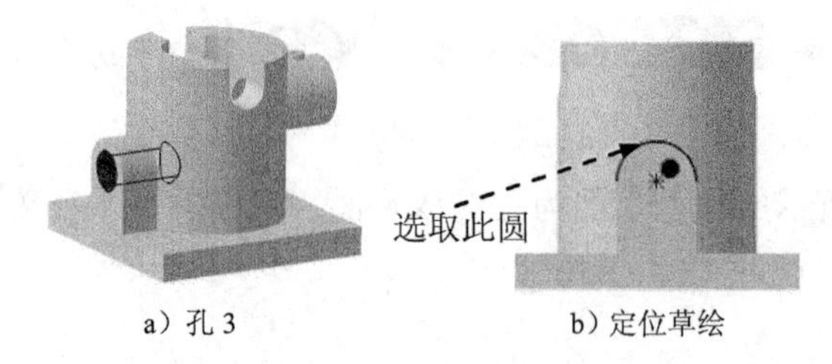

图 5.26.44　添加孔 3

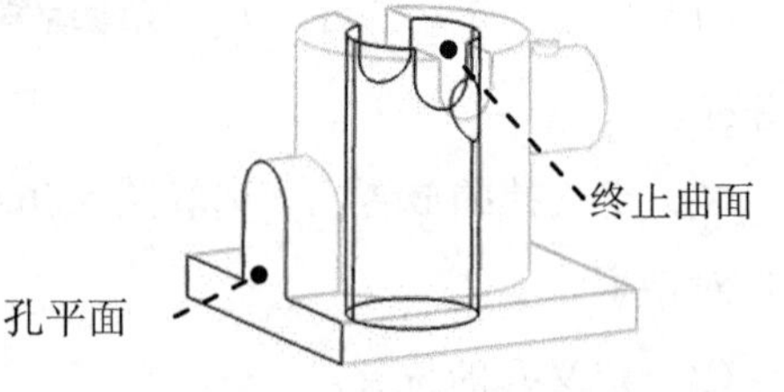

图 5.26.45　选取孔平面及终止曲面

Step14. 添加图 5.26.46b 所示的倒圆角 1。

（1）选择命令。选择下拉菜单 插入 → 修饰特征 → 倒圆角... 命令，系统弹出“倒圆角定义”对话框。

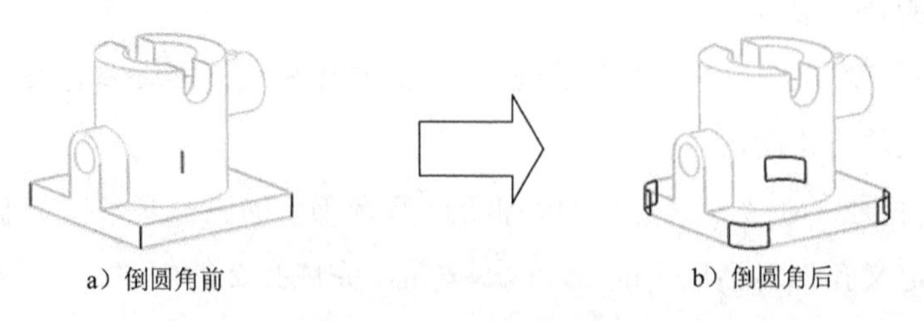

图 5.26.46　创建倒圆角 1

（2）定义要倒圆角的对象。在“倒圆角定义”对话框的 传播: 下拉列表中选择 最小 选项，选取图 5.26.46a 所示的边为要倒圆角的对象。

（3）定义倒圆角半径。在“倒圆角定义”对话框的 半径: 文本框中输入值 30.0。

（4）单击“倒圆角定义”对话框中的 确定 按钮，完成倒圆角 1 的创建。

Step15. 添加图 5.26.47a 所示的零件特征——孔 4。

（1）选择命令。选择下拉菜单 插入 ➡ 基于草图的特征 ➡ 孔... 命令。

（2）定义孔的放置面。选取图 5.26.48 所示的模型表面为孔的放置面，系统弹出“定义孔”对话框。

（3）定义孔的位置。

① 在“定义孔”对话框中单击按钮。

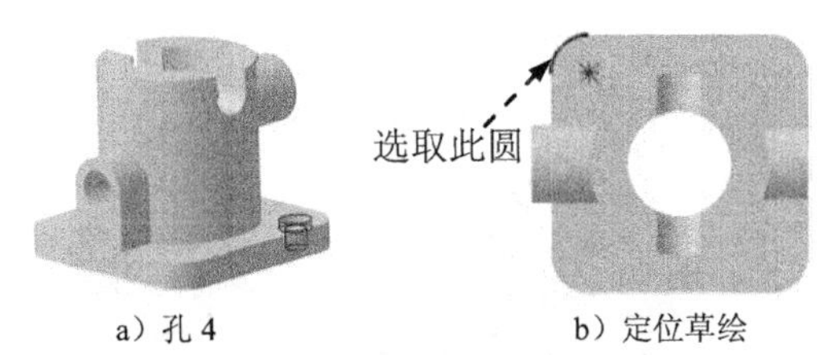

图 5.26.47 添加孔 4

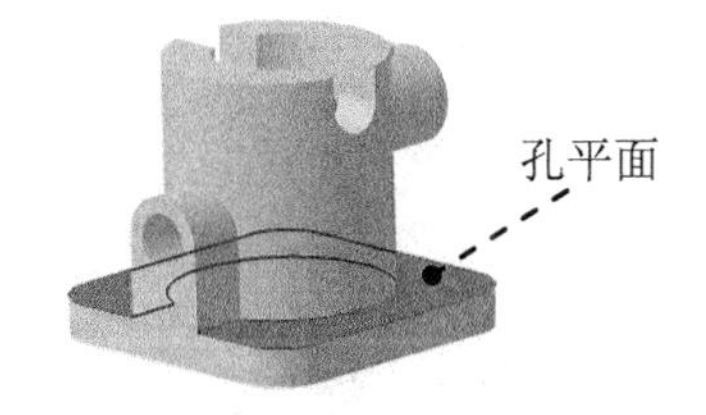

图 5.26.48 选取孔平面

② 在草绘工作台中约束孔的中心线与圆（图 5.26.47b）同心。

③ 单击按钮，退出草绘工作台。

（4）定义孔的延伸参数。

① 定义孔的延伸深度。在“定义孔”对话框的 扩展 选项卡中选择 直到最后 选项。

② 定义孔的直径。在“定义孔”对话框的 扩展 选项卡的 直径: 文本框中输入值 19。

（5）定义孔的类型及参数。

① 在“定义孔”对话框的 类型 选项卡中选择 沉头孔 选项。

② 在 直径: 文本框中输入值 28.5，在 深度: 文本框中输入值 8。

（6）单击“定义孔”对话框中的 确定 按钮，完成孔 4 的创建。

Step16. 添加图 5.26.49b 所示的圆形阵列 1。

（1）选择阵列源特征。选取孔 4 作为阵列源特征。

（2）选择命令。选择下拉菜单 插入 ➡ 变换特征 ➡ 圆形阵列... 命令（或单击按钮），系统弹出“定义圆形阵列”对话框。

（3）定义参考元素。单击以激活对话框 参考元素: 后的文本框，选择图 5.26.50 所示的圆柱面作为参考元素。

（4）定义阵列参数。

① 定义阵列类型。在对话框 轴向参考 选项卡的 参数: 下拉列表中选择 实例和角度间距 选项。

② 定义阵列实例数与角度间距。在“定义圆形阵列”对话框 轴向参考 选项卡的 实例: 文本框中输入值 4，在 角度间距: 文本框中输入值 90。

（5）单击 确定 按钮，完成圆形阵列 1 的创建。

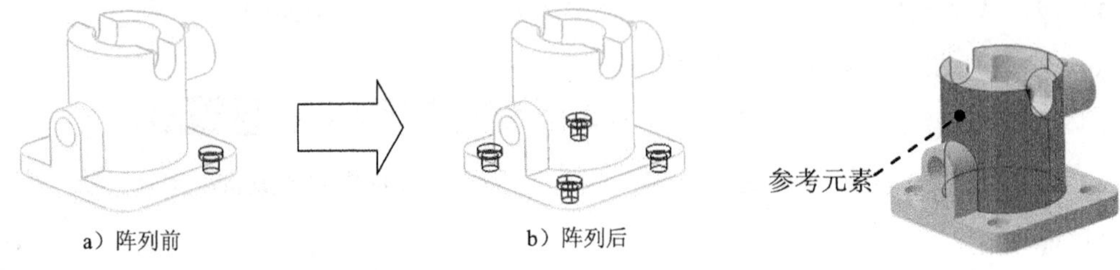

图 5.26.49　创建圆形阵列 1　　　　图 5.26.50　选取参考元素

Step17. 添加图 5.26.51b 所示的倒圆角 2，倒圆角的对象为图 5.26.51a 所示的边，倒圆角半径值为 2.0。

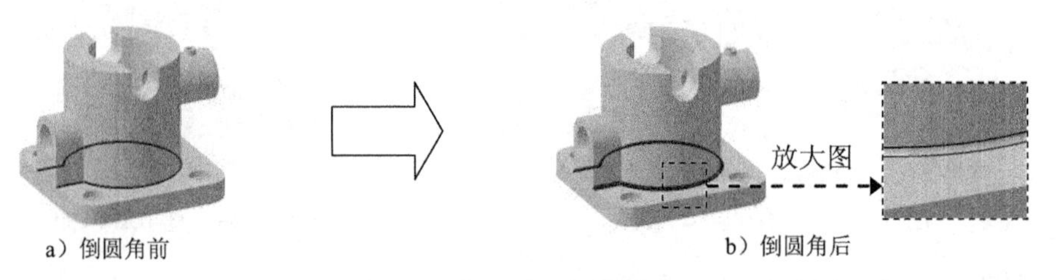

图 5.26.51　创建倒圆角 2

Step18. 添加图 5.26.52b 所示的倒圆角 3，倒圆角的对象为图 5.26.52a 所示的边，倒圆角半径值为 2.0。

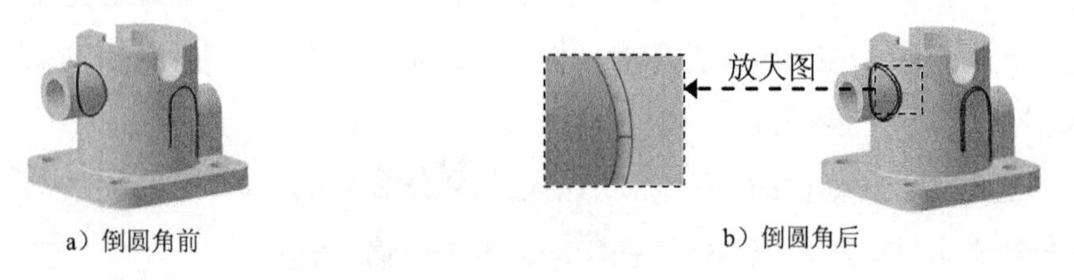

图 5.26.52　创建倒圆角 3

Step19. 添加图 5.26.53b 所示的倒圆角 4，倒圆角的对象为图 5.26.53a 所示的边，倒圆角半径值为 2.0。

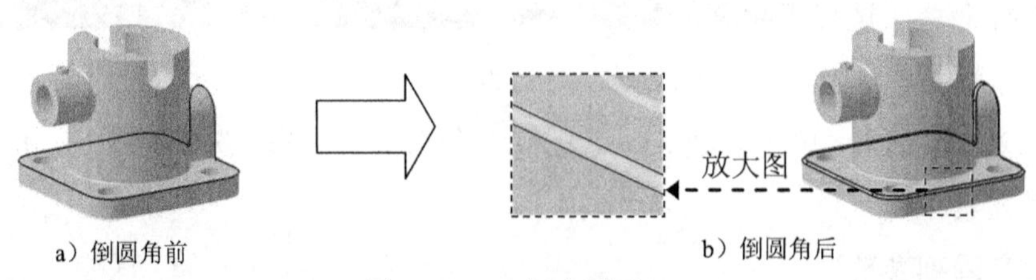

图 5.26.53　创建倒圆角 4

Step20. 添加图 5.26.54b 所示的倒圆角 5，倒圆角的对象为图 5.26.54a 所示的边，倒圆角半径值为 2.0。

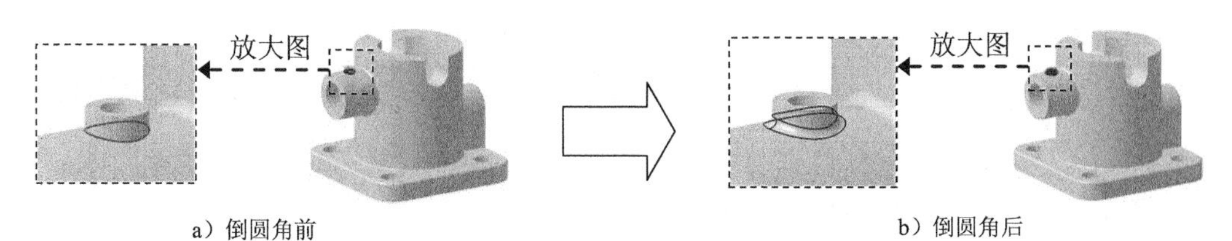

图 5.26.54 创建倒圆角 5

Step21. 添加图 5.26.55b 所示的倒角 1。

（1）选择命令。选择下拉菜单 插入 → 修饰特征 → 倒角... 命令，系统弹出“定义倒角”对话框。

（2）定义倒角对象。选取图 5.26.55a 所示的边为要倒角的对象。

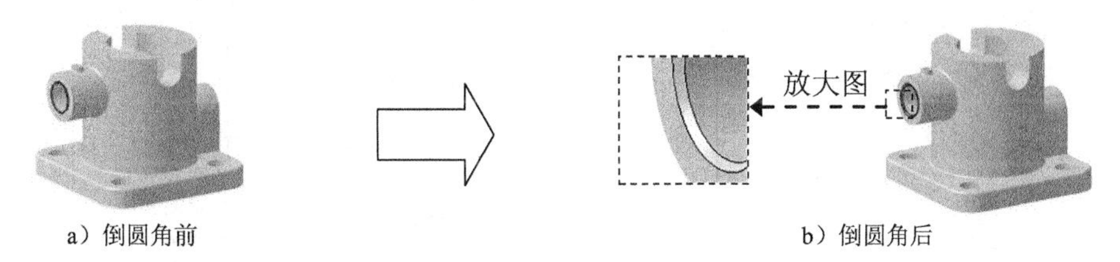

图 5.26.55 创建倒角 1

（3）定义倒角参数。

① 定义倒角模式。在“定义倒角”对话框的 模式: 下拉列表中选择 长度 1/角度 选项。

② 定义倒角尺寸。在对话框的 长度 1: 文本框中输入值 1， 角度: 文本框中输入值 45。

（4）单击“定义倒角”对话框中的 确定 按钮，完成倒角 1 的创建。

Step22. 添加图 5.26.56b 所示的倒角 2，倒角对象为图 5.26.56a 所示的边，倒角长度为 1，角度值为 45。

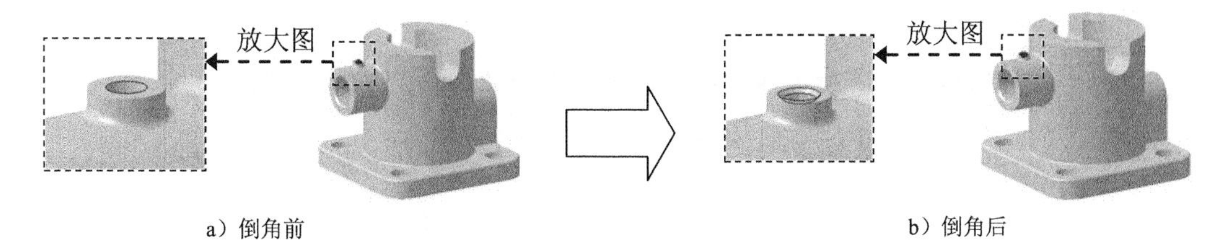

图 5.26.56 创建倒角 2

Step23. 至此，滑动轴承基座的零件模型创建完毕。

5.26.3 范例 3

范例概述

该范例的创建方法是一种典型的“搭积木”式的方法，大部分命令也都是一些基本命令，如凸台、旋转、孔和倒圆角等，但要提醒读者注意其中“加强肋”特征创建的方法和技巧。零件实体模型及相应的特征树如图 5.26.57 所示。

Step1. 新建模型文件。选择下拉菜单 开始 → 机械设计 → 零件设计 命令，在系统弹出的“新建零件”对话框中输入名称 handle_body，选中 启用混合设计 复选框，单击 确定 按钮，进入“零件设计”工作台。

Step2. 创建图 5.26.58a 所示的零件基础特征——凸台 1。

（1）选择命令。选择下拉菜单 插入 → 基于草图的特征 → 凸台... 命令（或单击 按钮），系统弹出“定义凸台”对话框。

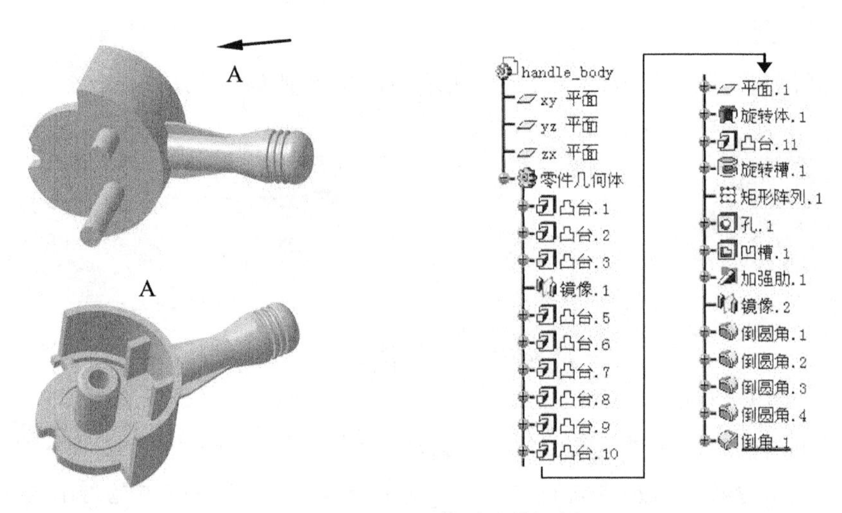

图 5.26.57 模型和特征树

（2）定义截面草图。

① 定义草图平面。在“定义凸台”对话框中单击 按钮，选取 xy 平面作为草图平面。

② 绘制截面草图。在草绘工作台中绘制图 5.26.58b 所示的截面草图。

③ 单击“工作台”工具栏中的 按钮，退出草绘工作台。

a）凸台 1　　b）截面草图

图 5.26.58 添加特征凸台 1

（3）定义深度属性。

① 定义深度方向。拉伸方向采用系统默认的方向。

② 定义深度类型。在“定义凸台”对话框的 类型: 下拉列表中选择 尺寸 选项。

③ 定义深度值。在 长度: 文本框中输入值 2。

（4）单击“定义凸台”对话框中的 确定 按钮，完成凸台 1 的创建。

Step3. 创建图 5.26.59a 所示的零件特征——凸台 2。

（1）选择命令。选择下拉菜单 插入 → 基于草图的特征 → 凸台... 命令（或单击 按钮），系统弹出“定义凸台”对话框。

（2）创建图 5.26.59b 所示的截面草图。

① 定义草图平面。在“定义凸台”对话框中单击 按钮，选取图 5.26.60 所示的模型表面为草图平面。

② 绘制截面草图。在草绘工作台中绘制图 5.26.59b 所示的截面草图。

③ 单击“工作台”工具栏中的 按钮，退出草绘工作台。

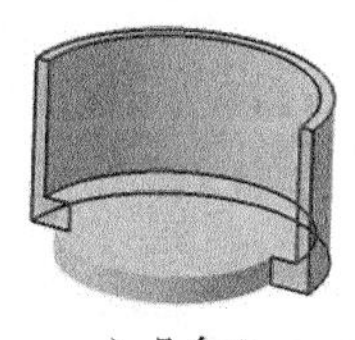

a）凸台 2

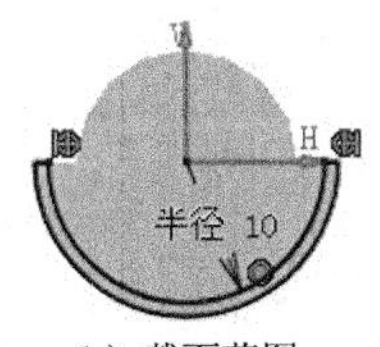

b）截面草图

图 5.26.59 添加特征凸台 2

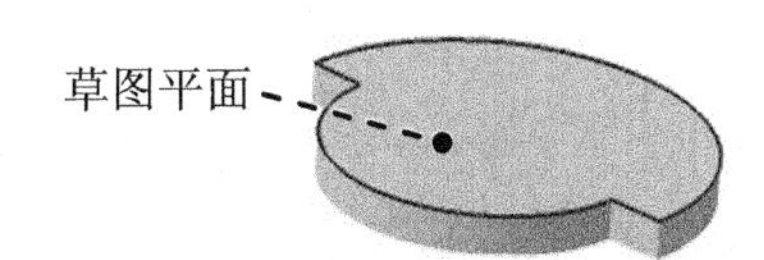

图 5.26.60 选取草图平面

（3）定义深度属性。

① 定义拉伸方向。采用系统默认的方向。

② 定义拉伸类型。在“定义凸台”对话框的 类型: 下拉列表中选择 尺寸 选项。

③ 定义深度值。在“定义凸台”对话框的 长度: 文本框中输入值 10。

（4）单击“定义凸台”对话框中的 确定 按钮，完成凸台 2 的创建。

Step4. 创建图 5.26.61a 所示的零件特征——凸台 3。

（1）选择命令。选择下拉菜单 插入 → 基于草图的特征 → 凸台... 命令（或单击 按钮），系统弹出“定义凸台”对话框。

（2）创建图 5.26.61b 所示的截面草图。

① 定义草图平面。在“定义凸台”对话框中单击 按钮，选取图 5.26.62 所示的模型表面为草图平面。

② 绘制截面草图。在草绘工作台中绘制图 5.26.61b 所示的截面草图。

③ 单击“工作台”工具栏中的 按钮，退出草绘工作台。

（3）定义深度属性。

① 定义拉伸方向。采用系统默认的方向。

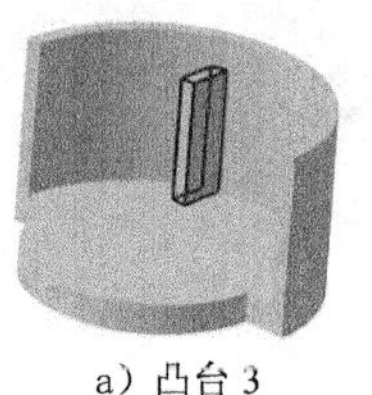

a）凸台 3

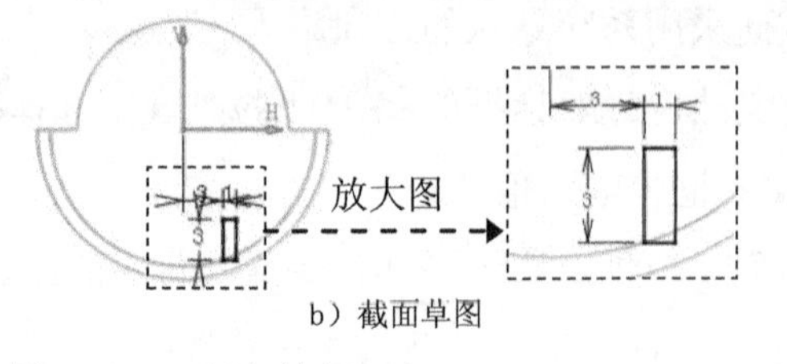

b）截面草图

图 5.26.61　添加特征凸台 3

草图平面

图 5.26.62　选取草图平面

② 定义拉伸类型。在“定义凸台”对话框的 类型: 下拉列表中选择 尺寸 选项。

③ 定义深度值。在“定义凸台”对话框的 长度: 文本框中输入值 8.0。

（4）单击“定义凸台”对话框中的 确定 按钮，完成凸台 3 的创建。

Step5. 添加图 5.26.63 所示的镜像 1。

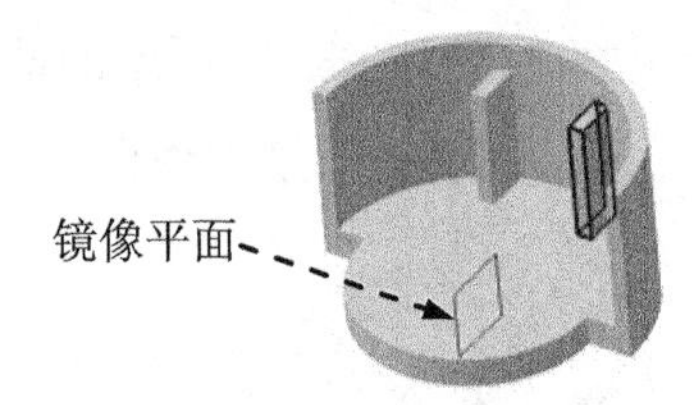

图 5.26.63　添加镜像 1

（1）定义镜像对象。在特征树上选取 凸台.3 作为镜像对象。

（2）选择命令。选择下拉菜单 插入 ➡ 变换特征 ➡ 镜像... 命令，弹出“定义镜像”对话框。

（3）定义镜像平面。选择 yz 平面为镜像平面。

（4）单击“定义镜像”对话框中的 确定 按钮，完成镜像 1 的创建。

Step6. 创建图 5.26.64a 所示的零件特征——凸台 5。

（1）选择命令。选择下拉菜单 插入 ➡ 基于草图的特征 ➡ 凸台... 命令（或单击 按钮），系统弹出“定义凸台”对话框。

（2）创建图 5.26.64b 所示的截面草图。

① 定义草图平面。在“定义凸台”对话框中单击 按钮，选取图 5.26.65 所示的模型表面为草图平面。

② 绘制截面草图。在草绘工作台中绘制图 5.26.64b 所示的截面草图。

③ 单击“工作台”工具栏中的 按钮，退出草绘工作台。

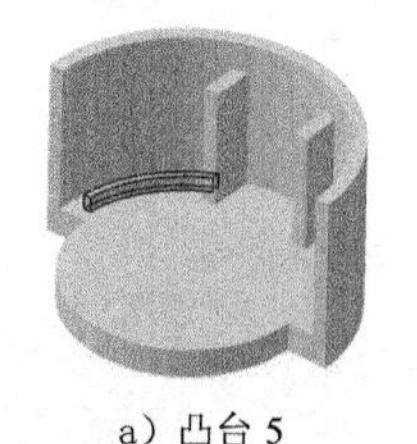

a）凸台 5

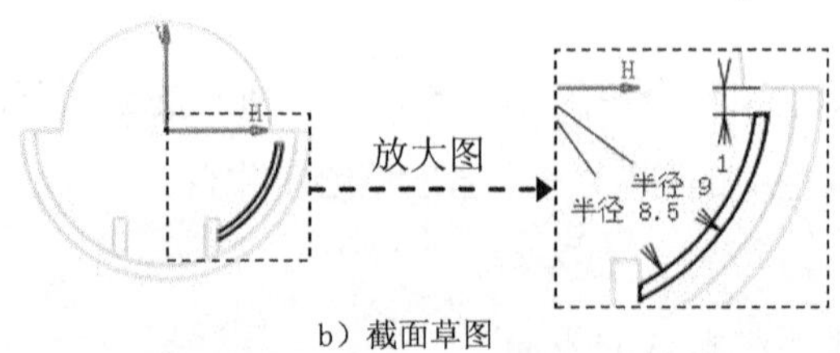

b）截面草图

图 5.26.64　添加特征凸台 5

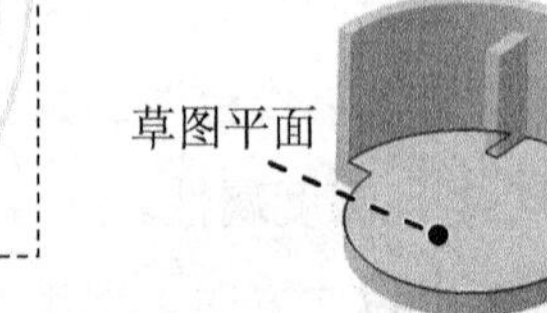

图 5.26.65　选取草图平面

（3）定义深度属性。

① 定义拉伸方向。采用系统默认的方向。

② 定义拉伸类型。在“定义凸台”对话框的 类型: 下拉列表中选择 尺寸 选项。

③ 定义深度值。在“定义凸台”对话框的 长度: 文本框中输入值 1。

（4）单击“定义凸台”对话框中的 确定 按钮，完成凸台 5 的创建。

Step7. 创建图 5.26.66a 所示的零件特征——凸台 6。

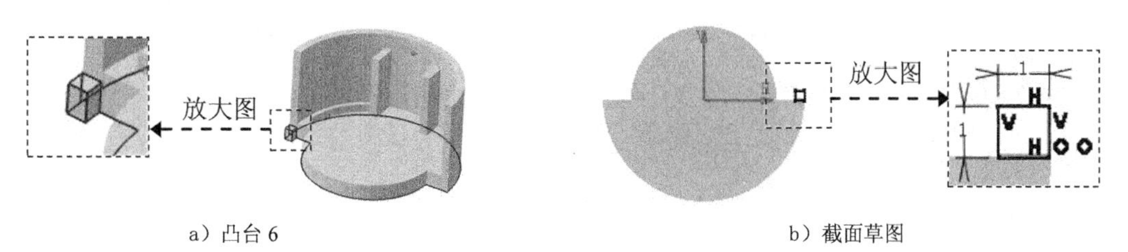

a）凸台 6　　　　b）截面草图

图 5.26.66　添加特征凸台 6

（1）选择命令。选择下拉菜单 插入 → 基于草图的特征 → 凸台... 命令（或单击 按钮），系统弹出“定义凸台”对话框。

（2）创建图 5.26.66b 所示的截面草图。

① 定义草图平面。在“定义凸台”对话框中单击 按钮，选取图 5.26.67 所示的模型表面为草图平面。

② 绘制截面草图。在草绘工作台中绘制图 5.26.66b 所示的截面草图。

③ 单击“工作台”工具栏中的 按钮，退出草绘工作台。

图 5.26.67　选取草图平面

（3）定义深度属性。

① 定义拉伸方向。单击 反转方向 按钮，反转拉伸方向。

② 定义拉伸类型。在“定义凸台”对话框的 类型: 下拉列表中选择 尺寸 选项。

③ 定义深度值。在“定义凸台”对话框的 长度: 文本框中输入值 1.5。

（4）单击“定义凸台”对话框中的 确定 按钮，完成凸台 6 的创建。

Step8. 创建图 5.26.68a 所示的零件特征——凸台 7。

（1）选择命令。选择下拉菜单 插入 → 基于草图的特征 → 凸台... 命令（或单击 按钮），系统弹出“定义凸台”对话框。

（2）创建图 5.26.68b 所示的截面草图。

① 定义草图平面。在“定义凸台”对话框中单击按钮，选取图 5.26.69 所示的模型表面为草图平面。

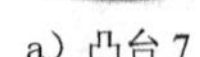
a）凸台 7

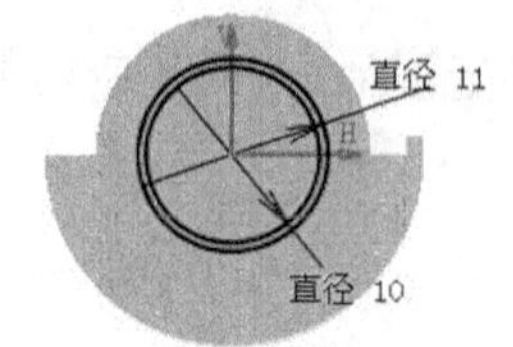

b）截面草图

图 5.26.68　添加特征凸台 7

图 5.26.69　选取草图平面

② 绘制截面草图。在草绘工作台中绘制图 5.26.68b 所示的截面草图。

③ 单击“工作台”工具栏中的按钮，退出草绘工作台。

（3）定义深度属性。

① 定义拉伸方向。采用系统默认的方向。

② 定义拉伸类型。在“定义凸台”对话框的 类型：下拉列表中选择尺寸选项。

③ 定义深度值。在“定义凸台”对话框的 长度：文本框中输入值 0.5。

（4）单击“定义凸台”对话框中的 确定 按钮，完成凸台 7 的创建。

Step9. 创建图 5.26.70a 所示的零件特征——凸台 8。

（1）选择命令。选择下拉菜单 插入 → 基于草图的特征 → 凸台... 命令，系统弹出“定义凸台”对话框。

（2）创建图 5.26.70b 所示的截面草图。

① 定义草图平面。在“定义凸台”对话框中单击按钮，选取图 5.26.71 所示的模型表面为草图平面。

② 绘制截面草图。在草绘工作台中绘制图 5.26.70b 所示的截面草图。

③ 单击“工作台”工具栏中的按钮，退出草绘工作台。

a）凸台 8

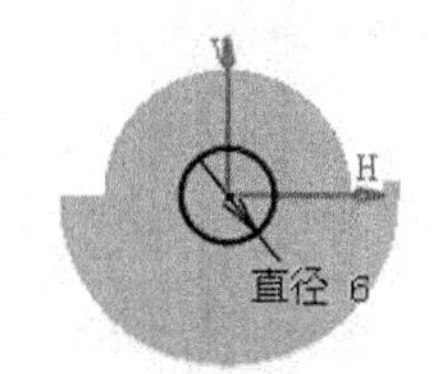

b）截面草图

图 5.26.70　添加特征凸台 8

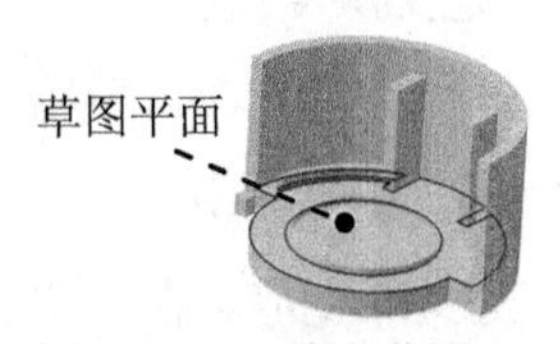

图 5.26.71　选取草图平面

（3）定义深度属性。

① 定义拉伸方向。采用系统默认的方向。

② 定义拉伸类型。在“定义凸台”对话框的 类型：下拉列表中选择尺寸选项。

③ 定义深度值。在“定义凸台”对话框的 长度：文本框中输入值 9。

（4）单击“定义凸台”对话框中的 确定 按钮，完成凸台 8 的创建。

Step10. 创建图 5.26.72a 所示的零件特征——凸台 9。

（1）选择命令。选择下拉菜单 插入 → 基于草图的特征 → 凸台... 命令，系统弹出“定义凸台”对话框。

（2）创建图 5.26.72b 所示的截面草图。

① 定义草图平面。在“定义凸台”对话框中单击按钮，选取图 5.26.73 所示的模型表面为草图平面。

a）凸台 9

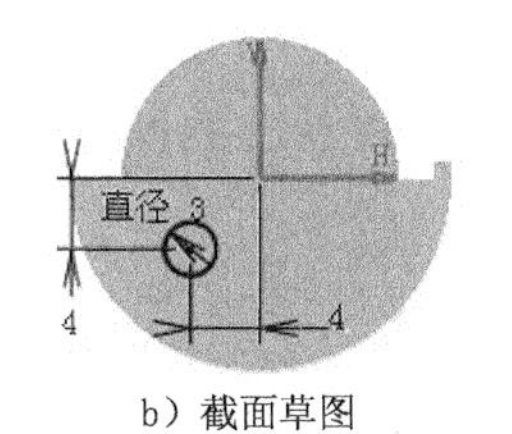

b）截面草图

图 5.26.72 添加特征凸台 9

图 5.26.73 选取草图平面

② 绘制截面草图。在草绘工作台中绘制图 5.26.72b 所示的截面草图。

③ 单击“工作台”工具栏中的按钮，退出草绘工作台。

（3）定义深度属性。

① 定义拉伸方向。采用系统默认的方向。

② 定义拉伸类型。在“定义凸台”对话框的 类型： 下拉列表中选择 尺寸 选项。

③ 定义深度值。在“定义凸台”对话框的 长度： 文本框中输入值 5。

（4）单击“定义凸台”对话框中的 确定 按钮，完成凸台 9 的创建。

Step11. 创建图 5.26.74a 所示的零件特征——凸台 10。

（1）选择命令。选择下拉菜单 插入 → 基于草图的特征 → 凸台... 命令，系统弹出“定义凸台”对话框。

（2）创建图 5.26.74b 所示的截面草图。

① 定义草图平面。在“定义凸台”对话框中单击按钮，选取图 5.26.75 所示的模型表面为草图平面。

② 绘制截面草图。在草绘工作台中绘制图 5.26.74b 所示的截面草图。

③ 单击“工作台”工具栏中的按钮，退出草绘工作台。

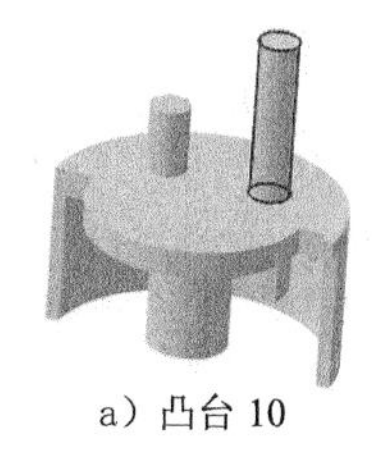

a）凸台 10

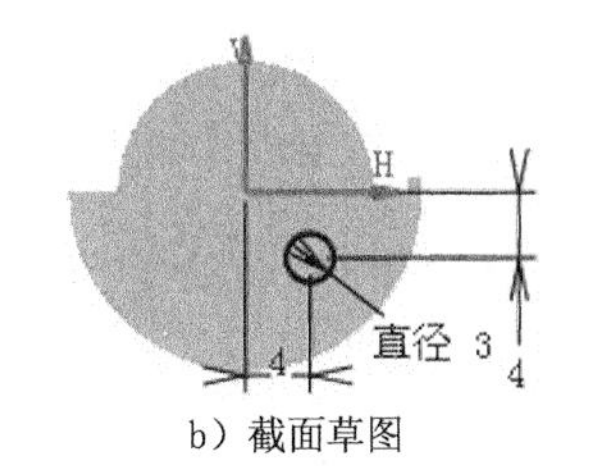

b）截面草图

图 5.26.74 添加特征凸台 10

图 5.26.75 选取草图平面

（3）定义深度属性。

① 定义拉伸方向。采用系统默认的方向。

② 定义拉伸类型。在“定义凸台”对话框的类型：下拉列表中选择尺寸选项。

③ 定义深度值。在“定义凸台”对话框的长度：文本框中输入值 12。

（4）单击“定义凸台”对话框中的确定按钮，完成凸台 10 的创建。

Step12. 添加图 5.26.76 所示的平面 1。

（1）选择命令。单击“参考元素（扩展）”工具栏中的按钮，弹出“平面定义”对话框。

（2）定义平面的创建类型。在“平面定义”对话框的平面类型：下拉列表中选择偏移平面选项。

（3）定义平面参数。

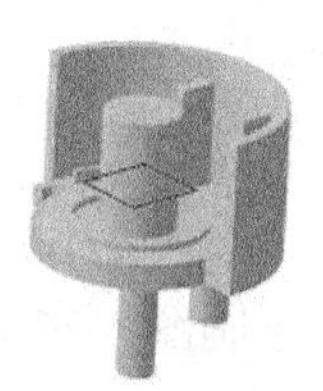

图 5.26.76　添加平面 1

① 定义参考平面。选取 xy 平面为参考平面。

② 定义偏移方向。观察平面的方向是否与图 5.26.76 所示的方向相同，若不相同单击“平面定义”对话框中的反转方向按钮。

③ 定义偏移距离。在“平面定义”对话框的偏移：文本框中输入值 5。

（4）单击“平面定义”对话框中的确定按钮，完成平面 1 的创建。

Step13. 创建图 5.26.77a 所示的零件特征——旋转体 1。

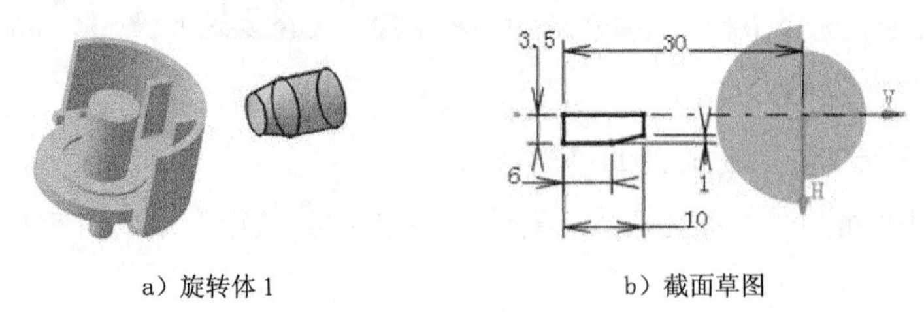

a）旋转体 1　　b）截面草图

图 5.26.77　添加特征旋转体 1

（1）选择命令。选择下拉菜单插入 → 基于草图的特征 → 旋转体...命令（或单击按钮），系统弹出“定义旋转体”对话框。

（2）创建图 5.26.77b 所示的截面草图。

① 定义草图平面。在“定义旋转体”对话框中单击按钮，选取刚创建的平面 1 作为草图平面。

② 绘制截面草图。在草绘工作台中绘制图 5.26.77b 所示的截面草图。

注意：绘制该草图时，先绘制一条与 V 轴重合的中心线，它将作为旋转体特征的轴线。

③ 单击“工作台”工具栏中的按钮，退出草绘工作台。

（3）定义旋转角度。在“定义旋转体”对话框的 第一角度: 文本框中输入值 360。

（4）单击 确定 按钮，完成旋转体 1 的创建。

Step14. 创建图 5.26.78a 所示的零件基础特征——凸台 11。

（1）选择命令。选择下拉菜单 插入 → 基于草图的特征 → 凸台... 命令（或单击按钮），系统弹出“定义凸台”对话框。

（2）创建图 5.26.78b 所示的截面草图。

① 定义草图平面。在“定义凸台”对话框中单击按钮，选取图 5.26.79 所示的面为草绘平面。

② 绘制截面草图。在草绘工作台中绘制图 5.26.78b 所示的截面草图。

③ 单击“工作台”工具栏中的按钮，退出草绘工作台。

（3）定义深度属性。

① 定义深度类型。在“定义凸台”对话框的 类型: 下拉列表中选择 直到曲面 选项。

② 定义拉伸终止面。选择图 5.26.79 所示的圆柱面作为拉伸终止面。

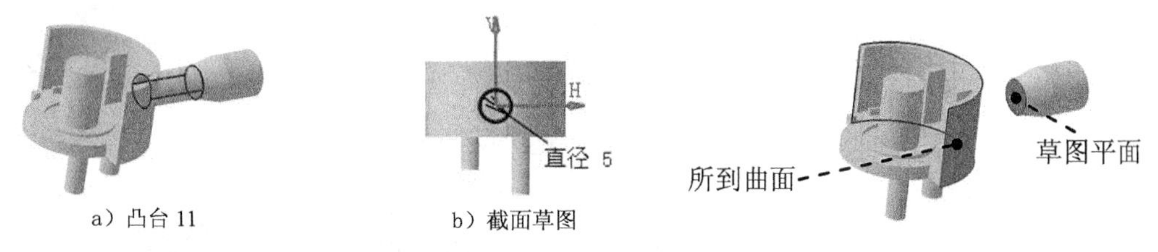

a）凸台 11　　b）截面草图

图 5.26.78　添加特征凸台 11　　图 5.26.79　选取草图平面及其所到曲面

（4）单击“定义凸台”对话框中的 确定 按钮，完成凸台 11 的创建。

Step15. 创建图 5.26.80a 所示的零件特征——旋转槽 1。

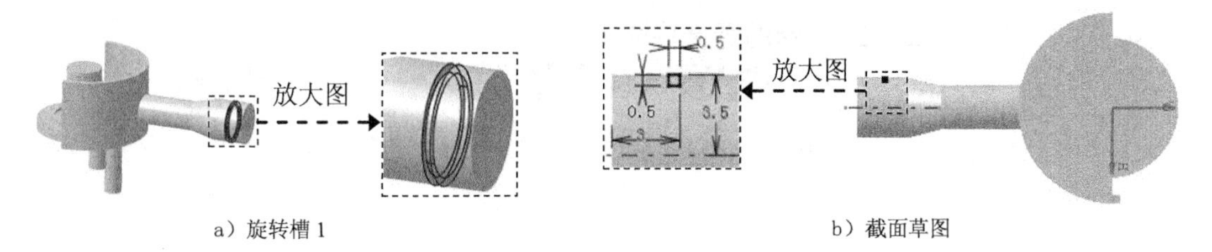

a）旋转槽 1　　b）截面草图

图 5.26.80　特征旋转槽 1

（1）选择命令。选择下拉菜单 插入 → 基于草图的特征 → 旋转槽... 命令，系统弹出“定义旋转槽”对话框。

（2）创建图 5.26.80b 所示的截面草图。

① 定义草图平面。在“定义旋转槽”对话框中单击按钮，选取平面 1 作为草图平面。

② 绘制截面草图。在草绘工作台中绘制图 5.26.80b 所示的截面草图。

注意： 绘制该草图时，先绘制一条与 V 轴重合的中心线，它将作为旋转槽特征的轴线。

③ 单击“工作台”工具栏中的按钮，退出草绘工作台。

（3）定义旋转角度。在“定义旋转体”对话框的 第一角度： 文本框中输入值 360。

（4）单击 确定 按钮，完成旋转槽 1 的创建。

Step16. 添加图 5.26.81b 所示的矩形阵列 1。

（1）定义阵列对象。在特征树中选取 旋转槽.1 作为阵列对象。

（2）选择命令。选择下拉菜单 插入 ➡ 变换特征 ➡ 矩形阵列... 命令，系统弹出“定义矩形阵列”对话框。

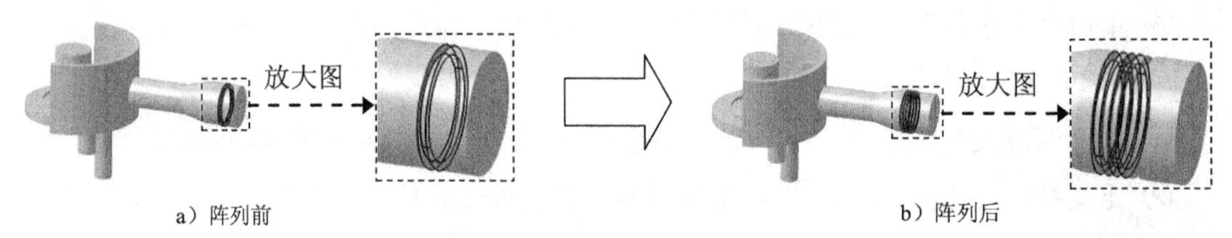

图 5.26.81 创建矩形阵列 1

（3）定义参考元素。单击以激活第一方向选项卡的参考元素：文本框，选择 yz 平面作为参考元素。

（4）定义阵列参数。

① 定义参数类型。在对话框第一方向选项卡的参数：下拉列表中选择实例和间距选项。

② 定义参数值。在对话框第一方向选项卡的实例：文本框中输入值 3，在间距：文本框中输入值 1。

（5）单击“定义矩形阵列”对话框中的 确定 按钮，完成矩形阵列 1 的创建。

Step17. 添加图 5.26.82a 所示的零件特征——孔 1。

（1）选择命令。选择下拉菜单 插入 ➡ 基于草图的特征 ➡ 孔... 命令。

（2）定义孔的放置面。选取图 5.26.83 所示的模型表面为孔的放置面，系统弹出“定义孔”对话框。

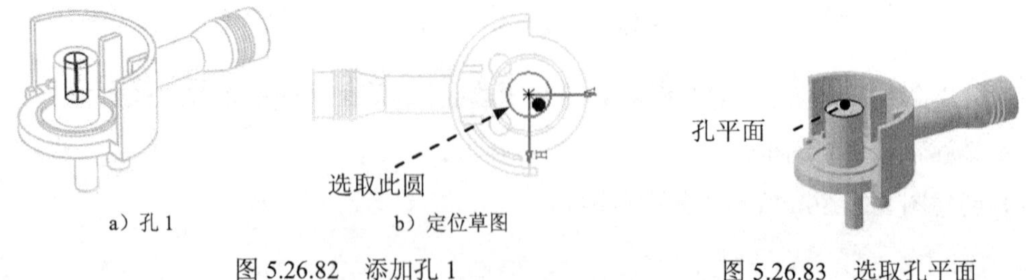

图 5.26.82 添加孔 1

图 5.26.83 选取孔平面

（3）定义孔的位置。

① 进入草绘工作台。在“定义孔”对话框中单击按钮。

② 在草绘工作台中约束孔的中心线与圆同心，如图 5.26.82b 所示。

③ 单击“工作台”工具栏中的按钮，退出草绘工作台。

（4）定义孔的延伸参数。

① 定义孔的延伸。在“定义孔”对话框的扩展选项卡中选择盲孔选项。

② 定义孔的参数。在扩展选项卡的直径：文本框中输入值 3，在深度：文本框中输入值 6。

（5）单击确定按钮，完成孔 1 的创建。

Step18. 创建图 5.26.84a 所示的零件特征——凹槽 1。

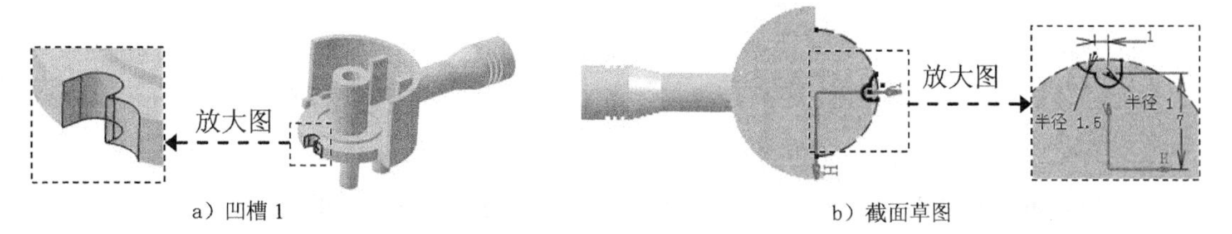

图 5.26.84 添加特征凹槽 1

（1）选择命令。选择下拉菜单插入 → 基于草图的特征 → 凹槽...命令（或单击按钮），系统弹出“定义凹槽”对话框。

（2）创建图 5.26.84b 所示的截面草图。

① 定义草图平面。单击按钮，选取图 5.26.85 所示的模型表面作为草图平面。

② 绘制截面草图。在草绘工作台中绘制图 5.26.84b 所示的截面草图。

③ 单击“工作台”工具栏中的按钮，退出草绘工作台。

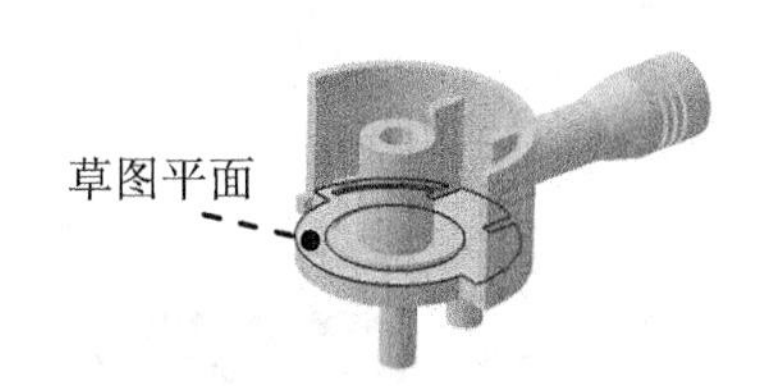

图 5.26.85 选取草图平面

（3）定义深度属性。

① 定义深度方向。采用系统默认的方向。

② 定义深度类型。在“定义凹槽”对话框的类型：下拉列表中选择直到最后选项。

（4）单击确定按钮，完成凹槽 1 的创建。

Step19. 创建图 5.26.86a 所示的零件特征——加强肋 1。

（1）选择命令。选择下拉菜单插入 → 基于草图的特征 → 加强肋...命令，系统

弹出“定义加强肋”对话框。

a）加强肋 1

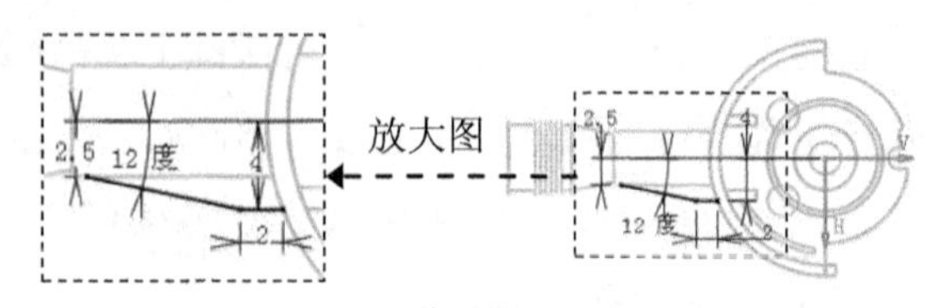

b）截面草图

图 5.26.86　添加特征加强肋 1

（2）创建图 5.26.86b 所示的截面草图。

① 定义草图平面。单击按钮，选取平面 1 作为草图平面。

② 绘制截面草图。在草绘工作台中绘制图 5.26.86b 所示的截面草图。

③ 单击“工作台”工具栏中的按钮，退出草绘工作台。

（3）定义加强肋属性。

① 定义加强肋模式。在“定义加强肋”对话框中选中从侧面单选项。

② 定义加强肋的方向。加强肋的方向如图 5.26.86a 所示。

③ 定义加强肋的厚度。在“定义加强肋”对话框的厚度 1:文本框中输入值 0.6。

（4）单击确定按钮，完成加强肋 1 的创建。

Step20. 添加图 5.26.87 所示的镜像 2。以 yz 平面为镜像平面，镜像上一步完成的加强肋 1，具体操作方法参见 Step5。

Step21. 添加图 5.26.88b 所示的倒圆角 1。

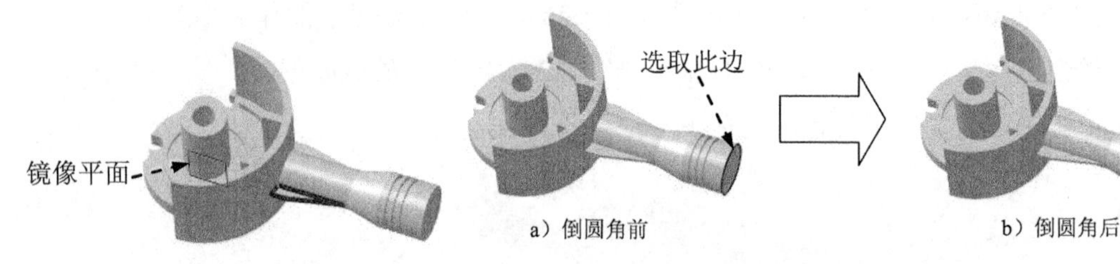

a）倒圆角前　　b）倒圆角后

图 5.26.87　添加镜像 2　　图 5.26.88　创建倒圆角 1

（1）选择命令。选择下拉菜单插入 → 修饰特征 → 倒圆角...命令，系统弹出“倒圆角定义”对话框。

（2）定义要倒圆角的对象。在“倒圆角定义”对话框的传播:下拉列表中选择最小选项，选取图 5.26.88a 所示的边为倒圆角对象。

（3）定义倒圆角半径。在对话框的半径:文本框中输入值 2。

（4）单击确定按钮，完成倒圆角 1 的创建。

Step22. 添加图 5.26.89b 所示的倒圆角 2。参见 Step21。

Step23. 添加图 5.26.90b 所示的倒圆角 3，倒圆角的对象为图 5.26.90a 所示的边，倒圆

角半径值为 1。

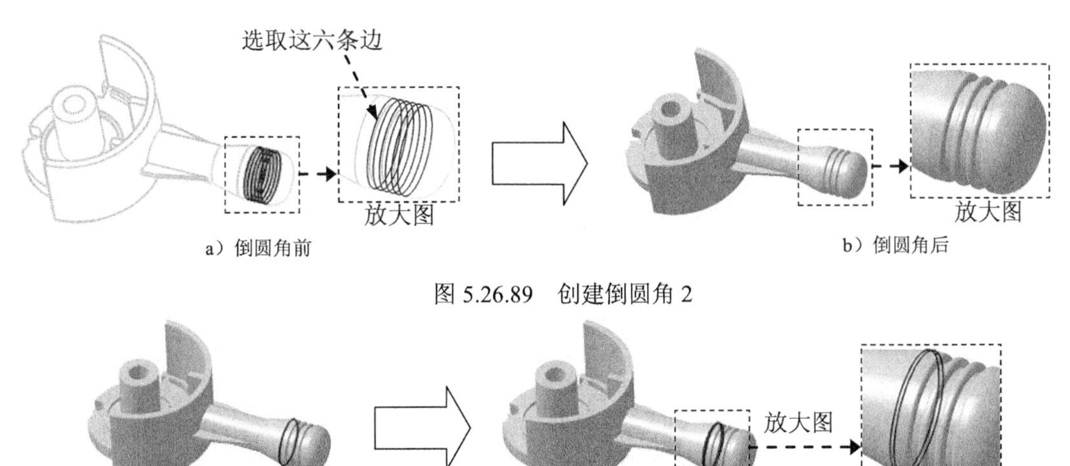

a）倒圆角前 b）倒圆角后

图 5.26.89 创建倒圆角 2

a）倒圆角前 b）倒圆角后

图 5.26.90 创建倒圆角 3

Step24. 添加图 5.26.91b 所示的倒圆角 4，倒圆角的对象为图 5.26.91a 所示的边，倒圆角半径值为 0.5。

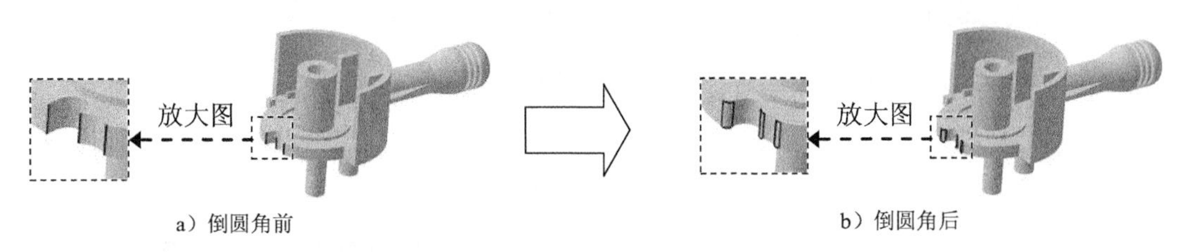

a）倒圆角前 b）倒圆角后

图 5.26.91 创建倒圆角 4

Step25. 添加图 5.26.92b 所示的倒角 1。

（1）选择命令。选择下拉菜单 插入 → 修饰特征 ▸ → 倒角... 命令，系统弹出“定义倒角”对话框。

（2）定义要倒角的对象。在“定义倒角”对话框的 传播: 下拉列表中选择 最小 选项，选取图 5.26.92a 所示的边为倒角的对象。

（3）定义倒角参数。

① 定义倒角模式。在“定义倒角”对话框的 模式: 下拉列表中选择 长度 1/角度 选项。

② 定义倒角尺寸。在“定义倒角”对话框的 长度 1: 文本框中输入值 0.5，在 角度: 文本框中输入值 45。

（4）单击“定义倒角”对话框中的 确定 按钮，完成倒角 1 的创建。

Step26. 至此，零件模型创建完毕。

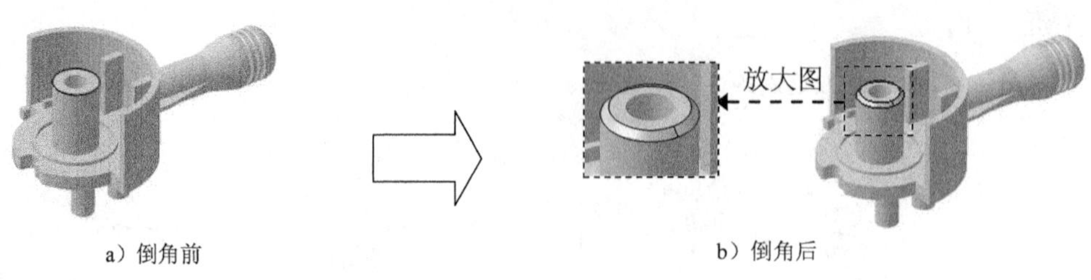

图 5.26.92　创建倒角 1

5.26.4　范例 4

范例概述

本范例是茶杯的设计过程，主要运用了多截面实体、三切线内圆角、肋和倒圆角等特征创建命令。需要注意把手的创建过程。零件实体模型及相应的特征树如图 5.26.93 所示。

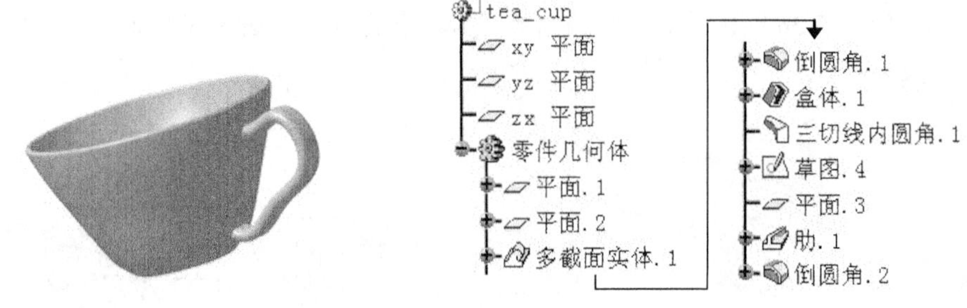

图 5.26.93　模型和特征树

Step1. 新建模型文件。选择下拉菜单 开始 → 机械设计 → 零件设计 命令，在弹出的“新建零件”对话框中输入名称 tea_cup，选中 启用混合设计 复选框，单击 确定 按钮。

Step2. 添加图 5.26.94 所示的平面 1。

（1）选择命令。单击“参考元素（扩展）”工具栏中的 按钮，系统弹出“平面定义”对话框。

（2）定义平面的创建类型。在“平面定义”对话框的 平面类型： 下拉列表中选择 偏移平面 选项。

（3）定义偏移属性。

① 定义参考平面。选取 xy 平面为参考平面。

② 定义偏移方向。偏移方向如图 5.26.94 所示。

③ 定义偏移距离。在对话框的 偏移： 文本框中输入值 40。

（4）单击“平面定义”对话框中的 确定 按钮，完成平面 1 的创建。

Step3. 添加图 5.26.95 所示的平面 2。参考平面为图 5.26.95 所示的平面 1，偏移值为 8。

Step4. 创建草图 1。

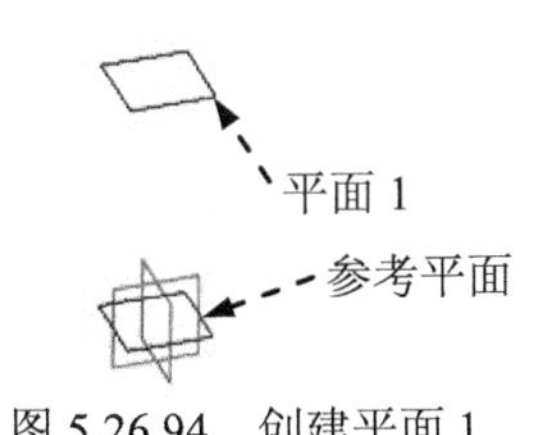

图 5.26.94 创建平面 1

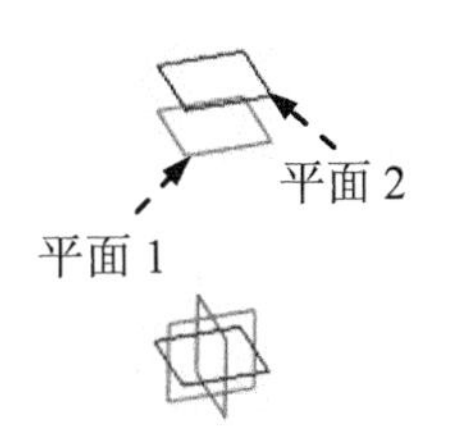

图 5.26.95 创建平面 2

（1）选取命令。选择下拉菜单 插入 → 草图编辑器 ▸ → 草图 命令。

（2）定义草图平面。选取 xy 平面作为草图平面。

（3）绘制草图。在草绘工作台中绘制图 5.26.96 所示的截面草图 1。

（4）单击“工作台”工具栏中的按钮，退出草绘工作台。

Step5. 创建草图 2。

（1）选取命令。选择下拉菜单 插入 → 草图编辑器 ▸ → 草图 命令。

（2）定义草图平面。选取平面 1 作为草图平面。

（3）绘制草图。在草绘工作台中绘制图 5.26.97 所示的截面草图 2。

（4）单击“工作台”工具栏中的按钮，退出草绘工作台。

Step6. 创建草图 3。

（1）选取命令。选择下拉菜单 插入 → 草图编辑器 ▸ → 草图 命令。

（2）定义草图平面。选取平面 2 作为草图平面。

（3）绘制草图。在草绘工作台中绘制图 5.26.98 所示的截面草图 3。

（4）单击“工作台”工具栏中的按钮，退出草绘工作台。

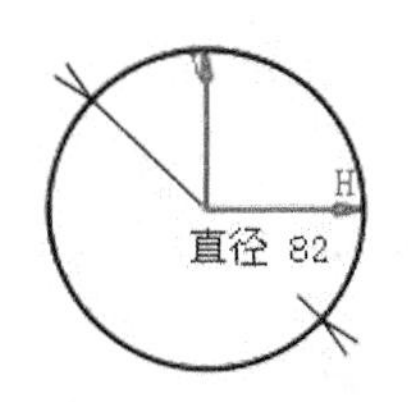

图 5.26.96 草图 1

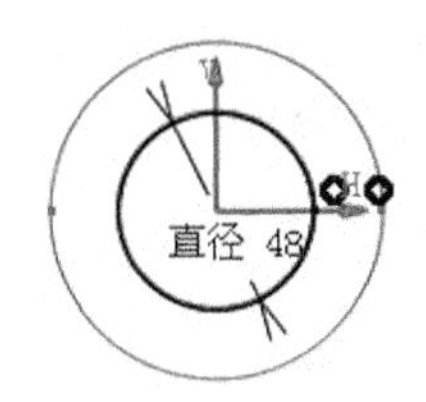

图 5.26.97 草图 2

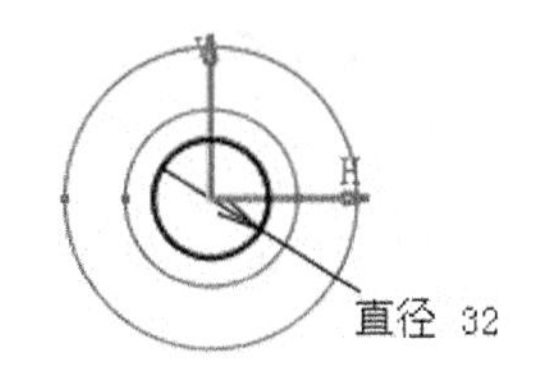

图 5.26.98 草图 3

Step7. 添加图 5.26.99 所示的多截面实体 1。

（1）选取命令。选择下拉菜单 插入 → 基于草图的特征 ▸ → 多截面实体... 命令，系统弹出“多截面实体定义”对话框。

（2）选取截面轮廓。依次选取图 5.26.100 所示的草图 1、草图 2 和草图 3 为截面轮廓。

（3）选择引导线。采用系统默认的引导线。

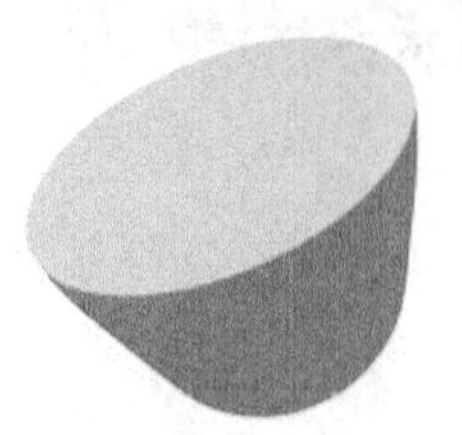

图 5.26.99　添加多截面实体 1

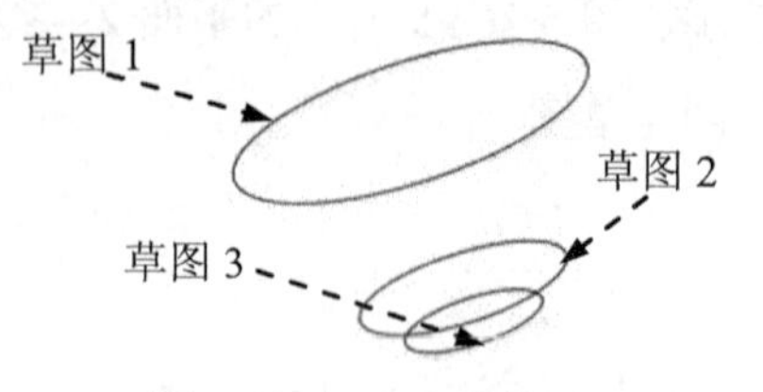

图 5.26.100　选取截面

（4）单击“多截面实体定义”对话框中的 确定 按钮，完成多截面实体的创建。

Step8. 添加图 5.26.101b 所示的倒圆角 1。

（1）选取命令。选择下拉菜单 插入 → 修饰特征 → 倒圆角... 命令，系统弹出“倒圆角定义”对话框。

（2）定义倒圆角的对象。在对话框的 传播: 下拉列表中选择 最小 选项，选取图 5.26.101a 所示的边为倒圆角对象。

（3）定义倒圆角半径。在对话框的 半径: 文本框中输入值 2。

（4）单击“倒圆角定义”对话框中的 确定 按钮，完成倒圆角 1 的创建。

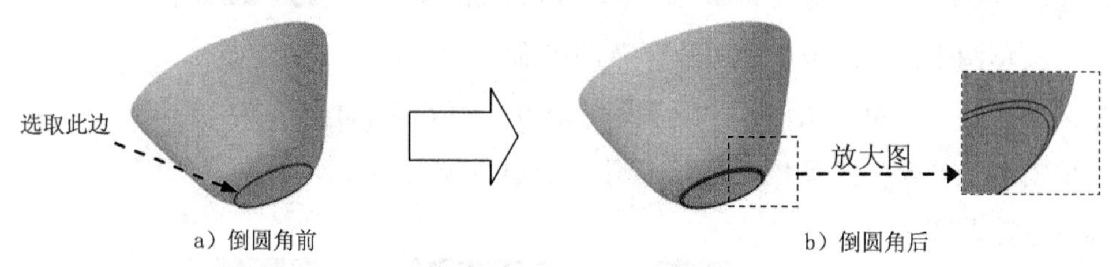

图 5.26.101　创建倒圆角 1

Step9. 添加图 5.26.102 所示的抽壳 1。

（1）选取命令。选择下拉菜单 插入 → 修饰特征 → 抽壳... 命令，系统弹出“定义盒体”对话框。

（2）定义要移除的面。选取图 5.26.103 所示的面为要移除的面。

（3）定义抽壳厚度。在对话框的 默认内侧厚度: 文本框中输入值 2。

（4）单击“定义盒体”对话框中的 确定 按钮，完成抽壳 1 的创建。

图 5.26.102　创建抽壳 1

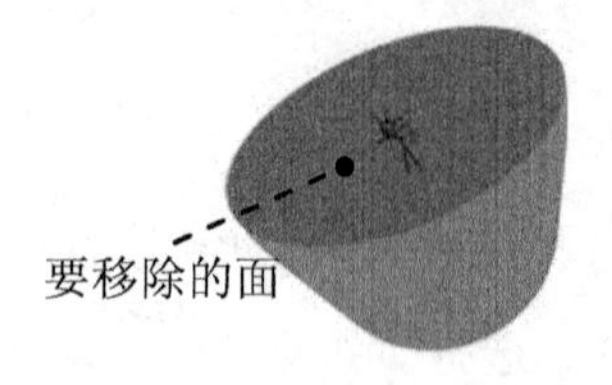

图 5.26.103　选取要移除的面

Step10. 添加图 5.26.104 所示的三切线内圆角 1。

（1）选取命令。选择下拉菜单 插入 → 修饰特征 → 三切线内圆角... 命令，系统弹出“定义三切线内圆角”对话框。

（2）定义圆角化的面。选取图 5.26.105 所示的面 1 和面 2 为要圆角化的面。

（3）定义要移除的面。选取图 5.26.105 所示的面 3 为要移除的面。

（4）单击“三切线内圆角”对话框中的 确定 按钮，完成三切线内圆角 1 的创建。

图 5.26.104　三切线内圆角 1

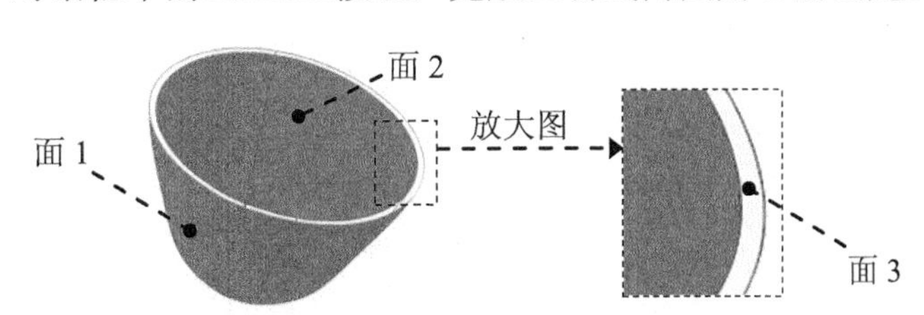

图 5.26.105　要移除的面与圆角化的面

Step11. 创建草图 4。

（1）选取命令。选择下拉菜单 插入 → 草图编辑器 ▸ → 草图 命令。

（2）定义草图平面。选取 zx 平面作为草图平面。

（3）绘制草图。在草绘工作台中绘制图 5.26.106 所示的截面草图。

（4）单击“工作台”工具栏中的按钮，退出草绘工作台。

Step12. 创建图 5.26.107 所示的平面 3。

（1）选择命令。单击“参考元素（扩展）”工具栏中的按钮，系统弹出“平面定义”对话框。

（2）定义平面的类型。在“平面定义”对话框的 平面类型: 下拉列表中选择 曲线的法线 选项。

（3）定义平面参数。

① 定义参考曲线。选取图 5.26.108 所示的曲线为参考曲线。

② 定义平面通过的点。选取图 5.26.108 所示的点为通过点。

（4）单击“平面定义”对话框中的 确定 按钮，完成平面 3 的创建。

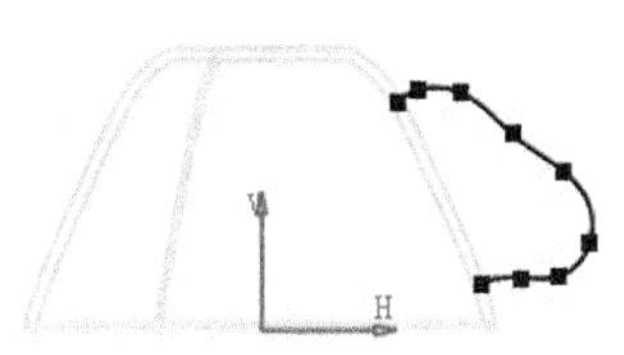

图 5.26.106　草图 4

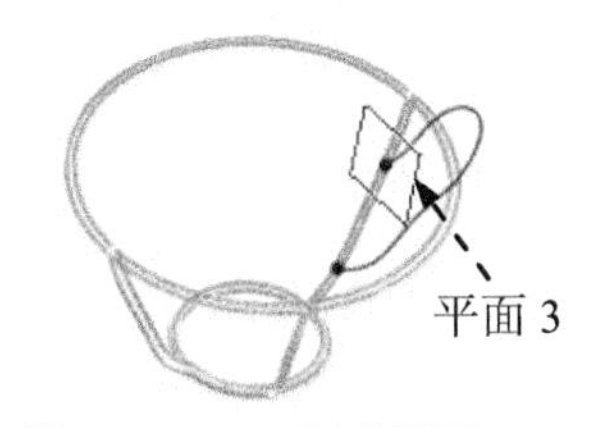

图 5.26.107　创建平面 3

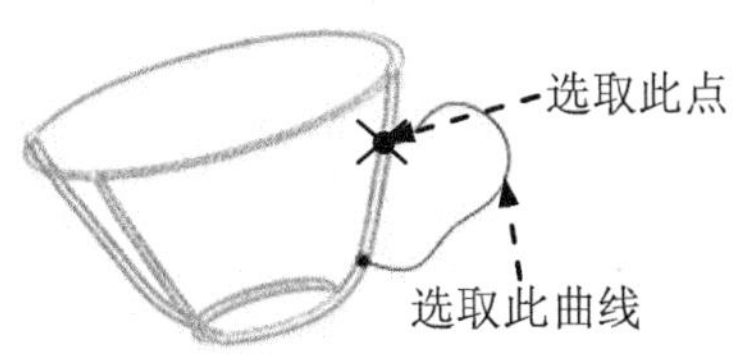

图 5.26.108　选取参照

Step13. 创建草图 5。

（1）选取命令。选择下拉菜单 插入 → 草图编辑器 ▸ → 草图 命令。

（2）定义草图平面。选取 Step12 中创建的平面 3 作为草图平面。

（3）绘制草图。在草绘工作台中绘制图 5.26.109 所示的截面草图 5。

（4）单击“工作台”工具栏中的按钮，退出草绘工作台。

Step14. 添加图 5.26.110 所示的肋 1。

（1）选择命令。选择下拉菜单 插入 → 基于草图的特征 → 肋... 命令，系统弹出“定义肋”对话框。

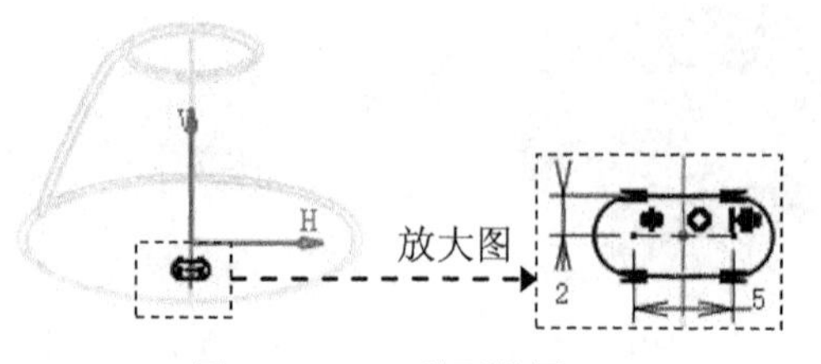

图 5.26.109　截面草图 5

图 5.26.110　肋 1

（2）定义轮廓。选取草图 5 为肋特征的轮廓。

（3）定义中心曲线，选取草图 4 为肋特征的中心曲线。

（4）单击 确定 按钮，完成肋 1 的创建。

Step15. 添加图 5.26.111a 所示的倒圆角 2。

（1）选取命令。选择下拉菜单 插入 → 修饰特征 → 倒圆角... 命令，弹出“倒圆角定义”对话框。

（2）定义要倒圆角的对象。在对话框的 传播: 下拉列表中选取 相切 选项，然后选取图 5.26.111a 所示的边为倒圆角的对象。

（3）定义倒圆角半径。在对话框的 半径: 文本框中输入值 2。

（4）单击“倒圆角定义”对话框中的 确定 按钮，完成倒圆角 2 的创建。

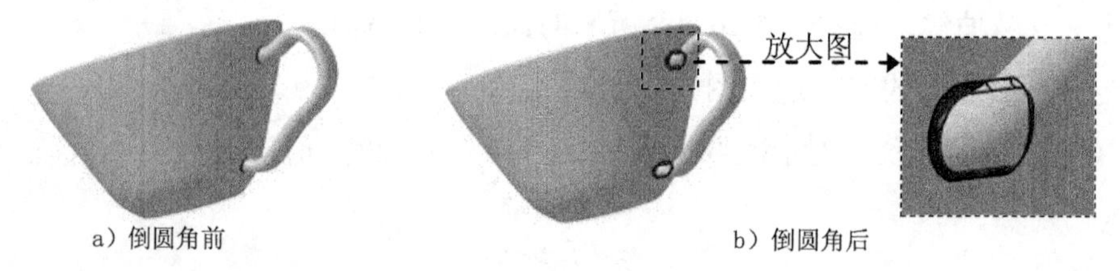

a）倒圆角前　　b）倒圆角后

图 5.26.111　创建倒圆角 2

Step16. 至此，零件模型创建完毕。

5.26.5　范例 5

范例概述

本应用介绍了电器盖的设计过程。通过练习本例，读者可以掌握实体的拉伸、拔模、镜像、扫描、倒圆角和抽壳等特征的应用。在创建特征的过程中，需要注意特征的创建顺序。零件模型及特征树如图 5.26.112 所示。

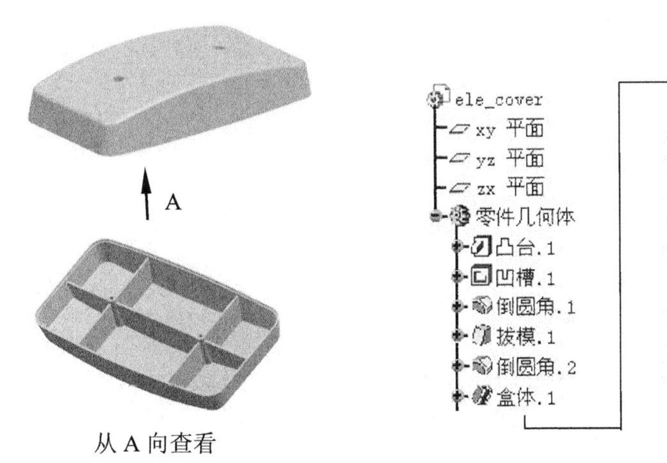

图 5.26.112 零件模型与特征树

Step1. 新建模型文件。选择下拉菜单 开始 → 机械设计 → 零件设计 命令，在系统弹出的“新建零件”对话框中输入名称 ele_cover，选中 启用混合设计 复选项，单击 确定 按钮，进入零件设计工作台。

Step2. 添加图 5.26.113a 所示的零件基础特征——凸台 1。选择下拉菜单 插入 → 基于草图的特征 → 凸台... 命令；选取 yz 平面为草绘平面，绘制图 5.26.113b 所示的截面草图；在 第一限制 区域的 类型： 下拉列表中选取 尺寸 选项，在其后的 长度： 文本框中输入值 32，并选中 镜像范围 复选框；单击 确定 按钮，完成凸台 1 的创建。

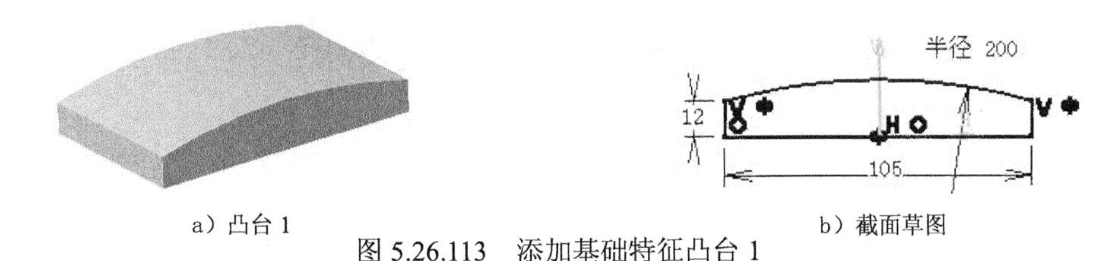

图 5.26.113 添加基础特征凸台 1

Step3. 添加图 5.26.114a 所示的特征——凹槽 1。选择菜单 插入 → 基于草图的特征 → 凹槽... 命令；选取 xy 平面为草绘平面，绘制图 5.26.114b 所示的截面草图；在对话框 第一限制 区域的 类型： 下拉列表中选取 直到最后 选项；若方向不对，单击 反转方向 和 反转边 按钮调整至图 5.26.115 所示方向，单击 确定 按钮，完成凹槽 1 的创建。

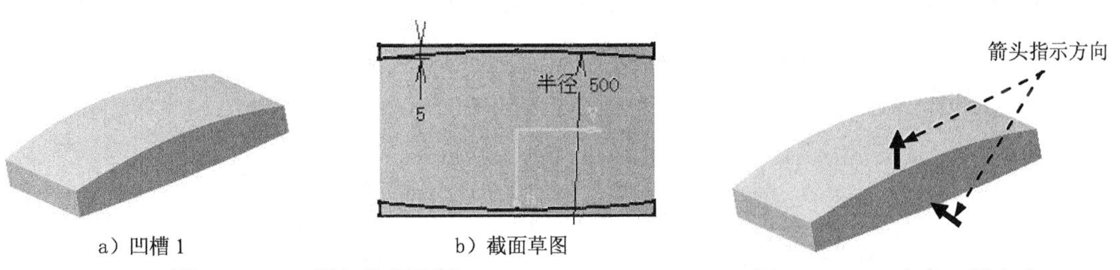

图 5.26.114 添加特征凹槽 1

图 5.26.115 定义凹槽方向

Step4. 添加图 5.26.116b 所示的倒圆角 1。选取图 5.26.116a 所示的边为倒圆角的对象；在对话框的半径：文本框中输入值 8。

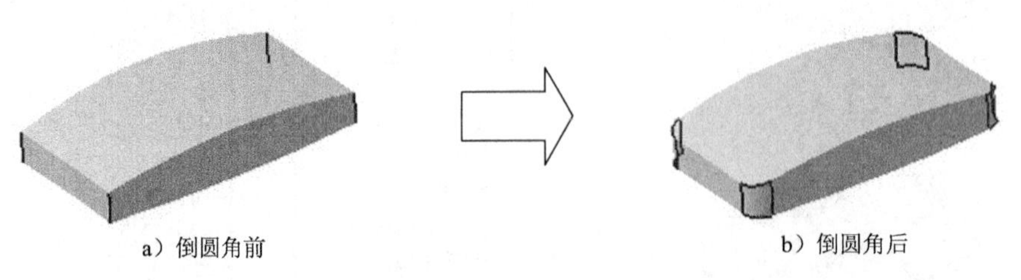

a）倒圆角前　　b）倒圆角后

图 5.26.116　创建倒圆角 1

Step5. 添加图 5.26.117b 所示的特征——拔模 1。选择下拉菜单插入 → 修饰特征 ▸ → 拔模...命令；选取图 5.26.117a 所示的模型表面 1 要拔模的面，在中性元素区域的选择：文本框中单击，选取图 5.26.117a 所示的模型表面 2，定义的拔模方向如图 5.26.118 所示，在角度：文本框中输入角度值-10；单击确定按钮，完成拔模 1 的创建。

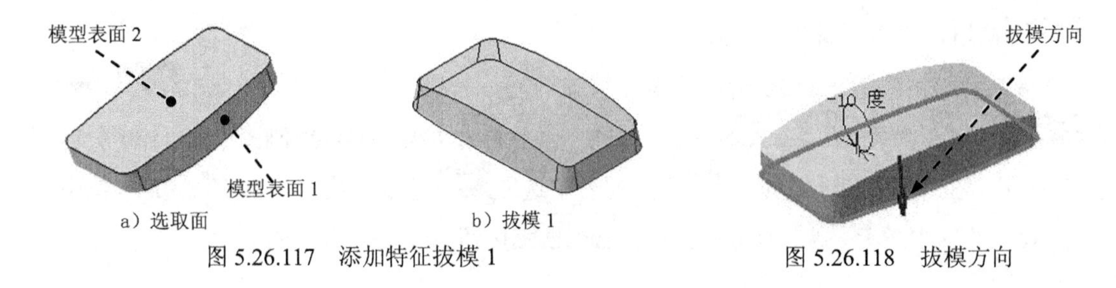

a）选取面　　b）拔模 1

图 5.26.117　添加特征拔模 1　　图 5.26.118　拔模方向

Step6. 添加图 5.26.119b 所示的倒圆角 2，倒圆角的对象为图 5.26.119a 所示的边，倒圆角半径值为 2.0。

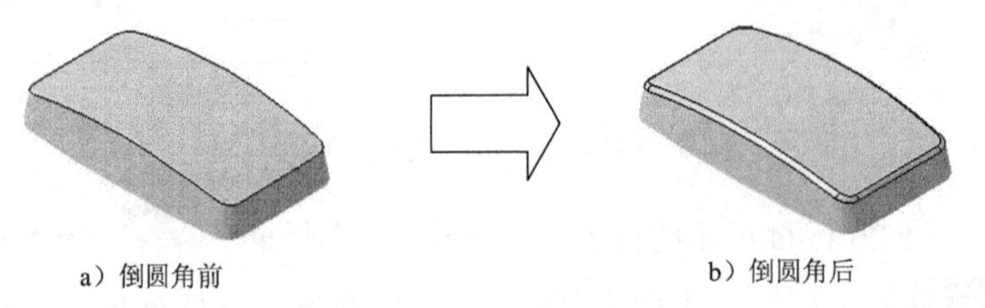

a）倒圆角前　　b）倒圆角后

图 5.26.119　创建倒圆角 2

Step7. 添加图 5.26.120b 所示的特征——盒体 1。选择下拉菜单插入 → 修饰特征 ▸ → 抽壳...命令，在默认内侧厚度：文本框中输入值 1.2，选取图 5.26.120a 所示的面为要移除的平面，单击确定按钮，完成盒体 1 的创建。

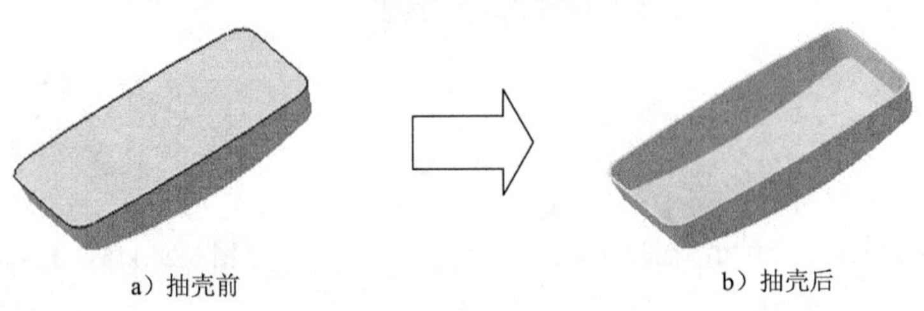

a）抽壳前　　b）抽壳后

图 5.26.120　创建盒体 1

Step8. 添加图 5.26.121a 所示的零件基础特征——凸台 2。选择下拉菜单 插入 → 基于草图的特征 ▸ → 凸台... 命令；选取 xy 平面为草绘平面，绘制图 5.26.121b 所示的截面草图；在 第一限制 区域的 类型： 下拉列表中选取 直到下一个 选项；单击 确定 按钮，完成凸台 2 的创建。

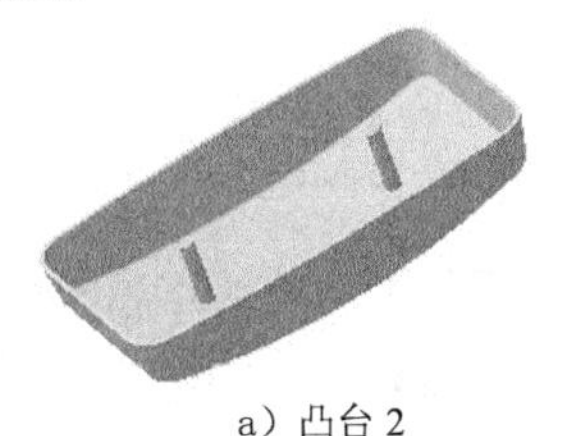

a）凸台 2　　b）截面草图

图 5.26.121　添加基础特征凸台 2

Step9. 添加图 5.26.122b 所示的特征——拔模 2。选择下拉菜单 插入 → 修饰特征 ▸ → 拔模... 命令；按住 Ctrl 键，选取图 5.26.122a 所示的模型表面 1 和模型表面 2 为要拔模的面，在 中性元素 区域的 选择： 文本框中单击，选取图 5.26.122a 所示的模型表面 3，定义的拔模方向如图 5.26.123 所示，在 角度： 文本框中输入角度值 3；单击 确定 按钮，完成拔模 2 的创建。

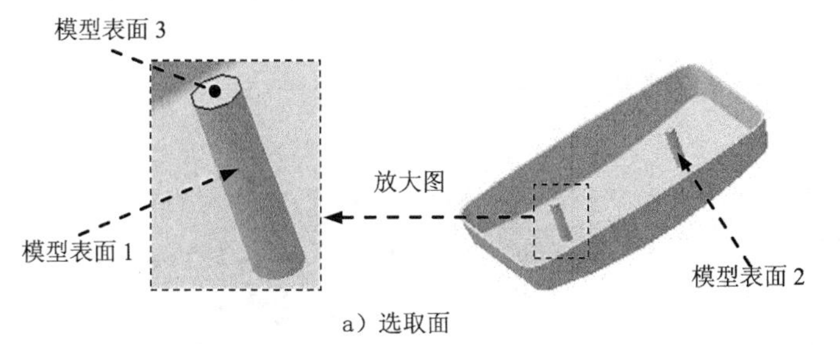

a）选取面　　b）拔模 2

图 5.26.122　添加特征拔模 2

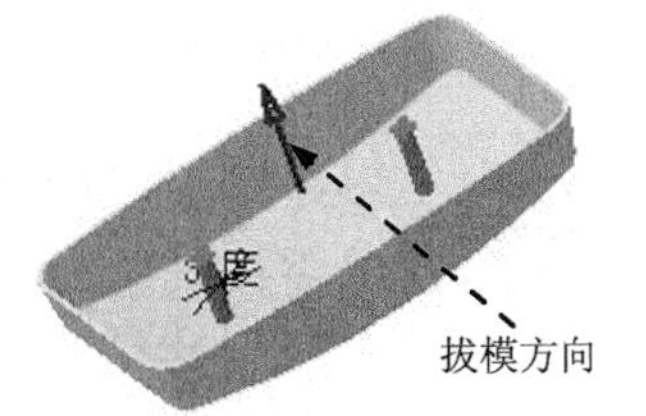

图 5.26.123　拔模方向

Step10. 添加图 5.26.124 所示的特征——平面 1。单击“线框”工具栏中的 ▱ 按钮；在 平面类型： 下拉列表中选取 偏移平面 选项；在 参考： 文本框中右击，选取 xy 为参考平面；在 偏移： 文本框中输入数值 2，偏移方向如图 5.26.125 所示；单击 确定 按钮，完成平面 1 的创建。

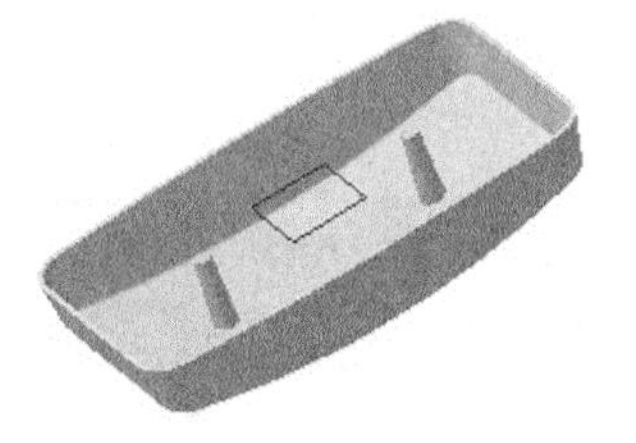

图 5.26.124　添加特征平面 1

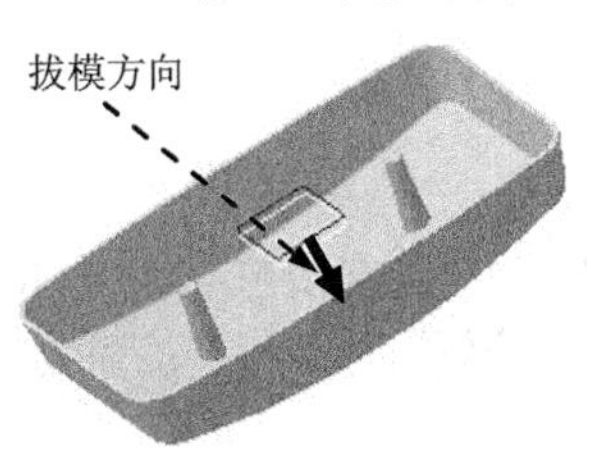

图 5.26.125　偏移方向

Step11. 添加图 5.26.126a 所示的零件基础特征——凸台 3。选择下拉菜单 插入 → 基于草图的特征 ▸ → 凸台... 命令；选取平面 1 为草绘平面，绘制图 5.26.126b 所示的截面草图；在 第一限制 区域的 类型： 下拉列表中选取 直到下一个 选项，选中 厚 复选框，在 薄凸台 区域的 厚度 1： 文本框中输入数值 0.5，在 厚度 2 文本框中输入数值 0.5；单击 确定 按钮，完成凸台 3 的创建。

Step12. 添加图 5.26.127a 所示的零件基础特征——凸台 4。选择下拉菜单 插入 → 基于草图的特征 ▸ → 凸台... 命令；选取平面 1 为草绘平面，绘制图 5.26.127b 所示的截面草图；在 第一限制 区域的 类型： 下拉列表中选取 直到下一个 选项，选中 厚 复选框，在 薄凸台 区域的 厚度 1： 文本框中输入数值 0.5，在 厚度 2 文本框中输入数值 0.5；单击 确定 按钮，完成凸台 4 的创建。

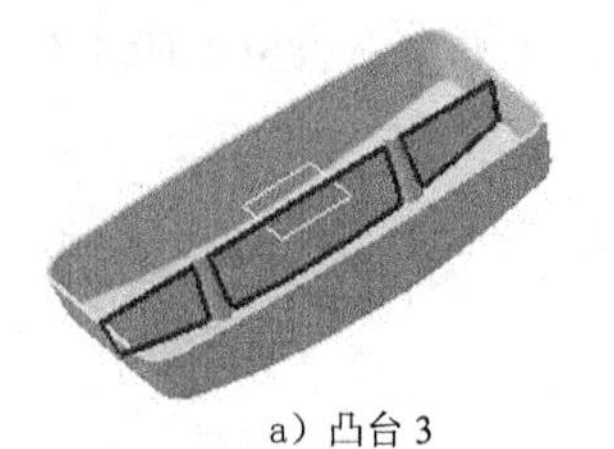

a）凸台 3　　b）截面草图

图 5.26.126　添加基础特征凸台 3

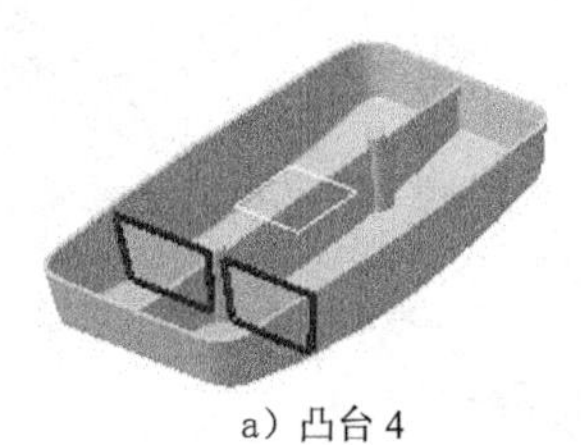

a）凸台 4　　b）截面草图

图 5.26.127　添加基础特征凸台 4

Step13. 添加图 5.26.128 所示的特征——镜像 1。在特征树中选取 凸台.4；选择下拉菜单 插入 → 变换特征 ▸ → 镜像... 命令，选取 zx 平面为镜像中心平面；单击 确定 按钮，完成镜像 1 的创建。

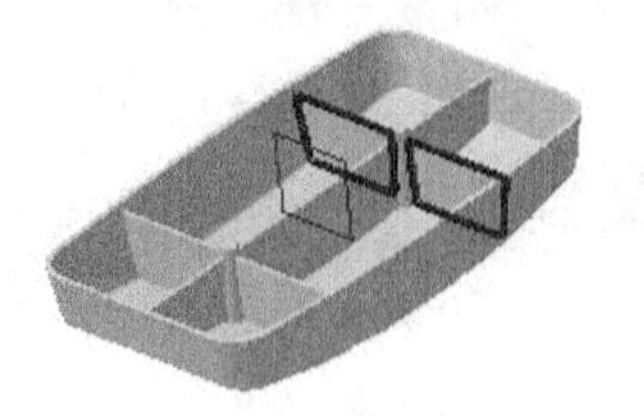

图 5.26.128　添加特征镜像 1

Step14. 添加图 5.26.129 所示的切削特征——开槽 1。选择 插入 → 基于草图的特征 ▸ → 开槽... 命令；单击“定义开槽”对话框中 轮廓 区域的 按钮，选取 yz 平面为草绘平面，绘制图 5.26.130 所示的截面草图，单击按钮回到“定义开槽”对话框；单击中心曲线区域的按钮，选取 xy 平面为草绘平面，绘制图 5.26.131 所示的截面草图，单击按钮；单击确定按钮，完成开槽特征的创建。

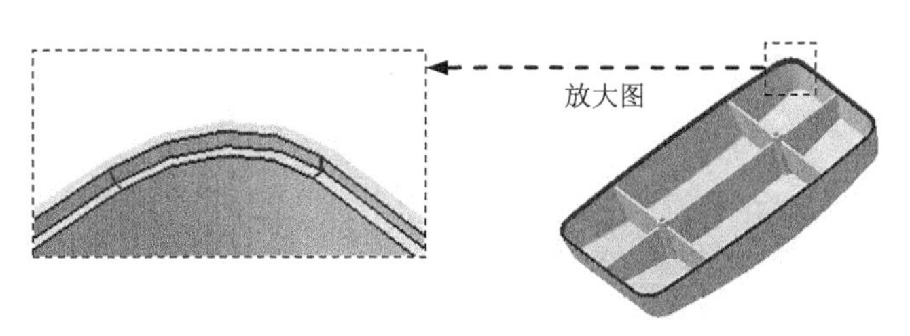

图 5.26.129 添加特征开槽 1

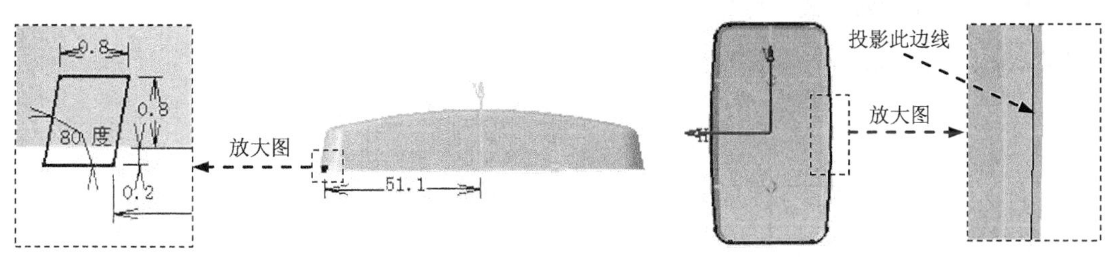

图 5.26.130 轮廓截面草图　　图 5.26.131 中心曲线截面草图

Step15. 添加图 5.26.132 所示的特征——平面 2。单击“参考元素”工具栏中的按钮；在平面类型：下拉列表中选取平行通过点选项；在参考：文本框中右击，选取 xy 为参考平面；在点：文本框中右击，在弹出的快捷菜单中选取创建点命令，在“点定义”对话框的点类型：下拉列表中选取曲面上选项；激活曲面：文本框，选取图 5.26.133 所示的曲面；激活方向：文本框，单击图 5.26.133 所示的位置，在距离：文本框中输入数值 0，单击确定按钮完成点的创建；再单击“平面定义”对话框中的确定按钮，完成平面 2 的创建。

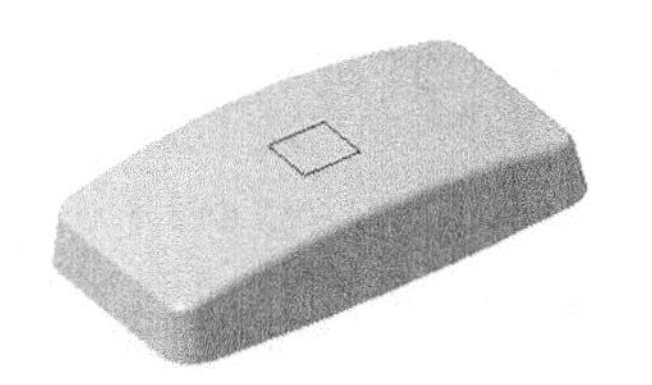

图 5.26.132 添加特征平面 2

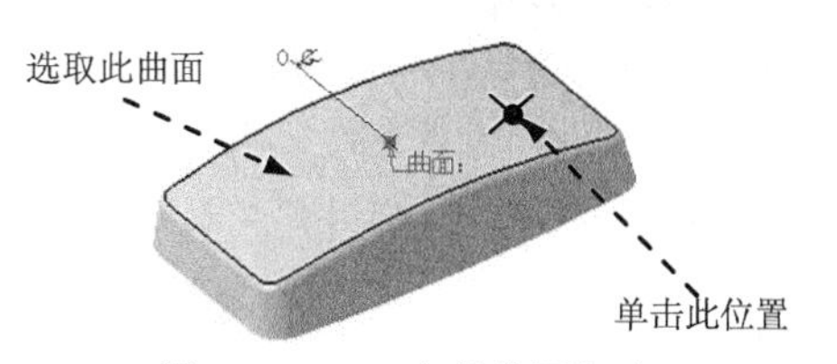

图 5.26.133 定义曲面和点

Step16. 创建图 5.26.134 所示的零件特征——孔 1。选择下拉菜单插入 → 基于草图的特征 ▸ → 孔...命令。选取平面 2 为孔放置面，单击按钮，在草绘工作台中约束孔的中心位置如图 5.26.135 所示。单击按钮。在“定义孔”对话框的扩展选项卡中选取直到最后选项，在直径：文本框中输入值 2。在类型选项卡中选取沉头孔选项，在直径：文本框中输入值 4.5，在深度：文本框中输入值 4。单击确定按钮，完成孔 1 创建。

图 5.26.134　添加特征孔 1

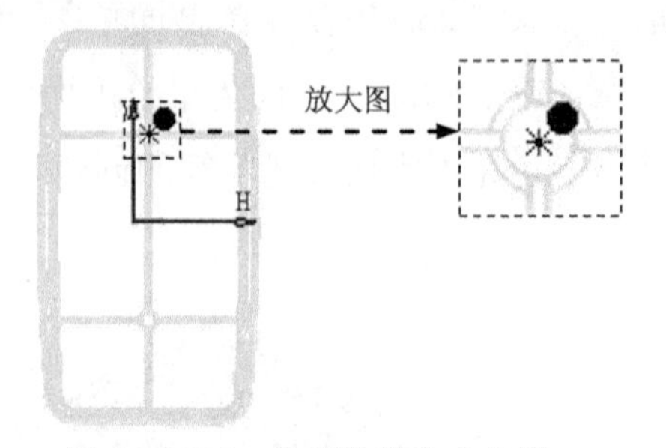

图 5.26.135　约束孔的中心位置

Step17. 添加图 5.26.136 所示的特征——镜像 2。在特征树中选取孔.1；选择下拉菜单 插入 → 变换特征 → 镜像... 命令，选取 zx 平面为镜像中心平面；单击 确定 按钮，完成镜像 2 的创建。

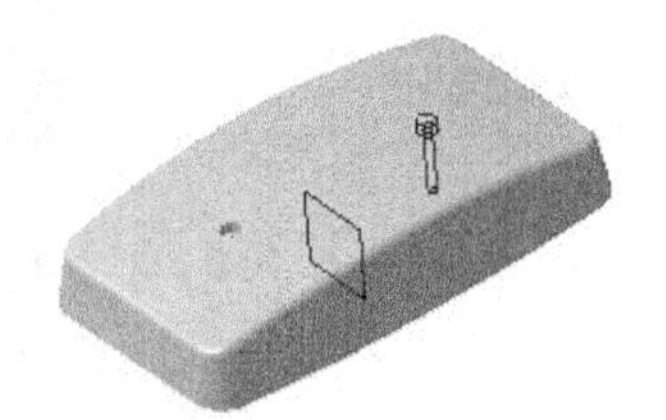

图 5.26.136　添加特征镜像 2

Step18. 至此，电器盖的零件模型创建完毕。

5.26.6　范例 6

范例概述

本范例详细讲解了一个轴类零件的设计过程。主要是讲述旋转体、凹槽、旋转槽、开槽、孔和阵列等特征命令的应用。所建的零件模型及模型树如图 5.26.137 所示。

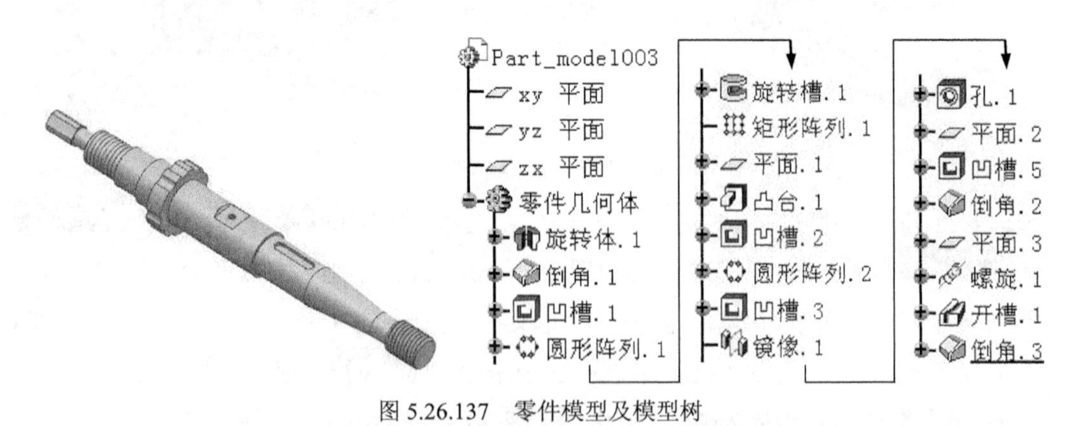

图 5.26.137　零件模型及模型树

Step1. 新建模型文件。选择下拉菜单 开始 → 机械设计 → 零件设计 命令，在系统弹出的“新建零件”对话框中输入名称 Part_model003，选取 启用混合设计 复选项，单击 确定 按钮，进入“零件设计”工作台。

Step2. 添加图 5.26.138 所示的特征——旋转体 1。选择菜单 插入 → 基于草图的特征 → 旋转体... 命令，选取 yz 平面为草绘平面，绘制图 5.26.139 所示的截面草图；在 限制 区域的 第一角度： 文本框中输入值 360；在 轴线 区域的 选择： 文本框中右击，选取 y 轴为旋转轴，单击 确定 按钮，完成旋转体 1 的创建。

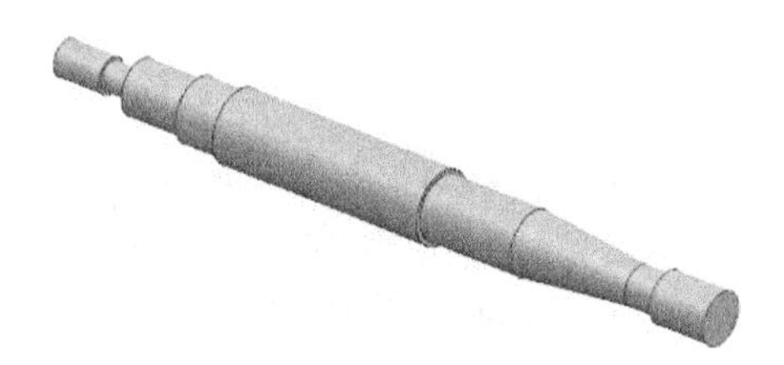

图 5.26.138　添加特征旋转体 1

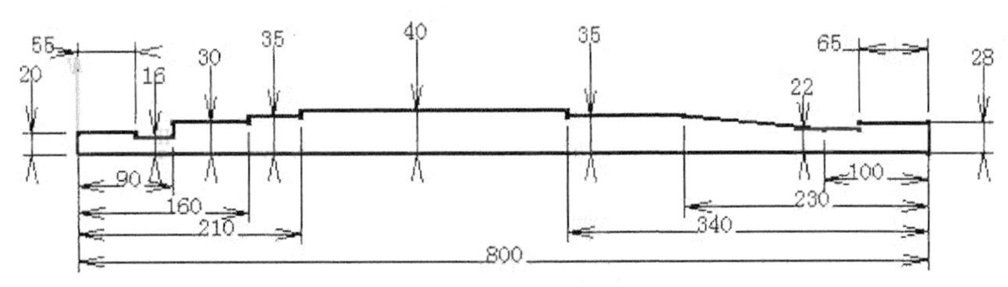

图 5.26.139　截面草图

Step3. 添加倒角特征 1。选择下拉菜单 插入 → 修饰特征 → 倒角... 命令；选取图 5.26.140 所示的两条边为倒角的边线，在 模式： 下拉列表中选择 长度 1/角度 选项，在 长度 1： 文本框中输入值 1，在 角度： 文本框中输入值 45.0；单击 确定 按钮，完成倒角 1 的创建。

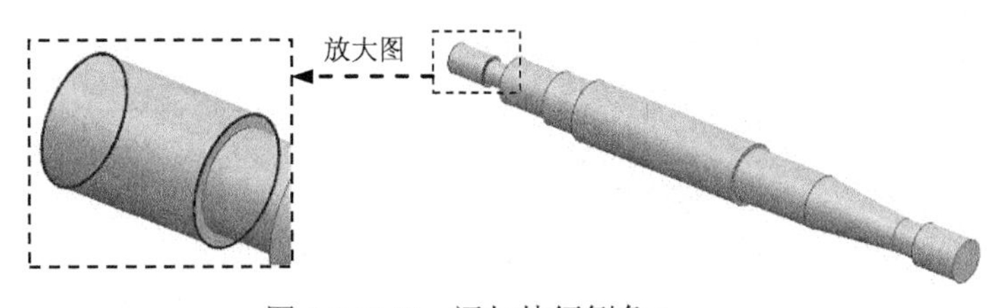

图 5.26.140　添加特征倒角 1

Step4. 添加图 5.26.141a 所示的零件特征——凹槽 1。选择下拉菜单 插入 → 基于草图的特征 → 凹槽... 命令；选取图 5.26.141a 所示的模型表面为草绘平面，绘制图 5.26.141b 所示的截面草图；在对话框 第一限制 区域的 类型： 下拉列表中选取 直到下一个 选项；单击 确定 按钮，完成凹槽 1 的创建。

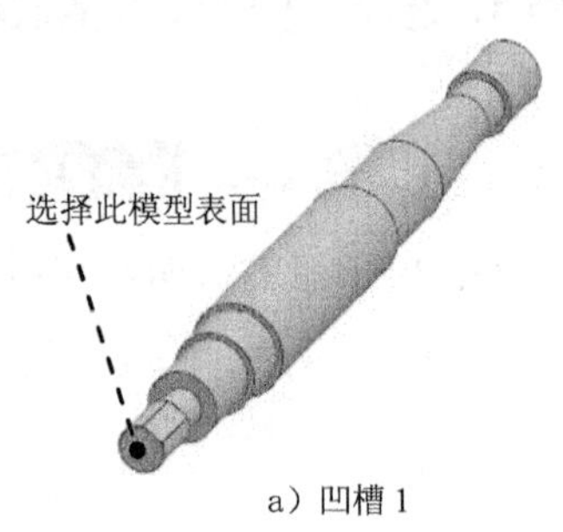

a）凹槽 1

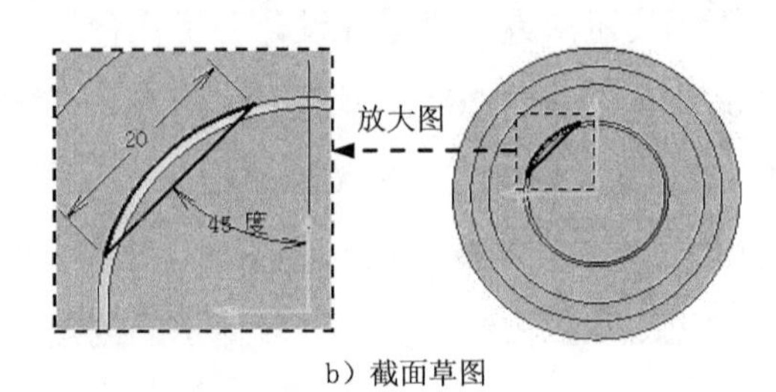

b）截面草图

图 5.26.141　添加特征凹槽 1

Step5. 添加图 5.26.142 所示的变换特征——圆形阵列 1。在特征树中选中特征 凹槽.1 作为圆形阵列的源特征；选择菜单 插入 → 变换特征 ▸ → 圆形阵列... 命令；在 参数： 文本框的下拉列表中选取 实例和角度间距 选项，在 实例： 文本框中输入值 4，在 角度间距： 文本框中输入值 90；在 参考方向 区域的 参考元素： 文本框中右击，选取图 5.26.142 所示的模型表面 1 为参考；单击 确定 按钮，完成圆形阵列 1 的创建。

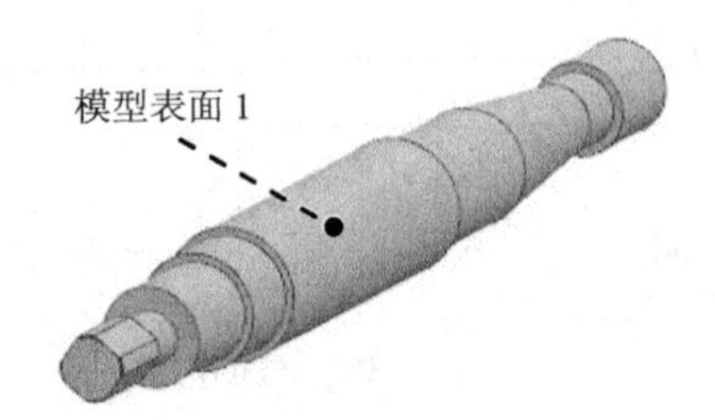

图 5.26.142　添加特征圆形阵列 1

Step6. 添加图 5.26.143 所示的特征——旋转槽 1。选择菜单 插入 → 基于草图的特征 ▸ → 旋转槽... 命令；选取 yz 平面为草绘平面，绘制图 5.26.144 所示的截面草图；在 限制 区域的 第一角度： 文本框中输入值 360；在 轴线 区域的 选择： 文本框中右击，选取 y 轴为旋转轴；单击 确定 按钮，完成旋转槽 1 的创建。

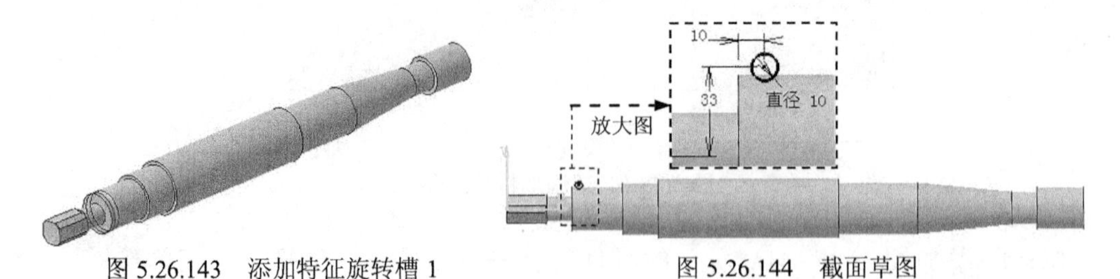

图 5.26.143　添加特征旋转槽 1　　　图 5.26.144　截面草图

Step7. 添加图 5.26.145 所示的特征——矩形阵列 1。在特征树中选中特征 旋转槽.1 作为矩形阵列的源特征；选择下拉菜单 插入 → 变换特征 ▸ → 矩形阵列... 命令；在 第一方向 选项卡的 参数： 下拉列表中选择 实例和间距 选项；在 实例： 文本框中输入值 4；在 间距： 文本框中输入值 15；激活 参考方向 区域的 参考元素： 文本框，然后右击，选取 y 轴为参考，调整图 5.26.146 所示的阵列方向；单击 确定 按钮，完成矩形阵列 1 的创建。

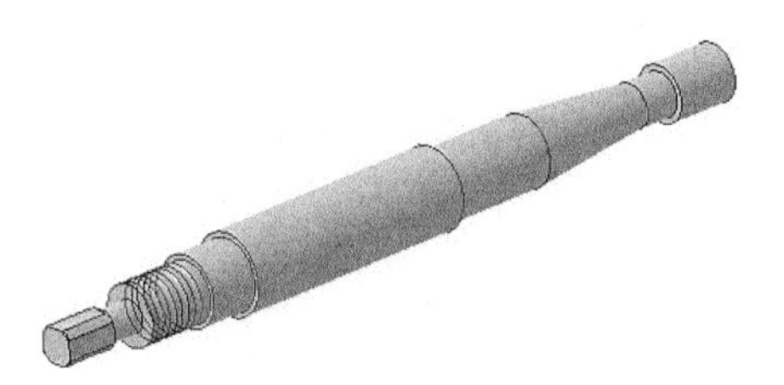
图 5.26.145 添加特征矩形阵列 1

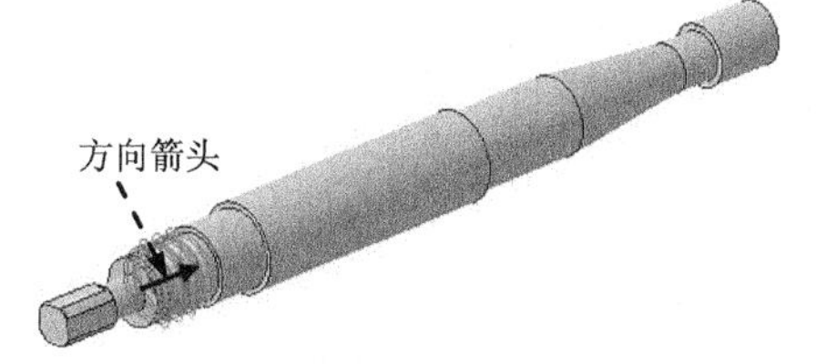

图 5.26.146 阵列方向

Step8. 添加图 5.26.147 所示的特征——平面 1。单击“线框”工具栏中的按钮；在 平面类型: 下拉列表中选取 偏移平面 选项；在 参考: 文本框中右击，选取 zx 为参考平面；在 偏移: 文本框中输入数值 250；单击 确定 按钮，完成平面 1 的创建。

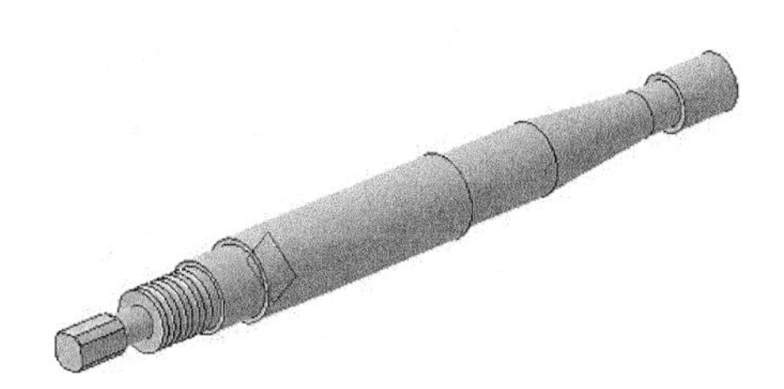
图 5.26.147 添加特征平面 1

Step9. 添加图 5.26.148a 所示的零件基础特征——凸台 1。选择下拉菜单 插入 → 基于草图的特征 → 凸台... 命令；选取平面 1 为草绘平面，绘制图 5.26.148b 所示的截面草图；在 第一限制 区域的 类型: 下拉列表中选取 尺寸 选项，在其后的 长度: 文本框中输入值 30；单击 确定 按钮，完成凸台 1 的创建。

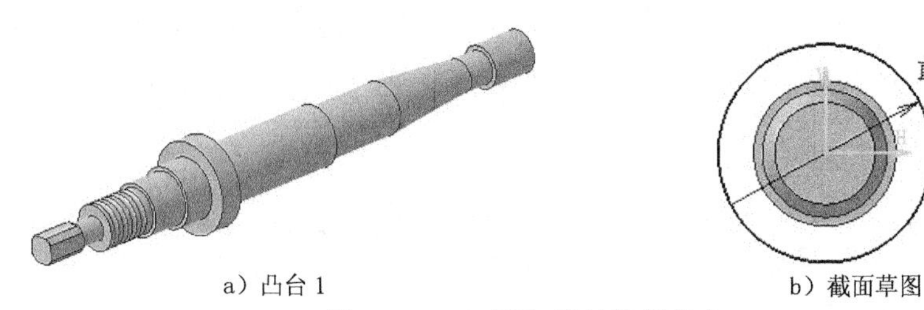

a）凸台 1　　b）截面草图

图 5.26.148 添加基础特征凸台 1

Step10. 添加图 5.26.149a 所示的零件特征——凹槽 2。选择下拉菜单 插入 → 基于草图的特征 → 凹槽... 命令；选取图 5.26.149a 所示的平面为草绘平面，绘制图 5.26.149b 所示的截面草图；在对话框 第一限制 区域的 类型: 下拉列表中选取 直到下一个 选项；单击 确定 按钮，完成凹槽 2 的创建。

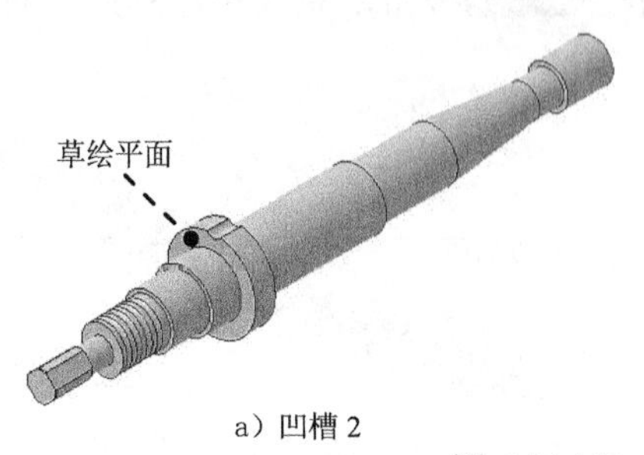

a）凹槽 2

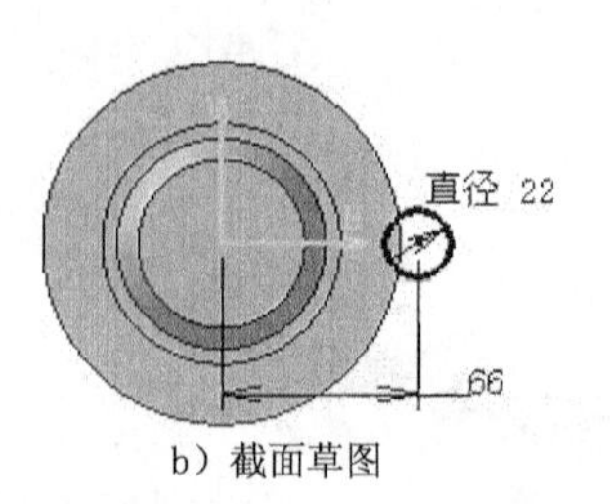

b）截面草图

图 5.26.149 添加特征凹槽 2

Step11. 添加图 5.26.150 所示的特征——圆形阵列 2。在特征树中选中特征凹槽.2作为圆形阵列的源特征；选择下拉菜单插入 → 变换特征 → 圆形阵列...命令；在参数：文本框的下拉列表中选取实例和角度间距选项，在实例：文本框中输入值 12，在角度间距：文本框中输入值 30；在参考方向区域的参考元素：文本框中右击，选取图 5.26.150 所示的模型表面 1 为参考；单击确定按钮，完成圆形阵列 2 的创建。

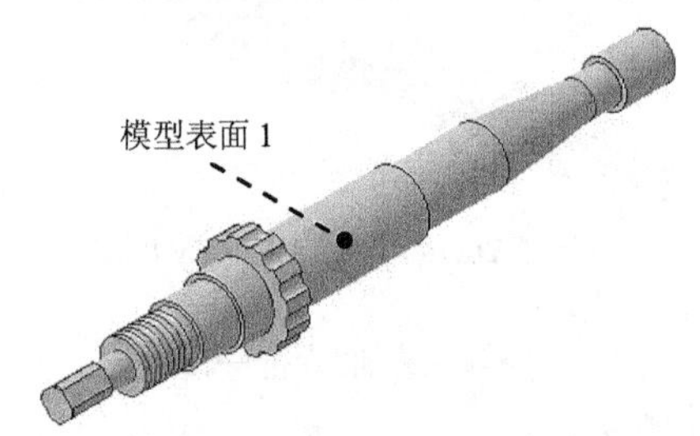

图 5.26.150 添加特征圆形阵列 2

Step12. 添加图 5.26.151a 所示的零件特征——凹槽 3。选择下拉菜单插入 → 基于草图的特征 → 凹槽...命令；选取 yz 平面为草绘平面，绘制图 5.26.151b 所示的截面草图；在对话框第一限制区域的类型：下拉列表中选取尺寸选项，在深度：文本框中输入值 30，并选中镜像范围复选框；单击确定按钮，完成凹槽 3 的创建。

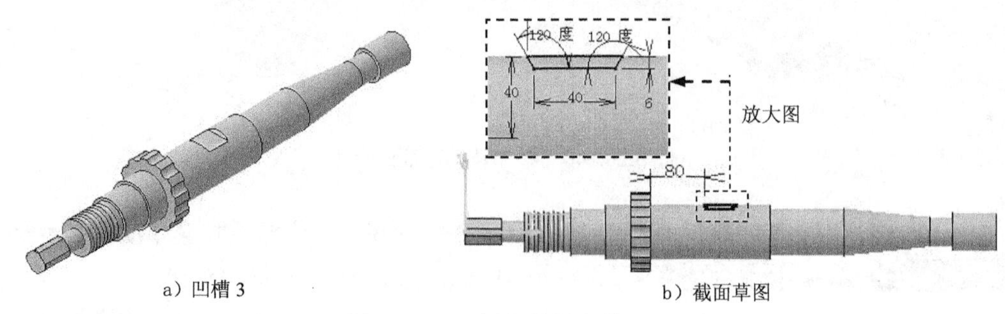

a）凹槽 3　　b）截面草图

图 5.26.151 添加特征凹槽 3

Step13. 添加图 5.26.152 所示的特征——镜像 1。在模型树中选取凹槽.3；选择下拉菜单插入 → 变换特征 → 镜像...命令，选取 xy 平面为镜像中心平面；单击确定按钮，完成镜像 1 的创建。

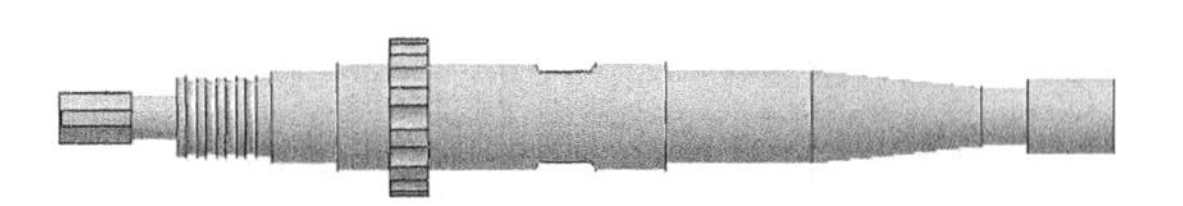

图 5.26.152 添加特征镜像 1

Step14. 创建图 5.26.153 所示的特征——孔 1。选择菜单 插入 → 基于草图的特征 → 孔... 命令。选取图 5.26.153 所示的平面为孔放置面，单击按钮，在草绘工作台中约束孔的中心位置如图 5.26.154 所示。单击按钮。在“定义孔”对话框的 扩展 选项卡中选取 直到最后 选项，单击对话框中的 定义螺纹 选项卡，选中 螺纹孔 复选框；在 定义螺纹 区域的 类型： 下拉列表中选择 公制粗牙螺纹 选项；在 螺纹描述： 下拉列表中选择 M14 选项；在 螺纹深度： 文本框中输入值 21.0；单击 确定 按钮，完成孔 1 的创建。

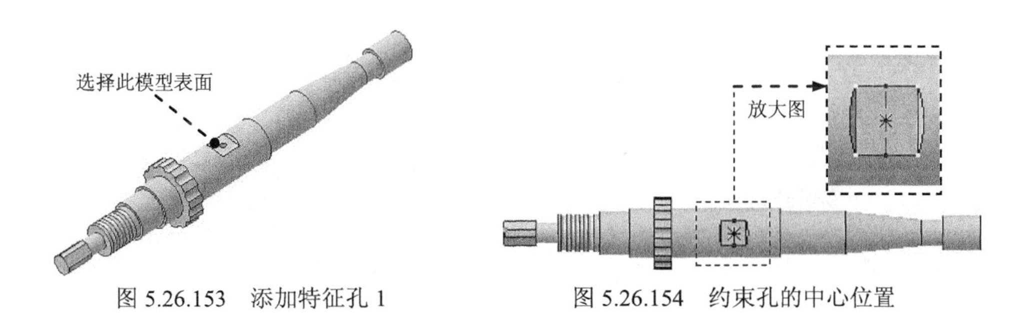

图 5.26.153 添加特征孔 1　　图 5.26.154 约束孔的中心位置

Step15. 添加图 5.26.155 所示的特征——平面 2。单击“线框”工具栏中的按钮；在 平面类型： 下拉列表中选取 偏移平面 选项；在 参考： 文本框中右击，选取 xy 为参考平面；在 偏移： 文本框中输入数值 28；单击 确定 按钮，完成平面 2 的创建。

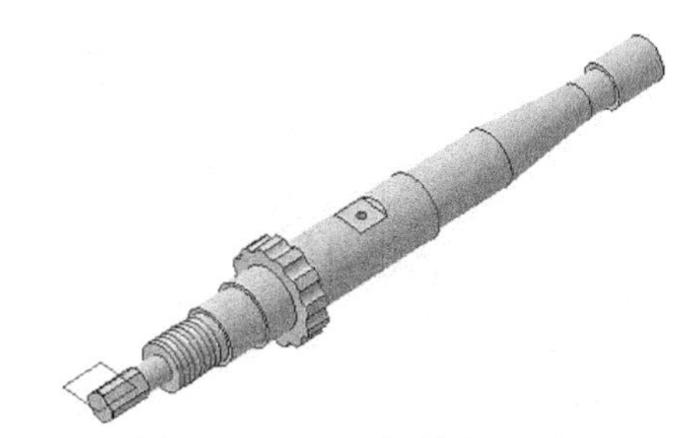

图 5.26.155 添加特征平面 2

Step16. 添加图 5.26.156a 所示的零件特征——凹槽 5。选择下拉菜单 插入 → 基于草图的特征 → 凹槽... 命令；选取平面 2 为草绘平面，绘制图 5.26.156b 所示的截面草图；在对话框 第一限制 区域的 类型： 下拉列表中选取 直到下一个 选项，单击 反转方向 按钮调整方向；单击 确定 按钮，完成凹槽 5 的创建。

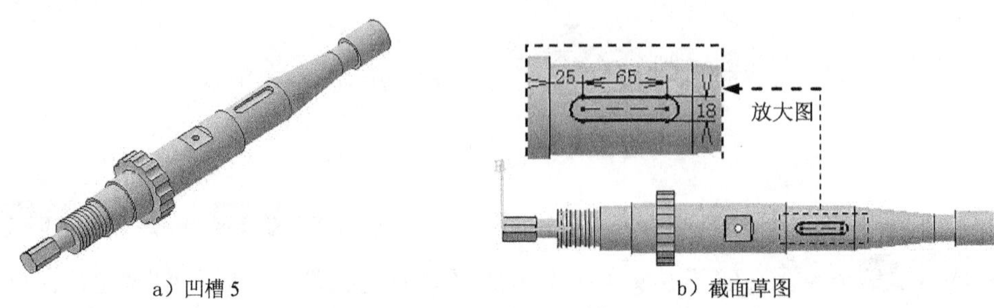

a）凹槽 5　　b）截面草图

图 5.26.156　添加特征凹槽 5

Step17. 添加倒角特征 2。选择下拉菜单 插入 → 修饰特征 → 倒角... 命令；选取图 5.26.157a 所示的两条边为倒角的边线，在 模式: 下拉列表中选择 长度 1/角度 选项，在 长度 1: 文本框中输入值 2，在 角度: 文本框中输入值 45.0；单击 确定 按钮，完成倒角 2 的创建。

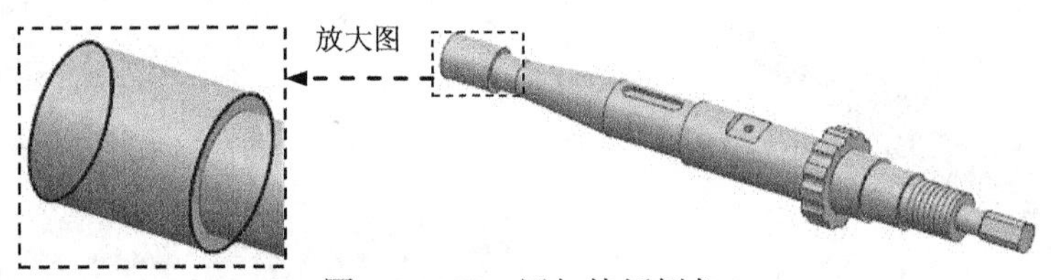

图 5.26.157　添加特征倒角 2

Step18. 添加图 5.26.158 所示的特征——平面 3。单击“线框”工具栏中的 按钮；在 平面类型: 下拉列表中选取 偏移平面 选项；激活 参考: 文本框，然后选取图 5.26.158 所示的平面为参考平面；在 偏移: 文本框中输入数值 5；单击 确定 按钮，完成平面 3 的创建。

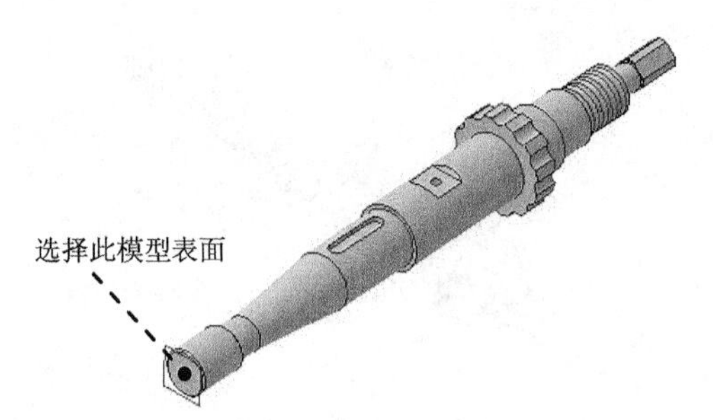

图 5.26.158　添加特征平面 3

Step19. 添加图 5.26.159 所示的特征——螺旋线。

（1）首先切换至创成式外形设计工作台。选择下拉菜单 插入(I) → 线框 → 螺旋线... 命令，在系统弹出的“螺旋曲线定义”对话框的 起点 文本框中右击，从系统弹出的快捷菜单中选择 创建点，系统弹出“点定义”对话框。

（2）在“点定义”对话框 点类型 下拉列表中选择 平面上 选项，然后选择平面 3 为参考，在H:文本框中输入值 28，在V:文本框中输入值 0，单击确定按钮，系统返回“螺旋曲线定义”对话框。

（3）在“螺旋曲线定义”对话框的轴:文本框中右击，从系统弹出的快捷菜单中选择 y 轴作为螺旋线的旋转轴。在螺距文本框中输入值 7，在高度:文本框中输入值 77，单击确定按钮，完成螺旋线的创建。

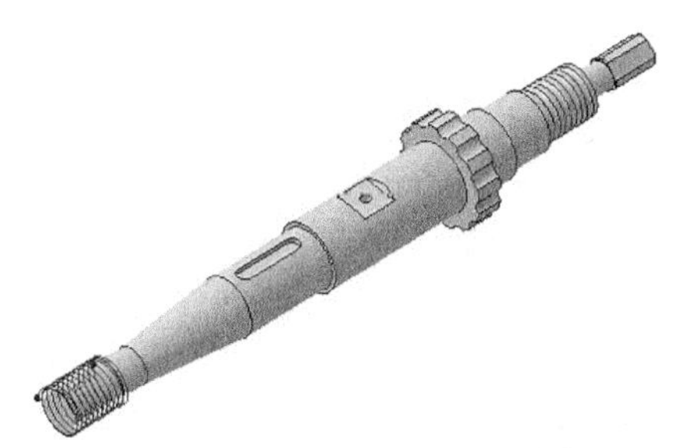

图 5.26.159　添加特征螺旋线

Step20. 绘制图 5.26.160 所示的草图。将工作台切换至零件设计，选择 xy 平面为草绘平面，绘制图 5.26.160 所示的草图。

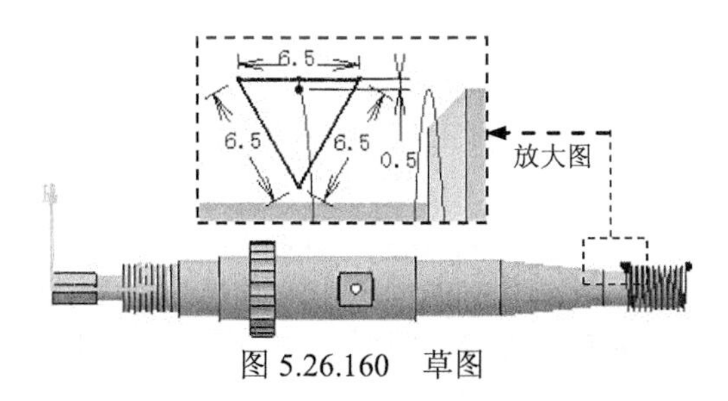

图 5.26.160　草图

Step21. 添加图 5.26.161 所示的特征——开槽 1。选择下拉菜单插入 ➡ 基于草图的特征 ➡ 开槽...命令，选择上一步创建的草图作为开槽特征的轮廓；选择 Step19 创建的螺旋线作为中心曲线。在控制轮廓下拉列表中选择拔模方向选项，然后选择图 5.26.161 所示的圆柱面为参照，单击确定按钮，完成开槽 1 的创建。

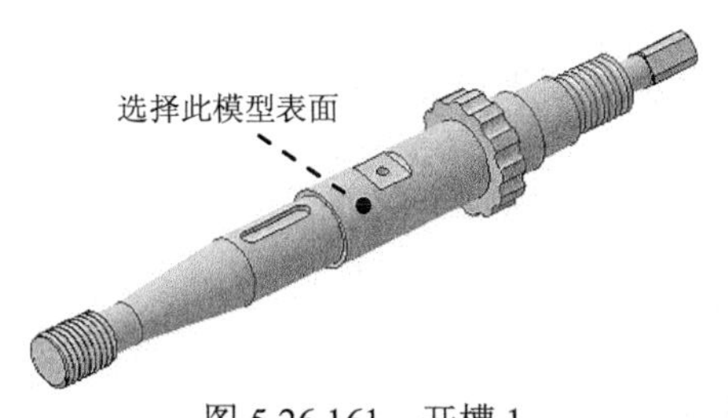

图 5.26.161　开槽 1

Step22. 添加倒角特征 3。选择下拉菜单插入 ➡ 修饰特征 ➡ 倒角...命令；选取图 5.26.162 所示的边为倒角的边线，在模式:下拉列表中选择长度 1/角度选项，在长度 1:文本框中输入值 1，在角度:文本框中输入值 45.0；单击确定按钮，完成倒角 3 的创建。

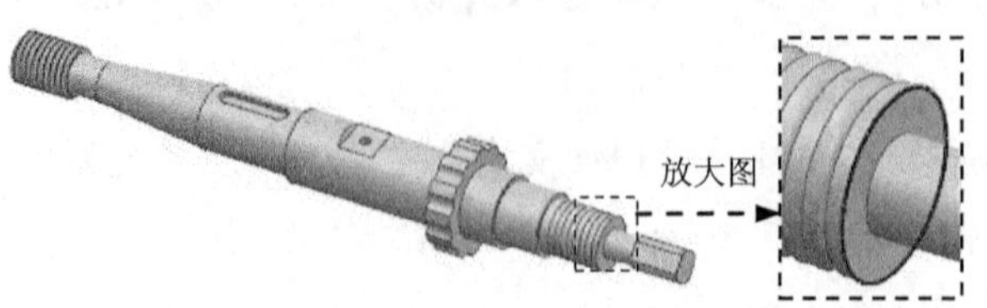

图 5.26.162　添加特征倒角 3

Step23. 至此，零件模型创建完毕。

5.27　习　　题

1. 创建图 5.27.1 所示的零件模型。

Step1. 新建一个零件模型，命名为 down_base01。

Step2. 创建图 5.27.2 所示的凸台 1。截面草图如图 5.27.3 所示。

图 5.27.1　零件模型

图 5.27.2　凸台 1

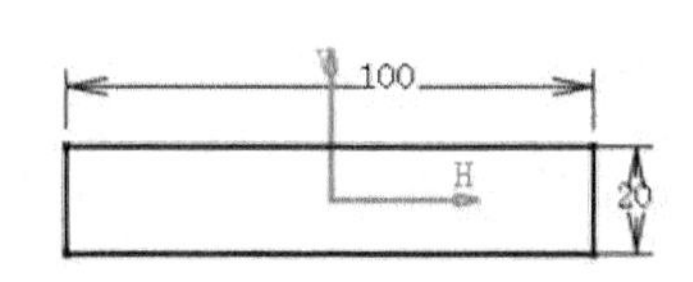

图 5.27.3　截面草图

Step3. 创建图 5.27.4 所示的凸台 2。截面草图如图 5.27.5 所示。

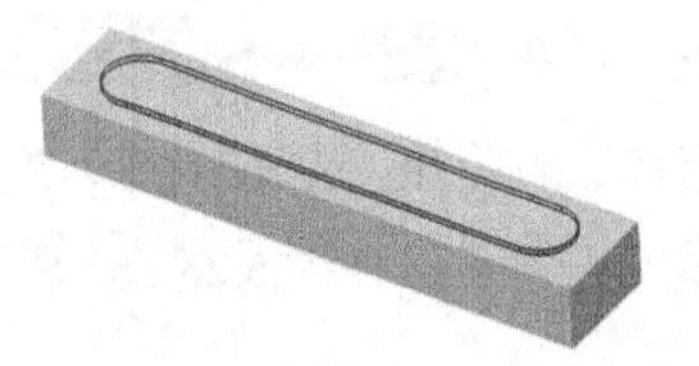

图 5.27.4　凸台 2

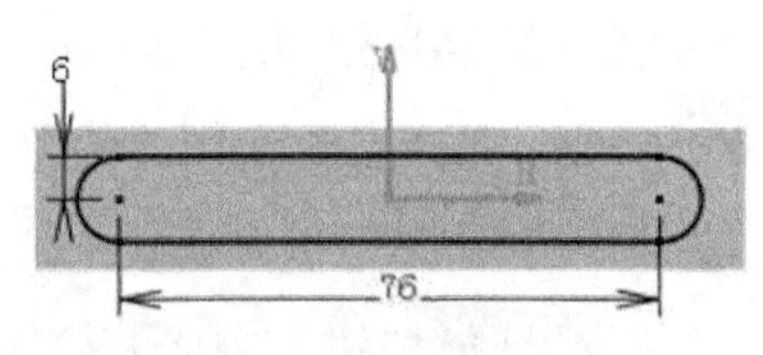

图 5.27.5　截面草图

Step4. 创建图 5.27.6 所示的凸台 3。截面草图如图 5.27.7 所示。

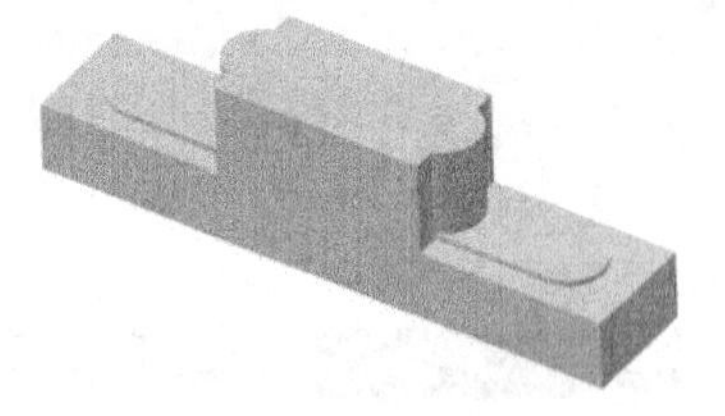

图 5.27.6　凸台 3

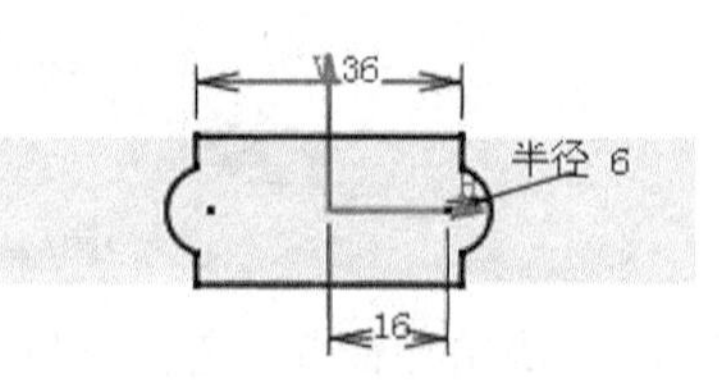

图 5.27.7　截面草图

Step5. 创建图 5.27.8 所示的凹槽 1。截面草图如图 5.27.9 所示。

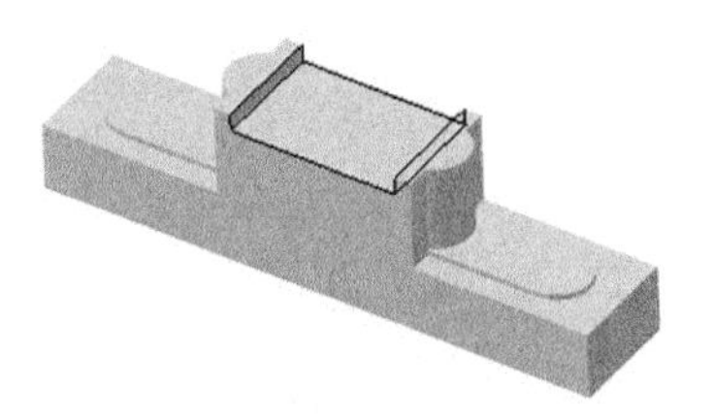

图 5.27.8 凹槽 1

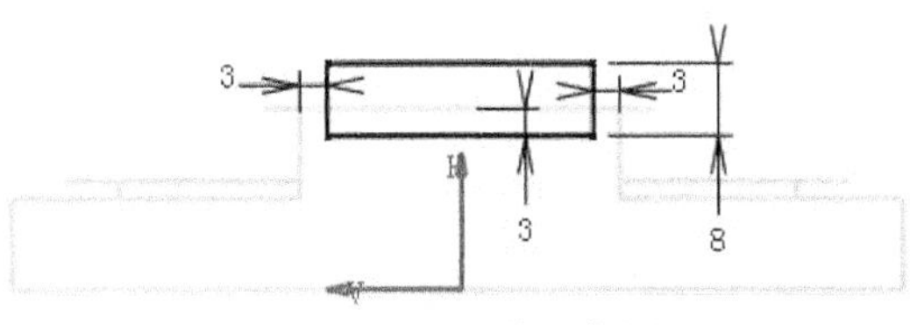

图 5.27.9 截面草图

Step6. 创建图 5.27.10 所示的凸台 4。截面草图如图 5.27.11 所示。

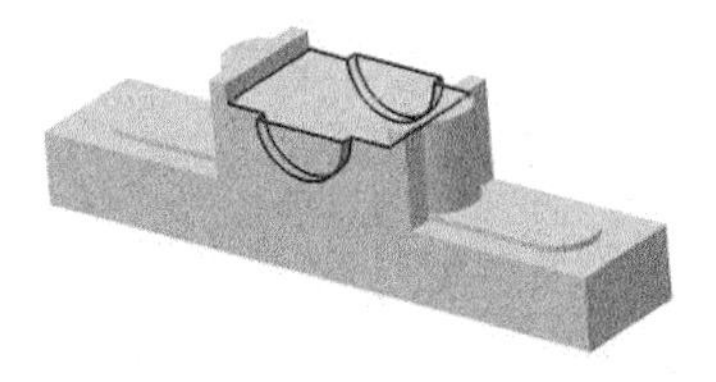

图 5.27.10 凸台 4

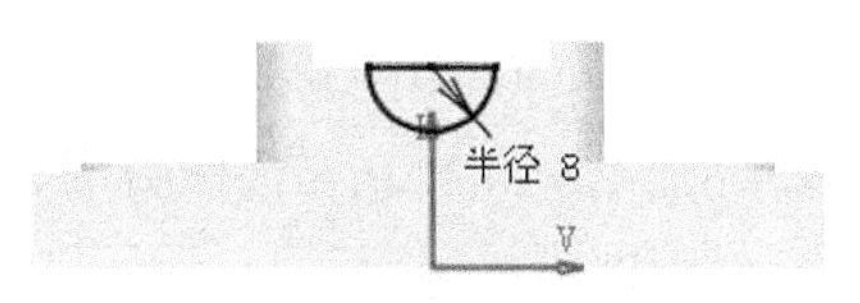

图 5.27.11 截面草图

Step7. 创建图 5.27.12 所示的旋转槽 1。截面草图如图 5.27.13 所示。

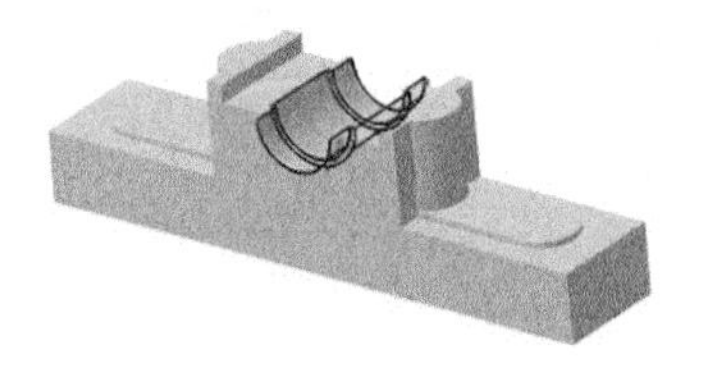

图 5.27.12 旋转槽 1

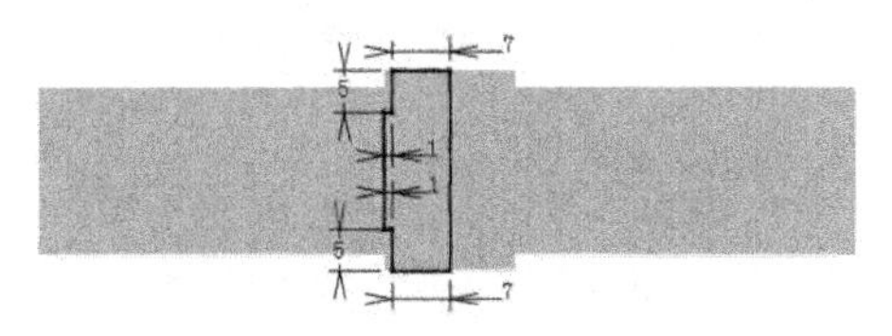

图 5.27.13 截面草图

Step8. 创建图 5.27.14 所示的凹槽 2。截面草图如图 5.27.15 所示。

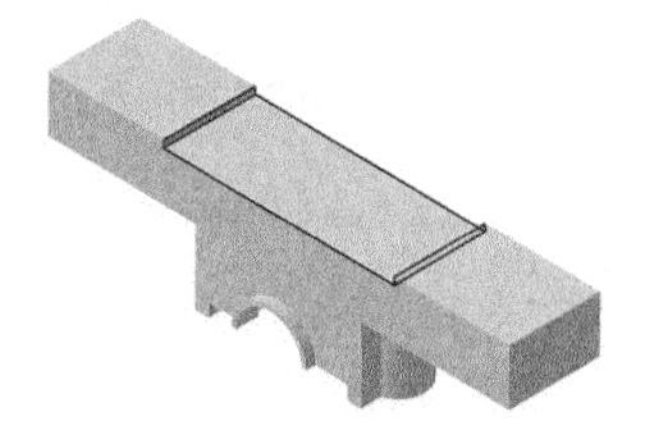

图 5.27.14 凹槽 2

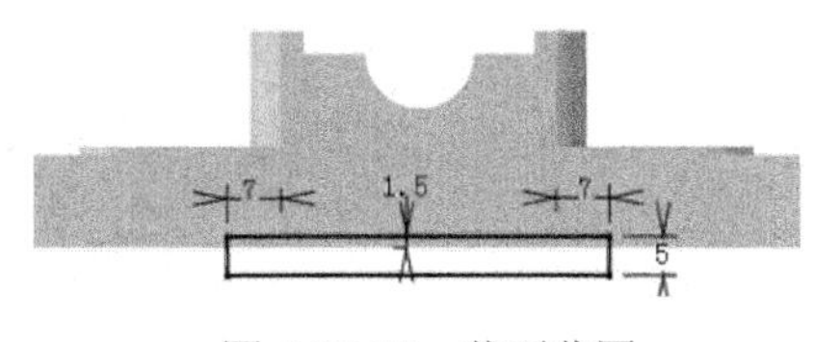

图 5.27.15 截面草图

Step9. 创建图 5.27.16 所示的凹槽 3。截面草图如图 5.27.17 所示。

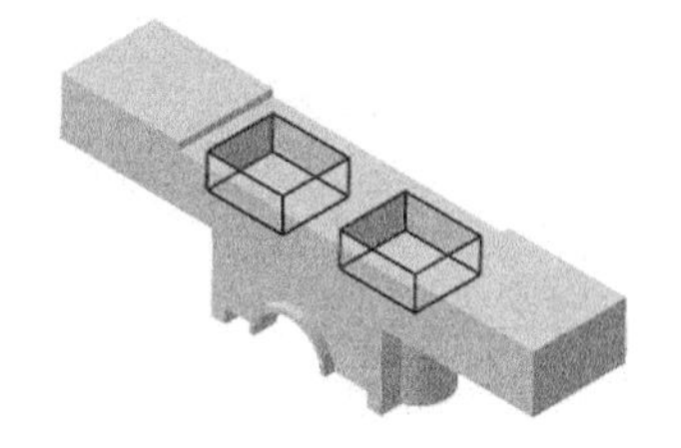

图 5.27.16 凹槽 3

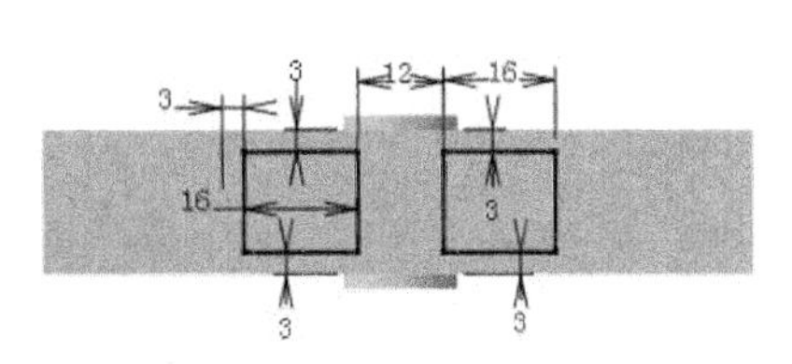

图 5.27.17 截面草图

Step10. 创建图 5.27.18 所示的凹槽 4。截面草图如图 5.27.19 所示。

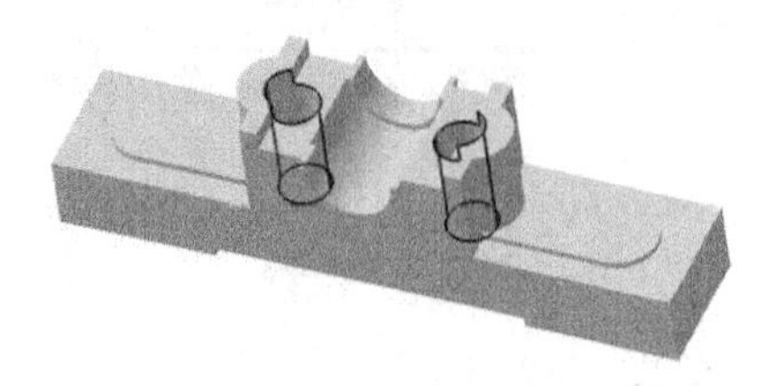

图 5.27.18　凹槽 4

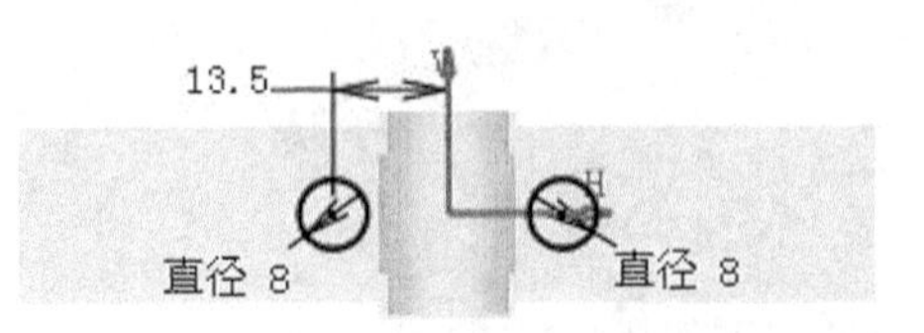

图 5.27.19　截面草图

Step11. 创建图 5.27.20 所示的凹槽 5。截面草图如图 5.27.21 所示。

Step12. 添加图 5.27.22 所示的倒圆角 1。圆角半径值为 1。

Step13. 添加图 5.27.23 所示的倒角 1。倒角长度值为 0.5。

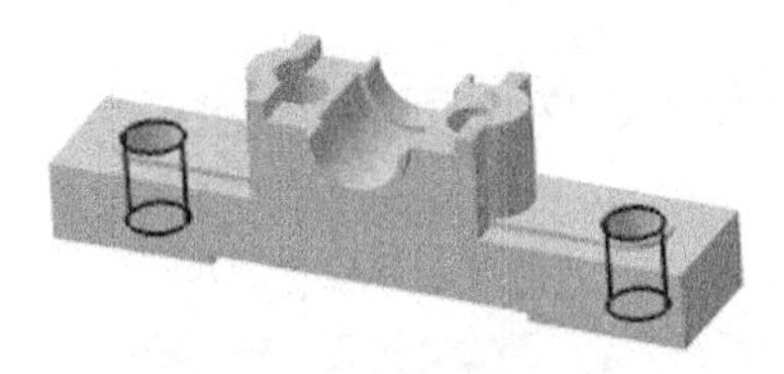

图 5.27.20　凹槽 5

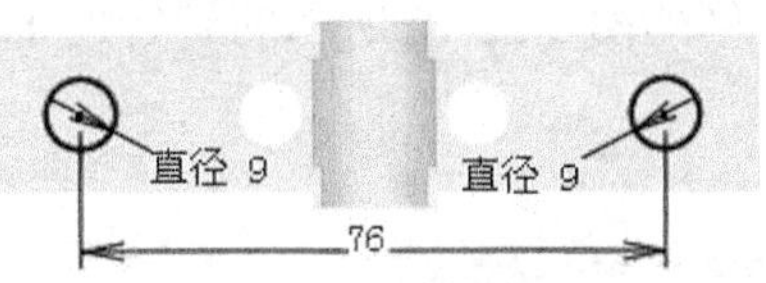

图 5.27.21　截面草图

Step14. 添加图 5.27.24 所示的倒圆角 2。圆角半径值为 0.5。

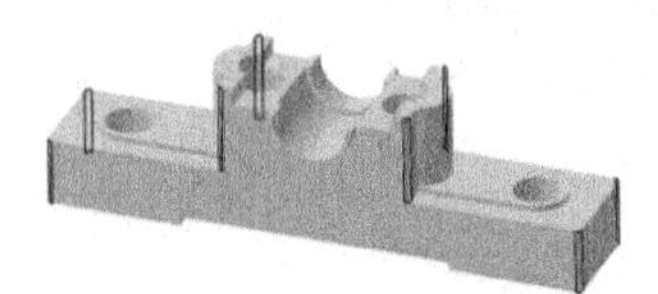

图 5.27.22　倒圆角 1

图 5.27.23　倒角 1

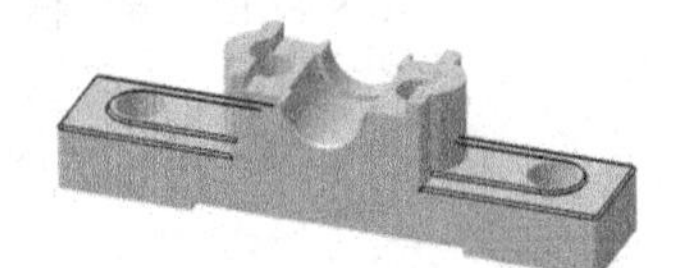

图 5.27.24　倒圆角 2

Step15. 创建图 5.27.25 所示的凹槽 6。截面草图如图 5.27.26 所示。

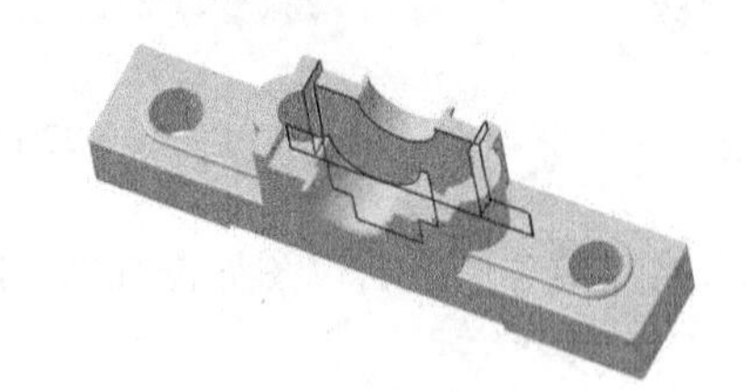

图 5.27.25　凹槽 6

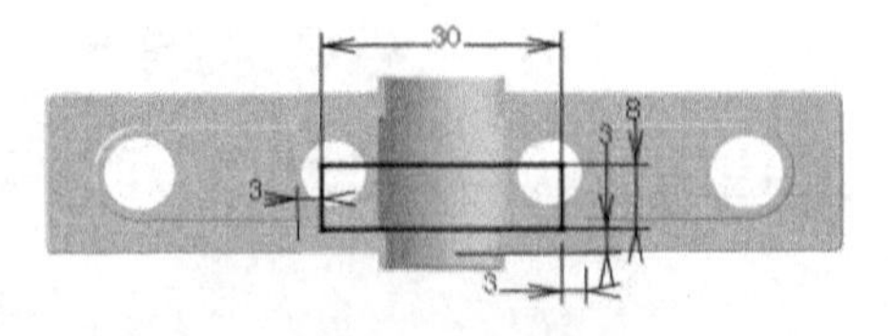

图 5.27.26　截面草图

2. 根据图 5.27.27 所示的步骤创建三维模型，将零件命名为 multiple_connecting_base。

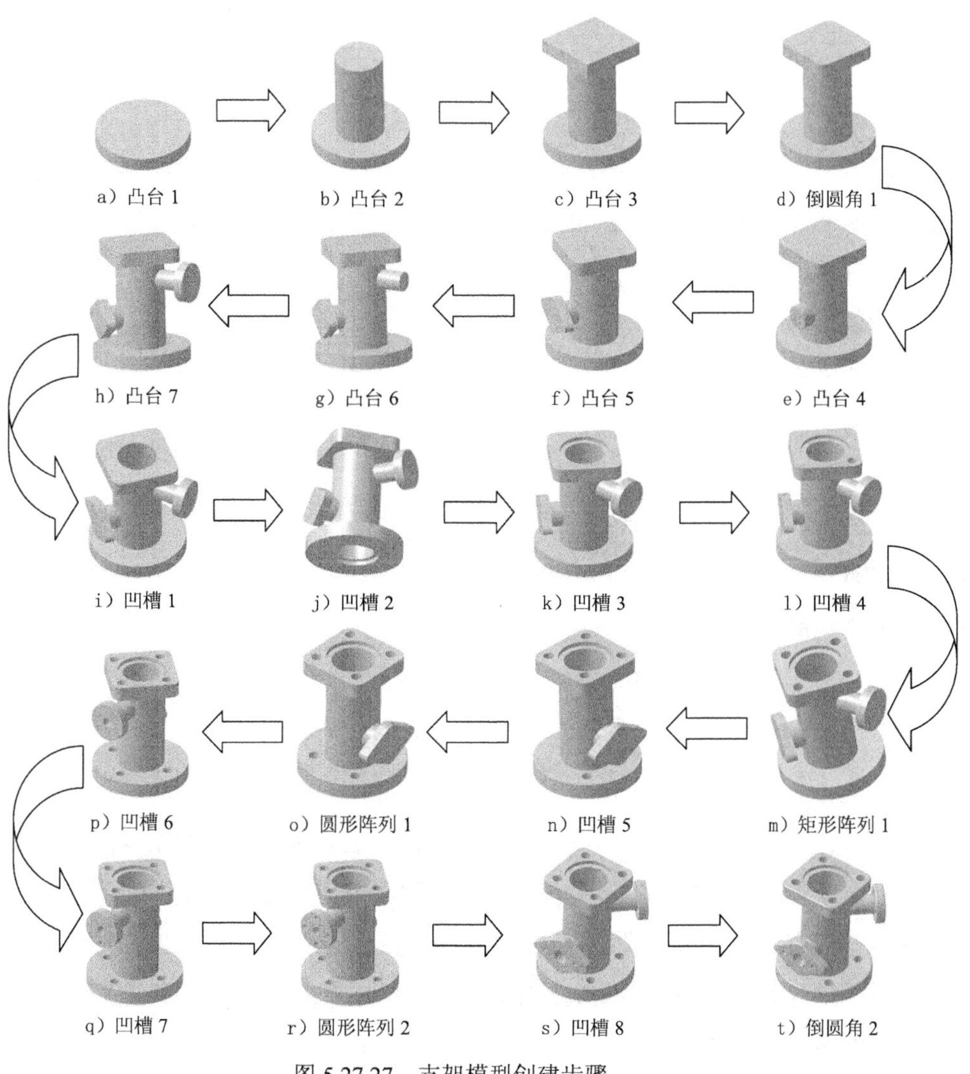

图 5.27.27 支架模型创建步骤

第6章 装配设计

本章提要 一个产品往往是由多个零件组合（装配）而成的，在CAITA V5-6中，零件的组合是在装配模块中完成的。通过本章的学习，可以了解产品装配的一般过程，掌握一些基本的装配技能。主要内容包括：

- 各种装配约束的基本概念。
- 装配约束的编辑定义。
- 装配的一般过程。
- 在装配体中修改部件。
- 在装配体中对称和阵列部件。
- 模型的外观处理。
- 装配分解图的创建。

6.1 概　　述

一个产品往往是由多个零件组合（装配）而成的，装配模块用来建立零件间的相对位置关系，从而形成复杂的装配体。零件间位置关系的确定主要通过添加约束实现。

装配设计一般有两种基本方式：自底向上装配和自顶向下装配。如果首先设计好全部零件，然后将零件作为部件添加到装配体中，则称之为自底向上装配；如果是首先设计好装配体模型，然后在装配体中组建模型，最后生成零件模型，则称之为自顶向下装配。

CAITA V5-6提供了自底向上和自顶向下装配功能，并且这两种方法可以混合使用。自底向上装配是一种常用的装配模式，本书主要介绍自底向上装配。

CAITA V5-6的装配模块具有下面一些特点：

- 提供了方便的部件定位方法，轻松设置部件间的位置关系。系统提供了六种约束方式，通过对部件添加多个约束，可以准确地把部件装配到位。
- 提供了强大的分解图工具，可以方便地生成装配体的分解图。
- 提供了强大的零件库，可以直接向装配体中添加标准零件。

相关术语和概念

零件：是组成部件与产品最基本的单位。

部件：可以是一个零件，也可以是多个零件的装配结果。它是组成产品的主要单位。

装配体：也称为产品，是装配设计的最终结果。它是由部件之间的约束关系及部件组成的。

约束：在装配过程中，约束是指部件之间的相对的限制条件，可用于确定部件的位置。

6.2 装配约束

通过定义装配约束，可以指定零件相对于装配体（部件）中其他部件的放置方式和位置。装配约束的类型包括相合、接触、偏移和固定等。在 CATIA 中，一个零件通过装配约束添加到装配体后，它的位置会随与其有约束关系的部件改变而相应改变，而且约束设置值作为参数可随时修改，并可与其他参数建立关系方程，这样整个装配体实际上是一个参数化的装配体。

关于装配约束，请注意以下几点。

- 一般来说，建立一个装配约束时，应选取零件参照和部件参照。零件参照和部件参照是零件和装配体中用于约束定位和定向的点、线和面。例如，通过“相合”约束将一根轴放入装配体的一个孔中，轴的中心线就是零件参照，而孔的中心线就是部件参照。
- 系统一次只添加一个约束。例如，不能用一个“相合”约束将一个零件上两个不同的孔与装配体中的另一个零件上的两个不同的孔对齐，必须定义两个不同的“相合”约束。
- 要对一个零件在装配体中完整地指定放置和定向（即完整约束），往往需要定义数个装配约束。
- 在 CATIA 中装配零件时，可以将多余约束添加到零件上，即使从数学的角度来说，零件的位置已完全约束，但仍可指定附加约束，以确保装配件达到设计意图。

6.2.1 “相合”约束

“相合”约束可以使两个装配部件中的两个平面（图 6.2.1a）重合，并且可以调整平面方向，如图 6.2.1b、c 所示；也可以使两条轴线同轴（图 6.2.2）或者两个点重合，约束符号为 ◙ 。

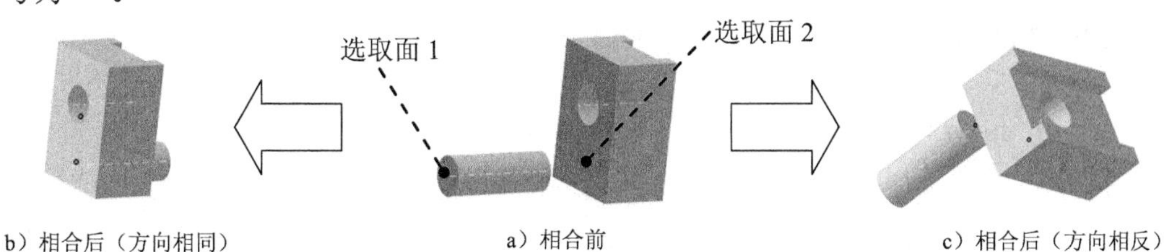

图 6.2.1 “相合”约束

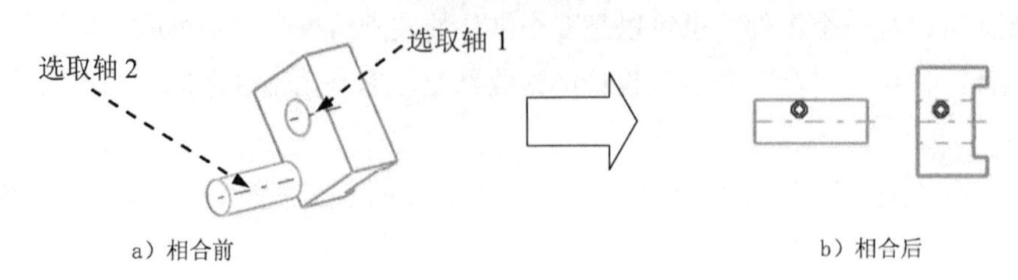

图 6.2.2　“相合”约束

注意：使用“相合”约束时，两个参照不必为同一类型，直线与平面、点与直线等都可使用“相合”约束。

6.2.2　“接触”约束

“接触”约束可以对选定的两个面进行约束，可分为以下三种约束情况。

- 点接触：使球面与平面处于相切状态，约束符号为 ，如图 6.2.3 所示。
- 线接触：使圆柱面与平面处于相切状态，约束符号为 ，如图 6.2.4 所示。
- 面接触：使两个面重合，约束符号为 。

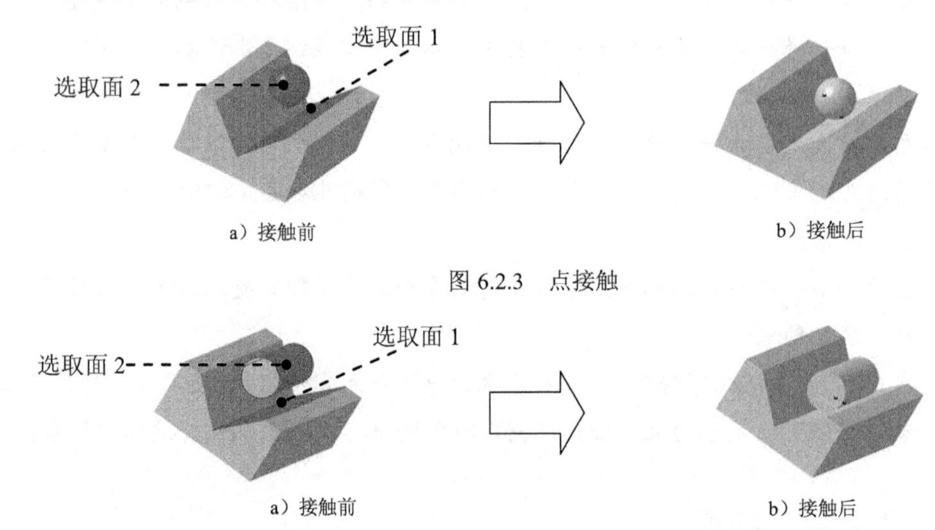

图 6.2.3　点接触

图 6.2.4　线接触

6.2.3　“偏移”约束

用“偏移”约束可以使两个部件上的点、线或面建立一定距离，从而限制部件的相对位置关系，如图 6.2.5 所示。

6.2.4　“角度”约束

用“角度”约束可使两个零件上的线或面建立一个角度，从而限制部件的相对位置关

系，如图 6.2.6 所示。

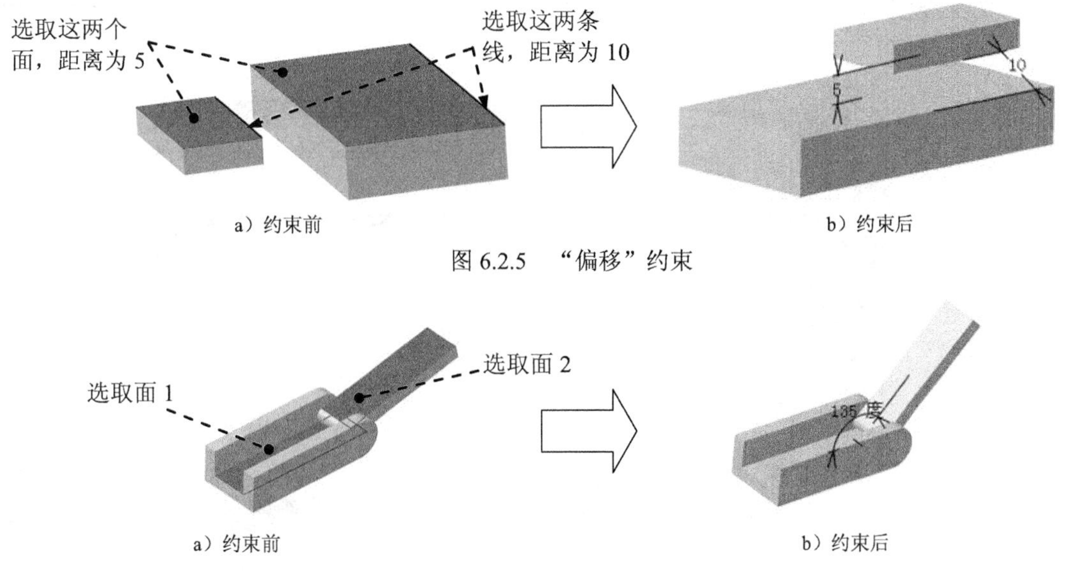

a）约束前　　b）约束后

图 6.2.5　“偏移”约束

a）约束前　　b）约束后

图 6.2.6　“角度”约束

6.2.5　“固定”约束

“固定”约束是将部件固定在图形窗口的当前位置。当向装配环境中引入第一个部件时，常常对该部件实施这种约束。“固定”约束的约束符号为 。

6.2.6　“固联”约束

“固联”约束可以把装配体中的两个或多个元件按照当前位置固定成为一个群体，移动其中一个部件，其他部件也将被移动。

6.3　创建新的装配模型的一般过程

下面以一个装配体模型——轴和轴套的装配为例（图 6.3.1），说明装配体创建的一般过程。

6.3.1　新建装配文件

新建装配文件的一般操作过程如下。

Step1. 选择命令。选择下拉菜单 文件 → 新建... 命令，系统弹出图 6.3.2 所示的

"新建"对话框。

Step2. 选择文件类型。在"新建"对话框的类型列表：选项组中选择Product选项，单击确定按钮。

图 6.3.1 轴和轴套的装配

图 6.3.2 "新建"对话框

Step3. 在"属性"对话框中更改文件名。

（1）右击特征树的Product1，在弹出的快捷菜单中选择属性命令，系统弹出"属性"对话框。

说明：新建的装配文件默认名为 Product1。

（2）在"属性"对话框中选择产品选项卡在零件编号后面的文本框中将"Product1"改为"asm_shaft"，单击确定按钮。

6.3.2 装配第一个零件

1. 引入第一个零件

Step1. 单击特征树中的asm_shaft，使 asm_shaft 处于激活状态。

Step2. 选择命令。选择图 6.3.3 所示的下拉菜单插入 → 现有部件...命令或单击"产品结构工具"工具栏中的按钮(图 6.3.4)。

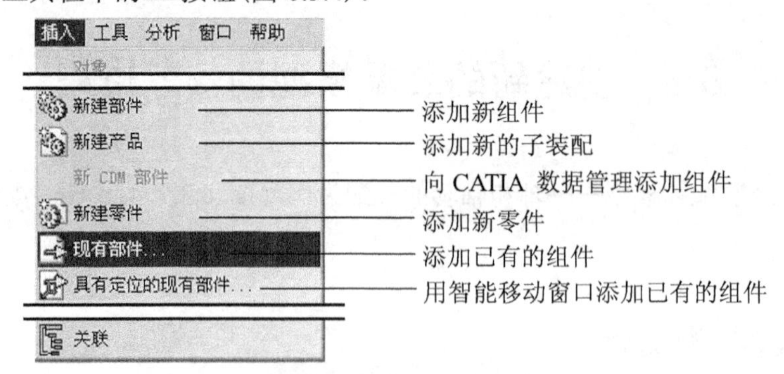

图 6.3.3 "插入"菜单

图 6.3.4 "产品结构工具"工具栏

图 6.3.3 所示插入菜单中的几个命令说明如下。

- 新建部件：可以在当前装配中插入一个部件，该部件没有自己单独的磁盘文件，它的数据会保存在上层装配（父装配）中。
- 新建产品：在当前的装配中，插入一个新的子装配，以后在这个子装配中，还可以添加部件。
- 新建零件：可以插入一个新的零件作为装配的部件，插入后再按照装配的关系设计这个零件。
- 现有部件...：插入一个已经存在的零件文件或装配文件，这个零件必须是已经建立并已保存的文件。
- 具有定位的现有组件...：与现有部件命令大致相同，但该命令可根据智能移动窗口将部件插入到指定位置。

注意：在特征树中，部件文件和装配文件的图标是不同的。装配文件的图标是，部件的图标为。

Step3. 选取要添加模型。完成上步操作后，系统将弹出"选择文件"对话框，选择路径 D:\cat2016.1\work\ch06.03，选取轴零件模型文件 shaft.CATPart，单击打开(O)按钮。

2．完全约束第一个零件

选择下拉菜单插入 → 固定命令，在系统选择要固定的部件的提示下，选取特征树中的shaft（或单击模型），此时模型上会显示出"固定"约束符号，说明第一个零件已经完全被固定在当前位置。

6.3.3 装配第二个零件

1．引入第二个零件

Step1. 单击特征树中的asm_shaft，使 asm_shaft 处于激活状态。

Step2. 选择命令。选择下拉菜单插入 → 现有部件...命令。

Step3. 选取添加文件。在系统弹出的"选择文件"对话框中选取轴套零件模型文件 bush.CATPart，单击打开(O)按钮。

2．放置第二个零件前的准备

第二个零件引入后，可能与第一个部件重合，或者其方向和方位不便于进行装配放置。解决这种问题的方法如下。

Step1. 选择命令。选择图 6.3.5 所示的下拉菜单编辑 → 移动 → 操作...命令

（或在图 6.3.6 所示的“移动”工具栏中单击按钮），系统弹出图 6.3.7 所示的“操作参数”对话框。

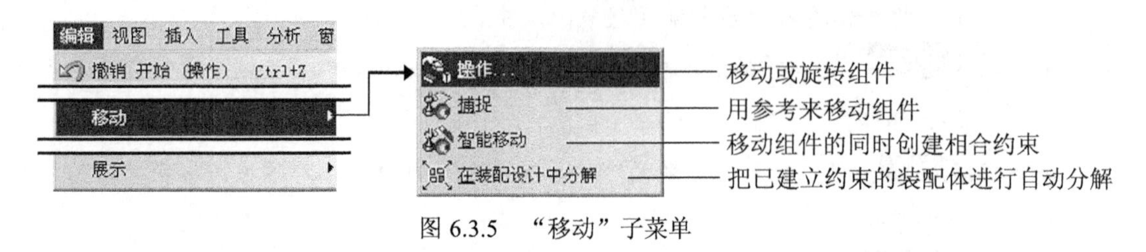

图 6.3.5 “移动”子菜单

图 6.3.5 所示的“移动”子菜单中的几个命令说明如下。

- 操作...：该命令可以使部件沿各个方向移动或绕某个轴转动，也可以将部件放置到期望的目标位置。
- 捕捉：通过选择需要移动部件上的点、线或面，与另一个固定部件的点、线或面相对齐。
- 智能移动：智能移动的功能与敏捷移动类似，只是智能移动不需要选取参考部件，只需要选取被移动部件上的几何元素。

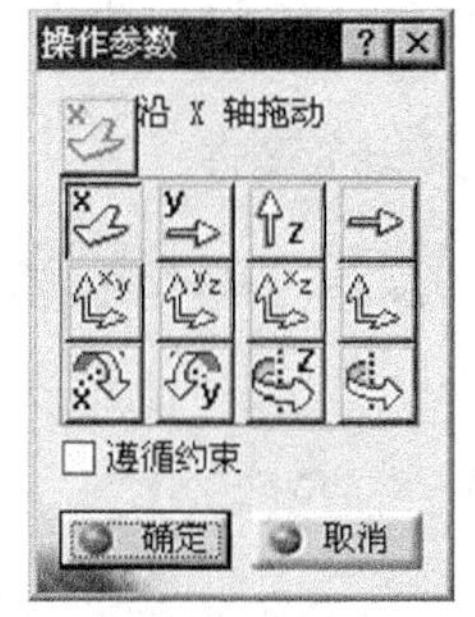

图 6.3.6 “移动”工具栏

图 6.3.7 “操作参数”对话框

图 6.3.7 所示的“操作参数”对话框中各按钮的说明如下。

- ：表示沿 x 轴方向平移。
- ：表示沿 y 轴方向平移。
- ：表示沿 z 轴方向平移。
- ：表示沿指定的方向平移，可以是直线、边线等。
- ：表示沿 xy 平面平移。
- ：表示沿 yz 平面平移。
- ：表示沿 xz 平面平移。
- ：表示沿指定平面平移。
- ：表示绕 x 坐标轴旋转。
- ：表示绕 y 坐标轴旋转。

- ：表示绕 z 坐标轴旋转。
- ：表示绕指定的轴旋转。

Step2. 调整轴套模型的位置。

（1）在“操作参数”对话框中单击按钮，在窗口中选定轴套模型，并拖动鼠标，可以看到轴套模型随着鼠标指针的移动而沿着 z 轴从图 6.3.8 中的位置 1 平移到图 6.3.9 中的位置 2。

（2）在“操作参数”对话框中单击按钮，在窗口中选定轴套模型，并拖动鼠标，可以看到轴套模型随着鼠标的移动而绕着 z 轴旋转，将其调整到图 6.3.10 所示的位置 3。

（3）在“操作参数”对话框中单击按钮，在窗口中选定轴套模型，并拖动鼠标，将其从图 6.3.10 中的位置 3 平移到图 6.3.11 中的位置 4。

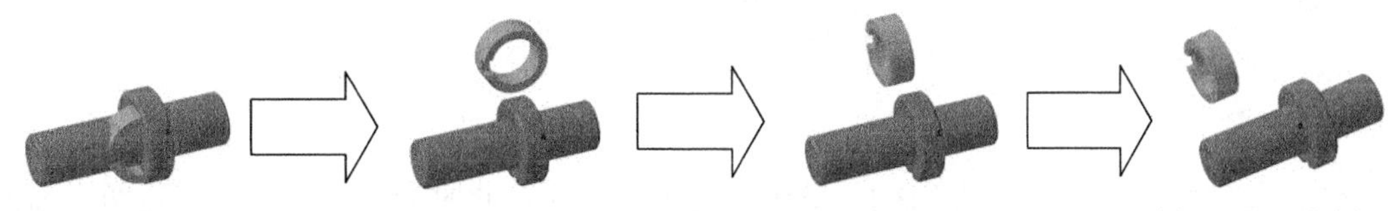

图 6.3.8　位置 1　　图 6.3.9　位置 2　　图 6.3.10　位置 3　　图 6.3.11　位置 4

说明：移动零件还有另外一种方法，是通过图形区右上角的指南针实现的，其具体操作方法参见“3.3.2 指南针的使用”的相关内容。

3. 完全约束第二个零件

完全定位轴套需要添加三个约束，分别为同轴约束、轴向约束和径向约束。

Step1. 定义第一个装配约束（同轴约束）。

（1）选择命令。选择下拉菜单 插入 → 相合... 命令（或在图 6.3.12 所示的“约束”工具栏中单击按钮）。

图 6.3.12　“约束”工具条

（2）定义相合轴。分别选取两个零件的轴线（图 6.3.13），此时会出现一条连接两个零件轴线的直线，并出现相合符号，如图 6.3.14 所示。

（3）更新操作。选择下拉菜单 编辑 → 更新... 命令，完成第一个装配约束，如图 6.3.15 所示。

说明：

- 选择 相合... 命令后，将鼠标移动到部件的圆柱面之后，系统将自动出现一条轴线，此时只需单击即可选中轴线。
- 当选中第二条轴线后，系统将迅速出现图 6.3.14 所示的画面。图 6.3.13 只是表明

选取的两条轴线，设置过程中图 6.3.13 只是瞬间出现。

- 设置完一个约束之后，系统不会进行自动更新，可以做完一个约束之后就更新，也可以使部件完全约束之后再进行更新。

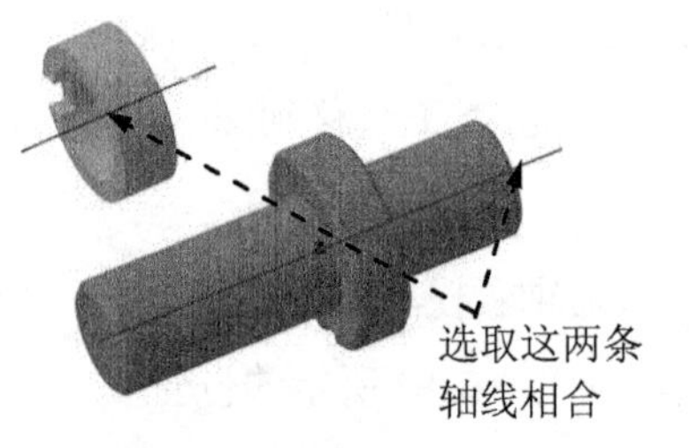

图 6.3.13　选取相合轴

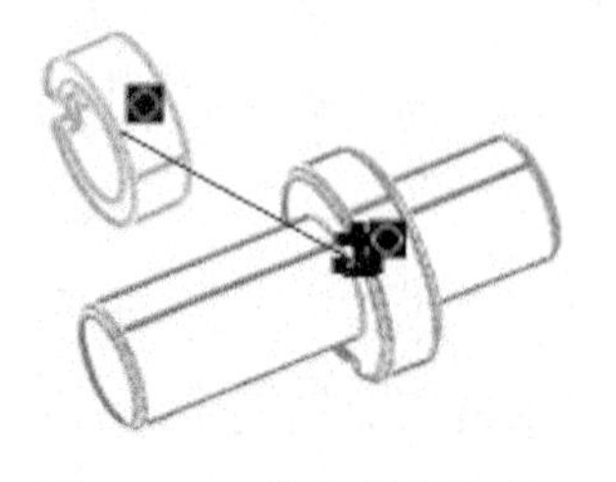

图 6.3.14　建立相合约束

图 6.3.15　完成第一个装配约束

Step2. 定义第二个装配约束（轴向约束）。

（1）选择命令。选择下拉菜单 插入 → 接触... 命令（或单击“约束”工具栏中的接触按钮）。

（2）定义接触面。选取图 6.3.16 所示的两个接触面，此时会出现一条连接这两个面的直线，并出现面接触的约束符号，如图 6.3.17 所示。

（3）更新操作。选择下拉菜单 编辑 → 更新... 命令，完成第二个装配约束，如图 6.3.18 所示。

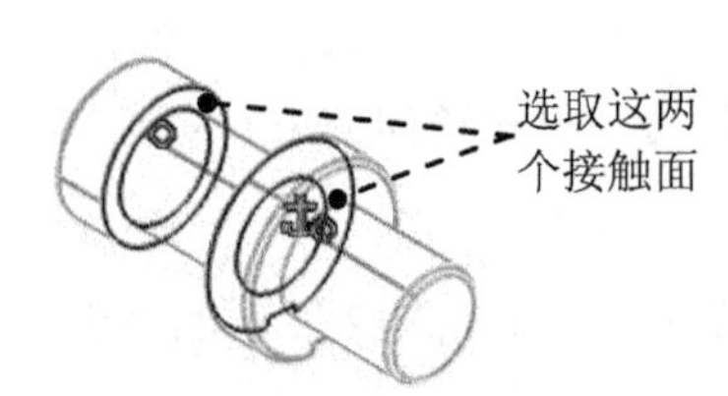

图 6.3.16　选取接触面

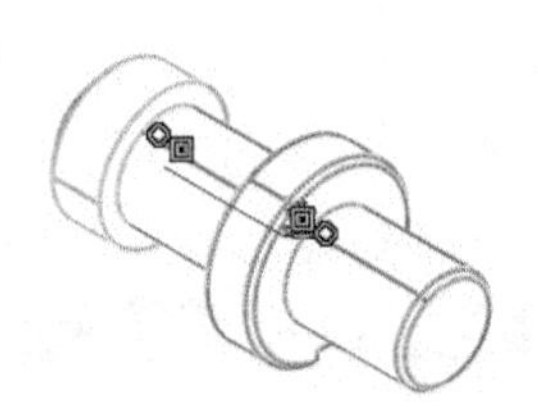

图 6.3.17　建立接触约束

图 6.3.18　完成第二个装配约束

说明：

- 本例应用了“面接触”约束方式，该约束方式是“接触”约束中的一种，系统会根据所选的几何元素，来选用不同的接触方式。其余两种接触方式见“6.2 装配约束”。
- “面接触”约束方式是把两个面贴合在一起，并且使这两个面的法线方向相反。

Step3. 定义第三个装配约束（径向约束）。

（1）选择命令。选择下拉菜单 插入 → 相合... 命令。

（2）定义相合面。分别选取图 6.3.19 所示的面 1 和面 2 作为相合平面。

（3）确定相合方向。完成上步操作后，系统弹出图 6.3.20 所示的“约束属性”对话框，在对话框的 方向 下拉列表中选取 相同 选项，单击 确定 按钮。

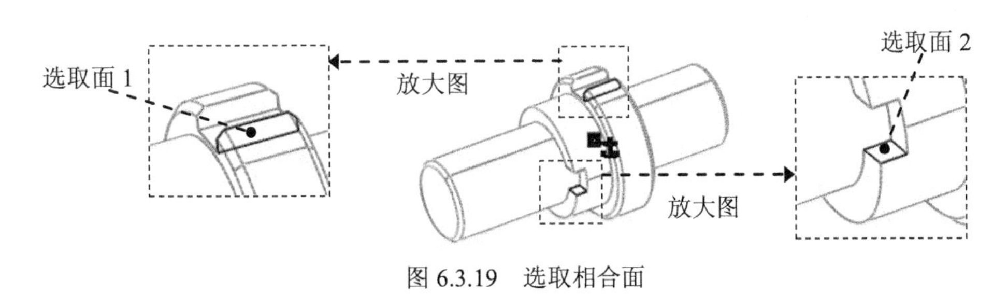

图 6.3.19 选取相合面

(4)更新操作。选择下拉菜单 编辑 → 更新... 命令，完成装配体的创建，如图 6.3.21 所示。

图 6.3.20 所示的“约束属性”对话框中 方向 下拉列表的说明如下。

- 未定义：应用系统默认的两个相合面的法线方向。
- 相同：两个相合面的法线方向相同。
- 相反：两个相合面的法线方向相反。

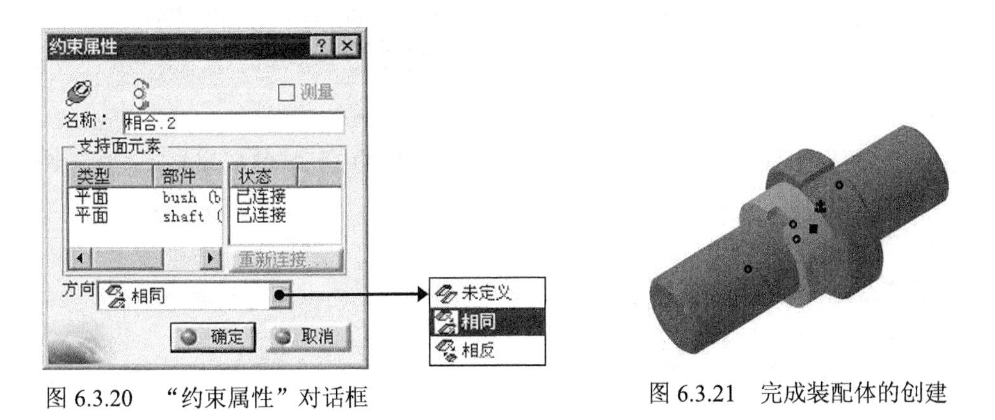

图 6.3.20 “约束属性”对话框

图 6.3.21 完成装配体的创建

6.4 部件的复制

一个装配体中往往包含了多个相同的部件，在这种情况下，只需将其中一个部件添加到装配体中，其余的采用复制操作即可。

6.4.1 简单复制

通过 编辑 下拉菜单中的 复制 命令，复制一个已经存在于装配体中的部件，然后用 编辑 下拉菜单中的 粘贴 命令，将复制的部件粘贴到装配体中，但新部件与原有部件位置是重合的，必须对其进行移动或约束。

6.4.2 重复使用阵列

“重复使用阵列”是以装配体中某一部件的阵列特征为参照来进行部件的复制。在图6.4.1c 中，四个螺钉是参照装配体中部件 1 上的四个阵列孔创建的，因此在使用“重复使用阵列”命令之前，应在装配体的某一部件中创建阵列特征。

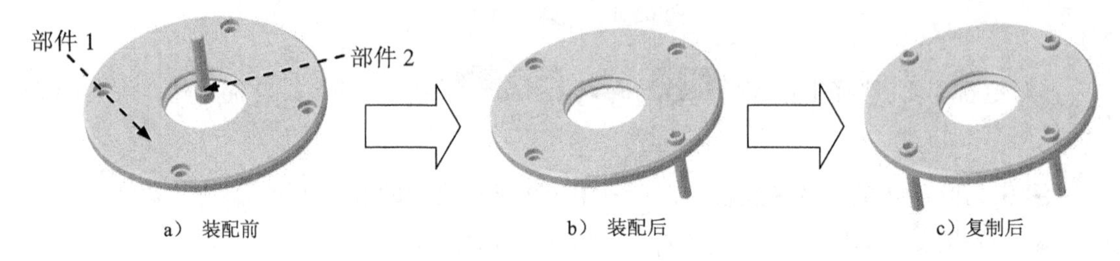

图 6.4.1 “重复使用阵列”复制

下面以图 6.4.1 为例，介绍“重复使用阵列”的操作过程。

Step1. 打开文件 D:\cat2016.1\work\ch06.04.02\reusepattern.CATProduct。

Step2. 选择命令。选择下拉菜单 插入 ➡ 重复使用阵列... 命令，系统弹出图 6.4.2 所示的“在阵列上实例化”对话框。

Step3. 选取阵列复制参考。将 reusepattern_01（部件 1）的特征树展开，选取 圆形阵列.1 作为阵列复制的参考，如图 6.4.3 所示。

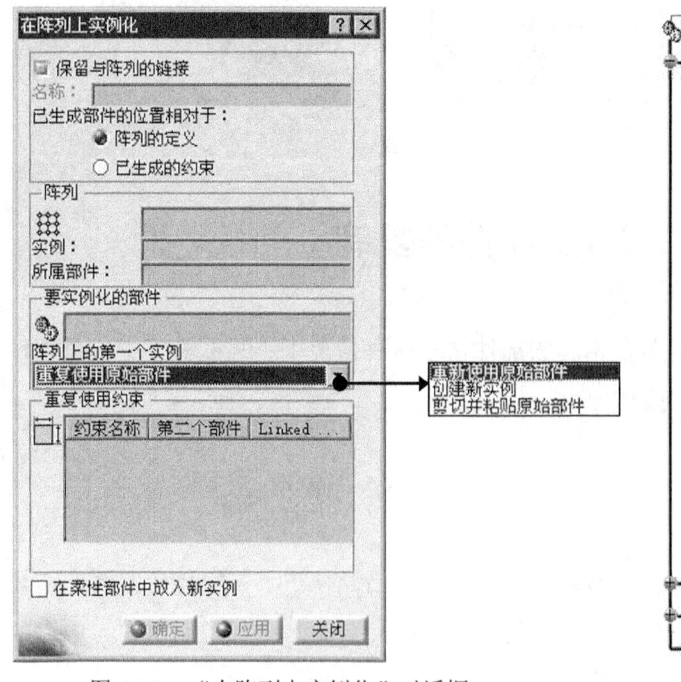

图 6.4.2 “在阵列上实例化”对话框

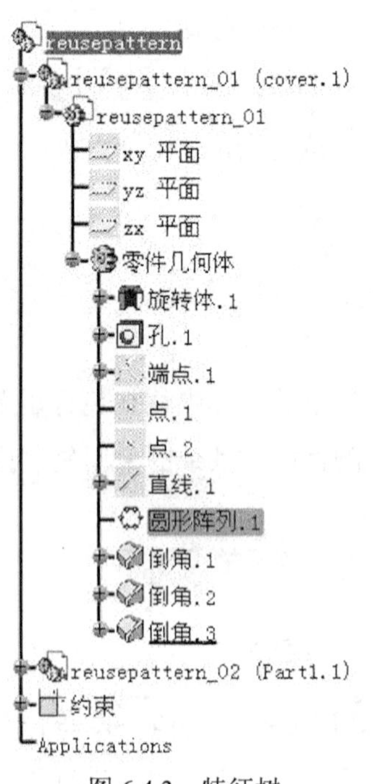

图 6.4.3 特征树

Step4. 确定阵列源部件。选中 reusepattern_02（部件 2）作为阵列的源部件，单击 确定 按钮，创建出图 6.4.1c 所示的部件阵列。

说明：在图 6.4.1c 的实例中，可以再次使用“重复使用阵列”命令，将螺母阵列复制到螺钉上。

图 6.4.2 所示的“在阵列上实例化”对话框的说明如下。

- 保留与阵列的链接：选中此选项，表示阵列复制后的部件与源部件具有关联性。
- 阵列的定义：选中此选项，表示只生成阵列复制，但不进行约束设置。
- 已生成的约束：选中此选项，表示生成阵列复制的同时，也进行约束设置。
- 阵列上的第一个实例 下拉列表中列出了被阵列复制部件的方案。
  - ☑ 重复使用原始部件：表示继续使用原有部件，并且源部件位置保持不变。新生成的部件按阵列位置放置。
  - ☑ 创建新实例：表示阵列复制的部件将放置在原有部件未约束时的位置，并在阵列复制后插入与图样个数相同的部件。
  - ☑ 剪切并粘贴原始部件：与“创建新实例”选项基本相同，只是源部件在阵列复制后被删除。
- 在柔性部件中放入新实例：选中此选项，表示将阵列复制生成的部件集合成一个组，放在特征树中。

6.4.3 定义多实例化

“定义多实例化”可以将一个部件沿指定的方向进行阵列复制，如图 6.4.4 所示。以此图为例，设置“定义多实例化”的一般过程如下。

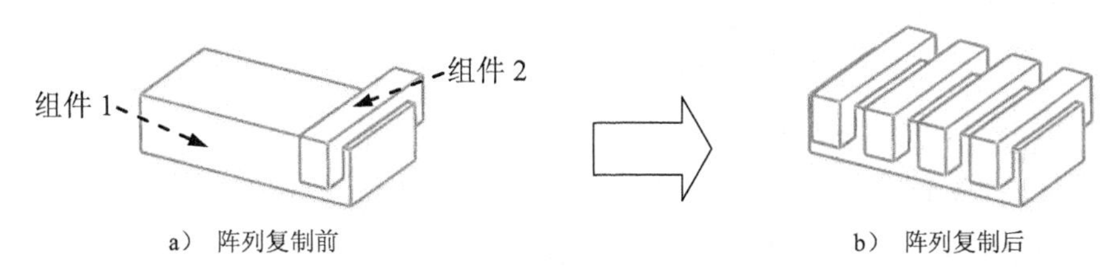

图 6.4.4 “定义多实例化”阵列复制

Step1. 打开文件 D:\cat2016.1\work\ch06.04.03\size.CATProduct。

Step2. 选择命令。选择下拉菜单 插入 ➡ 定义多实例化... 命令，系统弹出图 6.4.5 所示的“多实例化”对话框。

Step3. 定义实例化复制的源部件。如图 6.4.6 所示，在特征树中选取 size_02（部件 2）作为多实例化复制的源部件。

Step4. 定义多实例化复制的参数。

（1）在“多实例化”对话框的 参数 下拉列表中选取实例和间距选项。

（2）确定多实例化复制的新实例和间距。在“多实例化”对话框的 新实例 文本框中输入值 3，在 间距 文本框中输入值 15。

Step5. 确定多实例化复制的方向。单击 参考方向 区域中的按钮。

Step6. 单击 确定 按钮，此时，创建出图 6.4.4b 所示的部件多实例化复制。

图 6.4.5 所示的“多实例化”对话框的说明如下。

- 参数 下拉列表框中有三种排列方式。
  - ☑ 实例和间距：生成部件的个数和每个部件之间的距离。

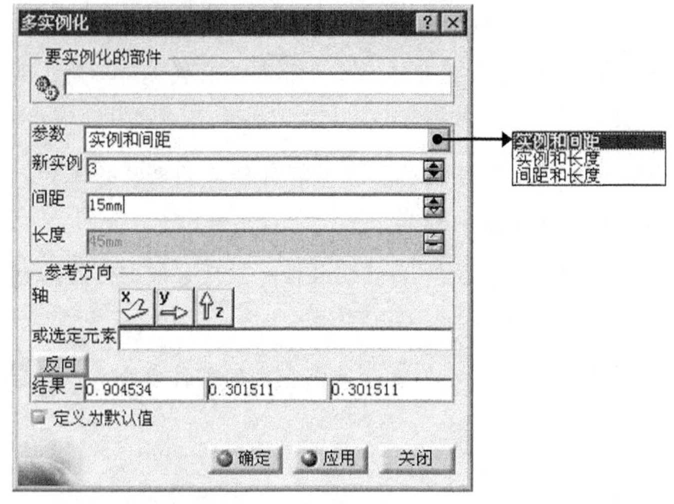

图 6.4.5 “多实例化”对话框

图 6.4.6 特征树

  - ☑ 实例和长度：生成部件的个数和总长度。
  - ☑ 间距和长度：每个部件之间的距离和总长度。
- 参考方向 区域是提供多实例化的方向。
  - ☑ ：表示沿 x 轴方向进行多实例化复制。
  - ☑ ：表示沿 y 轴方向进行多实例化复制。
  - ☑ ：表示沿 z 轴方向进行多实例化复制。
  - ☑ 或选定元素：表示沿选定的元素（轴或者是边线）作为实例的方向。
  - ☑ 反向：单击此按钮，可使选定的方向相反。
- 定义为默认值：选中后，插入 下拉菜单中的 快速多实例化 命令会以这些参数作为实例化复制的默认参数。

6.4.4 部件的对称复制

在装配体中，经常会出现两个部件关于某一平面对称的情况，这时，不需要再次为装配体添加相同的部件，只需将原有部件进行对称复制即可，如图 6.4.7 所示。对称复制操作的一般过程如下。

Step1. 打开文件 D:\cat2016.1\work\ch06.04.04\symmetry.CATProduct。

Step2. 选择命令。选择下拉菜单 插入 ➡ 对称 命令（或在“装配件特征”工具栏中单击按钮），系统弹出图 6.4.8 所示的“装配对称向导”对话框（一）。

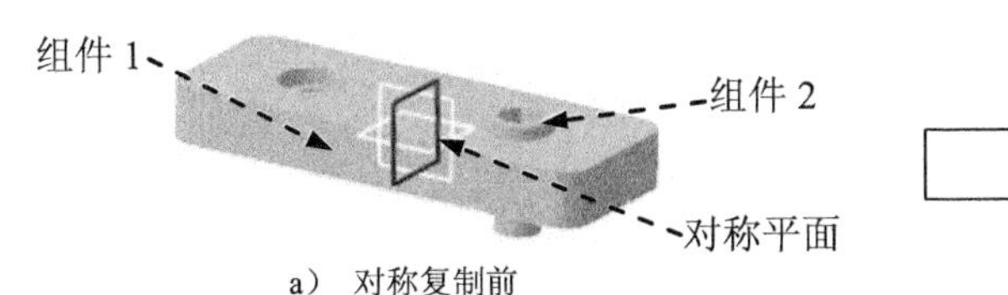

a） 对称复制前

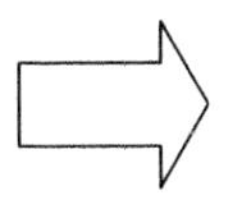

b） 对称复制后

图 6.4.7 对称复制

Step3. 定义对称复制平面。如图 6.4.9 所示，将 symmetry_01（部件 1）的特征树展开，选取 yz 平面 作为对称复制的对称平面。此时“装配对称向导”对话框（二）如图 6.4.10 所示。

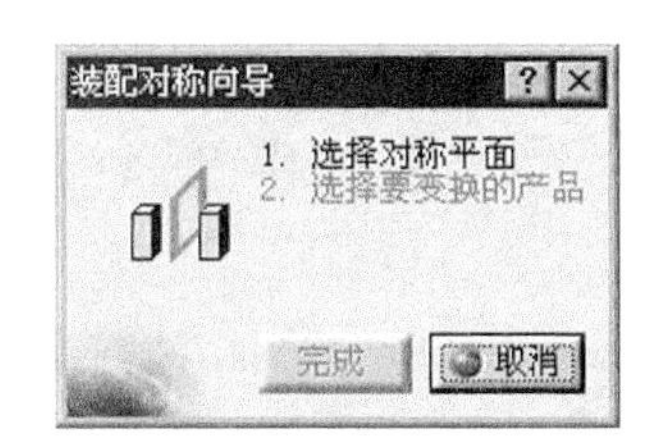

图 6.4.8 “装配对称向导”对话框（一）

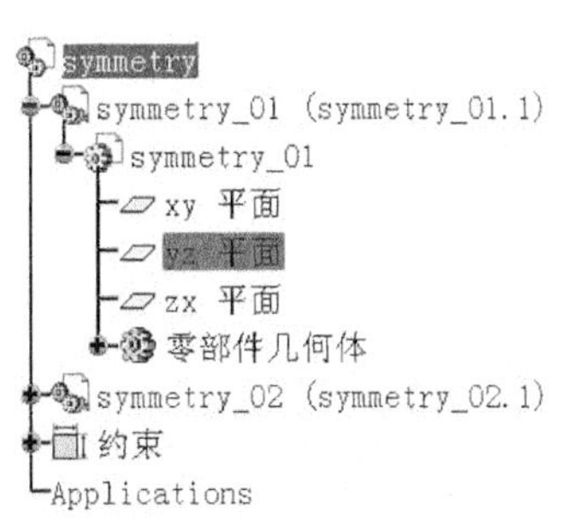

图 6.4.9 特征树

Step4. 确定对称复制源部件。选取 symmetry_02（部件 2）作为对称复制的源部件，系统弹出图 6.4.11 所示的“装配对称向导”对话框（三）。

注意：子装配也可以进行对称复制操作。

Step5. 在图 6.4.11 所示的“装配对称向导”对话框（三）中进行如下操作。

（1）定义类型。在 选择部件的对称类型： 区域选中 镜像，新部件 单选项。

（2）定义结构内容。在 要在新零件中进行镜像的几何图形： 区域选中 零件几何体 复选框。

（3）定义关联性。选中 将链接保留在原位置 和 保持与几何图形的链接 复选框。

Step6. 单击 完成 按钮，系统弹出图 6.4.12 所示的“装配对称结果”对话框，单击 关闭 按钮，完成对称复制。

图 6.4.11 所示的“装配对称向导”对话框（三）的说明如下。

- 选择部件的对称类型： 区域中提供了镜像复制的类型。
  - ☑ 镜像，新部件： 对称复制后的部件只复制源部件的一个体特征。

☑ ○旋转，新实例：对称复制后的部件将复制源部件所有特征，可以沿 xy 平面、yz 平面或 xz 平面进行翻转。

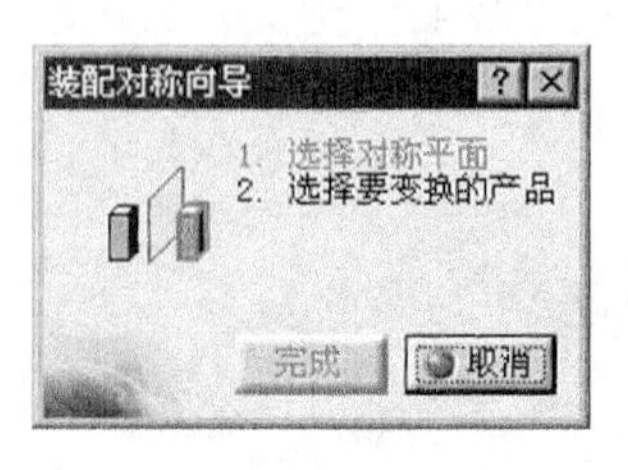

图 6.4.10 “装配对称向导”对话框（二）

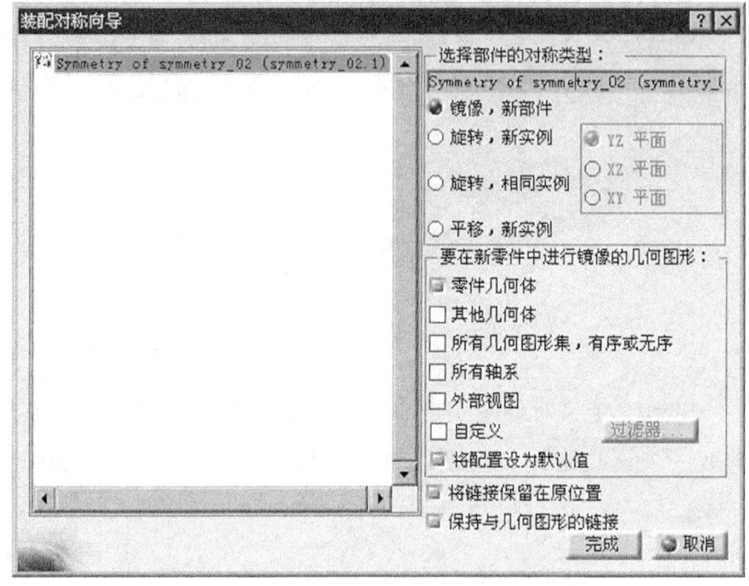

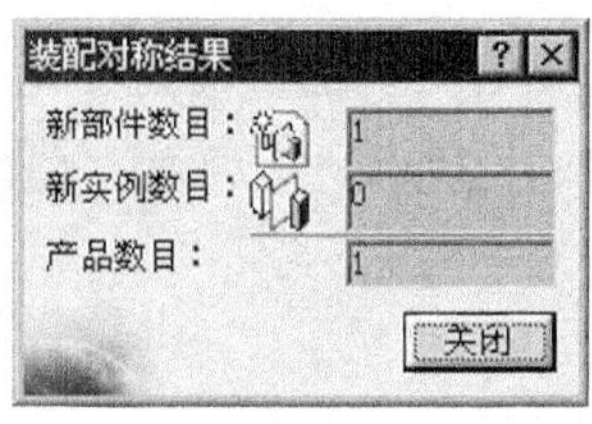

图 6.4.12 “装配对称结果”对话框

图 6.4.11 “装配对称向导”对话框（三）

☑ ○旋转，相同实例：使源部件只进行对称移动，可以沿 xy 平面、yz 平面或 xz 平面进行翻转。

☑ ○平移，新实例：对称复制后的部件将复制源部件的所有特征，但不能进行翻转。

- 要在新零件中进行镜像的几何图形：区域中提供了源部件的结构内容。
- 将链接保留在原位置：对称复制后的部件与源部件保持位置的关联。
- 保持与几何图形的链接：对称复制后的部件与源部件保持几何体形状和结构的关联。

6.5 修改装配体中的部件

一个装配体完成后，可以对该装配体中的任何部件（包括产品和子装配件）进行如下操作：部件的打开与删除、部件尺寸的修改、部件装配约束的修改（如偏移约束中偏距的修改）以及部件装配约束的重定义等，完成这些操作一般要从特征树开始。

下面以图 6.5.1 所示的装配体 edit.CATProduct 中 edit_02.CATPart 部件为例，说明修改装配体中部件的一般操作过程。

Step1. 打开文件 D:\cat2016.1\work\ch06.05\edit.CATProduct。

Step2. 显示零件 edit_02 的所有特征。

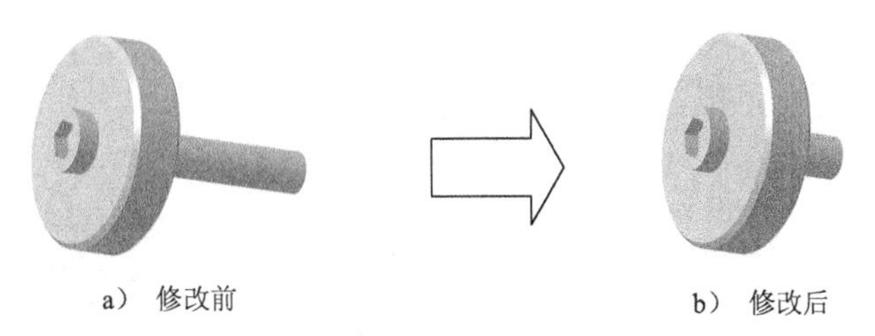

图 6.5.1 修改装配体中的部件

（1）展开特征树中的部件edit_02，显示出部件 edit_02 中所包括的所有零件，如图 6.5.2b 所示。

（2）展开特征树中的零件edit_02，显示出零件 edit_02 的基准平面及零部件几何体，如图 6.5.2c 所示。

（3）展开特征树中的零件几何体，显示出零件 edit_02 的所有特征，如图 6.5.3 所示。

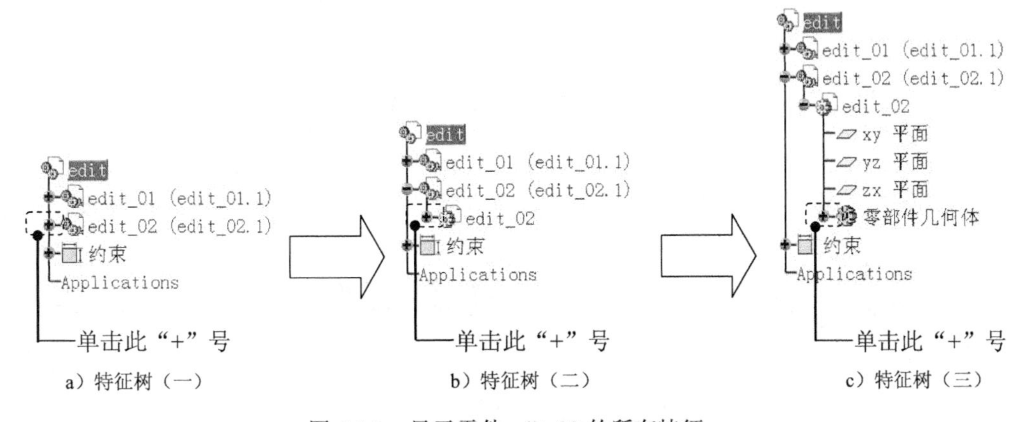

图 6.5.2 显示零件 edit_02 的所有特征

Step3. 在特征树中右击图 6.5.3 所示的凸台.2，在系统弹出图 6.5.4 所示的快捷菜单中选择凸台.2 对象 ➡ 定义...命令，此时系统进入“零件设计”工作台。

说明：在新窗口中打开则是把要编辑的部件用“零件设计”工作台打开，并建立一个新的窗口，其余部件不发生变化。

Step4. 重新编辑特征。

（1）在特征树中右击凸台.2，从弹出的快捷菜单中选择凸台.2 对象 ➡ 定义...命令，系统弹出图 6.5.5 所示的“定义凸台”对话框。

（2）定义长度。在“定义凸台”对话框的长度：文本框中输入值 30。

（3）单击确定按钮，完成特征的重定义。此时，部件 edit_02 的长度将发生变化，如图 6.5.1b 所示。

Step5. 选择下拉菜单开始 ➡ 机械设计 ➡ 装配设计命令，回到装配工作台。

说明：如果修改之后发现零件 edit_02 的长度未发生变化，说明系统没有自动更新，更新的方法是，选择下拉菜单 编辑 ➡ 更新... 命令。

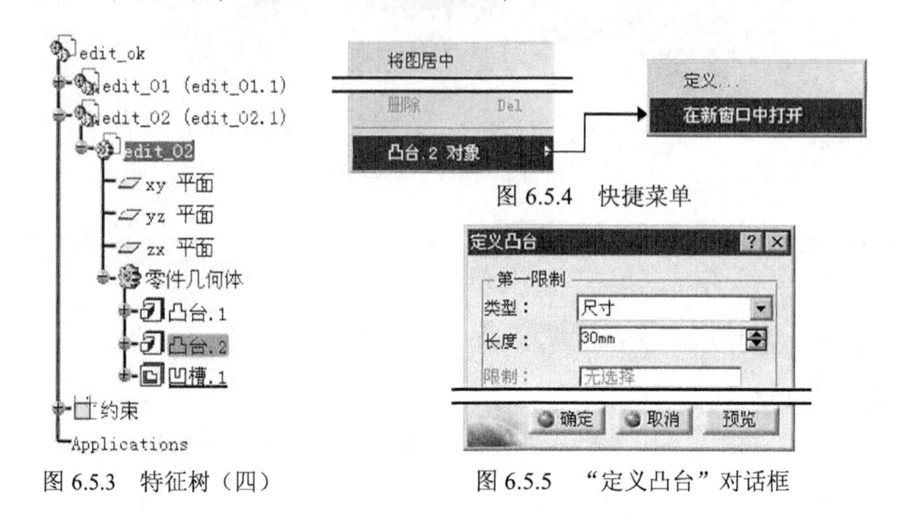

图 6.5.3 特征树（四）

图 6.5.4 快捷菜单

图 6.5.5 “定义凸台”对话框

6.6 零 件 库

CATIA 为用户提供了一个标准件库，库中有大量已经完成的标准件。在装配设计中可以直接把这些标准件调出来使用，具体操作方法如下。

Step1. 选择命令。选择下拉菜单 工具 ➡ 目录浏览器... 命令，系统弹出图 6.6.1 所示的“目录浏览器”对话框。

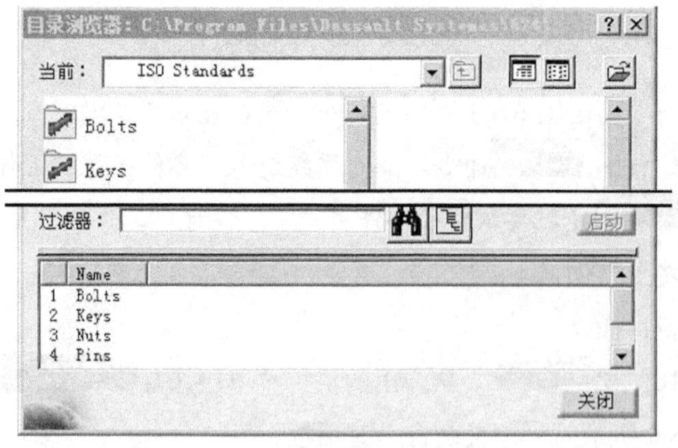

图 6.6.1 “目录浏览器”对话框

Step2. 定义要添加的标准件。在“零件库”对话框中选择相应的标准件目录，双击此标准件目录后，在列出的标准件中双击标准件后系统弹出图 6.6.2 所示的“目录”对话框。

Step3. 单击对话框中的 确定 按钮，关闭“目录”对话框，此时，标准件将插入到装配文件中，同时特征树上也添加了相应的标准件信息。

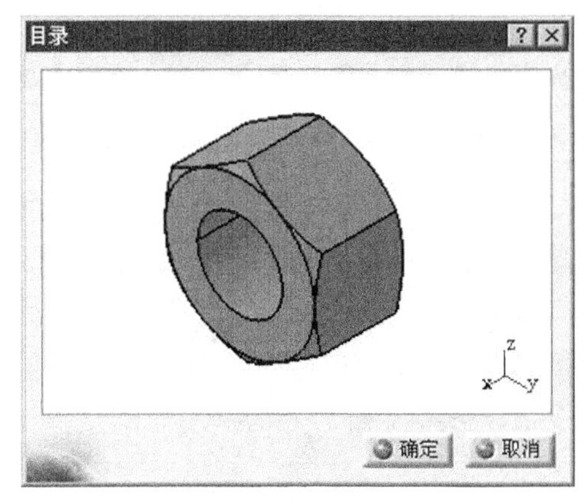

图 6.6.2 “目录”对话框

说明：

- 添加到装配文件中的标准件是独立的，可以进行保存和修改等操作。
- 除了选择下拉菜单 工具 → 目录浏览器... 命令，还可以选择下拉菜单 工具 → 机械标准零件 命令，在图 6.6.3 所示的“机械标准零件”子菜单中根据需要选择不同的标准，然后在弹出的“目录”对话框中将所需标准件添加到正在编辑的装配体中。

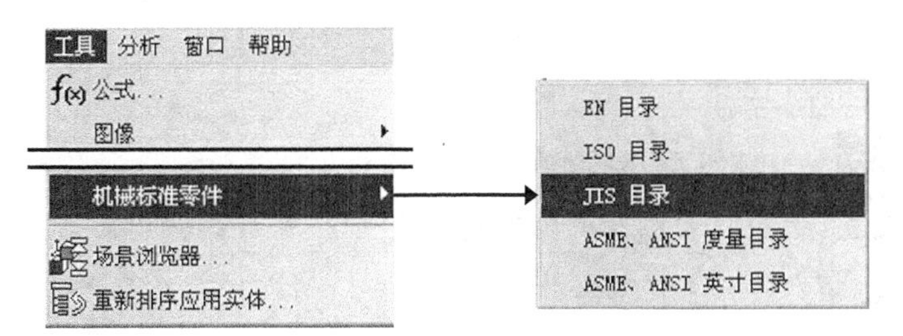

图 6.6.3 “机械标准零件”子菜单

6.7 创建装配体的分解图

为了便于观察装配设计，可以将当前已经完成约束的装配体进行自动分解操作。下面以 clutch_asm_explode.CATProduct 装配文件为例（图 6.7.1），说明自动分解的操作方法。

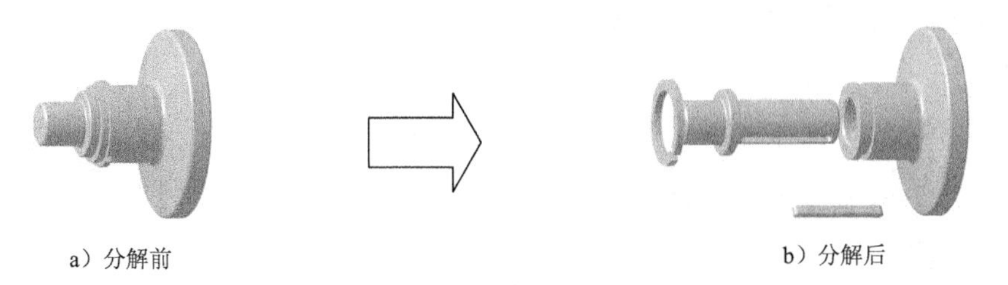

a）分解前　　b）分解后

图 6.7.1 在装配设计中分解

Step1. 打开文件 D:\cat2016.1\work\ch06.07\clutch_asm_explode.CATProduct。

Step2. 选择命令。选择下拉菜单 编辑 → 移动 → 在装配设计中分解 命令（或单击“移动”工具栏中的“分解”按钮），系统弹出图 6.7.2 所示的“分解”对话框（一）。

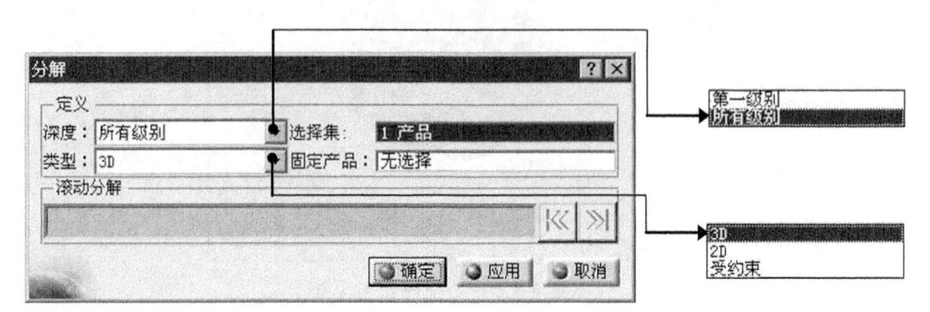

图 6.7.2 “分解”对话框（一）

图 6.7.2 所示的“分解”对话框（一）的说明如下。

- 深度：下拉列表是用来设置分解的层次。
  - ☑ 第一级别：将装配体完全分解，变成最基本的部件等级。
  - ☑ 所有级别：只将装配体下的第一层炸开，若其中有子装配，在分解时作为一个部件处理。
- 选择集：确认将要分解的装配体。
- 类型：下拉列表是用来设置分解的类型。
  - ☑ 3D：装配体可均匀地在空间中炸开。
  - ☑ 2D：装配体会炸开并投射到垂直于 xy 平面的投射面上。
  - ☑ 受约束：只有在装配体中存在“相合”约束，设置了共轴或共面时才有效。
- 固定产品：选择分解时固定的部件。

Step3. 定义分解图的层次。在对话框的 深度：下拉列表中选择 所有级别 选项。

Step4. 定义分解图的类型。在对话框的 类型：下拉列表中选择 受约束 选项。

Step5. 单击 应用 按钮，系统弹出图 6.7.3 所示的“信息框”对话框，单击 确定 按钮。

Step6. 确定分解程度。将滑块拖拽到 0.56（图 6.7.4），单击对话框中的 确定 按钮，系统弹出图 6.7.5 所示的“警告”对话框。

说明：

- 滚动分解 区域中的滑块“▌”用来调解分解的程度。
  - ☑ |◁◁：使分解程度最小。
  - ☑ ▷▷|：使分解程度最大。

Step7. 单击对话框中的 是(Y) 按钮，完成自动分解。

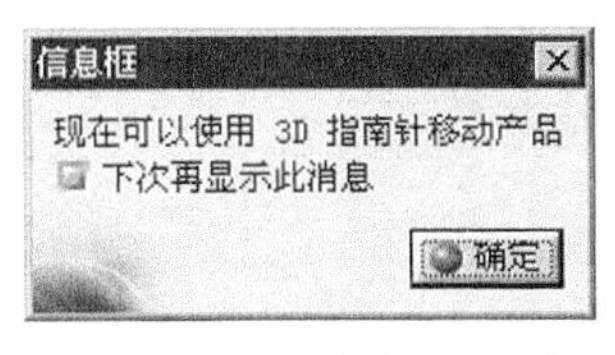

图 6.7.3 “信息框”对话框

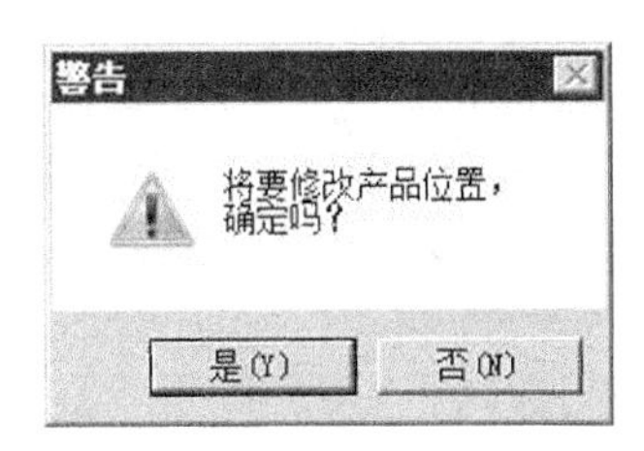

图 6.7.5 “警告”对话框

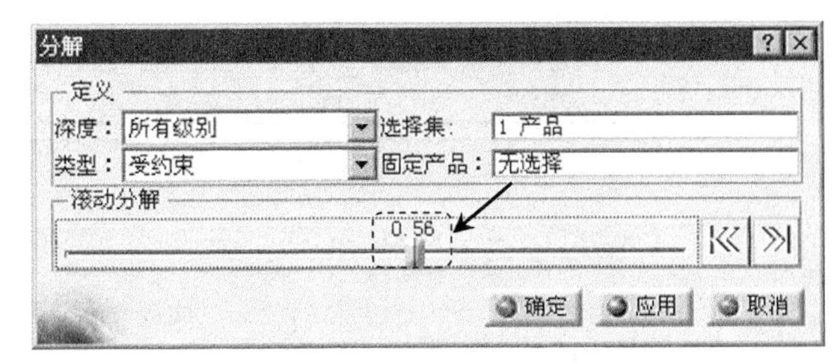

图 6.7.4 “分解”对话框（二）

6.8 模型的外观处理

部件的外观处理包括改变模型的颜色、透明设置和为模型赋予材质等。

6.8.1 改变零件颜色及设置透明度

在装配过程中，如果部件都是同一个颜色，则在选取面，或是观察装配结构时就比较困难，改变零件的颜色就可以解决这样的问题。下面以图 6.8.1 所示的零件为例，说明改变零件颜色及设置透明度的一般过程。

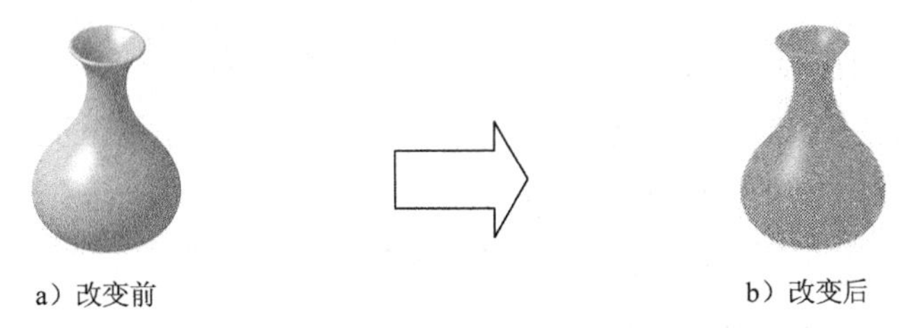

图 6.8.1 改变零件颜色及设置透明度

Step1. 打开文件 D:\cat2016.1\work\ch06.08\vase.CATPart。

Step2. 定义模型显示。选择下拉菜单 视图 → 渲染样式 → 着色 (SHD) 命令。

Step3. 打开“属性”对话框。在特征树中右击 零件几何体，在弹出的快捷菜单中选择 属性 命令，此时系统弹出“属性”对话框。在该对话框中选取 图形 选项卡，如图 6.8.2 所示。

（1）定义颜色。在“属性”对话框 填充 区域内的 颜色 下拉列表中选取红色。

（2）定义透明度。在“属性”对话框中选中 透明度 复选框，拖拽滑块到 30。

Step4. 单击 确定 按钮，完成模型颜色及透明度的设置。

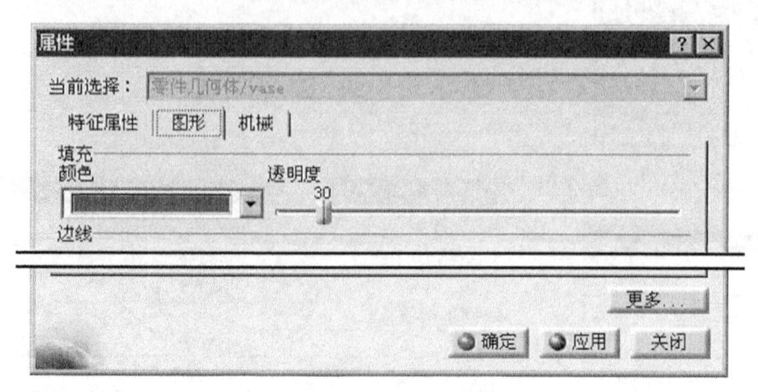

图 6.8.2 “属性”对话框

6.8.2 赋予材质

通过“应用材料”按钮可以将系统材料赋予到装配体中，使装配体看起来更逼真。下面以图 6.8.3 为例说明赋予材质的一般过程。

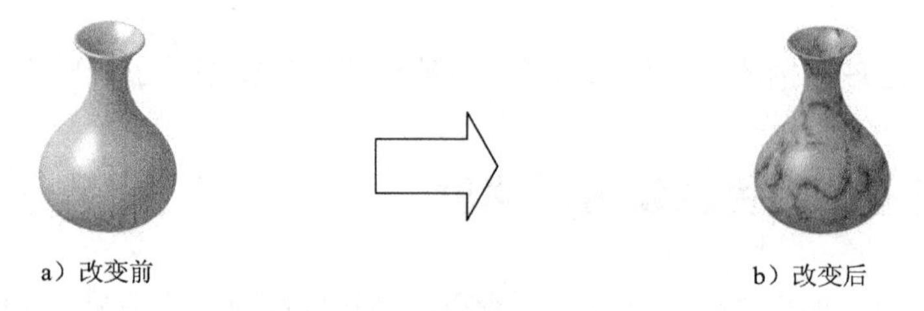

图 6.8.3 赋予材质

Step1. 打开文件 D:\cat2016.1\work\ch06.08\vase_asm.CATProduct。

说明：只有装配文件（*.CATProduct）才能进行赋予材质操作。

Step2. 定义视图显示方式。选择下拉菜单 视图 → 渲染样式 → 自定义视图 命令，系统弹出图 6.8.4 所示的“视图模式自定义”对话框，在对话框的 网格 区域中，选中 着色 复选框及其中的 材料 单选项，单击 确定 按钮。

Step3. 选中部件 vase。在特征树中选中 vase (vase.1)。

Step4. 单击图 6.8.5 所示的“应用材料”工具条中的 按钮，系统弹出图 6.8.6 所示的“库（只读）”对话框。

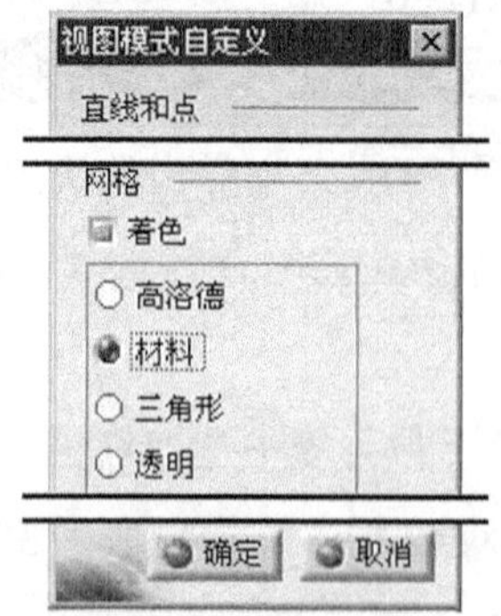

图 6.8.4 “视图模式自定义”对话框

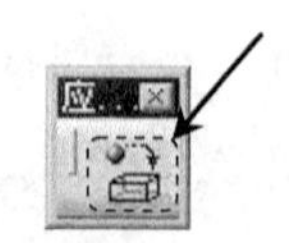

图 6.8.5 “应用材料”工具条

Step5. 定义材质。如图 6.8.6 所示，在“库（只读）”对话框中单击 Stone 选项卡，单击 DS Marble 材质。

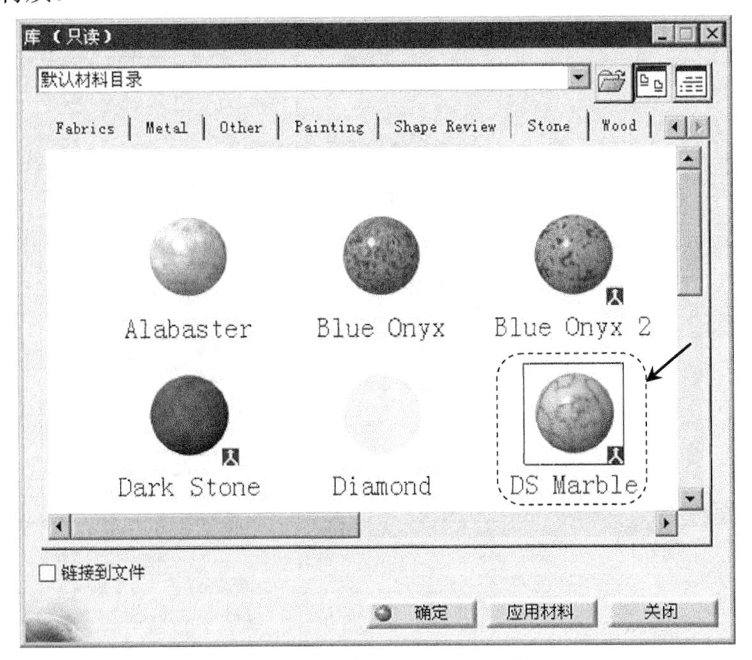

图 6.8.6 “库(只读)”对话框

Step6. 单击对话框中的 确定 按钮，完成对部件赋予材质。

6.8.3 贴画

贴画是另外一种外观处理方式，通过将图片粘贴在部件表面，从而获得更加真实的效果。下面以图 6.8.7 为例说明贴画操作的一般过程。

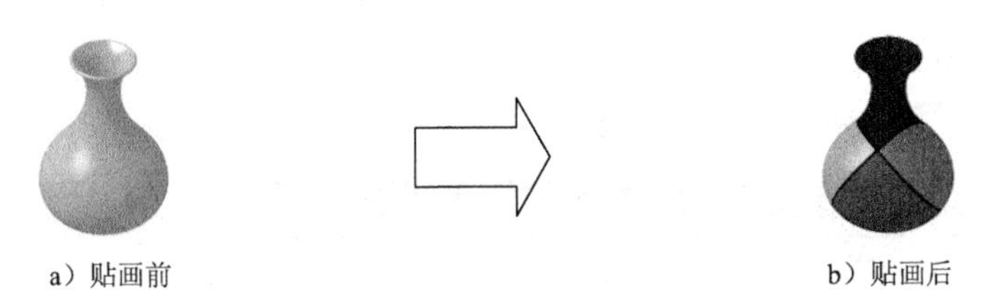

a）贴画前　　b）贴画后

图 6.8.7 贴画

Step1. 打开文件 D:\cat2016.1\work\ch06.08\vase_asm01.CATProduct。

Step2. 进入“实时渲染”工作台。选择下拉菜单 开始 → 基础结构 → 实时渲染 命令。

Step3. 选择命令。单击图 6.8.8 所示的“应用材料”工具条中的按钮，系统弹出图 6.8.9 所示的“贴画”对话框（一）。

Step4. 选择要贴画的面。在视图区选取模型的所有表面。

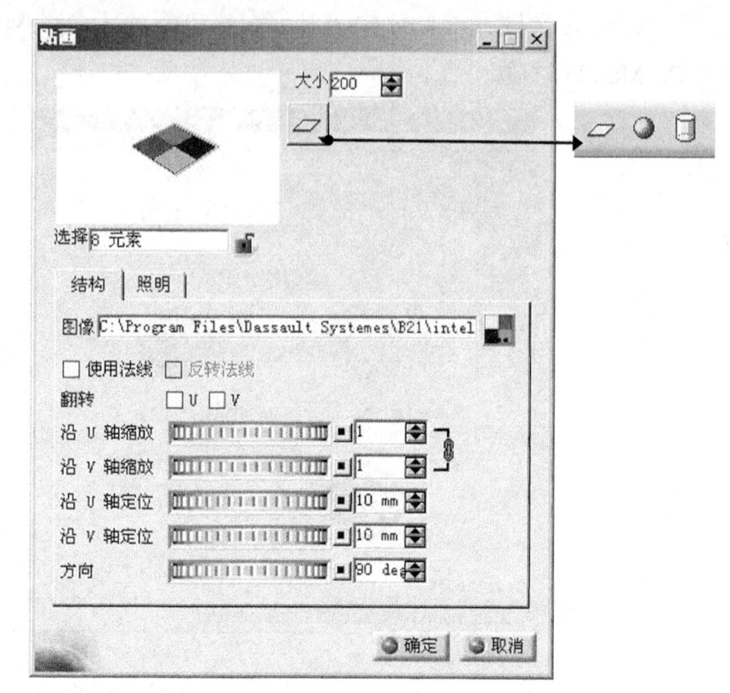

图 6.8.8 “应用材料”工具条

图 6.8.9 “贴画”对话框（一）

Step5. 在“贴画”对话框中进行如下操作。

（1）定义平面尺寸。在“贴画”对话框的大小文本框中输入值 200。

（2）确定投影方式。本例选用系统默认的投影方式——平面投影。

（3）定义贴画的参数。在“贴画”对话框中选取结构选项卡，在沿 U 轴缩放和沿 V 轴缩放后均输入值 1，沿 U 轴定位和沿 V 轴定位后均输入值 10，在方向后输入值 90，如图 6.8.9 所示。

（4）定义灯光及物体本身的参数。在“贴画”对话框中选取照明选项卡，在发光度后输入值 0.80，在对比度后输入值 0.80，在光亮度后输入值 0.50，在透明度后输入值 0.00，在反射率后输入值 0.00，如图 6.8.10 所示。

Step6. 单击确定按钮，完成贴画操作。

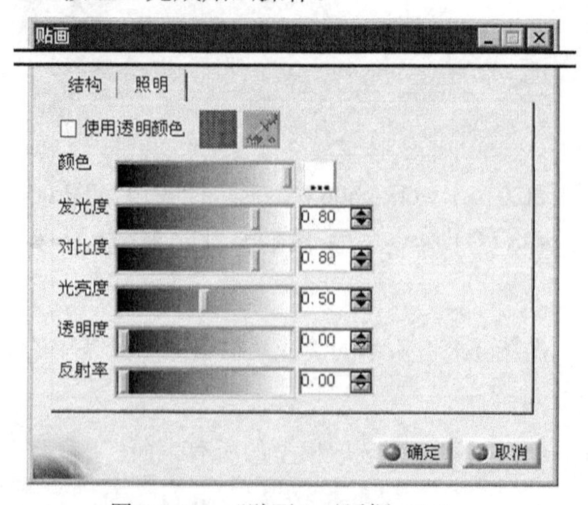

图 6.8.10 “贴画”对话框（二）

图 6.8.9 和图 6.8.10 所示的“贴画”对话框的说明如下。

- 大小：用于设置贴画平面的尺寸。
- 下拉列表提供了三种投影方式。
  - ☑ ：平面投影。
  - ☑ ：球形投影
  - ☑ ：圆柱形投影。
- 选择：用于选取进行贴画的对象。
- 图像：单击右侧的按钮，在系统弹出的“选择文件”对话框中选择需要添加的图片。本例用的是默认贴画，所以没有此步骤。
- □使用法线：若选中此选项后使用垂直贴画，使物体仅在一面有图像；若不选中此功能，在物体两侧均有图像。
- 翻转：使贴画在 U、V 方向进行翻转。
- 沿 U 轴缩放和沿 V 轴缩放：贴画在 U、V 方向的大小比例。
- 沿 U 轴定位和沿 V 轴定位：改变贴画在 U、V 方向的位置。
- 方向：使贴画的角度旋转。
- 颜色：拖动其中的滑块，可设置灯光亮度。
  - ☑ ...按钮：单击此按钮，在弹出的“颜色”对话框中可进行灯光颜色的设置。
- 发光度：设置物体自身发光的亮度。
- 对比度：设置光源与物体发光的对比度。
- 光亮度：设置在特定方向上有灯光照射时物体的亮度。
- 透明度：设置贴画的透明度。
- 反射率：设置物体本身对光照的反射程度。

6.9 装配设计范例

本节详细讲解了装配图 6.9.1 所示的一个多部件装配体的设计过程，使读者进一步熟悉 CAITA 中的装配操作。读者可以从 D:\cat2016.1\work\ch06.09 中找到该装配体的所有部件。

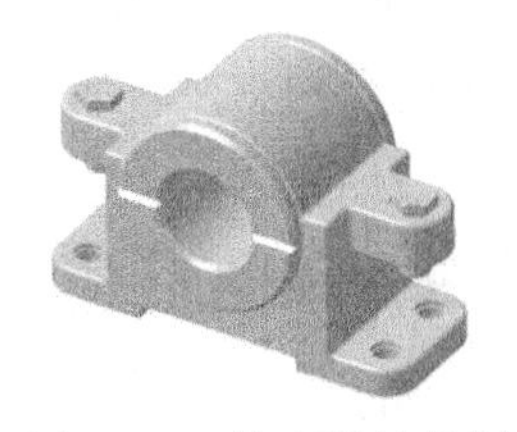

图 6.9.1 装配设计范例

Task1. 装配部件

Step1. 新建一个装配文件，命名为 asm_example。

Step2. 添加下基座零件模型。

（1）单击特征树中 asm_example，激活 asm_example。

（2）选择命令。选择下拉菜单 插入 → 现有部件... 命令，系统弹出“选择文件”对话框。

（3）定义要添加的零件。选取文件 D:\cat2016.1\work\ch06.09\down_base.CATPart，单击 打开(O) 按钮。

（4）添加“固定”约束。选择下拉菜单 插入 → 固定 命令，然后在特征树中单击 down_base（或单击模型）。

Step3. 添加轴套并定位，如图 6.9.2 所示。

（1）在确认 asm_example 处于激活状态后，选择下拉菜单 插入 → 现有部件... 命令，在弹出的“选择文件”对话框中选取轴套文件 sleeve.CATPart，然后单击 打开(O) 按钮。

（2）选择命令。选择下拉菜单 编辑 → 移动 ▸ → 操作... 命令。

（3）把 sleeve 部件移动到图 6.9.3 所示的位置。

图 6.9.2　添加轴套

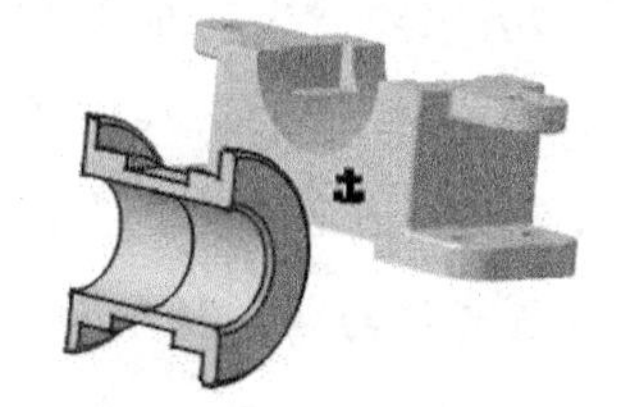

图 6.9.3　移动后的位置

（4）设置轴线相合约束。

① 选择命令。选择下拉菜单 插入 → 相合... 命令。

② 选取相合轴。分别选取两个部件的轴线，如图 6.9.4 所示。

（5）设置平面相合约束。

① 选择命令。选择下拉菜单 插入 → 相合... 命令。

② 选取相合平面。选取图 6.9.5 所示的面 1 和面 2 作为相合平面。

③ 定义方向。在系统弹出的“约束属性”对话框的 方向 下拉列表中选择 相同 选项。

④ 单击 确定 按钮，完成平面相合约束的设置。

（6）设置面接触约束。

① 选择命令。选择下拉菜单 插入 → 接触... 命令。

② 选取接触面。选取图 6.9.5 所示的面 3 和面 4 作为接触面。

图 6.9.4 选取两条相合轴

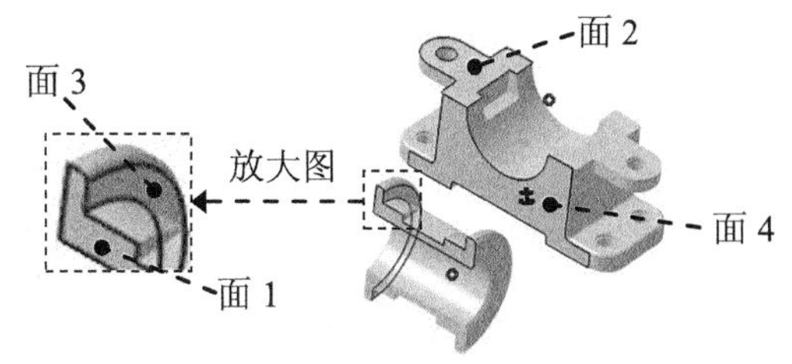

图 6.9.5 选取约束面

（7）更新操作。选择下拉菜单编辑 → 更新...命令，得到图 6.9.2 所示的结果。

Step4. 添加楔块并定位，如图 6.9.6 所示。

（1）在确认 asm_example 处于激活状态后，选择下拉菜单插入 → 现有部件...命令，在弹出的“选择文件”对话框中选取楔块文件 chock.CATPart，然后单击打开(O)按钮。

（2）选择下拉菜单编辑 → 移动 → 操作...命令，把 chock 部件移动到图 6.9.7 所示的位置。

图 6.9.6 添加楔块

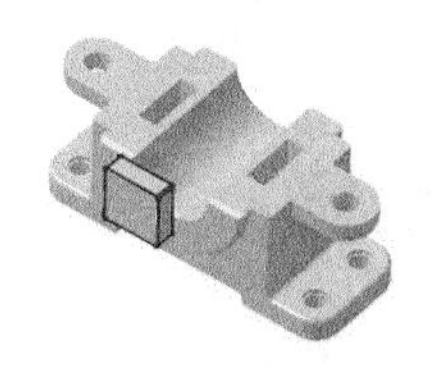

图 6.9.7 移动后的位置

（3）添加约束。选择下拉菜单插入 → 接触...命令，分别选取图 6.9.8 所示的面 1 和面 2。

（4）添加约束。选择下拉菜单插入 → 接触...命令，分别选取图 6.9.8 所示的面 3 和面 4。

（5）添加约束。选择下拉菜单插入 → 接触...命令，分别选取图 6.9.8 所示的面 5 和面 6。

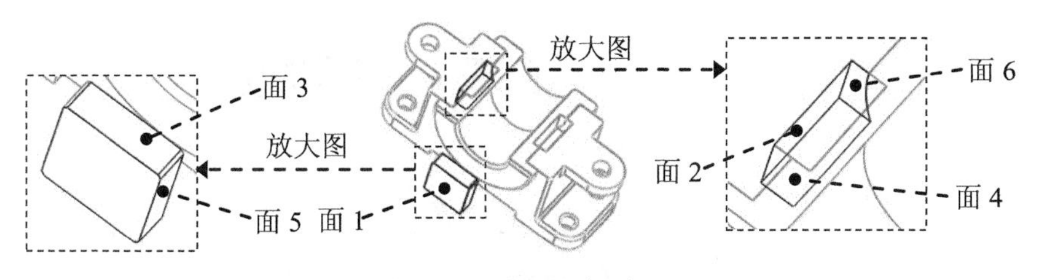

图 6.9.8 选取约束面

（6）更新操作。选择下拉菜单编辑 → 更新...命令，此时装配体如图 6.9.6 所示。

Step5. 对称复制楔块，如图 6.9.9 所示。

（1）选择“对称”命令。选取下拉菜单插入 → 对称命令。

（2）定义对称平面。选取 sleeve 部件的 xy 平面作为对称平面，如图 6.9.9 所示。

（3）定义源对称部件。选取 chock 作为源对称部件，在系统弹出的“装配对称向导”对话框中，应用默认的设置，单击 完成 按钮。

（4）单击“装配对称结果”对话框中的 关闭 按钮，此时装配体如图 6.9.9 所示。

Step6. 对称复制轴套，如图 6.9.10 所示，操作方法参照 Step5。

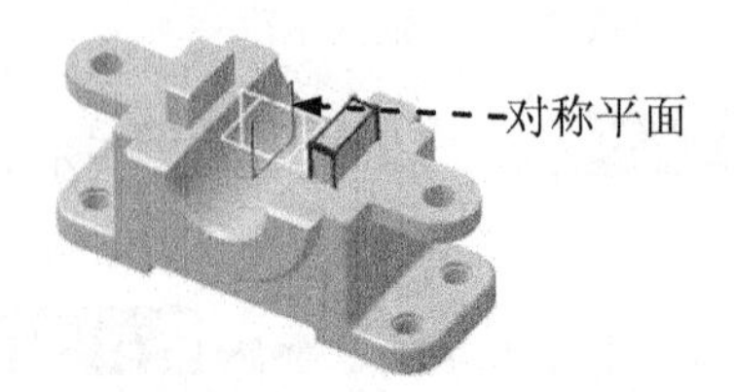

图 6.9.9 对称复制楔块

图 6.9.10 对称复制轴套

Step7. 将部件上基座添加到装配体中并定位，如图 6.9.11 所示。

（1）在确认 asm_example 处于激活状态后，选择下拉菜单 插入 → 现有部件... 命令，在系统弹出的“选择文件”对话框中选取顶盖文件 top_cover.CATPart，然后单击 打开(O) 按钮。

（2）使用 操作... 命令，把 top_cover 部件移动到图 6.9.12 所示的位置。

图 6.9.11 添加上基座

图 6.9.12 移动后的位置

（3）添加“相合”约束。选择下拉菜单 插入 → 相合... 命令，分别选取图 6.9.13 所示的轴 1 和轴 2。

（4）添加“相合”约束。选择下拉菜单 插入 → 相合... 命令，分别选取图 6.9.13 所示的轴 3 和轴 4。

（5）添加“接触”约束。选择下拉菜单 插入 → 接触... 命令，分别选取图 6.9.13 所示的面 1 和面 2。

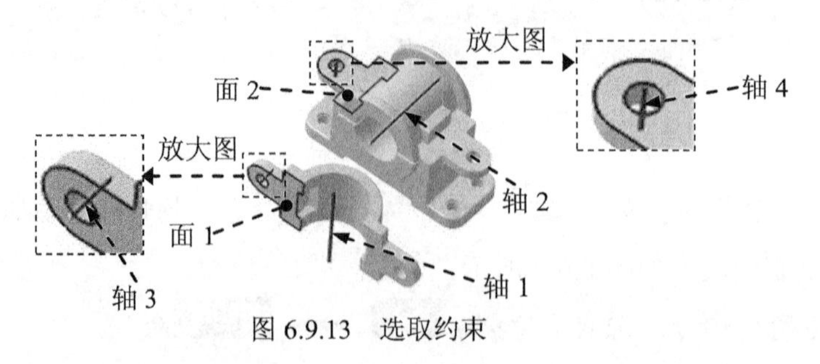

图 6.9.13 选取约束

（6）更新操作。选择下拉菜单 编辑 → 更新... 命令，得到图 6.9.12 所示的结果。

Step8. 将部件螺栓添加到装配体中并定位，如图 6.9.14 所示。

（1）在确认 asm_example 处于激活状态后，选择下拉菜单 插入 → 现有部件... 命令，在系统弹出“选择文件”对话框中选取螺栓文件 bolt.CATPart，单击对话框中的 打开(O) 按钮。

（2）使用 操纵... 命令，把 bolt 部件移动到图 6.9.15 所示的位置。

图 6.9.14　添加上基座

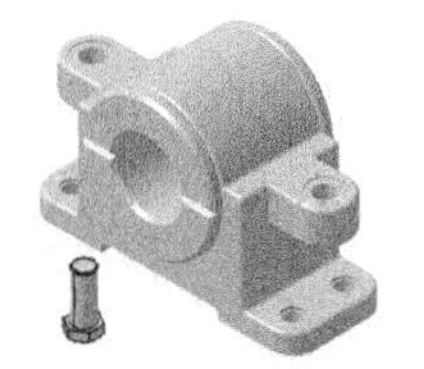

图 6.9.15　移动后的位置

（3）添加“相合”约束，相合轴为图 6.9.16 所示的轴 1 和轴 2。

（4）添加“接触”约束，接触面为图 6.9.17 所示的面 1 和面 2。

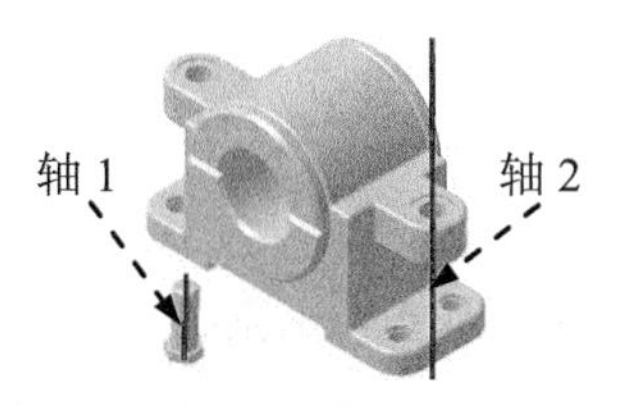

图 6.9.16　选取相合轴

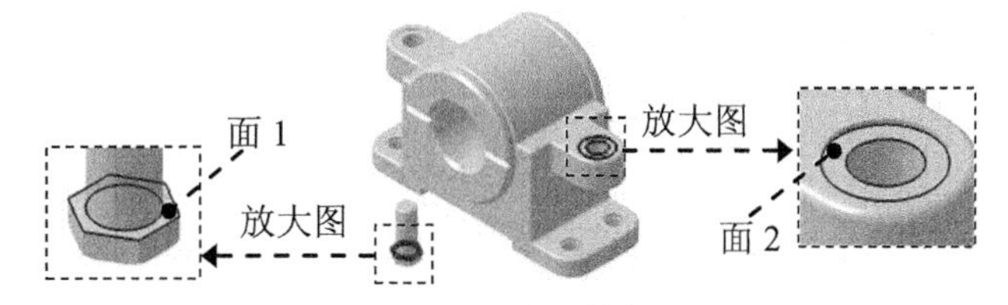

图 6.9.17　选取接触面

（5）更新后得到图 6.9.14 所示的结果。

Step9. 将部件螺母添加到装配体中并定位，如图 6.9.18 所示。

（1）在确认 asm_example 处于激活状态后，选择下拉菜单 插入 → 现有部件... 命令，在系统弹出的“选择文件”对话框中选取螺栓文件 nut.CATPart，然后单击 打开(O) 按钮。

（2）通过 操作... 命令把 nut 部件移动到图 6.9.19 所示的位置。

图 6.9.18　添加螺母

图 6.9.19　移动后的位置

（3）添加“相合”约束，相合轴为图 6.9.20 所示的轴 1 和轴 2。

（4）添加“接触”约束，接触面为图 6.9.21 所示的面 1 和面 2。

（5）更新后得到图 6.9.18 所示的结果。

Step10. 按照 Step5 的方法对螺栓和螺母进行对称复制，如图 6.9.22 所示。

图 6.9.20　选取相合轴

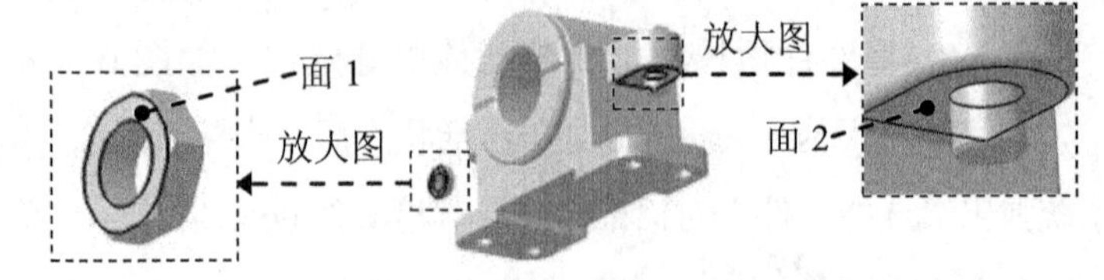

图 6.9.21　选取接触面

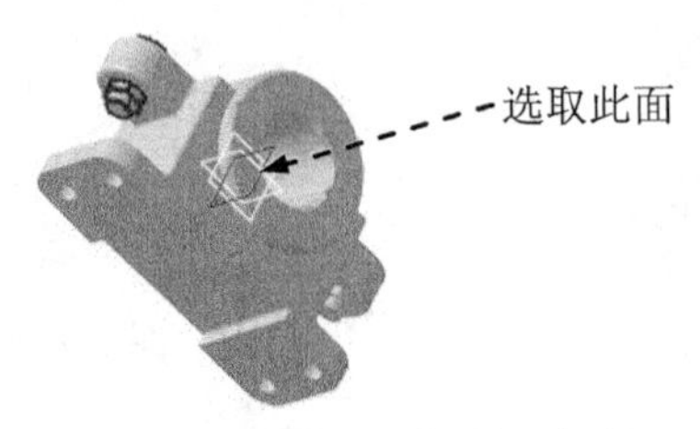

图 6.9.22　对称复制螺栓和螺母

注意：对称复制只能复制一个部件或子装配，螺栓和螺母两个部件不能同时进行对称复制操作。

Task2. 分解装配

装配体完成后，把装配体进行分解生成分解图，便可以很清楚地反映出部件间的装配关系，如图 6.9.23 所示。

图 6.9.23　分解视图

Step1. 选取命令。选择下拉菜单 编辑 → 移动 ▸ → 在装配件设计中分解 命令，系统弹出图 6.9.24 所示的“分解”对话框。

图 6.9.24　“分解”对话框

Step2. 在“分解”对话框中进行如下设置。

（1）定义分解层次。在 深度： 下拉列表中选择 所有级别 选项，如图 6.9.24 所示。

（2）定义分解类型。在类型：下拉列表中选择3D选项，如图 6.9.24 所示。

Step3. 单击应用按钮，在弹出的“信息框”对话框中单击确定按钮。

Step4. 定义分解程度。将滑块拖拽到 0.39，单击确定按钮。在系统弹出的“警告”对话框中单击是(Y)按钮，此时，装配体如图 6.9.23 所示。

6.10 习　　题

1. 将 D:\cat2016.1\work\ch06.10.01 文件夹中的零件 bolt_1.CATPart 和 nut.CATPart 装配起来，如图 6.10.1 所示，装配约束如图 6.10.2 所示。

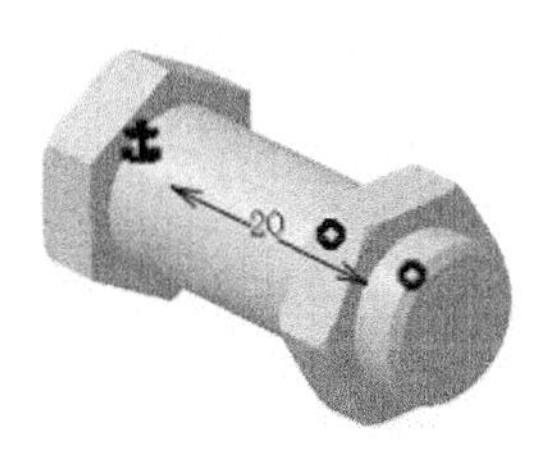

图 6.10.1　装配练习 1

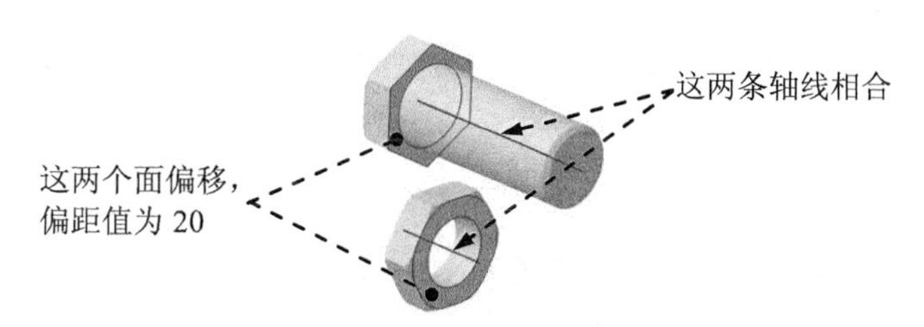

图 6.10.2　组件装配

2. 将 D:\cat2016.1\work\ch06.10.02 文件夹中的零件 bush_bracket.CATPart 和 bush_bush.CATPart 装配起来，如图 6.10.3 所示，装配约束如图 6.10.4 所示。

图 6.10.3　装配练习 2

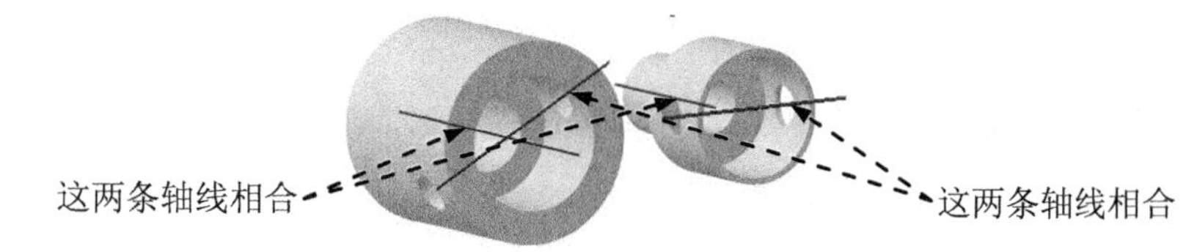

图 6.10.4　组件装配

第7章 曲面设计

本章提要 在 CATIA V5-6 中，有非常强大的曲面造型功能，这是目前其他 CAD 软件所无法比拟的。曲面造型功能模块主要有线框和曲面设计（Wireframe and Surface Design）、创成式外形设计（Generative Shape Design）、自由曲面造型（FreeStyle）、汽车白车身设计（Automotive Class A）和快速曲面重建（Quick Surface Reconstruction）等模块，这些模块与零件设计模块集成在一个程序中，可以相互切换，进行混合设计。与一般实体零件的创建相比，曲面零件的创建过程和方法比较特殊，技巧性也很强，掌握起来不太容易。本章将介绍线框和曲面设计（Wireframe and surface design）模块，主要内容包括：

- 空间点、空间曲线、空间轴和平面的创建。
- 拉伸、旋转等基本曲面的创建。
- 多截面曲面。
- 曲面的偏移。
- 曲面的修剪。
- 曲面的桥接。
- 曲面的倒角。
- 曲面的接合。
- 将曲面特征转化为实体特征。

7.1 概　　述

线框和曲面设计模块可以在设计过程的初始阶段创建线框模型的结构元素。通过使用线框特征和基本的曲面特征可以创建具有复杂外形的零件，丰富了现有的三维机械零件设计。在 CATIA 中，通常将在三维空间创建的点、线（包括直线和曲线）、平面称为线框；在三维空间中建立的各种面，称为曲面；将一个曲面或几个曲面的组合称为面组。值得注意的是，曲面是没有厚度的几何特征，不可将曲面与实体里的“厚（薄壁）”特征相混淆，“厚”特征有一定的厚度值，其本质上是实体，只不过它很薄。

使用线框和曲面设计模块创建具有复杂外形零件的一般过程如下。

（1）构建曲面轮廓的线框结构模型。

（2）将线框结构模型生成单独的曲面。

（3）对曲面进行偏移、桥接和修剪等操作。

（4）将各个单独的曲面接合成一个整体的面组。

（5）将曲面（面组）转化为实体零件。

（6）修改零件，得到符合用户需求的零件。

7.2 线框和曲面设计工作台用户界面

7.2.1 进入线框和曲面设计工作台

进入 CATIA 软件环境后，系统默认创建了一个装配文件，名称为 Product1，此时应选择下拉菜单 开始 → 机械设计 → 线框和曲面设计 命令，系统弹出图 7.2.1 所示的“新建零件”对话框，在对话框中输入零件名称，单击 确定 按钮，即可进入线框和曲面设计工作台。

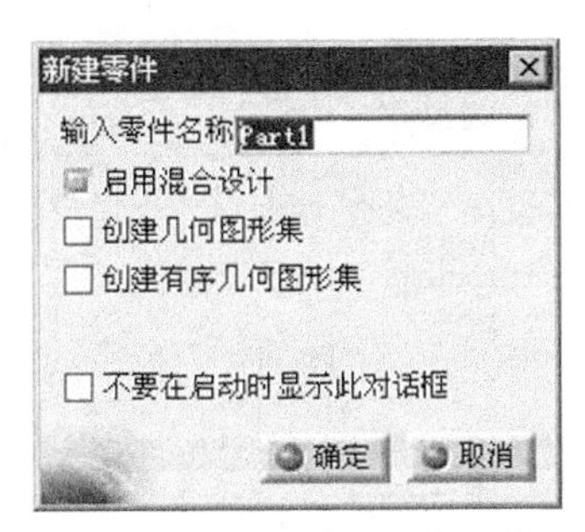

图 7.2.1 “新建零件”对话框

说明：本章以下所有操作如不作特殊说明，都将在线框和曲面设计工作台中进行操作。

7.2.2 用户界面简介

打开文件 D:\cat2016.1\work\ch07.02\Blower_ok.CATPart。

CATIA 线框和曲面设计工作台包括下拉菜单区、工具栏按钮区、消息区（命令联机帮助区）、特征树区和图形区，如图 7.2.2 所示。

工具栏中的命令按钮为快速进入命令及设置工作环境提供了极大方便，用户根据实际情况可以定制工具栏。

以下是线框和曲面工作台相应的工具栏中快捷按钮的功能介绍。

1. “线框”工具条

使用图 7.2.3 所示的“线框”工具条中的命令，可以创建点、线、平面及各种空间曲线。

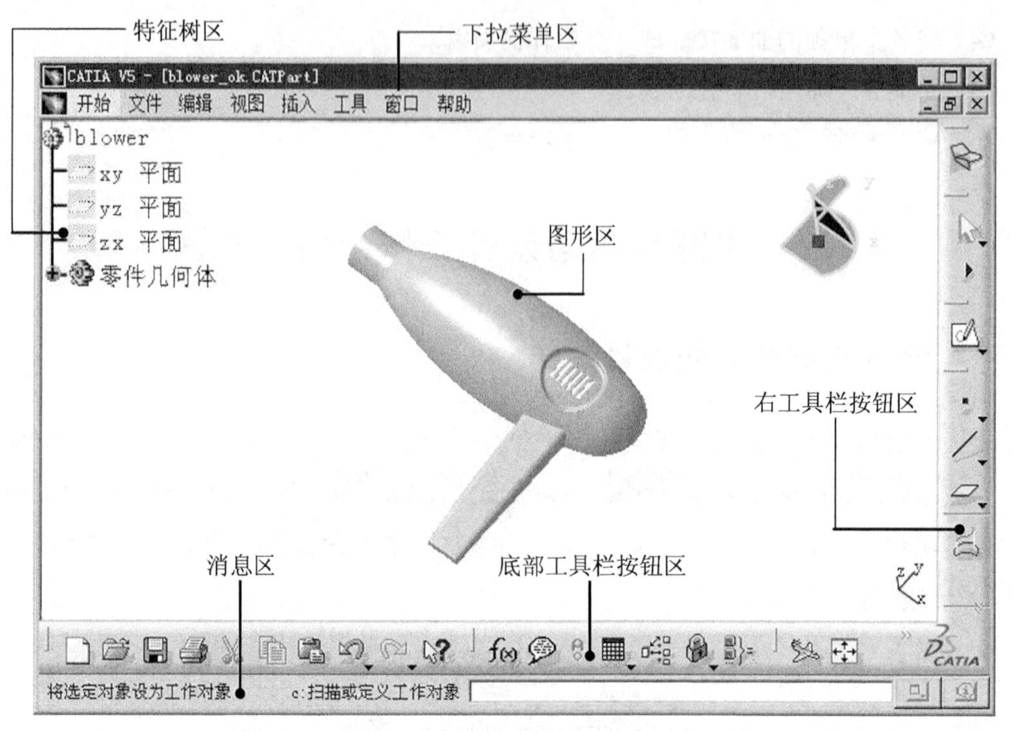

图 7.2.2　CATIA 线框和曲面设计工作台用户界面

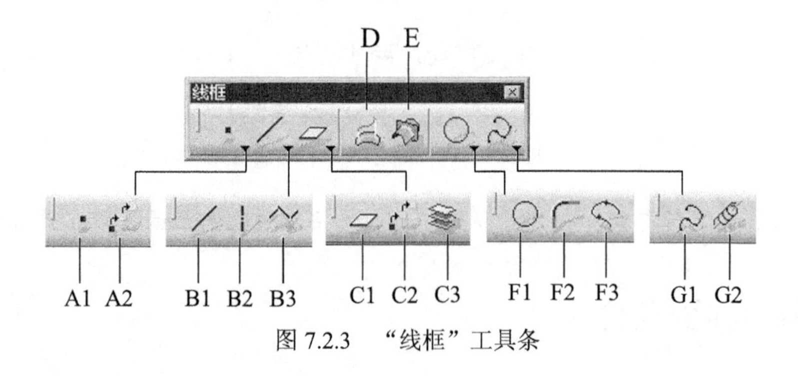

图 7.2.3　“线框”工具条

图 7.2.3 所示的“线框”工具条的说明如下。

A1：创建点。

A2：创建点复制。

B1：创建直线。

B2：创建轴线。

B3：创建折线。

C1：创建平面。

C2：创建点复制。

C3：创建面间复制。

D：创建投影曲线。

E：创建相交曲线。

F1：创建圆形曲线。

F2：创建圆角曲线。

F3：连接曲线。

G1：创建样条线。

G2：创建螺旋线。

2. “曲面”工具条

使用图 7.2.4 所示的“曲面”工具条中的命令，可以创建基本曲面、球面及圆柱面。

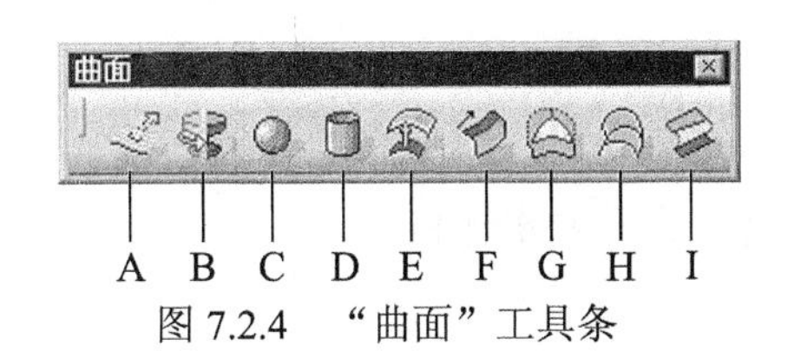

图 7.2.4　“曲面”工具条

图 7.2.4 所示的“曲面”工具条的说明如下。

A：创建拉伸曲面。

B：创建旋转曲面。

C：创建球面。

D：创建圆柱面。

E：创建偏移曲面。

F：创建扫掠曲面。

G：创建填充曲面。

H：创建多截面曲面。

I：创建桥接曲面。

3. “操作”工具条

使用图 7.2.5 所示的“操作”工具条中的命令，可以对建立的曲线或曲面进行编辑及变换操作。

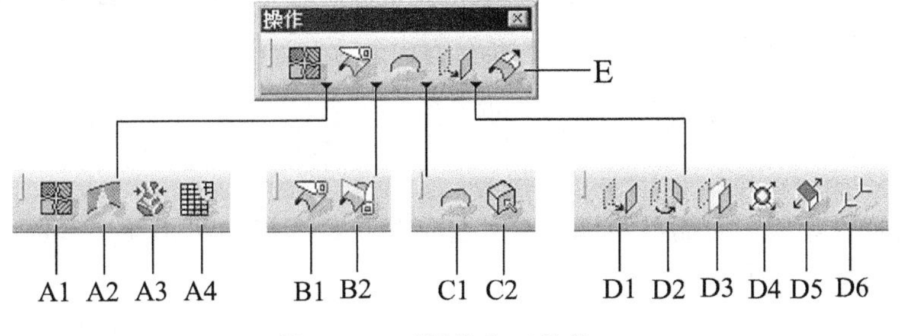

图 7.2.5　“操作”工具条

图 7.2.5 所示的“操作”工具条的说明如下。

A1：接合曲线或曲面。

A2：修复曲面。

A3：取消修剪曲线或曲面。

A4：拆解多单元几何体。

B1：分割元素。

B2：修剪元素。

C1：从曲面创建边界。

C2：提取面或曲线。

D1：沿某一方向平移元素。

D2：绕轴旋转元素。

D3：通过对称变换元素。

D4：通过缩放变换元素。

D5：通过仿射变换元素。

D6：将元素从一个轴系统变换到另一个轴系统。

E：通过外插延伸创建曲面或曲线。

7.3 创建线框

所谓的线框是指在空间创建的点、线（直线和各种曲线）和平面，可以利用这些点、线和平面作为辅助元素来建立曲面或实体特征。

7.3.1 空间点

空间点是指在空间的曲面、曲线或实体表面上创建的点，以及通过输入点的坐标在三维空间生成的点。下面分别介绍在曲面上创建点和在曲线的切线上创建点。

1. 创建曲面上的点

使用下拉菜单 插入 → 线框 ▸ → 点... 命令，可以在曲面上创建点。下面以图 7.3.1 所示的实例，来说明在曲面上创建点的一般过程。

Step1. 打开文件 D:\cat2016.1\work\ch07.03\On_surface.CATPart。

Step2. 选择命令。选择下拉菜单 插入 → 线框 ▸ → 点... 命令，系统弹出“点定义”对话框。

Step3. 定义点类型。在“点定义”对话框的 点类型： 下拉列表中选择 曲面上 选项。

Step4. 定义放置曲面。单击图 7.3.2 所示的曲面。

Step5. 定义方向。单击图 7.3.2 所示的位置 1。

说明：

- 默认的参考点在曲面的中心，右击对话框中的参考点文本框，如图 7.3.3 所示，可以选择一个新参考点。

图 7.3.1 创建曲面上的点

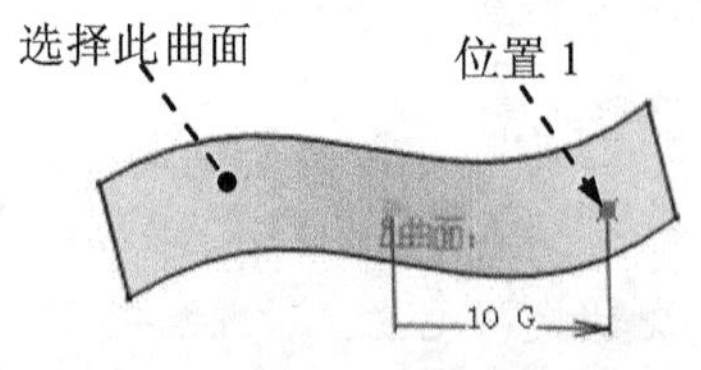

图 7.3.2 预览图

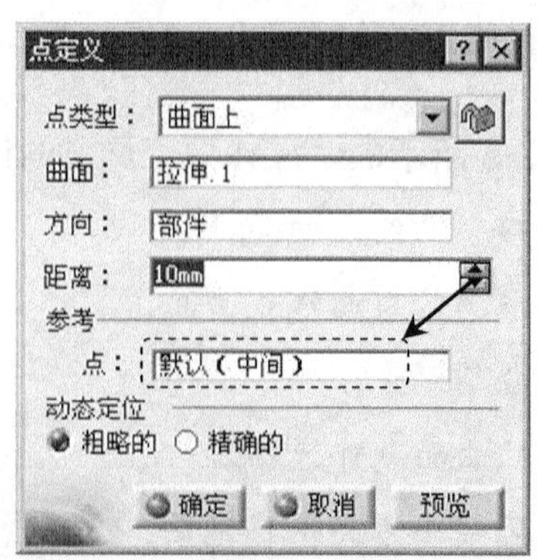

图 7.3.3 “点定义”对话框（一）

- 在 Step5 中可以移动鼠标以确定方向，也可以单击“点定义”对话框中 方向： 文本框后选择某一直线或平面以确定方向。

Step6. 定义点的距离。在对话框的 距离： 文本框中输入值 10。

Step7. 单击 确定 按钮，完成曲面上点的创建。

2. 创建曲线上切线的点

使用下拉菜单 插入 → 线框 → 点... 命令，可以创建曲线上的切点，即在曲线上创建沿某一方向或某一平面的切点。下面以图 7.3.4 所示的实例，来说明创建曲线上切线的点的一般过程。

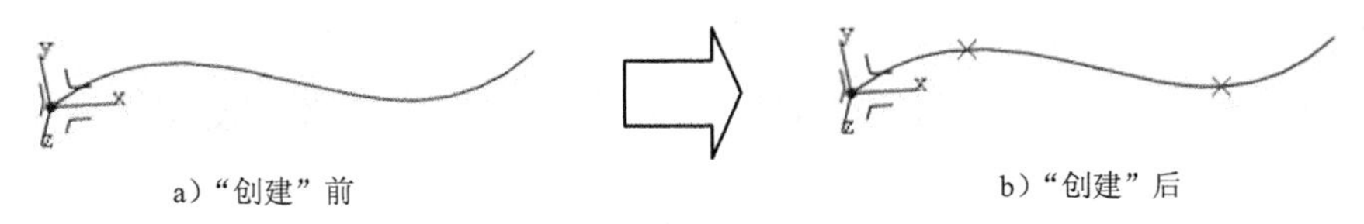

a）“创建”前　　b）“创建”后

图 7.3.4　创建曲线上切线的点

Step1. 打开文件 D:\cat2016.1\work\ch07.03\Tangent_on_curve.CATPart。

Step2. 选择命令。选择下拉菜单 插入 → 线框 → 点... 命令，系统弹出“点定义”对话框。

Step3. 定义点类型。在对话框的 点类型： 下拉列表中选择 曲线上的切线。

Step4. 定义放置曲线和方向。选择图 7.3.5 所示的曲线；选择 X 轴作为切线方向，此时“点定义”对话框（二）如图 7.3.6 所示。

Step5. 确定保留点。单击“点定义”对话框中的 确定 按钮，系统弹出图 7.3.7 所示的“多重结果管理”对话框，选择该对话框中的 保留所有子元素。单选项。

Step6. 单击“多重结果管理”对话框中的 确定 按钮，完成曲线上切线的点创建。

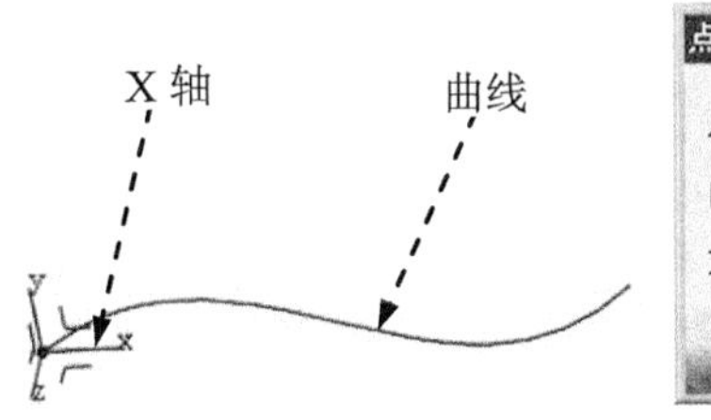

X 轴
曲线

图 7.3.5　定义曲线和方向

点定义
点类型： 曲线上的切线
曲线： 草图.1
方向： 轴系.1\X 轴
确定
取消
预览

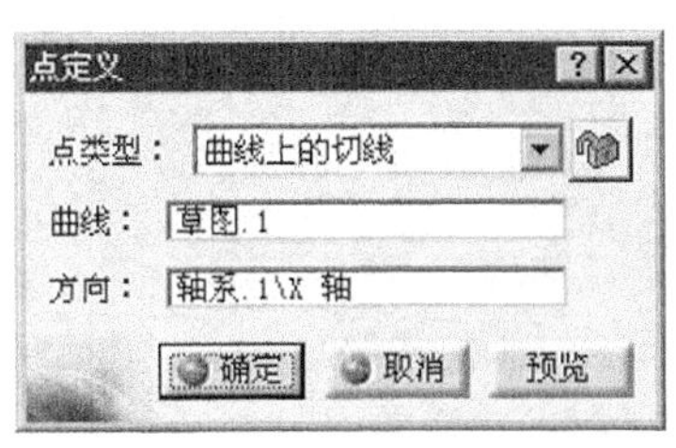

图 7.3.6　“点定义”对话框（二）

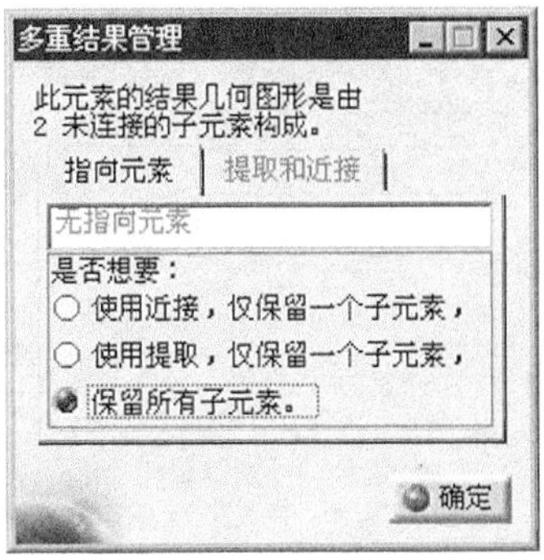

多重结果管理
此元素的结果几何图形是由
2 未连接的子元素构成。
指向元素
提取和近接
无指向元素
是否想要：
使用近接，仅保留一个子元素，
使用提取，仅保留一个子元素，
保留所有子元素。
确定

图 7.3.7　“多重结果管理”对话框

7.3.2 点复制（等距点）

使用下拉菜单 插入 → 线框 ▸ → 点复制... 命令，可以在选择的一条曲线上建立等分点，或按给定的间距创建等距点。下面以图 7.3.8 所示的实例，来说明创建等距点的一般过程。

图 7.3.8 创建等距点

Step1. 打开文件 D:\cat2016.1\work\ch07.03\Isometry_Point.CATPart。

Step2. 选择命令。选择下拉菜单 插入 → 线框 ▸ → 点复制... 命令，系统弹出"点复制"对话框。

Step3. 定义放置曲线。选取图 7.3.9 所示的曲线为创建等距点的放置曲线。

Step4. 定义实例（等距点数目）。在"点复制"对话框的 实例: 文本框中输入值 4，取消选中 □ 同时创建法线平面 复选框，如图 7.3.10 所示。

说明：

- 选中"点复制"对话框的 同时创建法线平面 复选框后，在每个点位置建立一个与曲面垂直的平面。结果如图 7.3.11 所示。
- 单击对话框上的 包含端点 复选框，则创建的等距点包括曲线上的两个端点。

Step5. 单击 确定 按钮，完成曲线上等距点的创建。

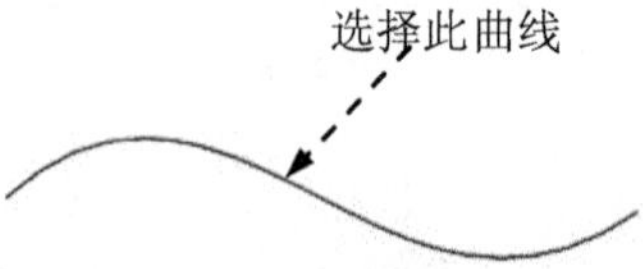

选择此曲线

图 7.3.9 定义参数

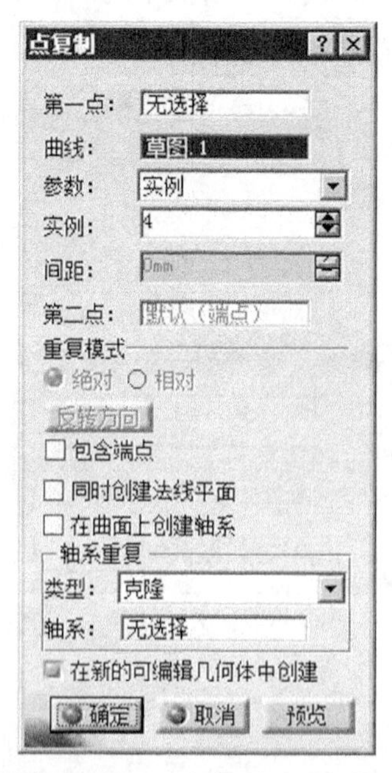

图 7.3.10 "点复制"对话框

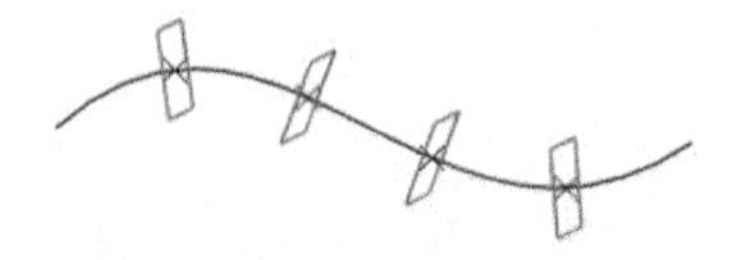

图 7.3.11 同时创建法线平面

7.3.3 空间直线

在 CATIA V5-6 中，有六种建立空间直线的方法，分别为“点-点”“点-方向”“曲线的角度/法线”“曲线的切线”“曲面的法线”“角平分线”。下面分别介绍“曲线的角度/法线”“曲线的切线”“曲面的法线”三种创建空间直线的方式。

1. 曲线的角度/法线

使用下拉菜单 插入 → 线框 → 直线... 命令，可以通过一点创建与曲线成一定夹角的直线，或通过该点创建曲线的法线。下面以图 7.3.12 所示的例子来说明创建与曲线成一定角度的直线的一般操作过程。

a)“创建”前　　b)“创建”后

图 7.3.12　创建曲线的角度直线

Step1. 打开文件 D:\cat2016.1\work\ch07.03\Angle_Normal_to_curve.CATPart。

Step2. 选择命令。选择下拉菜单 插入 → 线框 → 直线... 命令，系统弹出“直线定义”对话框。

Step3. 定义创建类型。在“直线定义”对话框的 线型： 下拉列表中选择 曲线的角度/法线 选项，并单击其后的按钮，使其变为状态。

Step4. 定义参考曲线及通过点。选择图 7.3.13 所示的曲线为直线的参考曲线；再选取图 7.3.13 所示的点 1 为直线的通过点。

Step5. 定义角度。在“直线定义”对话框的 角度： 文本框中输入值 30，此角度为直线与曲线在点 1 处切线的夹角。

Step6. 定义长度。在“直线定义”对话框的 起点： 文本框中输入值-10，在 终点： 文本框中输入值 10，如图 7.3.14 所示。

说明：单击对话框中的 曲线的法线 按钮后，则在点 1 处建立一条曲线的法线且角度自动变为 90°。结果如图 7.3.15 所示。

Step7. 单击 确定 按钮，完成直线的创建。

2. 曲线的切线

使用下拉菜单 插入 → 线框 → 直线... 命令，可以通过一个点做曲线的切线。下面以图 7.3.16 所示的实例，来说明创建曲线的切线的一般操作过程。

Step1. 打开文件 D:\cat2016.1\work\ch07.03\Tangent_to_curve.CATPart。

Step2. 选择命令。选择下拉菜单 插入 → 线框 → 直线... 命令，系统弹出“直线定义”对话框。

Step3. 定义创建类型。在“直线定义”对话框的 线型 下拉列表中选择 曲线的切线 选项。

Step4. 定义参考曲线及通过点。选取图 7.3.17 所示的曲线作为直线的参考曲线，再选取点 1 作为直线的通过点。

Step5. 定义相切类型。在“直线定义”对话框 相切选项 区域的 类型 下拉列表中选择 单切线 选项。

Step6. 确定切线长度。在“直线定义”对话框 相切选项 区域的 起点： 文本框中输入值-15，在 终点： 文本框中输入值 15，如图 7.3.18 所示。

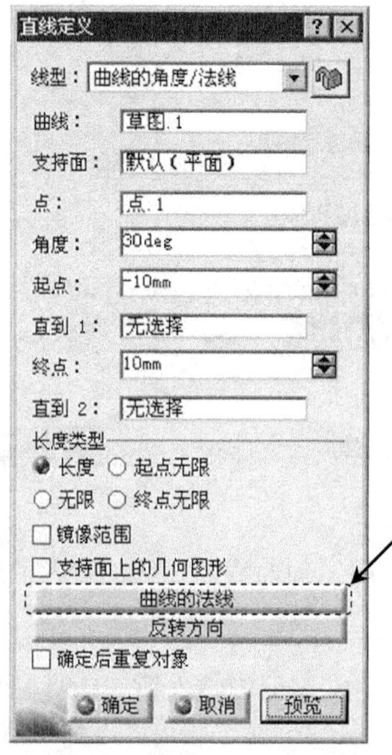

图 7.3.14 “直线定义”对话框（一）

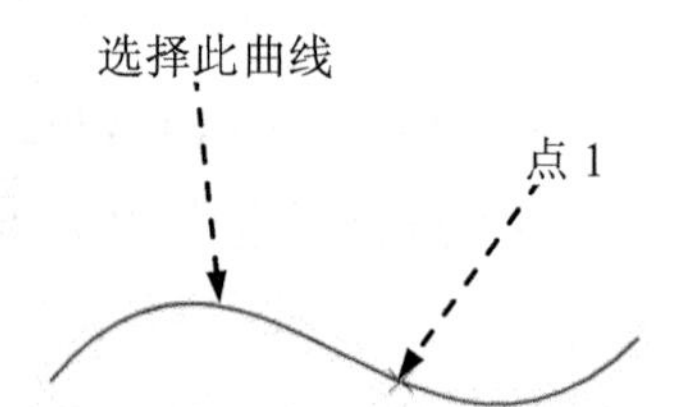

图 7.3.13 参照曲线和通过点

图 7.3.15 创建曲线的法线

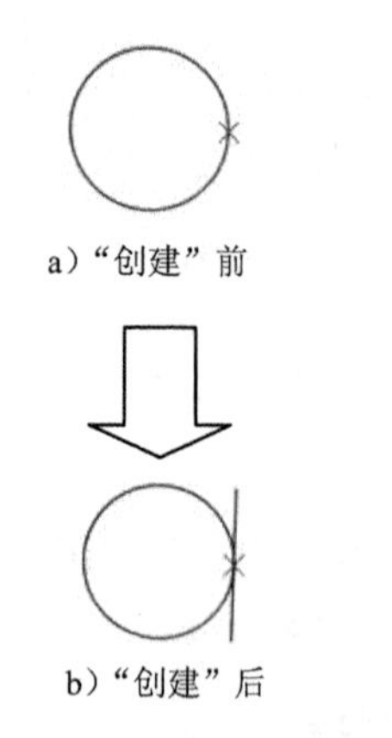

图 7.3.16 曲线的直线

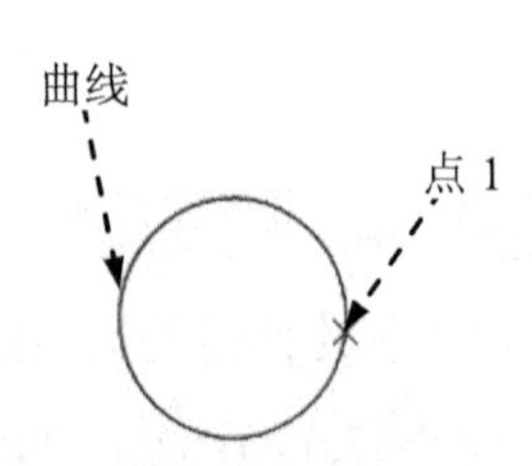

图 7.3.17 定义曲线和元素

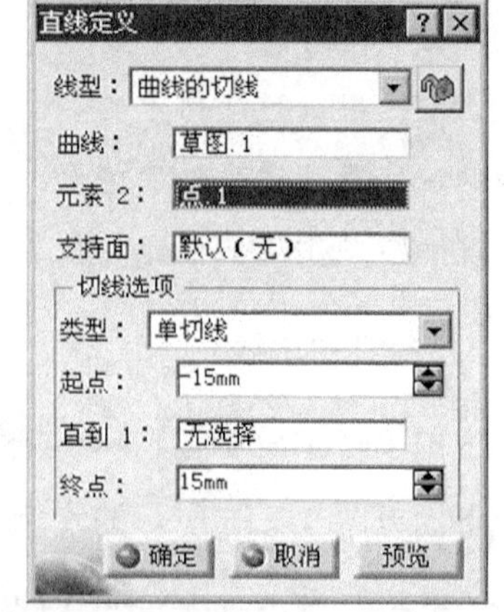

图 7.3.18 “直线定义”对话框（二）

Step7. 单击 确定 按钮，完成曲线切线的创建。

3. 曲面的法线

使用下拉菜单 插入 → 线框 → 直线... 命令，可以通过一个点做曲面的法线。下面以图 7.3.19 所示的实例，来说明创建曲面法线的一般操作过程。

Step1. 打开文件 D:\cat2016.1\work\ch07.03\Normal_to_surface.CATPart。

Step2. 选择命令。选择下拉菜单 插入 → 线框 → 直线... 命令，系统弹出“直线定义”对话框。

Step3. 定义创建类型。在“直线定义”对话框的 线型 下拉列表中选择 曲面的法线 选项。

Step4. 定义参考曲面及通过点。选取图 7.3.20 所示的曲面为创建法线的曲面，再选取图 7.3.20 所示的点为法线的通过点。

Step5. 定义直线长度。在“直线定义”对话框（三）（图 7.3.21）的 起点： 文本框中输入值 80。

Step6. 定义直线方向。单击 反转方向 按钮，改变直线方向。

Step7. 单击 确定 按钮，完成曲面法线的创建。

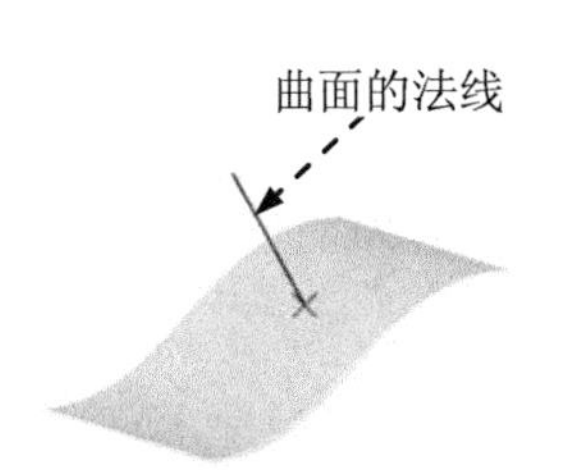

图 7.3.19 创建曲面的法线

选择此曲面

选择此点

图 7.3.20 定义曲线和通过点

图 7.3.21 “直线定义”对话框（三）

7.3.4 空间轴

使用下拉菜单 插入 → 线框 → 轴线... 命令可以为圆、圆柱曲面（体）、旋转曲面（体）或球面（体）等建立轴线。下面以图 7.3.22 所示的实例，来说明创建空间轴的一般操作过程。

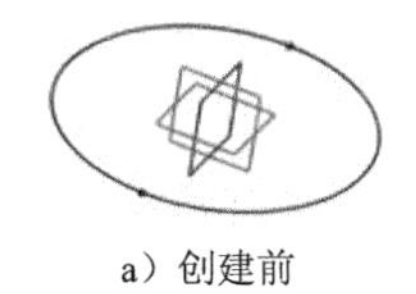

a）创建前

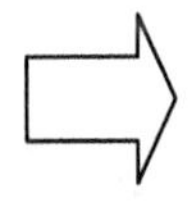

b）创建后

图 7.3.22 创建空间轴

Step1. 打开文件 D:\cat2016.1\work\ch07.03\Axis.CATPart。

Step2. 选择命令。选择下拉菜单 插入 → 线框 → 轴线... 命令，系统弹出“轴线定义”对话框。

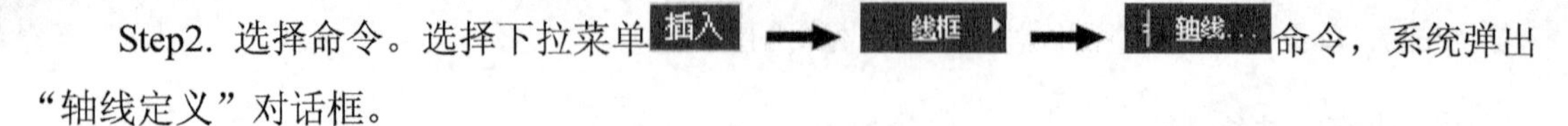

Step3. 定义轴线元素。选择图 7.3.23 所示的圆为轴线元素。

Step4. 定义轴线参考方向。选择 zx 平面（可在特征树上选取）为轴线方向。

Step5. 定义轴线类型。在“轴线定义”对话框的 轴线类型 下拉列表中选择 与参考方向相同 选项，如图 7.3.24 所示。

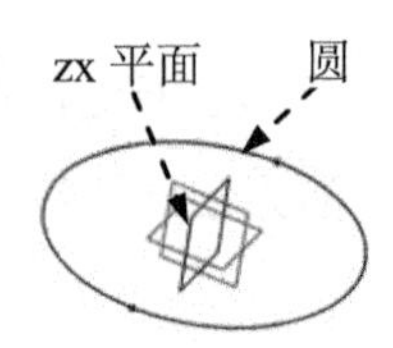

图 7.3.23 定义轴线元素和方向

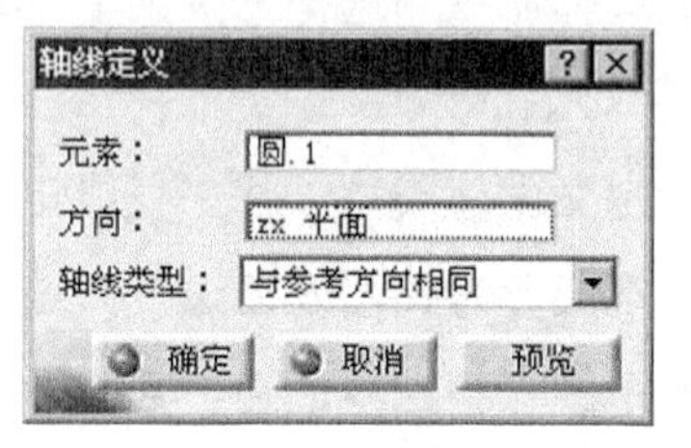

图 7.3.24 “轴线定义”对话框

说明：

- 在“轴线定义”对话框的 轴线类型 下拉列表中选择 参考方向的法线 选项后，则在参考方向的法线方向建立一条轴线，结果如图 7.3.25 所示。
- 在“轴线定义”对话框的 轴线类型 下拉列表中选择 圆的法线 选项后，则在元素的法线方向建立一条轴线，结果如图 7.3.26 所示。

Step6. 单击 确定 按钮，完成图 7.3.22b 所示轴线的创建。

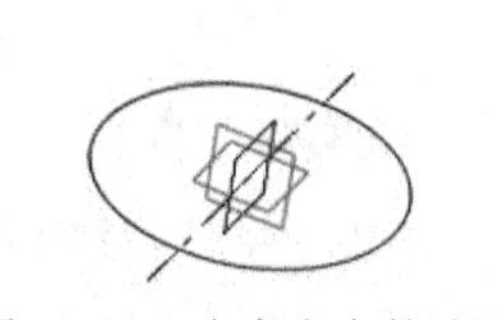

图 7.3.25 参考方向的法线

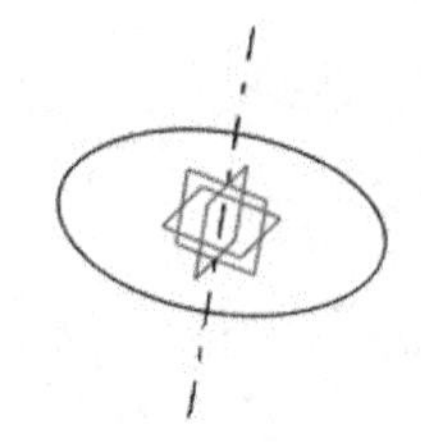

图 7.3.26 圆的法线

7.3.5 平面

在设计零件模型时，如果模型中没有合适的平面，用户可以通过“平面”命令来创建所需要的平面，本节将具体说明创建平面的五种方法。

1. 通过三个点创建平面

使用下拉菜单 插入 → 线框 → 平面... 命令，可以通过不在一条直线上的三个点创建平面。下面以图 7.3.27 所示的实例，来说明通过三个点创建平面的一般过程。

Step1. 打开文件 D:\cat2016.1\work\ch07.03\Through_three_points_plane.CATPart。

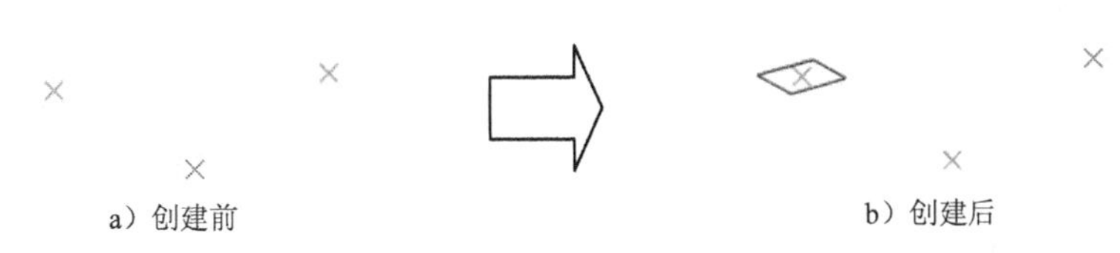

图 7.3.27 通过三个点创建平面

Step2. 选择命令。选择下拉菜单 插入 → 线框 → 平面... 命令（或单击“线框”工具栏中的“平面”按钮），系统弹出图 7.3.28 所示的“平面定义”对话框（一）。

Step3. 定义平面类型。在“平面定义”对话框（一）的 平面类型: 下拉列表中选择 通过三个点 选项。

Step4. 定义通过点。依次选取图 7.3.29 所示的点 1、点 2 和点 3 为平面的通过点。

说明：为了便于观察，单击图 7.3.29 所示的“移动”并拖动鼠标，可以移动平面的显示位置。

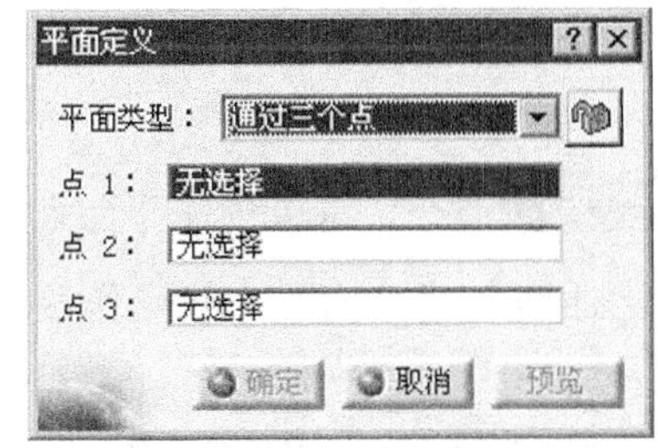

图 7.3.28 “平面定义”对话框（一）

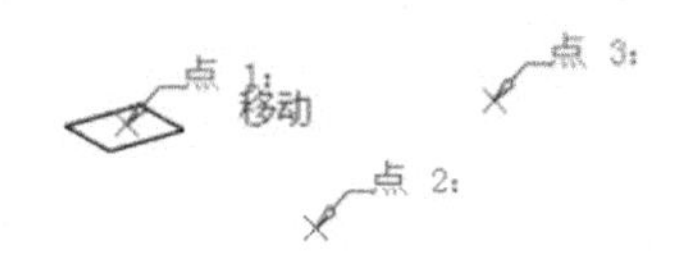

图 7.3.29 定义通过点

Step5. 单击 确定 按钮，完成通过三个点创建平面。

2. 通过两条直线创建平面

使用下拉菜单 插入 → 线框 → 平面... 命令，可以通过空间中的两条直线来创建平面。下面以图 7.3.30 所示的实例，来说明通过两条直线创建平面的一般过程。

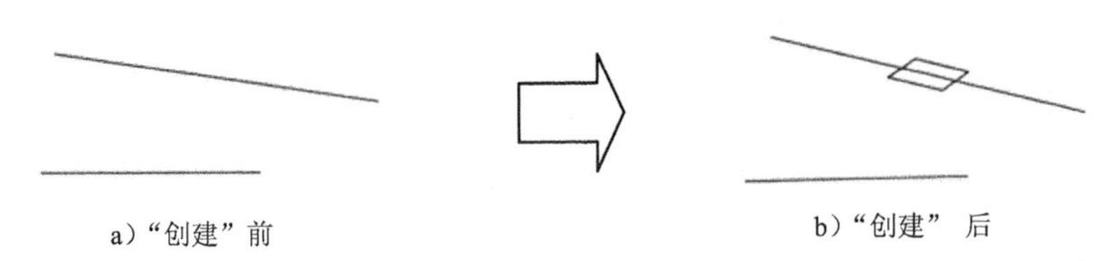

图 7.3.30 通过两条直线创建平面

Step1. 打开文件 D:\cat2016.1\work\ch07.03\Through_two_lines.CATPart。

Step2. 选择下拉菜单 插入 → 线框 → 平面... 命令，系统弹出“平面定义”对话框（二）。

Step3. 确定平面类型。在“平面定义”对话框（二）的平面类型：下拉列表中选择通过两条直线，如图 7.3.31 所示。

Step4. 定义通过直线。选取图 7.3.32 所示的直线 1 和直线 2 为平面通过的两条直线。

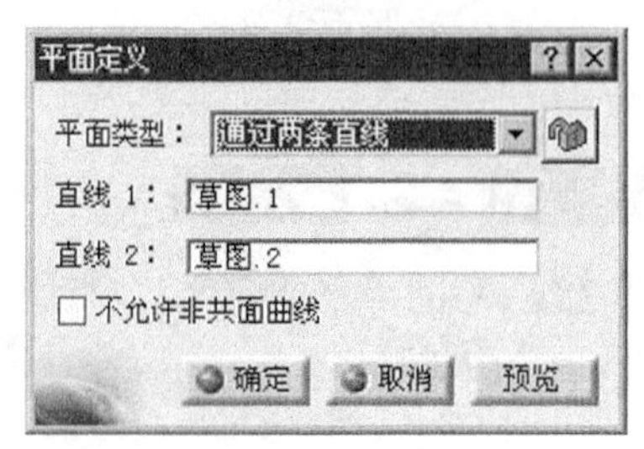

图 7.3.31 “平面定义”对话框（二）

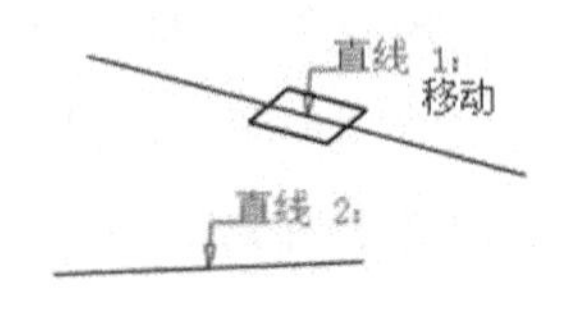

图 7.3.32 定义通过直线

说明：如果两条直线在同一平面内，则建立通过两条直线的平面；如果两条直线不在同一个平面内，则以通过直线 1 且与直线 2 平行的方式建立平面。

Step5. 单击确定按钮，完成通过两条直线创建平面。

3. 通过平面曲线创建平面

使用下拉菜单插入 → 线框 → 平面...命令，可以创建平面曲线所在的平面。下面以图 7.3.33 所示的实例，来说明通过平面曲线创建平面的一般操作过程。

Step1. 打开文件 D:\cat2016.1\work\ch07.03\Through_planar_curve.CATPart。

Step2. 选择命令。选择下拉菜单插入 → 线框 → 平面...命令，系统弹出“平面定义”对话框（三），如图 7.3.34 所示。

Step3. 确定平面类型。在“平面定义”对话框（三）的平面类型：下拉列表中选择通过平面曲线选项。

Step4. 定义曲线。选择图 7.3.35 所示的曲线。

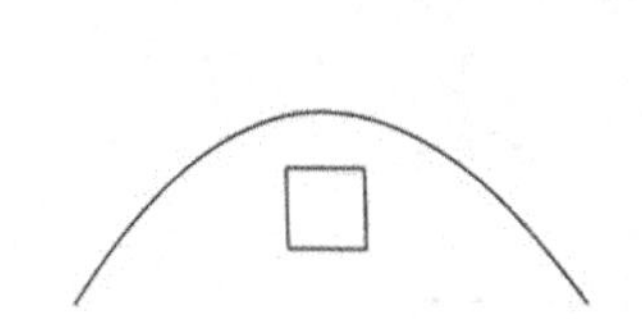

图 7.3.33 通过平面曲线创建平面

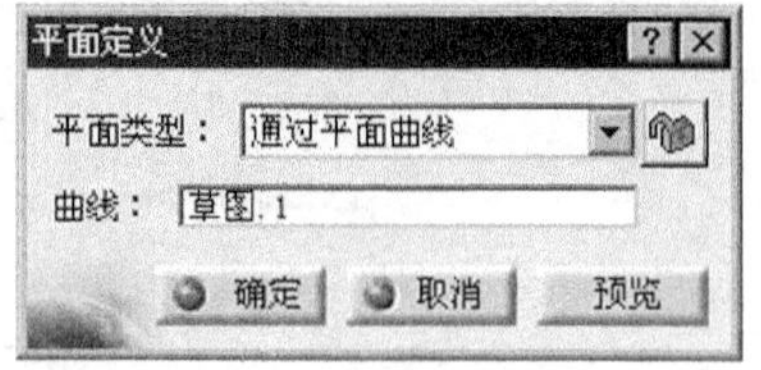

图 7.3.34 “平面定义”对话框（三）

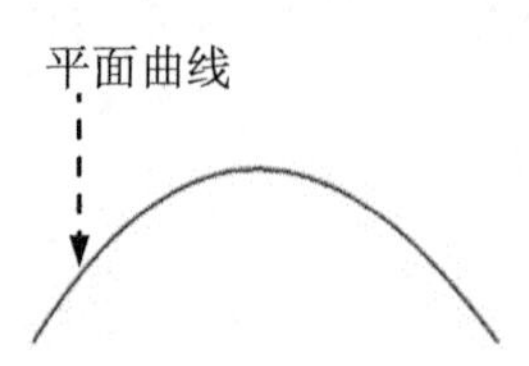

图 7.3.35 定义平面曲线

Step5. 单击确定按钮，完成通过平面曲线创建平面。

4. 通过曲线的法线创建平面

使用下拉菜单插入 → 线框 → 平面...命令，可以通过一个点（该点可以在曲线上也可以不在曲线上）来创建曲线的法平面。下面以图 7.3.36 所示的实例，来说明通过曲线的法线创建平面的一般操作过程。

图 7.3.36 通过曲线的法线创建平面

Step1. 打开文件 D:\cat2016.1\work\ch07.03\Normal_to_curve.CATPart。

Step2. 选择命令。选择下拉菜单 插入 → 线框 → 平面... 命令，系统弹出“平面定义”对话框（四）。

Step3. 定义平面类型。在“平面定义”对话框（四）的 平面类型: 下拉列表中选择 曲线的法线 选项，如图 7.3.37 所示。

Step4. 定义参考曲线及通过点。选取图 7.3.38 所示的曲线为参考曲线，选取图 7.3.38 所示的点 1 作为平面通过点。

Step5. 单击 确定 按钮，完成通过曲线的法线创建平面。

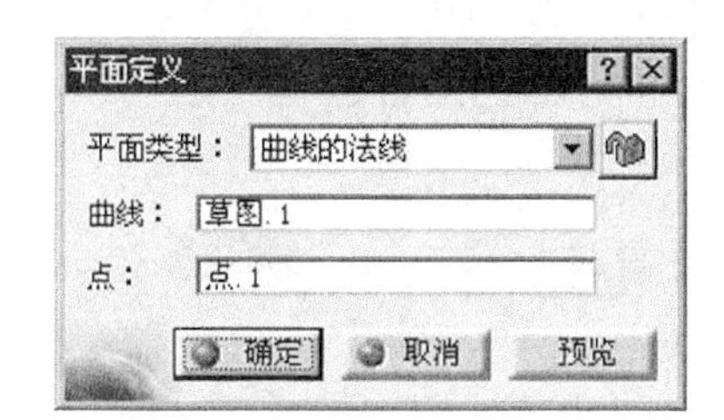

图 7.3.37 “平面定义”对话框（四）

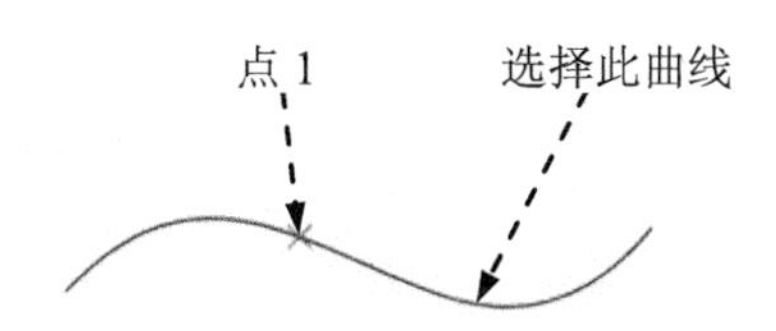

图 7.3.38 定义曲线和通过点

5. 通过曲面的切线创建平面

选择下拉菜单 插入 → 线框 → 平面... 命令，可以通过曲面上的一个点来创建与该曲面相切的平面。下面以图 7.3.39 所示的实例，来说明通过曲面的切线创建平面的一般操作过程。

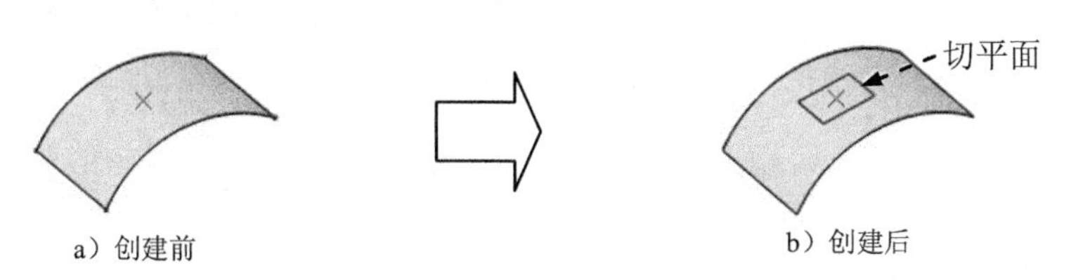

图 7.3.39 创建曲面的切平面

Step1. 打开文件 D:\cat2016.1\work\ch07.03\Tangent_to_surface.CATPart。

Step2. 选择命令。选择下拉菜单 插入 → 线框 → 平面... 命令，系统弹出“平面定义”对话框（五）。

Step3. 定义平面类型。在“平面定义”对话框（五）的平面类型：下拉列表中选择曲面的切线选项，如图 7.3.40 所示。

Step4. 定义参考曲面和通过点。选取图 7.3.41 所示的曲面为参考曲面，再选取点 1 为通过点。

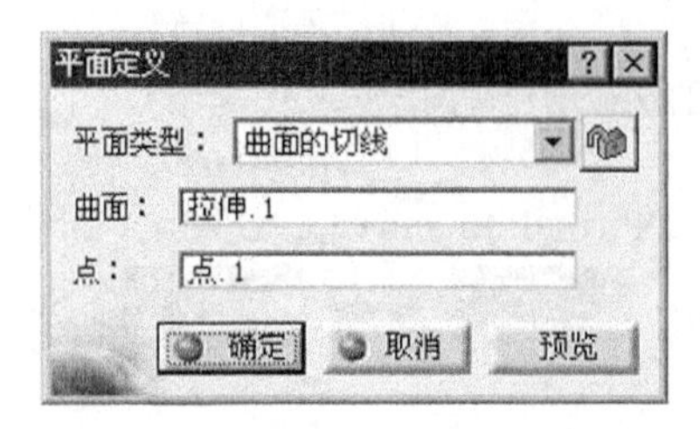

图 7.3.40 “平面定义”对话框（五）

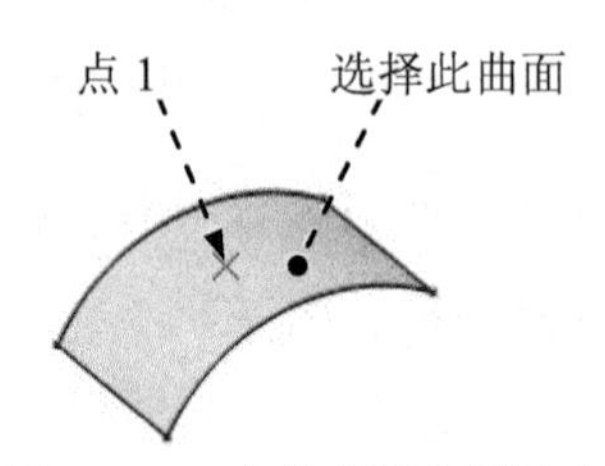

图 7.3.41 定义曲面和通过点

Step5. 单击确定按钮，完成通过曲面的切线创建平面。

7.3.6 圆的创建

圆是一种重要的几何元素，在设计过程中得到广泛使用，它可以直接在实体或曲面上创建。下面以图 7.3.42 所示为例，来说明创建圆的一般操作过程。

Step1. 打开文件 D:\cat2016.1\work\ch07.03\Circle.CATPart。

Step2. 选择命令。选择下拉菜单插入 ➡ 线框 ➡ 圆...命令，系统弹出图 7.3.43 所示的“圆定义”对话框。

Step3. 定义圆类型。在“圆定义”对话框的圆类型：下拉列表中选择中心和半径选项。

Step4. 定义圆的中心和支持面。选取图 7.3.44 所示的点为圆的中心（或在特征树中选择），选取 xy 平面为圆的支持面。

Step5. 确定圆半径。在“圆定义”对话框的半径：文本框中输入值 20，单击“圆定义”对话框圆限制区域中的⊙按钮，如图 7.3.43 所示。

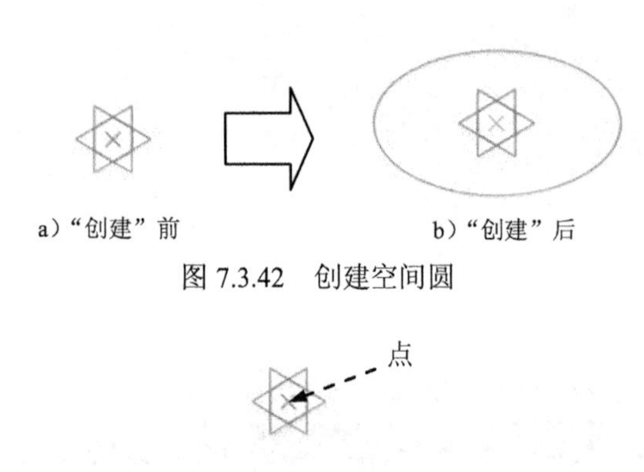

图 7.3.42 创建空间圆

图 7.3.44 选择圆中心点

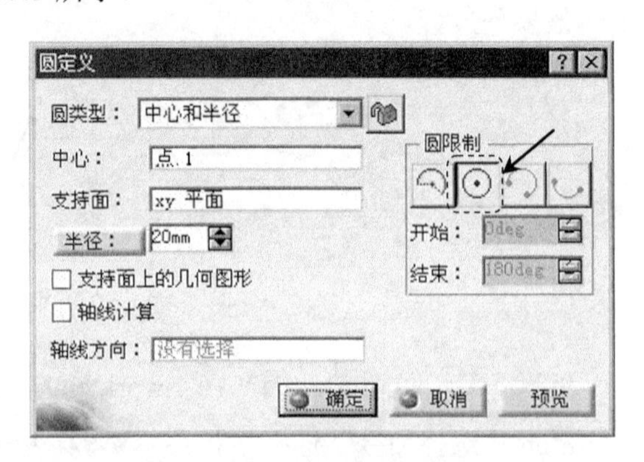

图 7.3.43 “圆定义”对话框

Step6. 单击 确定 按钮，完成圆的创建。

7.3.7 创建线圆角

使用下拉菜单 插入 → 线框 ▸ → 圆角... 命令，可以在空间或一个平面上建立圆角，如果选择的两条线在同一个平面内，则在此面上建立圆角，否则只能建立空间圆角。下面以图 7.3.45 所示的实例，来说明创建线圆角的一般操作过程。

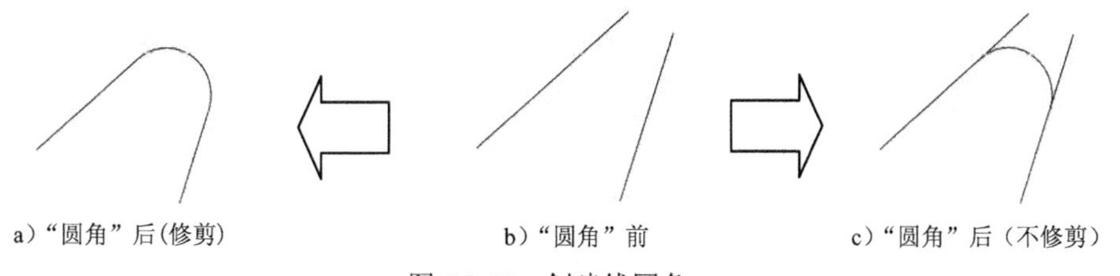

a)“圆角”后(修剪)　　b)“圆角”前　　c)“圆角”后（不修剪）

图 7.3.45 创建线圆角

Step1. 打开文件 D:\cat2016.1\work\ch07.03\Corner.CATPart。

Step2. 选择命令。选择下拉菜单 插入 → 线框 ▸ → 圆角... 命令，系统弹出图 7.3.46 所示的“圆角定义”对话框。

Step3. 定义圆角类型。在“圆角定义”对话框的 圆角类型： 下拉列表中选择 支持面上的圆角 选项。

Step4. 定义圆角边线。选择图 7.3.47 所示的曲线 1 和曲线 2 为圆角边线。

Step5. 定义圆角半径。在“圆角定义”对话框的 半径： 文本框中输入值 1。

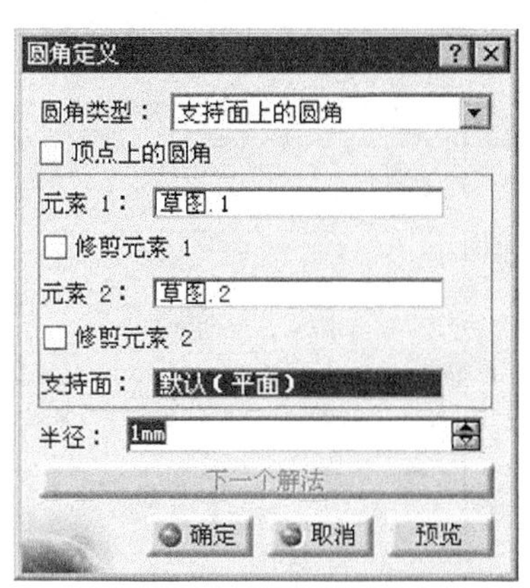

图 7.3.46 “圆角定义”对话框

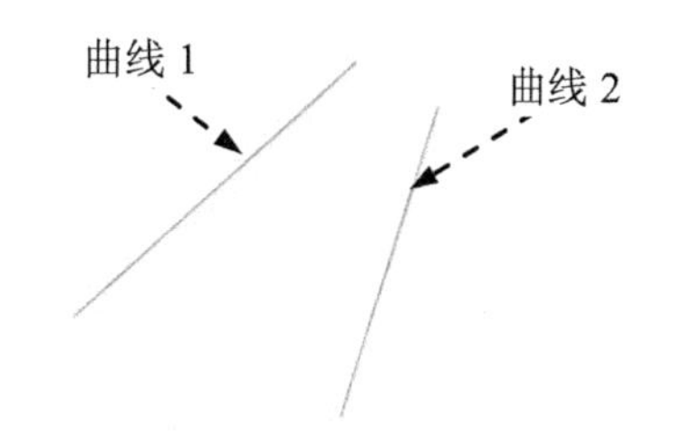

图 7.3.47 定义圆角边线

Step6. 单击 确定 按钮，完成线圆角的创建。

说明：

- 当选中 顶点上的圆角 复选框时，圆角的元素为一个，且其内部的曲线必须连续。

- 当选中 修剪元素 1 和 修剪元素 2 复选框时，在圆角完成后会对圆角边线进行修剪（图 7.3.45a），不选中时则不修剪（图 7.3.45c）。

7.3.8 创建空间样条曲线

选择下拉菜单 插入 ➡ 线框 ▸ ➡ 样条线... 命令，利用空间的一系列点可以创建图 7.3.48 所示的样条曲线。其创建的方法与在草图中建立样条曲线类似，只是需要在空间先建立一些控制点，然后依次选择这些控制点。下面以图 7.3.48 为例，来说明创建空间样条曲线的一般操作过程。

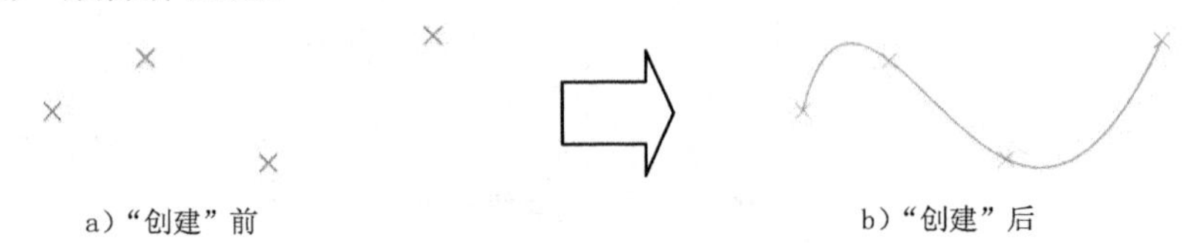

a）“创建”前　　　　b）“创建”后

图 7.3.48　创建空间样条曲线

Step1. 打开文件 D:\cat2016.1\work\ch07.03\Spline.CATPart。

Step2. 选择命令。选择下拉菜单 插入 ➡ 线框 ▸ ➡ 样条线... 命令，系统弹出图 7.3.49 所示的“样条线定义”对话框。

Step3. 定义样条曲线。依次选择图 7.3.50 所示的点 1、点 2、点 3 和点 4 为空间样条线的定义点。

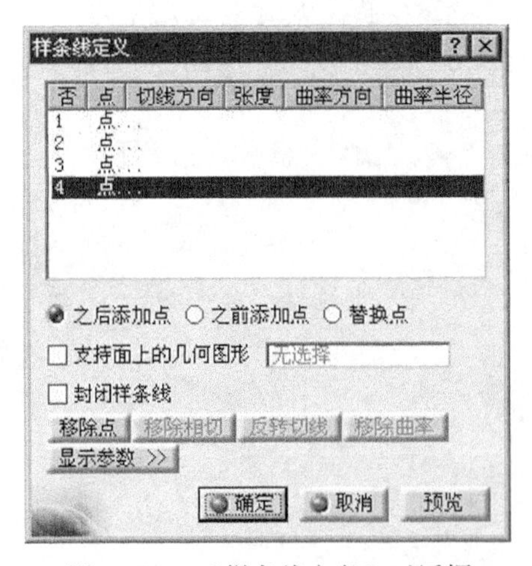

图 7.3.49　“样条线定义”对话框

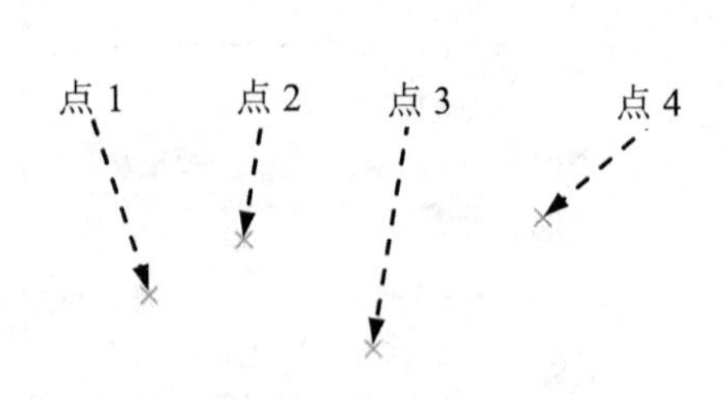

图 7.3.50　选择点

说明：在图 7.3.49 所示的“样条线定义”对话框中，若选中 支持面上的几何图形 复选框，可将完成后的样条曲线投影在一选定的曲面上；当选中 封闭样条线 复选框后，完成的样条曲线自动封闭。

Step4. 单击 确定 按钮，完成空间样条曲线的创建。

7.3.9 创建连接曲线

使用下拉菜单 插入 → 线框 → 连接曲线... 命令，可以把空间的两个点或线段用空间曲线进行连接。下面以图 7.3.51 所示的实例为例，来说明创建连接曲线的一般操作过程。

Step1. 打开文件 D:\cat2016.1\work\ch07.03\Connect_Curve.CATPart。

Step2. 选择命令。选择下拉菜单 插入 → 线框 → 连接曲线... 命令，系统弹出图 7.3.52 所示的"连接曲线定义"对话框。

Step3. 定义连接类型。在"连接曲线定义"对话框的 连接类型: 下拉列表中选择 法线 选项。

Step4. 定义曲线连接点。选取图 7.3.53 所示的点 1 和点 2 为曲线的连接点。

Step5. 定义连续方式。在"连接曲线定义"对话框的 连续: 下拉列表中选择 相切 选项。

Step6. 确定连接曲线弧度值。在对话框的 张度: 文本框中均输入值 1。

说明：单击对话框中的 反转方向 按钮（图 7.3.52），可以切换曲线的相切方向。

Step7. 单击 确定 按钮，完成曲线的连接。

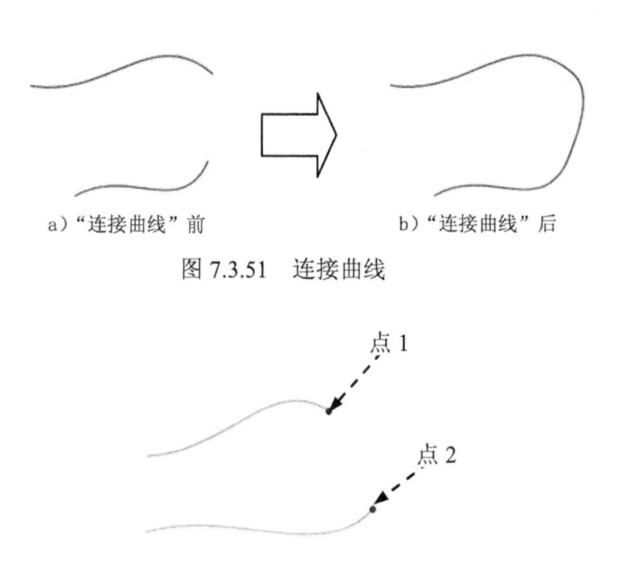

a）"连接曲线"前　　b）"连接曲线"后

图 7.3.51 连接曲线

图 7.3.53 选择连接点

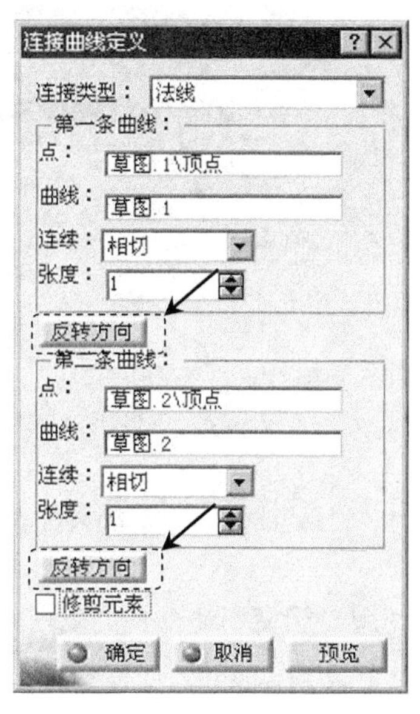

图 7.3.52 "连接曲线定义"对话框

7.3.10 创建投影曲线

使用"投影"命令，可以将空间的点向曲线或曲面上投影，也可以将曲线向一个曲面上投影，投影时可以选择法向投影或沿一个给定的方向进行投影。下面以图 7.3.54 所示的实例为例，来说明沿某一方向创建投影曲线的一般过程。

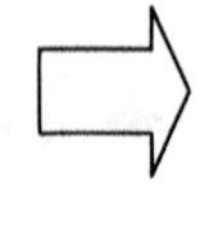

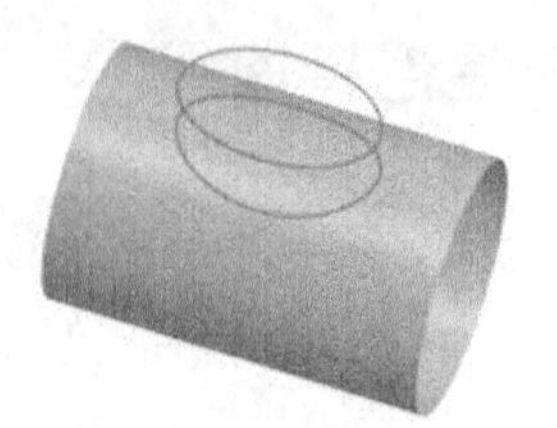

a）“投影曲线”前　　b）“投影曲线”后

图 7.3.54　投影曲线

Step1. 打开文件 D:\cat2016.1\work\ch07.03\Projection.CATPart。

Step2. 选择命令。选择下拉菜单 插入 → 线框 ▸ → 投影... 命令，系统弹出图 7.3.55 所示的“投影定义”对话框。

Step3. 确定投影类型。在“投影定义”对话框的 投影类型: 下拉列表中选择 沿某一方向 选项。

Step4. 定义投影曲线。选取图 7.3.56 所示的曲线为投影曲线。

Step5. 确定支持面。选取图 7.3.56 所示的曲面为投影支持面。

Step6. 定义投影方向。选取 yz 平面，系统将沿 yz 平面的法线方向作为投影方向。

Step7. 单击 确定 按钮，完成曲线的投影。

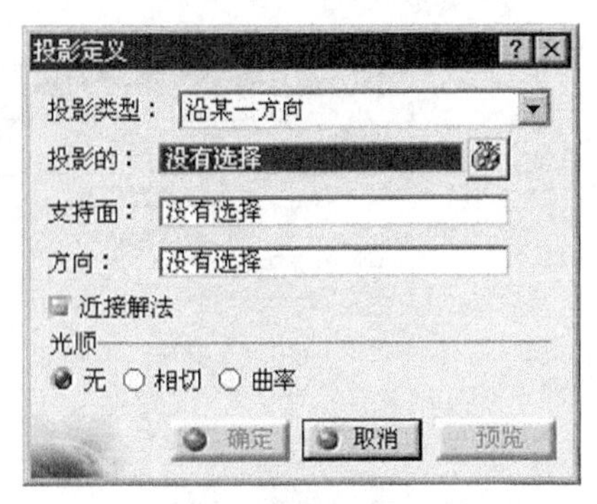

图 7.3.55　“投影定义”对话框

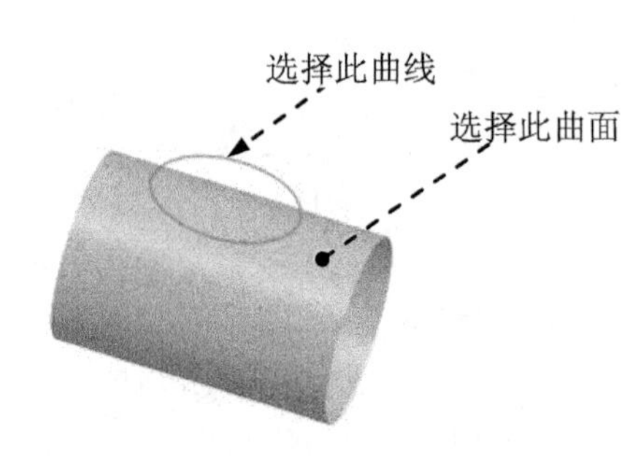

图 7.3.56　定义投影曲线

7.3.11　创建相交曲线

使用“相交”命令，可以通过选取两个或多个相交的元素来创建相交曲线或交点。下面以图 7.3.57 所示的实例，来说明创建相交曲线的一般过程。

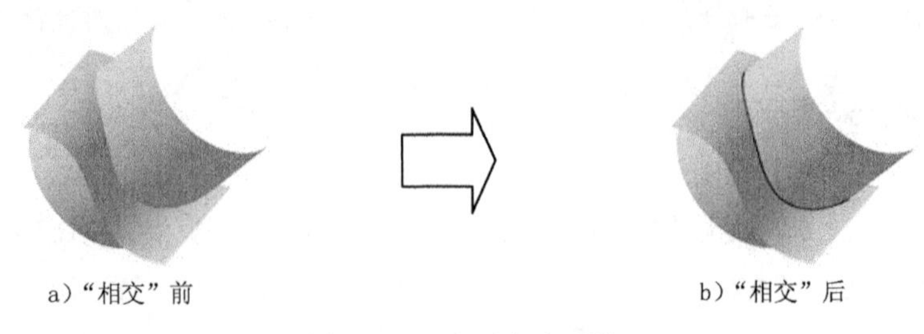

a）“相交”前　　b）“相交”后

图 7.3.57　创建相交曲线

Step1. 打开文件 D:\cat2016.1\work\ch07.03\Cut.CATPart。

Step2. 选择命令。选择下拉菜单 插入 → 线框 → 相交... 命令，系统弹出图 7.3.58 所示的“相交定义”对话框。

Step3. 定义相交曲面。选择图 7.3.59 所示的曲面 1 为第一元素，选择曲面 2 为第二元素。

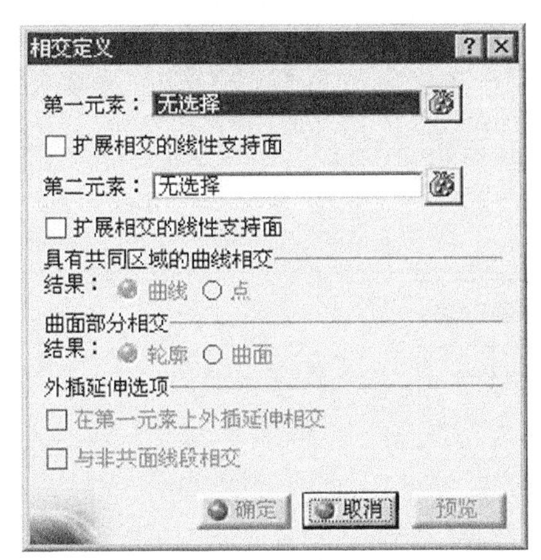

图 7.3.58 “相交定义”对话框

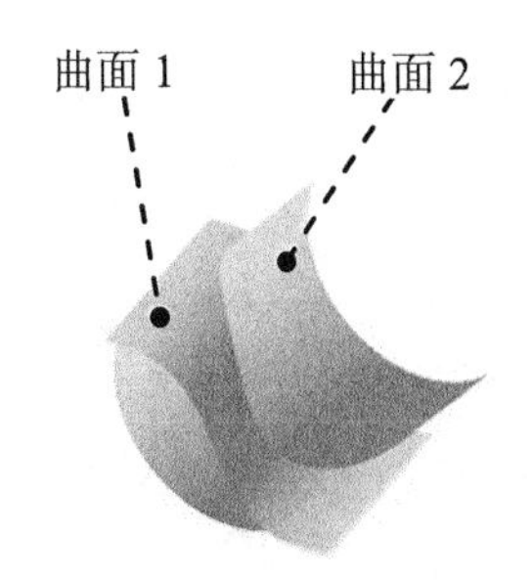

图 7.3.59 定义相交曲面

Step4. 单击 确定 按钮，完成相交曲线的创建。

7.3.12 创建螺旋线

使用“螺旋线”命令，可以通过定义起点、轴线、间距和高度等参数在空间建立等螺距或变螺距的螺旋线。下面以图 7.3.60 为例来说明创建螺旋线的一般操作过程。

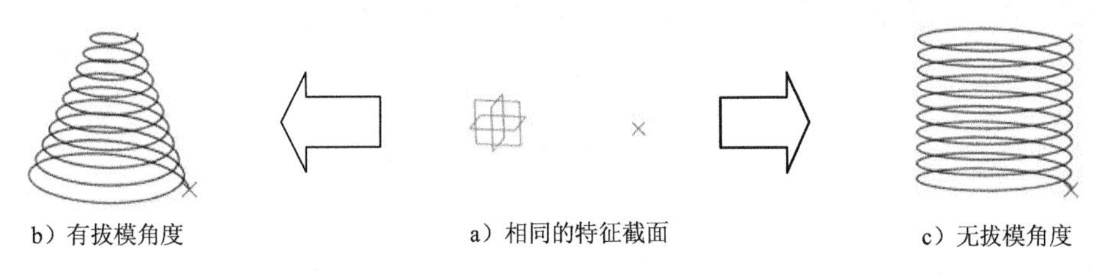

图 7.3.60 螺旋曲线

Step1. 打开文件 D:\cat2016.1\work\ch07.03\Helix.CATPart。

Step2. 选择命令。选择下拉菜单 插入 → 线框 → 螺旋线... 命令，系统弹出图 7.3.61 所示的“螺旋曲线定义”对话框。

Step3. 在“螺旋曲线定义”对话框 类型 区域的 螺旋类型: 下拉列表中选择 高度和螺距 选项，然后选中 常量螺距 单选项。

Step4. 定义螺旋线间距及高度。在对话框的 螺距： 文本框中输入值 2，在 高度： 文本框中输入值 20。

Step5. 定义起点。选择图 7.3.62 所示的点为螺旋线的起点。

Step6. 定义旋转轴。在“螺旋曲线定义”对话框的 轴： 文本框中右击，从系统弹出的快捷菜单中选择 Z 轴 作为螺旋线的旋转轴。

说明： 在“螺旋曲线定义”对话框的 半径变化 区域中选中 拔模角度： 单选项并在其后的文本框中输入值 20，结果如图 7.3.60b 所示。

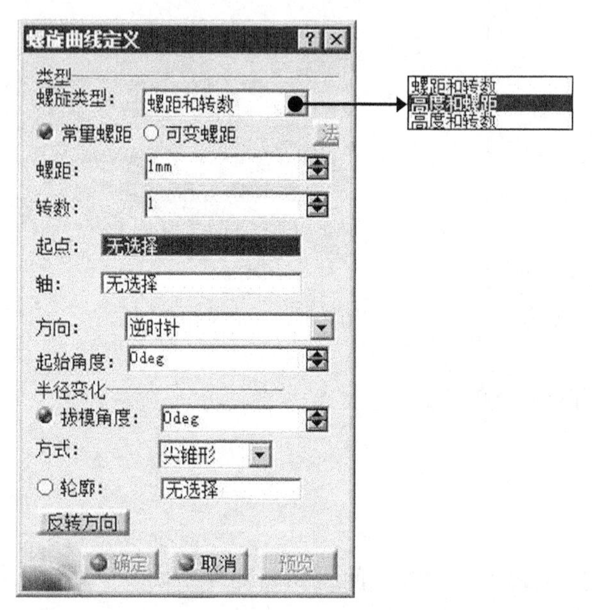

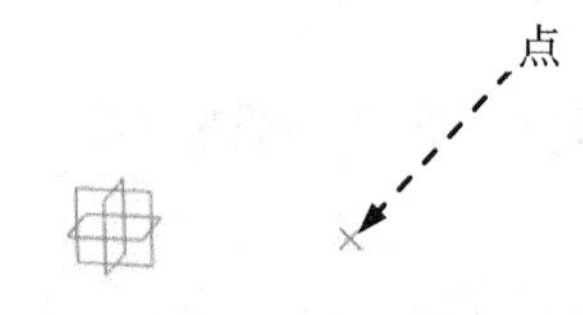

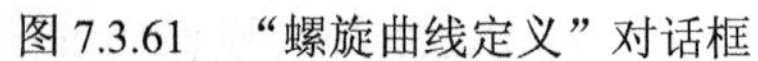
图 7.3.61　“螺旋曲线定义”对话框　　　　图 7.3.62　选择螺旋线起点

Step7. 单击 确定 按钮，完成图 7.3.60c 所示的螺旋线创建。

7.4 创 建 曲 面

在线框和曲面设计工作台中，可以创建拉伸、旋转、填充、扫掠、桥接和多截面六种基本曲面和偏移曲面，以及球和圆柱两种预定义曲面。

7.4.1 拉伸曲面的创建

拉伸曲面是将曲线、直线和曲面边线沿着指定方向进行拉伸而形成的曲面。下面以图 7.4.1 所示的实例来说明创建拉伸曲面的一般操作过程。

Step1. 打开文件 D:\cat2016.1\work\ch07.04\Extrude.CATPart。

Step2. 选择命令。选择下拉菜单 插入 → 曲面 ▸ → 拉伸... 命令，系统弹出图 7.4.2 所示的“拉伸曲面定义”对话框。

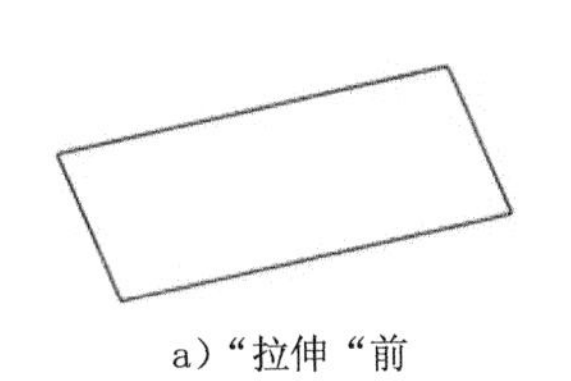

a）“拉伸“前

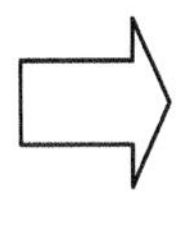

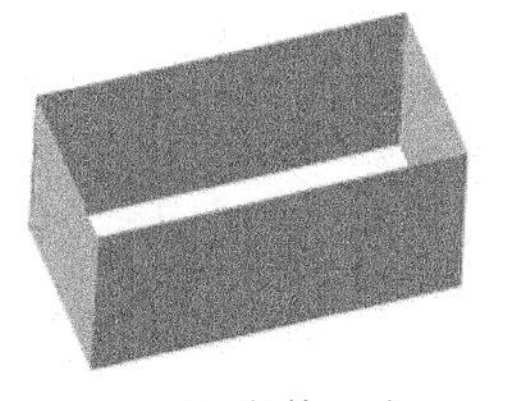

b）“拉伸“后

图 7.4.1　创建拉伸曲面

Step3. 选择拉伸轮廓。选取图 7.4.3 所示的曲线为拉伸轮廓。

拉伸曲面定义
轮廓：无选择
方向：无选择
拉伸限制
限制 1
类型：尺寸
尺寸：10mm
限制 2
类型：尺寸
尺寸：0mm
镜像范围
反转方向
确定　取消　预览

图 7.4.2　“拉伸曲面定义”对话框

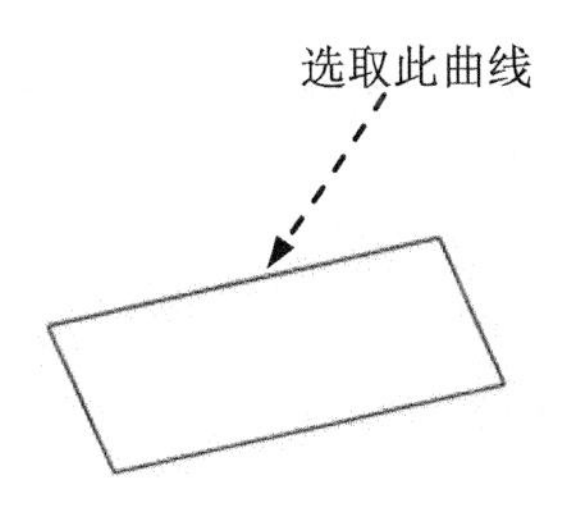

图 7.4.3　选择拉伸轮廓线

Step4. 定义拉伸方向。选择 xy 平面，系统会以 xy 平面的法线方向作为拉伸方向。

Step5. 定义拉伸类型。在“拉伸曲面定义”对话框的 限制 1 区域的 类型: 下拉列表中选择 尺寸 选项。

Step6. 确定拉伸高度。在“拉伸曲面定义”对话框的 限制 1 区域的 尺寸: 文本框中输入拉伸高度值 10。

说明：“拉伸曲面定义”对话框中的 限制 2 区域是用来设置与 限制 1 方向相反方向的拉伸参数。

Step7. 单击 确定 按钮，完成曲面的拉伸。

7.4.2　旋转曲面的创建

旋转曲面是将曲线绕一根轴线进行旋转，从而形成的曲面。下面以图 7.4.4 为例来说明创建旋转曲面的一般操作过程。

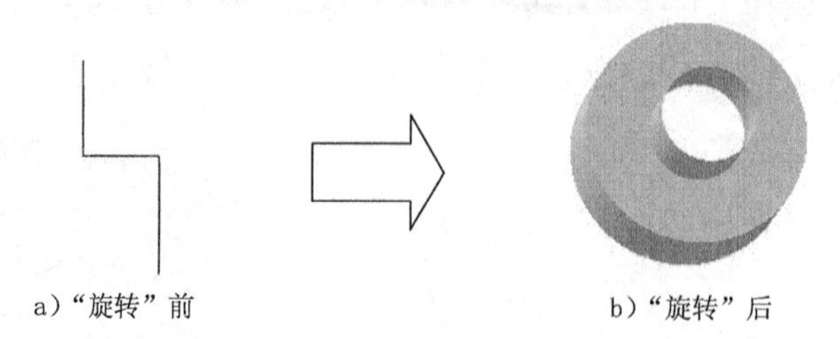

a）“旋转”前　　b）“旋转”后

图 7.4.4　创建旋转曲面

Step1. 打开文件 D:\cat2016.1\work\ch07.04\Revolve.CATPart。

Step2. 选择命令。选择下拉菜单 插入 → 曲面 ▸ → 旋转... 命令，系统弹出图 7.4.5 所示的“旋转曲面定义”对话框。

Step3. 选择旋转轮廓。选择图 7.4.6 所示的曲线为旋转轮廓。

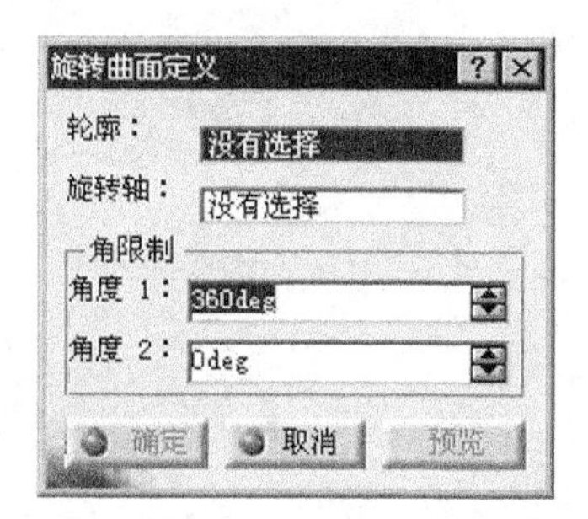

图 7.4.5　“旋转曲面定义”对话框

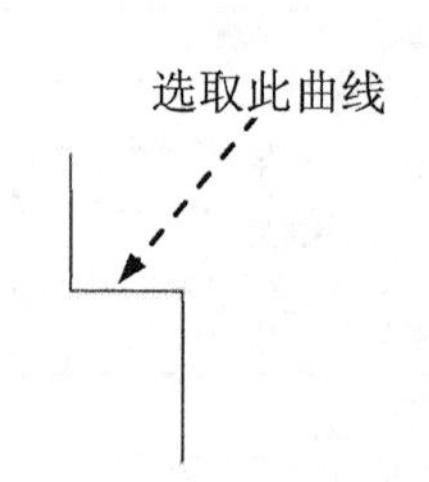

图 7.4.6　选择旋转轮廓线

Step4. 定义旋转轴。在“旋转曲面定义”对话框的旋转轴：文本框中右击，从系统弹出的快捷菜单中选择 Y 轴 作为旋转轴。

Step5. 定义旋转角度。在“旋转曲面定义”对话框角限制 区域的角度 1：文本框中输入旋转角度值为 360。

Step6. 单击 确定 按钮，完成旋转曲面的创建。

7.4.3　创建球面

下面以图 7.4.7 为例来说明创建球面的一般操作过程。

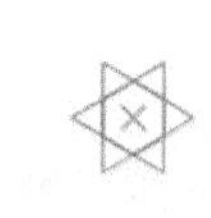

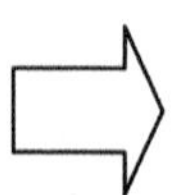

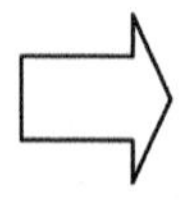

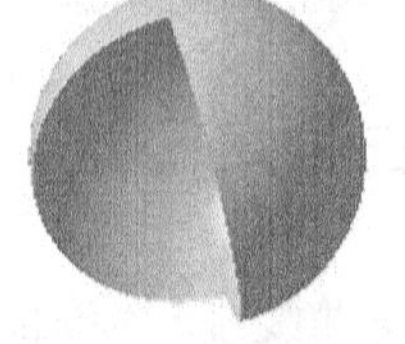

a）创建球面前　　b）创建球面后

图 7.4.7　创建球面

Step1. 打开文件 D:\cat2016.1\work\ch07.04\Sphere.CATPart。

Step2. 选择命令。选择下拉菜单 插入 → 曲面 ▸ → 球面... 命令，系统弹出图7.4.8 所示的"球面曲面定义"对话框。

Step3. 定义球面中心。选择图 7.4.9 所示的点为球面中心。

Step4. 定义球面半径。在"球面曲面定义"对话框的 球面半径: 文本框中输入球半径值 20。

Step5. 定义球面角度。在对话框的 纬线起始角度: 文本框中输入值-90；在 纬线终止角度: 文本框中输入值 90；在 经线起始角度: 文本框中输入值 0；在 经线终止角度: 文本框中输入值 270。

说明： 单击对话框 球面限制 区域的 按钮，将会形成一个完整的球面，如图 7.4.10 所示。

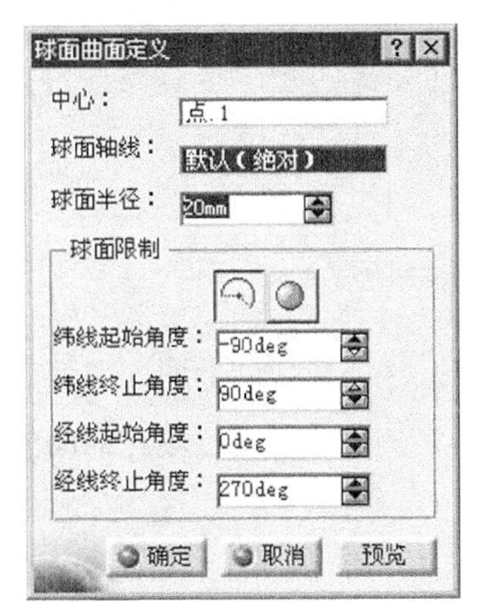

图 7.4.8 "球面曲面定义"对话框

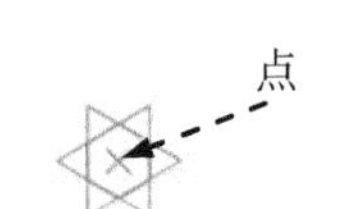

图 7.4.9 选择球面中心

图 7.4.10 球面

Step6. 单击 确定 按钮，得到图 7.4.7b 所示的球面。

7.4.4 创建圆柱面

使用下拉菜单 插入 → 曲面 ▸ → 圆柱面... 命令，可以通过空间一点及一个方向指定圆柱半径生成圆柱曲面。下面以图 7.4.11 所示的实例来说明创建圆柱面的一般操作过程。

Step1. 打开文件 D:\cat2016.1\work\ch07.04\Cylinder.CATPart。

Step2. 选择命令。选择下拉菜单 插入 → 曲面 ▸ → 圆柱面... 命令，系统弹出"圆柱曲面定义"对话框。

Step3. 定义中心点。选择图 7.4.12 所示的点为圆柱面的中心点。

Step4. 定义方向。选择 xy 平面，系统会以 xy 平面的法线方向作为生成圆柱面的方向。

Step5. 确定圆柱面的半径和长度。在"圆柱曲面定义"对话框的 参数: 区域的 半径: 文本框中输入值 20，在 长度 1 文本框中输入值 40，如图 7.4.13 所示。

说明： 在"圆柱曲面定义"对话框 参数: 区域的 长度 2: 文本框中输入相应的值可沿 长度 1: 相反的方向生成圆柱面。

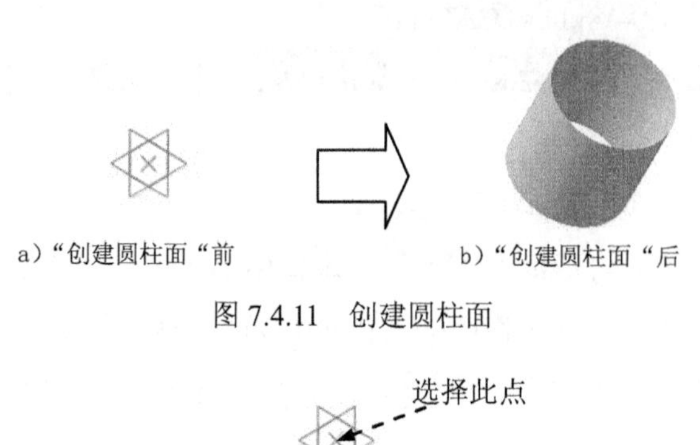

图 7.4.11 创建圆柱面

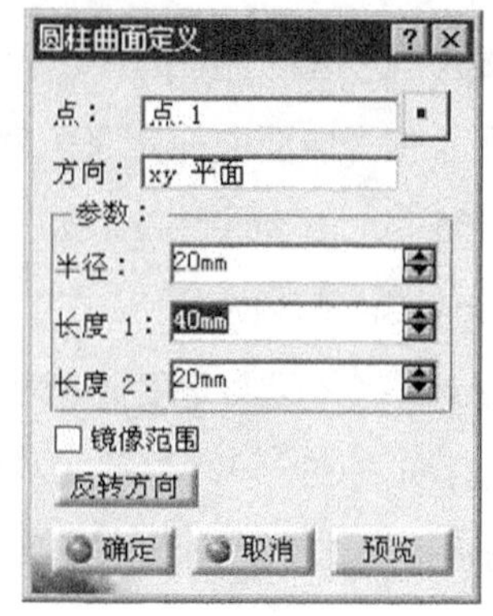

图 7.4.12 定义圆柱面中心点

图 7.4.13 “圆柱曲面定义”对话框

Step6. 单击 确定 按钮，完成圆柱曲面的创建。

7.4.5 创建填充曲面

填充曲面是填充一组曲线或曲面的边线围成封闭区域而形成的曲面，在填充时也可以通过空间中一个指定点实现。下面以图 7.4.14 所示的实例来说明创建填充曲面的一般操作过程。

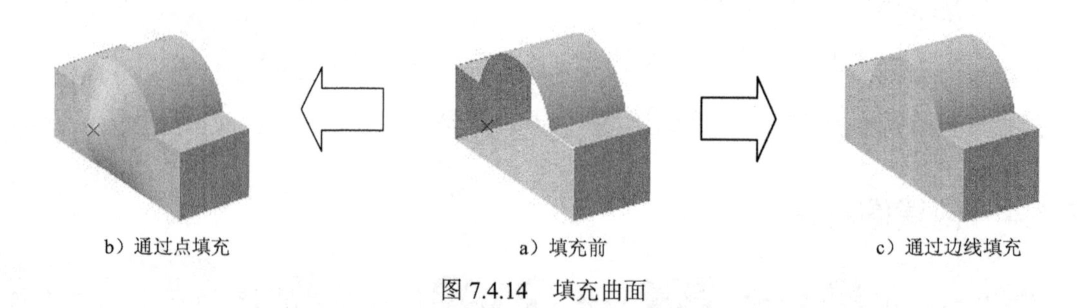

图 7.4.14 填充曲面

Step1. 打开文件 D:\cat2016.1\work\ch07.04\Fill.CATPart。

Step2. 选择命令。选择下拉菜单 插入(I) ➡ 曲面 ➡ 填充... 命令，此时系统弹出图 7.4.15 所示的“填充曲面定义”对话框。

Step3. 定义填充边界。选取图 7.4.16 所示的曲线 1 为填充边界。

说明：

- 在选取填充边界曲线时曲线 1 是分开来选的，选取时要按顺序选取。
- 选完轮廓线后在“填充曲面定义”对话框的 穿越元素： 文本框中单击，选择图 7.4.16 所示的点，单击 确定 按钮，结果如图 7.4.14b 所示。

Step4. 单击 确定 按钮，完成填充曲面的创建，结果如图 7.4.14c 所示。

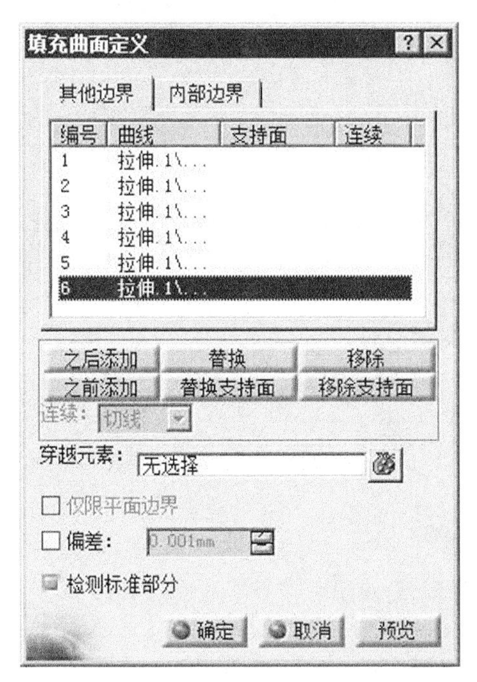

图 7.4.15 “填充曲面定义”对话框

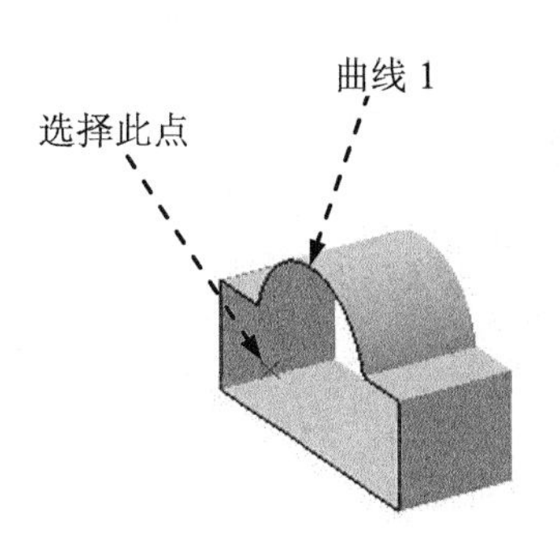

图 7.4.16 定义填充边界线

7.4.6 创建扫掠曲面

扫掠曲面就是沿一条（或多条）引导线移动一条轮廓线而成的曲面，引导线可以是开放曲线，也可以是闭合曲线。创建扫掠曲面包括显式扫掠、直线扫掠、圆扫掠和二次曲线扫掠四种方式。

1．创建显式扫掠曲面

使用显式扫掠方式创建曲面，需要定义一条轮廓线、一条或两条引导线，还可以使用一条脊线。用此方式创建扫掠曲面时有三种方式，分别为使用参考曲面、使用两条引导曲线和使用拔模方向。下面以图 7.4.17 所示的实例来说明创建显示扫掠曲面的一般过程。

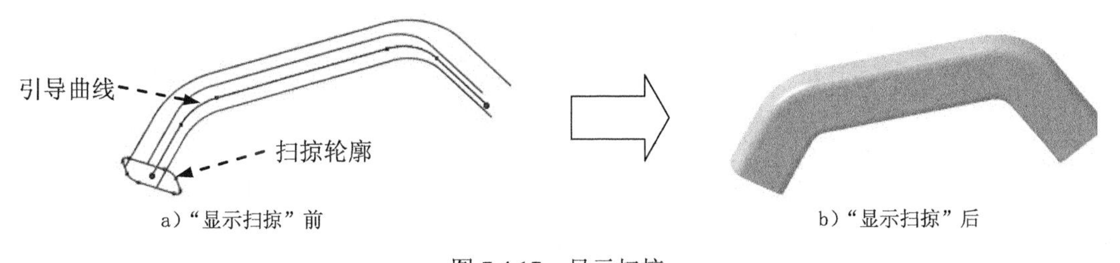

a)“显示扫掠”前　　b)“显示扫掠”后

图 7.4.17 显示扫掠

Step1. 打开文件 D:\cat2016.1\work\ch07.04\Sweep_01.CATPart。

Step2. 选择命令。选择下拉菜单 插入 → 曲面 ▸ → 扫掠... 命令，此时系统弹出图 7.4.18 所示的“扫掠曲面定义”对话框（一）。

Step3. 定义扫掠类型。在“扫掠曲面定义”对话框（一）的 轮廓类型： 中单击 按钮，在 子类型： 下拉列表中选择 使用参考曲面，如图 7.4.18 所示。

Step4. 定义扫掠轮廓和引导曲线。选取图 7.4.19 所示的曲线 1 作为扫掠轮廓，选取图 7.4.19 所示的曲线 2 作为引导曲线。

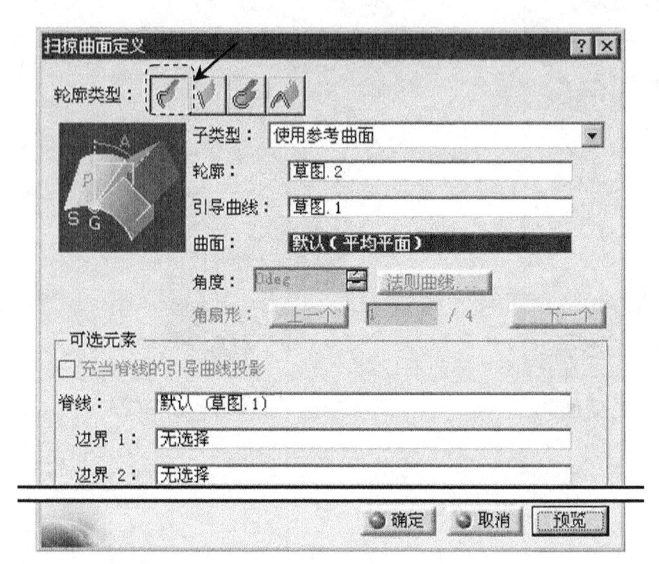

图 7.4.18 “扫掠曲面定义”对话框（一）

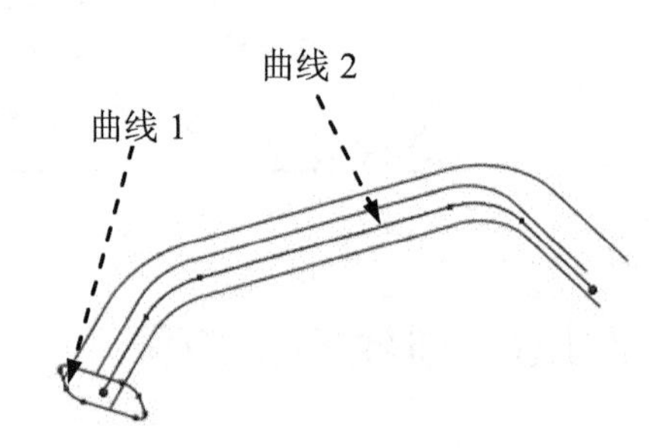

图 7.4.19 定义轮廓线于引导曲线

Step5. 其他参数采用系统默认设置，单击 确定 按钮，完成曲面的创建。

2. 创建直线扫掠曲面

使用直线扫掠方式创建曲面时，系统自动以两条引导线的起点间的直线作为轮廓线，所以只需要定义两条引导线。下面以图 7.4.20 所示的实例来说明创建直线扫掠曲面的一般操作过程。

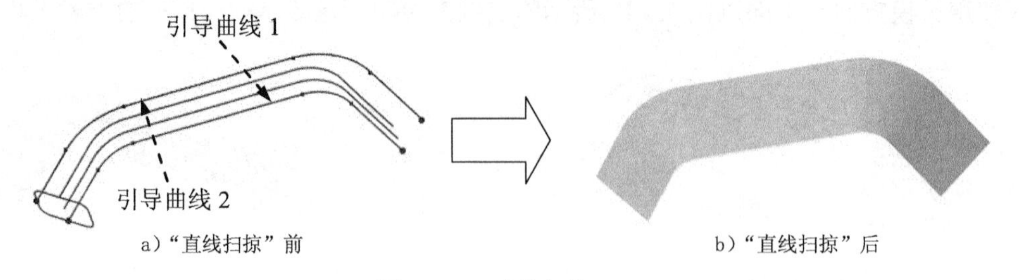

a)“直线扫掠”前　　b)“直线扫掠”后

图 7.4.20 直线扫掠

Step1. 打开文件 D:\cat2016.1\work\ch07.04\Sweep_02.CATPart。

Step2. 选择命令。选择下拉菜单 插入 → 曲面 ▸ → 扫掠... 命令，系统弹出图

7.4.21 所示的“扫掠曲面定义”对话框（二）。

Step3. 定义扫掠类型。在“扫掠曲面定义”对话框（二）的轮廓类型：中单击按钮，在子类型：下拉列表中选择两极限选项，如图 7.4.21 所示。

Step4. 定义扫掠引导曲线。选取图 7.4.22 所示的曲线 1 为第一引导曲线，选取图 7.4.22 所示的曲线 2 为第二引导曲线。

Step5. 在长度 1：和长度 2：后的文本框中均输入值 20。

Step6. 其他参数采用系统默认设置，单击确定按钮，完成曲面的创建。

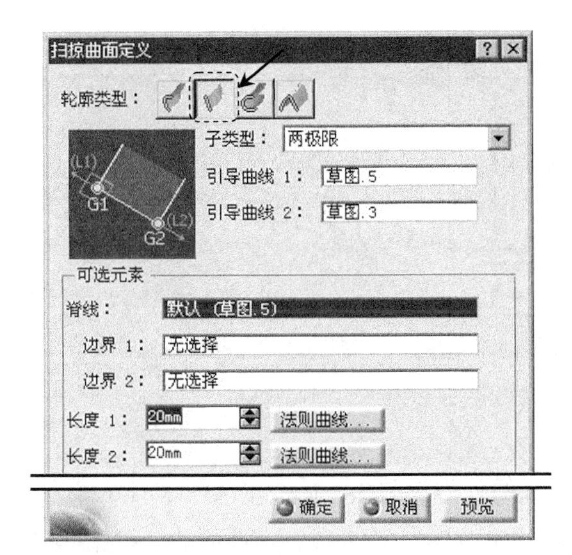

图 7.4.21 “扫掠曲面定义”对话框（二）

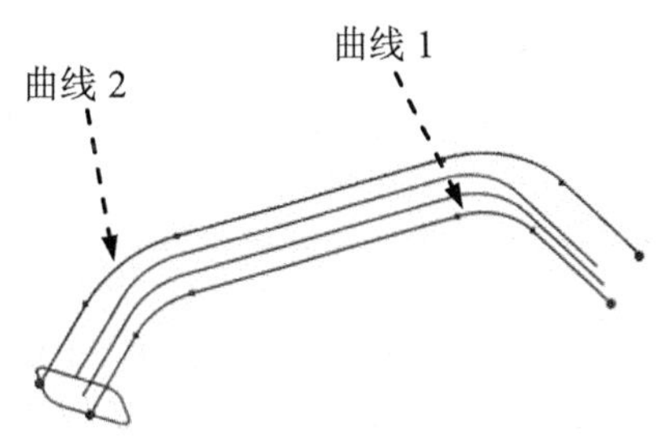

图 7.4.22 选择引导曲线

3．创建圆扫掠曲面

创建圆扫掠曲面时，系统自动以过三条引导线的圆或圆弧作为轮廓线沿引导线扫掠，形成曲面。下面以图 7.4.23 所示的实例来说明创建圆扫掠曲面的一般过程。

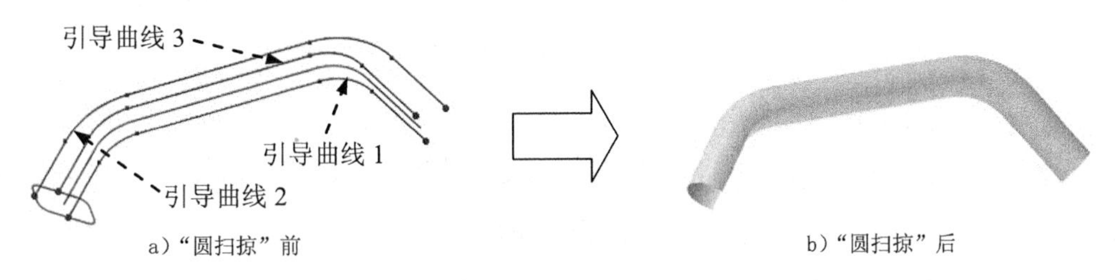

a）“圆扫掠”前　　b）“圆扫掠”后

图 7.4.23 圆扫掠

Step1. 打开文件 D:\cat2016.1\work\ch07.04\Sweep_03.CATPart。

Step2. 选择命令。选择下拉菜单插入 → 曲面 → 扫掠...命令，此时系统弹出图 7.4.24 所示的“扫掠曲面定义”对话框（三）。

Step3. 定义扫掠类型。在“扫掠曲面定义”对话框（三）的轮廓类型：中单击按钮，在

子类型：下拉列表中选择三条引导线选项，如图 7.4.24 所示。

Step4. 定义扫掠引导曲线。选取图 7.4.25 所示的曲线 1 为第一条引导曲线，选取图 7.4.25 所示的曲线 2 为第二条引导曲线，选取图 7.4.25 所示的曲线 3 为第三条引导曲线。

Step5. 其他参数均采用系统默认设置，单击 确定 按钮，完成曲面的创建。

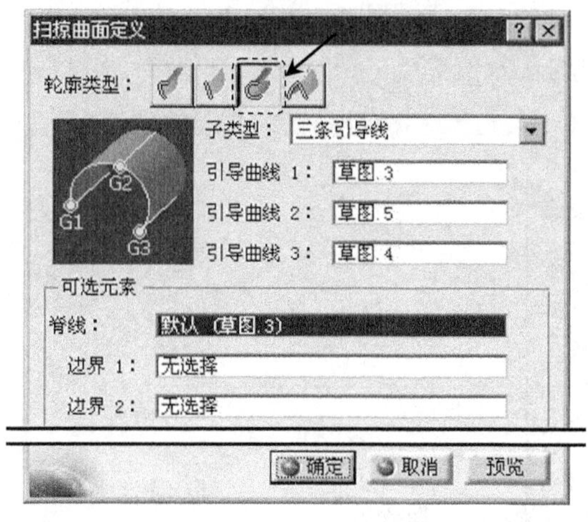

图 7.4.24 “扫掠曲面定义”对话框（三）

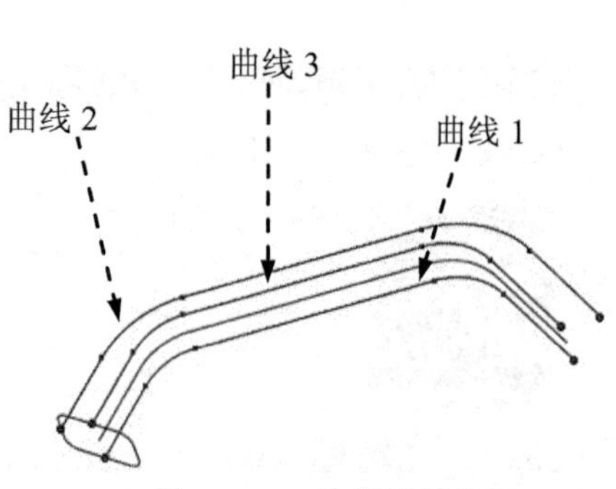

图 7.4.25 选择引导曲线

4. 创建二次曲线扫掠

创建二次曲线扫掠时，系统自动以二次曲线作为轮廓线，需要定义两条引导线及一条或两条相切线。下面以图 7.4.26 所示的实例来说明创建二次曲线扫掠曲面的一般操作过程。

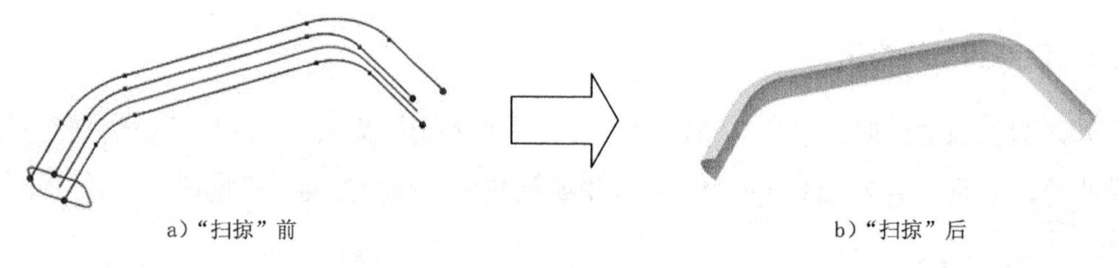

a）“扫掠”前　　b）“扫掠”后

图 7.4.26 二次曲线扫掠

Step1. 打开文件 D:\cat2016.1\work\ch07.04\Sweep_04.CATPart。

Step2. 选择命令。选择下拉菜单 插入 → 曲面 ▸ → 扫掠... 命令，此时系统弹出图 7.4.27 所示的“扫掠曲面定义”对话框（四）。

Step3. 定义扫掠类型。在“扫掠曲面定义”对话框（四）的轮廓类型：中单击 按钮，在子类型：下拉列表中选择两条引导曲线，如图 7.4.27 所示。

Step4. 定义扫掠引导曲线和相切线。选取图 7.4.28 所示的曲线 1 为引导曲线 1，选取曲线 2 为引导曲线 1 的相切线，选取曲线 3 为结束引导曲线，选取曲线 2 为结束引导曲线的相切线。

说明：在“扫掠曲面定义”对话框（四）的相切：文本框中也可以选取曲面。

Step5. 其他参数采用系统默认设置，单击确定按钮，完成曲面的创建。

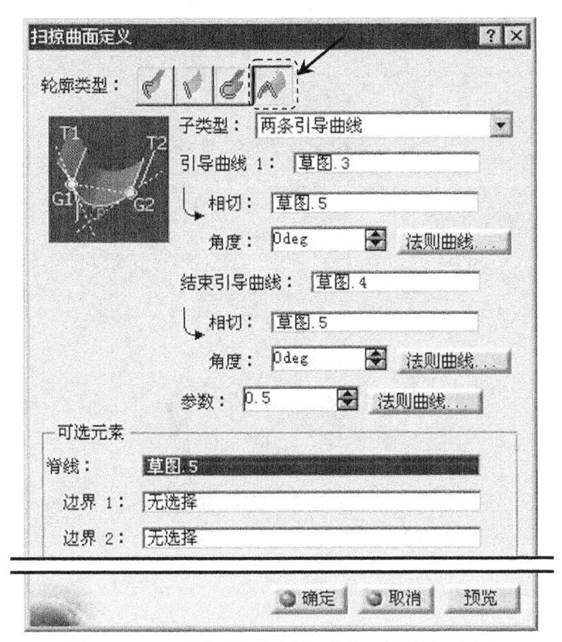

图 7.4.27 “扫掠曲面定义”对话框（四）

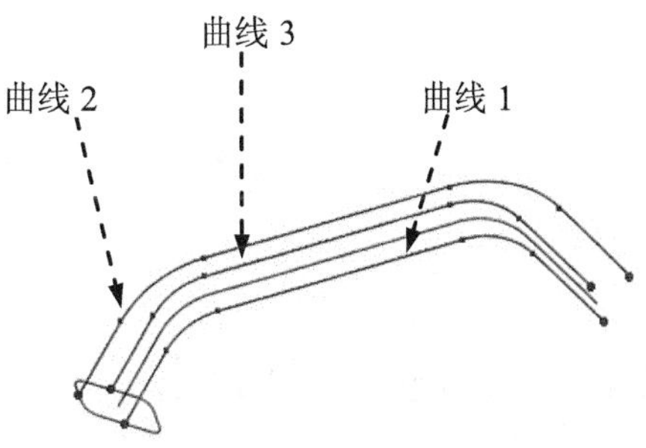

图 7.4.28 选择引导曲线和相切线

7.4.7 偏移曲面

偏移曲面就是将已有的曲面沿着曲面的法向向里或向外偏置一定的距离而形成新的曲面。下面以图 7.4.29 所示的实例来说明创建偏移曲面的一般操作过程。

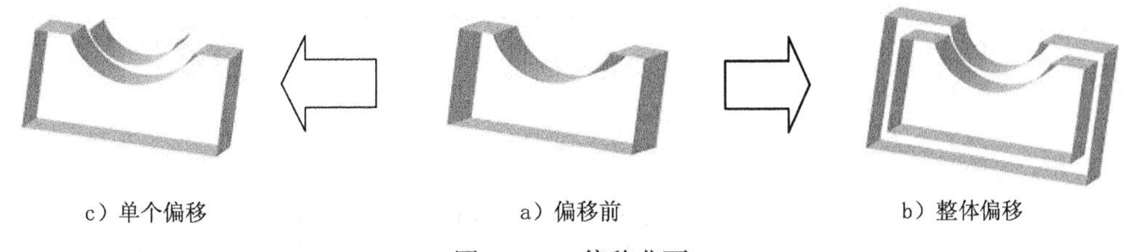

图 7.4.29 偏移曲面

Step1. 打开文件 D:\cat2016.1\work\ch07.04\Offset.CATPart。

Step2. 选择命令。选择下拉菜单插入 → 曲面 → 偏移...命令，系统弹出图 7.4.30 所示的“偏移曲面定义”对话框。

Step3. 定义偏移曲面。选择图 7.4.31 所示的曲面为偏移对象。

Step4. 设置偏移值。在“偏移曲面定义”对话框的偏移文本框中输入值 2。

说明：

● 单击“偏移曲面定义”对话框中的要移除的子元素选项卡，选择图 7.4.32 所示的曲面

为要移除的子元素，结果如图 7.4.29c 所示。

- 单击对话框中的 反转方向 按钮，可以切换偏移的方向。

Step5. 单击 确定 按钮，完成图 7.4.29b 所示的曲面偏移。

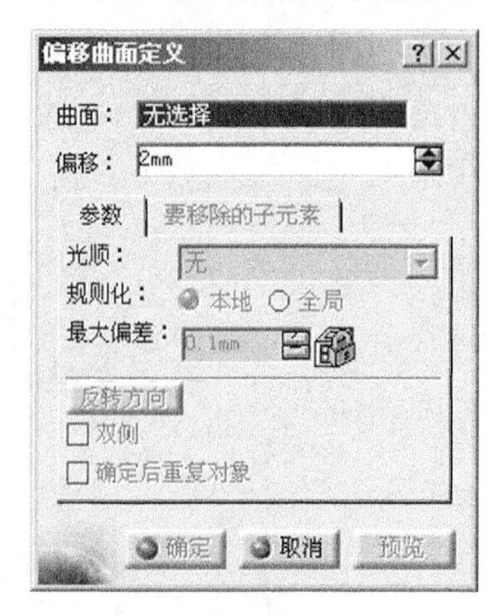

图 7.4.30 “偏移曲面定义”对话框

图 7.4.31 选择偏移曲面

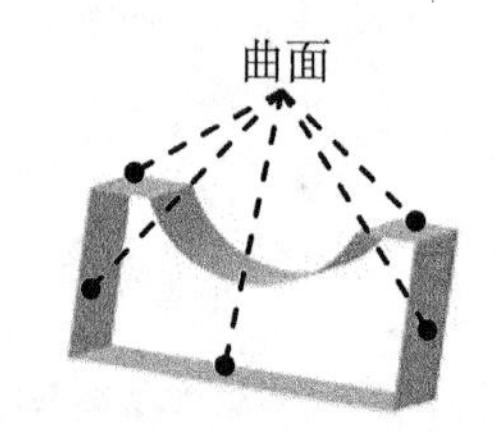

图 7.4.32 选择移除曲面

7.4.8 创建多截面曲面

“多截面曲面”就是通过多个截面轮廓线混合生成的曲面，截面可以是不同的。创建多截面曲面时，可以使用引导线、脊线，也可以设置各种耦合方式。下面以图 7.4.33 所示的实例来说明创建多截面曲面的一般操作过程。

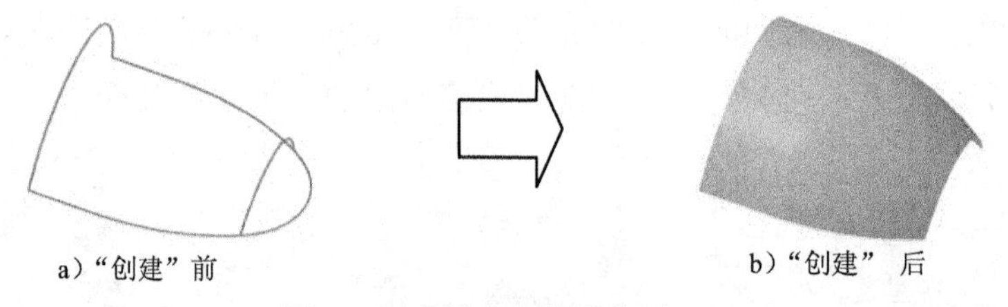

图 7.4.33 创建多截面曲面

Step1. 打开文件 D:\cat2016.1\work\ch07.04\Multi_sections_Surface.CATPart。

Step2. 选择命令。选择下拉菜单 插入 → 曲面 ▸ → 多截面曲面... 命令，此时系统弹出图 7.4.34 所示的“多截面曲面定义”对话框。

Step3. 定义截面曲线。分别选取图 7.4.35 所示的曲线 1 和曲线 2 作为截面曲线。

Step4. 定义引导曲线。单击“多截面曲面定义”对话框中的 引导线 列表框，分别选取图 7.4.36 所示的曲线 3 和曲线 4 为引导线。

Step5. 单击 确定 按钮，完成多截面曲面的创建。

说明：如果需要添加截面或引导线，只需激活相应的列表框后单击“多截面曲面定义”对话框中的 添加 按钮；在选取截面曲线时要保证其方向保持一致。

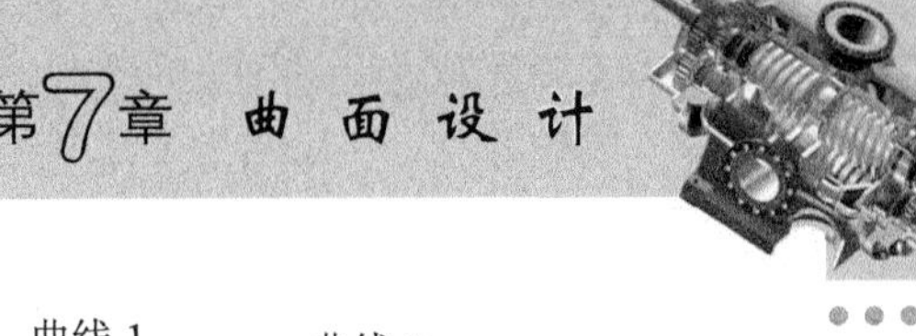

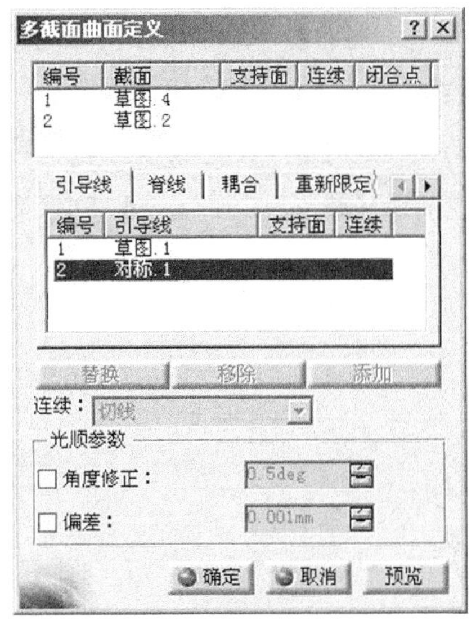

图 7.4.34 “多截面曲面定义”对话框

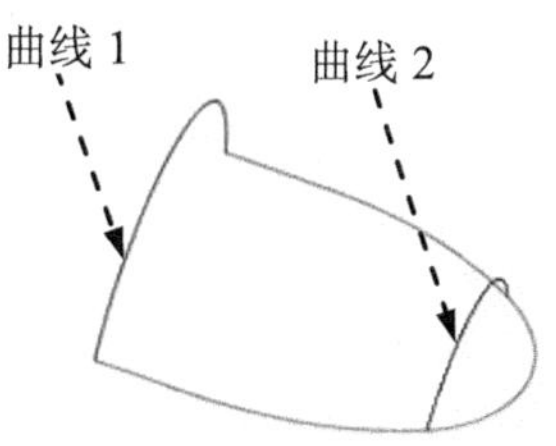

图 7.4.35 定义截面曲线

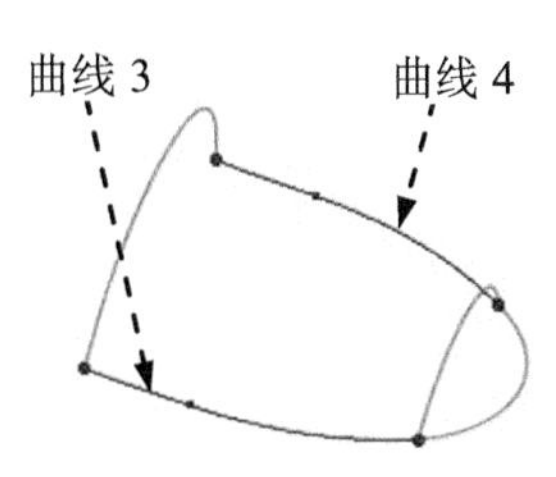

图 7.4.36 定义引导曲线

7.4.9 创建桥接曲面

使用插入 → 曲面 → 桥接曲面...命令，可用一个曲面连接两个曲面或者曲线，并可以使生成的曲面与被连接的曲面具有切线或曲率的连续性。下面以图 7.4.37 所示的实例来说明创建桥接曲面的一般过程。

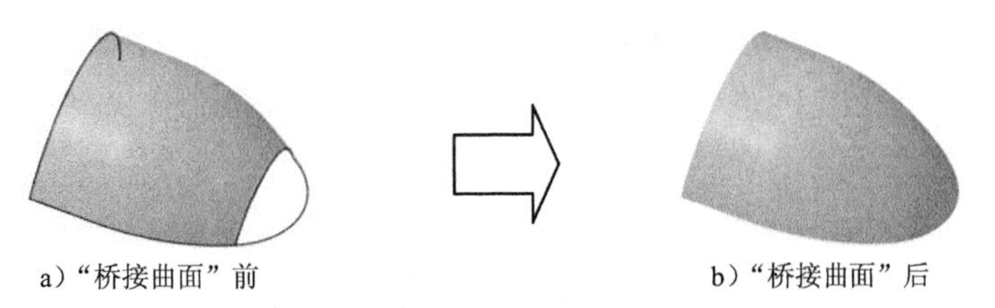

a）“桥接曲面”前　　b）“桥接曲面”后

图 7.4.37 桥接曲面

Step1. 打开文件 D:\cat2016.1\work\ch07.04\Blend.CATPart。

Step2. 选择命令。选择下拉菜单插入 → 曲面 → 桥接... 命令，系统弹出图 7.4.38 所示的“桥接曲面定义”对话框。

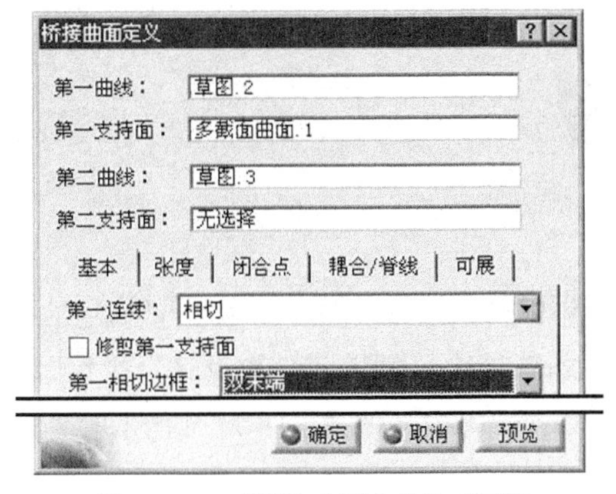

图 7.4.38 “桥接曲面定义”对话框

Step3. 定义桥接曲线和支持面。选取图 7.4.39 所示的曲线 1 和曲线 2 分别为第一曲线和第二曲线，选取图 7.4.39 所示的曲面为第一支持面。

Step4. 定义桥接方式。单击“桥接曲面定义”对话框中的基本选项卡，在第一连续：下拉列表中选择相切选项，在第一相切边框：下拉列表中选择双末端选项，如图 7.4.38 所示。

Step5. 单击确定按钮，完成桥接曲面的创建。

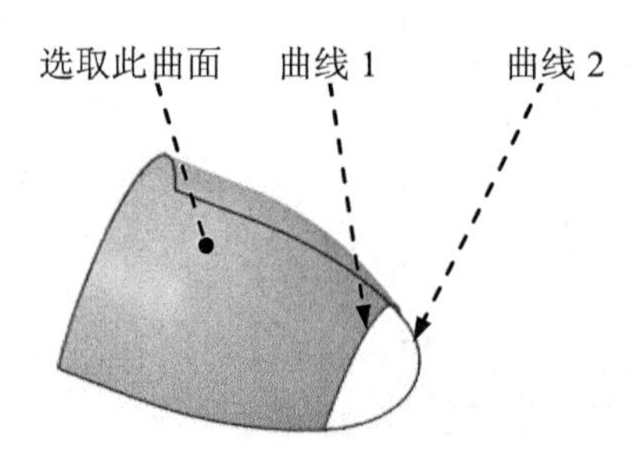

图 7.4.39　定义桥接曲线和支持

7.5　曲面的圆角

倒圆角在曲面建模中具有相当重要的地位。倒圆角功能可以在两组曲面或者实体表面之间建立光滑连接的过渡曲面，也可以对曲面自身边线进行圆角，圆角的半径可以是定值，也可以是变化的。下面将简要介绍倒圆角和简单倒圆角的创建过程。

7.5.1　创建倒圆角

使用倒圆角命令可以在某个曲面的边线上创建圆角。该命令在“线框和曲面设计”工作台中需要定制，具体定制方法参见“3.5.4 命令定制”的相关内容，也可以切换到“创成式外形设计”工作台中进行操作（其方法为：选择下拉菜单开始 → 形状 → 创成式外形设计命令）。下面以图 7.5.1 所示的实例来说明创建倒圆角的一般过程。

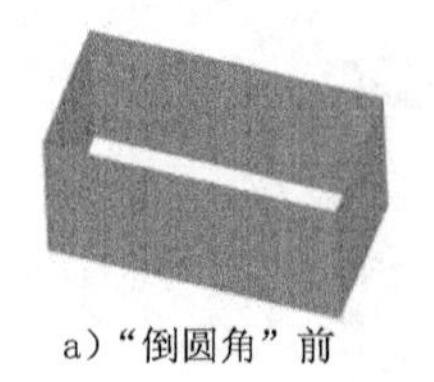

a）“倒圆角”前

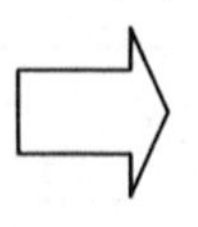

b）“倒圆角”后

图 7.5.1　创建倒圆角

Step1. 打开文件 D:\cat2016.1\work\ch07.05\Shape_Fillet01.CATPart。

Step2. 选择命令。确认系统处于“创成式外形设计”工作台，选择下拉菜单插入 → 操作 ▸ → 倒圆角命令，此时系统弹出图 7.5.2 所示的“倒圆角定义”对话框。

Step3. 定义圆角边线。选取图 7.5.3 所示的曲面边线为圆角边线。

Step4. 定义拓展类型。在“倒圆角定义”对话框的 传播: 下拉列表中选择 相切 选项。

Step5. 定义圆角半径。在 半径 文本框中输入值 2。

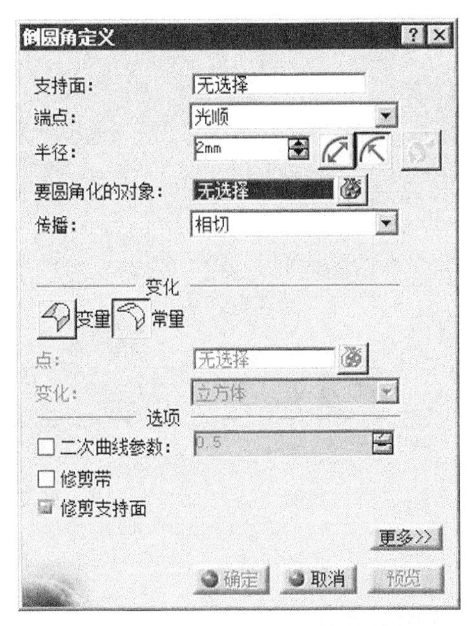

图 7.5.2 “倒圆角定义”对话框

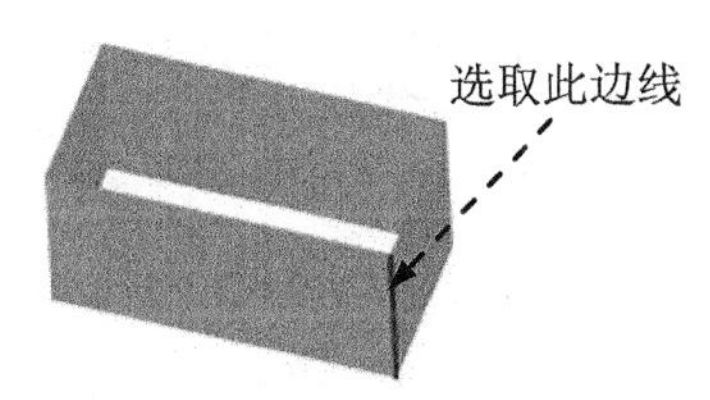

图 7.5.3 定义圆角边线

Step6. 单击 确定 按钮，完成圆角的创建。

7.5.2 简单倒圆角

通过“简单圆角”命令可以在两个曲面上直接生成圆角。下面以图 7.5.4 所示的模型为例，来说明创建简单圆角的一般操作过程。

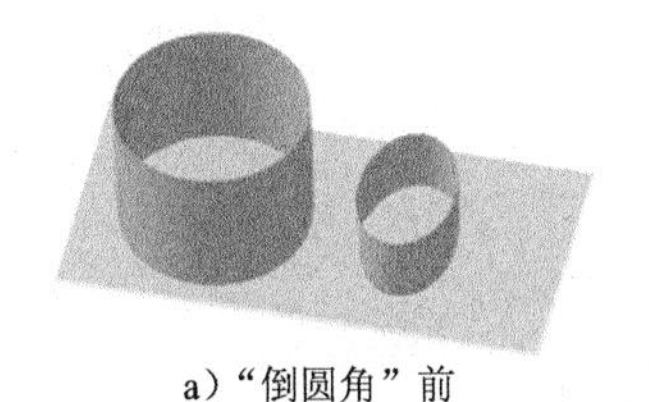

a）“倒圆角”前

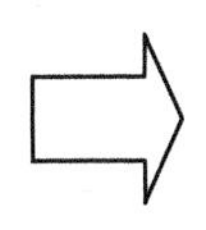

b）“倒圆角”后

图 7.5.4 简单圆角

Step1. 打开文件 D:\cat2016.1\work\ch07.05\Simple_Fillet02.CATPart。

Step2. 选择命令。确认系统处于“创成式外形设计”工作台，选择下拉菜单 插入 → 操作 → 简单圆角 命令，系统弹出图 7.5.5 所示的“圆角定义”对话框。

Step3. 定义圆角类型。在“圆角定义”对话框的 圆角类型 下拉列表中选择 双切线圆角 选项。

Step4. 定义支持面。选择图 7.5.6 所示的支持面 1 和支持面 2。

Step5. 确定圆角半径。在对话框的半径文本框中输入值 15。

说明：可以单击图 7.5.7 所示的两个箭头，改变圆角的相切方向，结果如图 7.5.8 所示。

Step6. 单击 确定 按钮，完成简单圆角的创建。

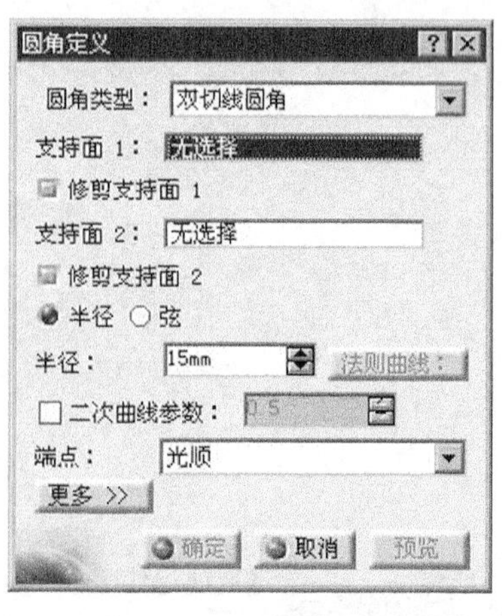

图 7.5.5 “圆角定义”对话框

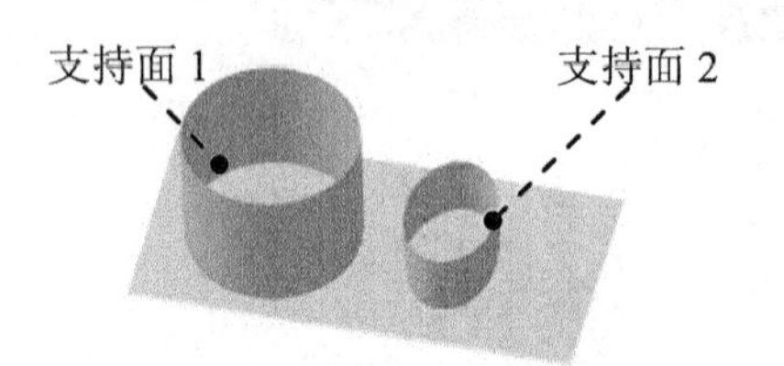

图 7.5.6 选择支持面

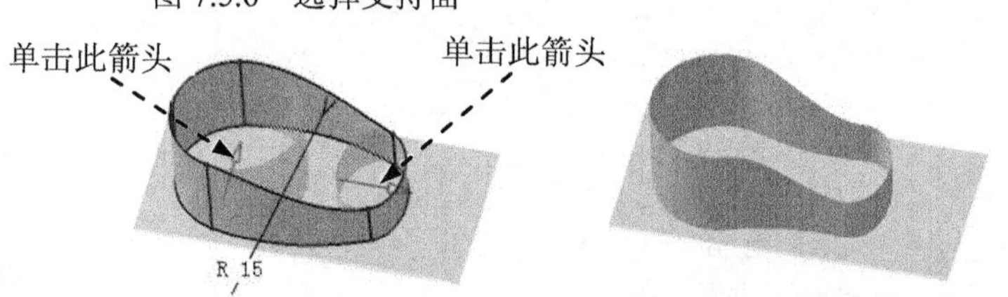

图 7.5.7 切换方向

图 7.5.8 创建简单圆角

7.6 曲面的修剪

“修剪”就是利用点和线等元素对线进行裁剪，或者用线和面等元素对曲面进行裁剪。下面以图 7.6.1 所示的实例来说明曲面修剪的一般操作过程。

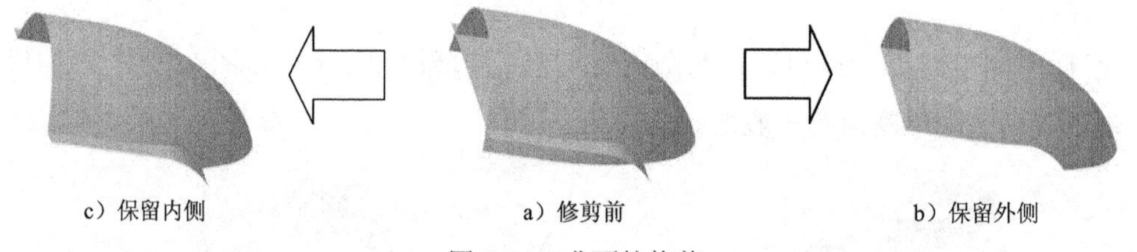

图 7.6.1 曲面的修剪

Step1. 打开文件 D:\cat2016.1\work\ch07.06\Prune.CATPart。

Step2. 选择命令。选择下拉菜单 插入 ➡ 操作 ▸ ➡ 修剪... 命令，系统弹出图 7.6.2 所示的“修剪定义”对话框。

Step3. 定义修剪类型。在“修剪定义”对话框的模式：下拉列表中选择标准选项，如图 7.6.2 所示。

Step4. 定义修剪元素。选择图 7.6.3 所示的曲面 1 和曲面 2 为修剪元素。

Step5. 单击 确定 按钮，完成曲面的修剪操作。

说明：在选取曲面后，单击“修剪定义”对话框中的另一侧/下一元素、另一侧/上一元素

按钮可以改变修剪方向，结果如图 7.6.1c 所示。

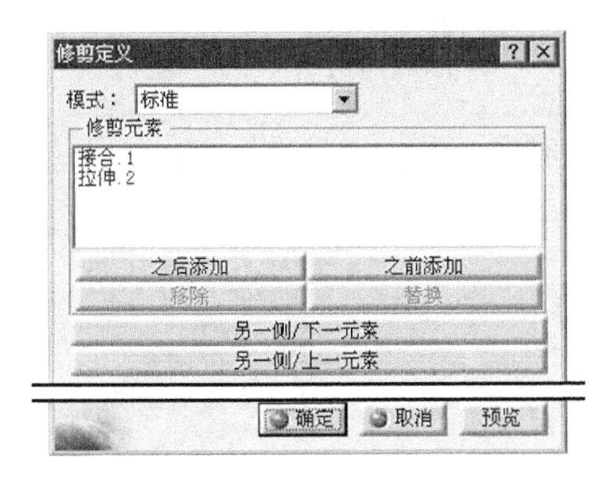

图 7.6.2 “修剪定义”对话框

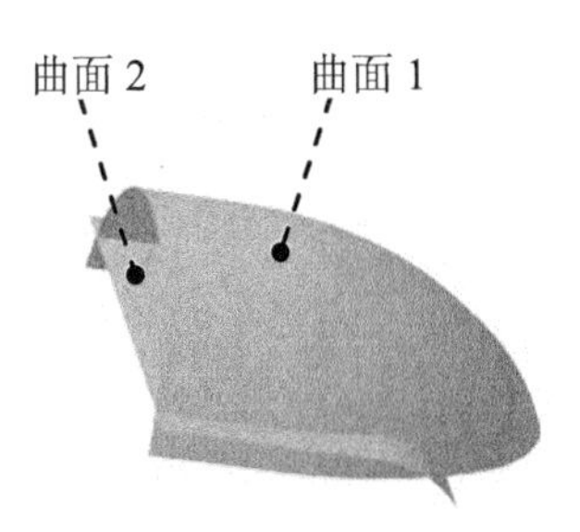

图 7.6.3 定义修剪元素

7.7 曲面的接合

使用“接合”命令可以将多个独立的元素（曲线或曲面）连接成为一个元素。下面以图 7.7.1 所示的实例来说明曲面接合的一般操作过程。

Step1. 打开文件 D:\cat2016.1\work\ch07.07\Join.CATPart。

Step2. 选择命令。选择下拉菜单 插入 → 操作 ▸ → 接合... 命令，系统弹出图 7.7.2 所示的“接合定义”对话框。

Step3. 定义接合元素。选取图 7.7.3 所示的曲面 1 和曲面 2 为要接合的元素。

Step4. 单击 确定 按钮，完成曲面的接合。

说明：在“接合定义”对话框的 参数 选项卡中，选中 检查相切 复选框，可以方便地检查相互接合的曲面是否相切。

图 7.7.1 接合曲面

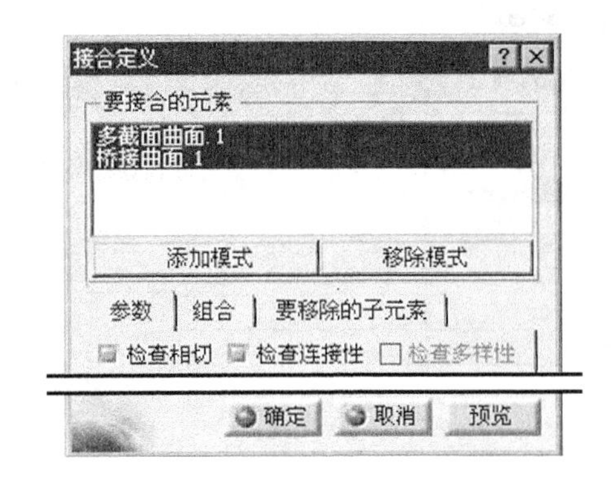

图 7.7.2 “接合定义”对话框

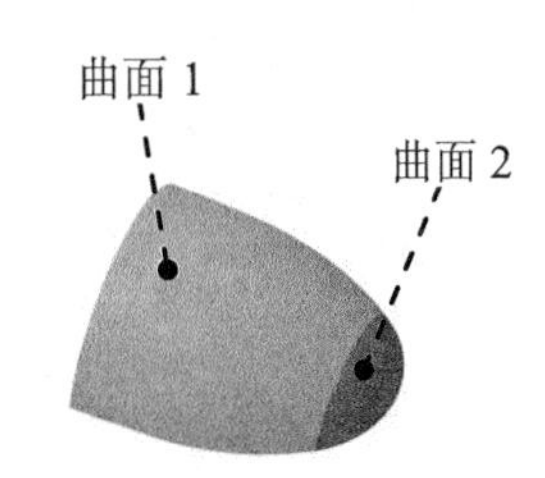

图 7.7.3 选取接合曲面

7.8 曲面的延伸

曲面的延伸是将曲面延长某一距离或延伸到某一指定位置。下面以图 7.8.1 所示的实例来说明曲面延伸的一般操作过程。

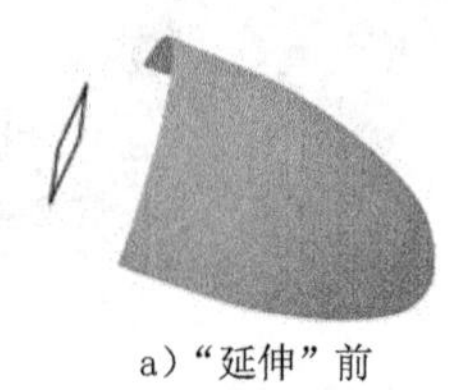

a）“延伸”前

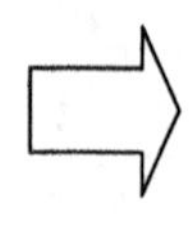

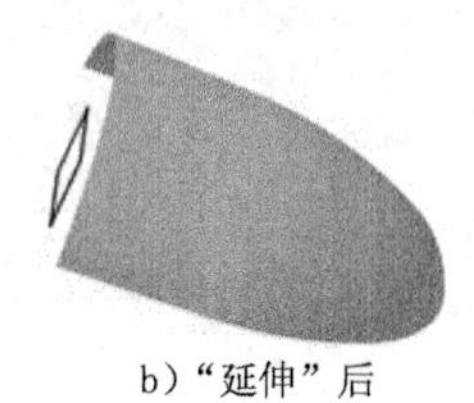

b）“延伸”后

图 7.8.1 创建曲面的延伸

Step1. 打开文件 D:\cat2016.1\work\ch07.08\Extrapolate.CATPart。

Step2. 选择命令。选择下拉菜单 插入 → 操作 → 外插延伸... 命令，系统弹出图 7.8.2 所示的“外插延伸定义”对话框。

Step3. 定义延伸类型。在“外插延伸定义”对话框的 限制 区域的 类型： 下拉列表中选择 直到元素 选项，如图 7.8.2 所示。

Step4. 定义延伸边界。选取图 7.8.3 所示的边界为延伸边界。

Step5. 定义延伸参照。选取图 7.8.3 所示的曲面为约束参照，选取图 7.8.3 所示的平面为延伸终止面。

说明：如果在“外插延伸定义”对话框 限制 区域的 类型： 下拉列表中选择 长度 选项，则曲面的延伸长度可以通过输入值来控制。

Step6. 单击 确定 按钮，完成曲面的延伸操作。

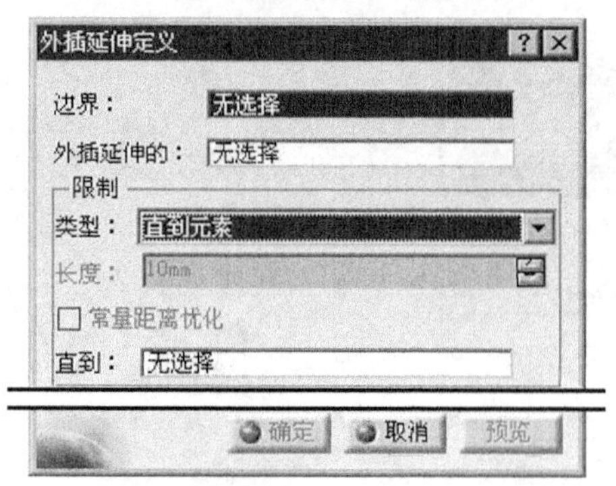

图 7.8.2 “外插延伸定义”对话框

选取此边界
选取此平面为延伸终止面
选取此曲面为参照曲面

图 7.8.3 定义延伸参照

7.9 将曲面转化为实体

7.9.1 使用“封闭曲面”命令创建实体

通过“封闭曲面”命令可以将封闭的曲面转化为实体，若非封闭曲面则自动以线性的方式转化为实体。此命令在零部件设计工作台中。下面以图 7.9.1 所示的实例来说明创建封闭曲面的一般过程。

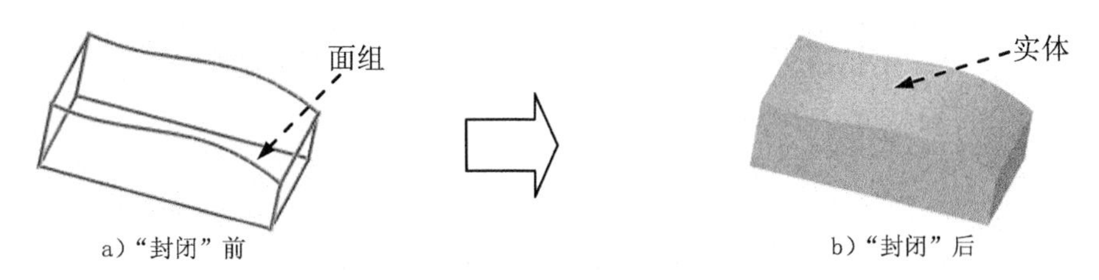

a)“封闭”前　　b)“封闭”后

图 7.9.1　用封闭的面组创建实体

Step1. 打开文件 D:\cat2016.1\work\ch07.09\Close_surface.CATPart。

说明：如果当前打开的模型是在线框和曲面设计工作台，则需要将当前的工作台切换到零部件设计工作台。

Step2. 选择命令。选择下拉菜单 插入 → 基于曲面的特征 ▸ → 封闭曲面... 命令，此时系统弹出图 7.9.2 所示的“定义封闭曲面”对话框。

Step3. 定义封闭曲面。选取图 7.9.3 所示的面组为要封闭的对象。

说明：

- 封闭对象是指需要进行封闭的曲面（实体化）。
- 利用 封闭曲面... 命令可以将非封闭的曲面转化为实体（图 7.9.4）。

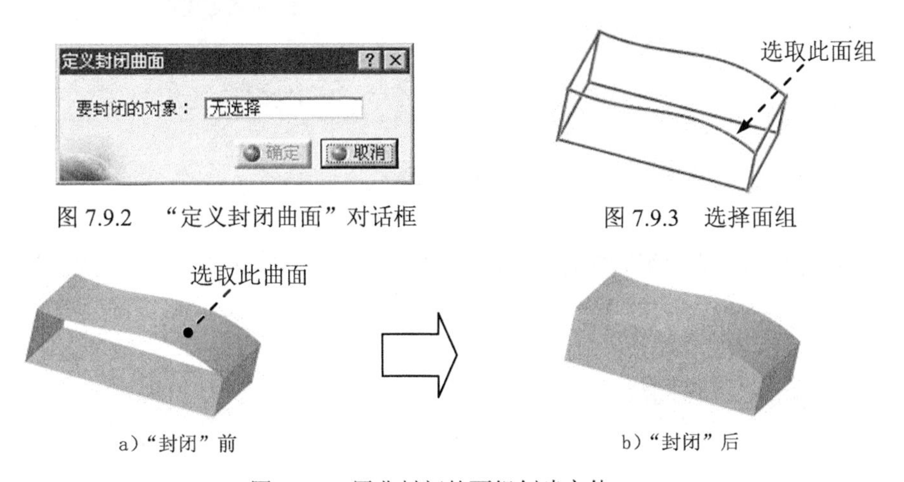

图 7.9.2　“定义封闭曲面”对话框　　图 7.9.3　选择面组

a)“封闭”前　　b)“封闭”后

图 7.9.4　用非封闭的面组创建实体

Step4. 单击 确定 按钮，完成封闭曲面的创建。

7.9.2 使用“分割”命令创建实体

“分割”命令是通过与实体相交的平面或曲面切除实体的某一部分，此命令在零部件设计工作台中。下面以图 7.9.5 所示的实例来说明使用分割命令创建实体的一般操作过程。

a)“分割”前　　b)“分割”后

图 7.9.5 用“分割”命令创建实体

Step1. 打开文件 D:\cat2016.1\work\ch07.09\Split.CATPart。

说明：以下操作需在零部件设计工作台中完成。

Step2. 选择命令。选择下拉菜单 插入 ➡ 基于曲面的特征 ▸ ➡ 分割... 命令，系统弹出图 7.9.6 所示的“定义分割”对话框。

Step3. 定义分割元素。选取图 7.9.7 所示的曲面为分割元素。

Step4. 定义分割方向。单击图 7.9.7 所示的箭头。

Step5. 单击 确定 按钮，完成分割的操作。

说明：图中的箭头所指方向代表着需要保留的实体方向，单击箭头可以改变箭头方向。

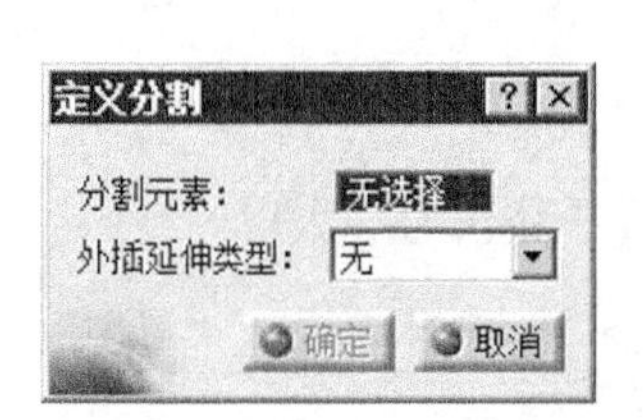

图 7.9.6 “定义分割”对话框

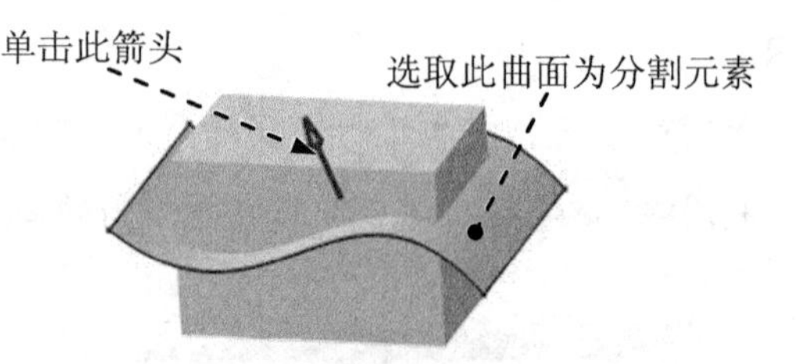

图 7.9.7 选择分割元素

7.9.3 使用“厚曲面”命令创建实体

厚曲面是将曲面（或面组）转化为薄板实体特征。下面以图 7.9.8 所示的实例来说明使用“厚曲面”命令创建实体的一般操作过程。

a)“加厚”前　　b)“加厚”后

图 7.9.8 用“加厚”创建实体

Step1. 打开文件 D:\cat2016.1\work\ch07.09\Thick_surface.CATPart。

说明：以下操作需在零部件设计工作台中完成。

Step2. 选择命令。选择下拉菜单 插入 → 基于曲面的特征 → 厚曲面... 命令，系统弹出图 7.9.9 所示的“定义厚曲面”对话框。

Step3. 定义加厚对象。选择图 7.9.10 所示的面组为加厚对象。

Step4. 定义加厚值。在对话框的 第一偏移: 文本框中输入值 1。

Step5. 单击 确定 按钮，完成加厚操作。

说明：单击图 7.9.11 所示的箭头或者单击“定义厚曲面”对话框中的 反转方向 按钮，可以使曲面加厚的方向相反。

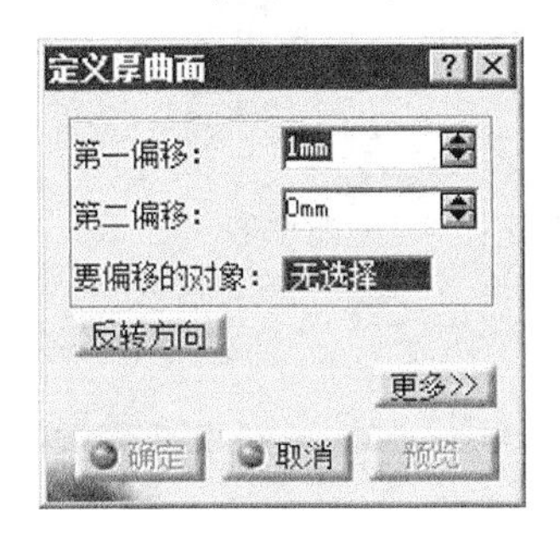

图 7.9.9 “定义厚曲面”对话框

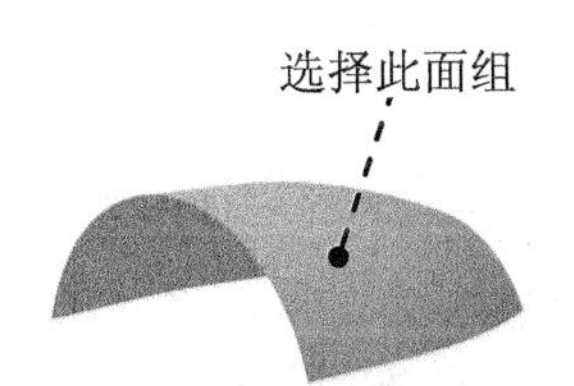

图 7.9.10 选择加厚面组

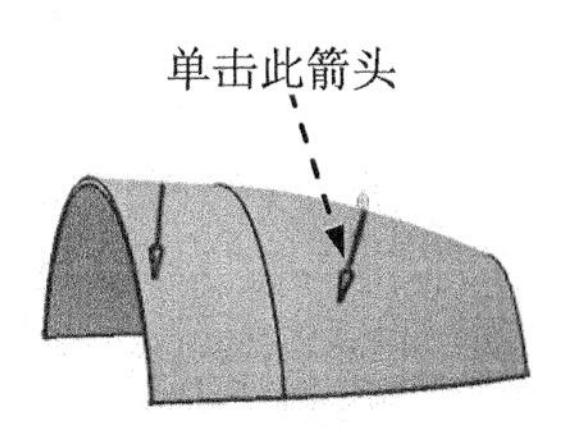

图 7.9.11 切换方向

7.10 曲面设计综合范例

7.10.1 范例 1——排水旋钮

范例概述

本范例讲解了日常生活中常见的洗衣机排水旋钮的设计过程。范例中运用了简单的曲面建模命令，对于曲面的建模方法需要读者仔细体会。零件实体模型及模型树如图 7.10.1 所示。

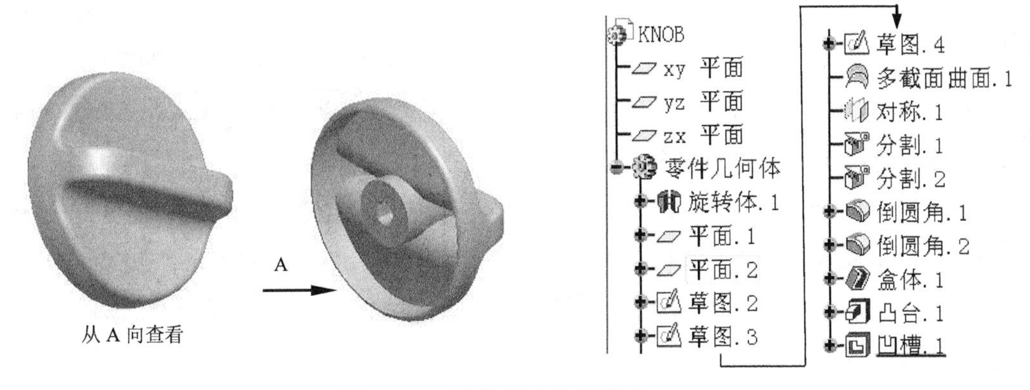

图 7.10.1 零件模型及模型树

Step1. 新建模型文件。选择下拉菜单 开始 → 机械设计 → 零件设计 命令，在系统弹出的“新建零件”对话框中输入名称 KNOB，选中 启用混合设计 复选框，单击 确定 按钮，进入零件设计工作台。

Step2. 创建图 7.10.2 所示的特征——旋转体 1。选择下拉菜单 插入 → 基于草图的特征 → 旋转体... 命令，选取 xy 平面为草绘平面，绘制图 7.10.3 所示的截面草图；在 限制 区域的 第一角度： 文本框中输入值 360；在 轴线 区域的 选择： 文本框中右击，选取草图 7.10.3 所示的直线为旋转轴，单击 确定 按钮，完成旋转体 1 的创建。

图 7.10.2　旋转体 1

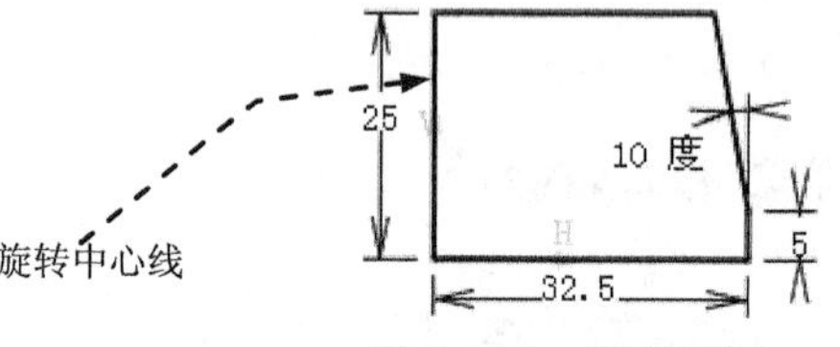

图 7.10.3　截面草图

Step3. 创建图 7.10.4 所示的特征——平面 1。单击“参考元素”工具栏中的 按钮；在 平面类型： 下拉列表中选取 偏移平面 选项；在 参考： 文本框中右击，选取 yz 为参考平面；在 偏移： 文本框中输入数值 35，单击 确定 按钮，完成平面 1 的创建。

Step4. 创建图 7.10.5 所示的特征——平面 2。单击“参考元素”工具栏中的 按钮；在 平面类型： 下拉列表中选取 偏移平面 选项；在 参考： 文本框中右击，选取 yz 为参考平面；在 偏移： 文本框中输入数值 35，单击 反转方向 按钮限定平面方向，单击 确定 按钮，完成平面 2 的创建。

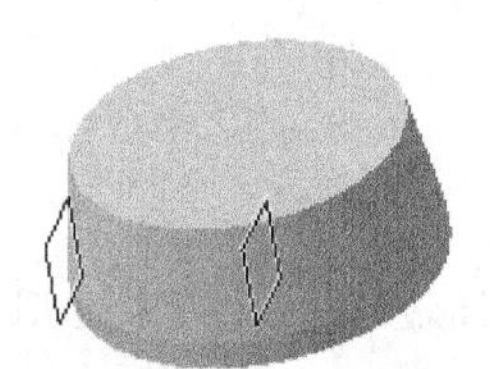

图 7.10.4　平面 1

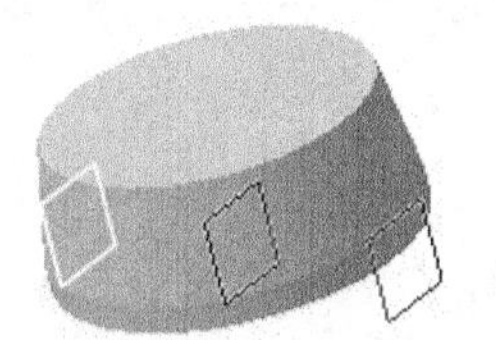

图 7.10.5　平面 2

Step5. 创建图 7.10.6 所示的草图 2。选择下拉菜单 插入 → 草图编辑器 → 草图 命令；选择 yz 面作为草图平面；在草绘工作台中绘制图 7.10.6 所示的草图。

Step6. 创建图 7.10.7 所示的草图 3。选择下拉菜单 插入 → 草图编辑器 → 草图 命令；选择平面 1 作为草图平面；在草绘工作台中绘制图 7.10.7 所示的草图。

Step7. 创建图 7.10.8 所示的草图 4。选择下拉菜单 插入 → 草图编辑器 → 草图 命令；选择平面 2 作为草图平面；在草绘工作台中绘制图 7.10.8 所示的草图。

Step8. 切换工作台。选择下拉菜单 开始 → 形状 → 创成式外形设计 命令，进入“创成式外形设计”工作台。

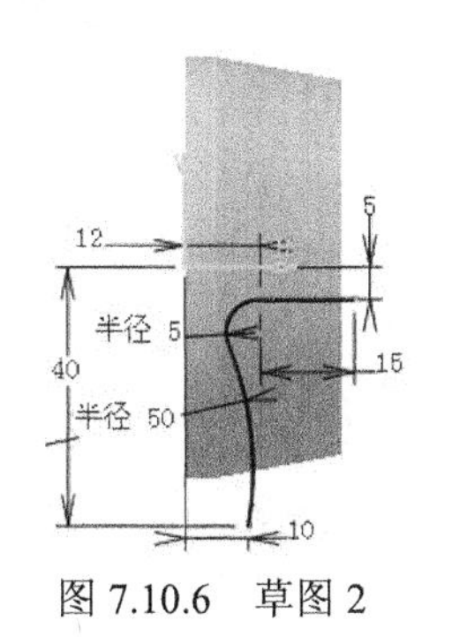

图 7.10.6 草图 2

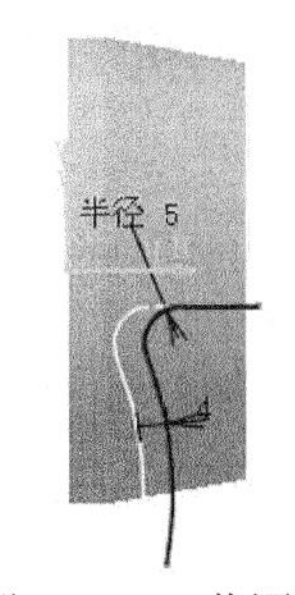

图 7.10.7 草图 3

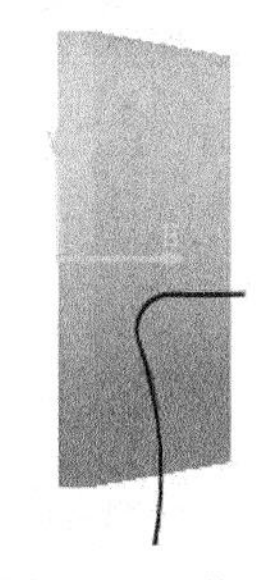
图 7.10.8 草图 4

Step9. 创建图 7.10.9 所示的多截面曲面 1。选择 插入 → 曲面 → 多截面曲面... 命令，依次选取草图 3 、草图 2 和草图 4 为截面曲线，单击 确定 按钮，完成多截面曲面 1 的创建。

Step10. 创建图 7.10.10 所示的镜像特征——对称 1。在特征树中选择多截面曲面 1，然后选择下拉菜单 插入 → 操作 → 对称... 命令。选择 xy 平面为参考，单击 确定 按钮，完成对称 1 的创建。

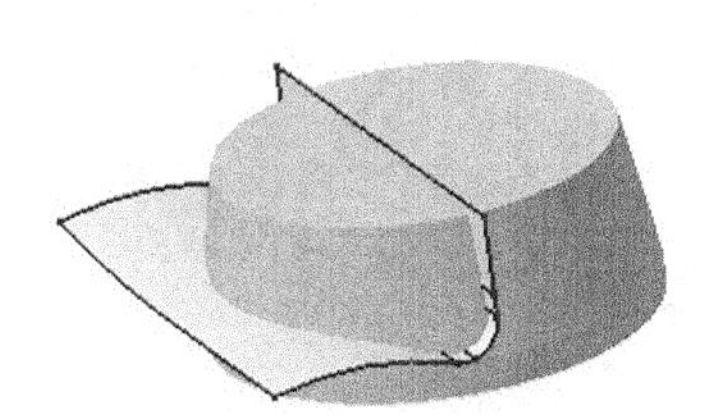
图 7.10.9 多截面曲面 1

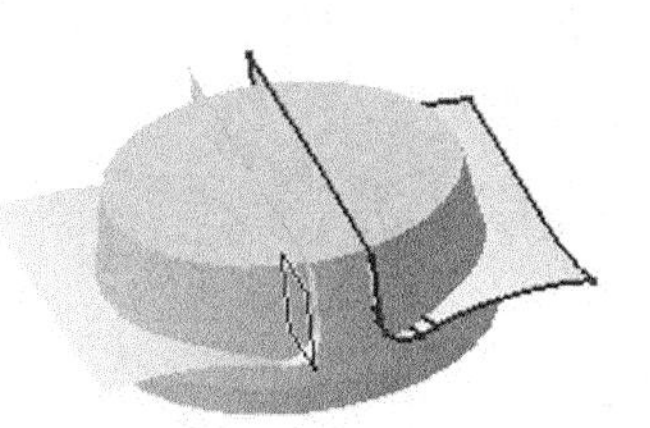
图 7.10.10 对称 1

Step11. 切换工作台。选择下拉菜单 开始 → 机械设计 → 零件设计 命令，进入“零件设计”工作台。

Step12. 创建图 7.10.11b 所示的特征——分割 1。选择菜单 插入 → 基于曲面的特征 → 分割... 命令，选择图 7.10.11a 所示的多截面曲面 1 为分割元素，单击图中箭头定义分割方向，单击 确定 按钮，完成分割 1 的创建。同理进行第二次分割，结果如图 7.10.12 所示。

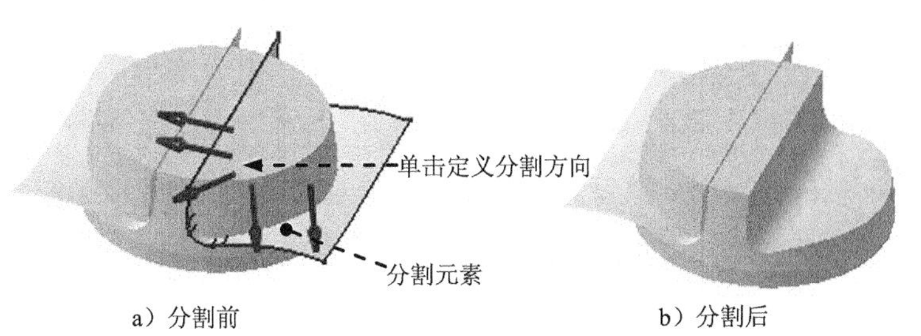

a）分割前　　b）分割后

图 7.10.11 分割 1

图 7.10.12 分割 2

Step13. 创建图 7.10.13b 所示的零件特征——倒圆角 1。选择下拉菜单 插入 → 修饰特征 → 倒圆角... 命令,选取图 7.10.13a 所示的边为倒圆角的对象，倒圆角半径值为 12，单击 确定 按钮，完成倒圆角 1 的创建。

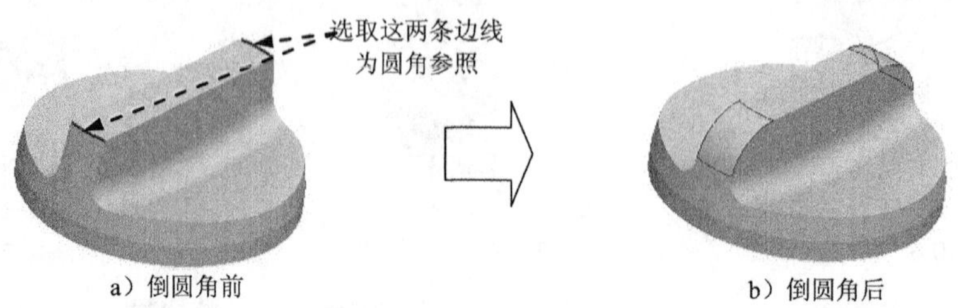

a）倒圆角前　　b）倒圆角后

图 7.10.13　倒圆角 1

Step14. 创建图 7.10.14b 所示的零件特征——倒圆角 2。选择下拉菜单 插入 → 修饰特征 → 倒圆角... 命令，选取图 7.10.14a 所示的边为倒圆角的对象，倒圆角半径值为 2，单击 确定 按钮，完成倒圆角 2 的创建。

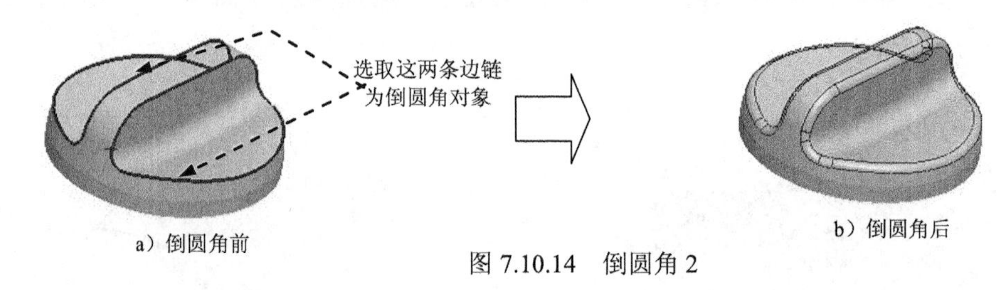

a）倒圆角前　　b）倒圆角后

图 7.10.14　倒圆角 2

Step15. 创建图 7.10.15b 所示的零件特征——盒体 1。选择下拉菜单 插入 → 修饰特征 → 抽壳... 命令，在 默认内侧厚度: 文本框中输入值 2，选取图 7.10.15a 所示的面为要移除的平面，单击 确定 按钮，完成盒体 1 的创建。

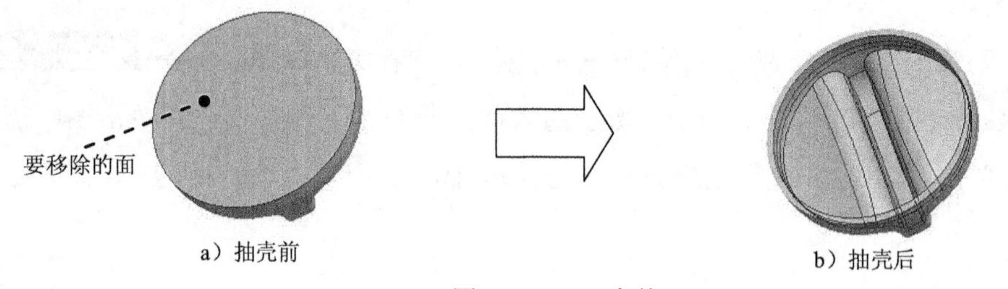

a）抽壳前　　b）抽壳后

图 7.10.15　盒体 1

Step16. 创建图 7.10.16 所示的零件特征——凸台 1。选择下拉菜单 插入 → 基于草图的特征 → 凸台... 命令；选取 zx 平面为草绘平面，绘制图 7.10.17 所示的截面草图；在 第一限制 区域的 类型: 下拉列表中选取 直到下一个 选项，单击 确定 按钮，完成凸台 1 的创建。

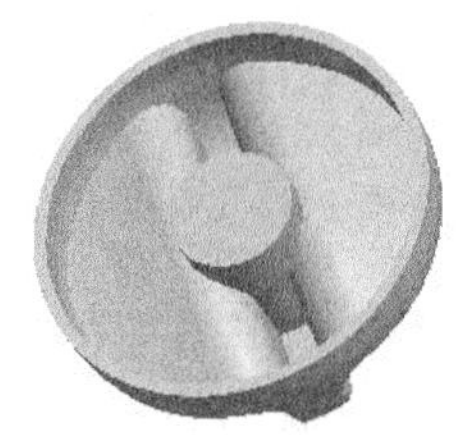

图 7.10.16 凸台 1

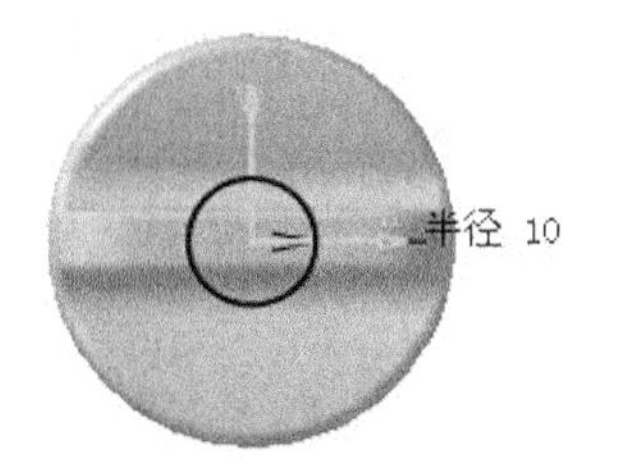

图 7.10.17 截面草图

Step17. 创建图 7.10.18 所示的零件特征——凹槽 1。选择下拉菜单 插入 → 基于草图的特征 → 凹槽... 命令；选取图 7.10.18 所示的平面为草绘平面；绘制图 7.10.19 所示的截面草图；在对话框 第一限制 区域的 类型： 下拉列表中选取 尺寸 选项，在 深度： 文本框中输入数值 5。单击 确定 按钮，完成凹槽 1 的创建。

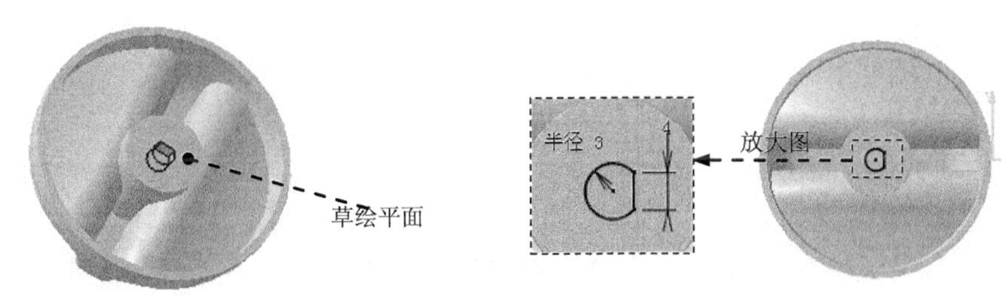

图 7.10.18 凹槽 1

图 7.10.19 截面草图

Step18. 保存文件。

7.10.2 范例 2——电吹风机的设计

范例概述

本范例介绍了一款电吹风外壳的设计过程。其设计过程是先创建一系列草图，然后利用所创建的草图构建几个独立的曲面，再利用接合等工具将独立的曲面变成一个整体曲面，最后将整体曲面变成实体模型。电吹风外壳模型如图 7.10.20 所示。

Step1. 新建一个零件的三维模型，将其命名为 blower。选择下拉菜单 开始 → 机械设计 → 线框和曲面设计 命令，进入线框和曲面设计工作台。

Step2. 创建图 7.10.21 所示的草图 1。

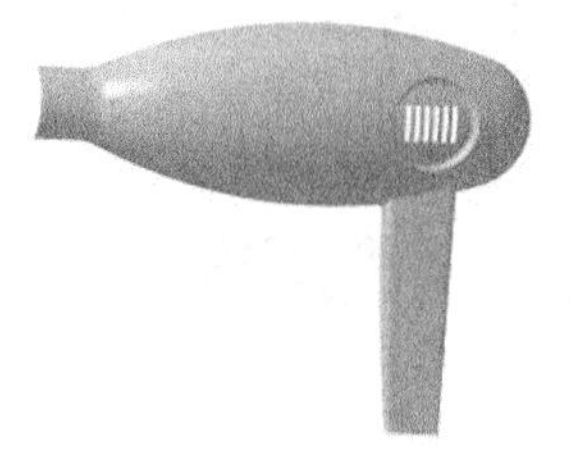

图 7.10.20 旋转曲面

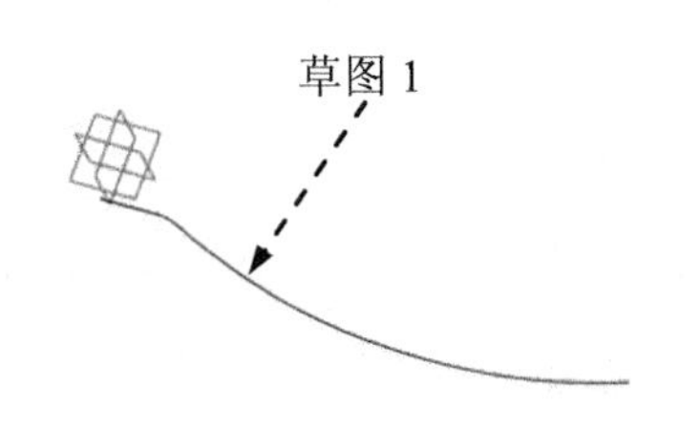

图 7.10.21 创建草图 1

（1）选择命令。选择下拉菜单 插入(I) → 草图编辑器 → 草图 命令（或单击工具栏的“草图”按钮）。

（2）定义草图平面。选择 xy 平面为草图平面，系统自动进入草图工作台。

（3）绘制草图。绘制图 7.10.22 所示的截面草图。

（4）单击“退出工作台”按钮，完成草图 1 的创建。

Step3. 创建图 7.10.23 所示的点 1。

（1）选择命令。选择下拉菜单 插入 → 线框 → 点... 命令（或单击工具栏的“点”按钮），系统弹出“点定义”对话框。

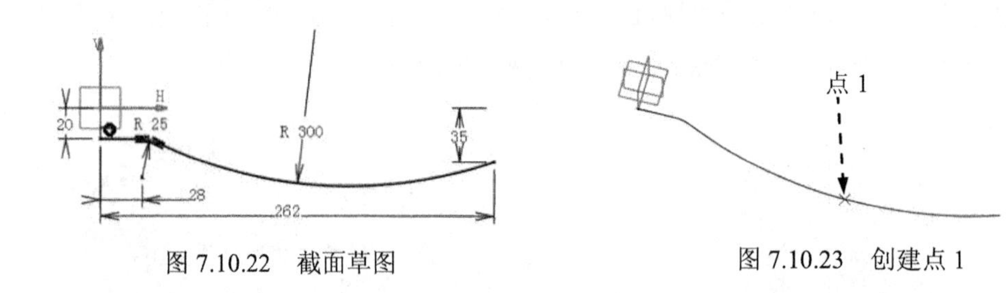

图 7.10.22　截面草图　　　图 7.10.23　创建点 1

（2）定义点类型。在“点定义”对话框的 点类型 下拉列表中选择 曲线上 (图 7.10.24)。

（3）定义放置曲线。在绘图区选取图 7.10.25 所示的草图 1 作为曲线。

（4）定义与参考点的距离。在“点定义”对话框中选中 曲线长度比率 单选项，在 比率 文本框中输入值 0.6。

（5）单击 确定 按钮，完成点的创建。

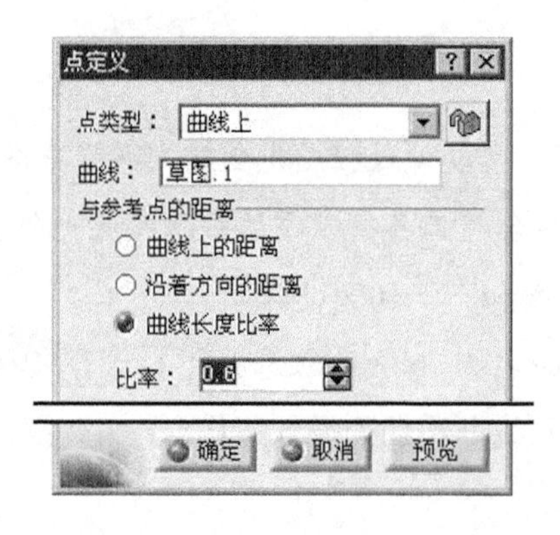

图 7.10.24　“点定义”对话框

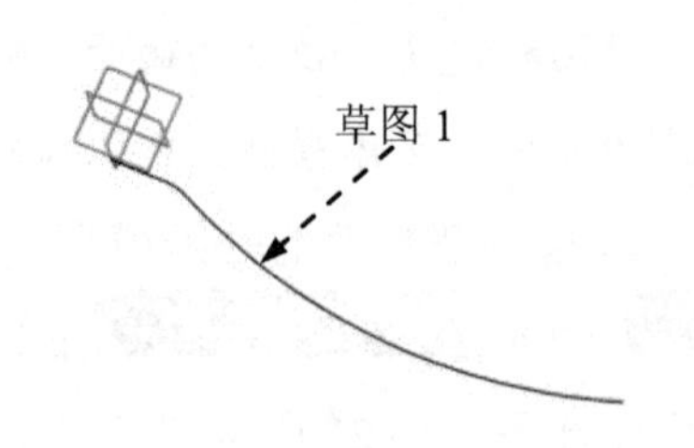

图 7.10.25　选择曲线

Step4. 创建图 7.10.26 所示的对称图形。

（1）选择命令。选择下拉菜单 插入 → 操作 → 对称... 命令（或单击工具栏的“对称”按钮），弹出图 7.10.27 所示的“对称定义”对话框（一）。

（2）选择对称元素。选择图 7.10.28 所示的草图 1，单击对话框的按钮，弹出“元素”

对话框，再选取图 7.10.28 所示的点 1。

（3）选取参考平面。单击参考后的文本框（图 7.10.29）后，选取图 7.10.28 所示的 zx 平面（可在特征树中选择）作为参考平面。

（4）单击确定按钮，完成对称图形的创建。

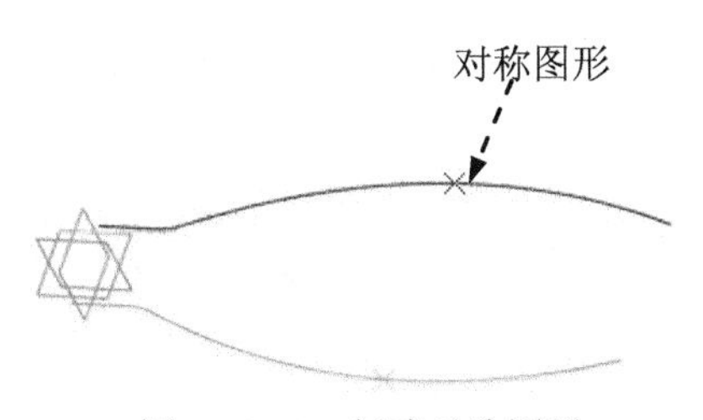

图 7.10.26 创建对称图形

图 7.10.27 “对称定义”对话框（一）

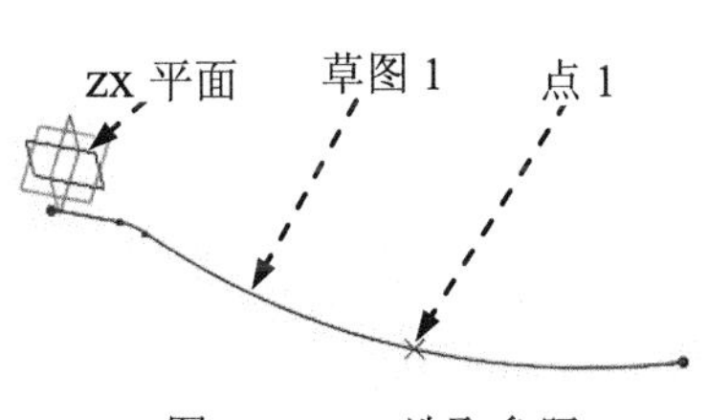

图 7.10.28 选取参照

图 7.10.29 “对称定义”对话框（二）

Step5. 创建图 7.10.30 所示的平面 1。

（1）选择命令。选择下拉菜单插入 → 线框 → 平面...命令（或单击工具栏的“平面”按钮），弹出图 7.10.31 所示的“平面定义”对话框。

（2）定义平面类型。在“平面定义”对话框的平面类型下拉列表中选择平行通过点（图 7.10.31）。

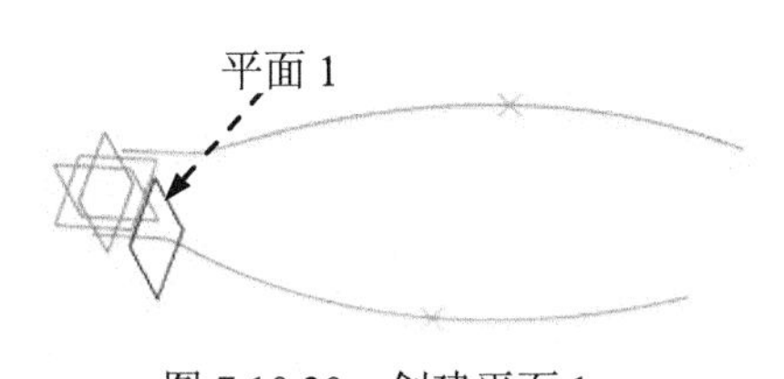

图 7.10.30 创建平面 1

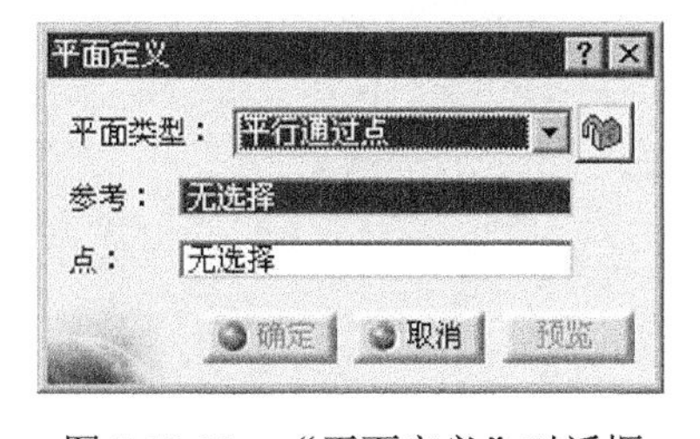

图 7.10.31 “平面定义”对话框

（3）选择 yz 平面为参考平面。

（4）定义参考点。选择图 7.10.32 所示的点为参考点。

（5）单击确定按钮，完成平面 1 的创建。

Step6. 参照 Step5 创建图 7.10.33 所示的平面 2 和平面 3。

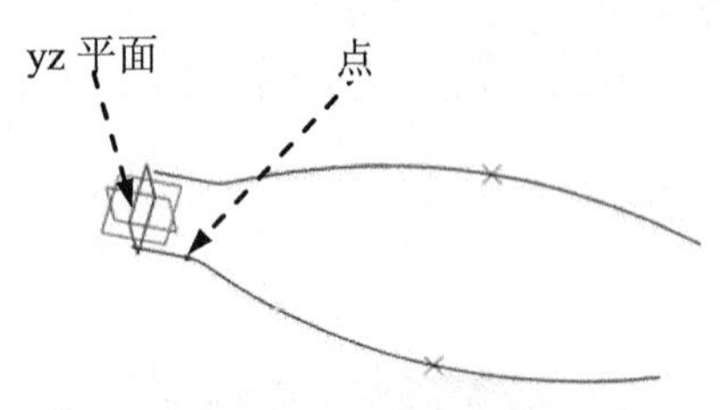

图 7.10.32 定义平面参考

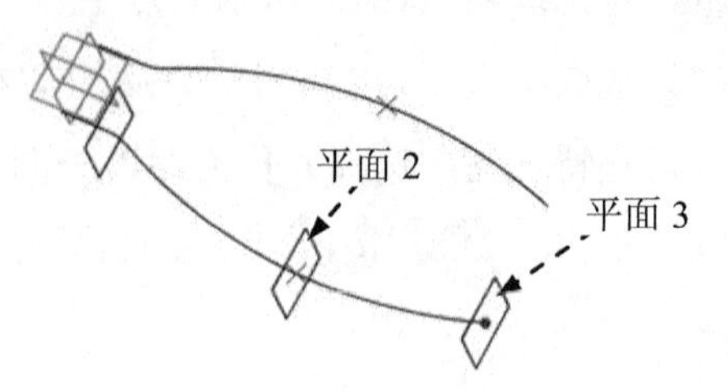

图 7.10.33 创建平面 2、平面 3

Step7. 创建图 7.10.34 所示的草图 2。

（1）选择下拉菜单 插入 → 草图编辑器 → 草图 命令（或单击工具栏的“草图”按钮）。

（2）定义草图平面。选择 yz 平面为草图平面，系统自动进入草图工作台。

（3）绘制图 7.10.35 所示的截面草图。

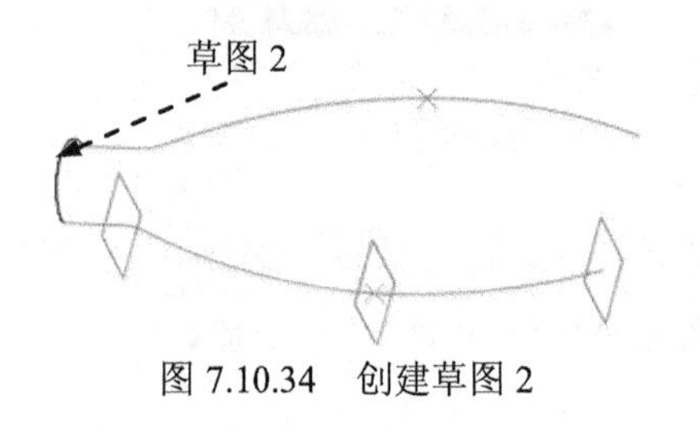

图 7.10.34 创建草图 2

草图 1 的端点　　草图 1 的端点

图 7.10.35 截面草图

（4）单击“退出工作台”按钮，完成草图 2 的创建。

Step8. 创建图 7.10.36 所示的草图 3。

（1）单击工具栏的“草图”按钮，选择“平面 1”为草图平面。

（2）选择下拉菜单 插入 → 操作(O) → 3D 几何图形 → 投影 3D 元素 命令，选择图 7.10.37 所示的草图 2 为投影元素。

（3）单击“退出工作台”按钮，完成草图 3 的创建。

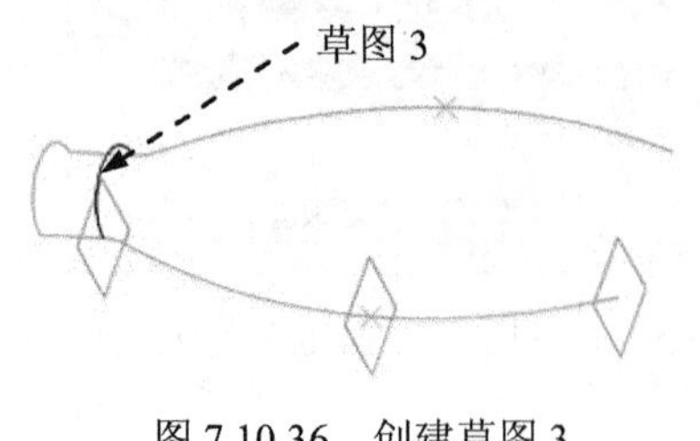

图 7.10.36 创建草图 3

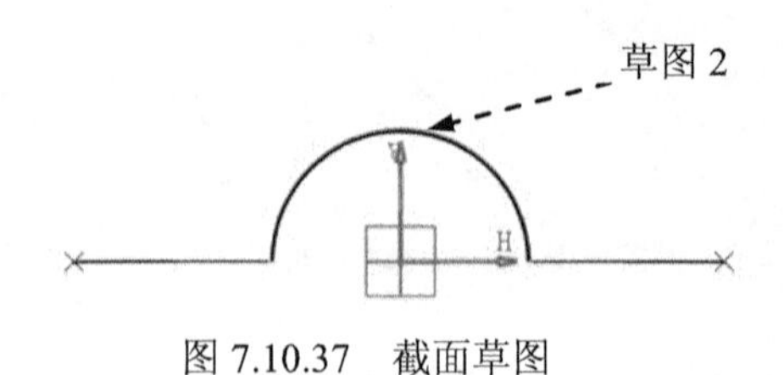

图 7.10.37 截面草图

Step9. 创建图 7.10.38 所示的草图 4。

（1）单击工具栏的“草图”按钮。

（2）定义草图平面。选择“平面 2”为草图平面。

（3）绘制图 7.10.39 所示的截面草图。

（4）单击“退出工作台”按钮，完成草图 4 的创建。

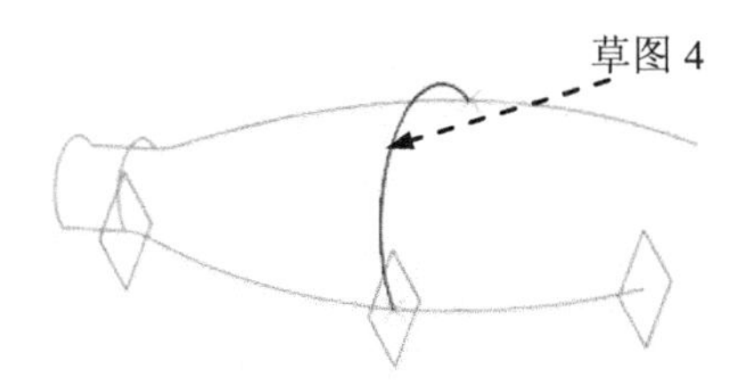

图 7.10.38 创建草图 4

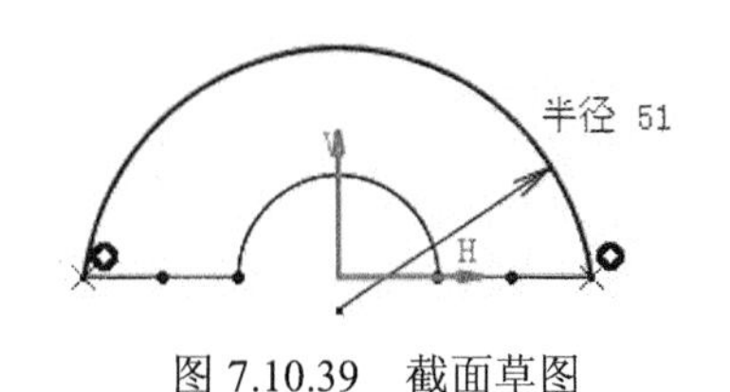

图 7.10.39 截面草图

Step10. 创建图 7.10.40 所示的草图 5。

（1）单击工具栏的“草图”按钮。

（2）定义草图平面。选择“平面 3”为草图平面。

（3）绘制图 7.10.41 所示的截面草图。

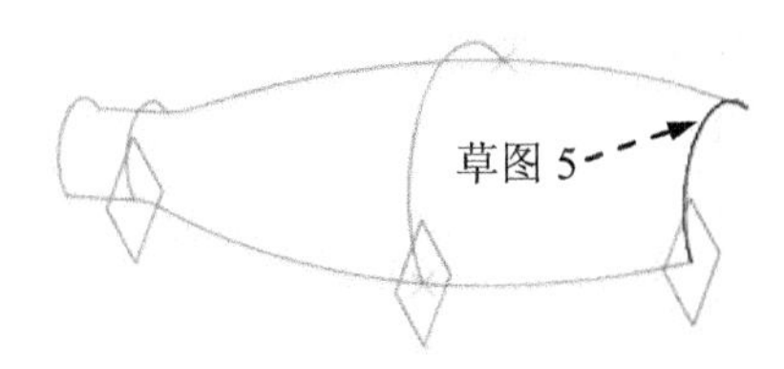

图 7.10.40 创建草图 5

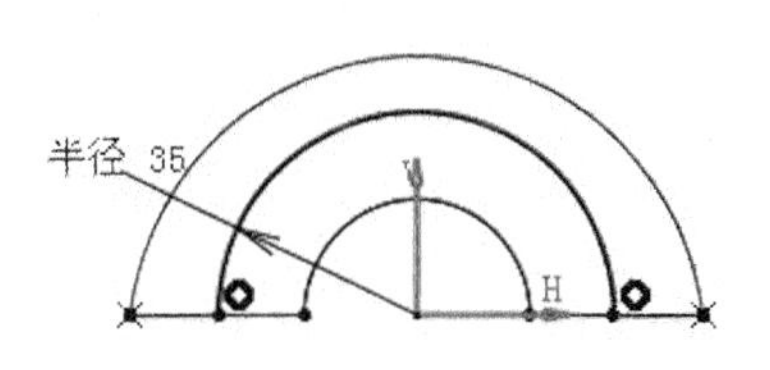

图 7.10.41 截面草图

（4）单击“退出工作台”按钮，完成草图 5 的创建。

Step11. 创建图 7.10.42 所示的草图 6。

（1）单击工具栏的“草图”按钮。

（2）定义草图平面。选择 xy 平面为草图平面。

（3）绘制图 7.10.43 所示的截面草图。

（4）单击“退出工作台”按钮，完成草图 6 的创建。

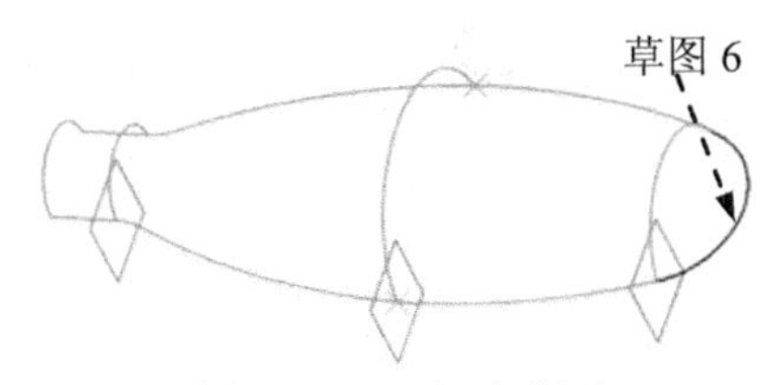

图 7.10.42 创建草图 6

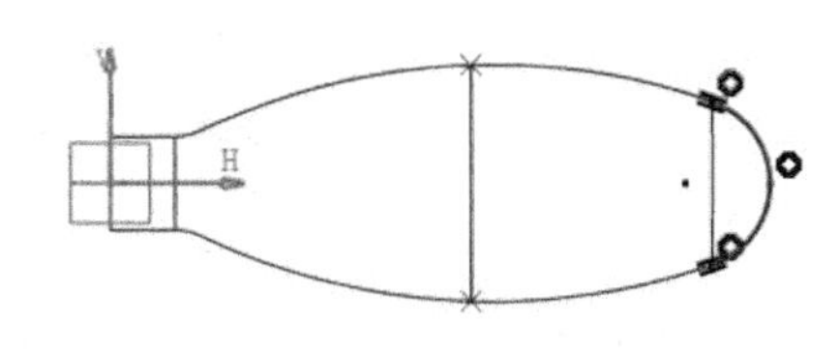

图 7.10.43 截面草图

Step12. 创建图 7.10.44 所示的草图 7。

（1）单击工具栏的“草图”按钮。

（2）定义草图平面。选择 xy 平面为草图平面。

（3）绘制图 7.10.45 所示的截面草图。

（4）单击“退出工作台”按钮，完成草图 7 的创建。

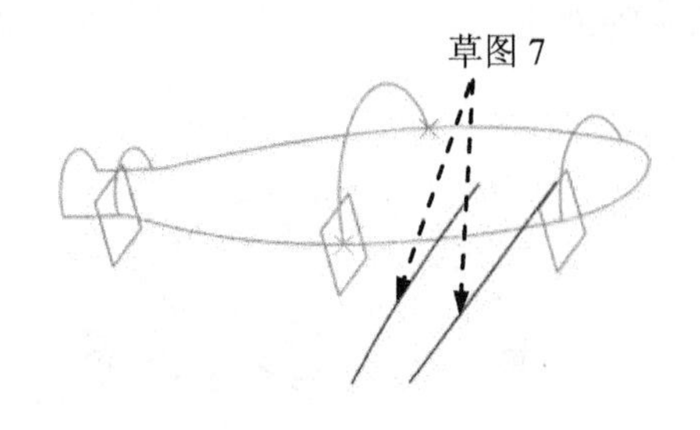

图 7.10.44　创建草图 7

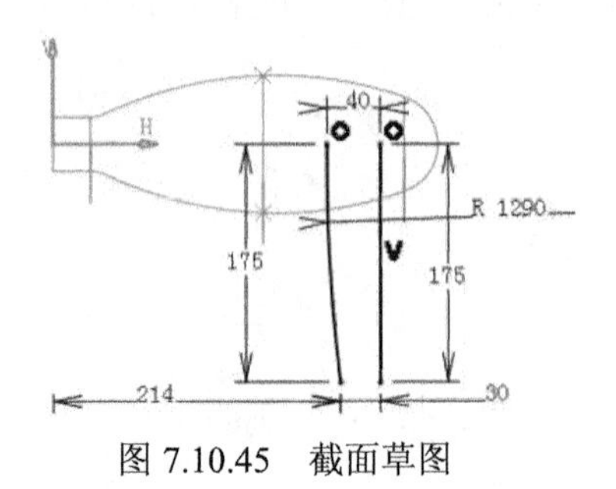

图 7.10.45　截面草图

Step13. 创建图 7.10.46 所示的草图 8。

（1）单击工具栏的“草图”按钮。

（2）定义草图平面。选择 zx 平面为草图平面。

（3）绘制图 7.10.47 所示的截面草图。

（4）单击“退出工作台”按钮，完成草图 8 的创建。

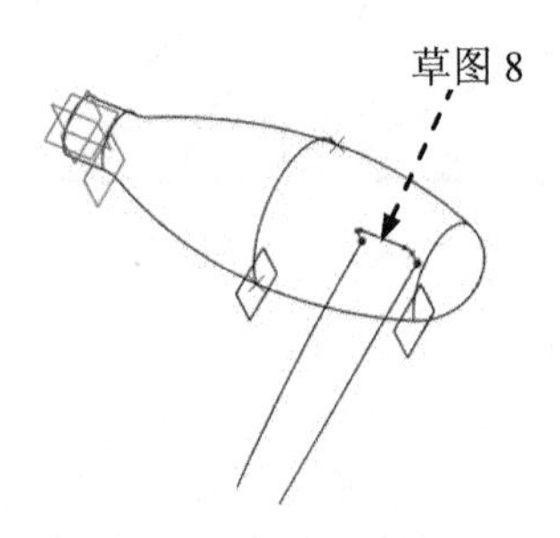

图 7.10.46 创建草图 8

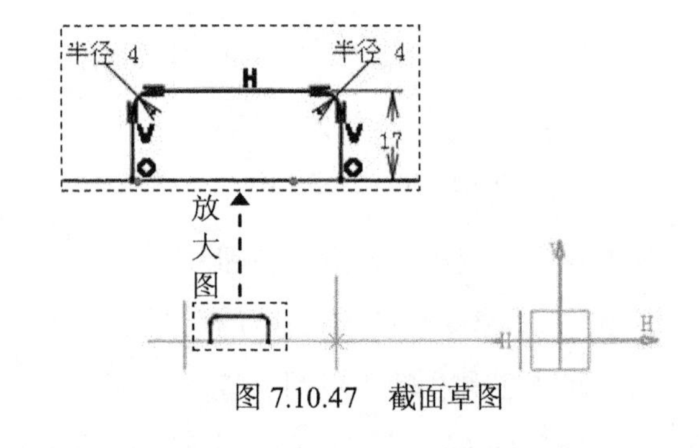

图 7.10.47　截面草图

Step14. 创建图 7.10.48 所示的平面 4。

（1）选择命令。选择下拉菜单 插入 → 线框 → 平面... 命令，弹出“平面定义”对话框。

（2）在“平面定义”对话框的 平面类型 下拉列表中选择 平行通过点，选择 zx 平面为参考平面，再选择草图 8 的端点作为参考点（图 7.10.48）。

（3）单击 确定 按钮，完成平面 4 的定义。

Step15. 创建图 7.10.49 所示的草图 9。

（1）单击工具栏的“草图”按钮。

（2）定义草图平面并绘制图形。选择“平面 4”为草图平面，绘制图 7.10.50 所示的截面草图。

（3）单击“退出工作台”按钮，完成草图 9 的创建。

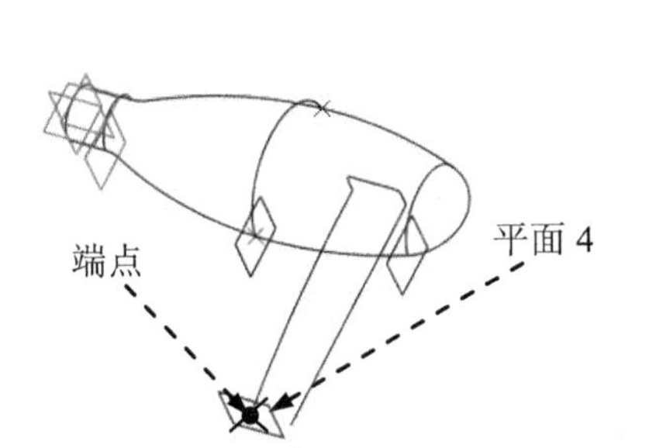

图 7.10.48 创建平面 4

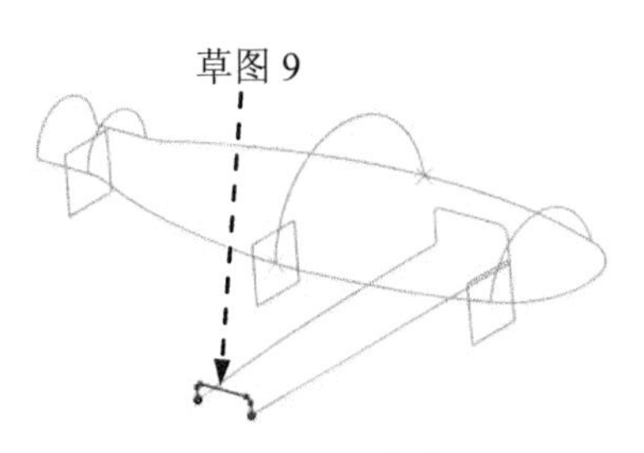

图 7.10.49 创建草图 9

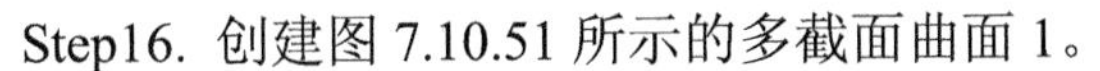

Step16. 创建图 7.10.51 所示的多截面曲面 1。

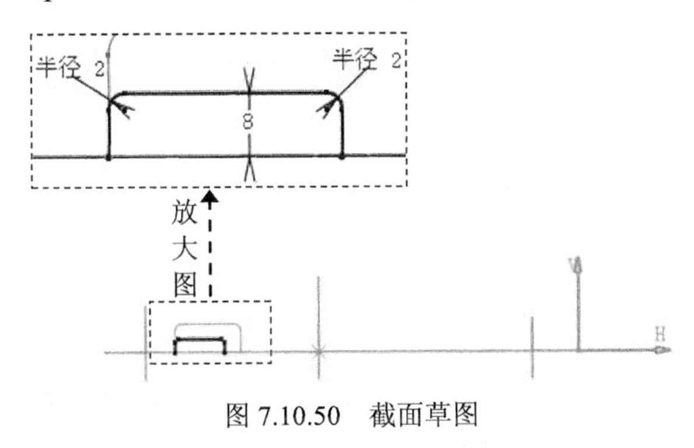

图 7.10.50 截面草图

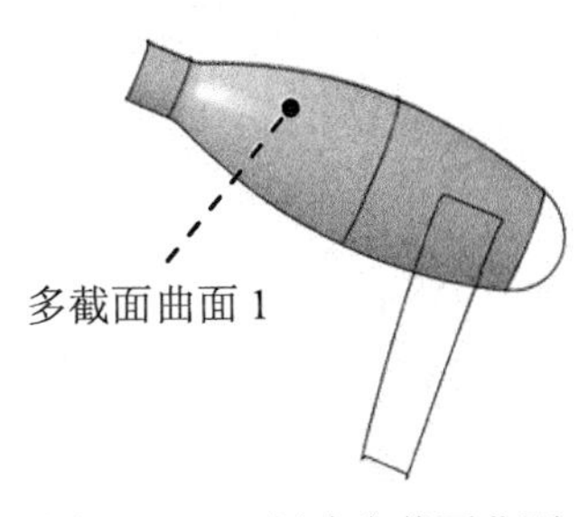

图 7.10.51 创建多截面曲面 1

（1）选择命令。选择下拉菜单 插入 → 曲面 → 多截面曲面... 命令，此时系统弹出“多截面曲面定义”对话框。

（2）定义截面曲线。依次选择草图 2、草图 3、草图 4 和草图 5（图 7.10.52）作为截面曲线。

（3）定义引导线。单击 引导线 下的操作栏（图 7.10.53），依次选择草图 1 和草图 1_1（图 7.10.54）作为引导线。

（4）单击 确定 按钮，完成多截面曲面 1 的定义。

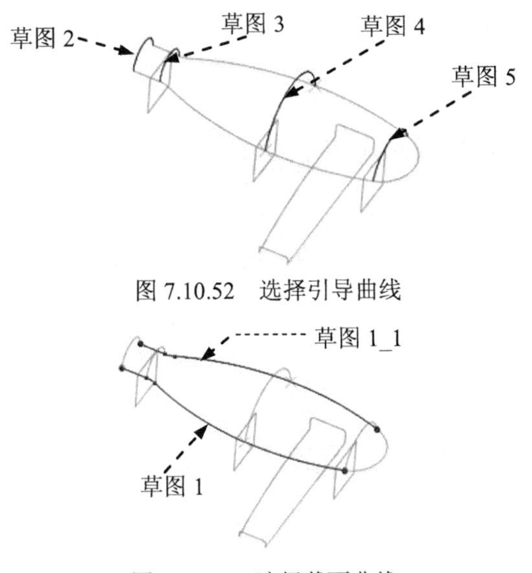

图 7.10.52 选择引导曲线

图 7.10.54 选择截面曲线

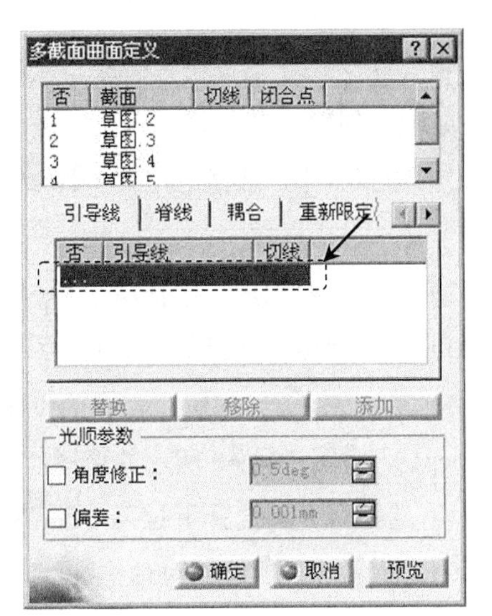

图 7.10.53 “多截面曲面定义”对话框（一）

Step17. 创建图 7.10.55 所示的桥接曲面。

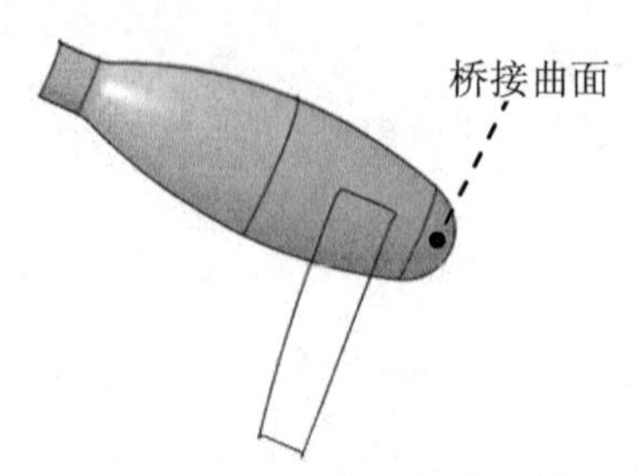

图 7.10.55 创建桥接曲面

（1）选择命令。选择下拉菜单 插入 → 曲面 ▸ → 桥接... 命令，系统弹出“桥接曲面定义”对话框。

（2）定义桥接曲线。选择图 7.10.56 所示的草图 5 和草图 6 分别为第一曲线和第二曲线。

（3）定义桥接支持面。选择多截面曲面 1 为第一支持面，在 第一连续: 下拉列表中选择 相切，在 第一切线边框: 下拉列表中选择 双末端，如图 7.10.57 所示。

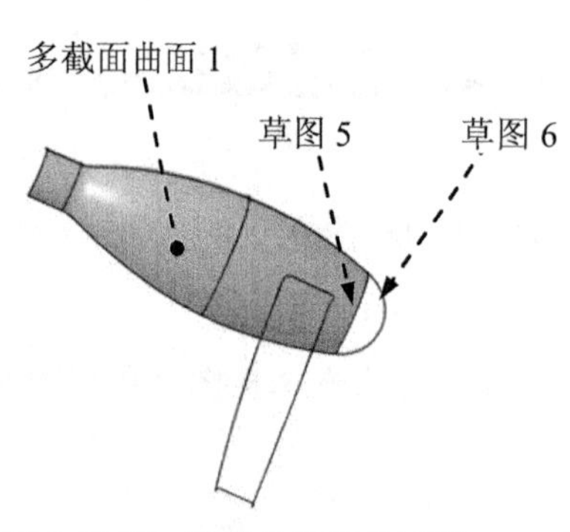

图 7.10.56 选择曲线和支持面

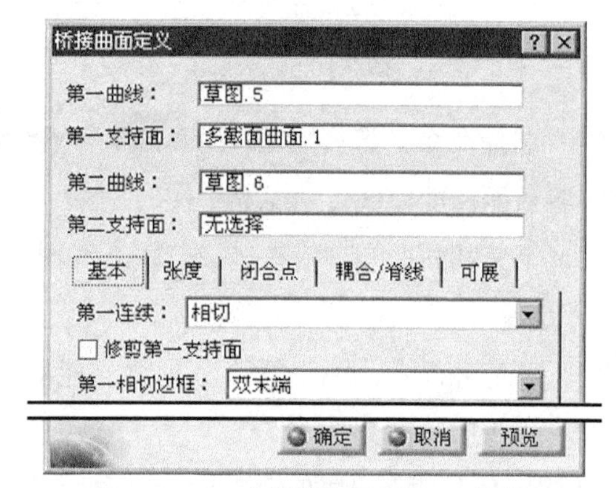

图 7.10.57 “桥接曲面定义”对话框

（4）单击 确定 按钮，完成桥接曲面的创建。

Step18. 创建接合曲面 1。

（1）选择命令。选择下拉菜单 插入 → 操作 ▸ → 接合... 命令，此时系统弹出“接合定义”对话框。

（2）定义接合元素。选择图 7.10.58 所示的多截面曲面 1 和桥接曲面为要接合的元素。

（3）检查相切。选择 参数 选项组的 检查相切 复选框，如图 7.10.59 所示。

（4）单击 确定 按钮，完成接合曲面 1 的创建。

Step19. 对图 7.10.60 所示的草图 7 进行拆解。

（1）选择命令。选择下拉菜单 插入 → 操作 ▸ → 拆解... 命令，此时系统弹出图 7.10.61 所示的“拆解”对话框。

（2）定义拆解对象。选择 Step12 创建的草图 7 为拆解对象（在特征树选择草图 7）。

（3）单击 确定 按钮，完成草图的拆解。

注意：此时草图 7 在特征树中被分解为圆 1 和直线 1。

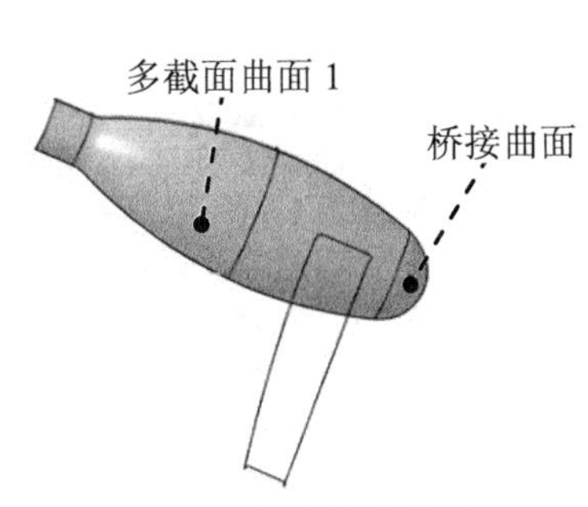

图 7.10.58 创建接合曲面 1

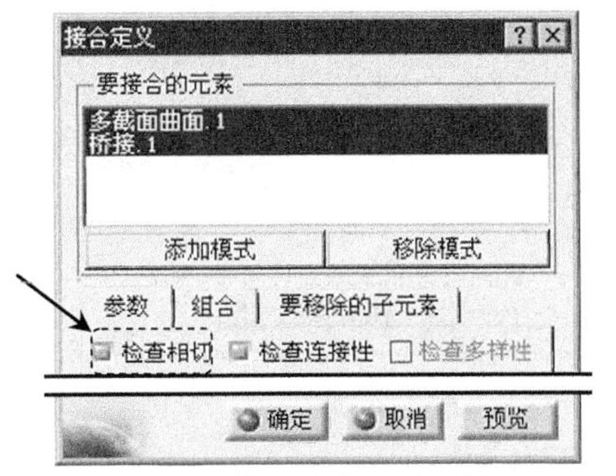

图 7.10.59 “接合定义”对话框（一）

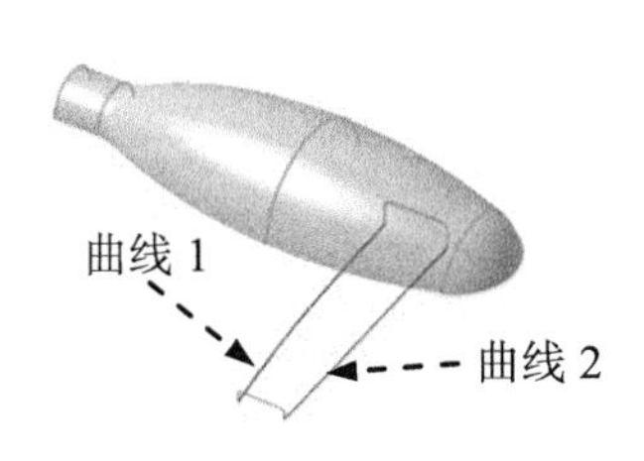

图 7.10.60 选取曲线

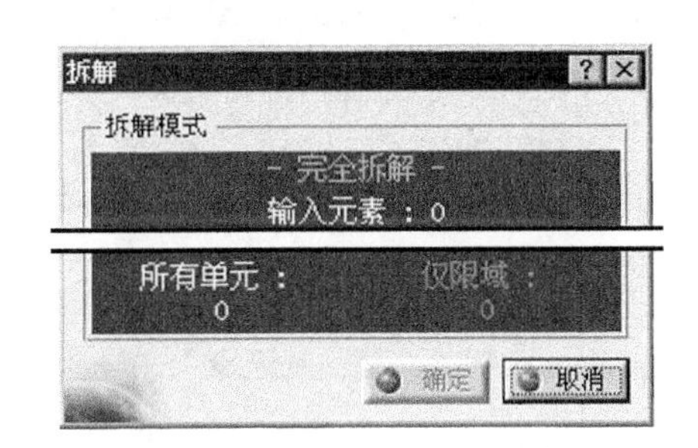

图 7.10.61 “拆解”对话框

Step20. 创建图 7.10.62 所示的多截面曲面 2。

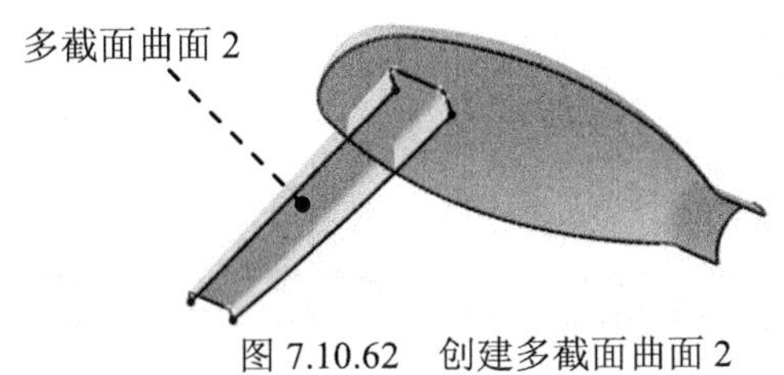

图 7.10.62 创建多截面曲面 2

（1）选择命令。选择下拉菜单 插入 → 曲面 ▸ → 多截面曲面... 命令，此时系统弹出“多截面曲面定义”对话框。

（2）定义截面曲线。依次选择图 7.10.63 所示的草图 8 和草图 9 为截面曲线。

（3）定义引导线。选择 引导线 下的操作栏，依次选择图 7.10.63 所示的圆 1 和直线 1 为引导线，如图 7.10.64 所示。

（4）单击 确定 按钮，完成多截面曲面 2 的创建。

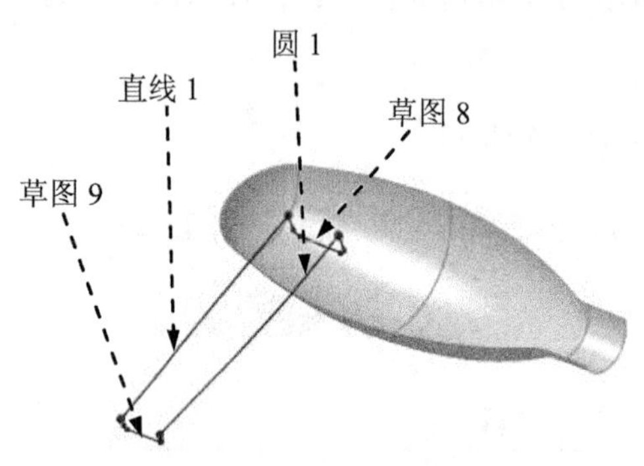

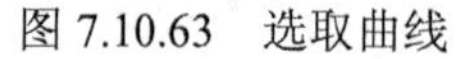

图 7.10.63　选取曲线

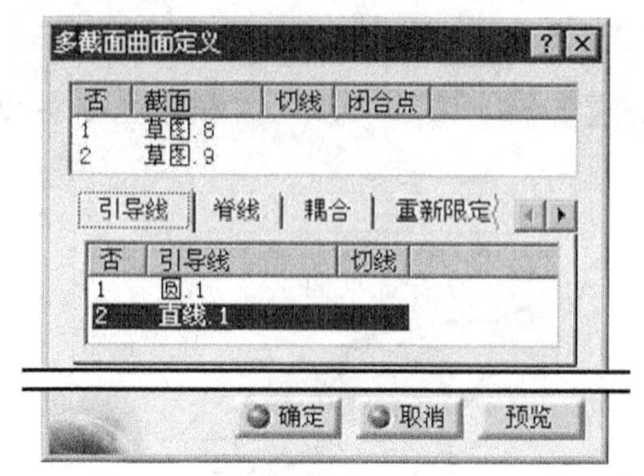

图 7.10.64　“多截面曲面定义”对话框（二）

Step21. 创建草图 10。

（1）单击工具栏的“草图”按钮。

（2）定义草图平面并绘制图形。选择“平面 4”为草图平面，绘制图 7.10.65 所示的截面草图，完成后单击“退出工作台”按钮。

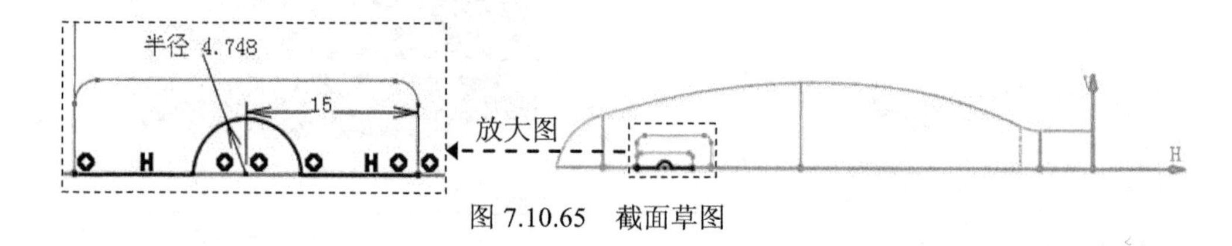

图 7.10.65　截面草图

Step22. 创建图 7.10.66 所示的曲面填充。

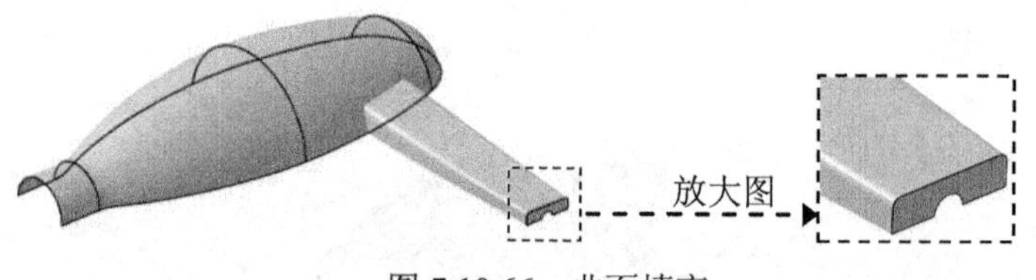

图 7.10.66　曲面填充

（1）选择命令。选择下拉菜单 插入(I) → 曲面 → 填充... 命令，此时系统弹出“填充曲面定义”对话框。

（2）定义填充边界。依次选择图 7.10.67 所示的草图 9 和草图 10 作为填充边界线，如图 7.10.68 所示。

（3）单击 确定 按钮，完成曲面填充的创建。

Step23. 创建接合曲面 2。

（1）选择命令。选择下拉菜单 插入(I) → 操作 → 接合... 命令，系统弹出“接合定义”对话框。

（2）定义接合元素。选择填充 1 和多截面曲面 2（图 7.10.69）为要接合的元素，如图 7.10. 70 所示。

（3）单击 确定 按钮，完成接合曲面 2 的创建。

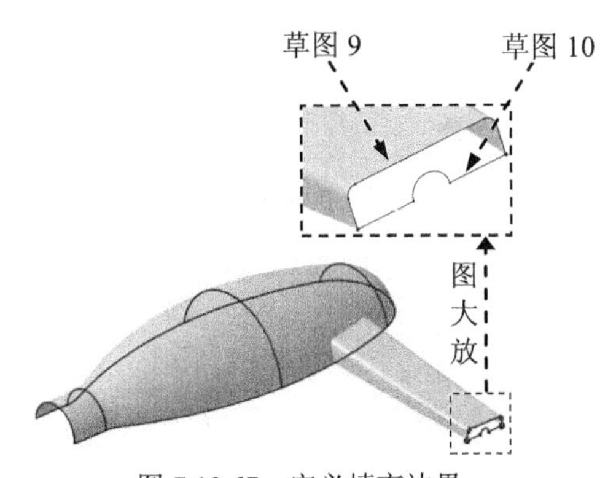

图 7.10.67　定义填充边界

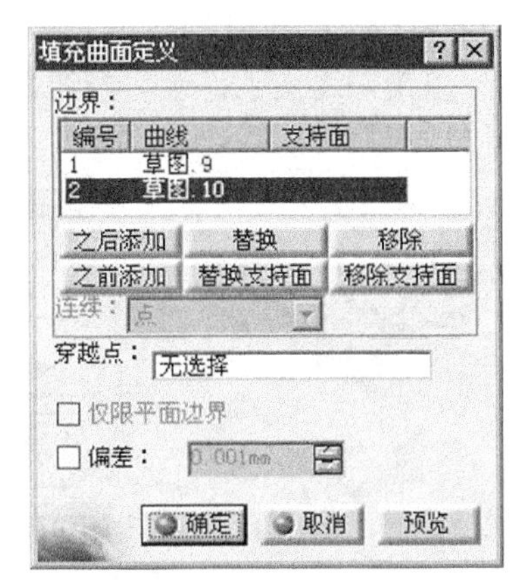

图 7.10.68　“填充曲面定义”对话框

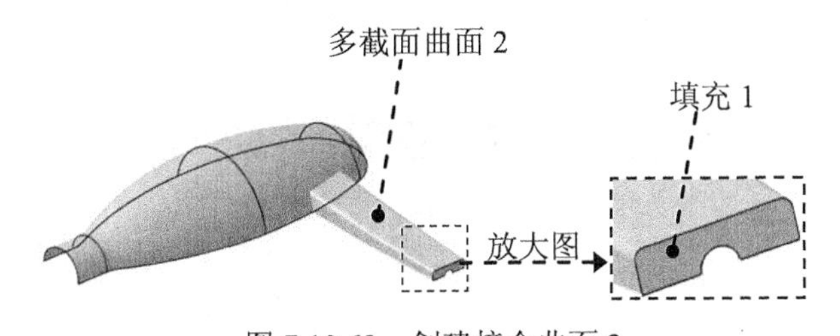

图 7.10.69　创建接合曲面 2

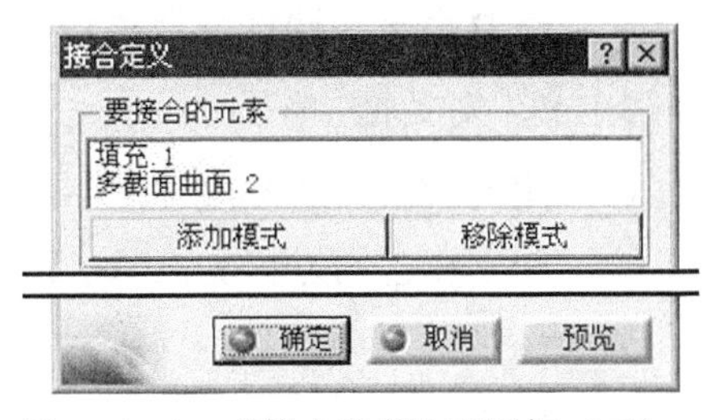

图 7.10.70　“接合定义”对话框（二）

Step24. 创建图 7.10.71 所示的曲面的偏移。

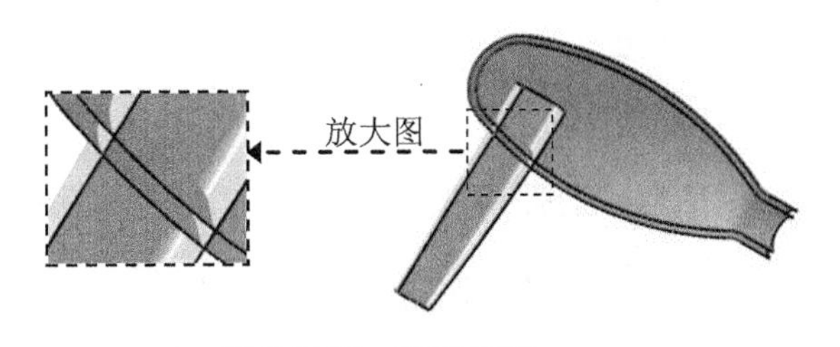

图 7.10.71　偏移曲面

（1）选择命令。选择下拉菜单 插入(I) → 曲面 ▸ → 偏移... 命令，此时系统弹出“偏移曲面定义”对话框。

（2）定义偏移对象。选择图 7.10.72 所示的接合曲面 1 为偏移对象。

（3）确定偏移距离。在对话框的“偏移”文本框中输入值 5.5，如图 7.10.73 所示。

（4）单击 反转方向 按钮，使偏移方向向内。

（5）单击 确定 按钮，完成曲面的偏移。

Step25. 创建草图 11。

（1）单击工具栏的“草图”按钮。

（2）定义草图平面。选择 xy 平面为草图平面。

（3）绘制图 7.10.74 所示的截面草图。

（4）单击“退出工作台”按钮，完成草图 11 的创建。

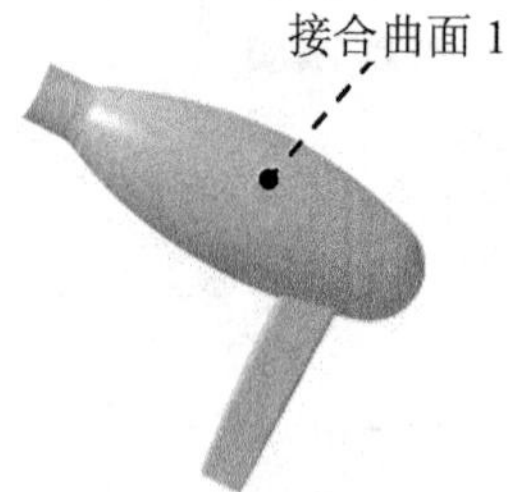

图 7.10.72　选择偏移对象

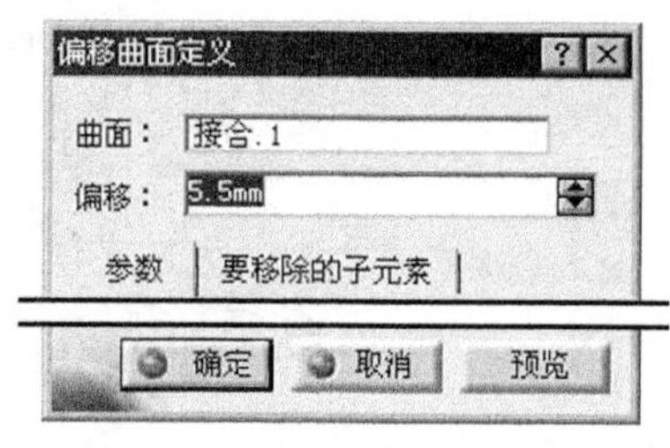

图 7.10.73　“偏移曲面定义”对话框

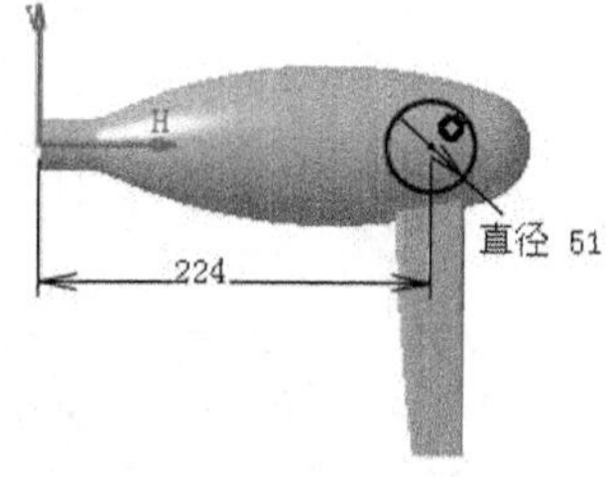

图 7.10.74　截面草图

Step26. 创建图 7.10.75 所示的投影曲线。

（1）选择命令。选择下拉菜单 插入(I) → 线框 → 投影... 命令，系统弹出“投影定义”对话框。

（2）定义投影类型。在对话框的 投影类型 下拉列表中选择 沿某一方向。

（3）定义投影曲线。选择图 7.10.76 所示的草图 11 为投影曲线。

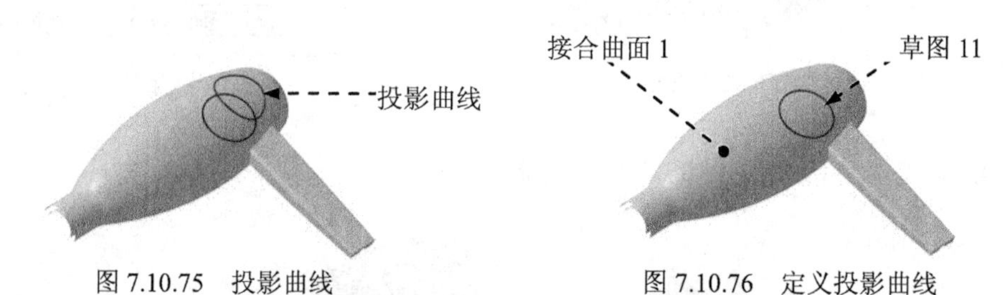

图 7.10.75　投影曲线　　图 7.10.76　定义投影曲线

（4）定义投影支持面和方向。选择接合曲面 1（图 7.10.76）为投影支持面，“xy 平面”（在特征树中选择“xy 平面”）为投影方向，如图 7.10.77 所示。

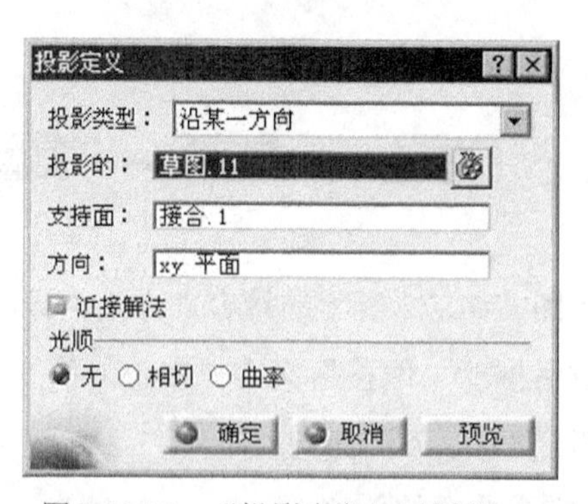

图 7.10.77　“投影定义”对话框

（5）单击 确定 按钮，完成曲线的投影。

Step27. 创建草图 12。

（1）单击工具栏的“草图”按钮。

（2）定义草图平面并绘制图形。选择 xy 平面为草图平面，绘制图 7.10.78 所示的截面草图。

说明：草图 12 和草图 11 为同心圆。

（3）单击“退出工作台”按钮，完成草图 12 的创建。

Step28. 创建图 7.10.79 所示的多截面曲面 3。

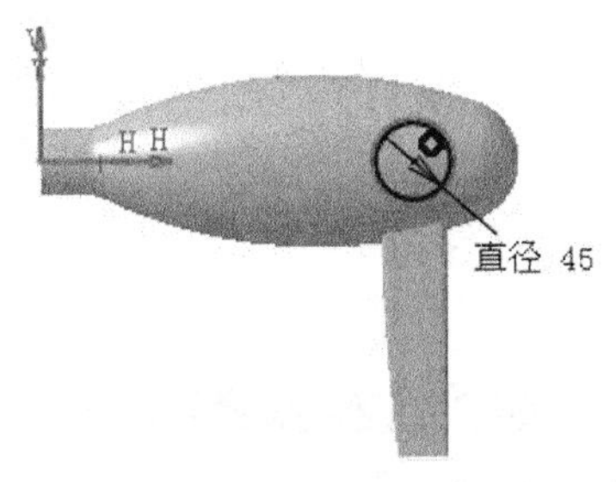

图 7.10.78 截面草图

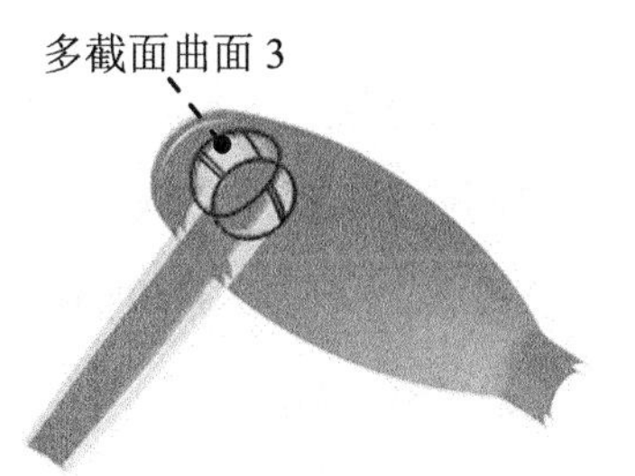

图 7.10.79 创建多截面曲面 3

（1）选择命令。选择下拉菜单 插入 → 曲面 → 多截面曲面... 命令，系统弹出“多截面曲面定义”对话框（三）。

（2）定义截面曲线。依次选择草图 12 和投影曲线（图 7.10.80）为截面曲线，如图 7.10.81 所示。

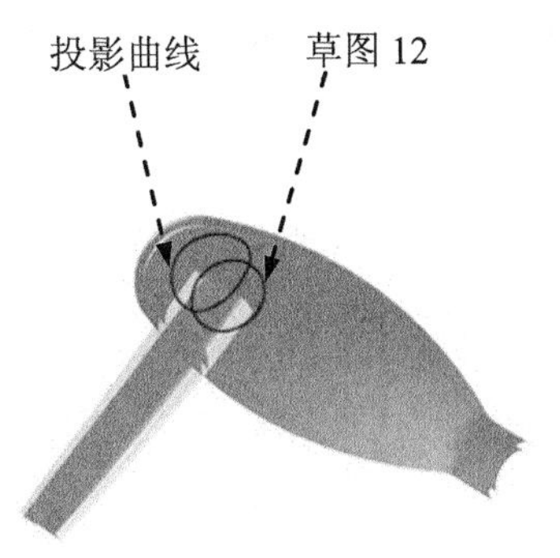

图 7.10.80 选择截面曲线

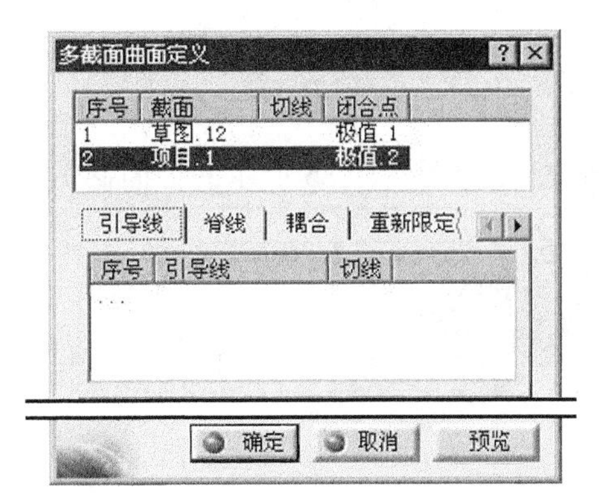

图 7.10.81 “多截面曲面定义”对话框（三）

（3）单击 确定 按钮，完成多截面曲面 3 的创建。

Step29. 创建图 7.10.82 所示的曲面修剪 1。

（1）选择命令。选择下拉菜单 插入 → 操作 → 修剪... 命令（单击工具栏的“修剪”按钮），此时系统弹出“修剪定义”对话框。

（2）定义修剪类型。在对话框的 模式 下拉列表中选择 标准。

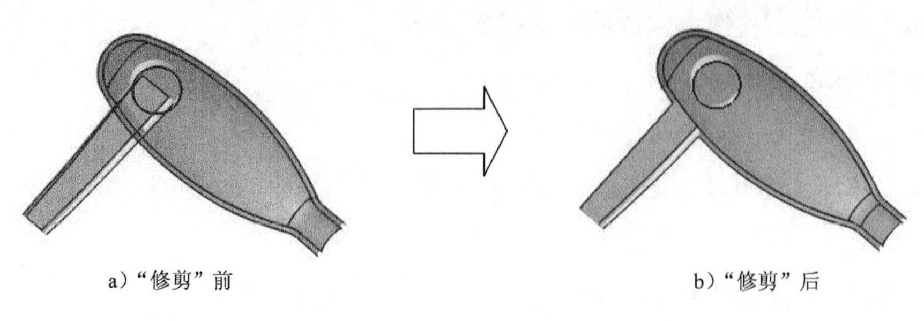

a）“修剪”前　　　　b）“修剪”后

图 7.10.82　曲面修剪 1

（3）定义修剪元素。选择接合曲面 1 和接合曲面 2（图 7.10.83）为修剪元素，如图 7.10.84 所示。

说明：单击 预览 按钮观察修剪结果是否与图 7.10.82b 相同，若不同，单击 另一侧/上一元素 及 另一侧/下一元素 按钮改变修剪方向。

（4）单击 确定 按钮，完成曲面修剪 1 的创建。

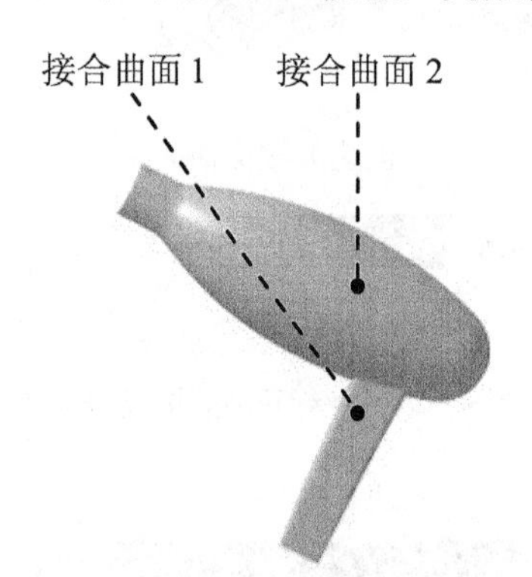

图 7.10.83　定义修剪元素

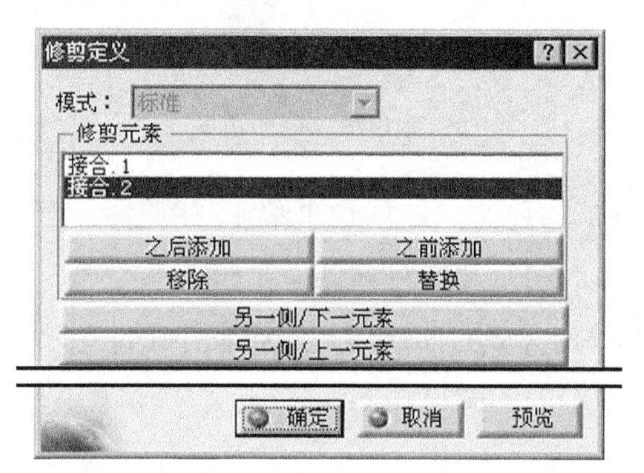

图 7.10.84　“修剪定义”对话框（一）

Step30. 创建图 7.10.85 所示的曲面修剪 2。

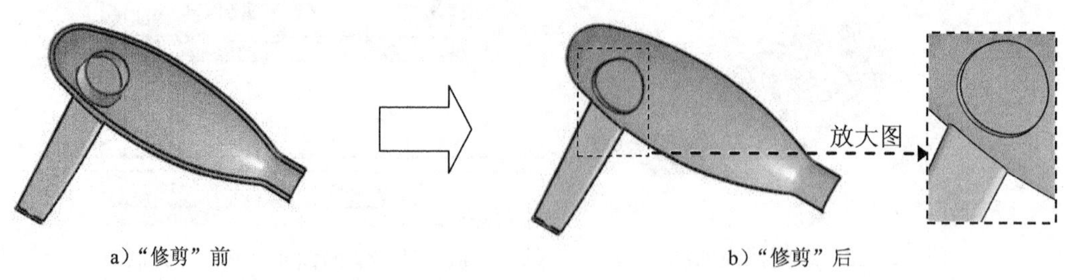

a）“修剪”前　　　　b）“修剪”后

图 7.10.85　曲面修剪 2

（1）选择命令。单击工具栏的“修剪”按钮，弹出“修剪定义”对话框。

（2）定义修剪元素。选择多截面曲面 3 和偏移曲面（图 7.10.86）为修剪元素，如图 7.10.87 所示。

（3）单击 确定 按钮，完成曲面修剪 2 的创建。

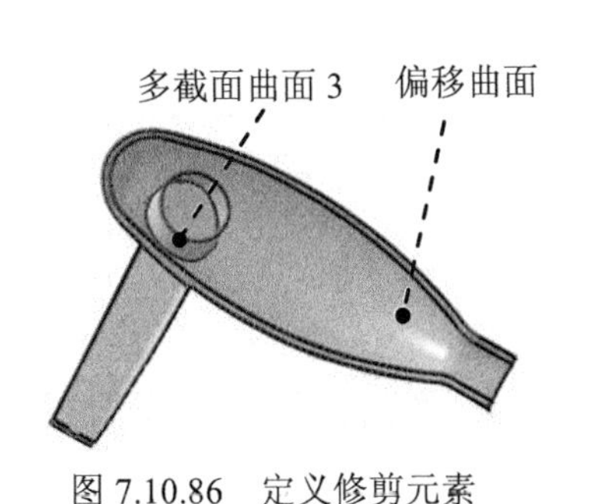

图 7.10.86 定义修剪元素

修剪定义
模式：标准
修剪元素
多截面曲面.3
偏移.1
之后添加 之前添加
移除 替换
另一侧/下一元素
另一侧/上一元素
确定 取消 预览

图 7.10.87 “修剪定义”对话框（二）

Step31. 创建图 7.10.88 所示的曲面修剪 3。

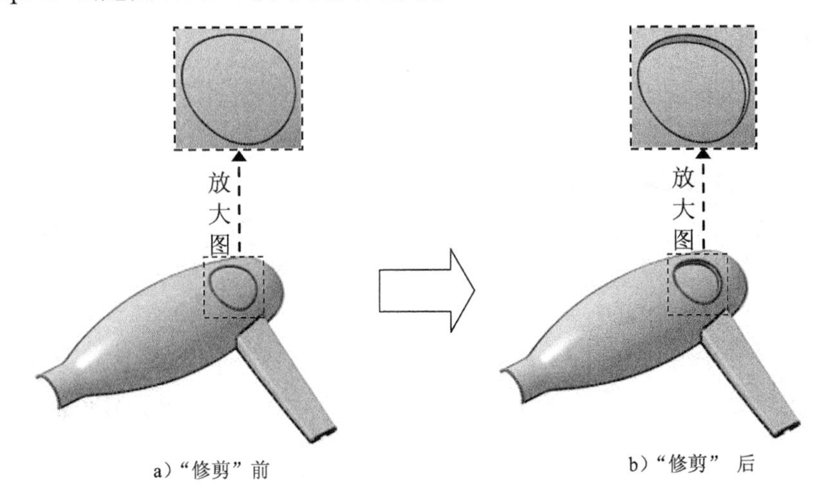

图 7.10.88 曲面修剪 3

（1）选择命令。单击工具栏的“修剪”按钮，弹出“修剪定义”对话框。

（2）定义修剪元素。选择图 7.10.89 所示的曲面 1 和曲面 2 为修剪元素。

（3）单击 确定 按钮，完成曲面修剪 3 的创建。

Step32. 创建图 7.10.90 所示的倒圆角 1。

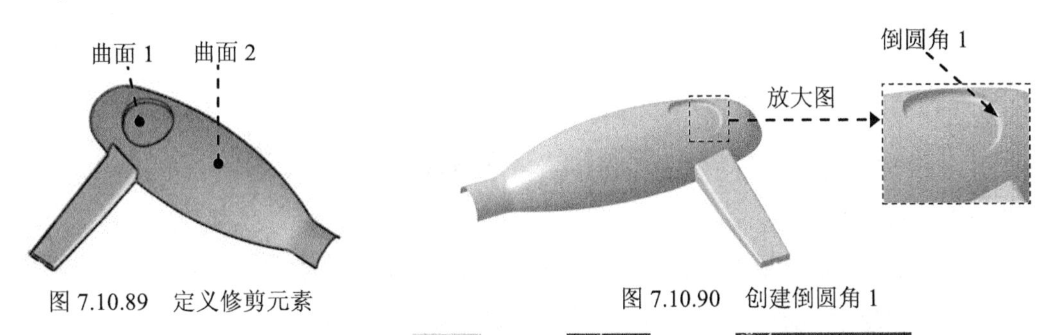

图 7.10.89 定义修剪元素　　图 7.10.90 创建倒圆角 1

（1）切换工作台。选择下拉菜单 开始 → 形状 → 创成式外形设计 命令，进入“创成式外形设计”工作台。

（2）选择命令。选择下拉菜单 插入 → 操作 ▸ → 倒圆角... 命令，此时系统弹出图 7.10.91 所示的“倒圆角定义”对话框。

（3）定义圆角化的对象。选择图 7.10.92 所示的边线为要圆角化的对象。

（4）确定圆角半径。在对话框的 半径 文本框中输入值 2.5。

（5）单击 确定 按钮，完成倒圆角 1 的创建。

Step33. 创建图 7.10.93 所示的倒圆角 2。

（1）选择命令。选择下拉菜单 插入 → 操作 ▸ → 倒圆角... 命令，系统弹出“倒圆角定义”对话框。

（2）定义圆角化的对象。选择图 7.10.94 所示的面为要圆角化的对象。

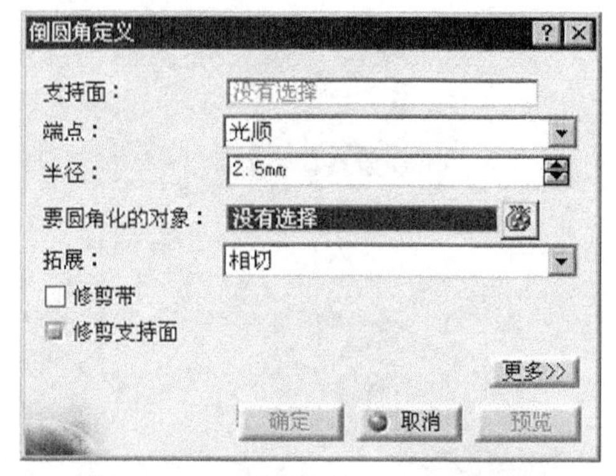

图 7.10.91 “倒圆角定义”对话框

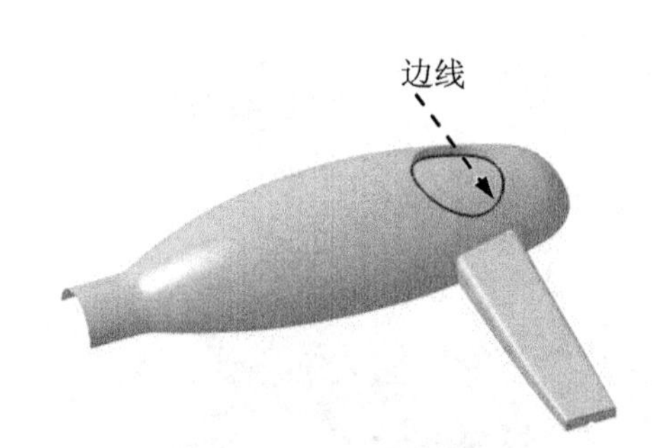

图 7.10.92 选择圆角边

（3）确定圆角半径。在对话框的 半径 文本框中输入值 1.5。

（4）单击 确定 按钮，完成倒圆角 2 的创建。

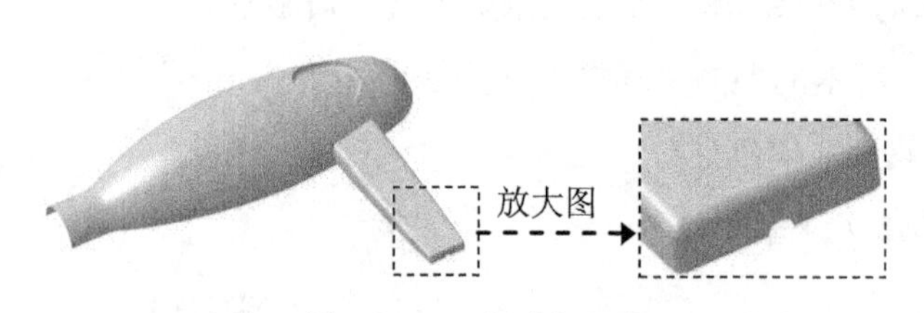

图 7.10.93 创建倒圆角 2

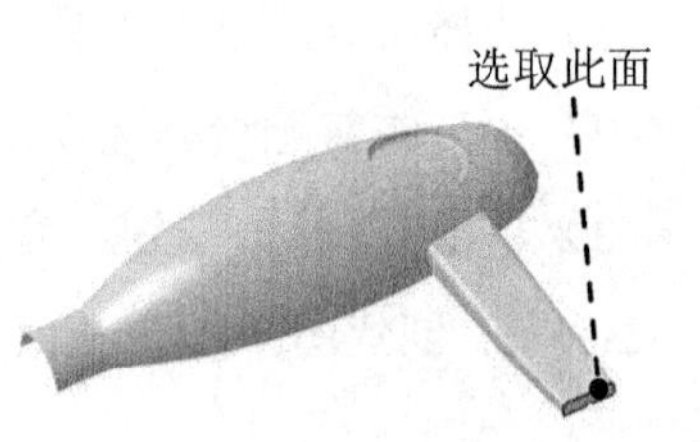

图 7.10.94 选择圆角面

Step34. 创建图 7.10.95 所示的倒圆角 3。

（1）选择命令。选择下拉菜单 插入 → 操作 ▸ → 倒圆角... 命令，系统弹出“倒圆角定义”对话框。

（2）定义圆角化的对象。选择图 7.10.96 所示的面为要圆角化的对象。

（3）确定圆角半径。在对话框的 半径 文本框中输入值 1.5。

（4）单击 确定 按钮，完成倒圆角 3 的创建。

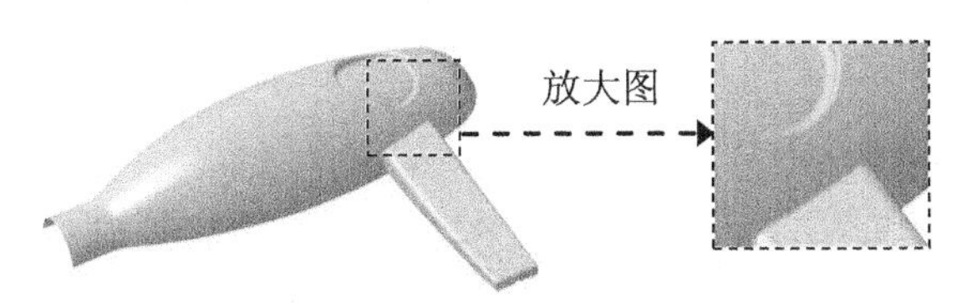

图 7.10.95 创建倒圆角 3

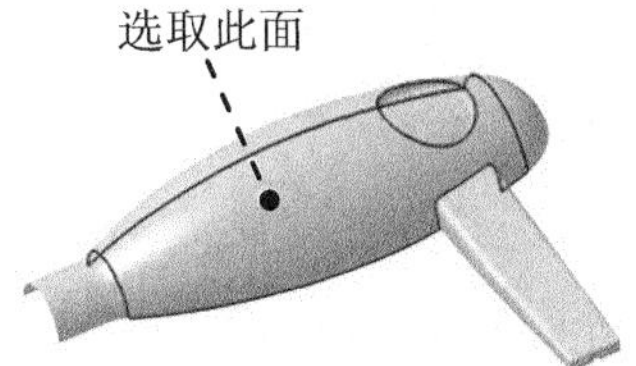

图 7.10.96 选取圆角化的对象

Step35. 创建图 7.10.97 所示的厚曲面。

（1）切换工作台。选择下拉菜单 开始 → 机械设计 ▸ → 零件设计 命令，此时系统自动切换到零部件设计工作台中。

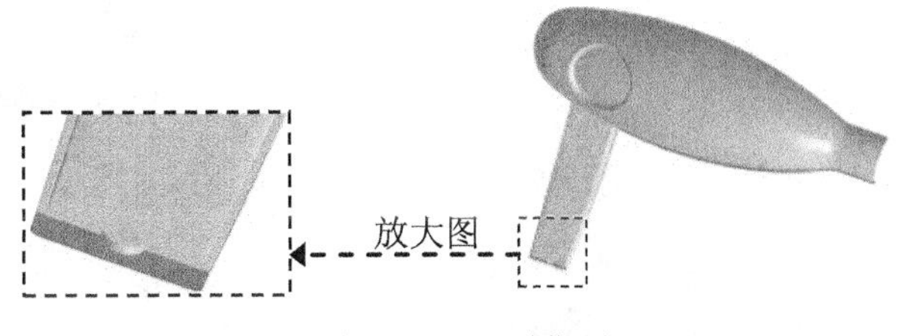

图 7.10.97 厚曲面

（2）选择命令。选择下拉菜单 插入 → 基于曲面的特征 ▸ → 厚曲面... 命令，系统弹出“定义厚曲面”对话框。

（3）定义偏移对象。选择圆角后的曲面为要偏移的对象。

（4）确定偏移距离。在对话框的 第一偏移 文本框中输入值 1，如图 7.10.98 所示。

（5）确定厚曲面方向。单击对话框中的 反转方向 按钮，或单击图 7.10.99 所示的箭头，确定厚曲面方向朝里（若箭头方向向内，可不进行操作）。

（6）单击 确定 按钮，完成厚曲面的操作。

说明：单击图 7.10.99 上的任意箭头均可切换加厚方向，完成后可隐藏所有曲面。

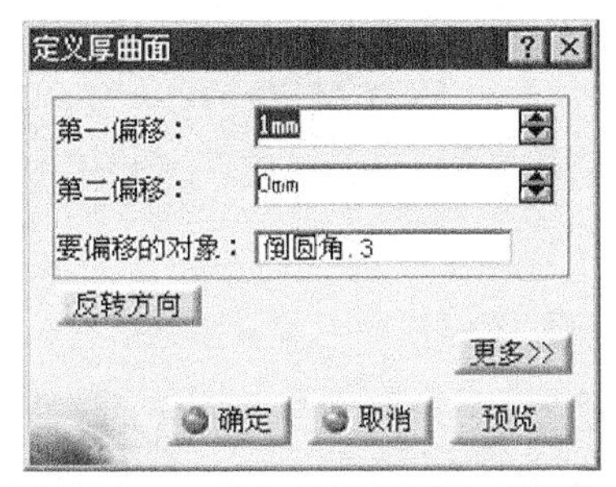

图 7.10.98 “定义厚曲面”对话框

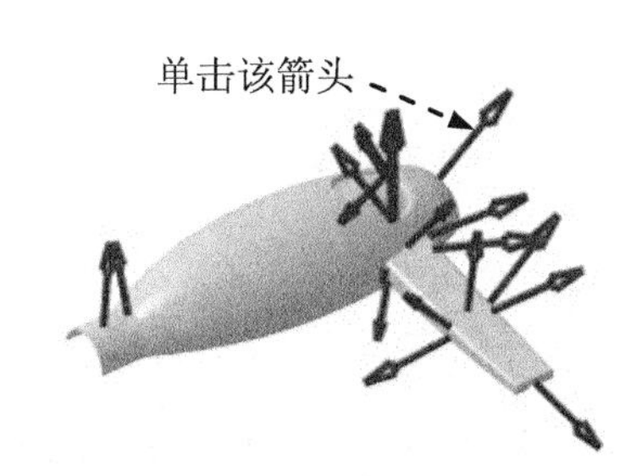

图 7.10.99 切换方向

Step36. 创建图 7.10.100 所示的凹槽 1。

（1）选择命令。选择下拉菜单 插入 → 基于草图的特征 ▸ → 凹槽... 命令，系统弹出图 7.10.101 所示的“定义凹槽”对话框。

（2）定义草图平面。单击对话框中的按钮，选择 xy 平面为草图平面，系统自动进入草图工作台。

（3）创建草图。绘制图 7.10.102 所示的截面草图。

（4）选择“退出工作台”按钮，完成该草图的创建。

（5）定义凹槽类型。在“定义凹槽”对话框的类型下拉列表中选择尺寸。

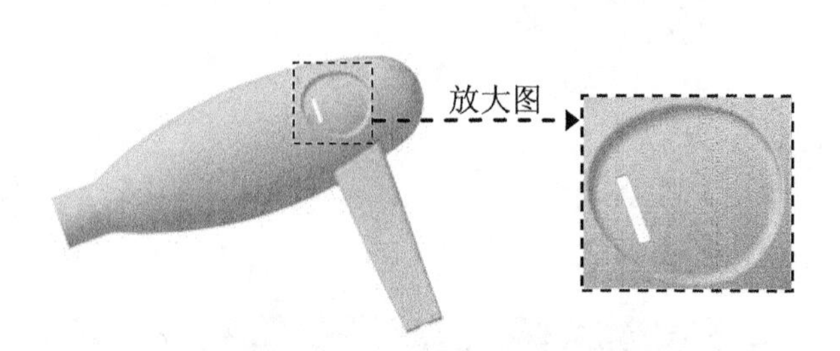

图 7.10.100　创建凹槽 1

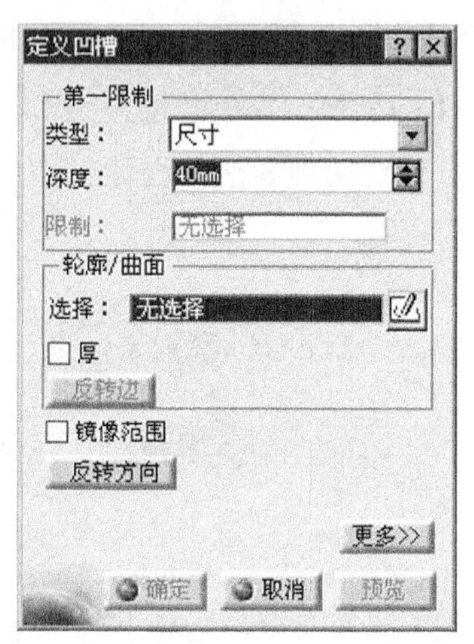

图 7.10.101　“定义凹槽”对话框

（6）定义凹槽深度。在对话框的深度文本框中输入值 40。

（7）定义去材料方向。单击反转方向按钮，反转去材料方向。

（8）单击确定按钮，完成凹槽 1 的创建。

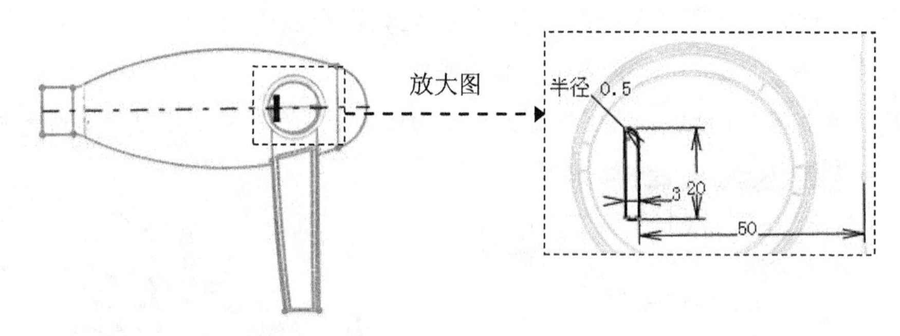

图 7.10.102　截面草图

Step37. 创建图 7.10.103 所示的凹槽 1 的阵列。

（1）选择命令。选择下拉菜单插入 → 变换特征 → 矩形阵列命令，系统弹出图 7.10.104 所示的“定义矩形阵列”对话框。

（2）定义参数类型。在对话框的第一方向选项组的参数下拉列表中选择实例和间距。

（3）定义实例数。在对话框的实例文本框中输入值 6。

（4）定义间距。在对话框的间距文本框中输入值 5.5。

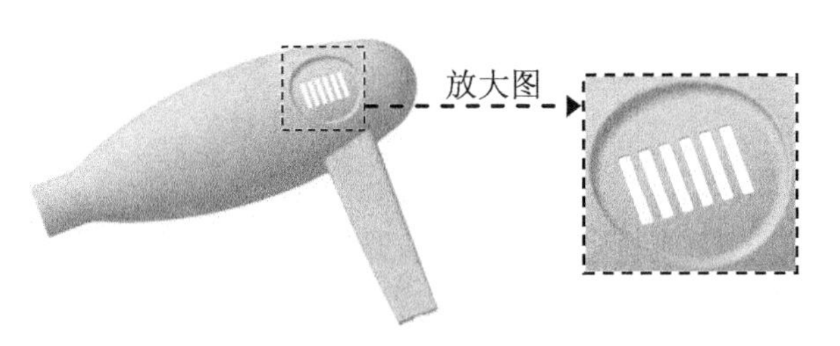

图 7.10.103 创建凹槽阵列

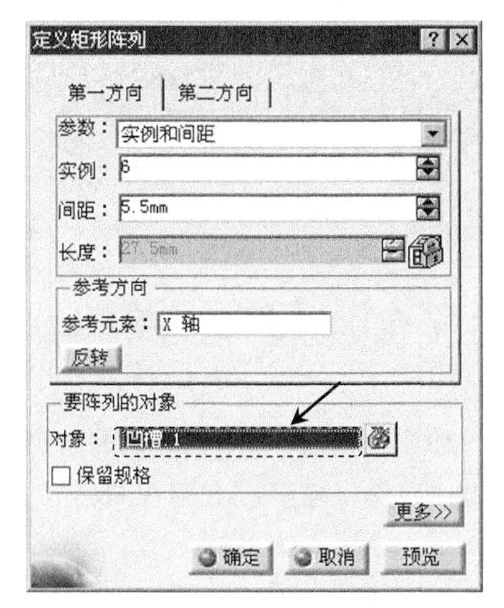

图 7.10.104 “定义矩形阵列”对话框

（5）定义参考方向（阵列方向）。在对话框的参考元素:选项卡中右击，从系统弹出的快捷菜单中选择X 轴。

（6）定义阵列对象。单击对象:文本框中的当前实体，再选择 Step36 创建的凹槽 1 为阵列对象（图 7.10.104）。

（7）单击确定按钮，完成凹槽 1 的阵列。

说明：单击对话框中的反转按钮可以切换凹槽在 X 轴上的阵列方向。

Step38. 创建凹槽 2，将模型一侧切平（图 7.10.105）。

（1）选择命令。选择下拉菜单插入 → 基于草图的特征 → 凹槽...命令，系统弹出“定义凹槽”对话框。

图 7.10.105 切平后的模型

（2）定义草图平面。单击对话框中的按钮，选择 yz 平面为草图平面，系统自动进入草图工作台。

（3）创建草图。绘制图 7.10.106 所示的截面草图。

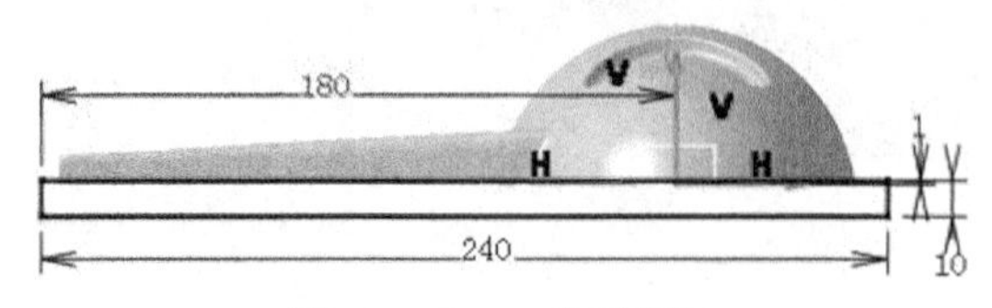

图 7.10.106　截面草图

（4）选择“退出工作台”按钮，完成该草图的创建。

（5）定义凹槽类型。在“定义凹槽”对话框 第一限制 和 第二限制 区域的类型下拉列表中均选择直到最后选项。

（6）单击 确定 按钮，完成凹槽 2 的创建。

7.11　习　　题

利用边界多截面曲面、桥接曲面、填充、接合和封闭曲面等功能，创建图 7.11.1 所示的门把手零件模型（模型尺寸读者可自行确定）。操作提示如下。

Step1. 模型名称为 door_handle。

Step2. 创建图 7.11.2 所示的草图特征。

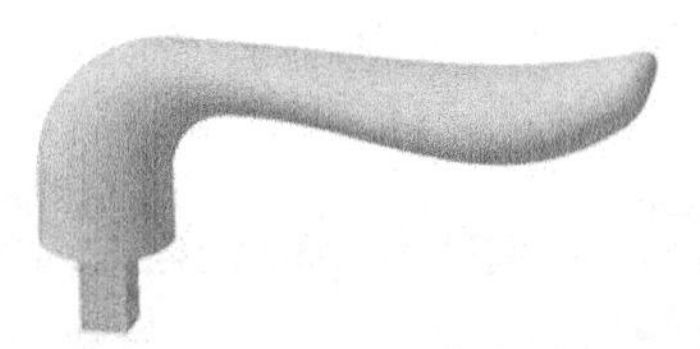

图 7.11.1　门把手零件模型

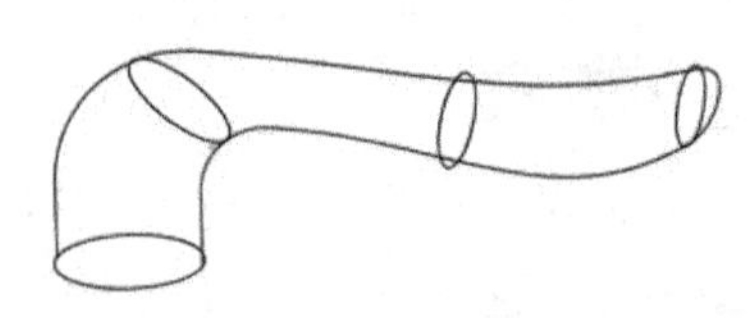

图 7.11.2　草图特征

Step3. 创建图 7.11.3 所示的多截面曲面。

Step4. 创建图 7.11.4 所示的桥接曲面。

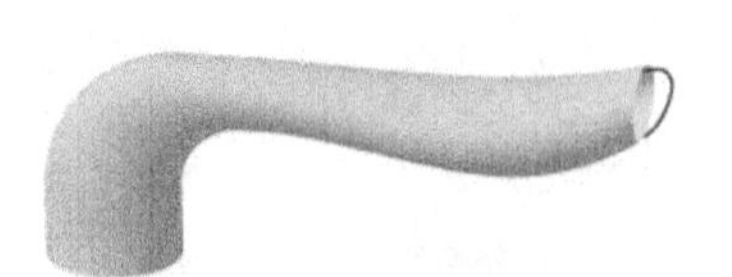

图 7.11.3　多截面曲面

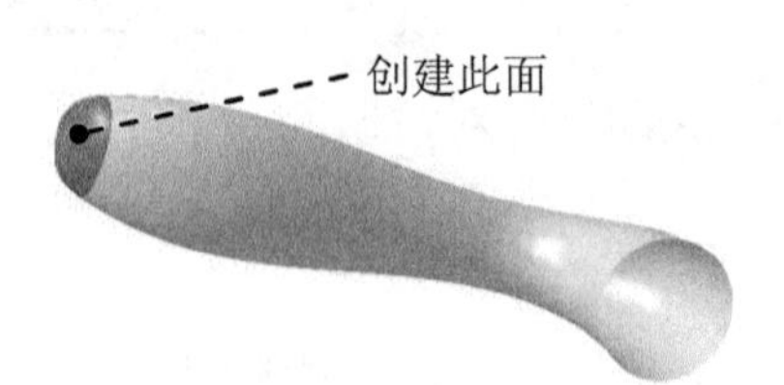

图 7.11.4　桥接曲面

Step5. 创建图 7.11.5 所示的填充曲面。

Step6. 将前面所创建的曲面接合。

Step7. 将接合的曲面实体化。

Step8. 创建图 7.11.6 所示的凸台特征。

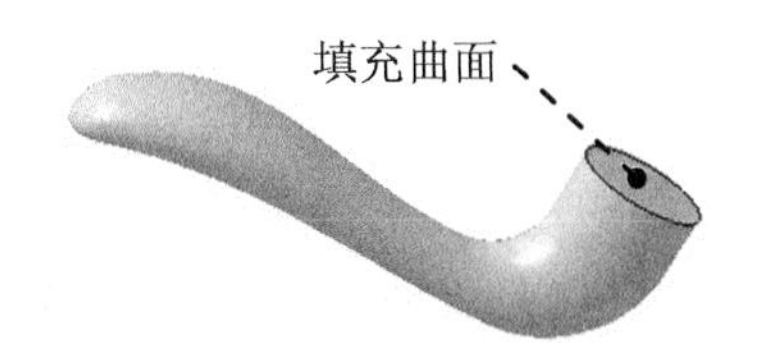

图 7.11.5 创建填充曲面

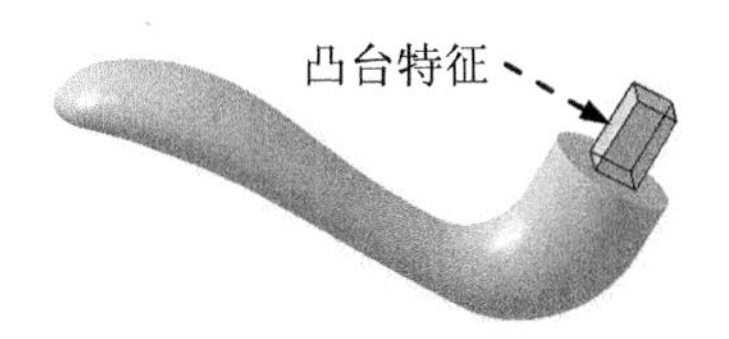

图 7.11.6 创建凸台特征

第 8 章 模型的测量与分析

本章提要 严格的产品设计离不开精确的测量与分析，本章主要介绍的就是CATIA V5-6 中的测量与分析操作，包括测量距离、角度、曲线长度、面积和体积；分析模型的质量属性、零部件之间的干涉情况、曲线及曲面的曲率等，这些测量和分析功能在产品设计过程中具有非常重要的作用。

8.1 模型的测量

在零部件设计工作台的“测量”工具栏（图 8.1.1）中有三个命令：测量间距、测量项和测量惯量（或称为测量质量属性）。

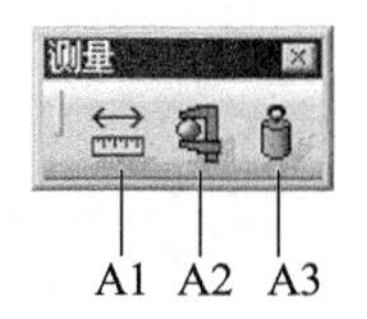

图 8.1.1 测量工具栏

图 8.1.1 中各工具按钮的说明如下。

A1（测量间距）：此命令可以测量两个对象之间的参数，如距离和角度等。

A2（测量项）：此命令可以测量单个对象的尺寸参数，如点的坐标、边线的长度、弧的直（半）径、曲面的面积和实体的体积等。

A3（测量惯量）：此命令可以测量一个部件的惯量参数，如面积、质量、质心位置、对点的惯量矩和对轴的惯量矩等。

8.1.1 测量距离

下面以一个简单模型为例，说明测量距离的一般操作方法。

Step1. 打开文件 D:\cat2016.1\work\ch08.01\measure_distance.CATPart。

Step2. 选择命令。单击“测量”工具栏中的按钮，系统弹出图 8.1.2 所示的“测量间距”对话框（一）。

Step3. 选择测量方式。在“测量间距”对话框（一）中单击按钮，测量面到面的距离。

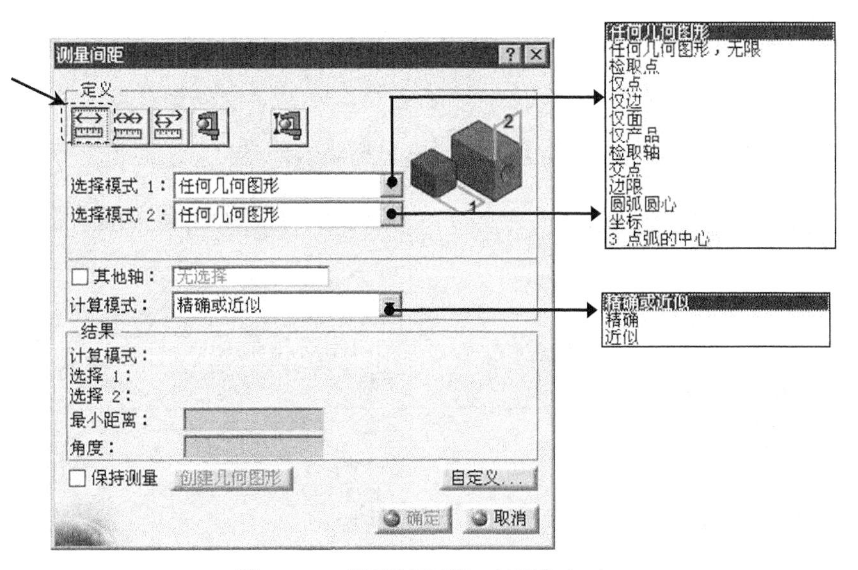

图 8.1.2 “测量间距”对话框（一）

说明：

- “测量间距”对话框（一）的定义区域中有五个测量的工具按钮，其功能及用法介绍如下。

  ☑ 按钮（测量间距）：每次测量限选两个元素，如果要再次测量，则需重新选择。

  ☑ 按钮（在链式模式中测量间距）：第一次测量时需要选择两个元素，而以后的测量都是以前一次选择的第二个元素作为再次测量的起始元素。

  ☑ 按钮（在扇形模式中测量间距）：第一次测量所选择的第一个元素一直作为以后每次测量的第一个元素。因此，以后的测量只需选择预测量的第二个元素即可。

  ☑ 按钮（测量项）：测量某个几何元素的特征参数，如长度、面积和体积等。

  ☑ 按钮（测量厚度）：此按钮专用做测量几何体的厚度。

- 若需要测量的部位有多种元素干扰用户选择，可在“测量间距”对话框（一）的选择模式 1：和选择模式 2：下拉列表中，选择测量对象的类型为某种指定的元素类型，以方便测量。
- 在“测量间距”对话框（一）的计算模式：下拉列表中，读者可以选择合适的计算方式，一般默认计算方式为精确或近似，这种方式的精确程度由对象的复杂程度决定。
- 如果在“测量间距”对话框（一）中单击自定义...按钮，系统将弹出图 8.1.3 所示的“测量间距自定义”对话框，在该对话框中有使“测量间距”对话框（一）

显示不同测量结果的定制单选项。例如：取消选中“测量间距自定义”对话框中的 □角度 复选框，单击对话框中的 应用 按钮，“测量间距”对话框（一）将变为图 8.1.4 所示的“测量间距”对话框（二）（请读者仔细观察对话框的变化），用户可根据实际情况，设置不同定制以获取想要的数据。

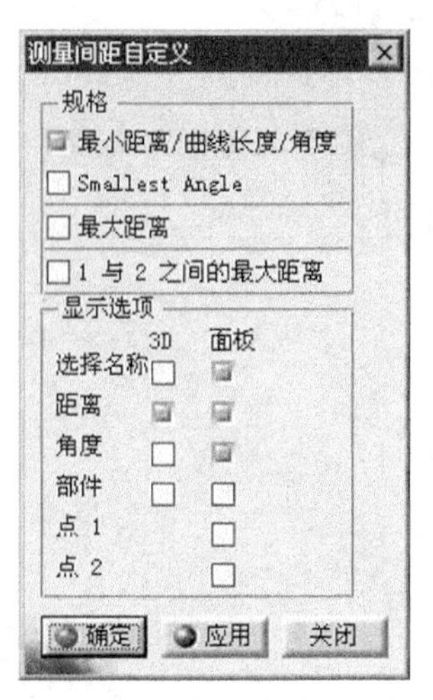

图 8.1.3 “测量间距自定义”对话框

图 8.1.4 “测量间距”对话框（二）

Step4. 选取要测量的项。在系统 指示用于测量的第一选择项 的提示下，选取图 8.1.5 所示的模型表面 1 为测量第一选择项；在系统 指示用于测量的第二选择项 的提示下，选取图 8.1.5 所示的模型表面 2 为测量第二选择项。

Step5. 查看测量结果。完成上步操作后，在图 8.1.5 所示的模型左侧可看到测量结果，同时“测量间距”对话框（二）变为图 8.1.6 所示的“测量间距”对话框（三），在该对话框的 结果 区域中也可看到测量结果。

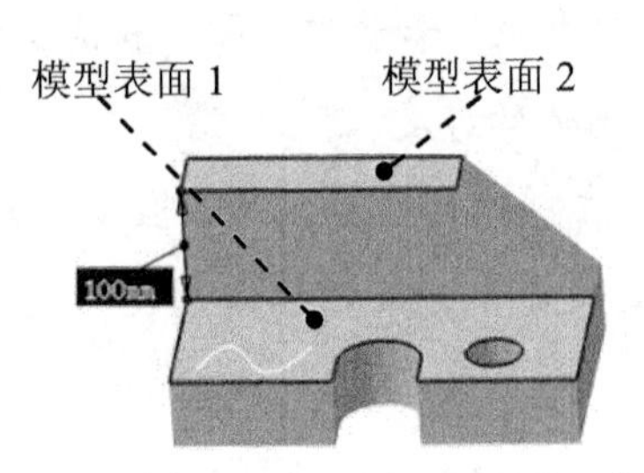

图 8.1.5 测量面到面的距离

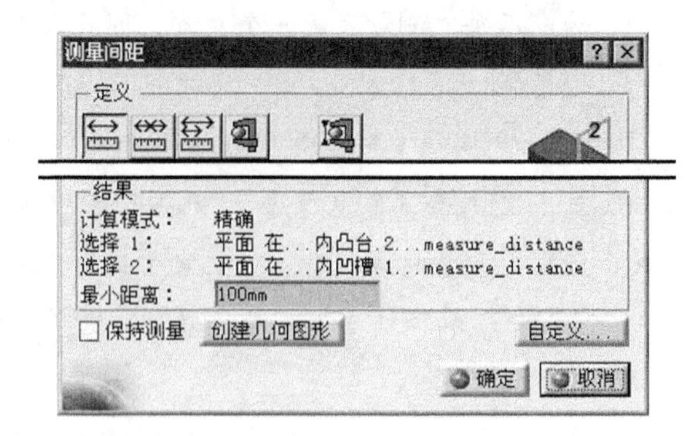

图 8.1.6 “测量间距”对话框（三）

说明：

- 在测量完成后，若直接单击 确定 按钮，模型表面与对话框中显示的测量结果都会消失，若要保留测量结果，需在“测量间距”对话框（三）中选中 保持测量复选框，再单击 确定 按钮。

- 如在“测量间距”对话框（三）中单击 创建几何图形 按钮，系统将弹出图 8.1.7 所示的“创建几何图形”对话框，该对话框用于保留几何图形，如点和线等。对话框中 关联的几何图形 单选项表示所保留的几何元素与测量物体之间具有关联性；无关联的几何图形 则表示不具有关联；第一点 表示尺寸线的起点（即所选第一个几何元素所在侧的点）；第二点 表示尺寸线的终止点；直线 表示整条尺寸线。若单击这三个按钮，就表示保留这些几何图形，所保留的图形元素将在特征树上以几何图形集的形式显示出来，如图 8.1.8 所示。

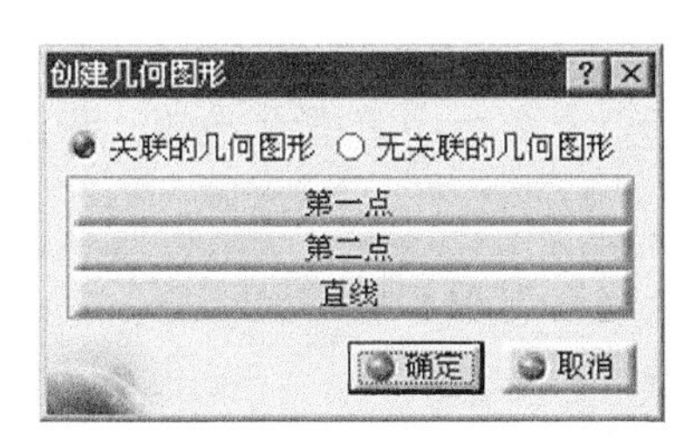

图 8.1.7　“创建几何图形”对话框

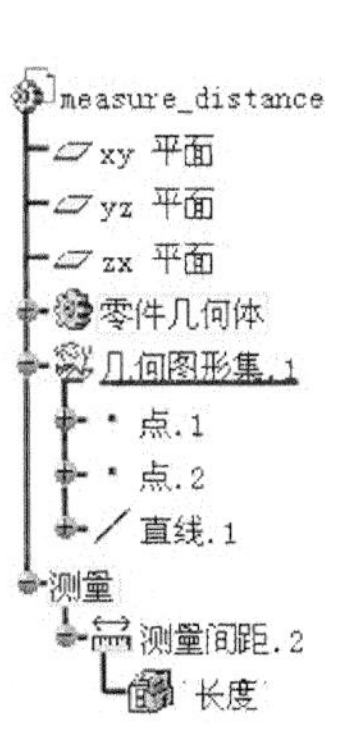

图 8.1.8　特征树

Step6. 测量点到面的距离，如图 8.1.9 所示，操作方法参见 Step4。

Step7. 测量点到线的距离，如图 8.1.10 所示，操作方法参见 Step4。

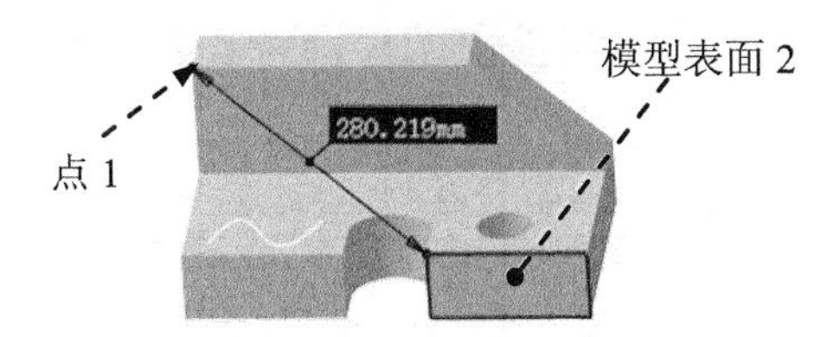

图 8.1.9　测量点到面的距离

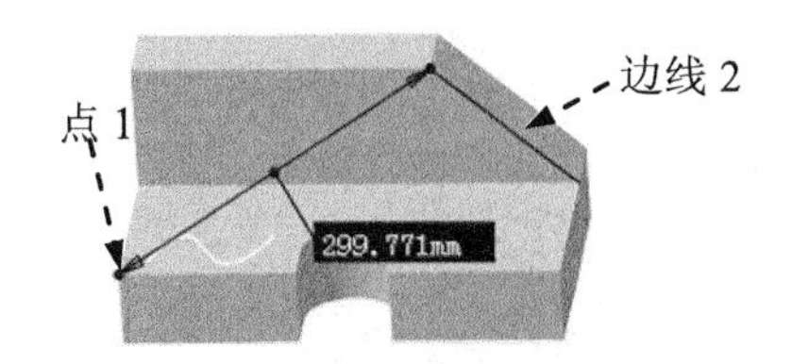

图 8.1.10　测量点到线的距离

Step8. 测量点到点的距离，如图 8.1.11 所示，操作方法参见 Step4。

Step9. 测量线到线的距离，如图 8.1.12 所示，操作方法参见 Step4。

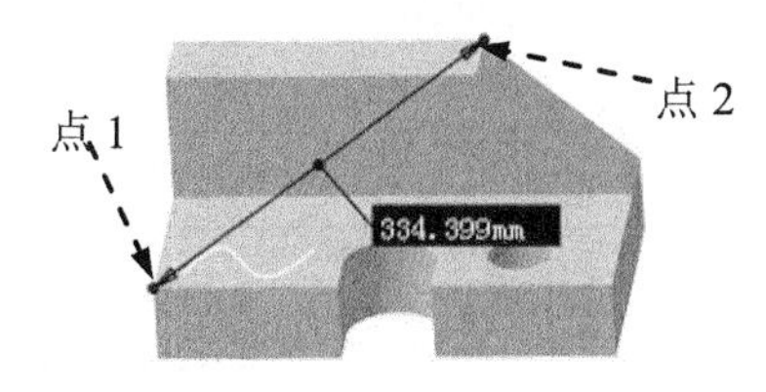

图 8.1.11　测量点到点的距离

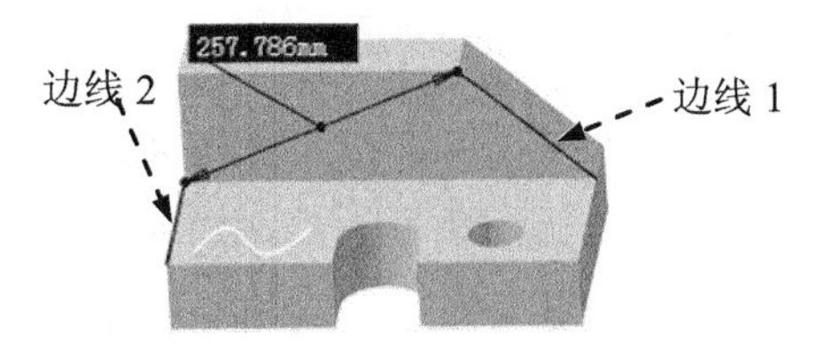

图 8.1.12　测量线到线的距离

Step10. 测量点到曲线的距离，如图 8.1.13 所示，操作方法参见 Step4。

Step11. 测量面到曲线的距离，如图 8.1.14 所示，操作方法参见 Step4。

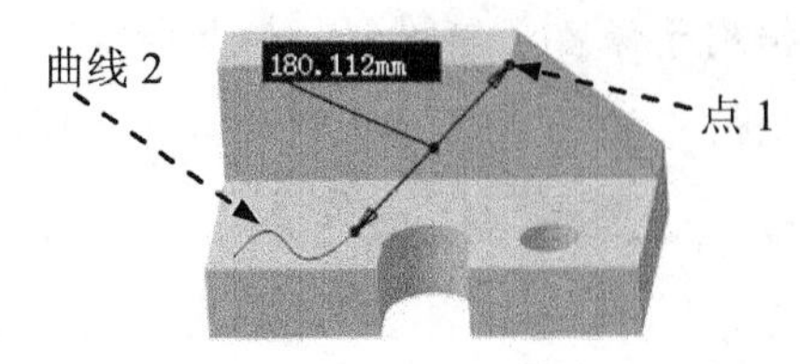

图 8.1.13　测量点到曲线的距离

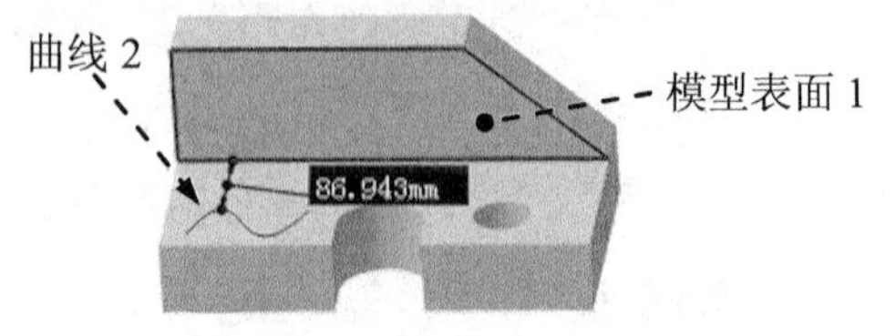

图 8.1.14　测量面到曲线的距离

8.1.2　测量角度

Step1. 打开文件 D:\cat2016.1\work\ch08.01\measure_angle.CATPart。

Step2. 选择测量命令。单击“测量”工具栏中的按钮，系统弹出“测量间距”对话框（一）（图 8.1.2）。

Step3. 选择测量方式。在“测量间距”对话框（一）中单击按钮，测量面与面间的角度。

说明：此处已将测量结果定制为只显示角度值，具体操作参见上一小节关于定制的说明，以下测量将作同样操作，因此以后不再赘述。

Step4. 选取要测量的项。在系统提示下，分别选取图 8.1.15 所示的模型表面 1 和模型表面 2 为指示测量的第一、二个选择项。

Step5. 查看测量结果。完成选取后，在模型表面和图 8.1.16 所示的“测量间距”对话框（四）的 结果 区域中均可看到测量的结果。

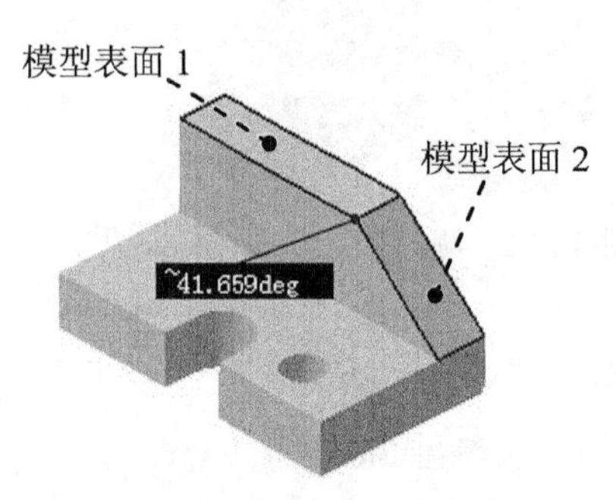

图 8.1.15　测量面与面间的角度

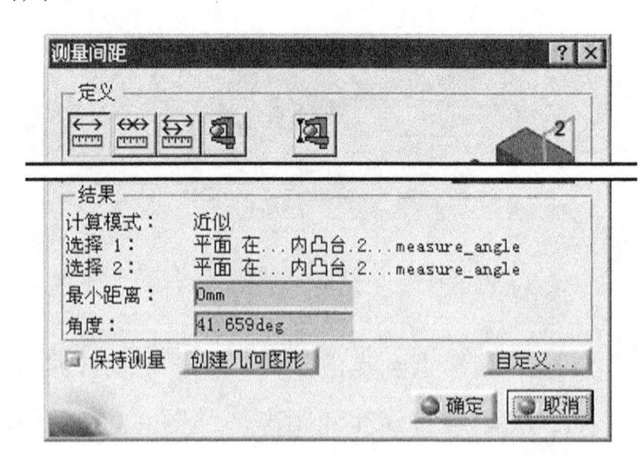

图 8.1.16　“测量间距”对话框（四）

Step6. 测量线与面间的角度，如图 8.1.17 所示，操作方法参见 Step4。

Step7. 测量线与线间的角度，如图 8.1.18 所示，操作方法参见 Step4。

注意：在选取模型表面或边线时，若鼠标点击的位置不同，所测得的角度值可能有锐角和钝角之分。

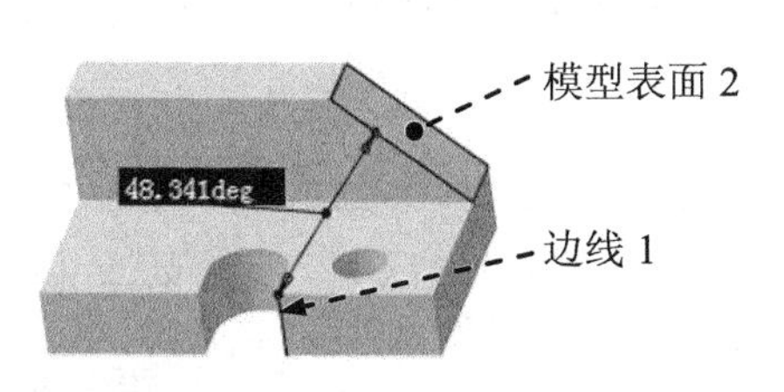

图 8.1.17 测量线与面间的角度

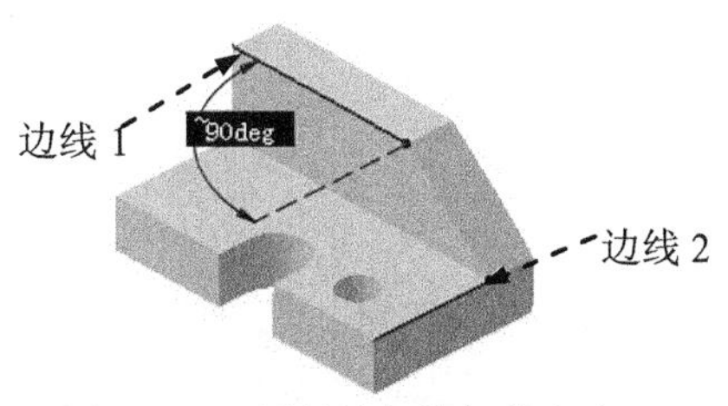

图 8.1.18 测量线与线间的角度

8.1.3 测量曲线长度

Step1. 打开文件 D:\cat2016.1\work\ch08.01\measure_curve_length.CATPart。

Step2. 选择测量命令。单击“测量”工具栏中的按钮，系统弹出图 8.1.19 所示的“测量项”对话框（一）。

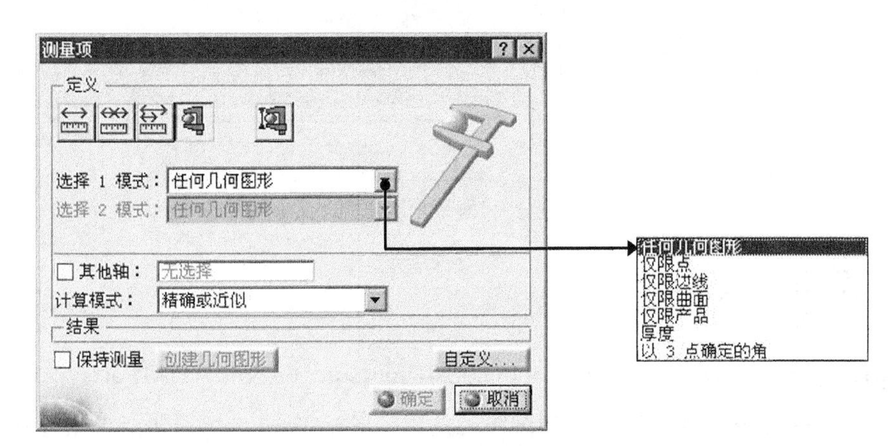

图 8.1.19 “测量项”对话框（一）

注意：若需要测量的部位有多个元素可供系统自动选择，可在“测量项”对话框（一）的选择 1 模式：下拉列表中，选择测量对象的类型为某种指定的元素类型。

Step3. 选择测量方式。在“测量项”对话框（一）中单击按钮，测量曲线的长度。

Step4. 选取要测量的项。在系统指定要测量的项的提示下，选取图 8.1.20 所示的曲线 1 为要测量的项。

Step5. 查看测量结果。完成上步操作后，“测量项”对话框（一）变为图 8.1.21 所示的“测量项”对话框（二），此时在模型表面和对话框的 结果 区域中可看到测量结果。

说明：如在“测量项”对话框（一）中单击自定义...按钮，系统将弹出图 8.1.22 所示的“测量项自定义”对话框，在该对话框中有使“测量项”对话框（一）显示不同测量结果的定制复选框，用户可根据实际情况，设置不同定制以获取想要的数据。

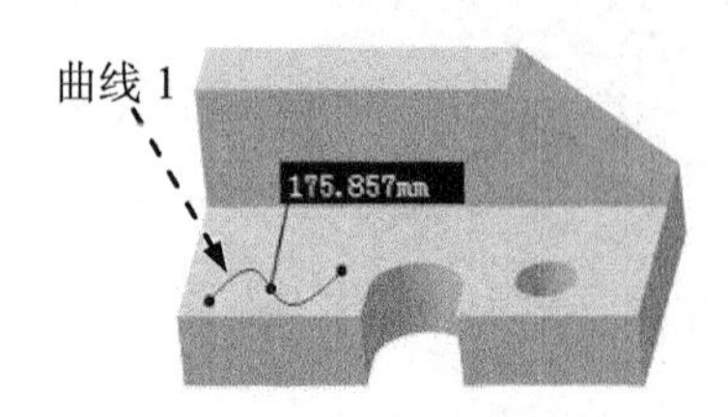

图 8.1.20　选取要测量的项

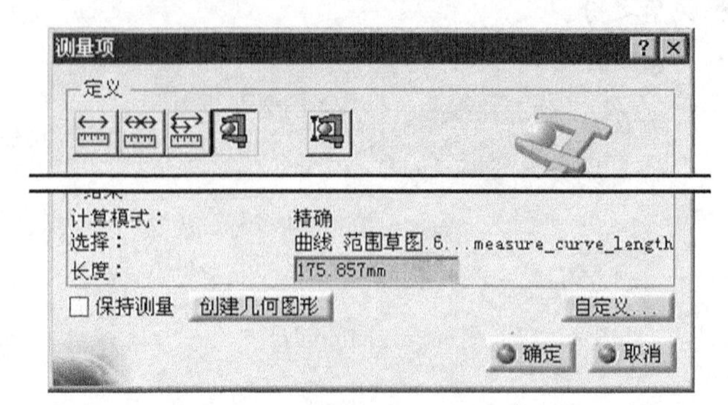

图 8.1.21　“测量项”对话框（二）

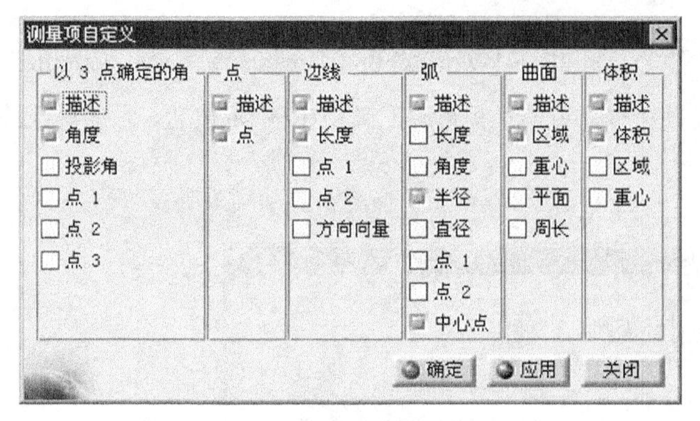

图 8.1.22　“测量项自定义”对话框

8.1.4　测量厚度

Step1. 打开文件 D:\cat2016.1\work\ch08.01\measure_thickness.CATPart。

Step2. 选择测量命令。单击“测量”工具栏中的按钮，系统弹出“测量项”对话框（一），如图 8.1.19 所示。

Step3. 选择测量方式。在“测量项”对话框中单击按钮（或在对话框 定义 区域的 选择 1 模式：下拉列表中选择 厚度 选项），测量实体的厚度。

Step4. 选取要测量的项。在系统 指定要测量的项 的提示下，将鼠标移至图 8.1.23 所示的模型表面 1 上查看表面各处的厚度值，然后单击以确定某个方位作为要测量的项。

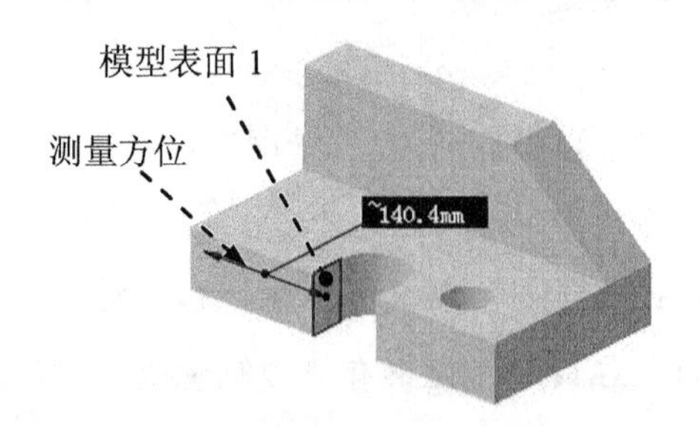

图 8.1.23　测量厚度

说明：此处所测的厚度即模型表面 1 与指定测量方位的实体外表面之间的最短距离。

Step5. 查看测量结果。完成上步操作后，“测量项”对话框（一）变为图 8.1.24 所示的“测量项”对话框（三），在模型表面和对话框的 结果 区域中均可看到测量结果。

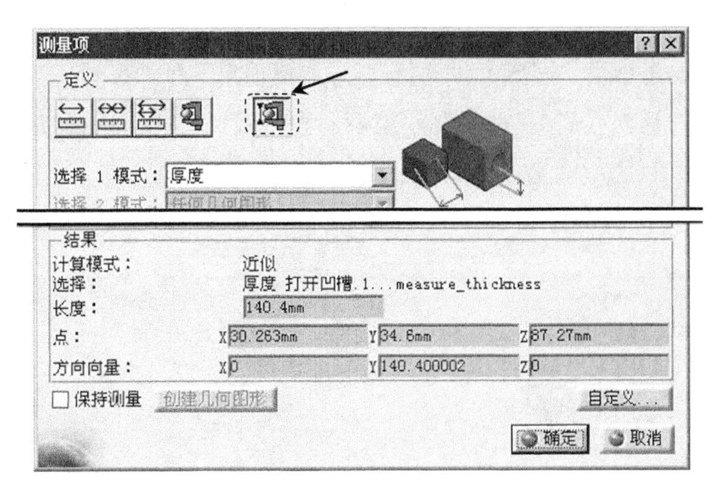

图 8.1.24 “测量项”对话框（三）

8.1.5 测量面积

方法一：

Step1. 打开文件 D:\cat2016.1\work\ch08.01\measure_area.CATPart。

Step2. 选择测量命令。单击“测量”工具栏中的按钮，系统弹出“测量项”对话框（一），如图 8.1.19 所示。

Step3. 选择测量方式。在“测量项”对话框（一）中单击按钮，测量模型的表面积。

Step4. 选取要测量的项。在系统 指定要测量的项 的提示下，选取图 8.1.25 所示的模型表面 1 为要测量的项。

Step5. 查看测量结果。完成上步操作后，在模型表面和“测量项”对话框（二）的 结果 区域中均可看到测量的结果。

方法二：

Step1. 打开文件 D:\cat2016.1\work\ch08.01\measure_area.CATPart。

Step2. 选择测量命令。单击“测量”工具栏中的按钮，系统弹出图 8.1.26 所示的“测量惯量”对话框（一）。

Step3. 选择测量方式。在“测量惯量”对话框（一）中单击按钮，测量模型的表面积。

注意：此处选取的是“测量 2D 的惯量”按钮（图 8.1.26），在“测量惯量”对话框

（一）弹出时，默认被按下的按钮是“测量 3D 的惯量”按钮，请读者看清两者之间的区别。

Step4. 选取要测量的项。在系统 指示要测量的项 的提示下，选取图 8.1.25 所示的模型表面 1 为要测量的项。

Step5. 查看测量结果。完成上步操作后，“测量惯量”对话框（一）变为图 8.1.27 所示的“测量惯量”对话框（二），此时在模型表面和对话框 结果 区域的 特征 栏中均可看到测量的结果。

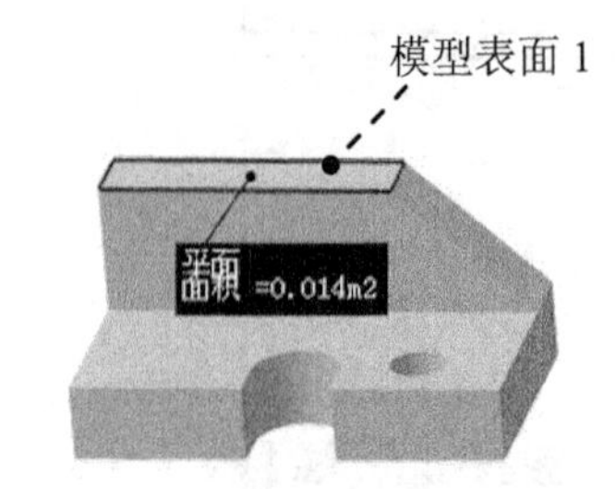

图 8.1.25 选取要测量的模型表面

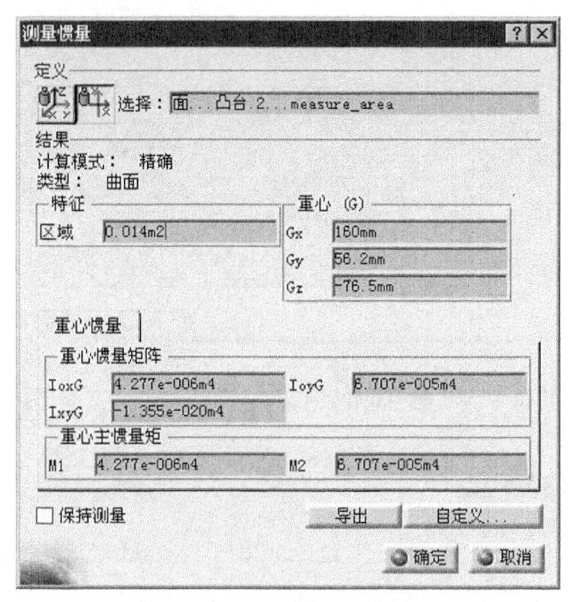

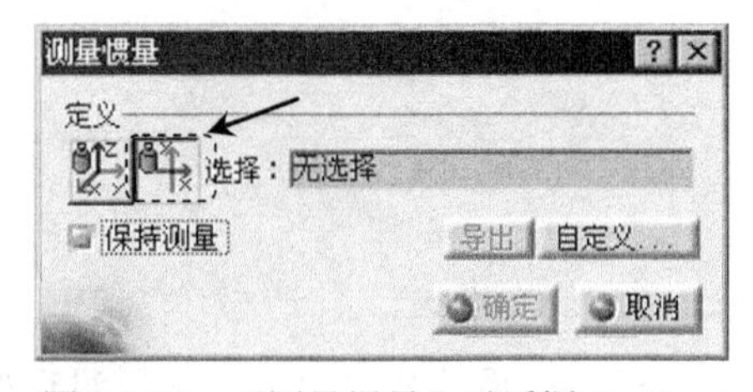

图 8.1.26 “测量惯量”对话框（一）

图 8.1.27 “测量惯量”对话框（二）

说明：在“测量惯量”对话框（一）中单击 定义 区域中的按钮，系统自动捕捉的对象仅限于二维元素，即点、线和面；如在“测量惯量”对话框（一）中单击 定义 区域中的按钮，则系统可捕捉的对象为点、线、面和体，此按钮的应用将在下一节中讲到。

8.1.6 测量体积

Step1. 打开文件 D:\cat2016.1\work\ch08.01\measure_volume.CATPart。

Step2. 选择测量命令。单击测量工具栏中的按钮，系统弹出“测量项”对话框（一），如图 8.1.19 所示。

Step3. 选择测量方式。在“测量项”对话框（一）中单击按钮，测量模型的体积。

Step4. 选取要测量的项。在特征树中选取 零件几何体（即图 8.1.28 所示的整个模型）为要测量的项。

Step5. 查看测量结果。完成上步操作后，可在模型表面和图 8.1.29 所示的“测量项”

对话框（二）的 结果 区域中看到测量结果。

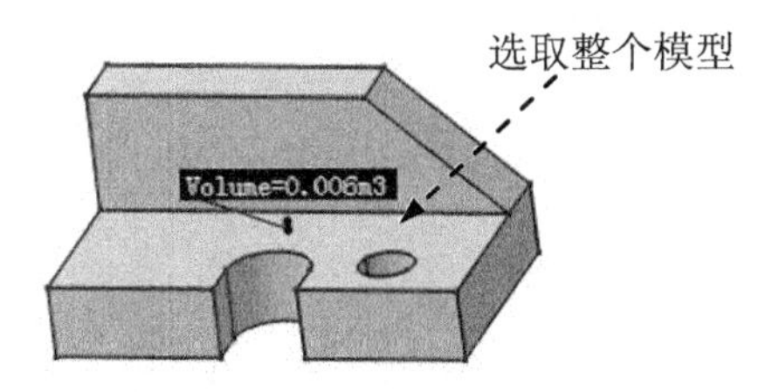

图 8.1.28 选取要测量的项

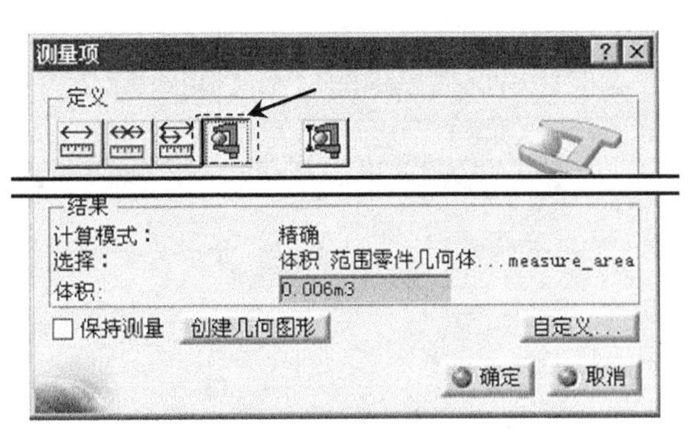

图 8.1.29 “测量项”对话框 （二）

说明：完成所有的测量操作后，读者应该会发现，“测量间距”对话框与“测量项”对话框是可以相互切换的，因此，用户如需进行不同类型的测量，可以通过在对话框中切换工具按钮进行下一步操作。

8.2 模型的基本分析

8.2.1 模型的质量属性分析

模型的质量属性包括模型的体积、总的表面积、质量、密度、重心、重心惯量矩阵和重心主惯量矩阵等，通过质量属性的分析，可以检验模型的优劣程度，对产品设计有很大参考价值。

下面以一个简单模型为例，说明质量属性分析的一般过程。

Step1. 打开文件 D:\cat2016.1\work\ch08.02\measure_inertia.CATPart。

Step2. 选择命令。单击“测量”工具栏中的 按钮，系统弹出图 8.2.1 所示的“测量惯量”对话框（一）。

Step3. 选择测量方式。采用默认的测量方式。

Step4. 选取要测量的项。在系统 指示要测量的项 的提示下，选取图 8.2.2 所示的整个模型实体为要测量的项。

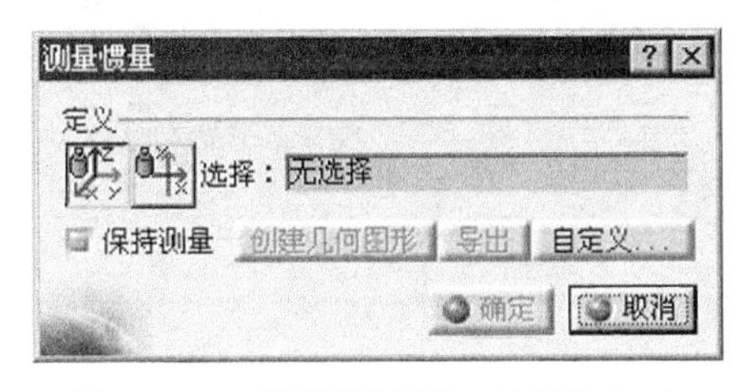

图 8.2.1 “测量惯量”对话框（一）

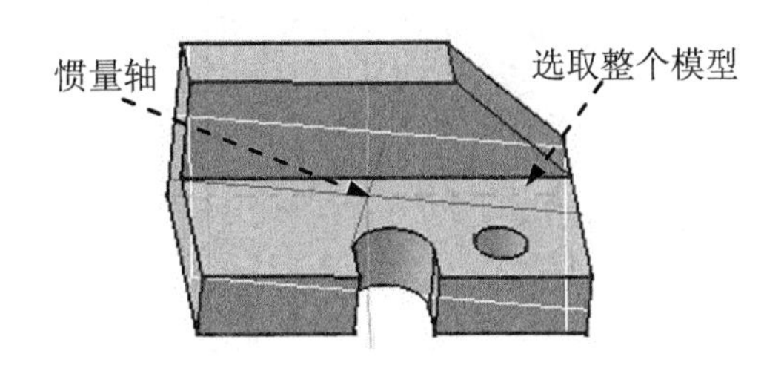

图 8.2.2 选取要测量的项

Step5. 查看测量结果。完成上步操作后，“测量惯量”对话框（一）变为图 8.2.3 所示的“测量惯量”对话框（二），在该对话框的 结果 区域中可看到质量属性的各项数据，同时模型表面会出现惯量轴的位置，如图 8.2.2 所示。

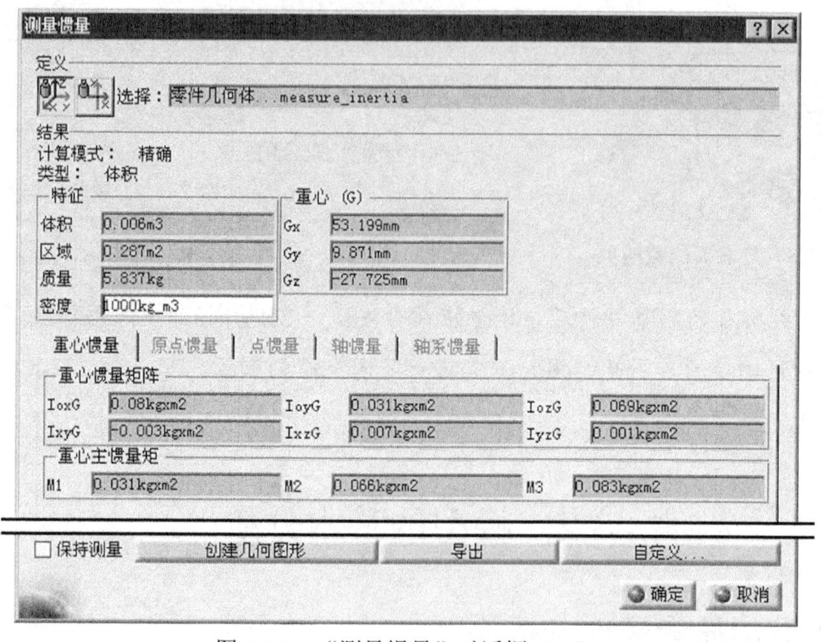

图 8.2.3 “测量惯量”对话框（二）

说明：

- 在“测量惯量”对话框（二）中单击 导出 按钮，系统弹出图 8.2.4 所示的“导出结果”对话框。在该对话框的 文件名(N): 文本框中输入希望保存的文件名称（如：aaa），单击 保存(S) 按钮，系统将把“测量惯量”对话框（二）中的测量结果以记事本格式保存。

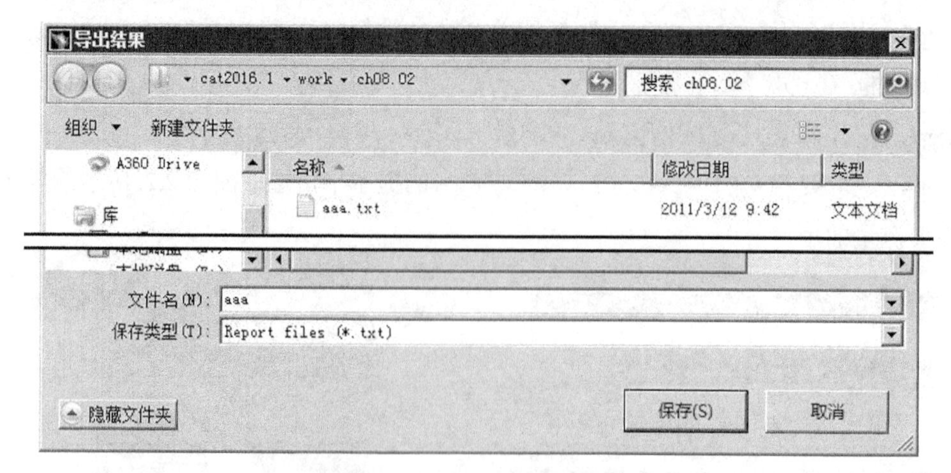

图 8.2.4 “导出结果”对话框

- 在“测量惯量”对话框（一）中单击 自定义... 按钮，系统弹出图8.2.5所示的“测量惯量自定义”对话框，在该对话框中有使“测量惯量”对话框（二）显示不同测量结果的定制复选框，用户可根据实际情况，设置不同定制以获取想要的数据。
- 如在“测量惯量”对话框（二）中单击 创建几何图形 按钮，系统将弹出图8.2.6所示的“创建几何图形”对话框，此对话框用于保留重心和轴系统的几何图形，所保留的图形元素将在特征树上以几何图形集的形式显示出来，如图8.2.7所示。

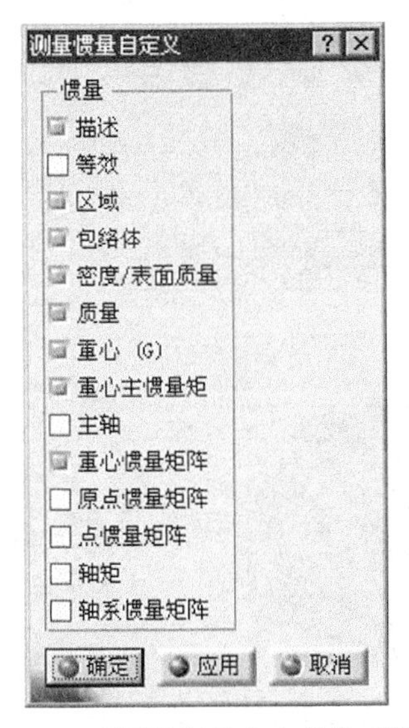

图8.2.5 “测量惯量自定义”对话框

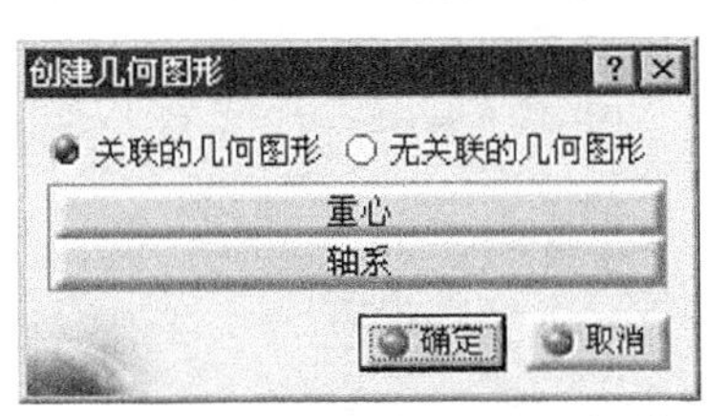

图8.2.6 “创建几何图形”对话框

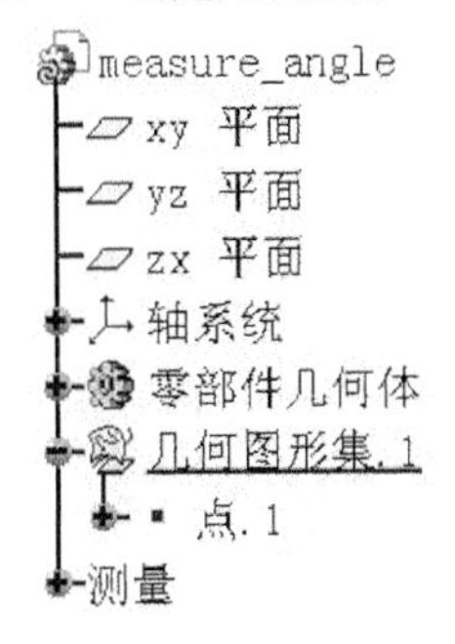

图8.2.7 特征树

8.2.2 碰撞检测及装配分析

在产品设计过程中，当各零部件组装完成后，设计者最关心的是各个零部件之间的干涉情况，碰撞检测和装配分析功能可以帮助用户了解这些信息。下面以一个简单的装配说明碰撞检测和装配分析的操作过程。

1. 碰撞检测的一般过程

Step1. 打开文件 D:\cat2016.1\work\ch08.02\asm_clutch.CATProduct。

Step2. 选择检测命令。选择下拉菜单 分析 ➡ 计算碰撞... 命令，系统弹出图8.2.8所示的“碰撞检测”对话框（一）。

Step3. 选择检测类型。在 定义 区域的下拉列表中选择 碰撞 选项（一般为默认选项）。

说明：如在 定义 区域的下拉列表中选择 间隙 选项，在下拉列表右侧将出现另一个文本框，文本框中的数值“1mm”表示可以检测的间隙最小值。

Step4. 选取要检测的零件。按住 Ctrl 键，在特征树中选取 operating (operating.1) 和 right_disc (right_disc.1) 为需要进行碰撞检测的项（图 8.2.9）。

说明：

- 在“碰撞检测”对话框的 定义 区域中可看到所选零部件的名称，同时特征树中与之对应的零部件显示加亮。
- 选取零部件时，只要选择的是零部件上的元素（点、线和面），系统都将以该零部件作为计算碰撞的对象。

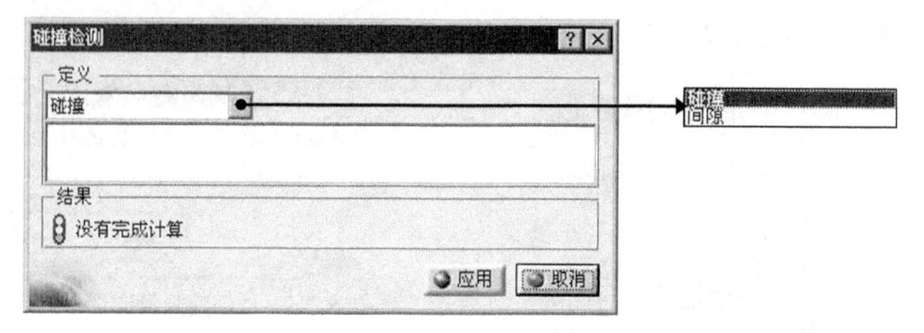

图 8.2.8 “碰撞检测”对话框（一）

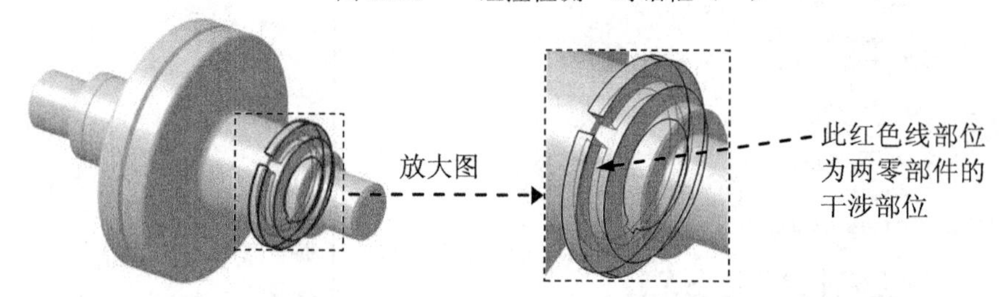

图 8.2.9 选取碰撞检测的项

Step5. 查看分析结果。完成上步操作后，单击“碰撞检测”对话框（一）中的 应用 按钮，此时在图 8.2.10 所示“碰撞检测”对话框（二）的 结果 区域中可以看到检测结果。

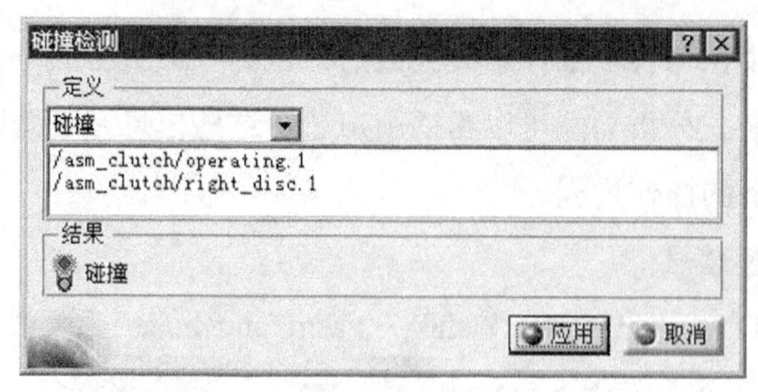

图 8.2.10 “碰撞检测”对话框（二）

2. 装配分析的一般过程

Step1. 选择分析命令。选择下拉菜单 分析 → 碰撞... 命令（或单击“空间分析”工具栏中的 按钮），系统弹出图 8.2.11 所示的“检查碰撞”对话框（一）。

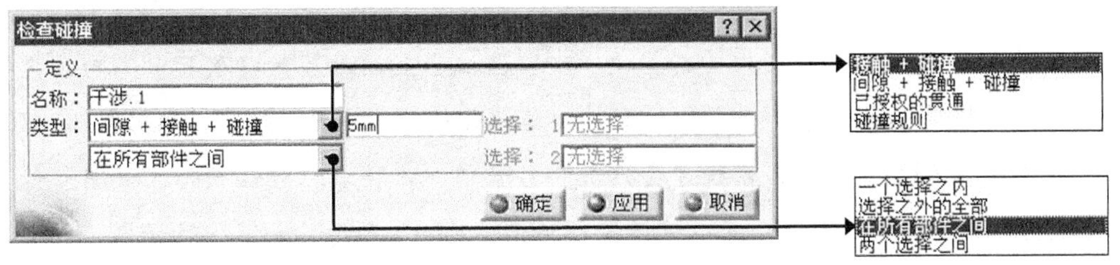

图 8.2.11 “检查碰撞”对话框（一）

Step2. 定义分析对象。在“检查碰撞”对话框（一）定义 区域的 类型：下拉列表中分别选择 间隙 + 接触 + 碰撞 和 在所有部件之间 选项。单击“检查碰撞”对话框（一）中的 应用 按钮，系统弹出图 8.2.12 所示的“正在计算...”对话框。

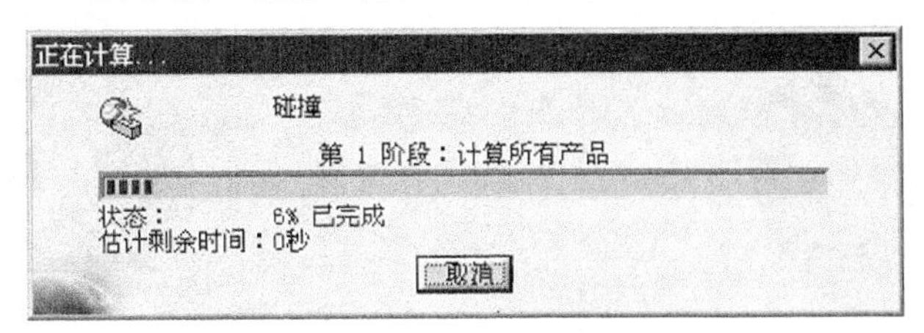

图 8.2.12 “正在计算...”对话框

Step3. 查看分析结果。系统计算完成之后，“检查碰撞”对话框（一）变为图 8.2.13 所示的“检查碰撞”对话框（二），在该对话框的 结果 区域可查看所有干涉，同时系统还将弹出图 8.2.14 所示的“预览”对话框（一），以显示相应干涉位置的预览。

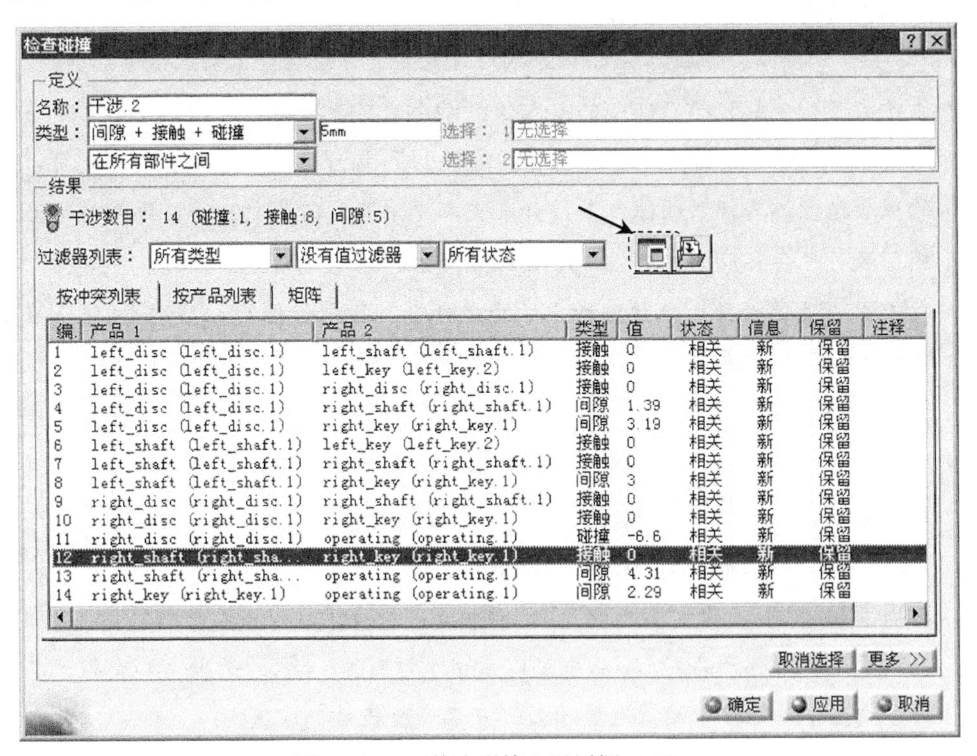

图 8.2.13 “检查碰撞”对话框（二）

说明：

- 在“检查碰撞”对话框（二）的 结果 区域中显示干涉数以及其中不同位置的干涉类型，但除编号 1 表示的位置外，其他各位置显示的状态均为 未检查，只有选择列表中的编号选项，系统才会计算干涉数值，并提供相应位置的预览图。如选择列表中的编号 11 选项，系统计算碰撞值为−6.6，同时“预览”对话框（一）将变为图 8.2.15 所示的“预览”对话框（二），显示的正是装配分析中的碰撞部位。

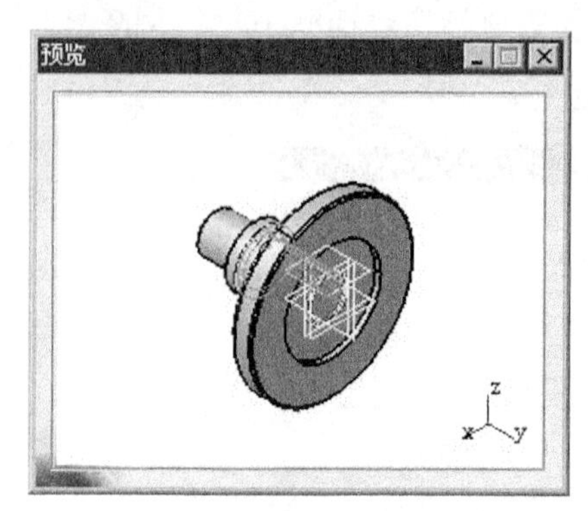

图 8.2.14 “预览”对话框（一）

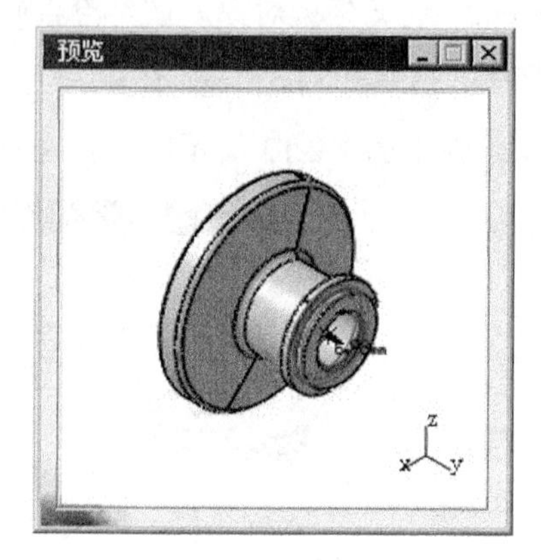

图 8.2.15 “预览”对话框（二）

- 若“预览”对话框被意外关闭，可以单击“检查碰撞”对话框（二）中的按钮使之重新显示。
- 在“检查碰撞”对话框(二) 定义 区域的 类型： 下拉列表右侧文本框中，数值“5mm”表示当前的装配分析中间隙的最大值。如在“检查碰撞”对话框（二）中选中所有的编号，可以看出其所对应的干涉值都小于 5mm（图 8.2.13）。读者也可以通过修改数值检测其他的间隙位置，如在文本框中输入值为 10mm，则系统检测出的间隙数目也会相应的增加，如图 8.2.16 所示。
- 单击 更多 >> 按钮，展开对话框的隐藏部分，在对话框的 详细结果 区域，显示当前干涉的详细信息。
- “检查碰撞”对话框（三）的 结果 区域中有一个过滤器列表，在下拉列表中可选取用户需要过滤的类型、数值排列方法及所显示的状态，这个功能在进行大型装配分析时具有非常重要的作用。
- “检查碰撞”对话框（三）的 结果 区域有三个选项卡：按冲突列表 选项卡、按产品列表 选项卡和 矩阵 选项卡。按冲突列表 选项卡是将所有干涉以列表形式显示；按产品列表 选项卡是将所有产品列出，从中可以看出干涉对象；矩阵 选项卡则是将产品以矩阵方式显示，矩阵中的红点显示处即产品发生干涉的位置。

图 8.2.16 “检查碰撞”对话框（三）

8.3 曲线与曲面的曲率分析

曲线和曲面的曲率分析工具在线框和曲面设计工作台的“分析”工具栏中（图 8.3.1），该工具栏有五个命令，本节中分析曲线与曲面的曲率所用到的命令分别是“箭状曲率分析”按钮与“曲面曲率分析”按钮。

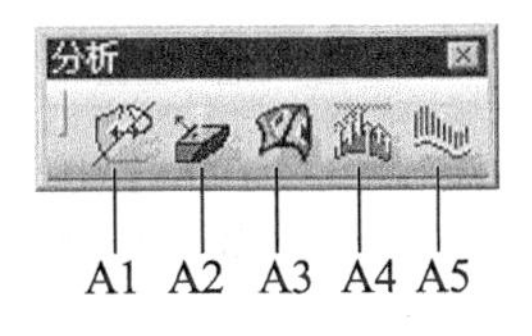

图 8.3.1 分析工具栏

图 8.3.1 中各工具按钮的说明如下。

A1（连接检查器分析）：此功能可以检查两个曲面间连接的间隙距离、切矢量连续性和曲率的连续性，检查时需要定义一个检查计算的最大间隙，大于这个间隙的曲面不作分析计算。

A2（分析拔模特征）：此功能可以检查曲面在指定拔模方向上的拔模情况，可以确定产品以后能否脱模。

A3（分析曲面曲率）：此功能可以分析选择的曲线曲率或曲率半径，如果选择一个曲面，则分析曲面边界的曲率。

A4（距离分析）：此功能可以分析点云与点云、点云与曲线、点云与曲面以及网格面之间的距离。

A5（箭状曲率分析）：此功能可以分析曲线或曲面边线的曲率分布情况。

8.3.1 曲线的曲率分析

下面简要说明曲线曲率分析的一般过程。

Step1. 打开文件 D:\cat2016.1\work\ch08.03\curve_curvature_analysis.CATPart。

Step2. 选择命令。确认系统此时处于“线框与曲面设计”工作台。选择下拉菜单 插入 ➡ 分析 ➡ 箭状曲率分析 命令（或单击“分析”工具栏中的按钮），系统弹出图 8.3.2 所示的“箭状曲率”对话框（一）。

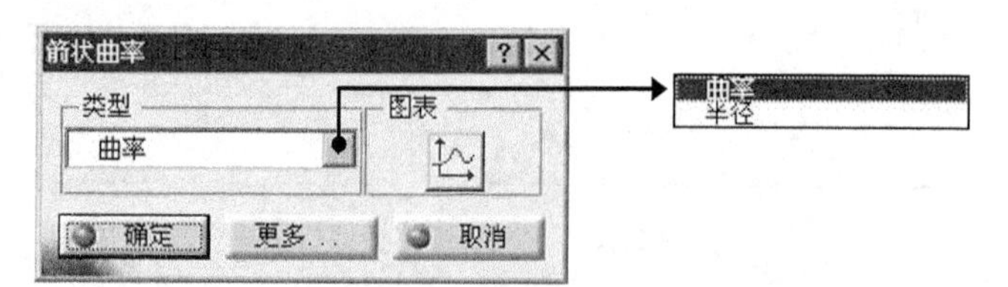

图 8.3.2 “箭状曲率”对话框（一）

Step3. 选择分析类型。在“箭状曲率”对话框（一）的 类型 区域的下拉列表中选择 曲率 选项。

Step4. 选取要分析的项。在系统 选择要显示/移除曲率分析的曲线 的提示下，选取图 8.3.3 所示模型中的曲线 1 为要显示曲率分析的曲线。

Step5. 查看分析结果。完成上步操作后，曲线 1 上出现曲率分布图，将鼠标移至曲率分析图的任意曲率线上，系统将自动显示该曲率线对应曲线位置的曲率数值，如图 8.3.4 所示。

Step6. 单击“箭状曲率”对话框（一）中的 确定 按钮，完成曲线曲率分析。

说明：

- 在“箭状曲率”对话框（一）中单击 更多... 按钮，对话框变为图 8.3.5 所示的“箭状曲率”对话框（二），在该对话框中，用户可以根据实际情况调整曲率图的密度和振幅。

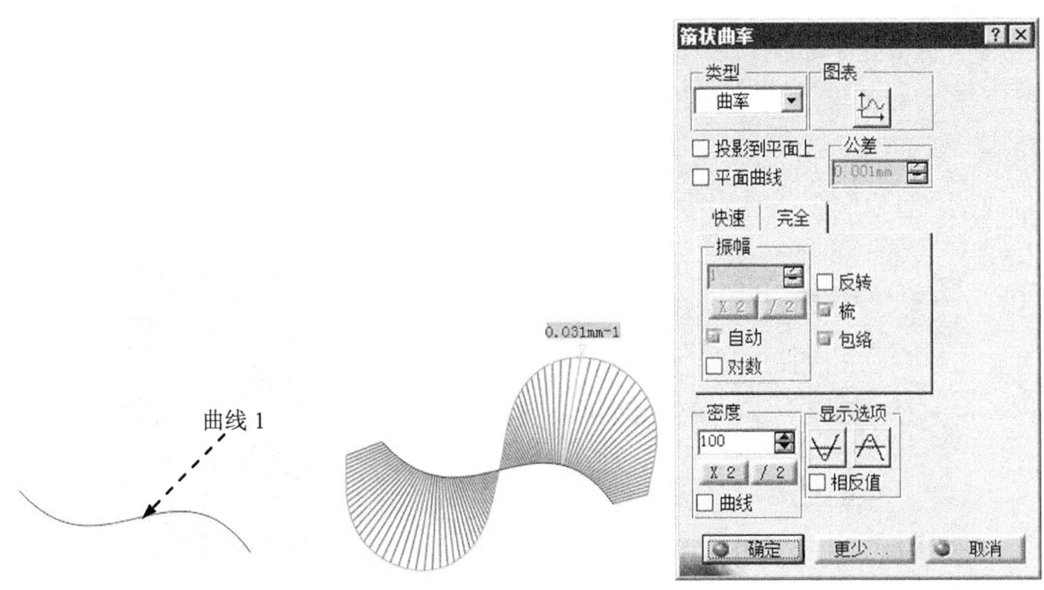

图 8.3.3　选取要显示曲率分析的曲线　　图 8.3.4　曲率分析图　　图 8.3.5　“箭状曲率”对话框（二）

- 在“箭状曲率”对话框（二）中单击按钮，并旋转要分析的曲线，系统将弹出图 8.3.6 所示的“2D 图表”对话框，在该对话框中可以选择不同的工程图模式，查看曲线的曲率分布。

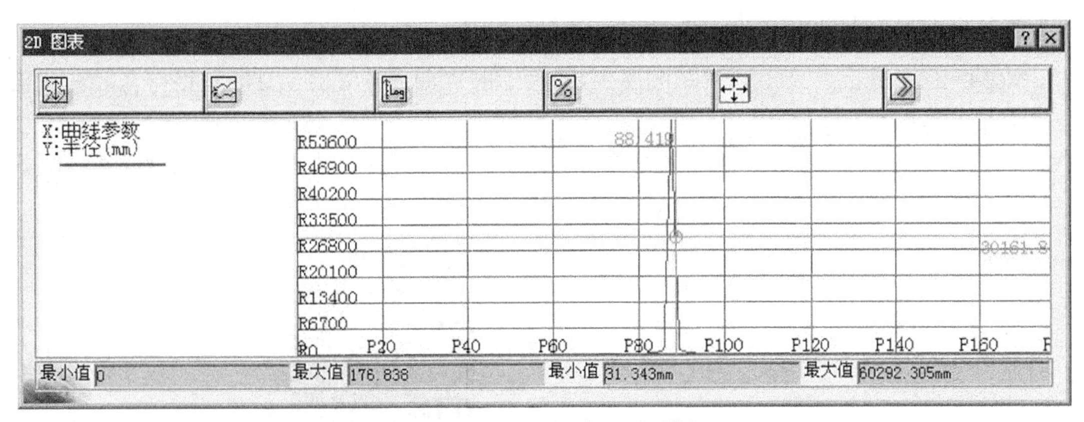

图 8.3.6　“2D 图表”对话框

8.3.2　曲面的曲率分析

下面简要说明曲面曲率分析的一般操作过程。

Step1. 打开文件 D:\cat2016.1\work\ch08.03\surface_curvature_analysis.CATPart。

Step2. 选择分析命令。选择下拉菜单 插入 → 分析 → 分析曲面曲率 命令（或单击分析工具栏中的按钮），系统同时弹出图 8.3.7 所示的“曲面曲率”对话框（一）和图 8.3.8 所示的“曲面曲率分析.1”对话框（一）。

注意：

- 只有在“曲面曲率”对话框（一）中按下按钮才会显示“曲面曲率分析.1”对话框（一）。
- “曲面曲率分析.1”对话框（一）中表示的是不同颜色卡所对应的曲率值。

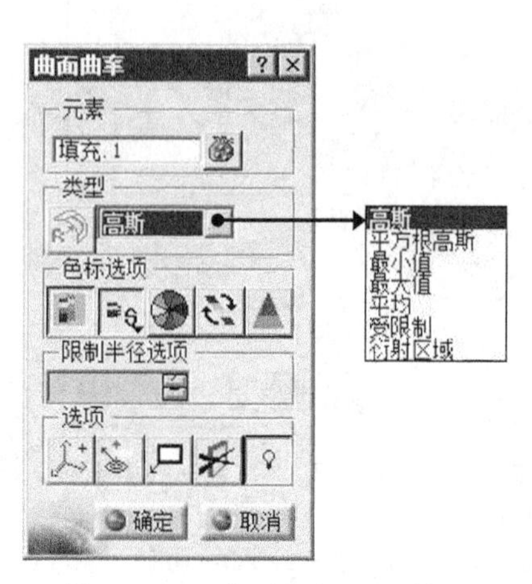

图 8.3.7 “曲面曲率”对话框（一）

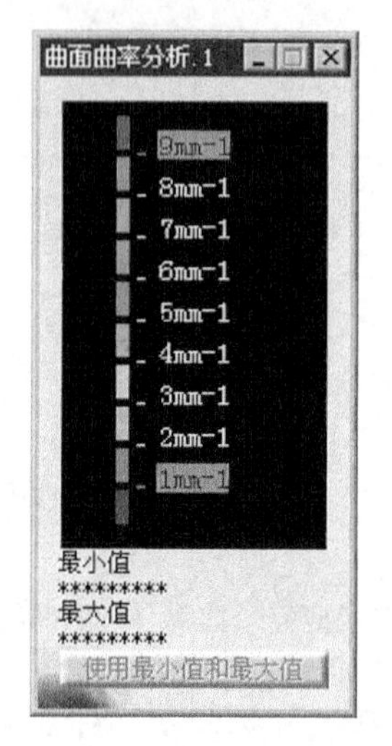

图 8.3.8 “曲面曲率分析.1”对话框（一）

Step3. 选取要分析的项。在系统 选择要显示/移除分析的曲面 的提示下，选择图 8.3.9 所示的曲面 1 为分析的项，此时曲面上出现曲率分布图。

Step4. 查看分析结果。同时在图 8.3.10 所示的“曲面曲率分析.1”对话框（二）中可以看到曲率分析的最大值和最小值。

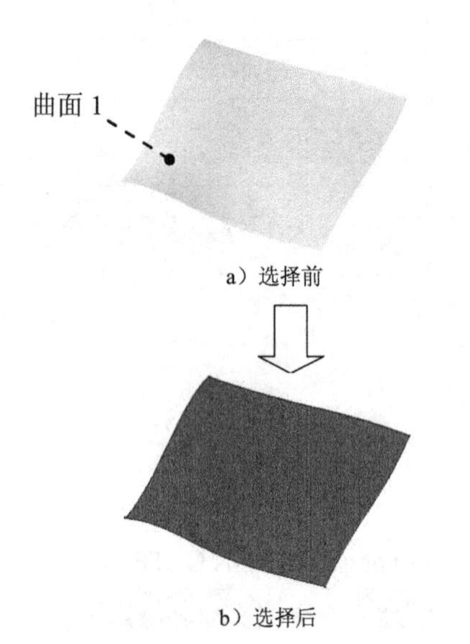

图 8.3.9 曲率分布图

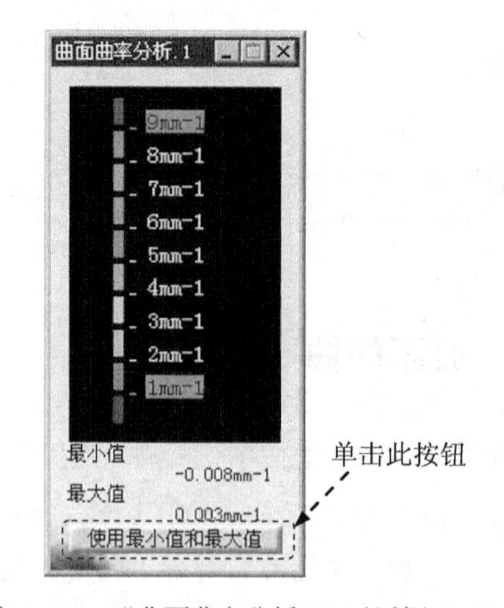

图 8.3.10 “曲面曲率分析.1”对话框（二）

说明：

用户在选取曲面进行曲率分析时，可能会碰到系统弹出的图 8.3.11 所示的“警告”对话框。这种情况的处理方法是，选择下拉菜单 视图 → 渲染样式 → 自定义视图 命令，系统弹出图 8.3.12 所示的“视图模式自定义”对话框，在该对话框 网格 区域的 着色 选项卡中选择 材料 单选项，单击对话框中的 确定 按钮。

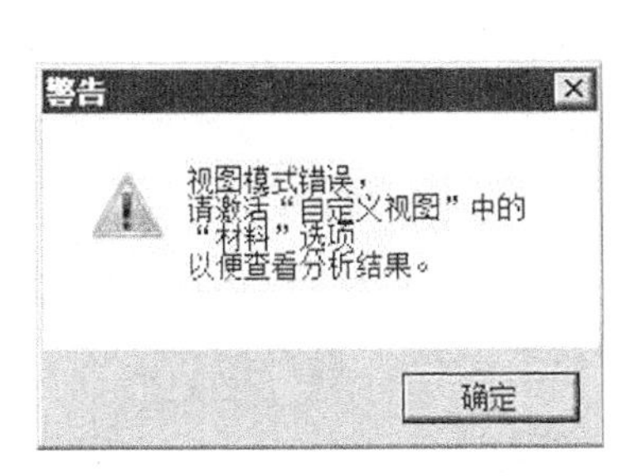

图 8.3.11 “警告”对话框

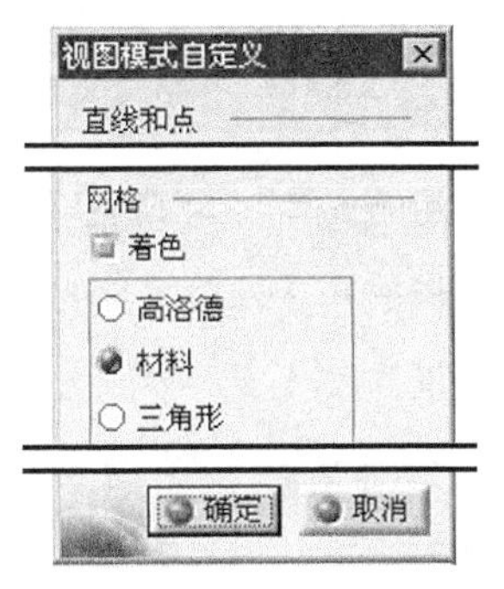

图 8.3.12 “视图模式自定义”对话框

- 若在图 8.3.10 所示的“曲面曲率分析.1”对话框（二）中单击 使用最小值和最大值 按钮，曲面将显示介于最大值和最小值之间的曲率分布图，如图 8.3.13 所示，这样读者可以更清楚地观察到曲面上的曲率变化。
- 在“曲面曲率”对话框（一）的 类型 区域中，可以选择曲率显示的类型，如 最小值、最大值、平均、受限制 和 衍射区域 等，选择不同的曲率类型，曲面显示的曲率图谱和“曲面曲率分析.1”对话框中的 最大值 与 最小值 都会随之改变。如将类型设置为 最大值，“曲面曲率分析.1”对话框（二）将变为图 8.3.14 所示的“曲面曲率分析.1”对话框（三），曲率分布图也随之变化，如图 8.3.15 所示。

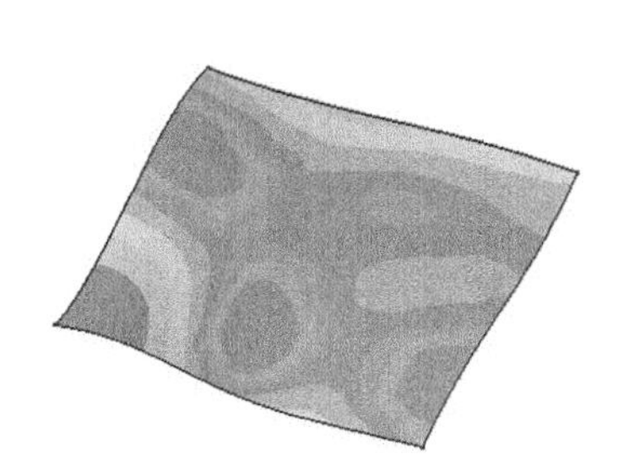

图 8.3.13 曲率分布图

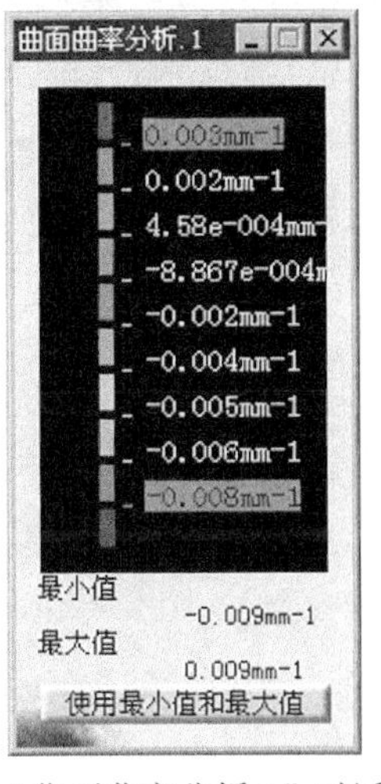

图 8.3.14 “曲面曲率分析.1”对话框（三）

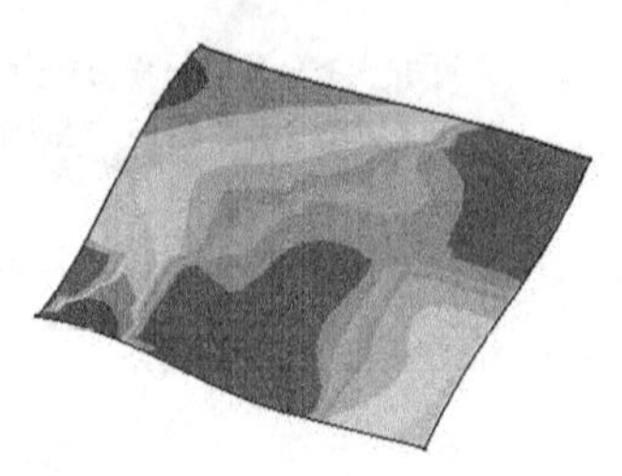

图 8.3.15　曲率分布图

- 在“曲面曲率”对话框（一）的 选项 区域中，用户可以合理选择曲率的显示选项和分析选项，以便更清晰地观察曲面曲率图。例如，在图 8.3.16 所示“曲面曲率”对话框（二）的 选项 区域中按下按钮，再将鼠标移动到曲面曲率图上，此时系统会随鼠标移动指示所在位置的曲率值和最大值、最小值所在方位，如图 8.3.17 所示。

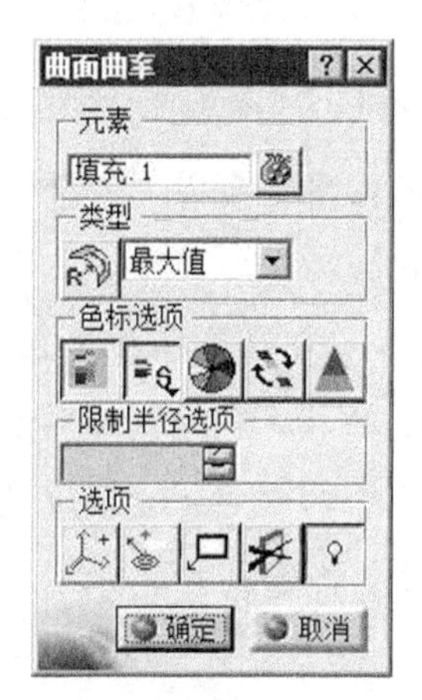

图 8.3.16 “曲面曲率”对话框（二）

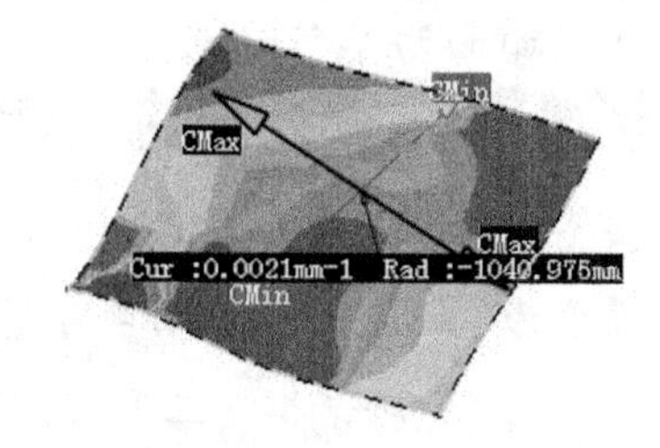

图 8.3.17　曲率分布图

第 9 章 工程图设计

本章提要 在产品的研发、设计和制造等过程中，各类技术人员需要经常进行交流和沟通，工程图则是经常使用的交流工具。尽管随着时代的进步，3D 设计技术有了很大的发展与进步，但是三维模型并不能将所有的设计要求表达清楚，有些设计要求，如加工要求的尺寸精度、几何公差（软件中仍沿“形位公差”）和表面粗糙度等，仍然需要借助二维的工程图将其表达清楚。因此工程图的创建是产品设计中较为重要的环节，也是设计人员最基本的能力要求。本章将介绍工程图工作台的基本知识，包括以下内容：

- 工程图环境中的下拉菜单和工具条简介。
- 工程图环境的设置。
- 工程图创建的一般过程。
- 各种视图的创建。
- 视图的编辑。
- 尺寸的自动生成和手动标注。
- 尺寸公差的标注。
- 尺寸的编辑。
- 基准符号和几何公差的标注。
- 表面粗糙度和焊接的标注。
- 注释文本的创建。
- CATIA 软件的打印出图。

9.1 概　　述

使用 CATIA 工程图工作台可方便、高效地创建三维模型的工程图（图样），且工程图与模型相关联，工程图能够反映模型在设计阶段中的更改，可以使工程图与装配模型或单个零部件保持同步更新。其主要特点如下。

- 用户界面直观、简洁、易用，可以方便快捷地创建图样。
- 可以快速地将视图放置到图样上，并且系统会自动正交对齐视图。
- 能在图形窗口编辑大多数制图对象（如剖面线、尺寸和符号等），用户可以创建制图对象，并立即对其进行编辑。

- 图样中的视图可以有多种显示方式。
- 使用“对图样进行更新”功能可以有效地提高工作效率。

9.1.1 工程图的组成

在学习本节前，请打开工程图 D:\cat2016.1\work\ch09.01\connecting_ok.CATDrawing（图 9.1.1），CATIA 的工程图主要由三个部分组成。

- 视图：包括六个基本视图（主视图、后视图、左视图、右视图、仰视图和俯视图）、正轴测图、各种剖视图、局部放大图、折断视图和断面图等。在制作工程图时，根据实际零件的特点，选择不同的视图组合，以便简单清楚地把各个设计、制造等诸多要求表达清楚。
- 尺寸、公差、表面粗糙度、焊接标注及注释文本：包括形状尺寸、位置尺寸、尺寸公差、基准符号、形状公差、位置公差、零件的表面粗糙度、焊接标注以及注释文本。
- 图框和标题栏等。

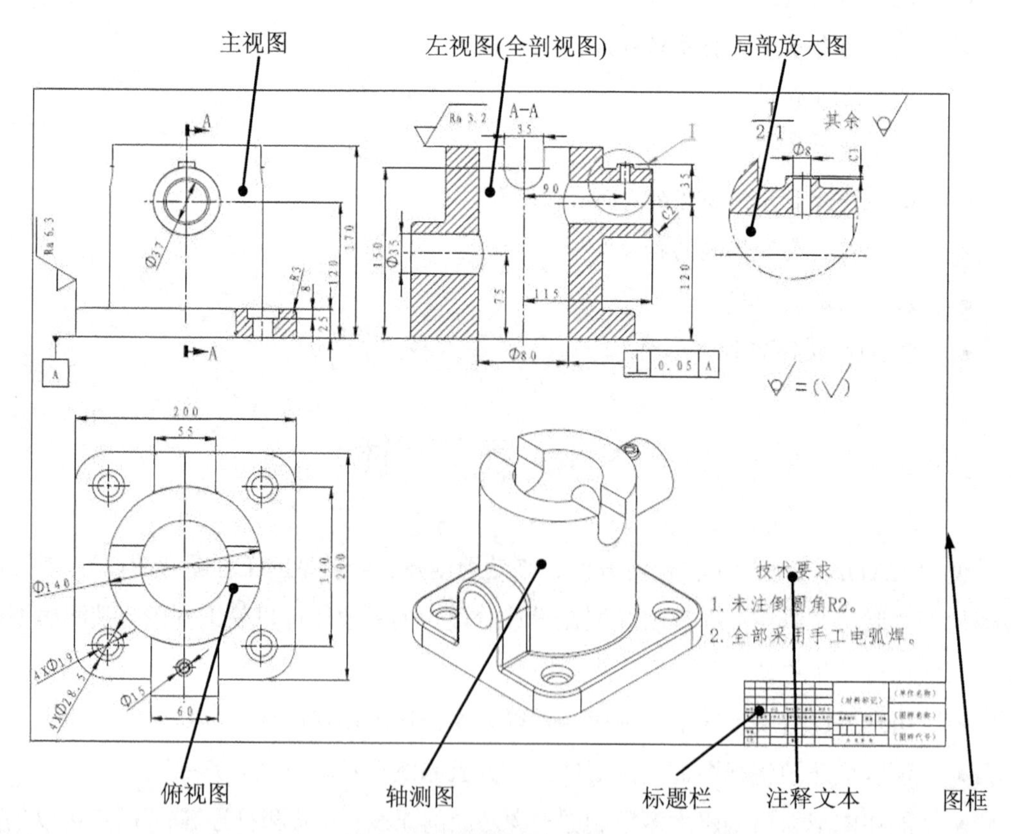

图 9.1.1　工程图的组成

9.1.2 工程图下拉菜单与工具条

打开工程图 D:\cat2016.1\work\ch09.01\connecting_ok.CATDrawing，进入工程图工作台，此时系统的下拉菜单和工具条将会发生一些变化。下面对工程图工作台中较为常用的下拉菜单和工具条进行介绍。

1. 下拉菜单

图 9.1.2 所示的"插入"下拉菜单中的各命令说明如下。

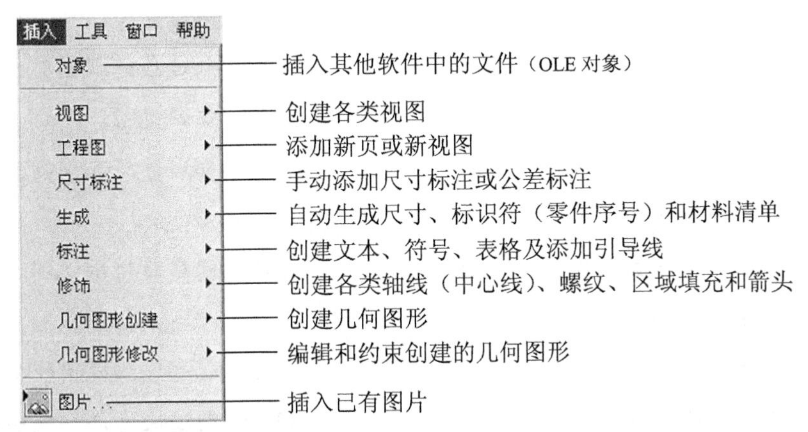

图 9.1.2 "插入"下拉菜单

2. 工具条

（1）"工具"工具条，如图 9.1.3 所示。

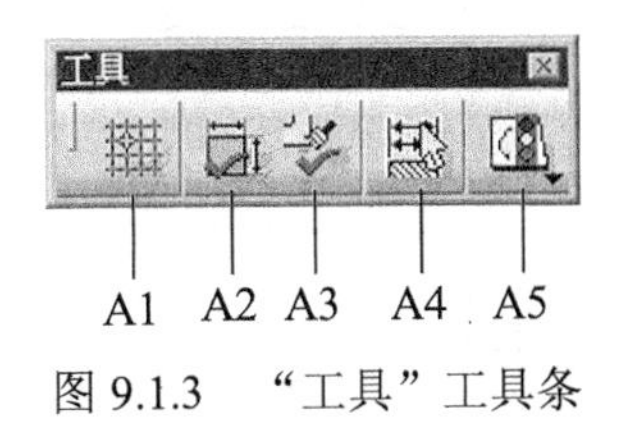

图 9.1.3 "工具"工具条

图 9.1.3 所示的"工具"工具条中的各按钮说明如下。

A1：捕捉网格线上的点。

A2：创建已检测到的约束。

A3：创建关联修饰。

A4：尺寸系统选择方式。

A5：草图求解状态及草图分析。

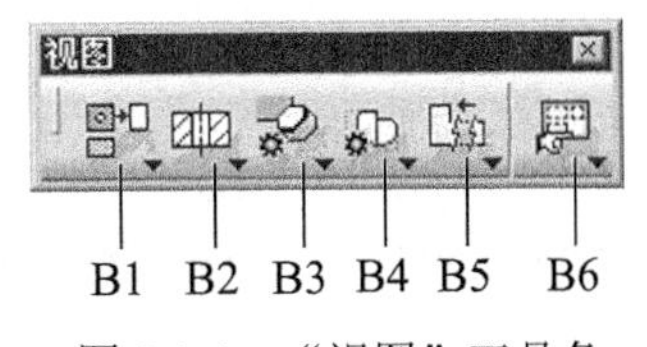

图 9.1.4 "视图"工具条

（2）"视图"工具条，如图 9.1.4 所示。

图 9.1.4 所示的"视图"工具条中的各按钮的子按钮的说明参见图 9.1.5～图 9.1.10。

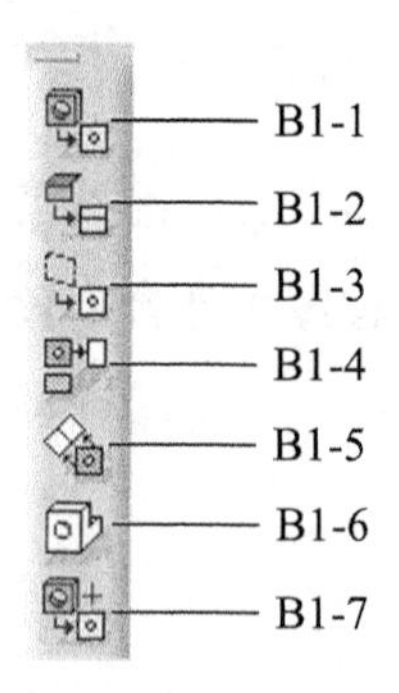

图 9.1.5 B1 按钮

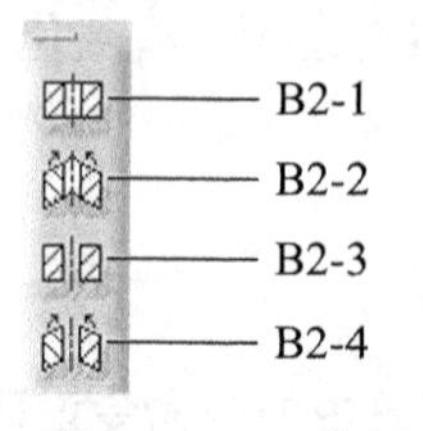

图 9.1.6 B2 按钮

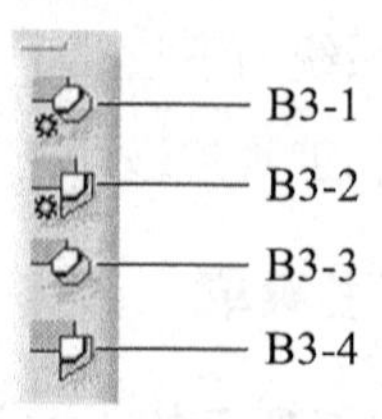

图 9.1.7 B3 按钮

B1-1：创建正视图。

B1-2：创建展开视图。

B1-3：创建来自 3D 的视图。

B1-4：投影视图。

B1-5：创建辅助视图。

B1-6：创建等轴测视图。

B1-7：创建高级正视图。

B2-1：创建全剖视图或阶梯剖视图。

B2-2：创建旋转剖视图。

B2-3：创建偏移剖切。

B2-4：对齐剖切。

B3-1：创建详细视图。

B3-2：创建详细视图轮廓。

B3-3：创建快速详细视图。

B3-4：创建快速详细视图轮廓。

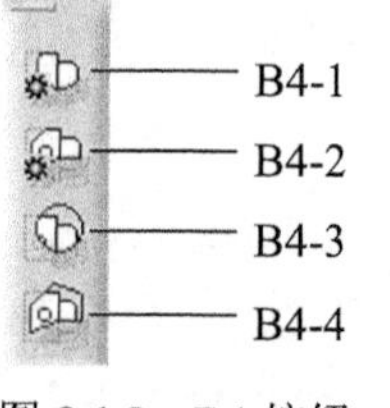

图 9.1.8 B4 按钮

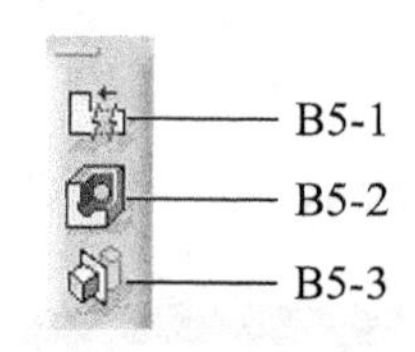

图 9.1.9 B5 按钮

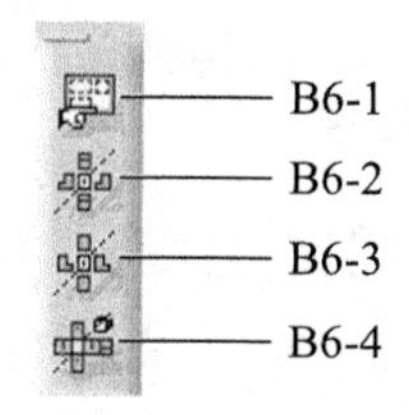

图 9.1.10 B6 按钮

B4-1：创建剪裁视图。

B4-2：通过自定义轮廓来创建剪裁视图。

B4-3：创建剪裁视图，且完整显示轮廓。

B4-4：通过自定义轮廓来创建剪裁视图，且完整显示自定义的轮廓。

B5-1：创建局部视图。

B5-2：创建剖面视图。

B5-3：创建添加 3D 剪裁。

B6-1：视图创建向导。

B6-2：创建主视图、顶部视图和左视图。

B6-3：创建主视图、底部视图和右视图。

B6-4：创建所有视图。

（3）“生成”工具条，如图 9.1.11 所示。

C1-1：生成尺寸。

C1-2：逐步生成尺寸。

C1-3：生成零件序号。

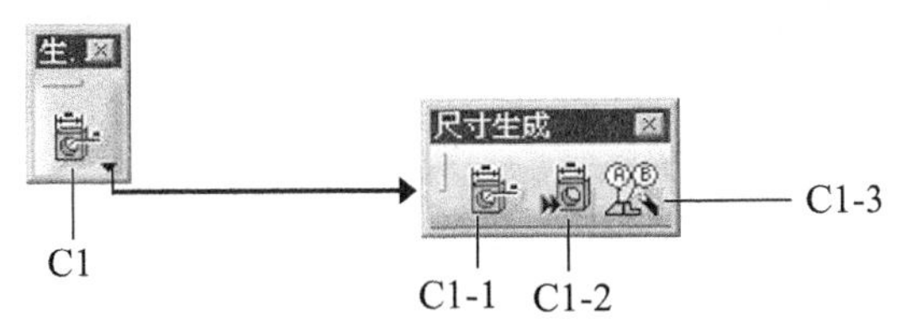

图 9.1.11 “尺寸生成”工具条

（4）“尺寸标注”工具条，如图 9.1.12 所示。

图 9.1.12 所示的“尺寸标注”工具条中的各按钮的子按钮说明参见图 9.1.13～图 9.1.16。

D1-1：智能判断标注尺寸。

D1-2：标注链式尺寸。

D1-3：标注累积尺寸。

D1-4：标注堆叠式尺寸。

D1-5：标注长度或距离尺寸。

D1-6：标注角度尺寸。

D1-7：标注半径尺寸。

D1-8：标注直径尺寸。

D1-9：标注倒角尺寸。

D1-10：标注螺纹尺寸。

D1-11：标注坐标尺寸。

D1-12：标注孔尺寸表。

D1-13：绘制坐标尺寸表。

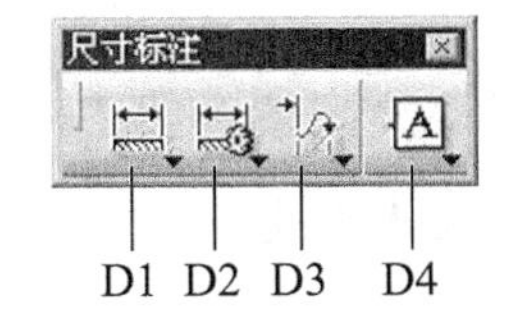

图 9.1.12 “尺寸标注”工具条

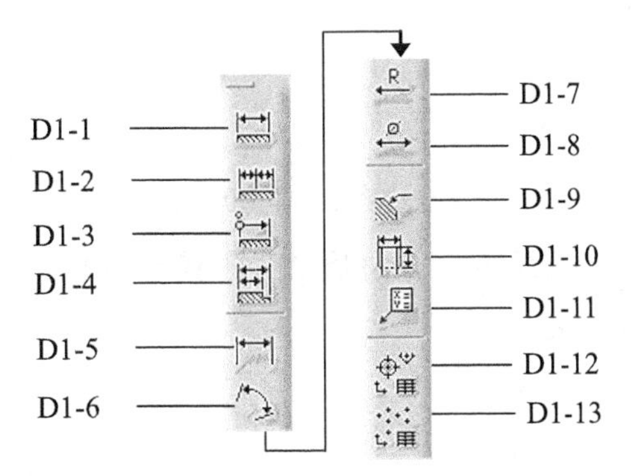

图 9.1.13 D1 按钮

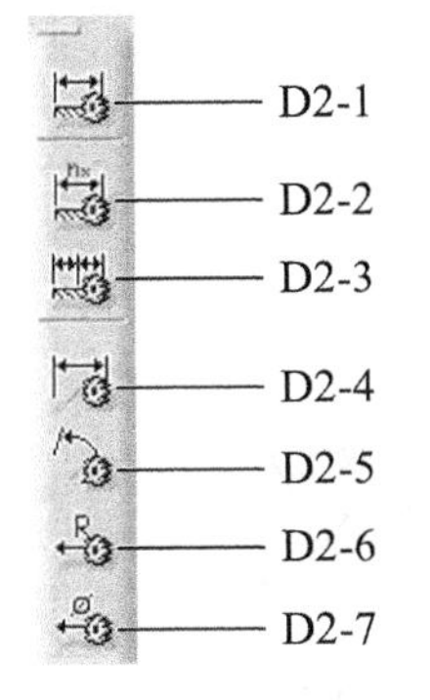

图 9.1.14 D2 按钮

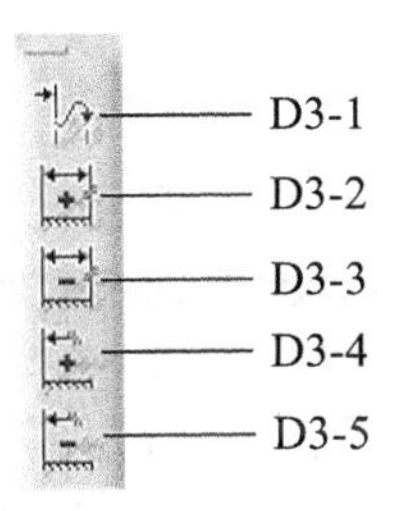

图 9.1.15 D3 按钮

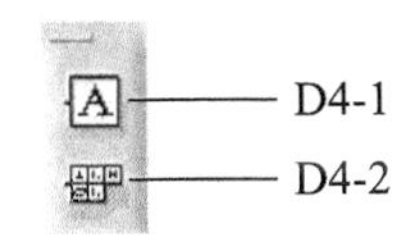

图 9.1.16 D4 按钮

D2-1：技术特征尺寸。

D2-2：多个内部技术特征尺寸。

D2-3：链接技术特征尺寸。

D2-4：长度技术特征尺寸。

D2-5：角度技术特征尺寸。
D2-6：半径技术特征尺寸。
D2-7：直径技术特征尺寸。
D3-1：重设尺寸。
D3-2：创建中断。
D3-3：移除中断。
D3-4：创建/修改剪裁。
D3-5：移除剪裁。
D4-1：基准特征。
D4-2：形位公差。

（5）“图形属性”工具条，如图 9.1.17 所示。

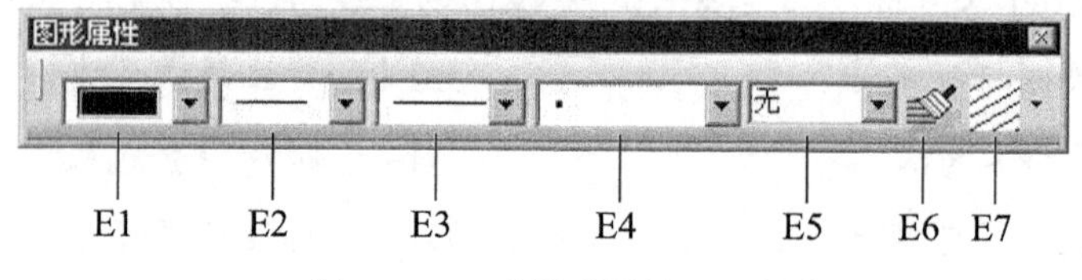

图 9.1.17 “图形属性”工具条

图 9.1.17 所示的“图形属性”工具条中的各区域说明如下。

E1：定义图形颜色。
E2：定义线宽。
E3：定义线型。
E4：定义点的形状。
E5：定义层。
E6：复制对象格式。
E7：剖切线模式。

（6）“尺寸属性”工具条，如图 9.1.18 所示。

图 9.1.18 所示的“尺寸属性”工具条中的各区域说明如下。

F1：定义尺寸线。
F2：定义公差描述。
F3：定义公差。
F4：定义数字显示描述。
F5：定义精度。

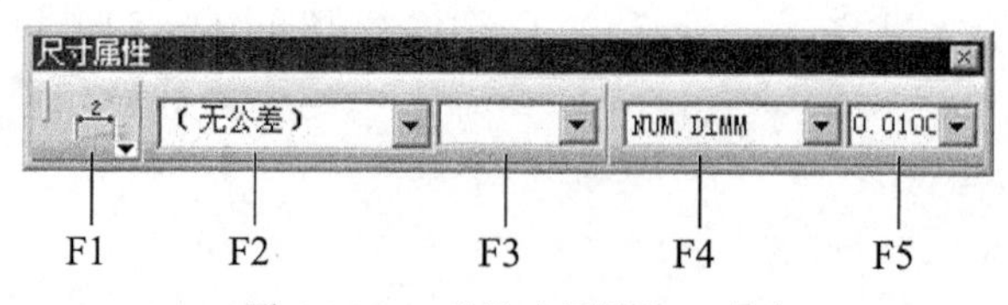

图 9.1.18 “尺寸属性”工具条

（7）“文本属性”工具条，如图 9.1.19 所示。

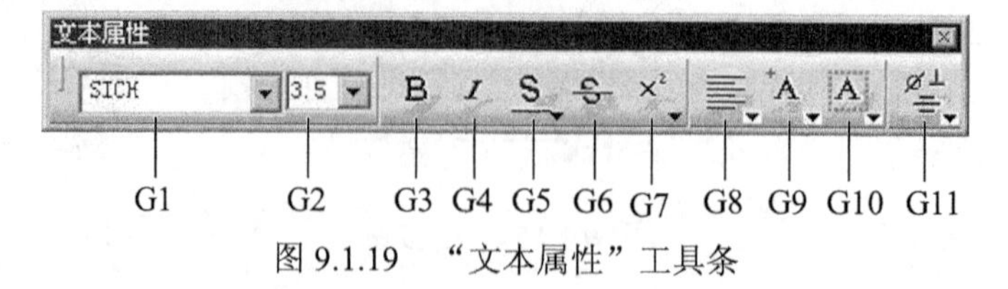

图 9.1.19 “文本属性”工具条

图 9.1.19 所示的“文本属性”工具条中的各按钮说明如下。

G1：定义字体。
G2：定义字体大小。

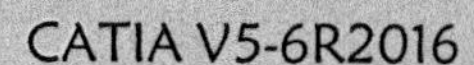

G3：粗体。

G4：斜体。

G5：加下画线或加上画线。

G6：删除线。

G7：上标或下标。

G8：对齐。

G9：锚点（即文本位置插入点）。

G10：框架。

G11：插入符号。

（8）“可视化”工具条，如图 9.1.20 所示。

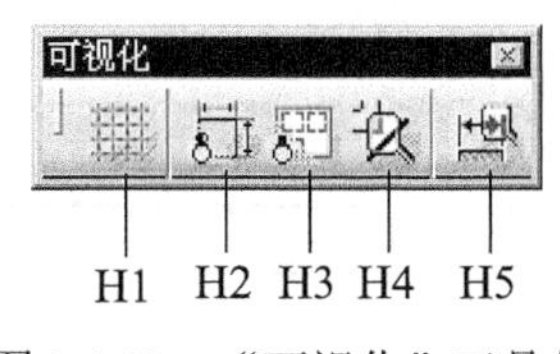

图 9.1.20 “可视化”工具条

图 9.1.20 所示的“可视化”工具条中的各按钮说明如下。

H1：在工程图中显示网格线。

H2：在激活的视图中显示几何约束。

H3：在工程图中显示视图框架。

H4：过滤器生成的元素。

H5：以不同的颜色显示相应类型的尺寸。

9.2 设置符合国标的工程图环境

我国国标对工程图作出了许多规定，如尺寸文本的方位与字高、尺寸箭头的大小等都有明确的规定。本书随书学习资源中的 cat2016.1_system_file 文件夹中提供了一个 CATIA 软件的系统文件，该系统文件中的配置可以使创建的工程图基本符合我国国标。请读者按下面的方法将这些文件复制到指定目录，并对其进行有关设置。

Step1. 复制配置文件。进入 CATIA 软件后，将随书学习资源 drafting 文件夹中的 GB.XML 文件复制到 C:\Program Files\Dassault Systemes\B24\win_b64\resources\standard\drafting 文件夹中。

说明：如果 CATIA 软件不是安装在 C:\Program Files 目录中，则需要根据用户的安装目录，找到相应的文件夹。

Step2. 选择下拉菜单 工具 → 选项... 命令，系统弹出“选项”对话框。

Step3. 设置制图标准，如图 9.2.1 所示。

（1）在“选项”对话框的左侧选择 兼容性 。

（2）连续单击对话框右上角的 ▸ 按钮，直至出现 IGES 2D 选项卡并单击该选项卡。

（3）在 工程制图 下拉列表中选择 GB 选项作为制图标准。

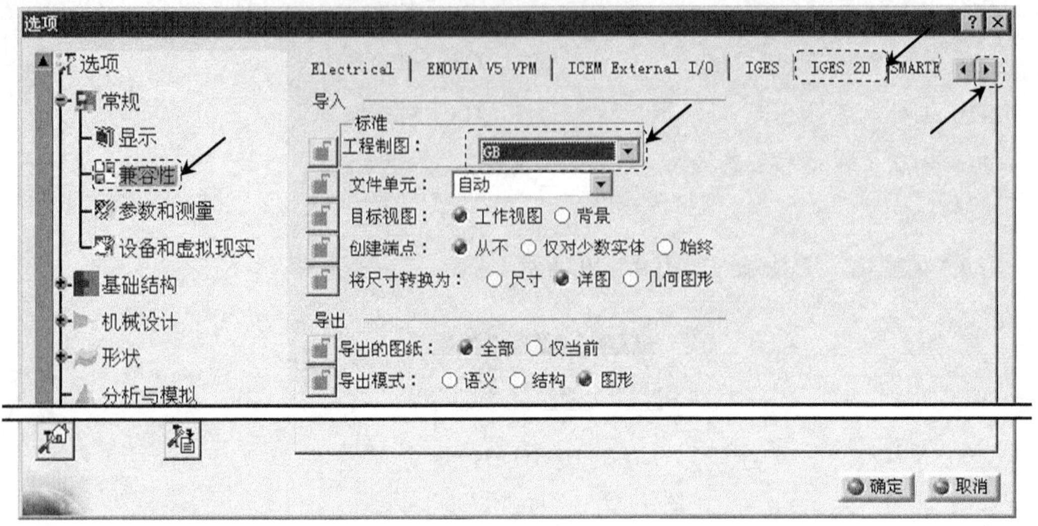

图 9.2.1　“IGES 2D”选项卡

Step4. 设置图形生成。

（1）在“选项”对话框的左侧依次选择 机械设计 ➡ 工程制图，单击 视图 选项卡。

（2）在 视图 选项卡的 生成/修饰几何图形 区域中选中 生成轴、生成中心线、生成圆角 和 应用 3D 规格 复选框，如图 9.2.2 所示。

（3）单击 生成圆角 后的 配置 按钮，在弹出的“生成圆角”对话框中选中 投影的原始边线 单选项，单击 关闭 按钮关闭“生成圆角”对话框。

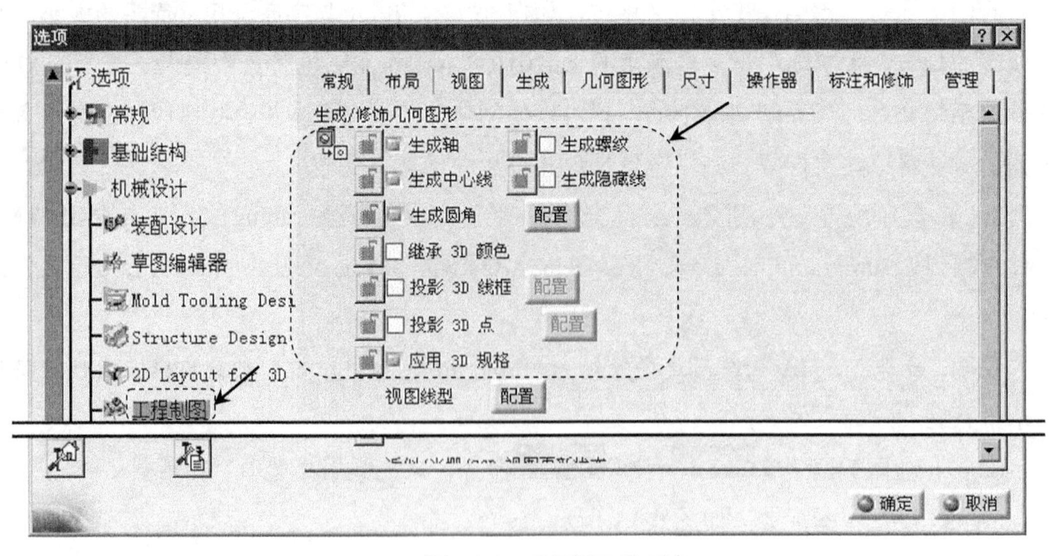

图 9.2.2　“视图”选项卡

Step5. 设置尺寸生成。

（1）在“选项”对话框中选择 生成 选项卡。

（2）在 生成 选项卡的 尺寸生成 区域中选中 在生成前过滤 和 生成后分析 复选框，如图 9.2.3 所示。

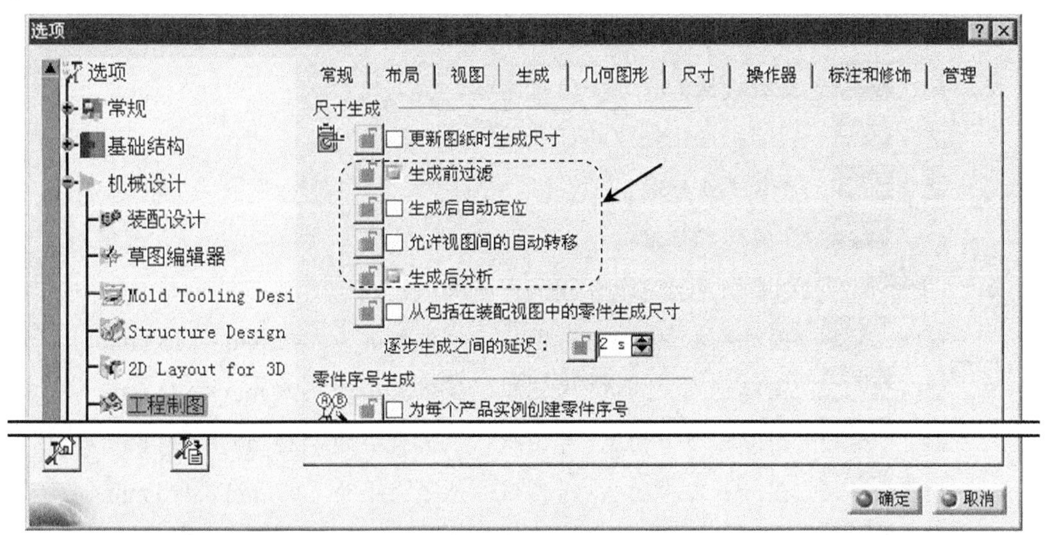

图 9.2.3 “生成”选项卡

Step6. 设置视图布局。在“选项”对话框中选择 布局 选项卡，取消选中 视图名称 和 缩放系数 复选框，完成后单击 确定 按钮，关闭“选项”对话框。

9.3 新建工程图

新建工程图的一般操作过程如下。

Step1. 选择下拉菜单 文件 → 新建... 命令，系统弹出图 9.3.1 所示的“新建”对话框。

Step2. 在“新建”对话框的 类型列表 选项组中选择 Drawing 以创建工程图文件，单击 确定 按钮，系统弹出图 9.3.2 所示的“新建工程图”对话框。

图 9.3.1 “新建”对话框

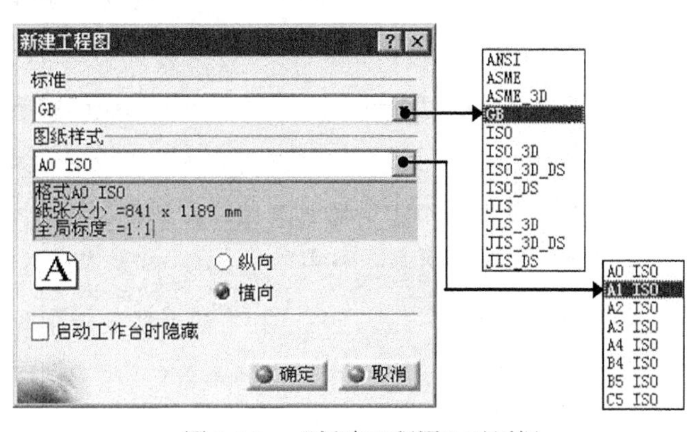

图 9.3.2 “新建工程图”对话框

图 9.3.2 所示的“新建工程图”对话框中的各选项说明如下。

- 标准 下拉列表：包括目前国际上比较权威的几种标准。
  - ☑ ANSI：美国国家标准化组织的标准。
  - ☑ ASME：美国机械工程师协会的标准。
  - ☑ ISO：国际标准化组织的标准。
  - ☑ JIS：日本工业标准。
  - ☑ GB：中国国家标准。
- 图纸样式 下拉列表：包括几种常用的图纸样式。
  - ☑ A0 ISO：国际标准中的 A0 号图纸，纸张大小为 841 mm × 1189 mm。
  - ☑ A1 ISO：国际标准中的 A1 号图纸，纸张大小为 594 mm × 841 mm。
  - ☑ A2 ISO：国际标准中的 A2 号图纸，纸张大小为 420 mm × 594 mm。
  - ☑ A3 ISO：国际标准中的 A3 号图纸，纸张大小为 297 mm × 420 mm。
  - ☑ A4 ISO：国际标准中的 A4 号图纸，纸张大小为 210 mm × 297 mm。
  - ☑ B4 ISO：国际标准中的 B4 号图纸，纸张大小为 250 mm × 354 mm。
  - ☑ B5 ISO：国际标准中的 B5 号图纸，纸张大小为 182 mm × 257 mm。
  - ☑ C5 ISO：国际标准中的 C5 号图纸，纸张大小为 162 mm × 229 mm。
- ○纵向：纵向放置图纸。
- 横向：横向放置图纸。

Step3. 选择制图标准。

（1）在“新建工程图”对话框的 标准 下拉列表中选择 GB。

（2）在 图纸样式 下拉列表中选择 A1 ISO，选中 横向 单选项，取消选中 □启动工作台时隐藏 复选框（系统默认取消选中）。

（3）单击 确定 按钮，至此系统进入工程图工作台。

说明：在特征树中右击 □ 页.1，在弹出的快捷菜单中选择 属性 命令，系统弹出图 9.3.3 所示的“属性”对话框。

图 9.3.3 所示的“属性”对话框中各选项说明如下。

- 名称：文本框：当前图样页的名称，可以在该文本框中输入新的名称将其更改。
- 标度：文本框：当前图样页中所有视图的比例，也可以输入其他比例将其更改。
- 格式：该区域包括 A1 ISO 下拉列表、显示 复选框、宽度： 和 高度： 文本框。
  - ☑ 选中 显示 复选框，则在图形区显示该图样页的边框，取消选中则不显示。
  - ☑ 宽度： 文本框中显示的是当前图样页的宽度，不可编辑。
  - ☑ 高度： 文本框中显示的是当前图样页的高度，不可编辑。

☑ 纵向：纵向放置图纸。

☑ 横向：横向放置图纸。

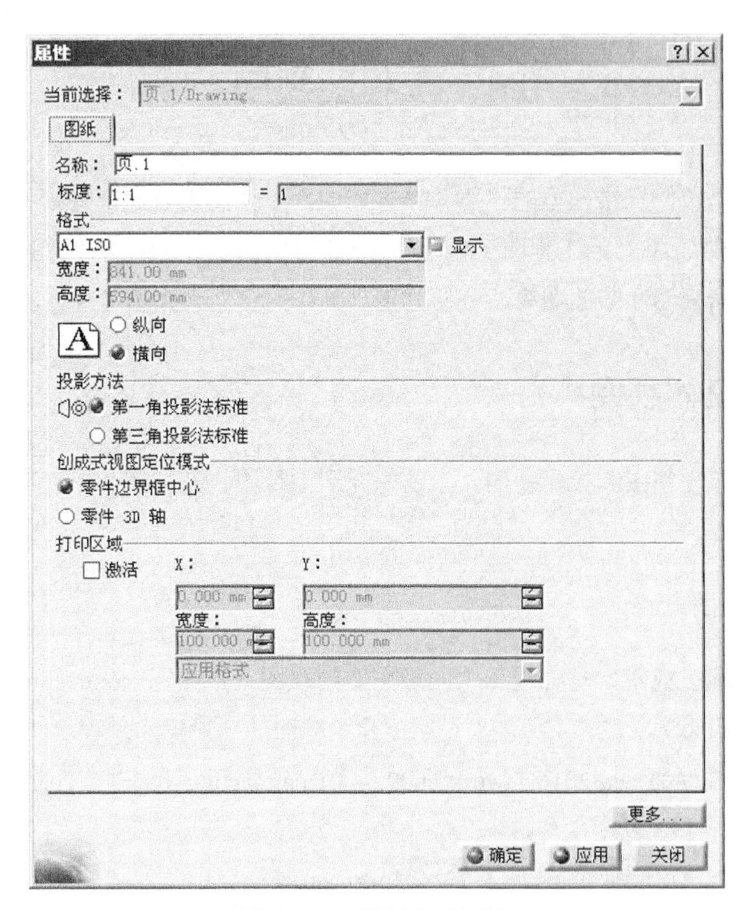

图 9.3.3 “属性”对话框

- 投影方法：该区域包括第一角投影法标准和第三角投影法标准单选项。

☑ 第一角投影法标准：用第一角度投影方式排列各个视图，即以主视图为中心，俯视图在其下方，仰视图在其上方，左视图在其右侧，右视图在其左侧，后视图在其左侧或右侧。我国国标采用此标准。

☑ 第三角投影法标准：用第三角度投影方式排列各个视图，即以主视图为中心，俯视图在其上方，仰视图在其下方，左视图在其左侧，右视图在其右侧，后视图在其左侧或右侧。

- 创成式视图定位模式：该区域包括零件边界框中心和零件 3D 轴单选项。

☑ 零件边界框中心：根据零部件边界框中心的对齐来对齐视图。

☑ 零件 3D 轴：根据零部件 3D 轴的对齐来对齐视图。

- 打印区域：用于设置打印区域。

☑ 选中激活复选框，后面的各选项变为可用。可在

应用格式 下拉列表中选择打印区域，当选择应用一种格式选项时，用户需在宽度：和高度：文本框中输入打印区域的宽度和高度。

9.4 工程图视图

工程图视图是按照三维模型的投影关系生成的，主要用来表达部件模型的外部和内部的结构及形状。在CATIA的工程图工作台中，视图包括基本视图、轴测图、各种剖视图、局部放大图、折断视图和断面图等。下面分别以具体的实例来介绍各种视图的创建方法。

9.4.1 创建基本视图

基本视图包括主视图和投影视图，本节先介绍主视图、右视图和俯视图这三种基本视图的一般创建过程。

1. 创建主视图

主视图（也称正视图）是工程图中的最主要的视图。下面以connecting_base.CATpart零件模型的主视图为例（图9.4.1），来说明创建主视图的一般操作过程。

Step1. 打开零件D:\cat2016.1\work\ch09.04.01\connecting_base.CATpart。

Step2. 新建一个工程图文件。

（1）选择下拉菜单文件(F) ➡ 新建...命令，系统弹出“新建”对话框。

（2） 在“新建”对话框的类型列表选项组中选择Drawing，在“新建”对话框中单击确定按钮，系统弹出“新建工程图”对话框。

（3）在“新建工程图”对话框的标准下拉列表中选择GB，在图纸样式选项组中选择A1 ISO，单击确定按钮，至此系统进入工程图工作台。

Step3. 选择命令。选择图9.4.2所示的下拉菜单插入 ➡ 视图 ▸ ➡ 投影 ▸ ➡ 正视图命令。

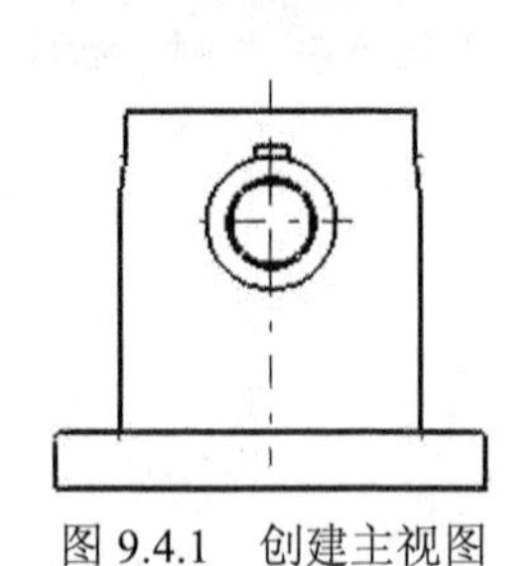

图9.4.1 创建主视图

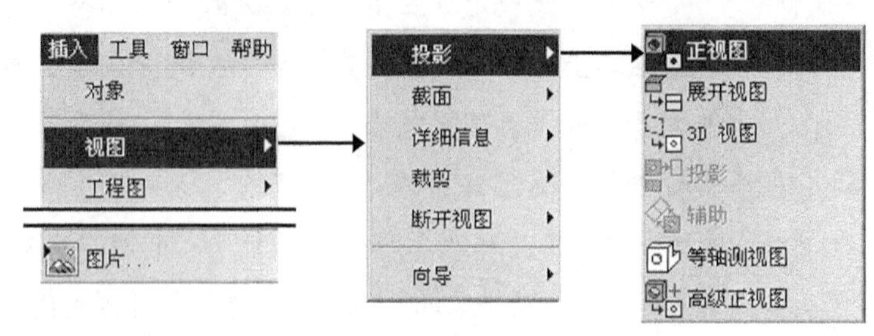

图9.4.2 “插入”下拉菜单

Step4. 切换窗口。在系统 在 3D 几何图形上选择参考平面 的提示下。选择下拉菜单 窗口(W) → 1 connecting_base.CATPart 命令，切换到零件模型的窗口。

Step5. 选择投影平面。在特征树中选取 yz 平面作为投影平面，系统返回到工程图窗口，如图 9.4.3 所示。

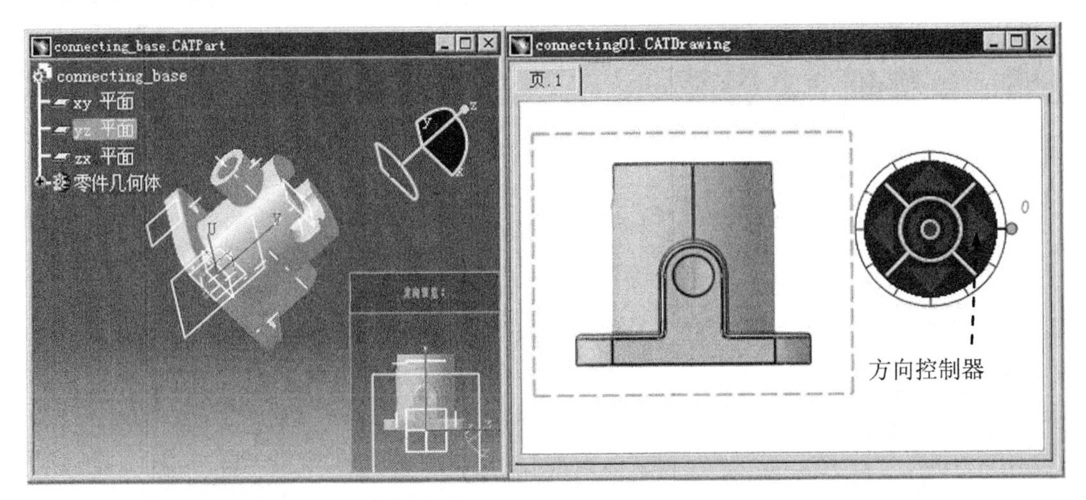

图 9.4.3 主视图预览图

Step6. 调整投影方向。在系统 单击图纸生成视图，或使用箭头重新定义视图方向 的提示下，在窗口的右上角两次单击方向控制器中的“向右箭头”以调整投影方向（预览图两次向右旋转 90°）。

Step7. 放置视图。再在图纸上单击以放置主视图，完成主视图的创建。

说明：

- 用户也可以通过选取一点和一条直线（或中心线）、两条不平行的直线（或中心线）和三个不共线的点来确定投影平面。
- 单击方向控制器中的“向右箭头”，图 9.4.4 所示的预览图向右旋转 90°。
- 单击方向控制器中的“逆时针旋转箭头”，图 9.4.5 所示的预览图沿逆时针旋转 30°。

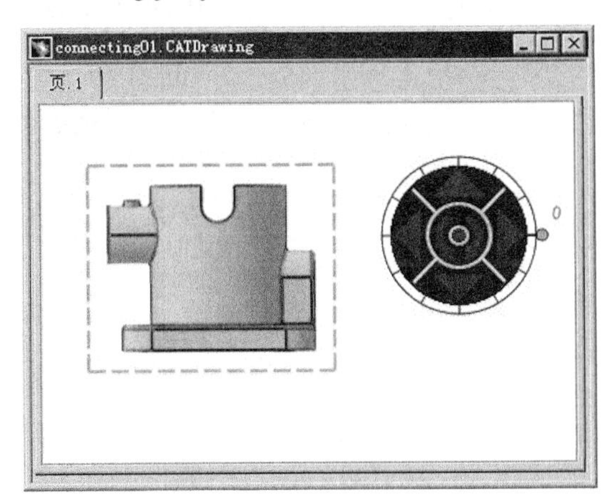

图 9.4.4 向右旋转 90°

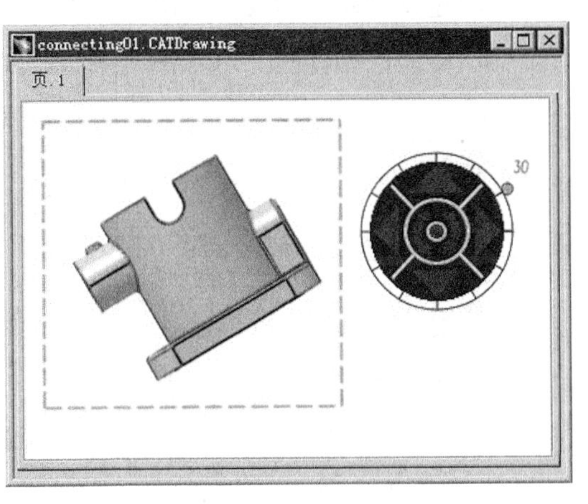

图 9.4.5 逆时针旋转 30°

2. 创建投影视图

投影视图包括仰视图、俯视图、右视图和左视图。下面以图 9.4.6 所示的俯视图和左视图为例，来说明创建投影视图的一般操作过程。

Step1. 打开文件 D:\cat2016.1\work\ch09.04.01\connecting01.CATDrawing。

Step2. 选择命令。在特征树中双击 上视图 将其激活，选择下拉菜单 插入 ➡ 视图 ➡ 投影 ➡ 投影 命令，在窗口中出现投影视图的预览图，如图 9.4.7 所示。

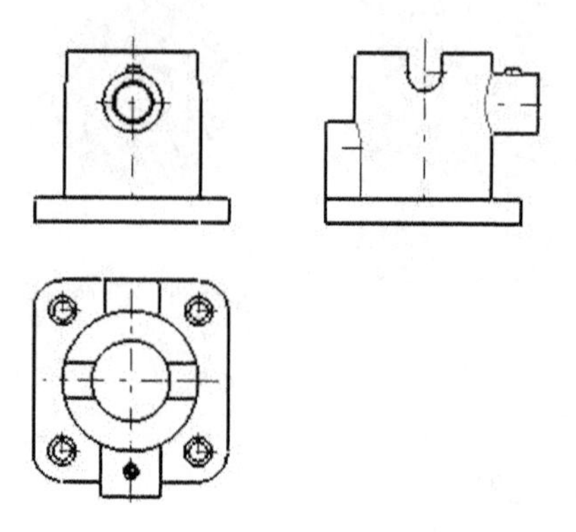

图 9.4.6 创建投影视图

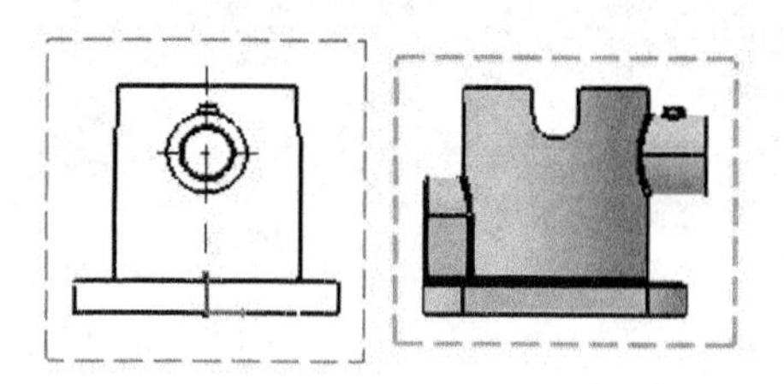

图 9.4.7 投影视图预览图

Step3. 放置视图。在主视图右侧的任意位置单击，生成左视图。

说明：将鼠标分别放在主视图的上、下、左、右侧，投影视图会相应地变成仰视图、俯视图、右视图、左视图。

Step4. 创建俯视图。选择下拉菜单 插入 ➡ 视图 ➡ 投影 ➡ 投影 命令，在系统 单击视图 的提示下，在主视图的下方单击，生成俯视图。

9.4.2 移动视图和锁定视图

在创建完主视图和投影视图后，如果它们在图样上的位置不合适、视图间距太小或太大，用户可以根据自己的需要移动视图。

如果视图已经完成，可以启动“锁定视图”功能，使该视图无法进行编辑，但是还可以将其移动。

1. 移动视图

移动视图有以下两种方法。

方法一：根据参考视图定位

Step1. 打开文件 D:\cat2016.1\work\ch09.04.02.01\move.CATDrawing。

Step2. 将鼠标停放在左视图的框架上，此时光标变成 ，按住鼠标左键并向右移动

至合适的位置后放开。

说明：

- 如果窗口中没有显示视图的框架，单击“工具”工具条中的按钮，即可显示视图的框架。
- 由于系统默认是“根据参考视图定位”，遵循“长对正、高平齐、宽相等”的原则（即主视图与俯视图长对正、主视图与左视图高平齐、仰视图与左视图宽相等），故用户移动投影视图时只能横向或纵向移动。当移动主视图时，由主视图生成的第一级子视图也会随着主视图的移动而移动，但移动子视图时父视图不会随着移动。

Step3. 在特征树中选中左视图并右击，在图 9.4.8 所示的快捷菜单中依次选择视图定位 → 不根据参考视图定位命令，移动视图至任意位置。

Step4 再次在特征树中选中左视图并右击，选择视图定位 → 根据参考视图定位命令时，移动的视图又自动以主视图为基准横向对齐。

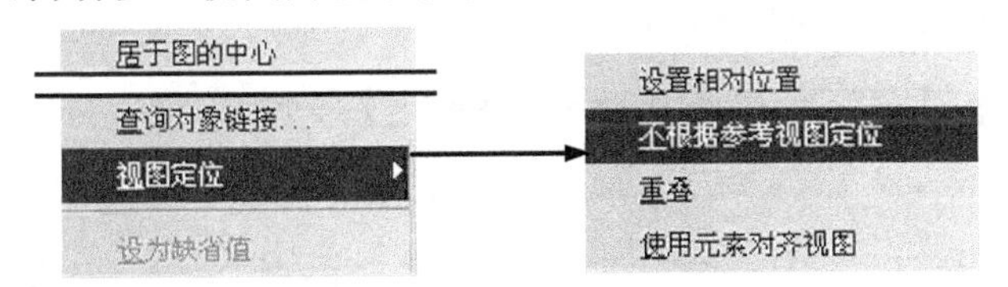

图 9.4.8 快捷菜单

方法二：设置相对位置

Step1. 打开文件 D:\cat2016.1\work\ch09.04.02\02\move.CATDrawing。

Step2. 在特征树中右击左视图，在弹出的快捷菜单中依次选择视图定位 → 设置相对位置命令，系统弹出图 9.4.9 所示的操作器。

Step3. 在系统在图纸上单击结束命令，或使用操作器更改视图位置的提示下，将鼠标移至操作器拖动手柄的端点处并按住鼠标左键，移动鼠标将左视图绕中心点移动，如图 9.4.9 所示；拖动手柄使左视图沿手柄方向移动，如图 9.4.10 所示。

Step4. 单击图 9.4.10 所示的圆环，设置该圆环为拖动手柄，如图 9.4.11 所示；在视图区任意位置单击，关闭操作器，终止操作。

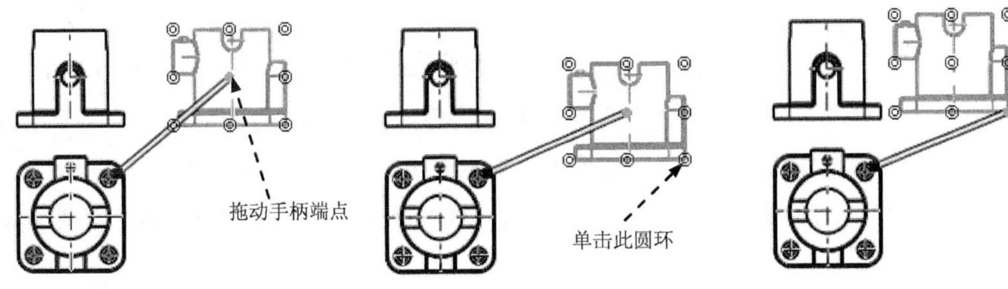

图 9.4.9 设置相对位置　　图 9.4.10 移动视图　　图 9.4.11 更换拖动手柄

2. 锁定视图

锁定视图的一般操作过程如下。

Step1. 在特征树中选中要锁定的视图并右击，在弹出的快捷菜单中选择属性命令，系统弹出图 9.4.12 所示的“属性”对话框。

Step2. 在“属性”对话框的可视化和操作选项组中选中锁定视图复选框，再单击确定按钮以完成视图的锁定。

说明： 在“属性”对话框中取消选中可视化和操作选项组中的显示视图框架复选框，即可彻底隐藏视图中的视图框架，此时单击“工具”工具条中的按钮不能显示视图的视图框架。本书后面所有视图都已将视图框架隐藏。

9.4.3 删除视图

要将某个视图删除，先选中该视图并右击，然后在弹出的快捷菜单中选择删除命令或直接按 Delete 键即可，如图 9.4.13 所示。

图 9.4.12 “属性”对话框

图 9.4.13 快捷菜单

9.4.4 视图的显示模式

在 CATIA 的工程图工作台中，右击视图，在弹出的快捷菜单中选择属性命令，系统弹出“属性”对话框，利用该对话框可以设置视图的显示模式。下面介绍几种常用的显示模式。

- 隐藏线：选中该复选框，视图中的不可见边线以虚线显示，如图 9.4.14 所示。
- 中心线：选中该复选框，视图中显示中心线，如图 9.4.15 所示。
- 3D 规格：选中该复选框，视图中只显示可见边，如图 9.4.16 所示。
- 3D 颜色：选中该复选框，视图中的线条颜色显示为三维模型的颜色，如图 9.4.17 所示。
- 轴：选中该复选框，视图中显示轴线，如图 9.4.18 所示。

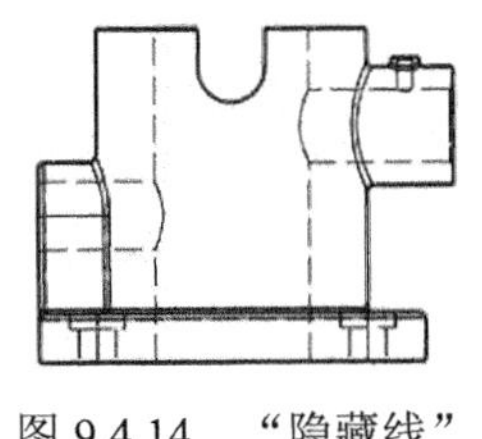

图 9.4.14 “隐藏线”

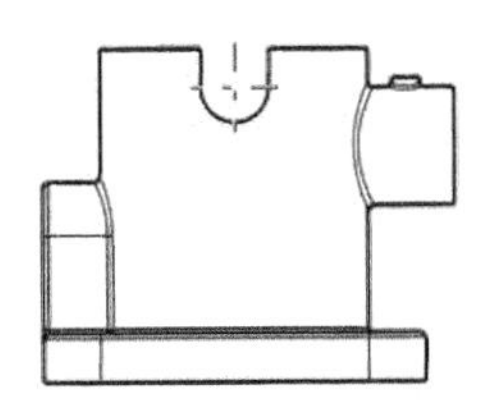

图 9.4.15 “中心线”

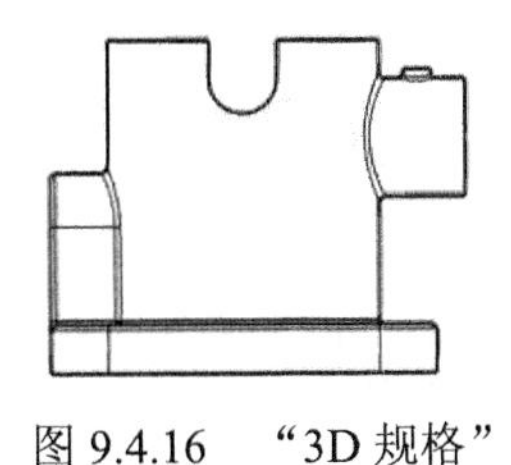

图 9.4.16 “3D 规格”

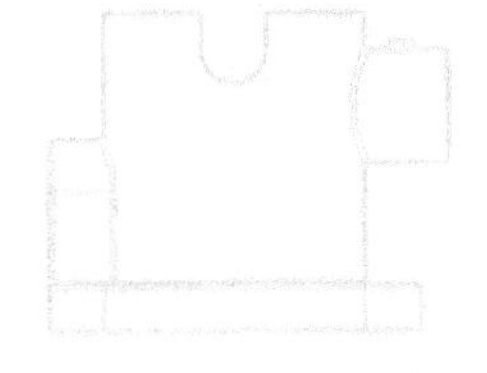

图 9.4.17 “3D 颜色”

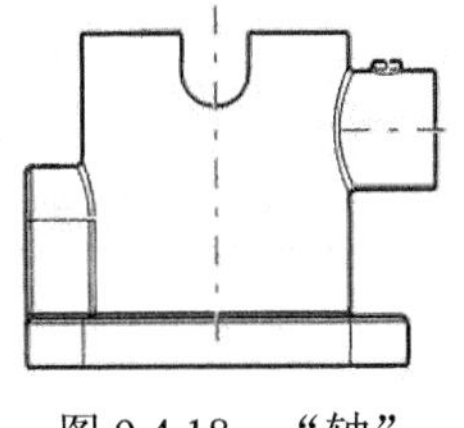

图 9.4.18 “轴”

下面以模型 connecting_base 的左视图为例，来说明如何通过“视图显示”操作将左视图设置为 隐藏线 显示状态，如图 9.4.14 所示。

Step1. 打开工程图 D:\cat2016.1\work\ch09.04.04\view.CATDrawing。

Step2. 在特征树中右击 左视图，在弹出的快捷菜单中选择 属性 命令，系统弹出图 9.4.19 所示的“属性”对话框。

Step3. 在“属性”对话框中选中 隐藏线 复选框，其余采用默认设置，如图 9.4.19 所示。

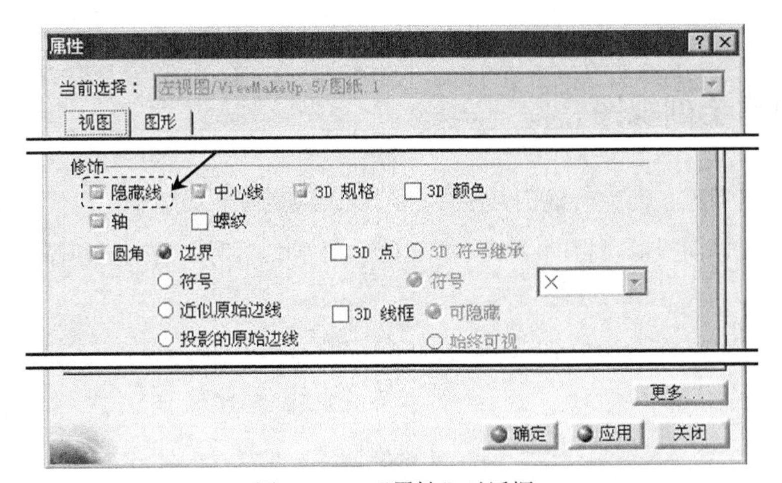

图 9.4.19 “属性”对话框

Step4. 单击 确定 按钮，完成操作。

说明：一般情况下，在工程图中选中 中心线、3D 规格 和 轴 三个复选框来定义视图的显示模式。

9.4.5 创建轴测图

创建轴测图的目的主要是为了方便读图。下面创建图 9.4.20 所示的轴测图，其操作过程如下。

Step1. 打开零件 D:\cat2016.1\work\ch09.04.05\connecting_base.CATpart。

Step2. 新建一个工程图文件。标准采用 GB，图纸采用 A1 ISO。

Step3. 选择下拉菜单 插入 → 视图 → 投影 → 等轴测视图 命令。

Step4. 切换窗口。在系统 在 3D 几何图形上选择参考平面 的提示下，选择下拉菜单 窗口(W) → 1 connecting_base.CATPart 命令，切换到零件模型的窗口。

Step5. 选择投影平面。选取 yz 平面作为投影平面，此时系统返回到工程图窗口，如图 9.4.21 所示。

Step6. 调整投影方向（图 9.4.21）。利用“方向控制器”调整视图的方向，单击以完成轴测图的创建。

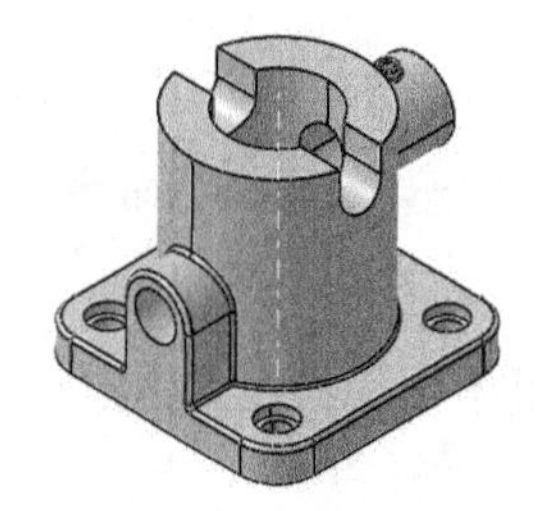

图 9.4.20 创建正轴测图

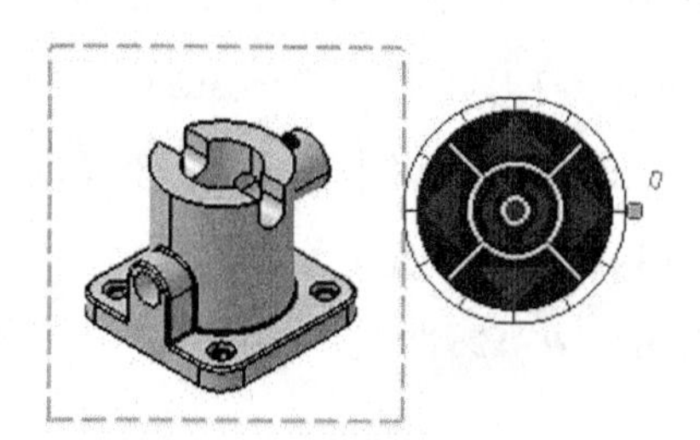

图 9.4.21 轴测图预览图

9.4.6 创建全剖视图

全剖视图是用剖切面完全地剖开零件，将处于观察者和剖切平面之间的部分移去，而将其余部分向投影面投影所得的图形。下面创建图 9.4.22 所示的全剖视图，其操作过程如下。

Step1. 打开文件 D:\cat2016.1\work\ch09.04.06\cutaway_view.CATDrawing。

Step2. 选择命令。在特征树中双击 正视图 将其激活，选择下拉菜单 插入 → 视图 → 截面 → 偏移剖视图 命令，如图 9.4.23 所示。

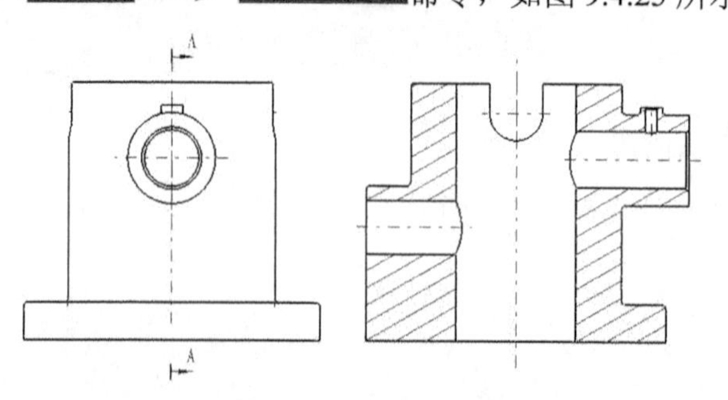

图 9.4.22 创建全剖视图

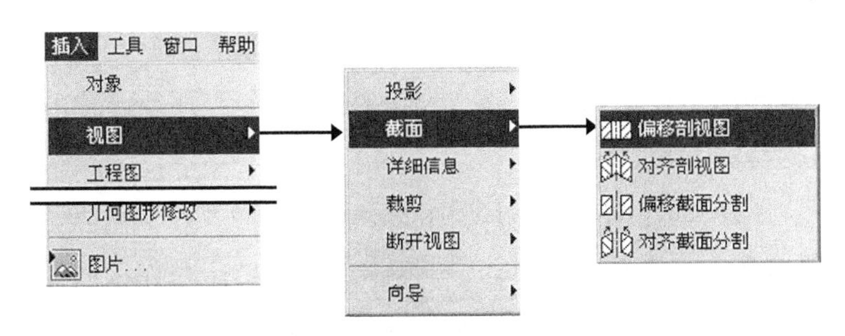

图 9.4.23　“插入”下拉菜单

Step3. 绘制剖切线。在系统 选择起点、圆弧边或轴线 的提示下，绘制图 9.4.22 所示的剖切线，系统显示全剖视图的预览图，如图 9.4.24 所示。

说明：根据系统 选择边线、单击或双击以结束轮廓定义 的提示，双击鼠标左键可以结束剖切线的绘制。

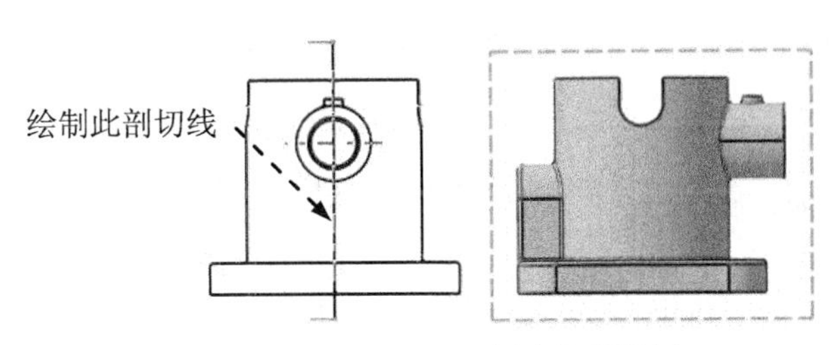

图 9.4.24　创建投影视图

Step4. 放置视图。选择合适的放置位置并单击，完成全剖视图的创建。

说明：

- 如果剖切左右两侧不对称，那么生成的剖视图左右两侧也不相同。
- 双击全剖视图中的剖面线，系统弹出图 9.4.25 所示的“属性”对话框，利用该对话框可以修改剖面线的类型、角度、颜色、间距、线型、偏移量和厚度等属性。
- 本书后面的其他剖视图也可利用“属性”对话框来修改剖面线的属性。

图 9.4.25　“属性”对话框

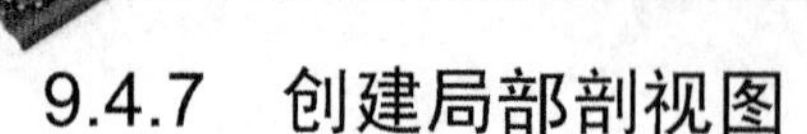

9.4.7 创建局部剖视图

局部剖视图是用剖切面局部地剖开零件所得的剖视图。下面创建图 9.4.26 所示的局部剖视图，其操作过程如下。

Step1. 打开文件 D:\cat2016.1\work\ch09.04.07\part_cutaway_view.CATDrawing。

Step2. 选择命令。在特征树中双击 正视图 以激活主视图，选择下拉菜单 插入 → 视图 → 断开视图 → 剖面视图 命令，如图 9.4.27 所示。

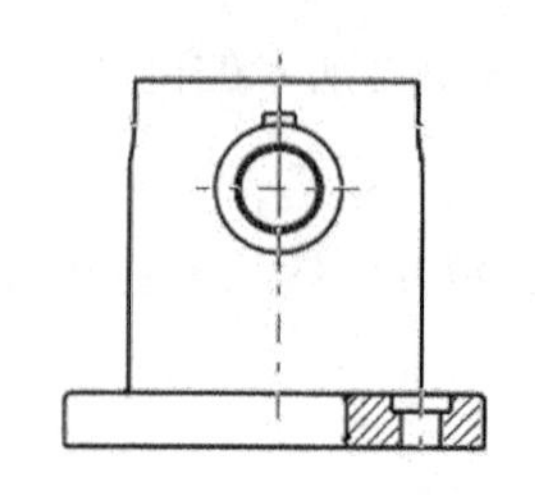

图 9.4.26 创建局部剖视图

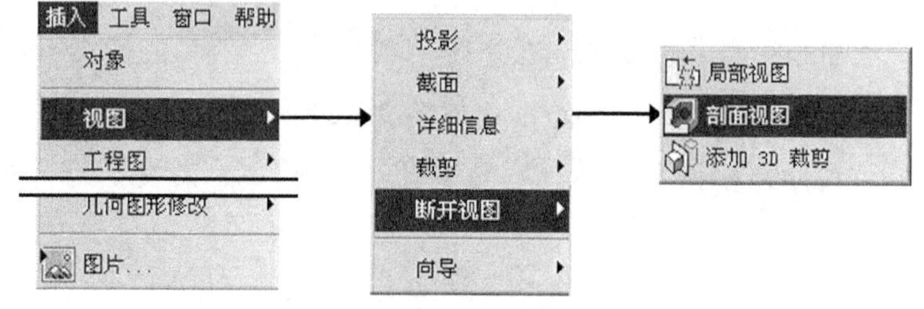

图 9.4.27 “插入”下拉菜单

Step3. 绘制图 9.4.28 所示的剖切范围，系统弹出图 9.4.29 所示的“3D 查看器”对话框。

Step4. 定义剖切平面。在系统 移动平面或使用元素选择平面的位置 的提示下，激活“3D 查看器”对话框 参考元素： 后的文本框，在俯视图中选取图 9.4.30 所示的圆为参考元素以确定剖切平面。

说明：也可以单击图 9.4.29 所示的剖切平面并按住鼠标左键，移至所需的位置即可移动剖切平面。

Step5. 单击 确定 按钮，完成局部剖视图的创建。

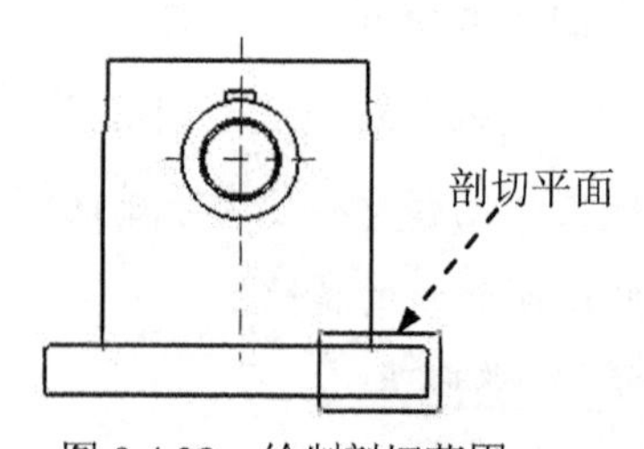

图 9.4.28 绘制剖切范围

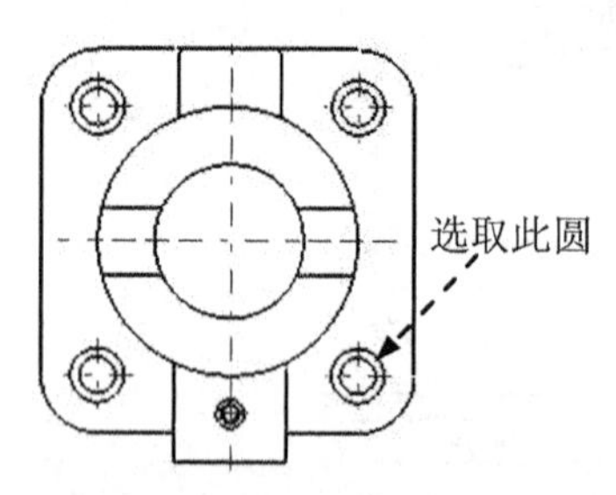

图 9.4.30 剖切深度

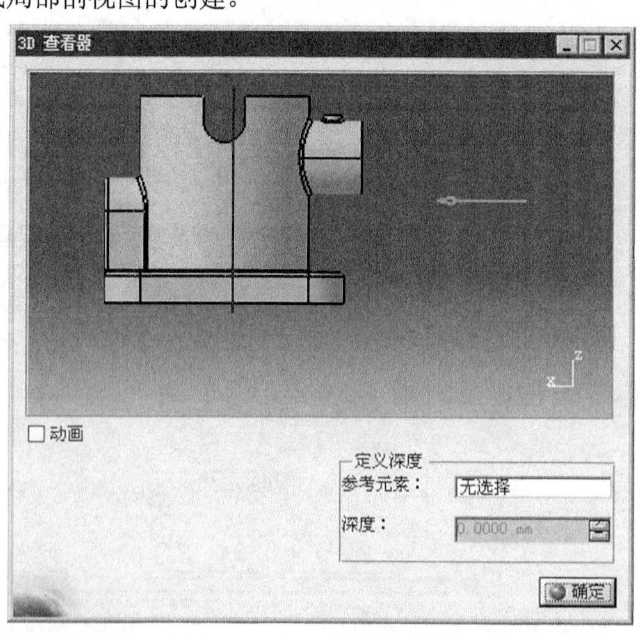

图 9.4.29 “3D 查看器”对话框

9.4.8 创建局部放大图

局部放大图是将零件的部分结构用大于原图形所采用的比例画出的图形，根据需要可画成视图、剖视图和断面图，放置时应尽量放在被放大部位的附近。下面创建图 9.4.31 所示的局部放大图，其操作过程如下。

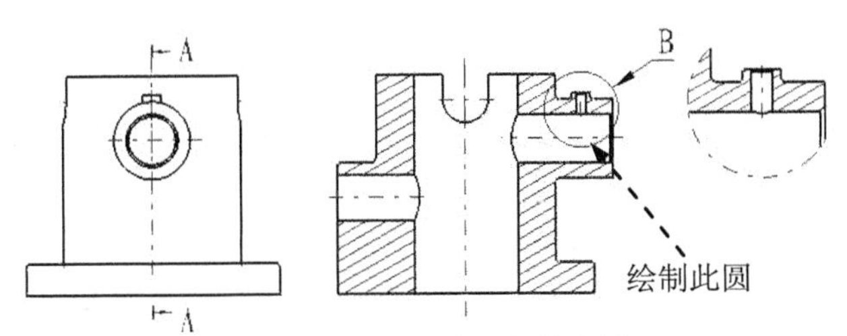

图 9.4.31 创建局部放大图

Step1. 打开文件 D:\cat2016.1\work\ch09.04.08\connecting.CATDrawing。

Step2. 激活截面视图。在特征树中双击 剖视图A-A 将其激活。

Step3. 选择命令。选择下拉菜单 插入 → 视图 ▸ → 详细信息 ▸ → 详细信息 命令，如图 9.4.32 所示。

Step4. 定义放大区域。

（1）在系统 选择一个点或单击以定义圆心 的提示下，在全剖视图中选取圆心位置。

（2）在系统 选择一点或单击以定义圆半径 的提示下，在窗口单击一点以确定圆的半径，此时系统显示局部放大图的预览图。

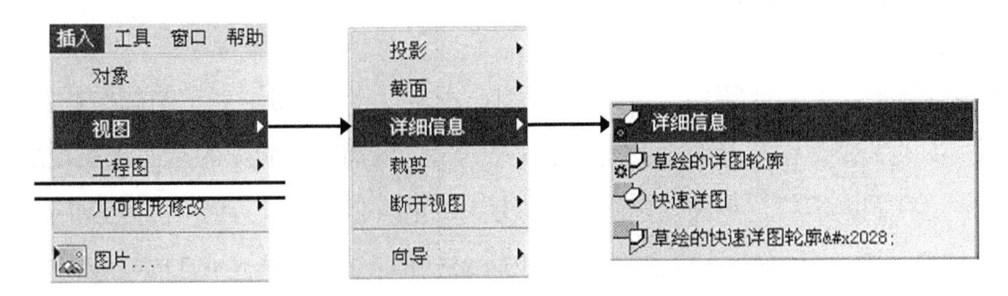

图 9.4.32 “插入”下拉菜单

Step5. 选择合适的放置位置并单击，完成局部放大图的创建。

说明：如果要修改局部放大图的显示比例，可在特征树中右击 详图B，在弹出的快捷菜单中选择 属性 命令，系统弹出图 9.4.33 所示的“属性”对话框，在该对话框的 比例和方向 区域的缩放文本框中可以修改局部放大图的显示比例。

图 9.4.33 “属性”对话框

9.4.9 创建旋转剖视图

旋转剖视图是完整的截面视图，但它的截面是一个偏距截面（因此需要创建偏距剖截面），它显示绕某一轴的展开区域的截面视图，且其轴是一条折线。下面创建图 9.4.34 所示的旋转剖视图，其操作过程如下。

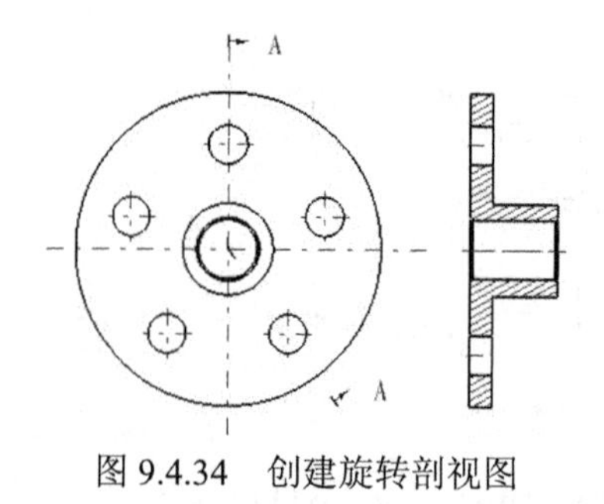

图 9.4.34 创建旋转剖视图

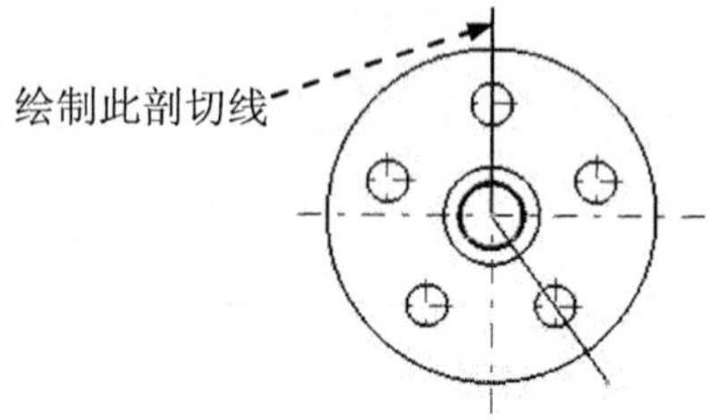

图 9.4.35 绘制剖切线

Step1. 打 开 工 程 图 文 件 D:\cat2016.1\work\ch09.04.09\revolved_cutting_view.CATDrawing。

Step2. 激活主视图。在特征树中双击 正视图 将其激活。

Step3. 选择下拉菜单 插入 → 视图 ▸ → 截面 ▸ → 对齐剖视图 命令。

Step4. 绘制图 9.4.35 所示的剖切线，系统显示旋转剖视图的预览图。

Step5. 放置视图。选择合适的放置位置并单击，完成旋转剖视图的创建。

9.4.10 创建阶梯剖视图

阶梯剖视图属于 2D 截面视图，其与全剖视图在本质上没有区别，但它的截面是偏距截面。创建阶梯剖视图的关键是创建好偏距截面，可以根据不同的需要创建偏距截面来实现阶梯剖视以达到充分表达视图的需要。下面创建图 9.4.36 所示的阶梯剖视图，其操作过程如下。

Step1. 打开文件 D:\cat2016.1\work\ch09.04.10\stepped_cutting_view. CATDrawing。

Step2. 激活主视图。在特征树中双击 正视图 将其激活。

Step3. 选择下拉菜单 插入 → 视图 ▸ → 截面 ▸ → 偏移剖视图 命令。

Step4. 绘制图 9.4.37 所示的剖切线，移动鼠标后系统显示阶梯剖视图的预览图。

Step5. 放置视图。选择合适的放置位置并单击，完成阶梯剖视图的创建。

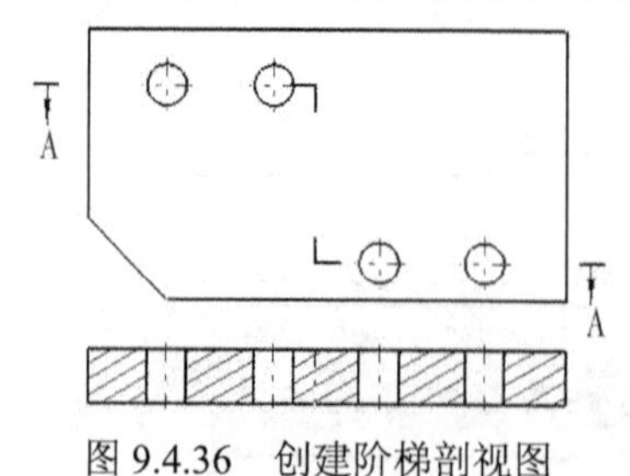

图 9.4.36 创建阶梯剖视图

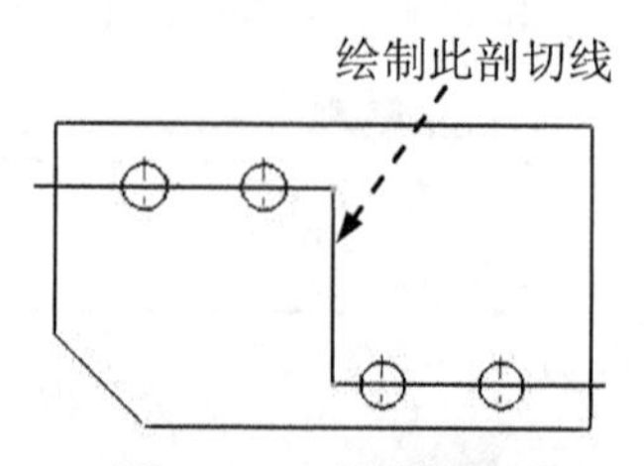

图 9.4.37 绘制剖切线

9.4.11　创建折断视图

在机械制图中，经常遇到一些较长且没有变化的零件，若要整个反映零件的尺寸形状，需用大幅面的图纸来绘制。为了既节省图纸幅面，又可以反映零件形状尺寸，在实际绘图中常采用折断视图。折断视图指的是从零件视图中删除选定两点之间的视图部分，将余下的两部分合并成一个带折断线的视图。下面创建图 9.4.38 所示的折断视图，其操作过程如下。

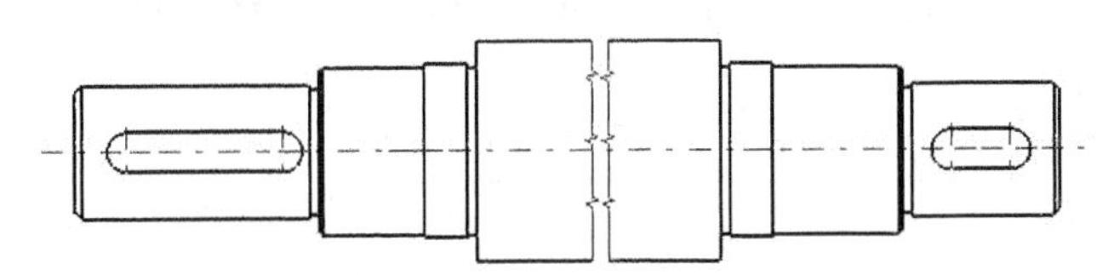

图 9.4.38　创建折断视图

Step1. 打开文件 D:\cat2016.1\work\ch09.04.11\break.CATDrawing。

Step2. 在特征树中双击 正视图 以激活主视图，选择下拉菜单 插入 ➡ 视图 ➡ 断开视图 ➡ 局部视图 命令。

Step3. 在系统 在视图中选择一个点以指示第一条剖面线的位置。 的提示下，在视图的部件内（图 9.4.39 选择的是轴的中心线）单击以选择折断起点。

说明： 此时系统出现图 9.4.39 所示的一条绿色实线和一条绿色虚线，两者相互垂直，实线表示折断的起始位置，将鼠标移至虚线上，则实线和虚线相互转换。

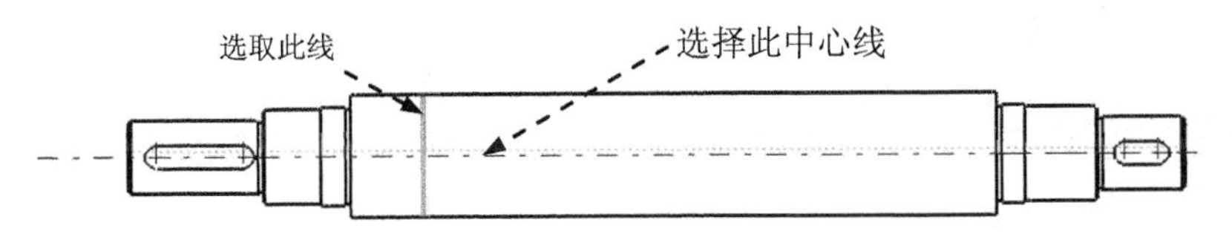

图 9.4.39　选择折断的起始位置

Step4. 在系统 单击所需的区域以获取垂直剖面或水平剖面。 的提示下，选择合适的位置单击以确定终止位置。

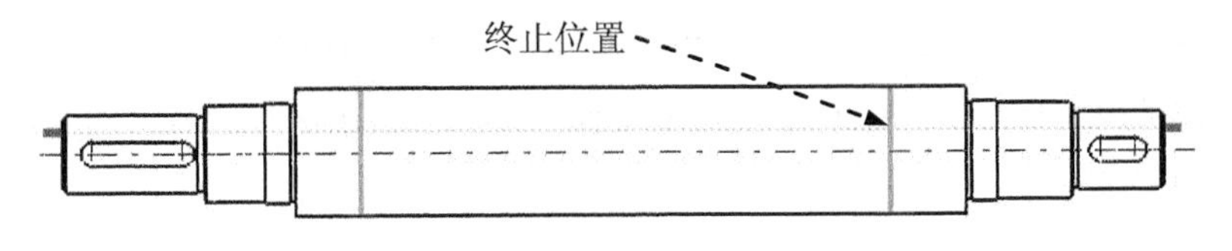

图 9.4.40　选择折断的终止位置

Step5. 放置视图。在窗口中的任意位置单击，完成折断视图的创建，如图 9.4.38 所示。

9.4.12　创建断面图

断面图常用在只需表达零件断面的场合下，这样既可以使视图简化，又能使视图所表

达的零件结构清晰易懂。下面创建图 9.4.41 所示的断面图，其操作过程如下。

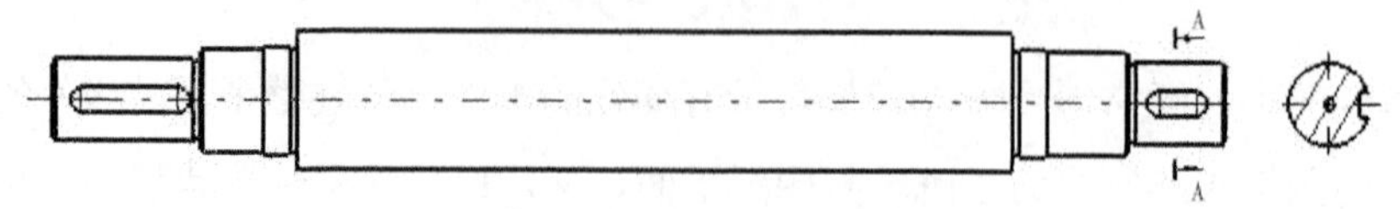

图 9.4.41　创建断面图

Step1. 打开文件 D:\cat2016.1\work\ch09.04.12\connecting.CATDrawing。

Step2. 选择下拉菜单 插入 → 视图 ▸ → 截面 ▸ → 偏移截面分割 命令。

Step3. 绘制图 9.4.42 所示的断面线。

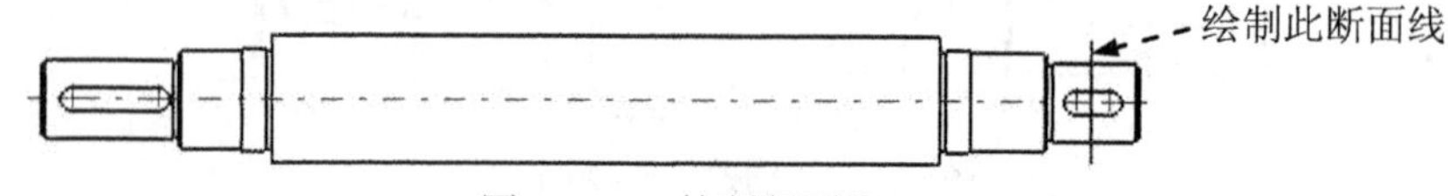

图 9.4.42　绘制断面线

Step4. 放置视图。选择合适的位置并单击，完成断面图的创建，如图 9.4.41 所示。

9.5 尺寸标注

尺寸标注是工程图的一个重要组成部分。CATIA 工程图工作台具有方便的尺寸标注功能，既可以由系统根据已存在的约束自动生成尺寸，也可以由用户根据需要自行标注。本节将详细介绍尺寸标注的各种方法。

9.5.1 自动生成尺寸

自动生成尺寸是将三维模型中已有的约束条件自动转换为尺寸标注。草图中存在的全部约束都可以转换为尺寸标注；零件之间存在的角度和距离约束也可以转换为尺寸标注；部件中的拉伸特征转换为长度约束，旋转特征转换为角度约束，光孔和螺纹孔转换为长度和角度约束，倒圆角特征转换为半径约束，薄壁、筋板转换为长度约束；装配件中的约束关系转换为装配尺寸。在 CATIA 工程图工作台中，自动生成尺寸有“生成尺寸”和“逐步生成尺寸”两种方式。

1. 生成尺寸

“生成尺寸”命令可以一步生成全部的尺寸标注（图 9.5.1），其操作过程如下：

Step1. 打开文件 D:\cat2016.1\work\ch09.05.01\autogeneration_dimension.CATDrawing。

Step2. 选择命令。选择下拉菜单 插入 → 生成 ▸ → 生成尺寸 命令（图 9.5.2），系统弹出图 9.5.3 所示的“尺寸生成过滤器”对话框。

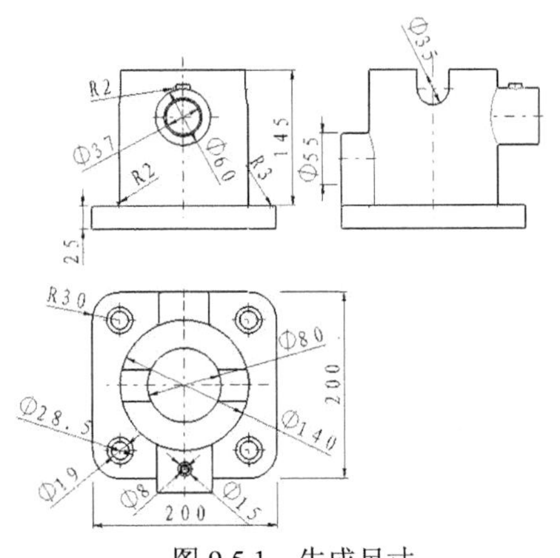

图 9.5.1 生成尺寸

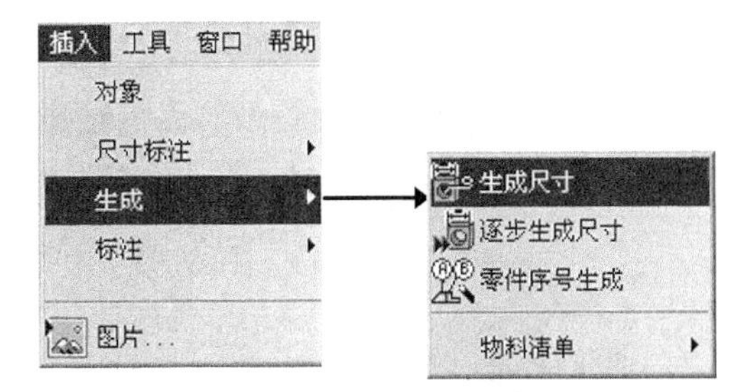

图 9.5.2 "插入"下拉菜单

Step3. 尺寸生成过滤。在"尺寸生成过滤器"对话框中设置图 9.5.3 所示的参数，然后单击 确定 按钮，系统弹出图 9.5.4 所示的"生成的尺寸分析"对话框，并显示自动生成尺寸的预览。

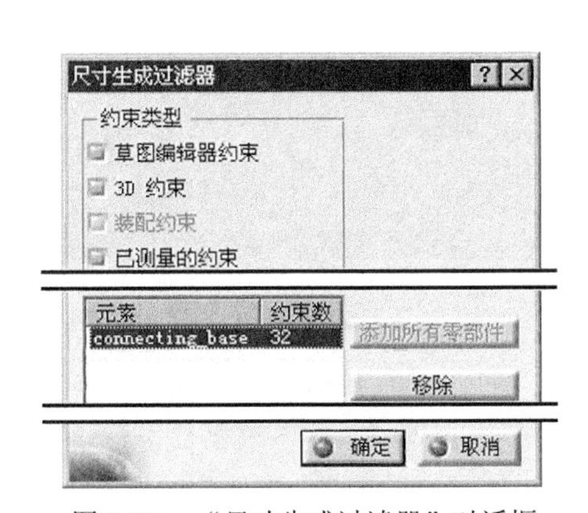

图 9.5.3 "尺寸生成过滤器"对话框

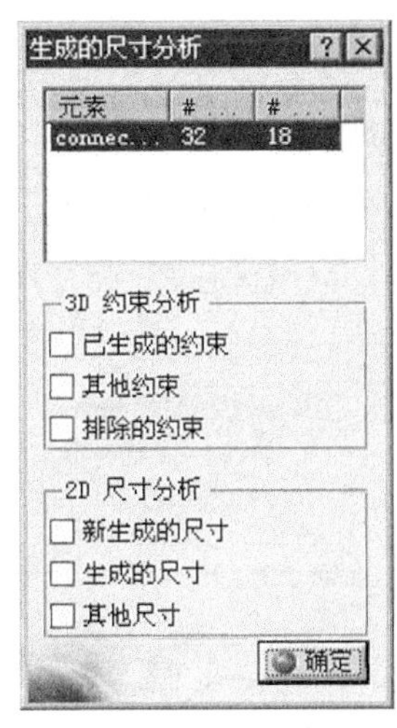

图 9.5.4 "生成的尺寸分析"对话框

图 9.5.4 所示的"生成的尺寸分析"对话框中各选项组说明如下。

- 3D 约束分析 选项组：该选项组用于控制在三维模型中尺寸标注的显示。
  - ☑ □已生成的约束：在三维模型中显示所有在工程图中标出的尺寸标注。
  - ☑ □其他约束：在三维模型中显示没有在工程图中标出的尺寸标注。
  - ☑ □排除的约束：在三维模型中显示自动标注时未考虑的尺寸标注。
- 2D 尺寸分析 选项组：该选项组用于控制在工程图中尺寸标注的显示。
  - ☑ □新生成的尺寸：在工程图中显示最后一次生成的尺寸标注。
  - ☑ □生成的尺寸：在工程图中显示所有已生成的尺寸标注。
  - ☑ □其他尺寸：在工程图中显示所有手动标注的尺寸标注。

Step4. 单击“已生成的尺寸分析”对话框中的确定按钮，完成尺寸的自动生成。

注意：如果生成尺寸的文本字体太小，为了方便看图，可在生成尺寸前，在“文本属性”工具条的“字体大小”文本框中输入尺寸的文本高度值 10.0（或别的值，如图 9.5.5 所示），再进行尺寸标注，此方法在手动标注时同样适用。

图 9.5.5 “文本属性”工具条

2. 逐步生成尺寸

“逐步生成尺寸”命令可以逐个地生成尺寸标注，生成时既可以决定是否生成某个尺寸，还可以选择标注尺寸的视图。下面以图 9.5.6 为例，来说明其一般操作过程。

Step1. 打开工程图文件 D:\cat2016.1\work\ch09.05.01\autogeneration_dimension.CATDrawing。

Step2. 选择命令。选择下拉菜单 插入 → 生成 ▸ → 逐步生成尺寸 命令，系统弹出“尺寸生成过滤器”对话框。

Step3. 尺寸生成过滤。在“尺寸生成过滤器”对话框中单击确定按钮以接受默认的过滤选项，系统弹出图 9.5.7 所示的“逐步生成”对话框。

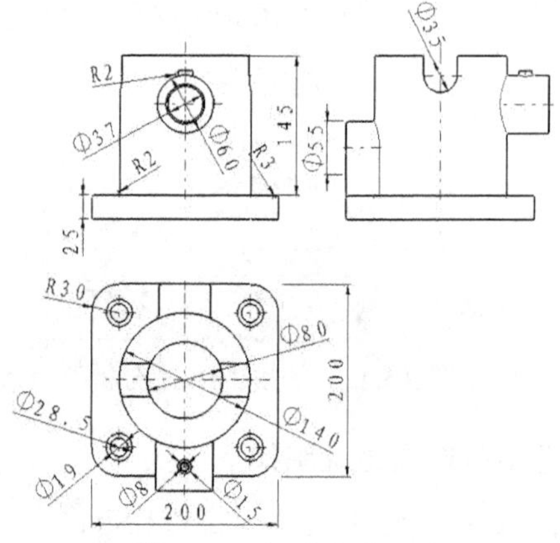

图 9.5.6 逐步生成尺寸

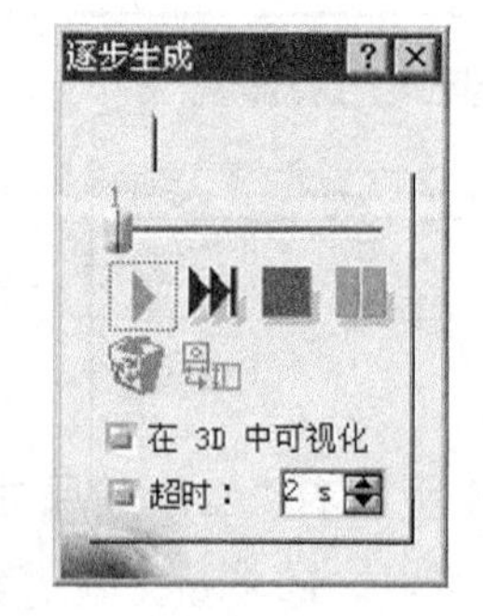

图 9.5.7 “逐步生成”对话框

图 9.5.7 所示的“逐步生成”对话框中各命令说明如下。

- ▶按钮：生成下一个尺寸，每单击一次生成一个尺寸标注。
- ⏭按钮：一次生成剩余的尺寸标注。
- ■按钮：停止生成剩余的尺寸标注。
- ⏸按钮：暂停生成尺寸标注，使用该命令还可以删除已生成的尺寸标注和选择标注尺寸的视图。

- 按钮：删除最后一个生成的尺寸标注。
- 按钮：将已生成的最后一个尺寸标至其他的视图上。操作方法为：单击该按钮，再单击放置尺寸标注的视图的视图框架即可（图 9.5.8）。
- 在 3D 中可视化 复选框：选中该复选框，当前生成的尺寸标注显示在三维模型上。
- 超时：复选框：选中该复选框，系统在生成每个尺寸标注后休息一段时间，在该复选框后的文本框中可以输入休息的时间。

Step4. 单击 按钮，系统逐个地生成尺寸。

Step5. 生成完想要标注的尺寸后，单击 按钮，系统弹出“生成的尺寸分析”对话框。

Step6. 单击 确定 按钮，完成尺寸标注的生成。

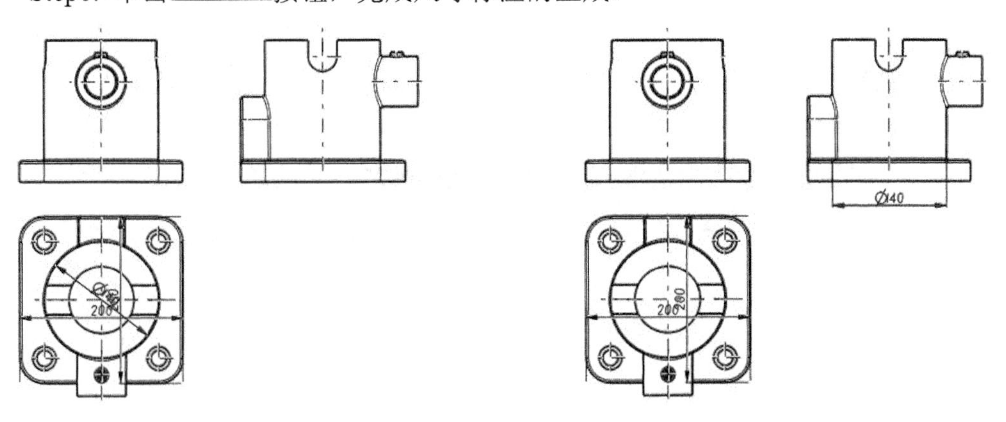

a）移动前　　b）移动后

图 9.5.8 将尺寸移至另一个视图

9.5.2 手动标注尺寸

当自动生成尺寸不能全面地表达零件的结构或在工程图中需要增加一些特定的标注时，就需要手动标注尺寸。这类尺寸受零件模型所驱动，因此又常被称为“从动尺寸”。手动标注尺寸与零件或组件具有单向关联性，即这些尺寸受零件模型所驱动。当零件模型的尺寸改变时，工程图中的这些尺寸也随之改变，但这些尺寸的值在工程图中不能被修改。

1. “工具控制板”工具条

选择下拉菜单 插入 → 标注 ▸ → 尺寸 ▸ → 尺寸 命令（图 9.5.9），系统弹出图 9.5.10 所示的“工具控制板”工具条。

图 9.5.10 所示的“工具控制板”工具条中各命令的说明如下。

A：利用鼠标不同的放置位置来确定尺寸标注的形式，图 9.5.11 标注的是水平投影值，图 9.5.12 标注的是竖直投影值，图 9.5.13 标注的是直线的长度值。

B：标注长度值。

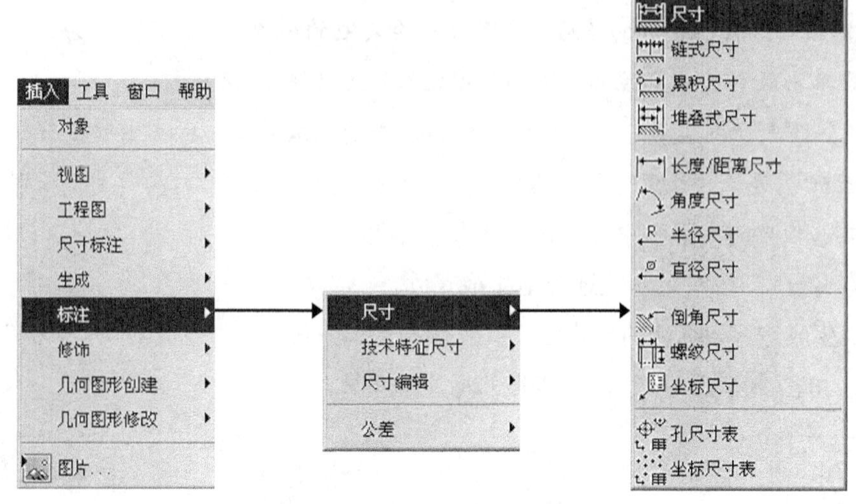

图 9.5.9　选择命令

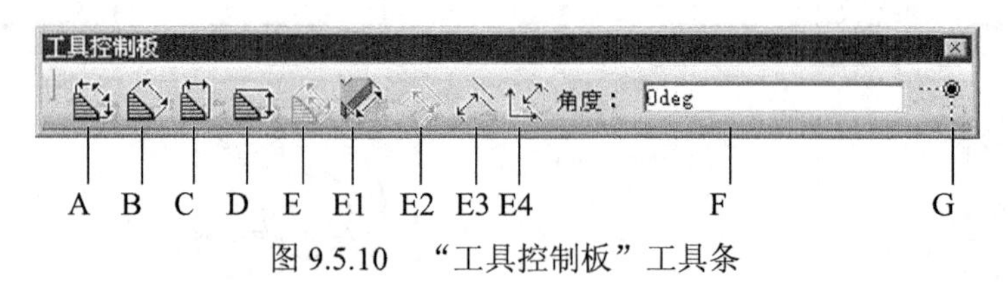

图 9.5.10　“工具控制板”工具条

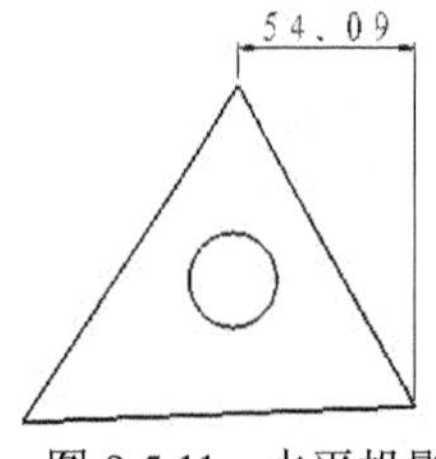

图 9.5.11　水平投影

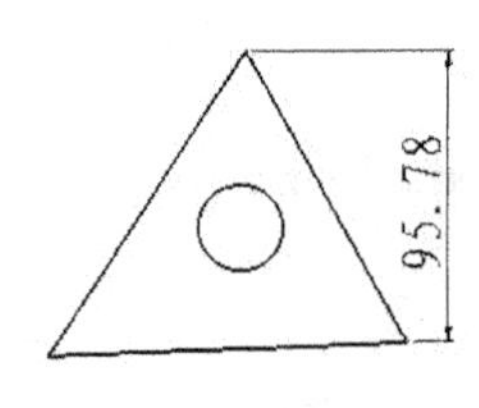

图 9.5.12　竖直投影

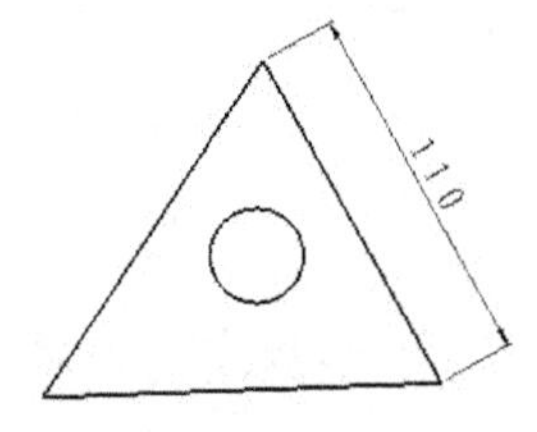

图 9.5.13　长度

C：标注水平投影值。

D：标注竖直投影值。

E：设定一个任意的方向标注尺寸，单击该按钮，弹出 E1、E2、E3 三个按钮和 E4 文本框，如图 9.5.10 所示。

E1：尺寸标注沿参考方向。

E2：尺寸标注与所选方向垂直，如图 9.5.14 所示。

E3：尺寸标注与横坐标轴成一定的角度（图 9.5.15 所示的是呈 60° 角）。

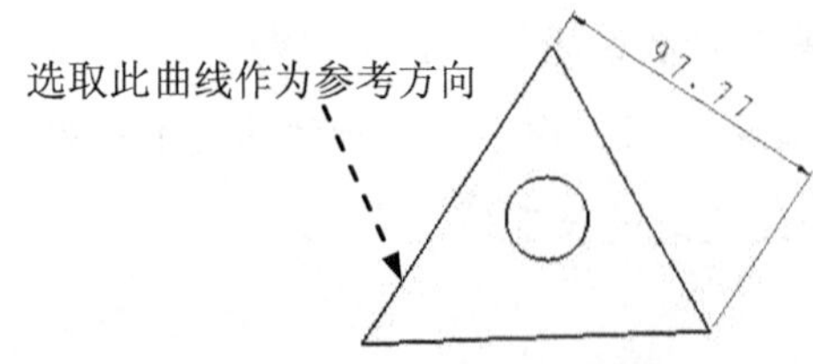

图 9.5.14　与所选方向垂直

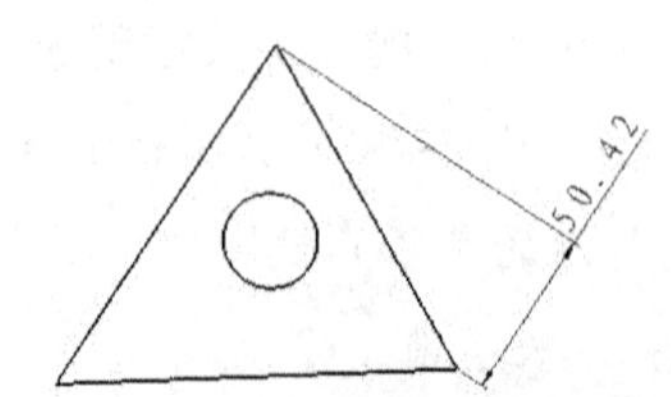

图 9.5.15　与横坐标轴成一定的角度

E4：尺寸标注与横坐标轴所成的角度值。

F：标注实际尺寸，忽略投影所产生的长度变形。

G：检测交点（辅助功能，可以和前面的命令共同使用）。

2．标注长度和距离

下面以图 9.5.16 为例，来说明标注长度的一般过程。

Step1．打开文件 D:\cat2016.1\work\ch09.05.02\dimension.CATDrawing。

Step2．选择下拉菜单 插入 ➡ 尺寸标注 ▶ ➡ 尺寸 ▶ ➡ 长度/距离尺寸 命令，系统弹出“工具控制板”工具条，选取图 9.5.16 所示的直线，系统出现尺寸的预览。

Step3．选择合适的放置位置并单击，完成操作。

说明：

- 在 Step2 中，右击，在弹出的图 9.5.17 所示的快捷菜单中选择 部分长度 命令，在图 9.5.18 所示的位置 1 和位置 2 处单击（系统将这两点投影到该直线上），可标注这两个投影点之间的线段长度，如图 9.5.19 所示。

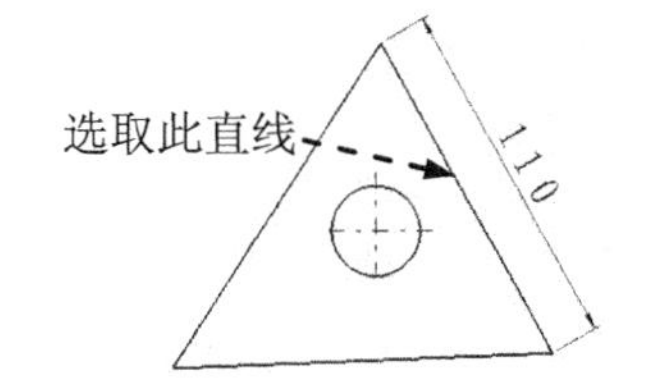

图 9.5.16 标注长度

图 9.5.17 快捷菜单

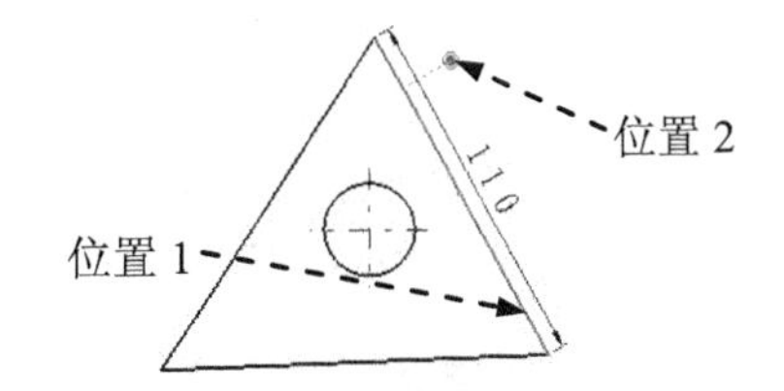

图 9.5.18 选择起始、终止位置

- 右击，在弹出的快捷菜单中选择 值方向 命令，系统弹出图 9.5.20 所示的“值方向”对话框，利用该对话框可以设置尺寸文字的放置方向。

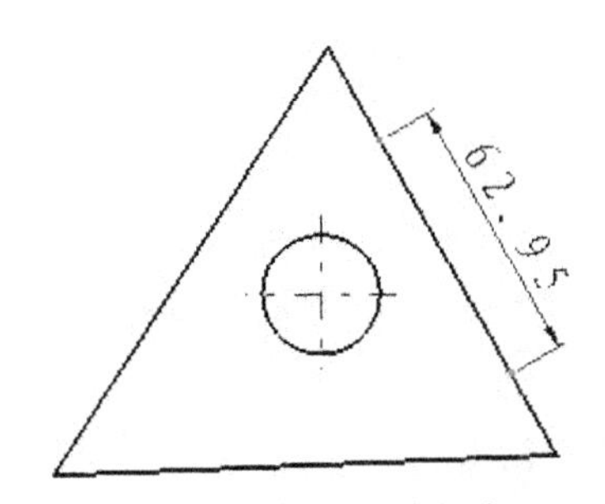

图 9.5.19 标注部分长度

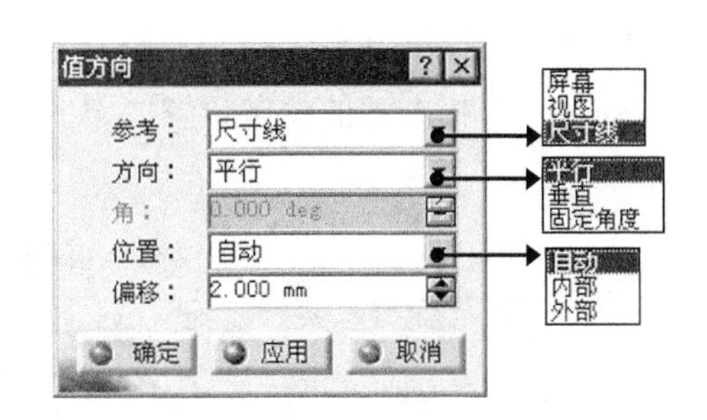

图 9.5.20 “值方向”对话框

下面标注图 9.5.21 所示的直线和圆之间的距离，其操作过程如下。

Step1．选择下拉菜单 插入 ➡ 尺寸标注 ▶ ➡ 尺寸 ▶ ➡ 长度/距离尺寸 命令，系统弹出“工具控制板”工具条。

Step2. 选取图 9.5.21 所示的直线和圆，系统出现尺寸标注的预览。

Step3. 选择合适的放置位置并单击，完成操作。

说明：

- 在 Step2 中，右击，在弹出的图 9.5.22 所示的快捷菜单中选择 距离 命令，结果如图 9.5.23 所示。

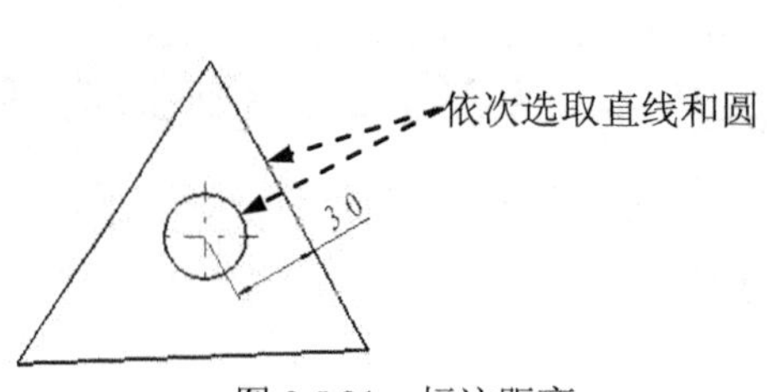

图 9.5.21　标注距离

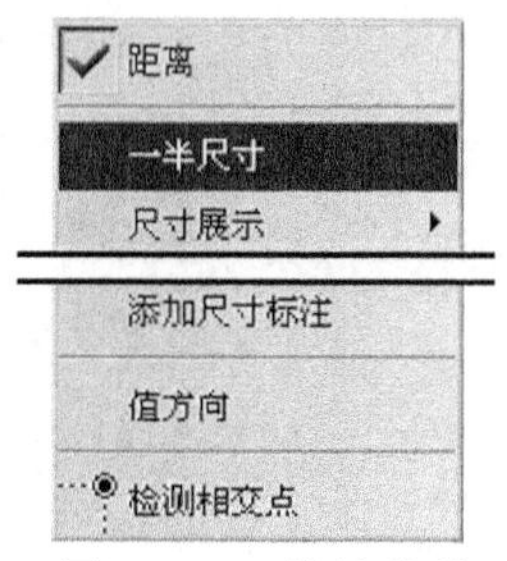

图 9.5.22　快捷菜单

- 右击，在弹出的快捷菜单中选择 一半尺寸 命令，结果如图 9.5.24 所示。

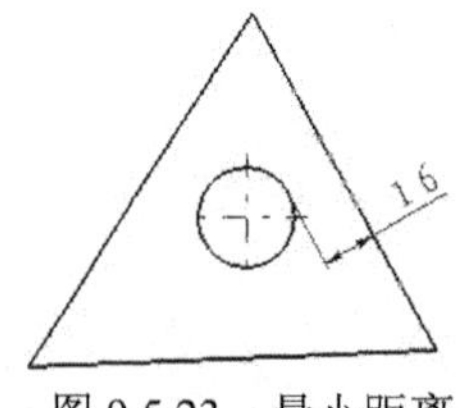

图 9.5.23　最小距离

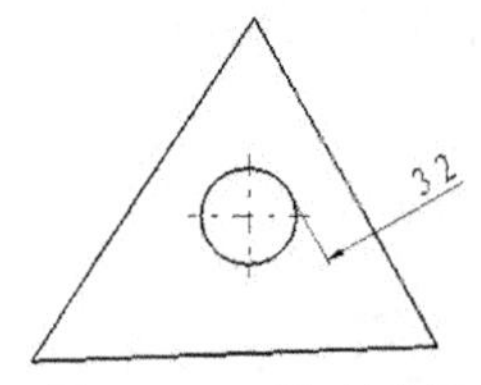

图 9.5.24　尺寸减半

3．标注角度

下面以图 9.5.25 为例，来说明标注角度的一般过程。

Step1. 打开文件 D:\cat2016.1\work\ch09.05.02\dimension.CATDrawing。

Step2. 选择下拉菜单 插入 → 尺寸标注 → 尺寸 → 角度尺寸 命令。

Step3. 选取图 9.5.25 所示的两条直线，系统出现尺寸标注的预览。

Step4. 选择合适的放置位置并单击，完成操作。

说明：

- 在 Step3 中，右击，在弹出的图 9.5.26 所示的快捷菜单中选择 角扇形 → 扇形 2 命令，结果如图 9.5.27 所示。
- 右击，在弹出的快捷菜单中选择 角扇形 → 补充 命令，结果如图 9.5.28 所示。

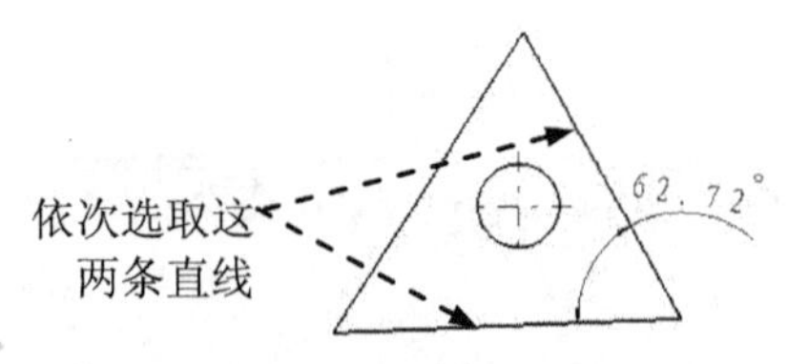

图 9.5.25　尺寸标注预览

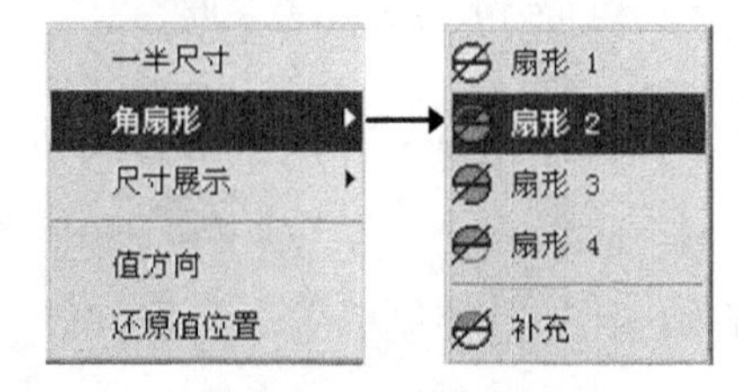

图 9.5.26　快捷菜单

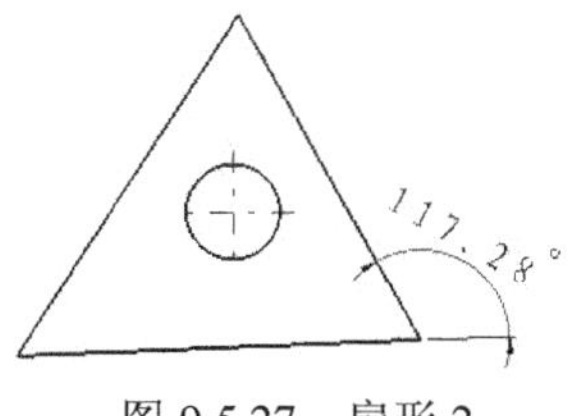

图 9.5.27 扇形 2

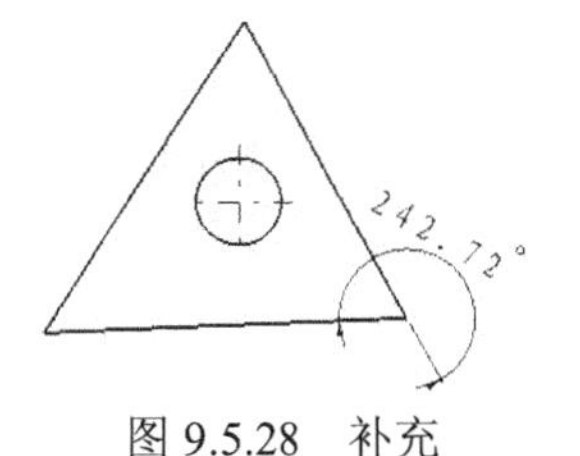

图 9.5.28 补充

4．标注半径

下面以图 9.5.29 为例，来说明标注半径的一般过程。

Step1．打开文件 D:\cat2016.1\work\ch09.05.02\dimension.CATDrawing。

Step2．选择下拉菜单 插入 → 尺寸标注 ▸ → 尺寸 ▸ → 半径尺寸 命令，系统弹出“工具控制板”工具条。

Step3．选取图 9.5.29 所示的圆弧，系统出现尺寸标注的预览。

Step4．选择合适的放置位置并单击，完成操作。

5．标注直径

下面以图 9.5.30 为例，来说明标注直径的一般过程。

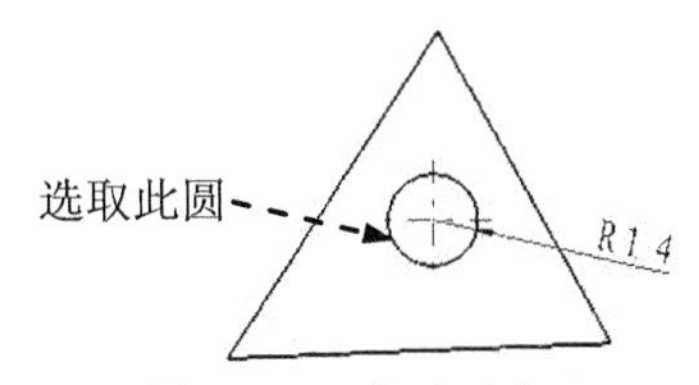

图 9.5.29 标注半径

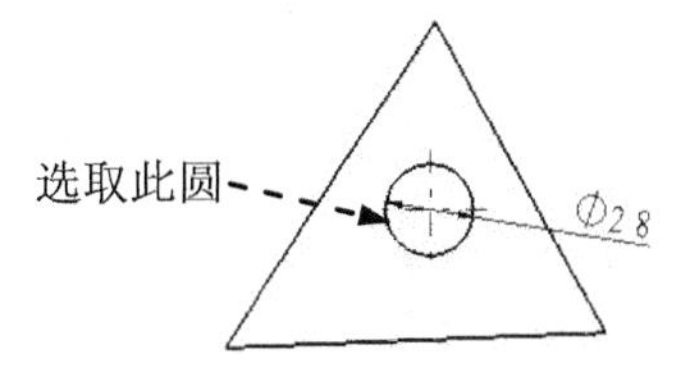

图 9.5.30 标注直径

Step1．打开文件 D:\cat2016.1\work\ch09.05.02\dimension.CATDrawing。

Step2．选择下拉菜单 插入 → 尺寸标注 ▸ → 尺寸 ▸ → 直径尺寸 命令，系统弹出“工具控制板”工具条。

Step3．选取图 9.5.30 所示的圆弧，系统出现尺寸标注的预览。

Step4．选择合适的放置位置并单击，完成操作。

说明：在 Step3 中，右击，在弹出的图 9.5.31 所示的快捷菜单中选择 1 个符号 命令，则箭头变为单箭头，结果如图 9.5.32 所示。

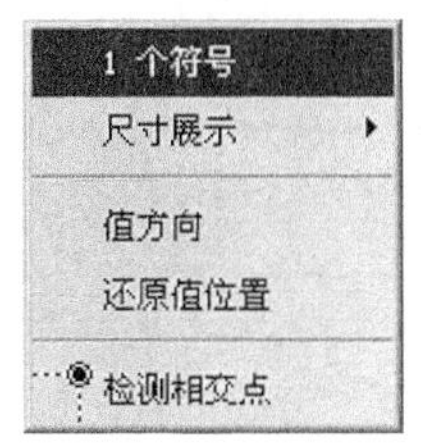

图 9.5.31 快捷菜单

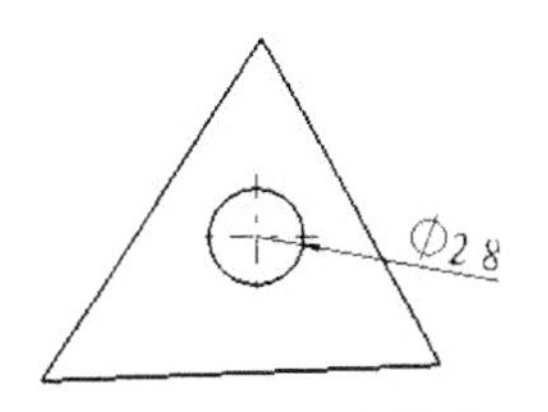

图 9.5.32 一个符号

6. 标注倒角

标注倒角需要指定倒角边和参考边。下面以图 9.5.33 为例，来说明标注倒角的一般过程。

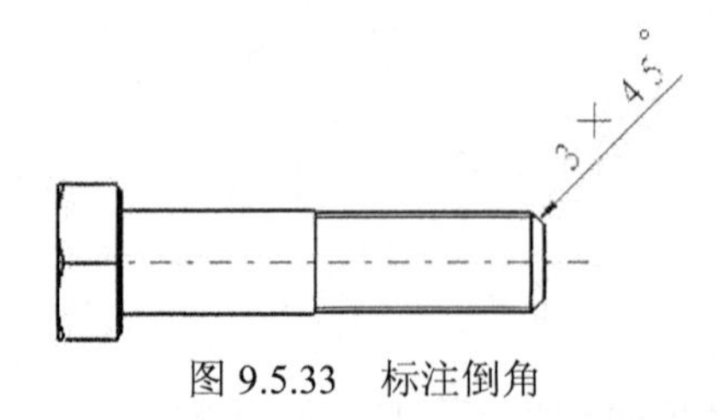

图 9.5.33　标注倒角

Step1. 打开文件 D:\cat2016.1\work\ch09.05.02\bolt.CATDrawing。

Step2. 选择下拉菜单 插入 → 尺寸标注 → 尺寸 → 倒角尺寸 命令，系统弹出图 9.5.34 所示的“工具控制板”工具条。

图 9.5.34　“工具控制板”工具条

Step3. 单击“工具控制板”工具条中的“单符号”按钮，选择 长度 x 角度 单选项。

Step4. 选取图 9.5.35 所示的直线。

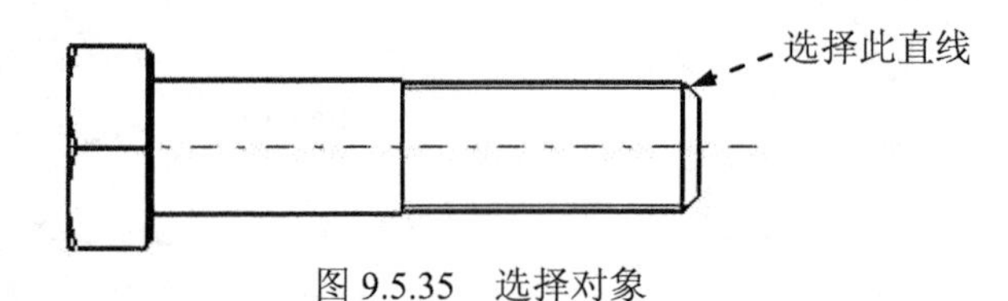

图 9.5.35　选择对象

Step5. 选择合适的放置位置并单击，完成操作。

图 9.5.34 所示的“工具控制板”工具条中的各选项说明如下。

- 长度 x 长度：倒角尺寸以长度×长度的方式标注，如图 9.5.36 所示。
- 长度 x 角度：倒角尺寸以长度×角度的方式标注，如图 9.5.33 所示。
- 角度 x 长度：倒角尺寸以角度×长度的方式标注，如图 9.5.37 所示。
- ：倒角尺寸以单个符号的方式标注，如图 9.5.38 所示。
- ：倒角尺寸以两个符号的方式标注，如图 9.5.39 所示。

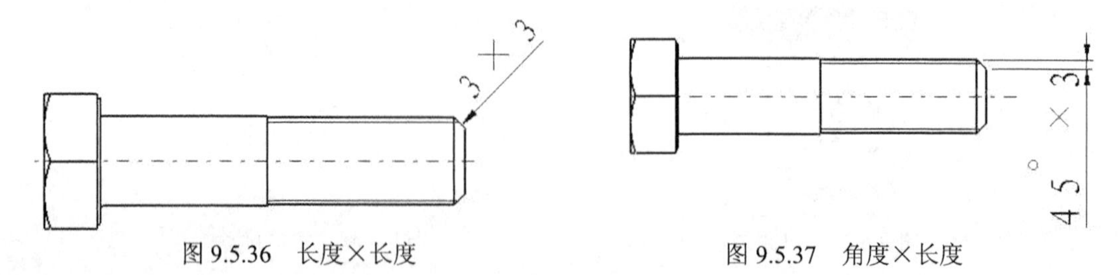

图 9.5.36　长度×长度　　图 9.5.37　角度×长度

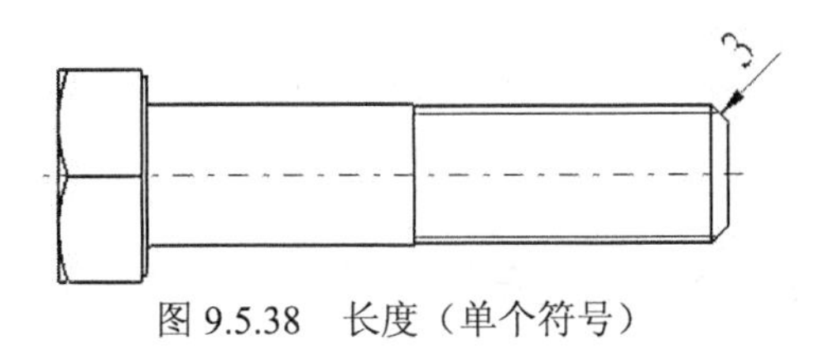

图 9.5.38 长度（单个符号）

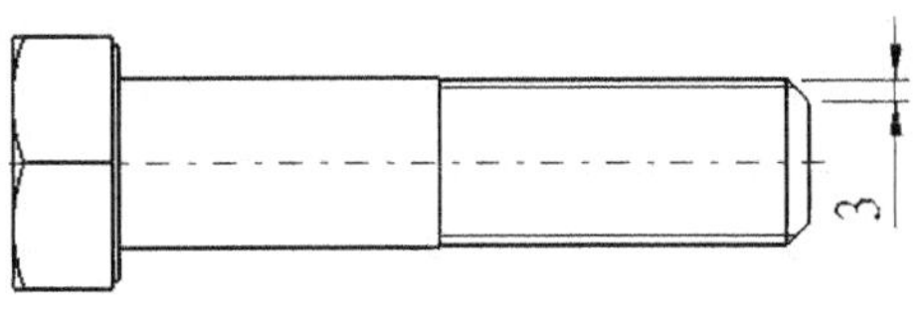

图 9.5.39 长度（两个符号）

7．标注螺纹

下面以图 9.5.40 为例，来说明标注螺纹的一般过程。

Step1．打开文件 D:\cat2016.1\work\ch09.05.02\bolt02.CATDrawing。

Step2．选择下拉菜单 插入 → 尺寸标注 ▸ → 尺寸 ▸ → 螺纹尺寸 命令，系统弹出图 9.5.41 所示的“工具控制板”工具条。

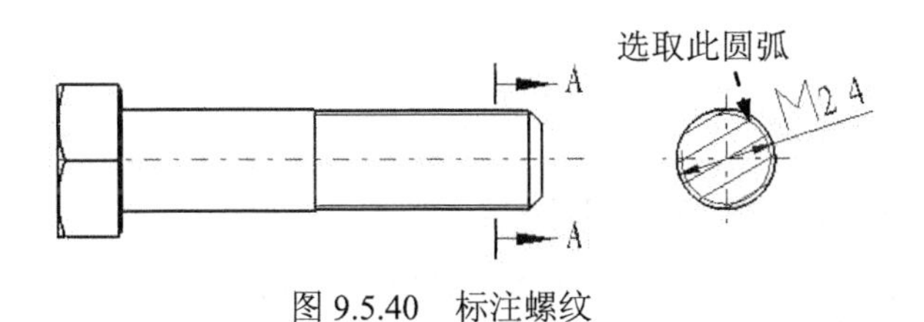

图 9.5.40 标注螺纹

图 9.5.41 “工具控制板”工具条

Step3．选取图 9.5.40 所示的圆弧，系统生成图 9.5.42 所示的尺寸。

Step4．修改尺寸文本。

（1）选择 Step3 中生成的螺纹尺寸，右击，在弹出的快捷菜单中选择 属性 命令，系统弹出“属性”对话框。

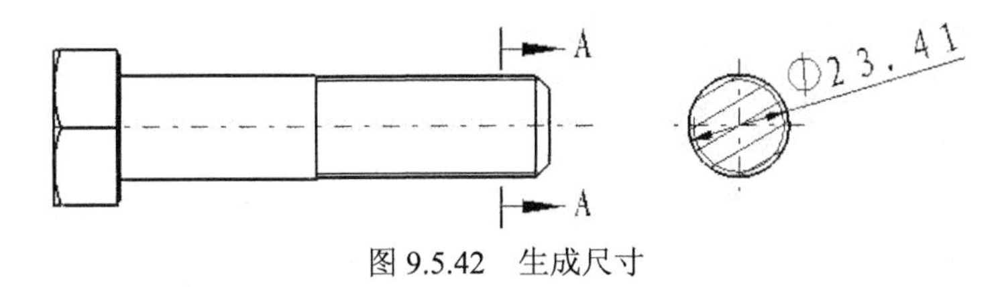

图 9.5.42 生成尺寸

（2）在“属性”对话框中单击 尺寸文本 选项卡，在 前缀 - 后缀 区域单击 Ø 按钮中的 M 按钮，如图 9.5.43 所示。

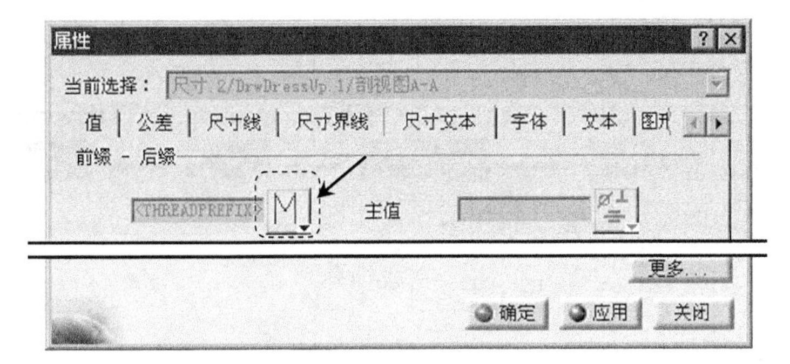

图 9.5.43 “属性”对话框（一）

（3）在“属性”对话框（一）中单击 值 选项卡，先选中 假尺寸 复选框，然后选中 数字 单选项，最后在 数字 单选项下方的文本框中输入图 9.5.44 所示的参数。单击 确定 按钮，完成操作。

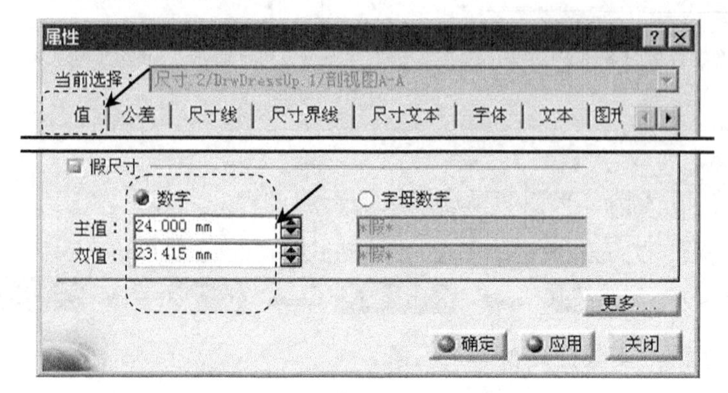

图 9.5.44 “属性”对话框（二）

8．标注链式尺寸

下面以图 9.5.45 为例，来说明标注链式尺寸的一般过程。

Step1．打开文件 D:\cat2016.1\work\ch09.05.02\connceting.CATDrawing。

Step2．选择下拉菜单 插入 → 尺寸标注 → 尺寸 → 链式尺寸 命令。

Step3．依次选取图 9.5.46 所示的四条直线（从左到右）。

Step4．选择合适的放置位置并单击，完成操作。

9．标注累积尺寸

下面以图 9.5.47 为例，来说明标注累积尺寸的一般过程。

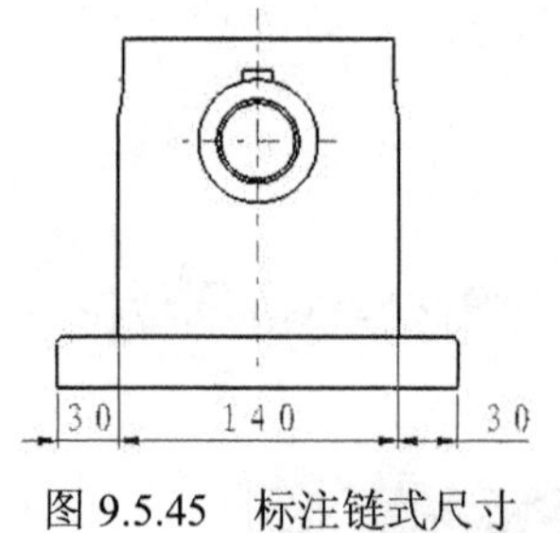

图 9.5.45 标注链式尺寸

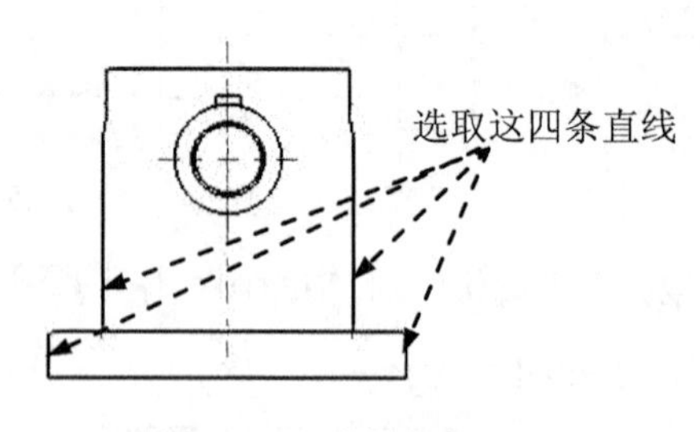

图 9.5.46 选择对象

Step1．打开文件 D:\cat2016.1\work\ch09.05.02\connceting.CATDrawing。

Step2．选择下拉菜单 插入 → 尺寸标注 → 尺寸 → 累积尺寸 命令。

Step3．依次选取图 9.5.48 所示的四条直线。

Step4．选择合适的放置位置并单击，完成操作。

10．标注堆叠式尺寸

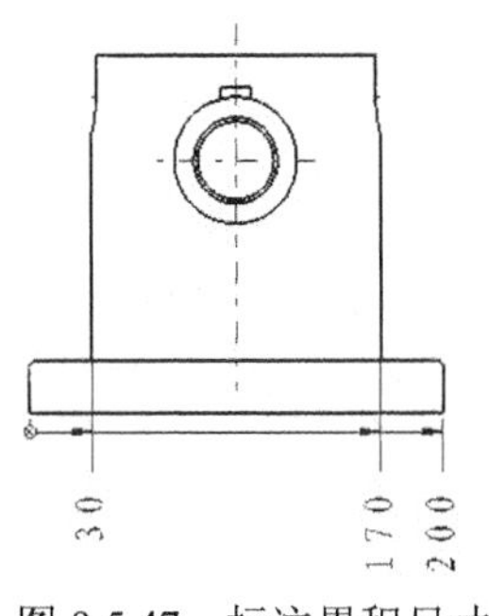

图 9.5.47 标注累积尺寸

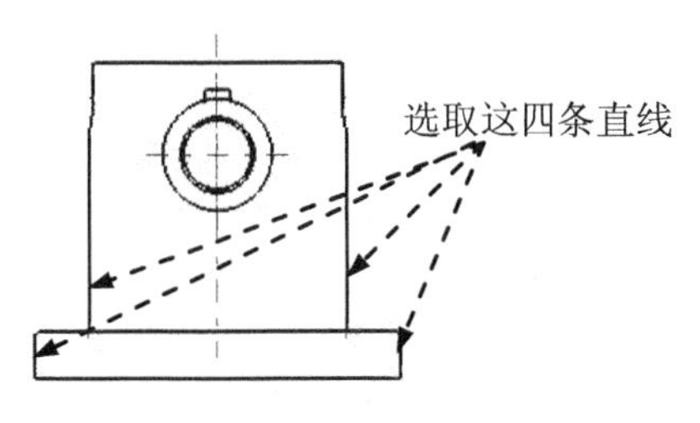

图 9.5.48 选择对象

下面以图 9.5.49 为例，来说明标注堆叠式尺寸的一般过程。

Step1. 打开工程图 D:\cat2016.1\work\ch09.05.02\connceting.CATDrawing。

Step2. 选择下拉菜单 插入 → 尺寸标注 ▸ → 尺寸 ▸ → 堆叠式尺寸 命令。

Step3. 依次选取图 9.5.50 所示的四条直线。

Step4. 选择合适的放置位置并单击，完成操作。

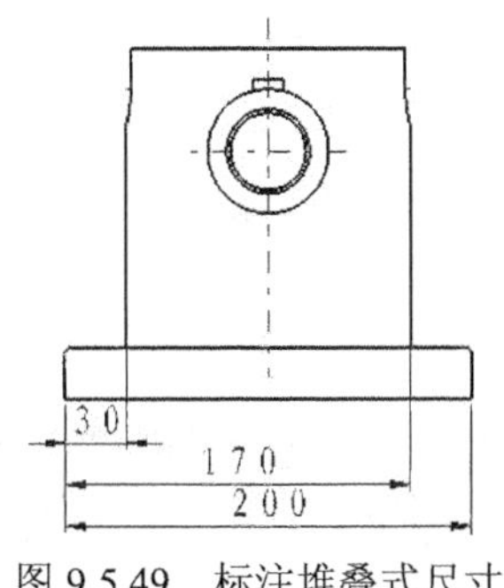

图 9.5.49 标注堆叠式尺寸

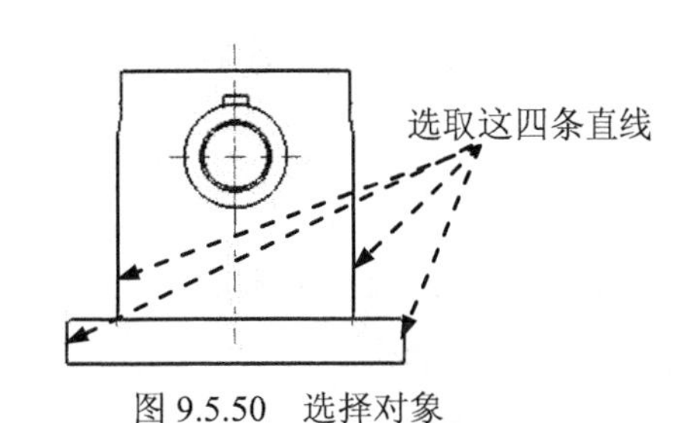

图 9.5.50 选择对象

9.6 标注尺寸公差

下面标注图 9.6.1 所示的尺寸公差，其操作过程如下。

Step1. 打开文件 D:\cat2016.1\work\ch09.06\connceting.CATDrawing。

Step2. 选择命令。选择下拉菜单 插入 → 尺寸标注 ▸ → 尺寸 ▸ → 尺寸 命令。

Step3. 选取图 9.6.1 所示的直线。

Step4. 定义公差。在“尺寸属性”工具栏的“公差描述”下拉列表中选择 TOL_0.7，在“公差”文本框中输入公差值 0.12/−0.15，如图 9.6.2 所示。

Step5. 放置尺寸。选择合适的放置位置并单击，完成操作。

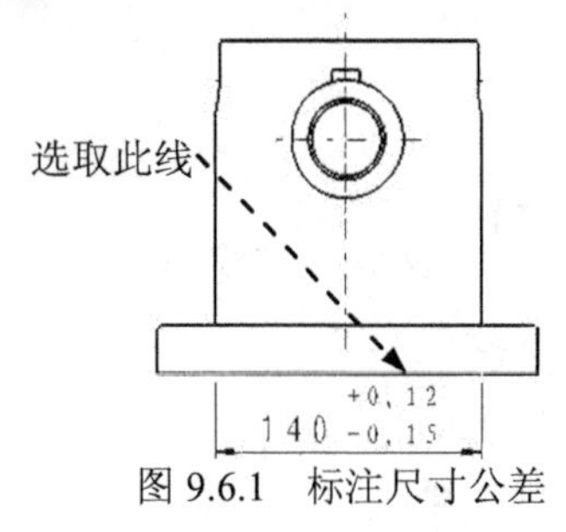

图 9.6.1 标注尺寸公差

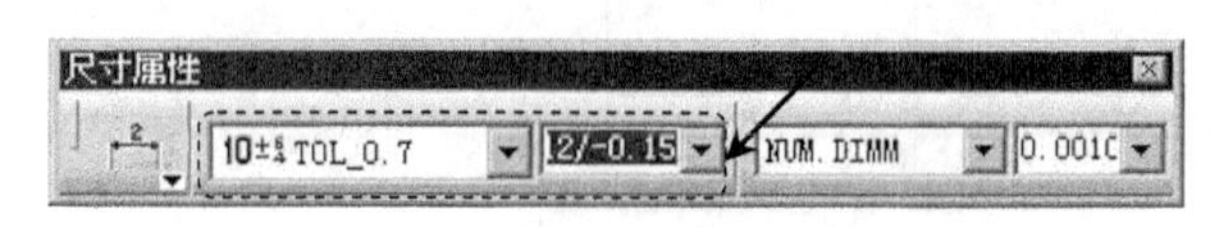

图 9.6.2 “尺寸属性”工具栏

9.7 尺寸的操作

从前一节标注尺寸的操作中，我们会注意到，由系统自动显示的尺寸在工程图上有时会显得杂乱无章，尺寸相互遮盖，尺寸间距过松或过密，某个视图上的尺寸太多，出现重复尺寸（例如：两个半径相同的圆标注两次）。这些问题通过尺寸的操作工具都可以解决，尺寸的操作包括尺寸和尺寸文本的移动、隐藏和删除，尺寸的切换视图，修改尺寸线、尺寸延长线以及尺寸的属性。下面分别进行介绍。

9.7.1 移动、隐藏和删除尺寸

1. 移动尺寸

移动尺寸及尺寸文本的方法：选择要移动的尺寸，当尺寸加亮后，再将鼠标指针放到要移动的尺寸文本上，按住鼠标的左键并移动鼠标，尺寸及尺寸文本会随着鼠标移动，选择合适的位置松开鼠标左键。

2. 隐藏尺寸

隐藏尺寸及尺寸文本的方法：选中要隐藏的尺寸并右击，在弹出的快捷菜单中选择 隐藏/显示 命令，如图 9.7.1 所示。

说明： 如果想显示已被隐藏的尺寸，其方法为，选择下拉菜单 视图 → 隐藏/显示 → 交换可视空间 命令（图 9.7.2）。显示被隐藏的尺寸，选中要显示的尺寸并右击，在弹出的快捷菜单中选择 隐藏/显示 命令，再选择下拉菜单 视图(V) → 隐藏/显示 → 交换可视空间 命令。

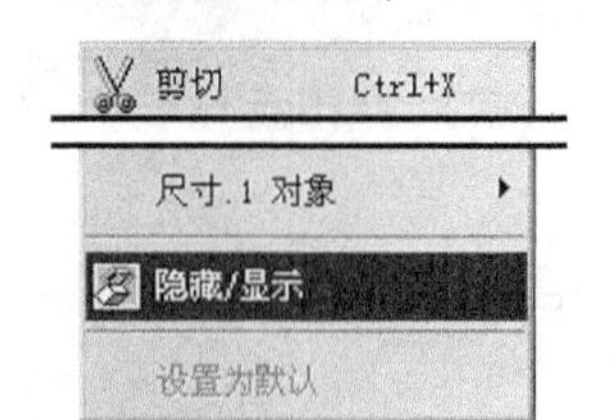

图 9.7.1 快捷菜单

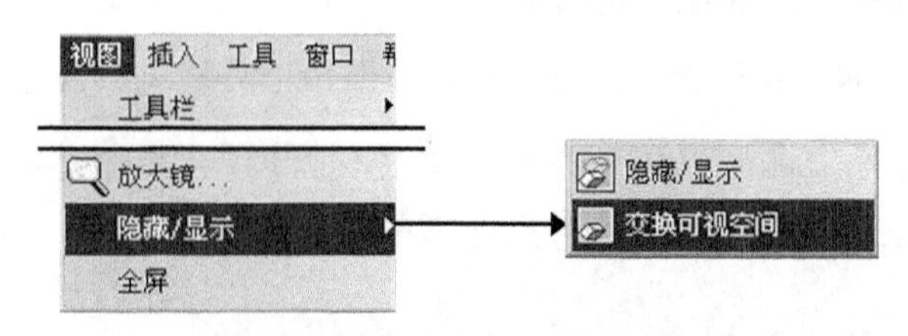

图 9.7.2 “视图”下拉菜单

3. 删除尺寸

删除尺寸及尺寸文本的方法：选中要删除的尺寸并右击，在弹出的快捷菜单中选择 删除 命令。

9.7.2 创建中断与移除中断

1. 创建中断

“创建中断”命令可将尺寸延长线在某个位置打断。下面以图 9.7.3 为例，来说明其操作过程。

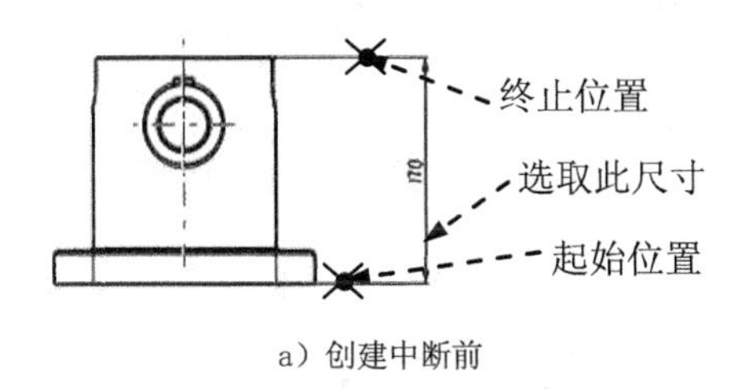

a）创建中断前

b）创建中断后

图 9.7.3 创建中断

Step1. 打开文件 D:\cat2016.1\work\ch09.07.02\connceting01. CATDrawing。

Step2. 选择下拉菜单 插入 ➡ 尺寸标注 ▸ ➡ 尺寸编辑 ▸ ➡ 创建中断 命令（图 9.7.4），系统弹出图 9.7.5 所示的“工具控制板”工具条（一）。

图 9.7.5 所示的“工具控制板”工具条（一）各按钮说明如下。

- ：单击该按钮，打断一边的尺寸延长线。
- ：单击该按钮，打断两边的尺寸延长线，如图 9.7.6 所示。

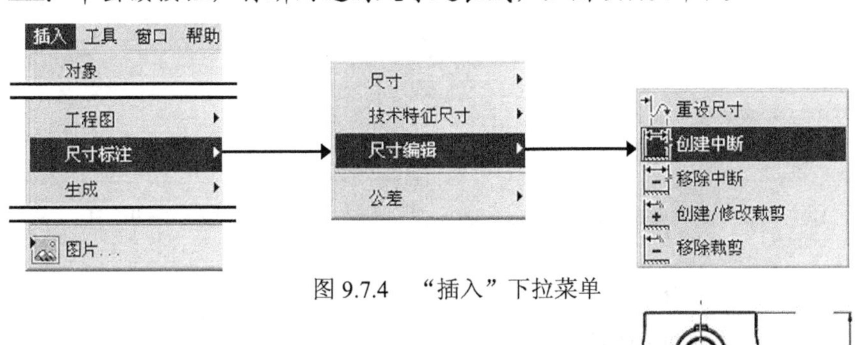

图 9.7.4 “插入”下拉菜单

图 9.7.5 “工具控制板”工具条（一）

图 9.7.6 打断两边的尺寸延长线

Step3. 在“工具控制板”中单击 按钮。

Step4. 选取图 9.7.3a 所示的尺寸。

Step5. 选取尺寸线中断的起始位置，如图 9.7.3a 所示。

Step6. 选取尺寸线中断的终止位置，如图 9.7.3a 所示，完成操作。

说明：创建尺寸中断时，起始位置和终止位置可以不在尺寸线的一侧，但打断的位置在起始位置的一侧。

2. 移除中断

“移除中断”命令可在尺寸延长线的某个位置上移除中断。下面以图 9.7.7 为例，说明其一般操作过程。

Step1. 打开文件 D:\cat2016.1\work\ch09.07.02\connceting02.CATDrawing。

Step2. 选择下拉菜单 插入 → 尺寸标注 ▸ → 尺寸编辑 ▸ → 移除中断 命令，系统弹出图 9.7.8 所示的“工具控制板”工具条（二）。

图 9.7.8 所示的“工具控制板”工具条（二）中各按钮说明如下。

- ：单击该按钮，移除一个尺寸延长线上的一个打断。

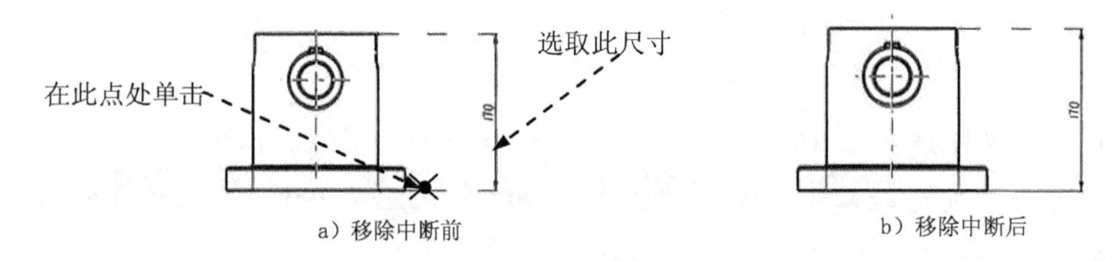

a）移除中断前　　b）移除中断后

图 9.7.7　移除尺寸中断

- ：单击该按钮，移除一个尺寸延长线上的所有打断，如图 9.7.9 所示。
- ：单击该按钮，移除所有打断，如图 9.7.10 所示。

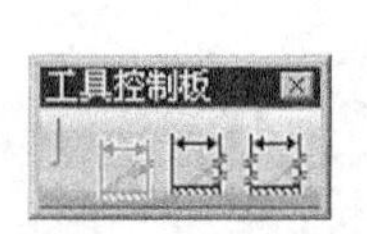

图 9.7.8　“工具控制板”工具条（二）

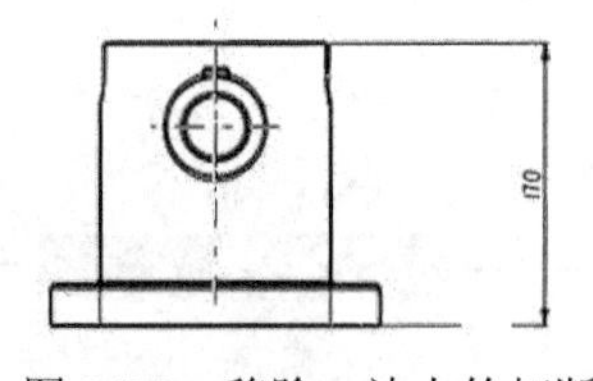

图 9.7.9　移除一边上的打断

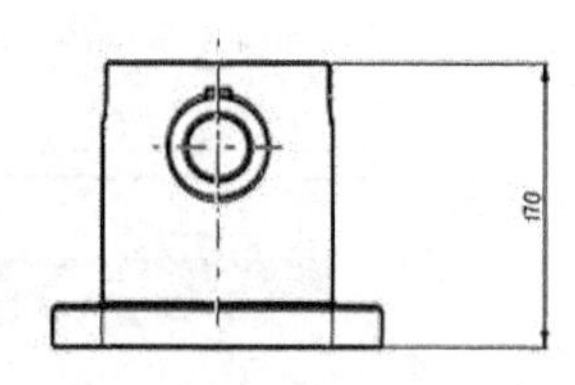

图 9.7.10　移除所有打断

Step3. 在“工具控制板”中单击按钮。

Step4. 在图 9.7.7a 中选取要取消中断的尺寸。

Step5. 单击图 9.7.7a 所示的位置，完成操作。

9.7.3　创建/修改剪裁与移除剪裁

1. 创建剪裁

“创建剪裁”命令可裁剪尺寸延长线或/和尺寸线。下面以图 9.7.11 为例，说明其操作过程。

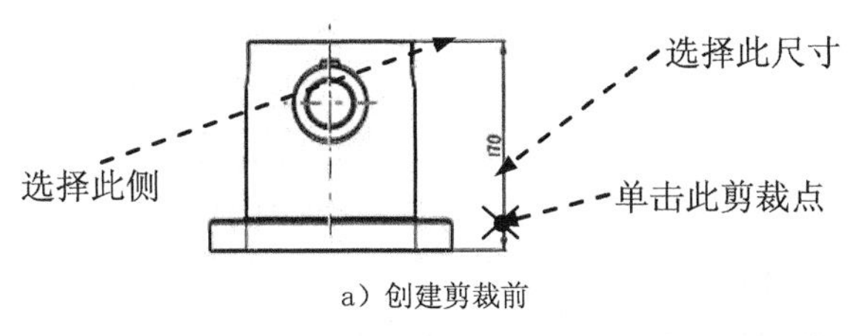

a）创建剪裁前

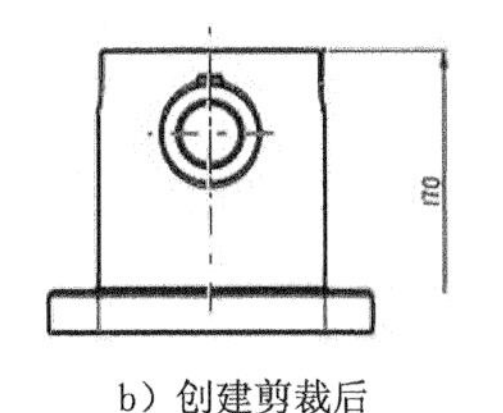
b）创建剪裁后

图 9.7.11 创建剪裁

Step1. 打开文件 D:\cat2016.1\work\ch09.07.03\connceting01.CATDrawing。

Step2. 选择下拉菜单 插入 → 尺寸标注 ▸ → 尺寸编辑 ▸ → 创建/修改剪裁 命令。

Step3. 选取要创建剪裁的尺寸（图 9.7.11a）。

Step4. 在图 9.7.11a 中选取要保留的侧。

Step5. 选取图 9.7.11a 所示的剪裁点，完成操作。

2. 修改剪裁

“修改剪裁”命令可对已被裁剪的尺寸延长线或/和尺寸线进行修改。下面以图 9.7.12 为例，说明其操作过程。

Step1. 打开文件 D:\cat2016.1\work\ch09.07.03\connceting02. CATDrawing。

Step2. 选择下拉菜单 插入 → 尺寸标注 ▸ → 尺寸编辑 ▸ → 创建/修改剪裁 命令。

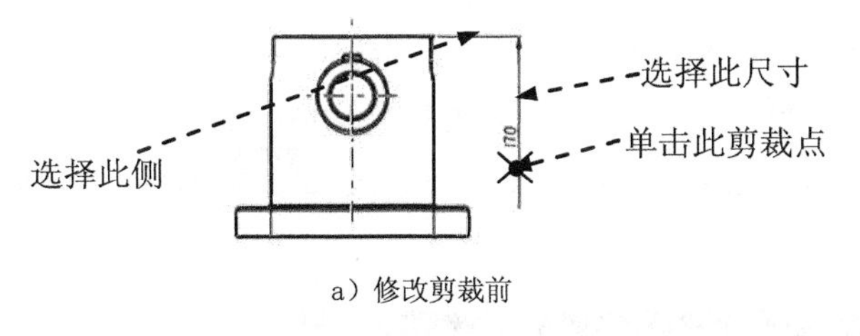

a）修改剪裁前

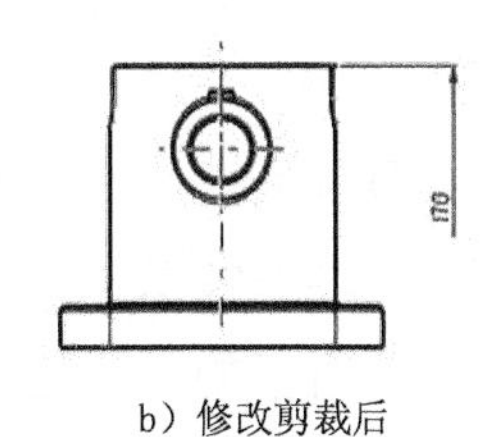
b）修改剪裁后

图 9.7.12 修改剪裁

Step3. 选取要修改剪裁的尺寸（图 9.7.12a）。

Step4. 选取图 9.7.12a 所示的要保留的侧。

Step5. 选取图 9.7.12a 所示的剪裁点，完成操作。

3. 移除剪裁

移除剪裁命令可移除对尺寸延长线或/和尺寸线的裁剪。下面以图 9.7.13 为例，说明其操作过程。

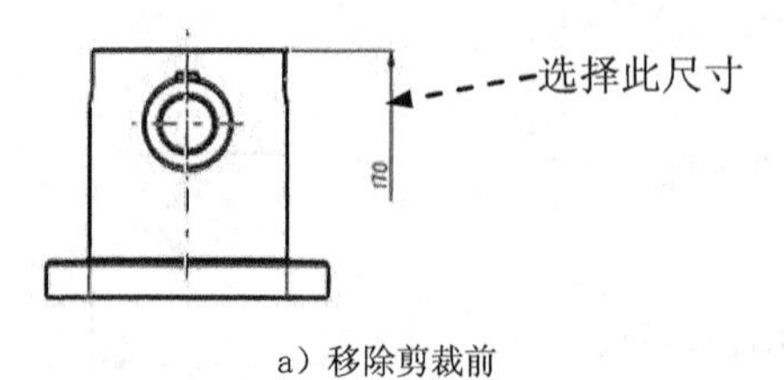

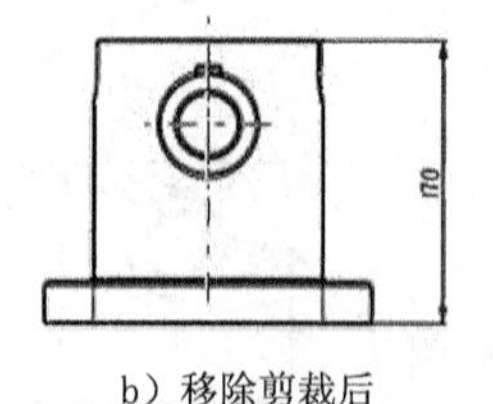

a）移除剪裁前　　　　b）移除剪裁后

图 9.7.13　移除剪裁

Step1. 打开文件 D:\cat2016.1\work\ch09.07.03\connceting03. CATDrawing。

Step2. 选择下拉菜单 插入 ➡ 尺寸标注 ▸ ➡ 尺寸编辑 ▸ ➡ 移除剪裁 命令。

Step3. 选取要移除裁剪的尺寸，如图 9.7.13a 所示，完成操作。

9.7.4　尺寸属性的修改

修改尺寸属性包括修改尺寸的文本位置、文本格式、尺寸公差和尺寸线的形状等。

1. 修改文本位置

下面以图 9.7.14 为例，来说明修改文本位置的一般操作过程。

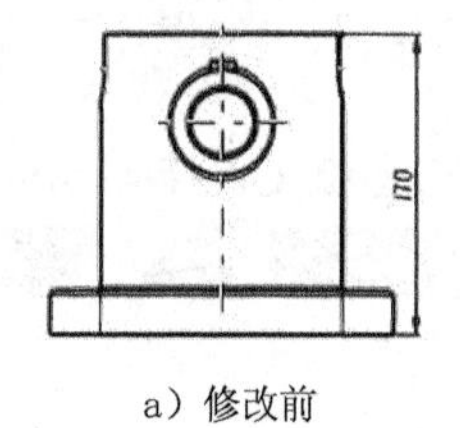

a）修改前　　　　b）修改后

图 9.7.14　修改文本位置

Step1. 打开文件 D:\cat2016.1\work\ch09.07.04\connceting.CATDrawing。

Step2. 选择要修改属性的尺寸并右击，在弹出的快捷菜单中选择 属性 命令，系统弹出图 9.7.15 所示的“属性”对话框（一）。

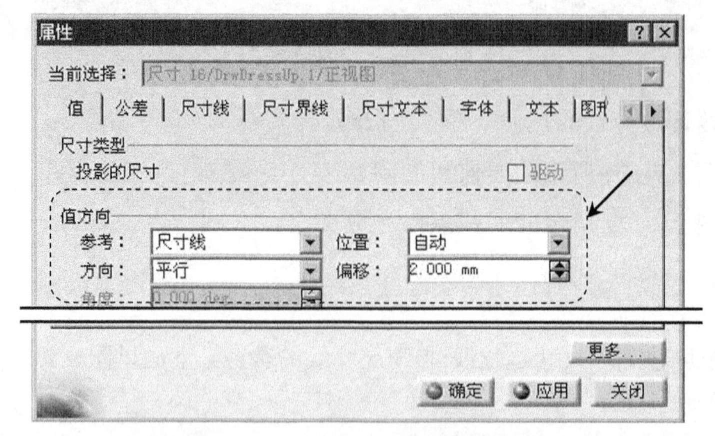

图 9.7.15　“属性”对话框（一）

Step3. 单击 值 选项卡，在 值方向 区域中修改设置使之如图 9.7.15 所示。

Step4. 单击 确定 按钮，完成操作。

2. 修改文本格式

下面以图 9.7.16 为例，来说明修改文本格式的一般操作过程。

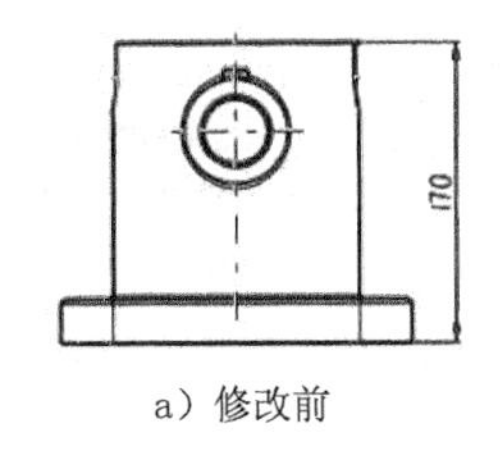

a）修改前

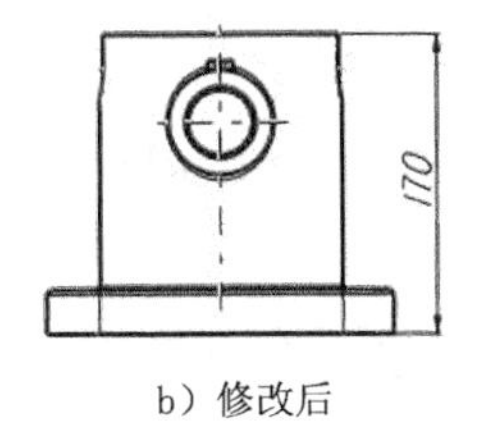

b）修改后

图 9.7.16 修改文本格式

Step1. 打开文件 D:\cat2016.1\work\ch09.07.04\connceting.CATDrawing。

Step2. 选择要修改属性的尺寸并右击，在弹出的快捷菜单中选择 属性 命令，系统弹出图 9.7.17 所示的“属性”对话框（二）。

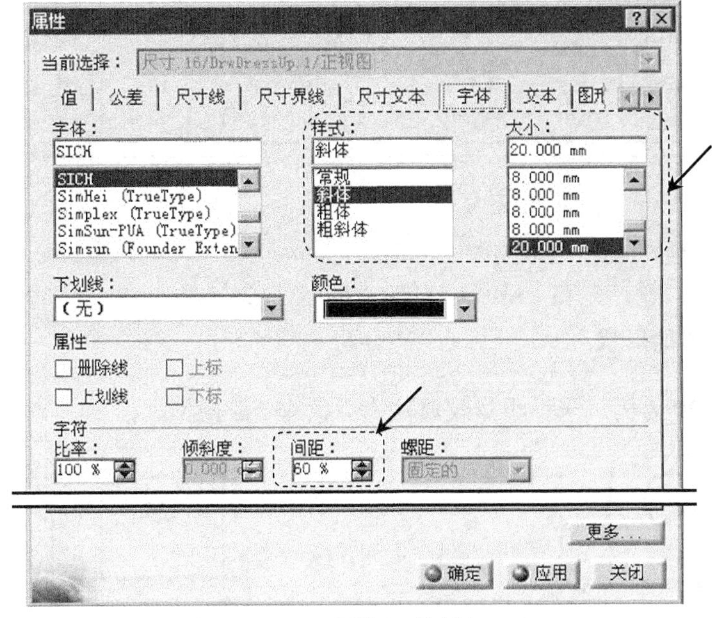

图 9.7.17 “属性”对话框（二）

Step3. 单击 字体 选项卡，在该选项卡中修改设置使之如图 9.7.17 所示。

说明： 在 大小： 下的列表中如果没有合适的选项，可直接在文本框中输入具体的数值。

Step4. 单击 确定 按钮，完成操作。

3. 修改尺寸公差

下面以图 9.7.18 为例，来说明修改尺寸公差的一般操作过程。

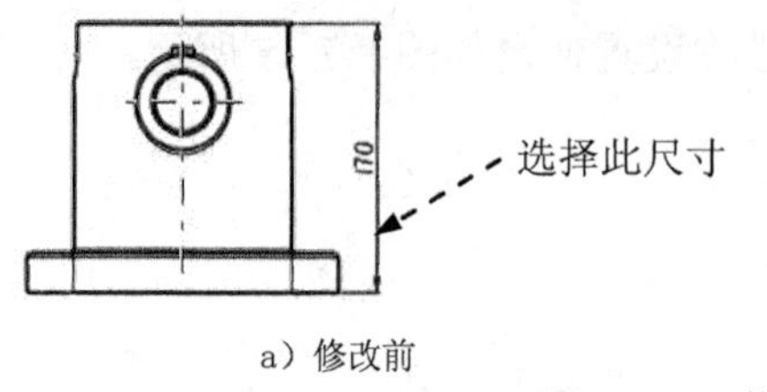

a）修改前

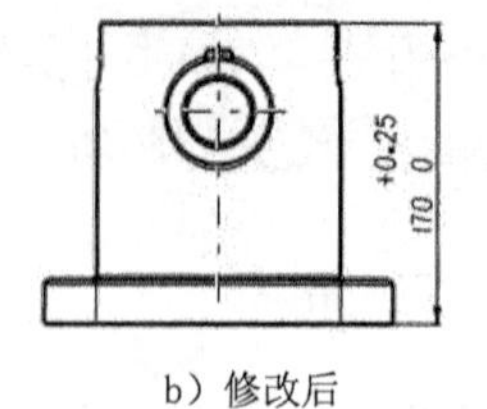

b）修改后

图 9.7.18　修改尺寸公差

Step1. 打开文件 D:\cat2016.1\work\ch09.07.04\connceting.CATDrawing。

Step2. 选择要修改属性的尺寸并右击，在弹出的快捷菜单中选择 属性 命令，系统弹出“属性”对话框（三）。

Step3. 单击 公差 选项卡，在该选项卡中修改设置使之如图 9.7.19 所示。

Step4. 单击 确定 按钮，完成操作。

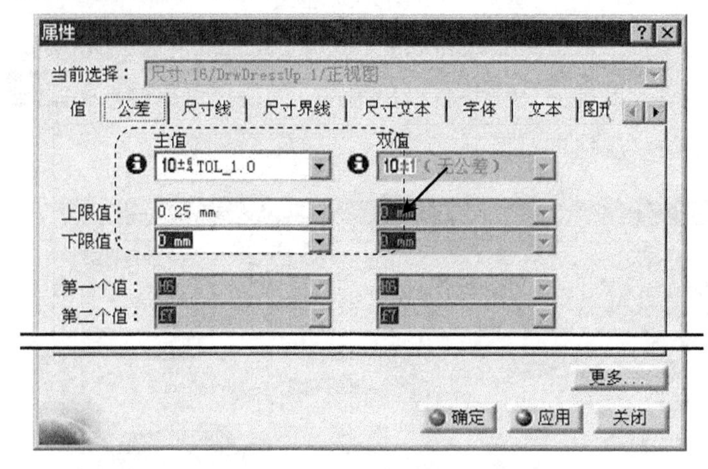

图 9.7.19　“属性”对话框（三）

4．修改尺寸线的形状

下面以图 9.7.20 为例，来说明修改尺寸线形状的一般操作过程。

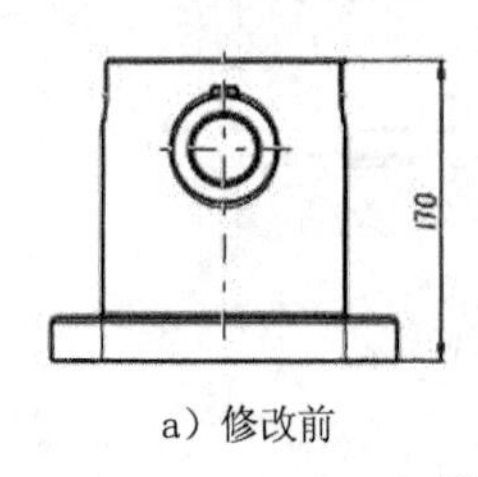

a）修改前

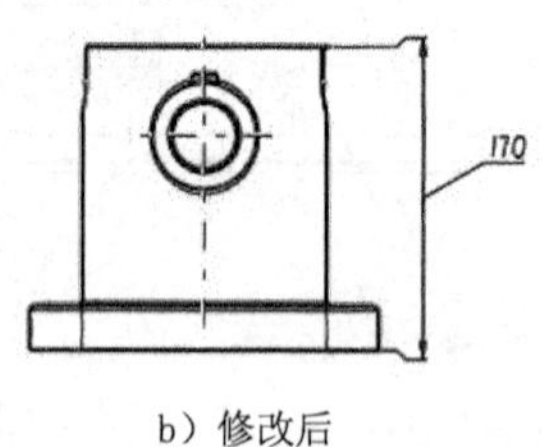

b）修改后

图 9.7.20　修改尺寸线的形状

Step1. 打开文件 D:\cat2016.1\work\ch09.07.04\connceting.CATDrawing。

Step2. 选择要修改属性的尺寸并右击，在弹出的快捷菜单中选择 属性 命令，系统弹出“属性”对话框。

Step3. 单击 尺寸线 选项卡，在该选项卡中修改设置使之如图 9.7.21 所示，单击 应用 按钮，则尺寸由图 9.7.20a 所示变为图 9.7.22 所示。

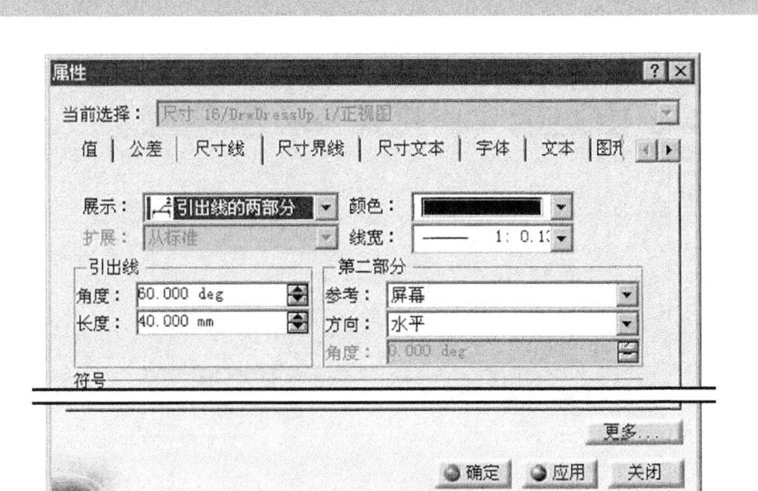

图 9.7.21 “尺寸线”选项卡

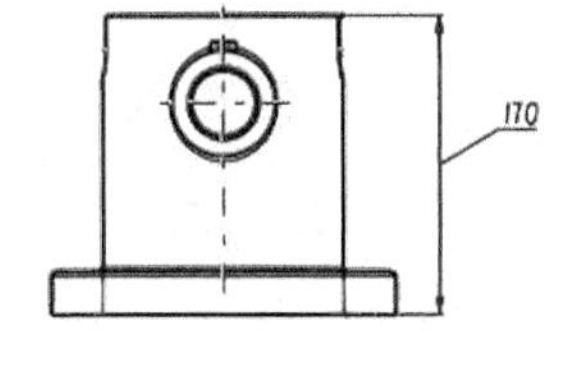

图 9.7.22 添加引导线

Step4. 单击 尺寸界线 选项卡，在该选项卡中修改设置使之如图 9.7.23 所示。

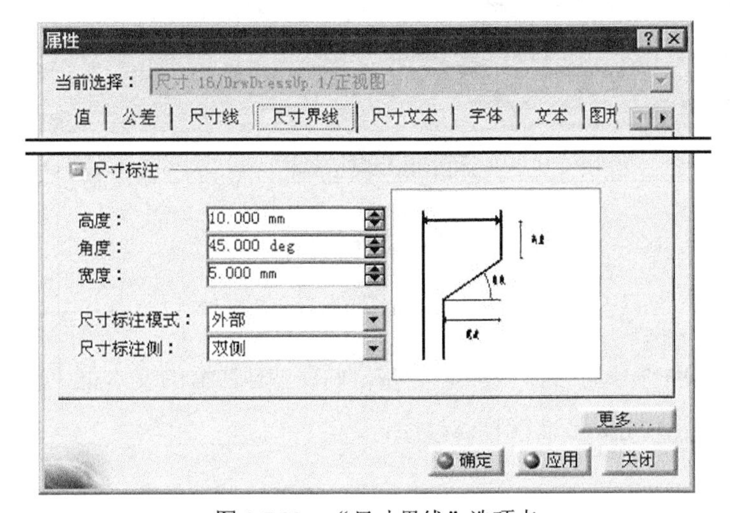

图 9.7.23 “尺寸界线”选项卡

Step5. 单击 确定 按钮，完成操作，则尺寸由图 9.7.22 所示变为图 9.7.20b 所示。

9.8 标注基准符号及几何公差

9.8.1 标注基准符号

下面标注图 9.8.1 所示的基准符号，操作过程如下。

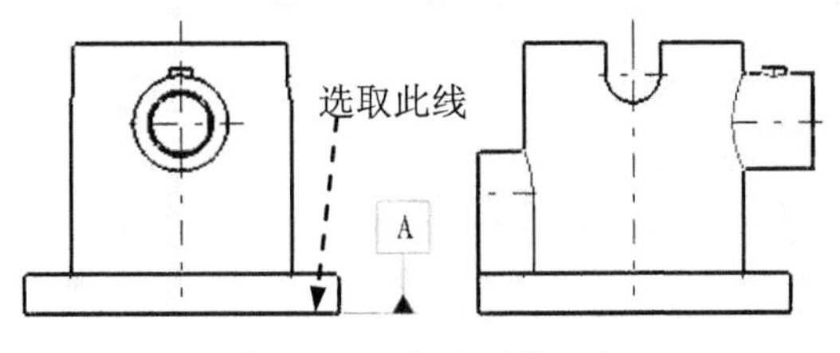

图 9.8.1 标注基准符号

Step1. 打开文件 D:\cat2016.1\work\ch09.08.01\benchmark.CATDrawing。

Step2. 选择下拉菜单 插入 → 尺寸标注 → 公差 → 基准特征 命令，如图 9.8.2 所示。

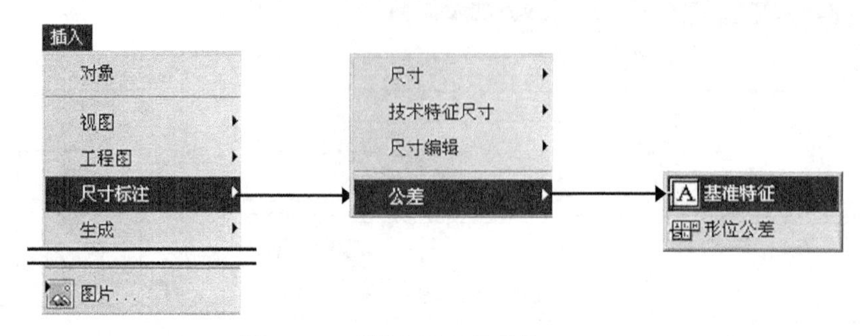

图 9.8.2 “插入”下拉菜单

Step3. 选取图 9.8.1 所示的直线。

Step4. 定义放置位置。选择合适的放置位置并单击，系统弹出图 9.8.3 所示的“创建基准特征”对话框。

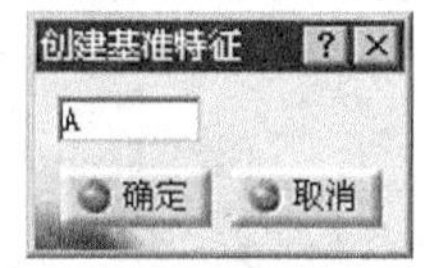

图 9.8.3 “创建基准特征”对话框

Step5. 定义基准符号的名称。在“创建基准特征”对话框的文本框中输入基准字母 A，再单击 确定 按钮，完成基准符号的标注。

9.8.2 标注几何公差

几何公差包括形状公差和位置公差，是针对构成零件几何特征的点、线、面的形状和位置误差所规定的公差。下面标注图 9.8.4 所示的形位公差，操作过程如下。

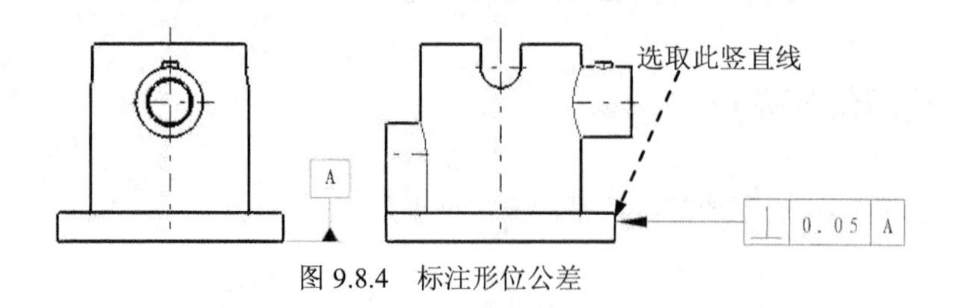

图 9.8.4 标注形位公差

Step1. 打开文件 D:\cat2016.1\work\ch09.08.02\tolerance.CATDrawing。

Step2. 选择下拉菜单 插入 → 尺寸标注 → 公差 → 形位公差 命令。

Step3. 选取图 9.8.4 所示的直线。

Step4. 定义放置位置。选择合适的放置位置并单击，系统弹出图 9.8.5 所示的“形位公差”对话框。

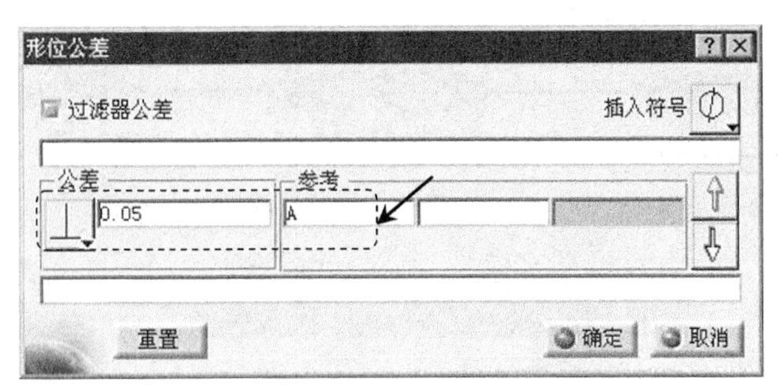

图 9.8.5 “形位公差”对话框

Step5. 定义公差类型。在“形位公差”对话框的文本框中单击按钮中的⊥按钮，标注垂直度。

Step6. 设置公差值。在 公差 文本框中输入公差数值 0.05。

Step7. 定义参考。在 参考 文本框中输入基准字母 A。

Step8. 单击 确定 按钮，完成几何公差的标注，结果如图 9.8.4 所示。

9.9 标注表面粗糙度

表面粗糙度是指加工表面上具有较小的间距和峰谷所组成的微观几何特征。下面标注图 9.9.1 所示的表面粗糙度，操作过程如下。

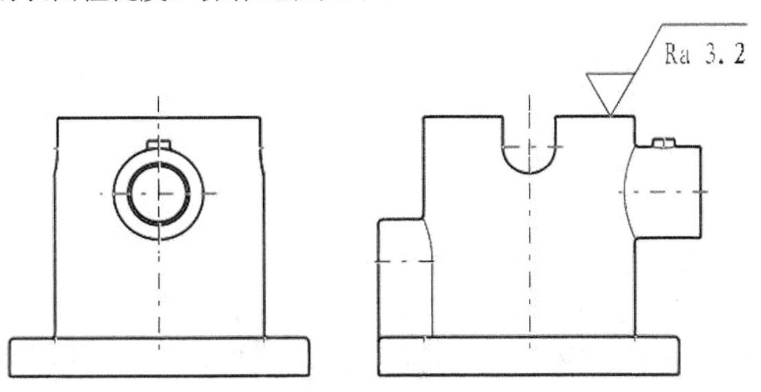

图 9.9.1 标注表面粗糙度

Step1. 打开文件 D:\cat2016.1\work\ch09.09\connecting.CATDrawing。

Step2. 选择下拉菜单 插入 → 标注 ▸ → 符号 ▸ → 粗糙度符号 命令，如图 9.9.2 所示。

Step3. 选择放置位置，系统弹出“粗糙度符号”对话框。

Step4. 在对话框的下拉列表中选择 Ra ，设置图 9.9.3 所示的参数。

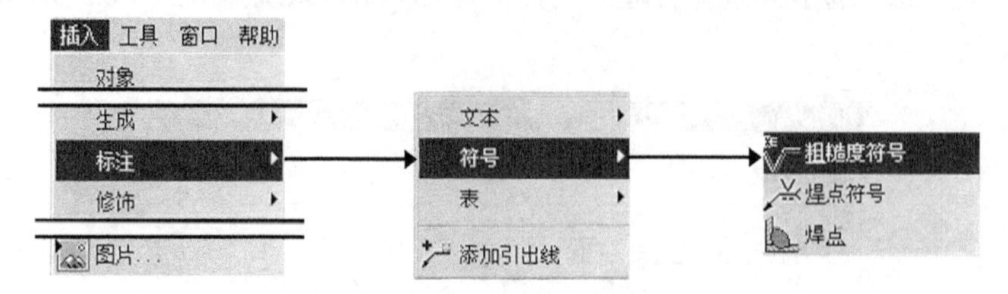

图 9.9.2 “插入”下拉菜单

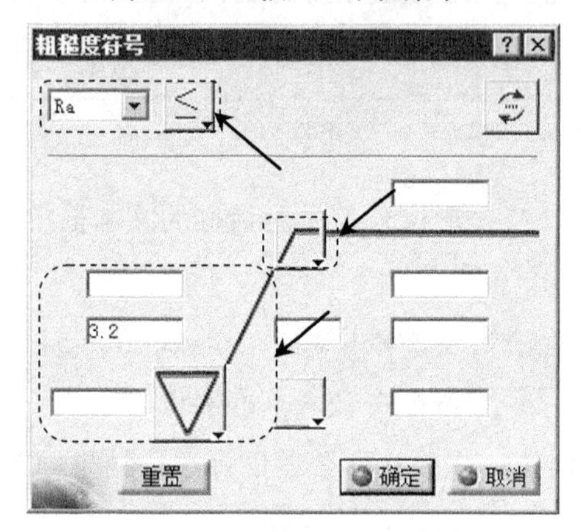

图 9.9.3 “粗糙度符号”对话框

Step5. 单击 确定 按钮，完成表面粗糙度的标注。

9.10 标注焊接

在 CATIA 工程图工作台中有两种标注焊接的方法：焊接符号标注和焊接图形标注。

9.10.1 焊接符号

下面标注图 9.10.1 所示的焊接，操作过程如下。

Step1. 打开文件 D:\cat2016.1\work\ch09.10.01\mark_weld.CATDrawing。

Step2. 选择下拉菜单 插入 → 标注 ▸ → 符号 ▸ → 焊接符号 命令。

Step3. 选取图 9.10.1 所示的两条直线。

说明：鼠标单击的第一点为焊接符号箭头的放置位置。

Step4. 定义放置位置。选择合适的放置位置并单击，系统弹出图 9.10.2 所示的“创建焊接”对话框。

Step5. 设置图 9.10.2 所示的参数，单击 确定 按钮，结果如图 9.10.1 所示。

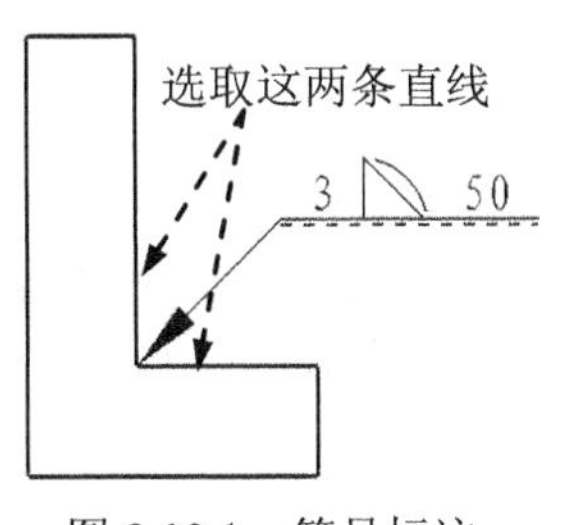

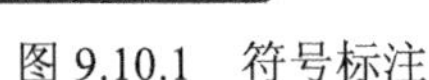

图 9.10.1　符号标注

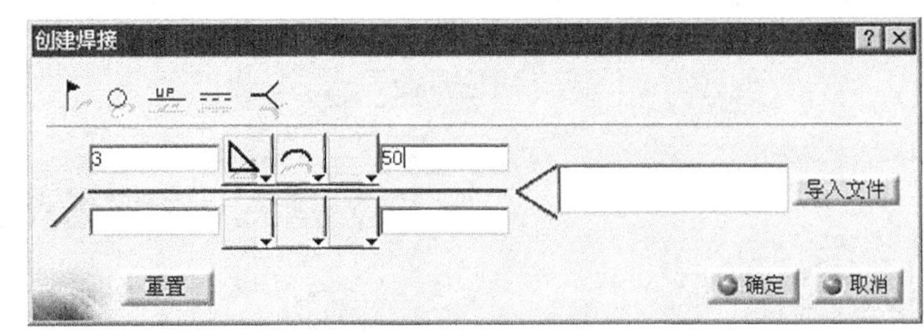

图 9.10.2　“创建焊接”对话框

9.10.2　焊接图形

下面标注图 9.10.3 所示的焊接，操作过程如下。

Step1. 打开文件 D:\cat2016.1\work\ch09.10.02\mark_weld.CATDrawing。

Step2. 选择下拉菜单 插入 → 标注 ▸ → 符号 ▸ → 焊接 命令。

Step3. 选取图 9.10.3 所示的两条直线，系统弹出图 9.10.4 所示的“焊接编辑器”对话框。

Step4. 单击按钮中的子按钮。

Step5. 单击“焊接编辑器”对话框中的 确定 按钮，完成操作。

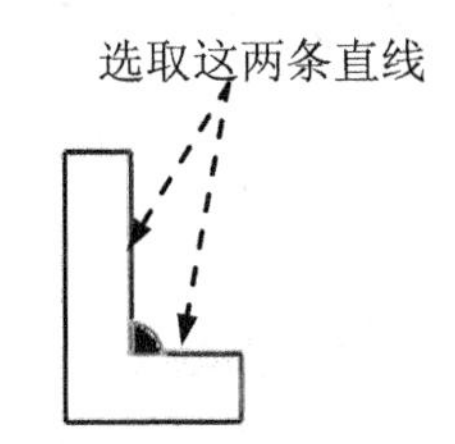

图 9.10.3　图形标注

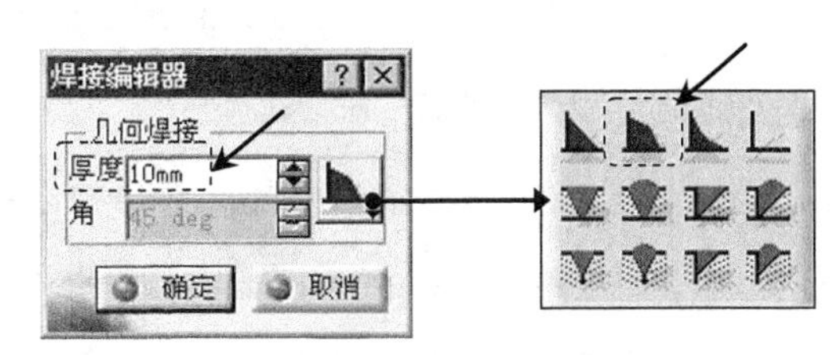

图 9.10.4　“焊接编辑器”对话框

9.11　创建注释文本

在工程图中，除了尺寸标注外，还应有相应的文字说明，即技术说明，如工件的热处理要求和表面处理要求等。所以在创建完视图的尺寸标注后，还需要创建相应的注释标注。下面分别介绍不带引导线文本（即技术要求等）、带有引导线文本的创建和文本的编辑。

9.11.1　创建文本

下面创建图 9.11.1 所示的文本，操作步骤如下。

Step1. 打开文件 D:\cat2016.1\work\ch09.11.01\text.CATDrawing。

Step2. 选择下拉菜单 插入 → 标注 ▸ → 文本 ▸ → T 文本 命令，如图 9.11.2 所示。

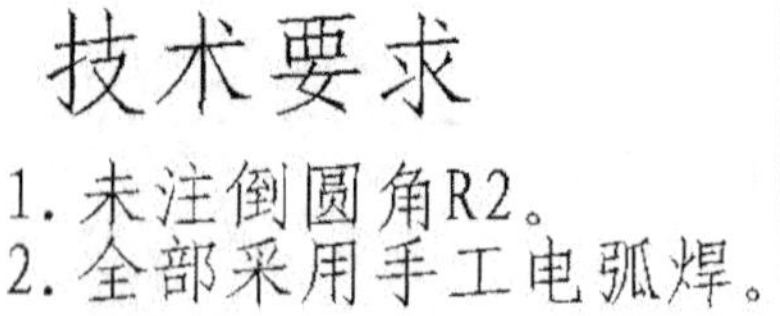

技术要求
1. 未注倒圆角R2。
2. 全部采用手工电弧焊。

图 9.11.1　创建注释文本

插入
工具
窗口
帮助
对象
标注
修饰
几何图形创建
几何图形修改
图片...
文本
符号
表
添加引出线
文本
带引出线的文本
文本复制
零件序号
基准目标
放置文本模板

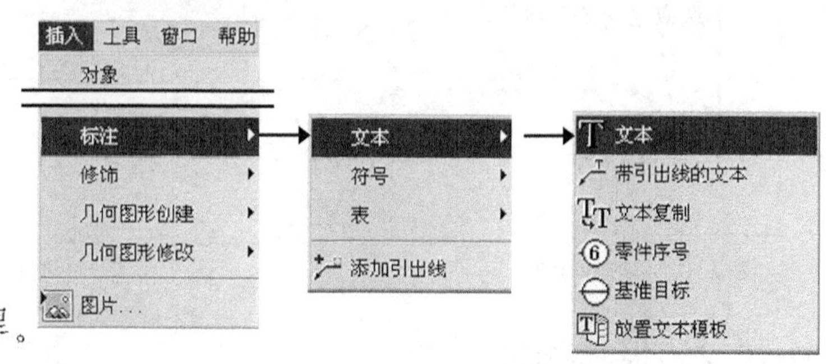

图 9.11.2　“插入”下拉菜单

Step3. 在图样中任意位置单击，确定文本放置位置，系统弹出“文本编辑器”对话框。

Step4. 在“文本属性”工具条中设置文本的高度值为 30，输入图 9.11.3 所示的文本 1，单击 确定 按钮，结果如图 9.11.4 所示。

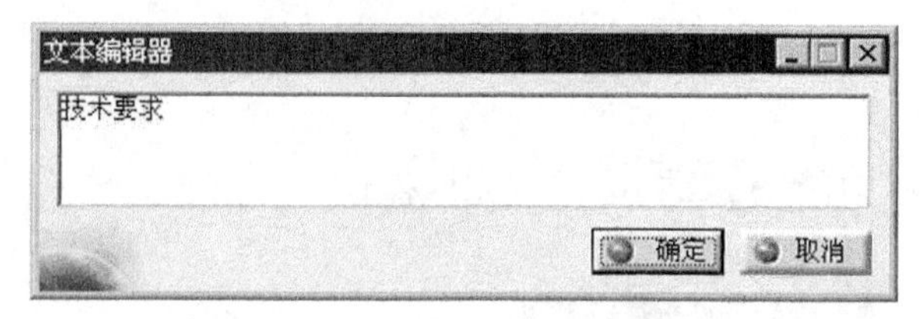

文本编辑器
技术要求
确定
取消

图 9.11.3　“文本编辑器”对话框（一）

技术要求

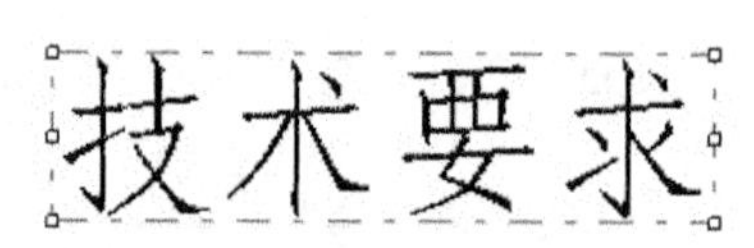

图 9.11.4　文本 1

说明：在输入文本时，若需要换行，可使用 Ctrl+Enter 键。

Step5. 选择下拉菜单 插入 → 标注 ▸ → 文本 ▸ → T 文本 命令，选择放置位置（放在文本 1 的下方），在“文本属性”工具条中设置文本的高度值为 20，然后在“文本编辑器”对话框中输入图 9.11.5 所示的文本，单击 确定 按钮，结果如图 9.11.6 所示。

文本编辑器
1. 未注倒圆角R2。
2. 全部采用手工电弧焊。
确定
取消

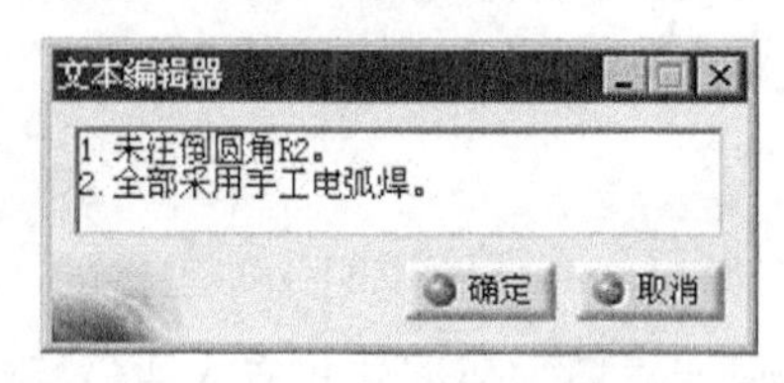

图 9.11.5　“文本编辑器”对话框（二）

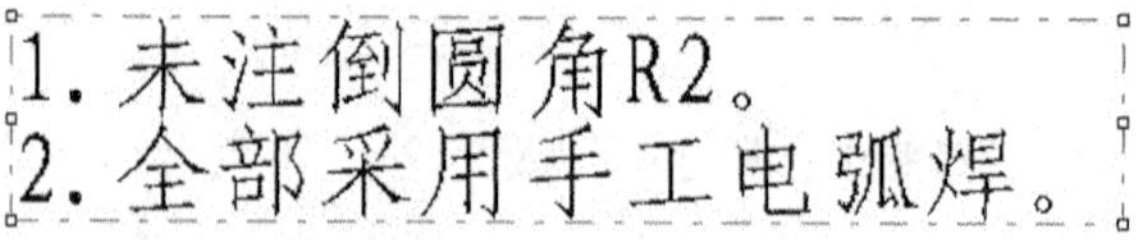

1. 未注倒圆角R2。
2. 全部采用手工电弧焊。

图 9.11.6　文本 2

9.11.2　创建带有引线的文本

下面创建图 9.11.7 所示的带有引线的文本，操作过程如下。

Step1. 打开文件 D:\cat2016.1\work\ch09.11.02\lead_text.CATDrawing。

Step2. 选择下拉菜单 插入 → 标注 ▸ → 文本 ▸ → 带引出线的文本 命令。

Step3. 选择图 9.11.7 所示的放置位置。

Step4. 选择合适的放置位置并单击，系统弹出“文本编辑器”对话框（三）。

Step5. 在“文本属性”工具条中设置文本的高度值为 7，输入图 9.11.8 所示的文本，单击 确定 按钮。

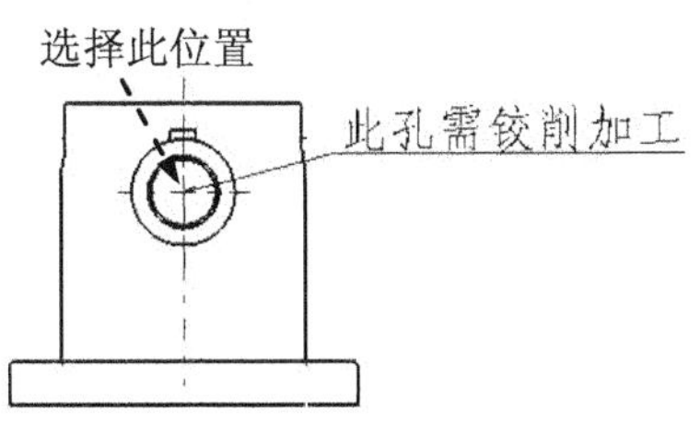

图 9.11.7 创建带有引线的文本

图 9.11.8 “文本编辑器”对话框（三）

9.11.3 文本的编辑

下面以图 9.11.9 为例，来说明编辑文本的一般操作过程。

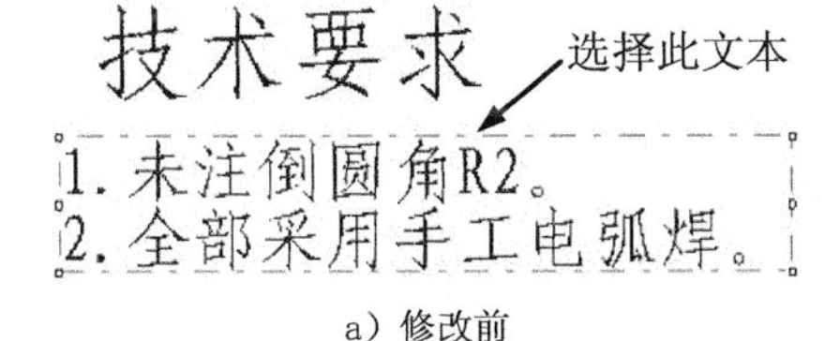

a）修改前

技术要求

1. 未注倒圆角R2。

b）修改后

图 9.11.9 文本的编辑

Step1. 打开文件 D:\cat2016.1\work\ch09.11.03\edit_text.CATDrawing。

Step2. 选择要编辑的文本，右击，在弹出的图 9.11.10 所示的快捷菜单中选择 文本.2 对象 → 定义... 命令，系统弹出图 9.11.11 所示的“文本编辑器”对话框（四）。

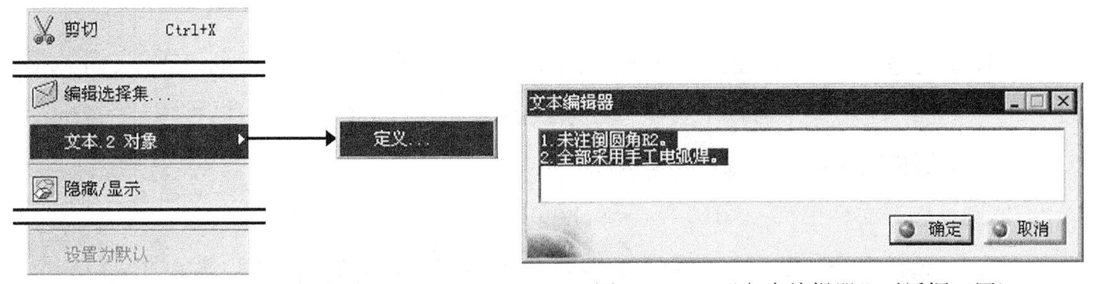

图 9.11.10 快捷菜单

图 9.11.11 “文本编辑器”对话框（四）

Step3. 修改文本使之如图 9.11.12 所示，单击 确定 按钮，完成文本的编辑，如图 9.11.13 所示。

Step4. 右击要编辑的文本，在弹出的快捷菜单中选择 属性 命令，系统弹出“属性”对话框。

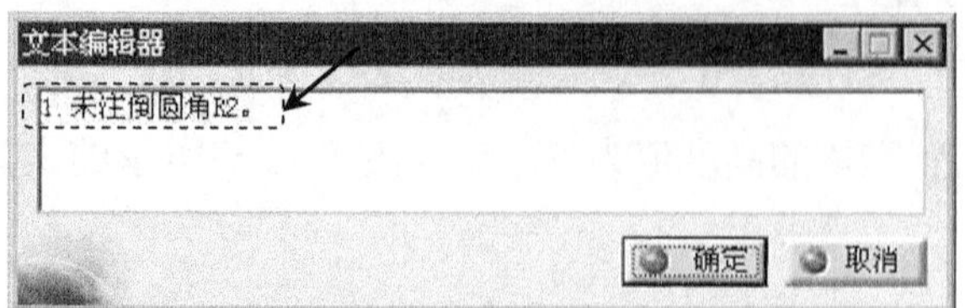

图 9.11.12 “文本编辑器”对话框（五）

技术要求
1. 未注倒圆角R2。

图 9.11.13 文本的编辑

Step5. 单击“属性”对话框中的 字体 选项卡，在 大小 区域的文本框中输入数值 25.000mm，在 下划线： 下拉列表中选择 下划线 选项，如图 9.11.14 所示。

Step6. 单击 确定 按钮，完成操作。

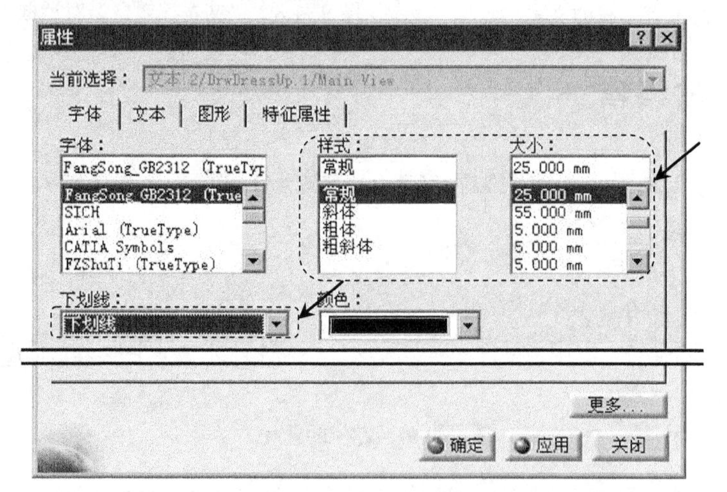

图 9.11.14 “属性”对话框

9.12 CATIA 软件的打印出图

打印出图是 CAD 工程设计中必不可少的一个环节。在 CATIA 软件的工程图(Drawing)工作台中，选择下拉菜单 文件 → 打印... 命令，就可进行打印出图操作。

下面举例说明工程图打印的一般步骤。

Step1. 打开文件 D:\cat2016.1\work\ch09.12\print.CATDrawing。

Step2. 选择命令。选择下拉菜单 文件(F) → 打印... 命令，系统弹出图 9.12.1 所示的“打印”对话框。

Step3. 选择打印机。单击“打印”对话框中的 打印机名称： 按钮，弹出图 9.12.2 所示的“打印机选择”对话框。在该对话框的 打印机列表 区域中选择打印机，单击 确定 按钮，回到“打印”对话框。

说明： 在 打印机列表 区域中显示的是当前已连接的打印机，不同的用户可能会出现不同

的选项。

Step4. 定义打印选项。在 布局 选项卡的 纵向 下拉列表中选择 旋转：90；在 布局 选项卡中选中 适合页面 单选项；选择 打印区域 下拉列表中的 整个文档；在“份数”文本框中输入要打印的份数 1。

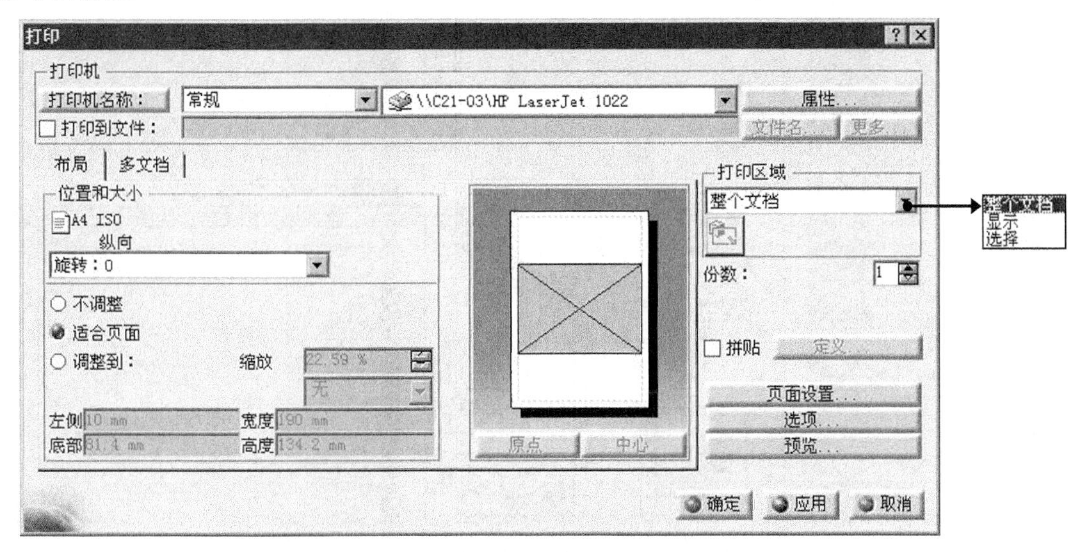

图 9.12.1　“打印”对话框

图 9.12.2　“打印机选择”对话框

Step5. 定义页面设置。单击“打印”对话框中的 页面设置... 按钮，系统弹出图 9.12.3 所示的“页面设置”对话框；选择 用户 选项，其他参数采用系统默认设置，单击 确定 按钮，系统回到“打印”对话框。

图 9.12.3　“页面设置”对话框

Step6. 打印预览。单击 预览... 按钮，系统弹出图 9.12.4 所示的“打印预览”对话框，可以预览工程图的打印效果。

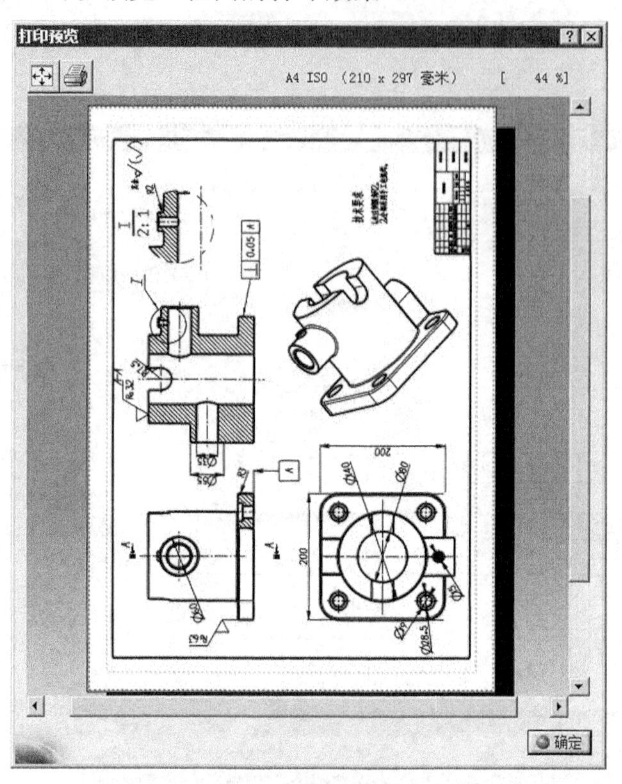

图 9.12.4 “打印预览”对话框

Step7. 单击“打印预览”对话框中的 确定 按钮。

Step8. 单击“打印”对话框中的 确定 按钮，即可打印工程图。

9.13 工程图设计范例

范例概述

本范例详细讲解了一个完整工程图（图 9.13.1）的创建过程，读者通过对本范例的学习可以进一步掌握创建工程图的整个过程及具体操作方法。

下面创建图 9.13.1 所示的工程图，操作过程如下。

Task1. 创建图 9.13.2 所示的主视图

Step1. 打开文件 D:\cat2016.1\work\ch09.13\down_base.CATpart。

Step2. 调入 A2 图框。选择下拉菜单 文件(F) → 打开... 命令，打开文件 D:\cat2016.1\work\ch09.13\Part_A2.CATDrawing。

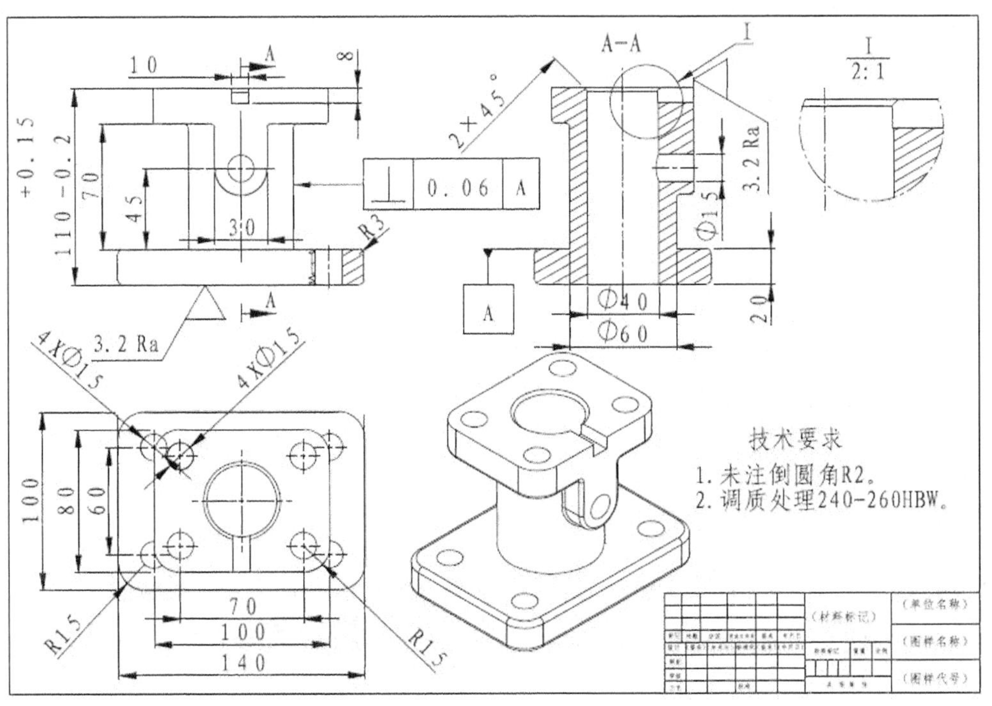

图 9.13.1 工程图设计范例

Step3. 选择下拉菜单 插入 → 视图 ▸ → 投影 ▸ → 正视图 命令。

Step4. 切换窗口。选择下拉菜单 窗口 → 1 down_base.CATPart 命令，切换到零件模型窗口。

Step5. 选取 zx 平面作为投影平面，系统返回到工程图窗口。利用方向控制器调整投影方向，使之如图 9.13.3 所示，再在窗口内单击，完成主视图的创建。

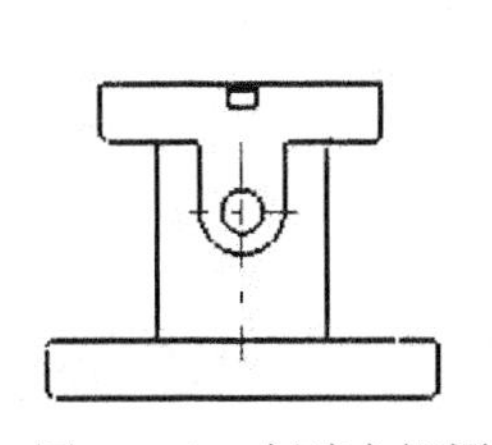

图 9.13.2 创建主视图

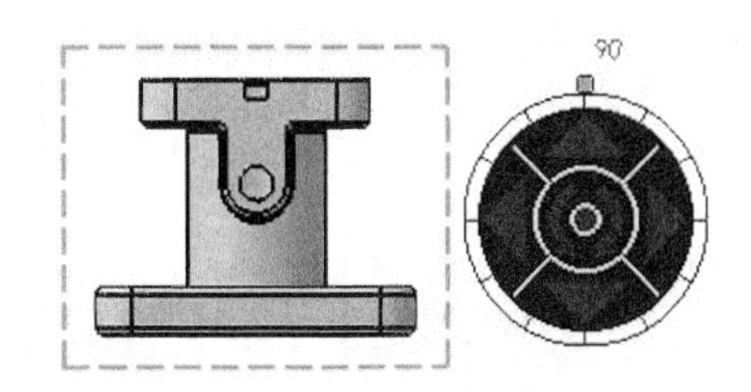

图 9.13.3 主视图预览图

Task2. 创建图 9.13.4 所示的投影视图

Step1. 选择下拉菜单 插入 → 视图 ▸ → 投影 ▸ → 投影 命令。

Step2. 将鼠标移至主视图的下侧并单击，生成俯视图。

Task3. 创建图 9.13.5 所示的全剖视图

Step1. 选择下拉菜单 插入 → 视图 ▸ → 截面 ▸ → 偏移剖视图 命令。

Step2. 绘制剖切线。

Step3. 选择合适的放置位置并单击，完成全剖视图的创建。

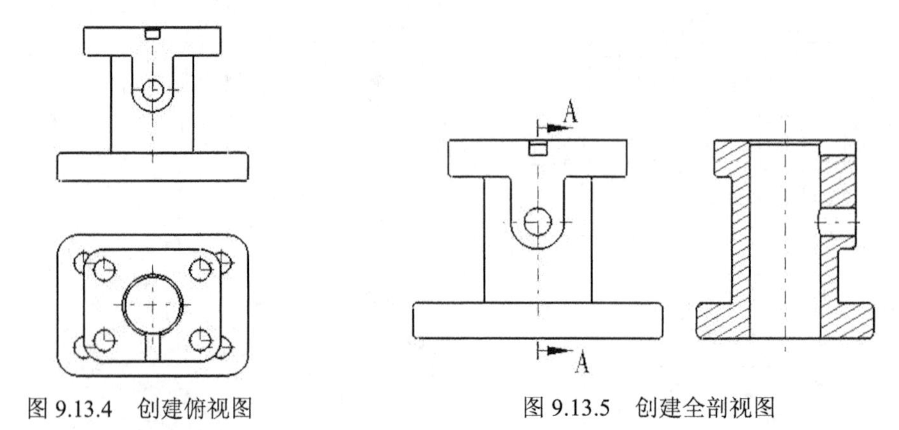

图 9.13.4 创建俯视图　　　　图 9.13.5 创建全剖视图

Task4. 创建图 9.13.6 所示的轴测图

Step1. 选择下拉菜单 插入 → 视图 → 投影 → 等轴测视图 命令。

Step2. 切换窗口。选择下拉菜单 窗口 → 1 down_base.CATPart 命令，切换到零件模型窗口。

Step3. 选取 zx 平面作为投影平面，此时系统返回到工程图工作台，利用方向控制器调整视图的方向，单击以完成轴测图的创建。

Step4. 显示圆角切边。

（1）在特征树中右击 等轴测视图，在弹出的快捷菜单中选择 属性 命令，系统弹出“属性”对话框。

（2）在“属性”对话框 修饰 区域中选中 边界 单选项。

（3）单击 确定 按钮，关闭“属性”对话框，结果如图 9.13.6 所示。

Task5. 创建图 9.13.7 所示的局部剖视图

Step1. 在特征树中双击 正视图，将其激活。

Step2. 选择下拉菜单 插入 → 视图 → 断开视图 → 剖面视图 命令。

Step3. 绘制图 9.13.8 所示的剖切范围（矩形），系统弹出图 9.13.9 所示的“3D 查看器”对话框。

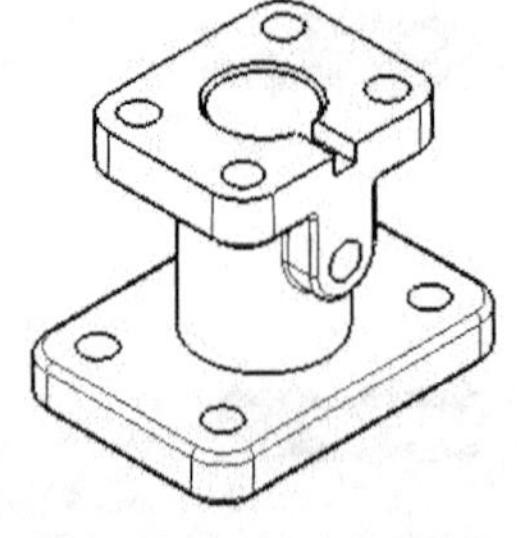

图 9.13.6 创建轴测图

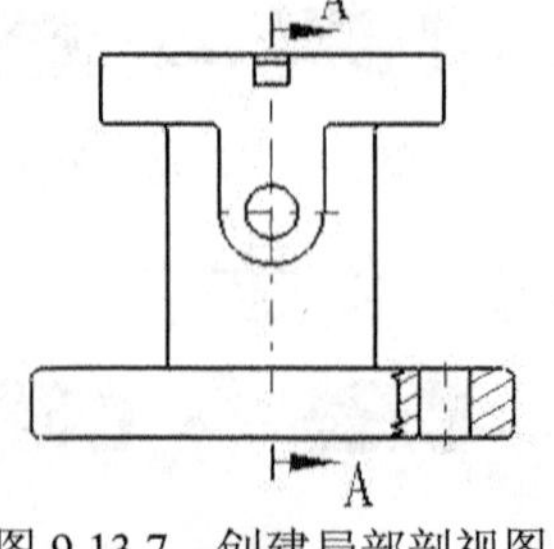

图 9.13.7 创建局部剖视图

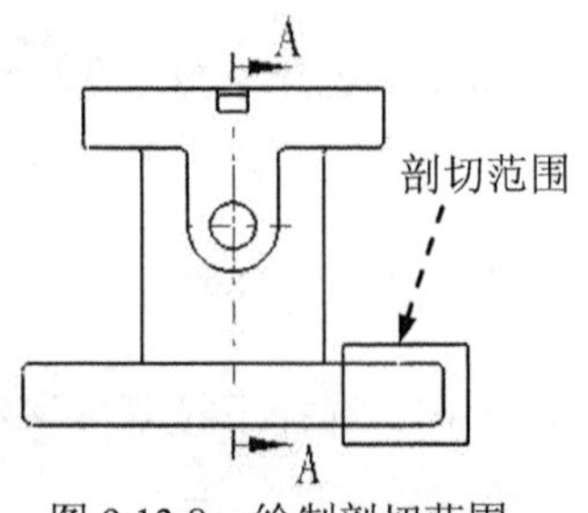

图 9.13.8 绘制剖切范围

Step4. 定义剖切平面。在系统 移动平面或使用元素选择平面的位置 的提示下，激活“3D 查看器”对话框 参考元素： 后的文本框，在俯视图中选取图 9.13.10 所示的圆为参考元素以确定剖切平面。

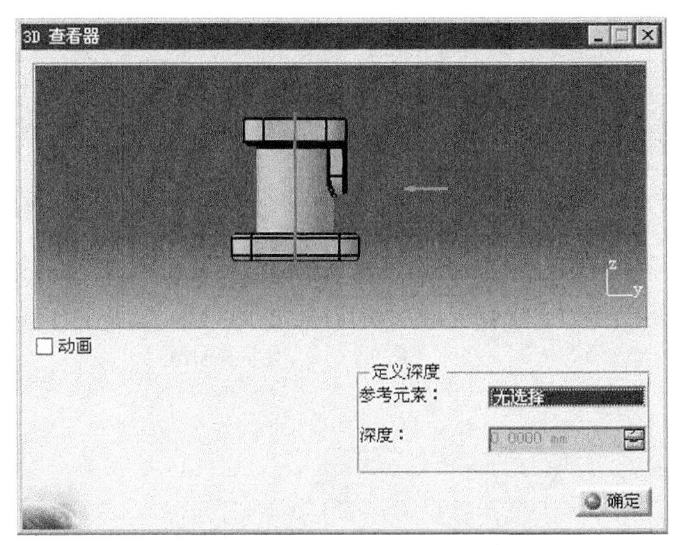

图 9.13.9 “3D 查看器”对话框

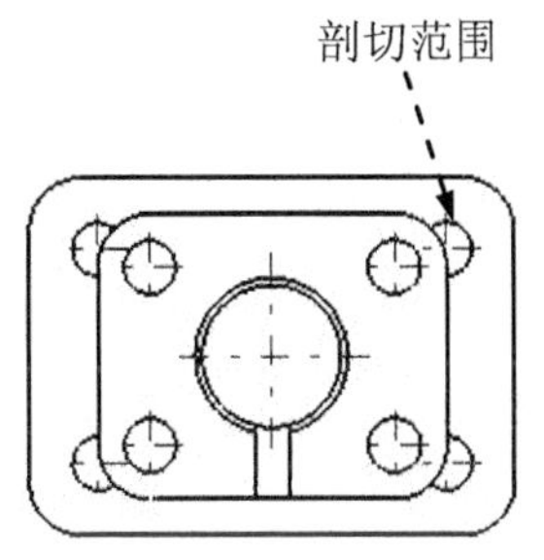

图 9.13.10 定义剖切平面

Step5. 在“3D 查看器”对话框中单击 确定 按钮，完成局部剖视图的创建。

Task6. 创建图 9.13.11 所示的局部放大图

Step1. 在特征树中双击 剖视图A-A，将其激活。

Step2. 选择下拉菜单 插入 → 视图 → 详细信息 → 详细信息 命令。

Step3. 绘制图 9.13.11 所示的圆。

Step4. 选择合适的放置位置并单击，完成局部放大图的创建。

Step5. 定义视图名称。

（1）在特征树中右击上一步创建的 详图B，在弹出的快捷菜单中选择 属性，系统弹出“属性”对话框。

（2）在“属性”对话框 视图名称 区域中将 ID 文本框中的字母改为 I 。

（3）单击 确定 按钮，关闭“属性”对话框，完成修改。

Task7. 调整视图位置

Step1. 单击“可视化”工具条中的 按钮，显示视图的视图框架，如图 9.13.12 所示。

Step2. 将鼠标放在想要移动的视图的视图框架上，按住鼠标左键并将鼠标移至合适的位置，松开鼠标左键，完成视图的移动，如图 9.13.13 所示。

说明： 单击 按钮，可显示或隐藏视图的视图框架。

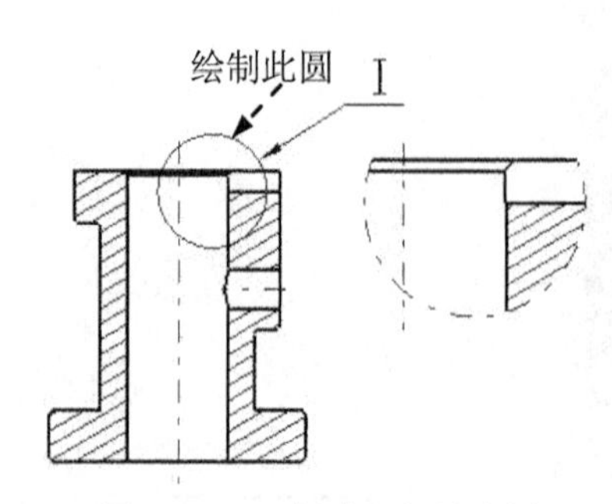

图 9.13.11　创建局部放大图

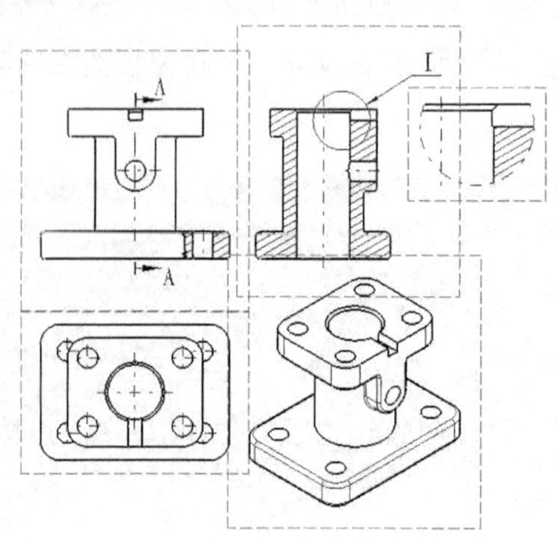

图 9.13.12　显示视图框架

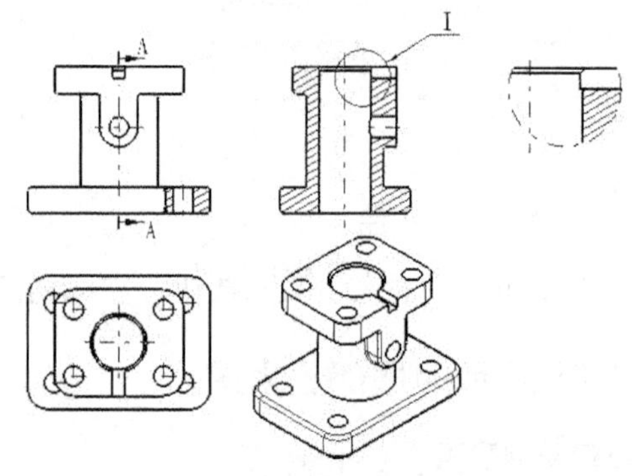

图 9.13.13　调整视图位置

Task8．生成尺寸

Step1. 选择下拉菜单 插入 → 生成 ▸ → 生成尺寸 命令，系统弹出“尺寸生成过滤器”对话框。

Step2. 在“尺寸生成过滤器”对话框中单击 确定 按钮，系统弹出“已生成的尺寸分析”对话框，并显示自动生成尺寸的预览。单击“已生成的尺寸分析”对话框中的 确定 按钮，完成尺寸的自动生成（图 9.13.14）。

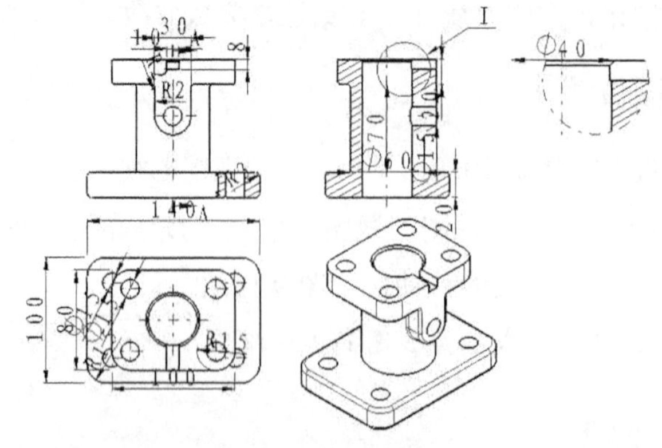

图 9.13.14　生成尺寸

Task9. 调整尺寸位置

选择要移动的尺寸（单个尺寸），按住鼠标左键并移至合适的位置，松开鼠标左键，完成尺寸的移动（图 9.13.15）。

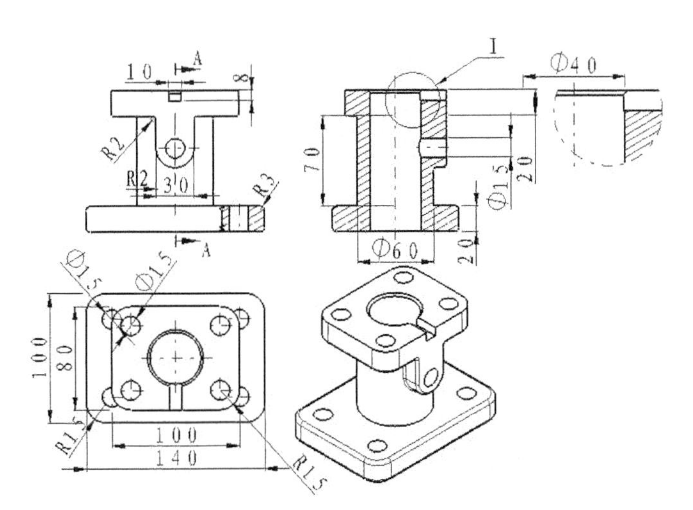

图 9.13.15 调整尺寸位置

Task10. 编辑尺寸

Step1. 选择图 9.13.16 所示的尺寸，右击，在弹出的快捷菜单中选择 属性 命令，系统弹出“属性”对话框。

Step2. 单击“属性”对话框中的 尺寸文本 选项卡，在关联文本区域中输入 4×（图 9.13.17）。

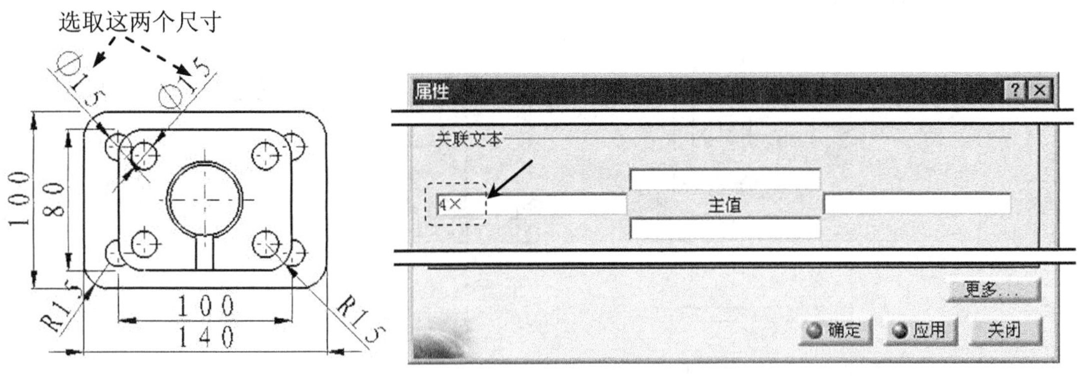

图 9.13.16 选择对象

图 9.13.17 “属性”对话框

Step3. 单击“属性”对话框中的 确定 按钮，结果如图 9.13.18 所示。

Step4. 删除多余的或错误的尺寸。选取图 9.13.19 所示的尺寸，右击，在弹出的快捷菜单中选择 删除 命令，结果如图 9.13.20 所示。

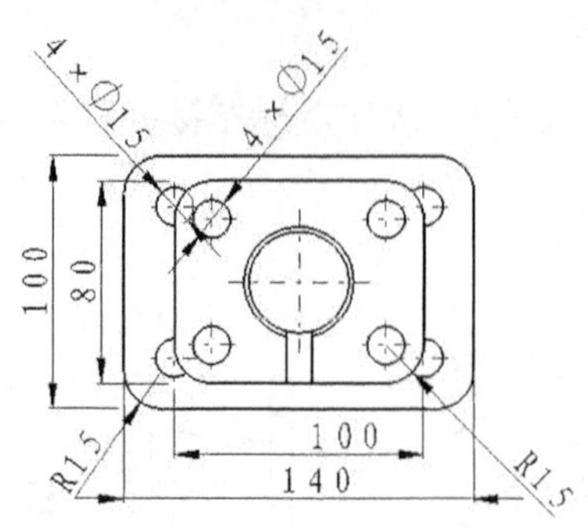

图 9.13.18　修改尺寸文本

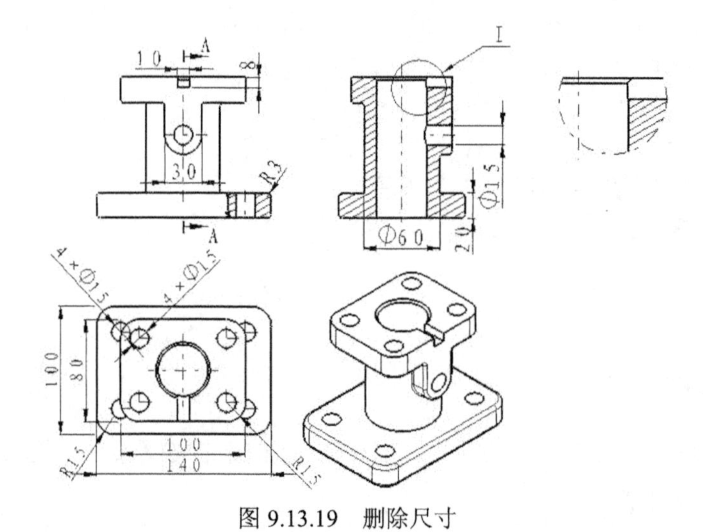

图 9.13.19　删除尺寸

Step5. 选择下拉菜单 插入 → 尺寸标注 ▸ → 尺寸 ▸ → 尺寸 命令，标注所缺的尺寸（图 9.13.20）。

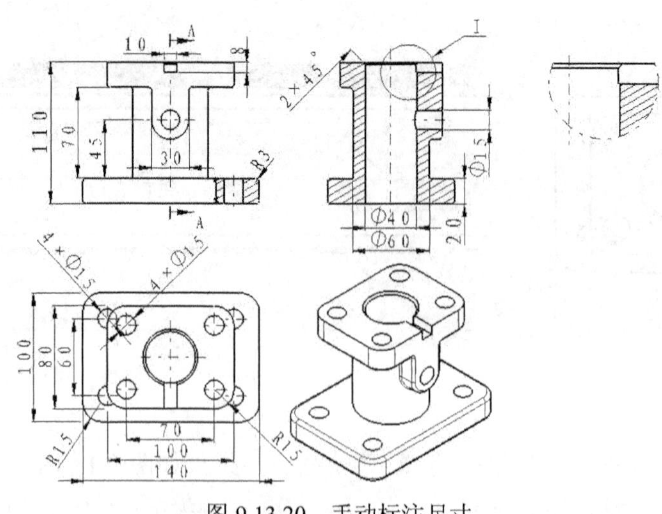

图 9.13.20　手动标注尺寸

Task11. 标注尺寸公差

Step1. 选中要标注尺寸公差的尺寸，在“尺寸属性”对话框的“公差描述”下拉列表中选择TOL_1.0。

Step2. 在“尺寸属性”对话框的“公差”文本框中输入公差值+0.15/－0.20（图 9.13.21）并按 Enter 键，结果如图 9.13.22 所示。

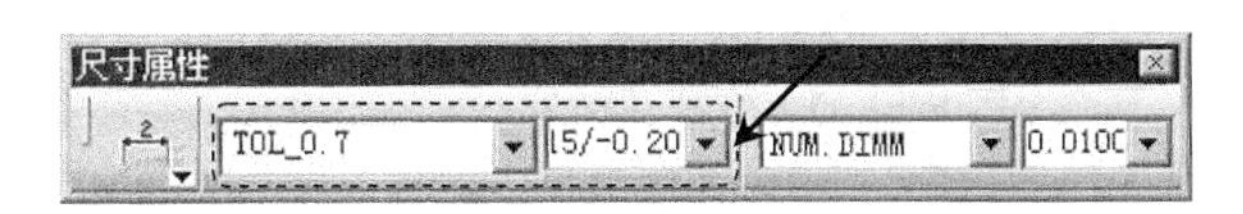

图 9.13.21 “尺寸属性”对话框

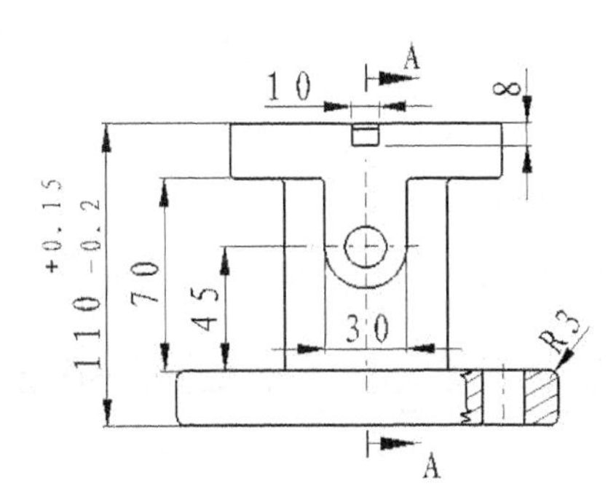

图 9.13.22 标注尺寸公差

Task12. 标注基准符号

Step1. 选择下拉菜单 插入 → 尺寸标注 → 公差 → 基准特征 命令。

Step2. 选取图 9.13.23 所示的直线。

Step3. 选择合适的放置位置并单击，系统弹出图 9.13.24 所示的“创建基准特征”对话框。

Step4. 在“创建基准特征”对话框的文本框中输入基准字母 A，再单击 确定 按钮，完成基准符号的标注，如图 9.13.23 所示。

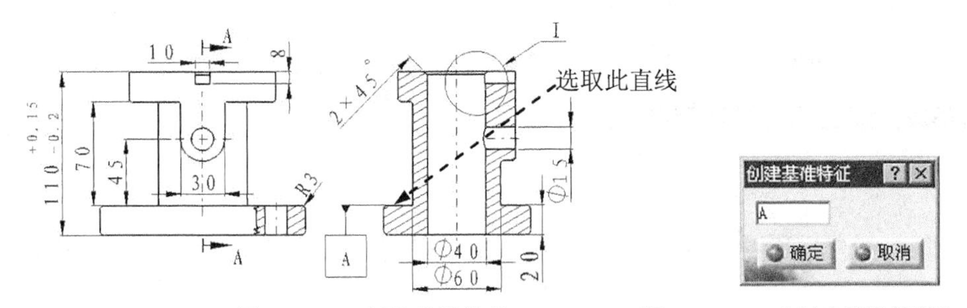

图 9.13.23 标注基准符号　　图 9.13.24 “创建基准特征”对话框

Task13. 标注几何公差

Step1. 选择下拉菜单 插入 → 尺寸标注 → 公差 → 形位公差 命令。

Step2. 选取图 9.13.25 所示的直线。

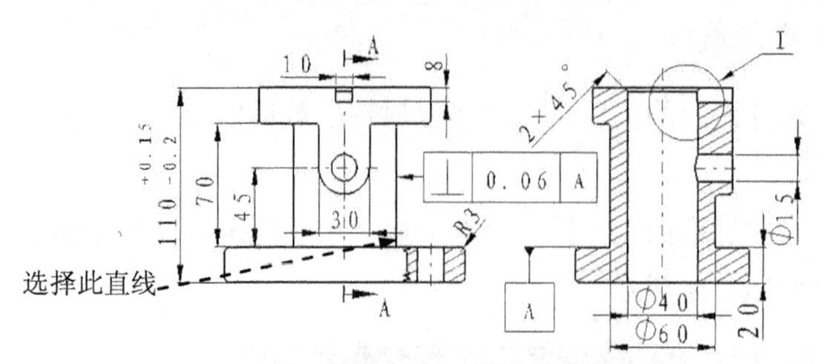

图 9.13.25　标注几何公差

Step3. 选择合适的放置位置并单击，系统弹出图 9.13.26 所示的“形位公差”对话框。

Step4. 在“形位公差”对话框的文本框中单击○按钮中的⊥按钮，标注垂直度。

Step5. 在 公差 文本框中输入公差数值 0.06。

Step6. 在 参考 文本框中输入基准字母 A。

Step7. 单击 确定 按钮，完成形位公差的标注，结果如图 9.13.25 所示。

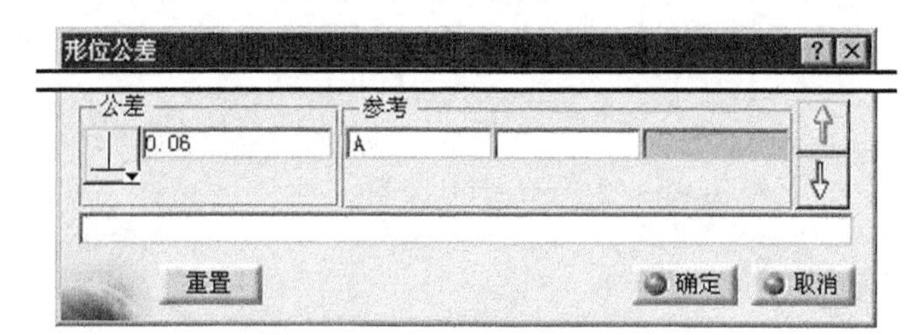

图 9.13.26　“形位公差”对话框

Task14. 标注表面粗糙度

Step1. 选择下拉菜单 插入 → 标注 ▸ → 符号 ▸ → 粗糙度符号 命令。

Step2. 选取放置直线，系统弹出“粗糙度符号”对话框。

Step3. 设置图 9.13.27 所示的参数。

Step4. 单击 确定 按钮，完成表面粗糙度的标注，结果如图 9.13.28 所示。

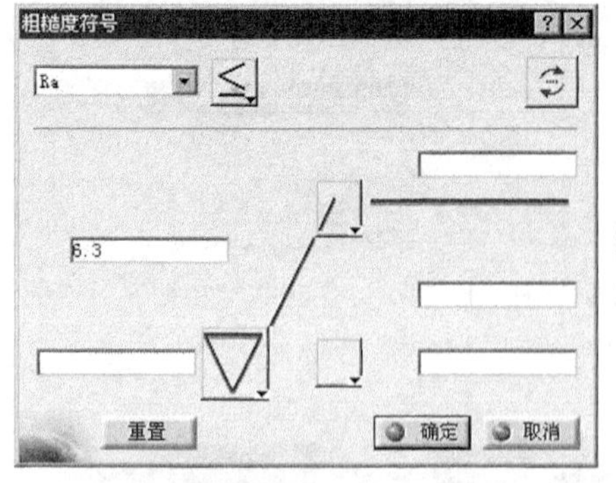

图 9.13.27　“粗糙度符号”对话框

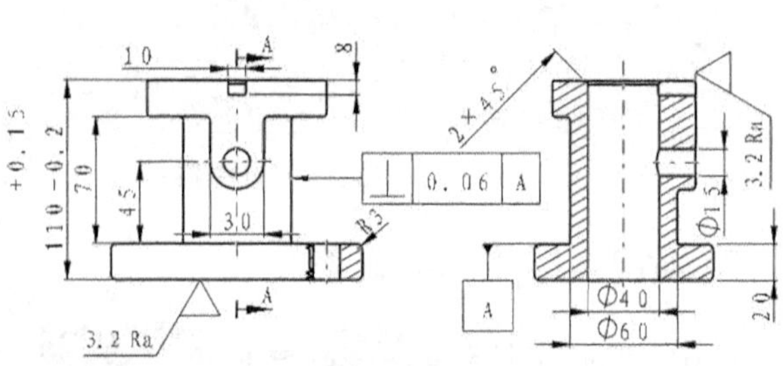

图 9.13.28　标注表面粗糙度

Task15. 创建注释文本

Step1. 选择下拉菜单插入 → 标注 → 文本 → 文本命令。

Step2. 在图样中单击，确定文本放置位置，系统弹出“文本编辑器”对话框（一）。

Step3. 输入图 9.13.29 所示的文本 1，单击确定按钮，结果如图 9.13.30 所示。

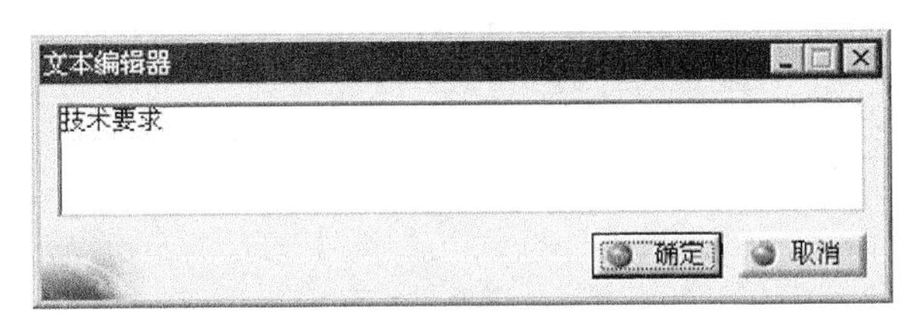

图 9.13.29 “文本编辑器”对话框（一）

图 9.13.30 创建注释文本 1

Step4. 选择下拉菜单插入 → 标注 → 文本 → 文本命令，选择放置位置（放在文本 1 的下方），在“文本编辑器”对话框（二）中输入图 9.13.31 所示的文本 2，单击确定按钮，结果如图 9.13.32 所示。

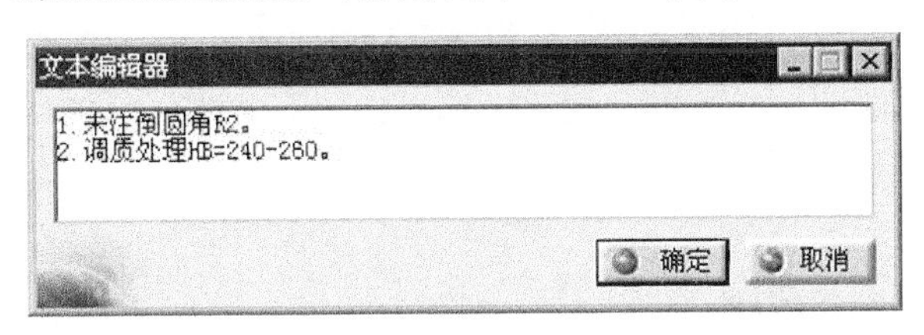

图 9.13.31 “文本编辑器”对话框（二）

1. 未注倒圆角R2。
2. 调质处理HB=240-260。

图 9.13.32 创建注释文本 2

Step5. 为局部视图添加图 9.13.33 所示的视图名称及比例。

（1）选择下拉菜单插入 → 标注 → 文本 → 文本命令，创建图 9.13.33 所示的注释文本。

（2）选择下拉菜单插入 → 几何图形创建 → 直线 → 直线命令，创建图 9.13.33 所示的直线。

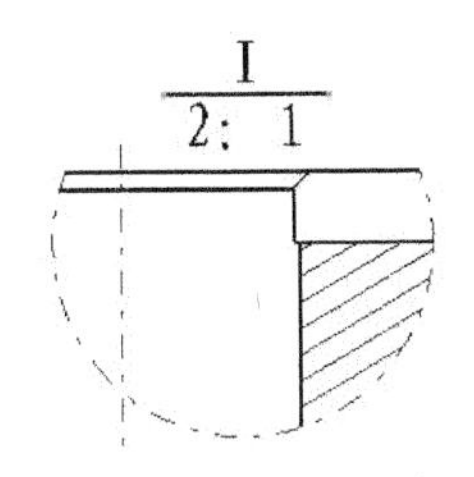

图 9.13.33 添加视图名称及比例

9.14 习 题

打开文件 D:\cat2016.1\work\ch09.14\spd.CATpart，然后创建图 9.14.1 所示的工程图。

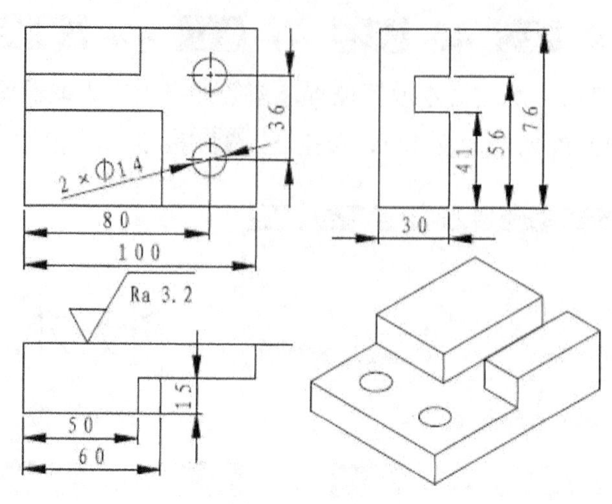

图 9.14.1　练习

第10章 钣 金 设 计

本章提要 在机械设计中，钣金件设计占很大的比例。钣金具有重量轻，强度高，导电（能够用于电磁屏蔽），成本低，大规模量产性能好等特点，目前在电子电器、通信、汽车工业和医疗器械等领域得到了广泛应用。例如，在计算机机箱、手机、MP3中，钣金是必不可少的组成部分。随着钣金的应用越来越广泛，钣金件的设计变成了产品开发过程中很重要的一环，机械工程师必须熟练掌握钣金件的设计技巧，使得设计的钣金件既满足产品的功能和外观等要求，又能使得冲压模具制造简单，成本低。本章将介绍CATIA钣金设计的基本知识，包括以下内容:

- 钣金设计概述。
- 创建钣金壁。
- 钣金的折弯。
- 钣金的展开。
- 钣金成形特征。
- 钣金综合范例

10.1 钣金设计概述

钣金件一般是指具有均一厚度的金属薄板零件，机电设备的支撑结构（如电气控制柜）、护盖（如机床的护罩）等一般都是钣金件。与实体零件模型一样，钣金件模型的各种结构也是以特征的形式创建的，但钣金件的设计也有自己独特的规律。使用CATIA软件创建钣金件的过程大致如下。

Step1. 通过新建一个钣金件模型，进入钣金设计环境。

Step2. 以钣金件所支持或保护的内部零部件大小和形状为基础，创建第一钣金壁（主要钣金壁）。例如，设计机床床身护罩时，先要按床身的形状和尺寸创建第一钣金壁。

Step3. 添加附加钣金壁。在第一钣金壁创建之后，往往需要在其基础上添加另外的钣金壁，即附加钣金壁。

Step4. 在钣金模型中，还可以随时添加一些实体特征，如实体切削特征、孔特征、圆角特征和倒角特征等。

Step5. 创建钣金冲孔和切口特征，为钣金的折弯做准备。

Step6. 进行钣金的折弯。

Step7. 进行钣金的展平。

Step8. 创建钣金的工程图。

10.2 进入“钣金设计”工作台

下面介绍进入钣金设计环境的一般操作过程。

Step1. 选择命令。选择下拉菜单 文件 → 新建... 命令（或在“标准”工具栏中单击“新建”按钮），此时系统弹出“新建”对话框。

Step2. 选择文件类型。

（1）在“新建”对话框的 类型列表: 栏中选择文件类型为 Part 选项，然后单击 确定 按钮，此时系统弹出“新建零件”对话框。

（2）在“新建零件”对话框中单击 确定 按钮，此时系统进入“零件设计”工作台。

Step3. 切换工作台。选择下拉菜单 开始 → 机械设计 → Generative Sheetmetal Design 命令，此时系统切换到“钣金设计”工作台下。

10.3 创建钣金壁

10.3.1 钣金壁概述

钣金壁（Wall）是指厚度一致的薄板，它是一个钣金零件的“基础”，其他的钣金特征（如冲孔、成形、折弯和切割等）都要在这个“基础”上构建，因而钣金壁是钣金件最重要的部分。钣金壁操作的有关命令位于 插入 下拉菜单的 Walls 和 Rolled Walls 子菜单中。

10.3.2 创建第一钣金壁

在创建第一钣金壁之前首先需要对钣金的参数进行设置，然后再创建第一钣金壁，否则钣金设计模块的相关钣金命令处于不可用状态。

选择下拉菜单 插入 → Sheet Metal Parameters... 命令（或者在“Walls”工具栏中单击按钮），系统弹出图 10.3.1 所示的“Sheet Metal Parameters”对话框。

图 10.3.1 所示的“Sheet Metal Parameters”对话框中的部分选项说明如下。

- Parameters 选项卡：用于设置钣金壁的厚度和折弯半径值，其包括 Standard: 文本框、

Thickness：文本框、Default Bend Radius：文本框和 Sheet Standards Files... 按钮。

☑ Standard：文本框：用于显示所使用的标准钣金文件名。

☑ Thickness：文本框：用于定义钣金壁的厚度值。

☑ Default Bend Radius：文本框：用于定义钣金壁的折弯钣金值。

☑ Sheet Standards Files... 按钮：用于调入钣金标准文件。单击此按钮，用户可以在相应的目录下载入钣金设计参数表。

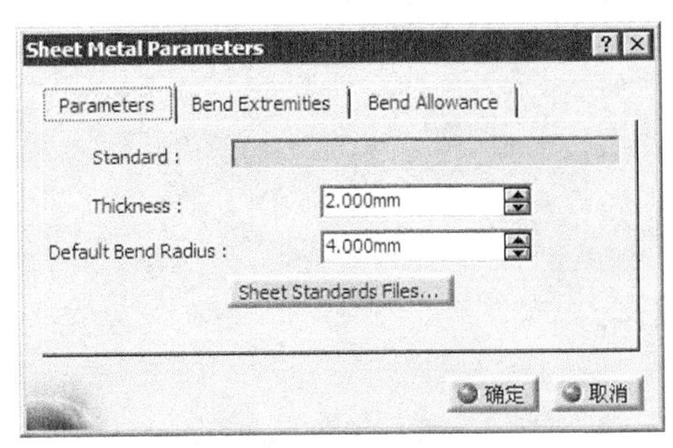

图 10.3.1 “Sheet Metal Parameters”对话框

- Bend Extremities 选项卡：用于设置折弯末端的形式，其包括 Minimum with no relief 下拉列表、下拉列表、L1：文本框和 L2：文本框。

  ☑ Minimum with no relief 下拉列表：用于定义折弯末端的形式，其包括 Minimum with no relief 选项、Square relief 选项、Round relief 选项、Linear 选项、Tangent 选项、Maximum 选项、Closed 选项和 Flat joint 选项。各个折弯末端形式如图 10.3.2~图 10.3.7 所示。

  ☑ 下拉列表：用于创建止裂槽，其包括“Minimum with no relief”选项、“Minimum with square relief”选项、“Minimum with round relief”选项、“Linear shape”选项、“Curved shape”选项、“Maximum bend”选项、“Closed”选项和“Flat joint”选项。此下拉列表是与 Minimum with no relief 下拉列表相对应的。

  ☑ L1：文本框：用于定义折弯末端为 Square relief 选项和 Round relief 选项的宽度限制。

  ☑ L2：文本框：用于定义折弯末端为 Square relief 选项和 Round relief 选项的长度限制。

- Bend Allowance 选项卡：用于设置钣金的折弯系数，其包括 K Factor：文本框、f(x) 按钮和 Apply DIN 按钮。

☑ K Factor : 文本框：用于指定折弯系数 K 的值。

☑ f(x) 按钮：用于打开允许更改驱动方程的对话框。

☑ Apply DIN 按钮：用于根据 DIN 公式计算并应用折弯系数。

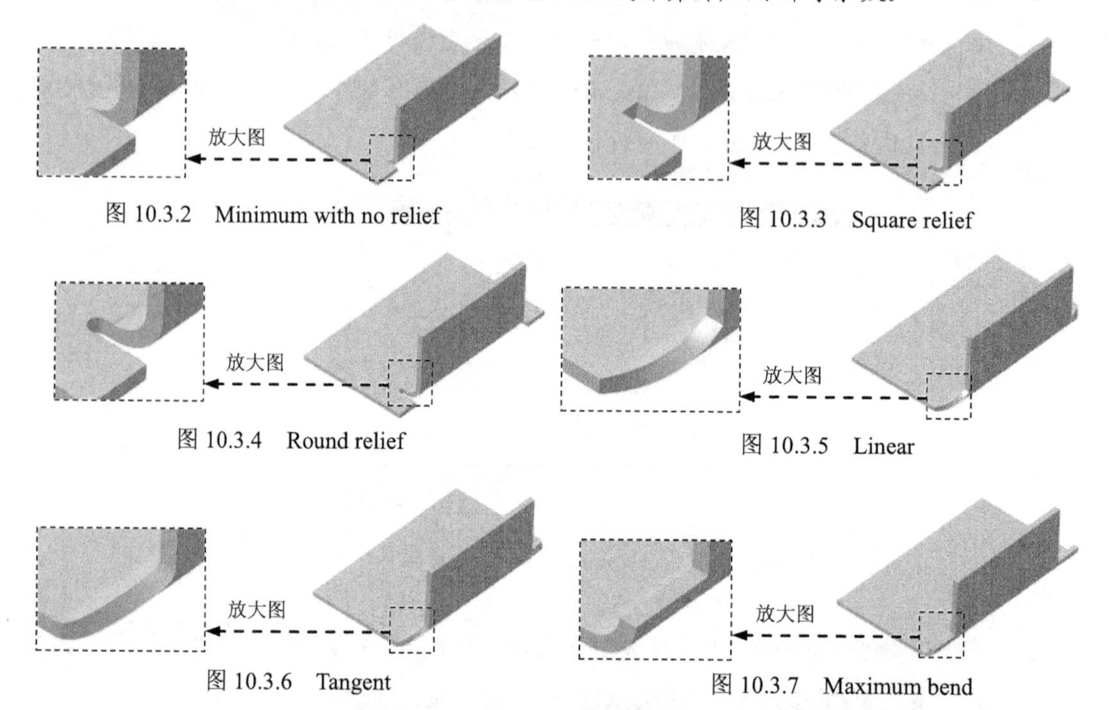

图 10.3.2 Minimum with no relief

图 10.3.3 Square relief

图 10.3.4 Round relief

图 10.3.5 Linear

图 10.3.6 Tangent

图 10.3.7 Maximum bend

下拉菜单 插入 → Walls ▸ 子菜单中的 Wall... 命令和 Extrusion... 都可以创建拉伸类型的第一钣金壁。另外，还有两个命令位于下拉菜单 插入 → Rolled Walls ▸ 子菜单中（图 10.3.8），使用这些命令也可以创建第一钣金壁，其原理和方法与创建相应类型的曲面特征极为相似。

1. 第一钣金壁——平整钣金壁

平整钣金壁是一个平整的薄板（图 10.3.9），在创建这类钣金壁时，需要先绘制钣金壁的正面轮廓草图（必须为封闭的图形），然后给定钣金厚度值即可。

注意：拉伸钣金壁与平整钣金壁创建时最大的不同在于，拉伸（凸缘）钣金壁的轮廓草图不一定要封闭，而平整钣金壁的轮廓草图则必须封闭。

详细操作步骤说明如下。

Step1. 新建一个钣金件模型，将其命名为 Wall_Definition。

Step2. 设置钣金参数。选择下拉菜单 插入 → Sheet Metal Parameters... 命令，系统弹出“Sheet Metal Parameters”对话框。在 Thickness : 文本框中输入值 3，在 Default Bend Radius : 文本框中输入数值 2；单击 Bend Extremities 选项卡，然后在 Minimum with no relief 下拉列表中选择 Minimum with no relief 选项。单击 确定 按钮完成钣金参数的设置。

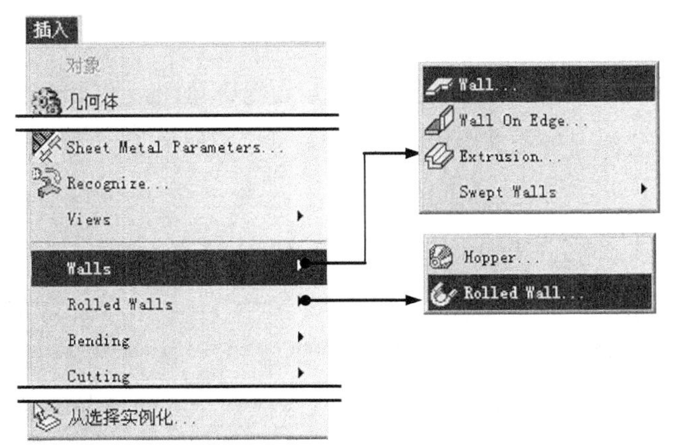

图 10.3.8 “Walls”子菜单和“Rollde Walls”子菜单

图 10.3.9 平整钣金壁

Step3. 创建平整钣金壁。

（1）选择命令。选择下拉菜单 插入 ➡ Walls ▸ ➡ Wall... 命令，系统弹出图 10.3.10 所示的“Wall Definition”对话框。

图 10.3.10 所示“Wall Definition”对话框中的部分选项说明如下。

- Profile: 文本框：单击此文本框，用户可以在绘图区选取钣金壁的轮廓。
- 按钮：用于绘制平整钣金的截面草图。
- 按钮：用于定义钣金厚度的方向（单侧）。
- 按钮：用于定义钣金厚度的方向（对称）。
- Offset: 文本框：用于定义钣金起始位置偏离草图的距离。
- Tangent to: 文本框：单击此文本框，用户可以在绘图区选取与平整钣金壁相切的金属壁特征。
- Invert Side 按钮：用于转换材料边，即钣金壁的创建方向。

（2）定义截面草图平面。在对话框中单击按钮，在特征树中选取 xy 平面为草图平面。

（3）绘制截面草图。绘制图 10.3.11 所示的截面草图。

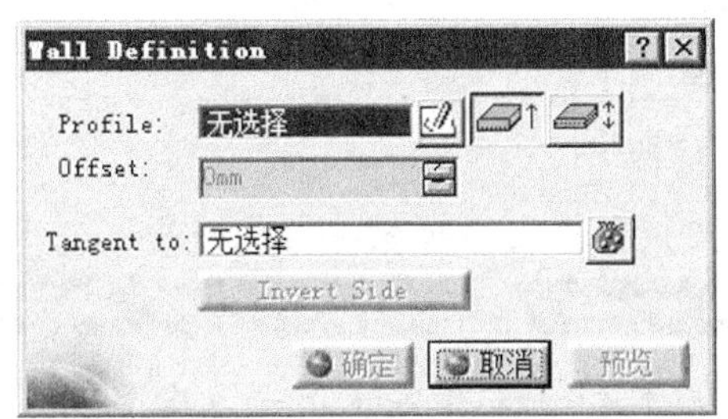

图 10.3.10 “Wall Definition”对话框

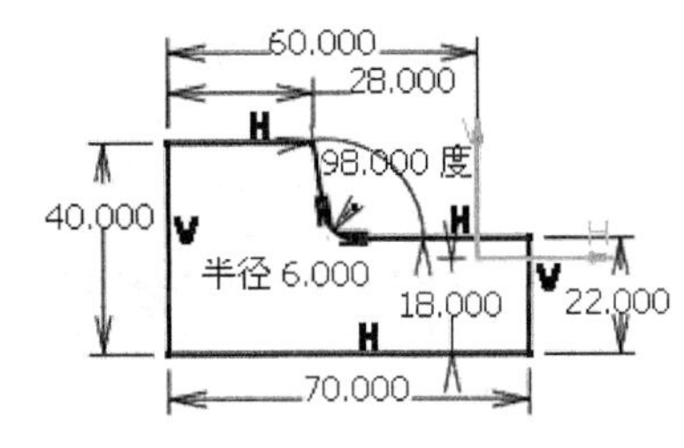

图 10.3.11 截面草图

（4）在“工作台”工具栏中单击按钮退出草图环境。

（5）单击 确定 按钮，完成平整钣金壁的创建。

2. 第一钣金壁——拉伸钣金壁

在以拉伸的方式创建第一钣金壁时，需要先绘制钣金壁的侧面轮廓草图，然后给定钣金的拉伸深度值，则系统将轮廓草图延伸至指定的深度，形成薄壁实体，如图 10.3.12 所示。其详细操作步骤说明如下。

Step1. 新建一个钣金件模型，将其命名为 Extrusion Definition。

Step2. 设置钣金参数。选择下拉菜单 插入 → Sheet Metal Parameters... 命令，系统弹出“Sheet Metal Parameters”对话框。在 Thickness : 文本框中输入数值 3，在 Default Bend Radius : 文本框中输入数值 2；单击 Bend Extremities 选项卡，然后在 Minimum with no relief 下拉列表中选择 Minimum with no relief 选项。单击 确定 按钮完成钣金参数的设置。

Step3. 创建拉伸钣金壁。

（1）选择命令。选择下拉菜单 插入 → Walls ▸ → Extrusion... 命令，系统弹出图 10.3.13 所示的“Extrusion Definition”对话框。

图 10.3.12　拉伸钣金壁

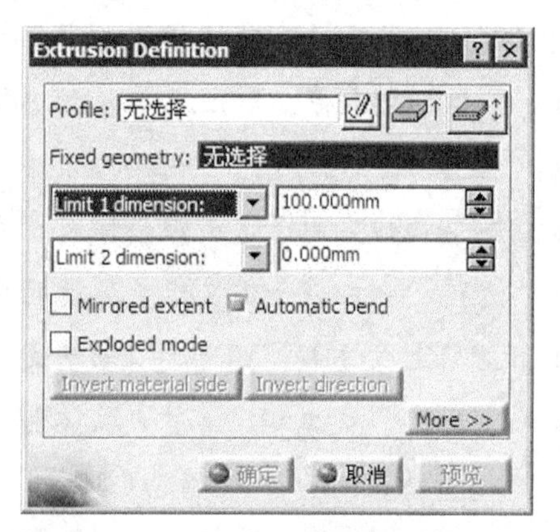

图 10.3.13　“Extrusion Definition”对话框

图 10.3.13 所示的“Extrusion Definition”对话框中的部分选项说明如下。

- Profile: 文本框：用于定义拉伸钣金壁的轮廓。
- 按钮：用于绘制拉伸钣金的截面草图。
- 按钮：用于定义钣金厚度的方向（单侧）。
- 按钮：用于定义钣金厚度的方向（对称）。
- Limit 1 dimension: 下拉列表：该下拉列表用于定义拉伸第一方向属性，其中包含 Limit 1 dimension:、Limit 1 up to plane: 和 Limit 1 up to surface: 三个选项。选择 Limit 1 dimension: 选项时激活其后的文本框，可输入数值以数值的方式定义第一方向限制；选择 Limit 1 up to plane: 选项时激活其后的文本框，可选取一平面来定义第一方向限制；选择 Limit 1 up to surface: 选项时激活其后的文本框，可选取一曲面来定义第一方向限制。
- Limit 2 dimension: 下拉列表：该下拉列表用于定义拉伸第二方向属性，其中包含

Limit 2 dimension:、Limit 2 up to plane:和Limit 2 up to surface:三个选项。选择Limit 2 dimension:选项时激活其后的文本框，可输入数值，以数值的方式定义第二方向限制；选择Limit 2 up to plane:选项时激活其后的文本框，可选取一平面来定义第二方向限制；选择Limit 2 up to surface:选项时激活其后的文本框，可选取一曲面来定义第二方向限制。

- Mirrored extent 复选框：用于镜像当前的拉伸偏置。
- Automatic bend 复选框：选中该复选框，当草图中有尖角时，系统自动创建圆角。
- Exploded mode 复选框：选中该复选框，用于设置分解，依照草图实体的数量自动将钣金壁分解为多个单位。
- Invert Material Side 按钮：用于转换材料边，即钣金壁的创建方向。
- Invert direction 按钮：单击该按钮，可反转拉伸方向。

（2）定义截面草图平面。在对话框中单击按钮，在特征树中选取 yz 平面为草图平面。

（3）绘制截面草图。绘制图 10.3.14 所示的截面草图。

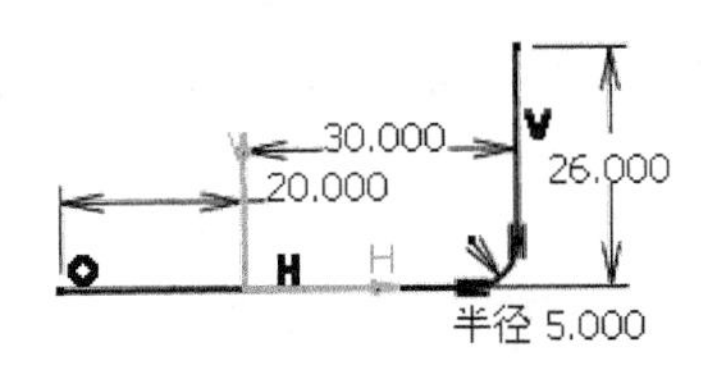

图 10.3.14 截面草图

（4）退出草图环境。在“工作台”工具栏中单击按钮退出草图环境。

（5）设置拉伸参数。在“Extrusion Definition”对话框的Limit 1 dimension:下拉列表中选择Limit 1 dimension:选项，然后在其后文本框中输入数值 30。

（6）单击确定按钮，完成拉伸钣金壁的创建。

10.3.3 创建附加钣金壁

在创建了第一钣金壁后，就可以通过其他命令创建附加钣金壁了。附加钣金壁主要是通过 插入 → Walls ▸ → Wall On Edge... 命令和位于 插入 → Walls ▸ → Swept Walls ▸ 子菜单中的命令来创建。

1. 平整附加钣金壁

平整附加钣金壁是一种正面平整的钣金薄壁，其壁厚与主钣金壁相同。其主要是通过 插入 → Walls ▸ → Wall On Edge... 命令来创建。下面通过图 10.3.15 所示的实例介绍三种平整附加钣金壁的创建过程。

Step1. 完全平整钣金壁。

（1）打开模型 D:\cat2016.1\work\ch10.03.03\Wall_On_Edge_Definition_01.CATPart，如图 10.3.15a 所示。

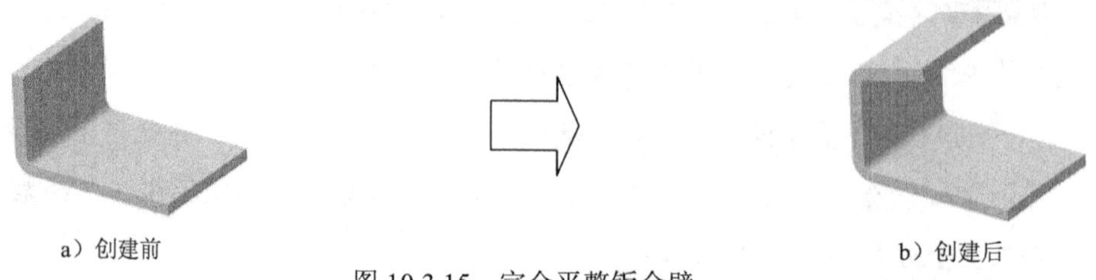

图 10.3.15 完全平整钣金壁

（2）选择命令。选择下拉菜单 插入 → Walls ▸ → Wall On Edge... 命令，系统弹出图 10.3.16 所示的“Wall On Edge Definition”对话框。

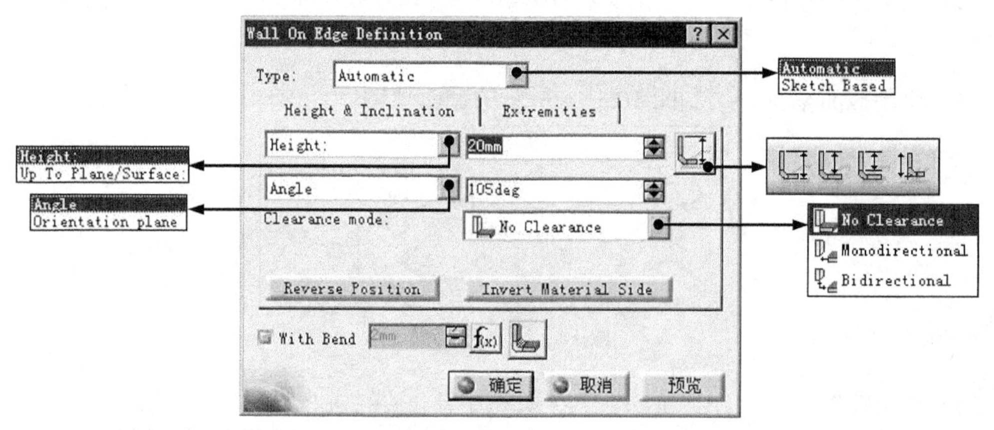

图 10.3.16 “Wall On Edge Definition”对话框

图 10.3.16 所示的“Wall On Edge Definition”对话框中的部分选项说明如下。

- Type: 下拉列表：用于设置创建折弯的类型，其包括 Automatic 选项和 Sketch Based 选项。
  - ☑ Automatic 选项：用于设置使用自动创建钣金壁的方式。
  - ☑ Sketch Based 选项：用于设置使用所绘制的草图的方式创建钣金壁。
- Height & Inclination 选项卡：用于设置创建的平整钣金壁的相关参数，如高度、角度、长度类型、间隙类型和位置等。其包括 Height: 下拉列表、Angle 下拉列表、 下拉列表、Clearance mode: 下拉列表、Reverse Position 按钮和 Invert Material Side 按钮。
  - ☑ Height: 下拉列表：用于设置限制平整钣金壁高度的类型，其包括 Height: 选项和 Up To Plane/Surface: 选项。Height: 选项：用于设置使用定义的高度值限制平整钣金壁高度，用户可以在其后的文本框中输入值来定义平整钣金壁高度。Up To Plane/Surface: 选项：用于设置使用指定的平面或者曲面限制平整钣金壁的高度。单击其后的文本框，用户可以在绘图区选取一个平面或者曲面限制平

整钣金壁的高度。

☑ Angle 下拉列表：用于设置限制平整钣金壁弯曲的形式，其包括Angle选项和Orientation plane选项。Angle选项：用于使用指定的角度值限制平整钣金的弯曲。用户可以在其后的文本框中输入值来定义平整钣金的弯曲角度。Orientation plane选项：用于使用方向平面的方式限制平整钣金壁的弯曲。

☑ 下拉列表：用于设置长度的类型，其包括选项、选项、选项和选项。选项：用于设置平整钣金壁的开放端到第一钣金壁下端面的距离。选项：用于设置平整钣金壁的开放端到第一钣金壁上端面的距离。选项：用于设置平整钣金壁的开放端到平整平面下端面的距离。选项：用于设置平整钣金壁的开放端到折弯圆心的距离。

☑ Clearance mode: 下拉列表：用于设置平整钣金壁与第一钣金壁的位置关系，其包括No Clearance选项、Monodirectional选项和Bidirectional选项。No Clearance选项：用于设置第一钣金壁与平整钣金壁之间无间隙。Monodirectional选项：用于设置以指定的距离限制第一钣金壁与平整钣金壁之间的水平距离。Bidirectional选项：用于设置以指定的距离限制第一钣金壁与平整钣金壁之间的双向距离。

☑ Reverse Position 按钮：用于改变平整钣金壁的位置，如图 10.3.17 所示。

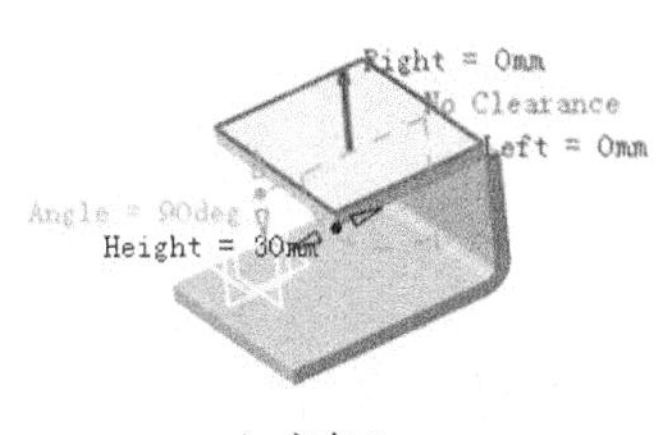

a）方向 1

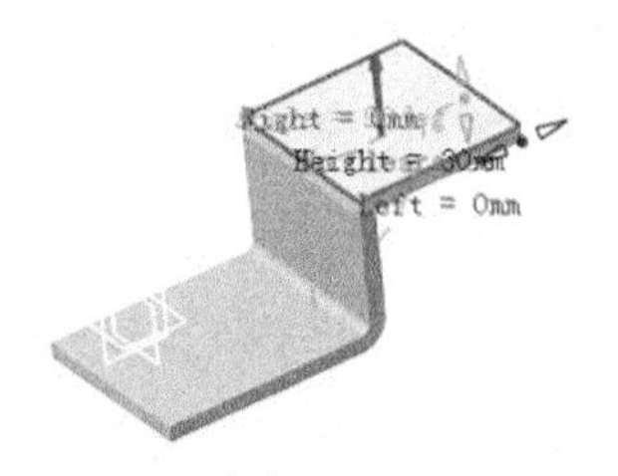

b）方向 2

图 10.3.17 改变位置

☑ Invert Material Side 按钮：用于改变平整钣金壁的附着边，如图 10.3.18 所示。

● Extremities 选项卡：用于设置平整钣金壁的边界限制，其包括 Left limit: 文本框、Left offset: 文本框、Right limit: 文本框、Right offset: 文本框和两个下拉列表，如图 10.3.19 所示。

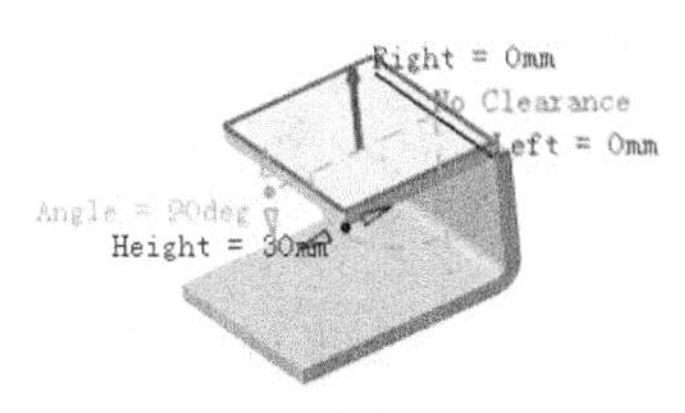

a）方向 1

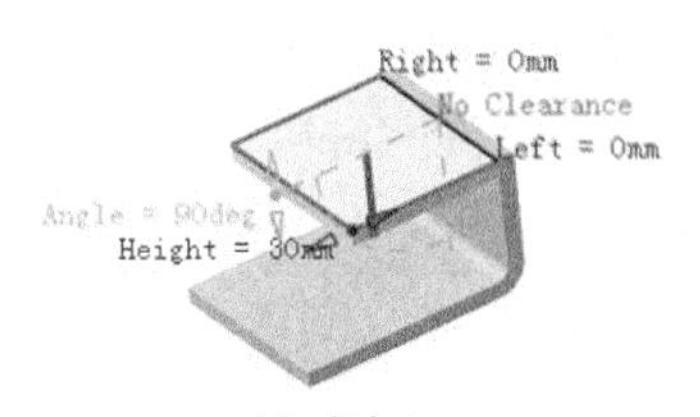

b）方向 2

图 10.3.18 改变附着边

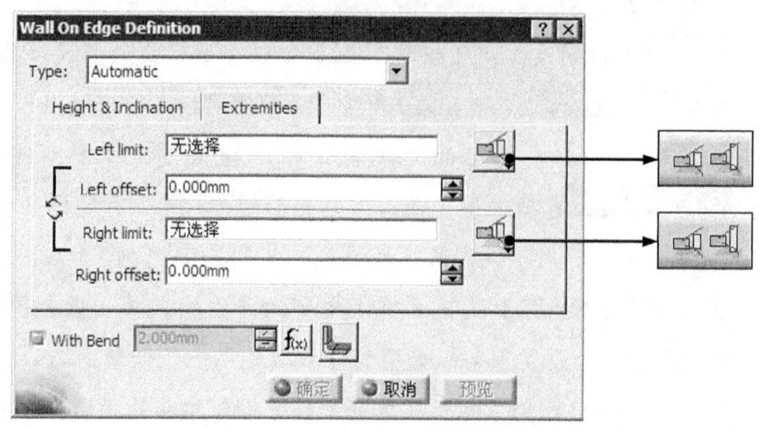

图 10.3.19 “Extremities”选项卡

☑ Left limit: 文本框：单击此文本框，用户可以在绘图区选取平整钣金壁的左边界限制。

☑ Left offset: 文本框：用于定义平整钣金壁左边界与第一钣金壁相应边的距离值。

☑ Right limit: 文本框：单击此文本框，用户可以在绘图区选取平整钣金壁的右边界限制。

☑ Right offset: 文本框：用于定义平整钣金壁右边界与第一钣金壁相应边的距离值。

☑ 下拉列表：用于定义限制位置的类型，其包括选项和选项。

- With Bend 复选框：用于设置创建折弯半径。
- 2mm 文本框：用于定义弯曲半径值。
- f(x) 按钮：用于打开允许更改驱动方程式的对话框。
- 按钮：用于定义折弯参数。单击此按钮，系统弹出图 10.3.20 所示的“Bend Definition”对话框。用户可以通过此对话框对折弯参数进行设置。

（3）设置创建折弯的类型。在对话框 Type: 下拉列表中选择 Automatic 选项。

（4）定义附着边。在绘图区选取图 10.3.21 所示的边为附着边。

（5）设置平整钣金壁的高度和折弯参数。在 Height: 下拉列表中选择 Height: 选项，并在其后的文本框中输入数值 30；在 Angle 下拉列表中选择 Angle 选项，并在其后的文本框中输入数值 105；在 Clearance mode: 下拉列表中选择 No Clearance 选项。

（6）设置折弯圆弧。在对话框中选中 With Bend 复选框。

（7）单击 确定 按钮，完成平整钣金壁的创建，如图 10.3.15b 所示。

Step2. 部分平整钣金壁。

（1）打开模型 D:\cat2016.1\work\ch10.03.03\Wall_On_Edge_Definition_02.CATPart，如图 10.3.22a 所示。

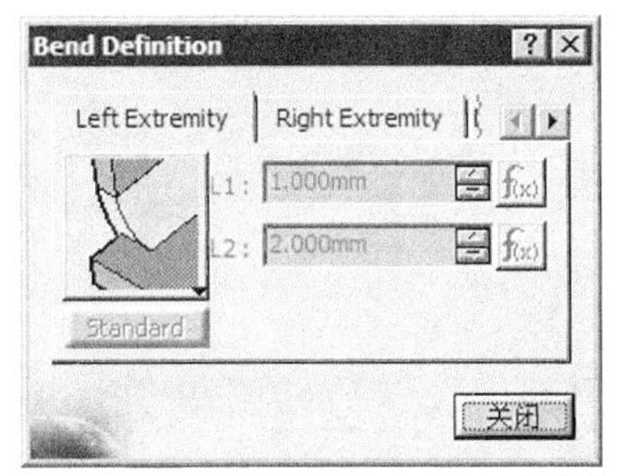

图 10.3.20 “Bend Definition”对话框

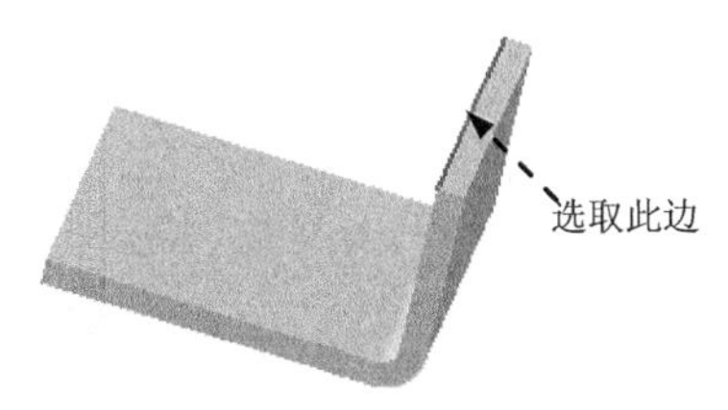

图 10.3.21 定义附着边

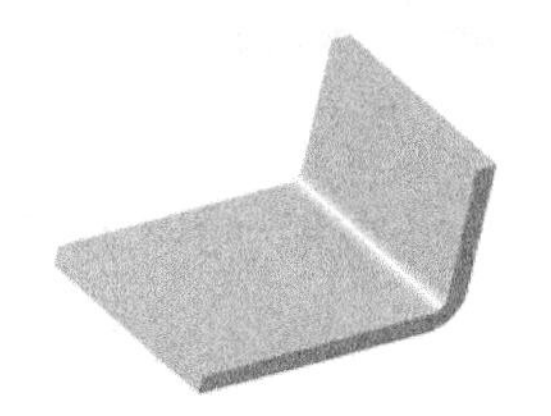

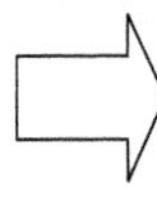

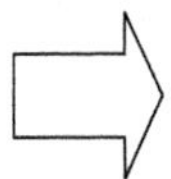

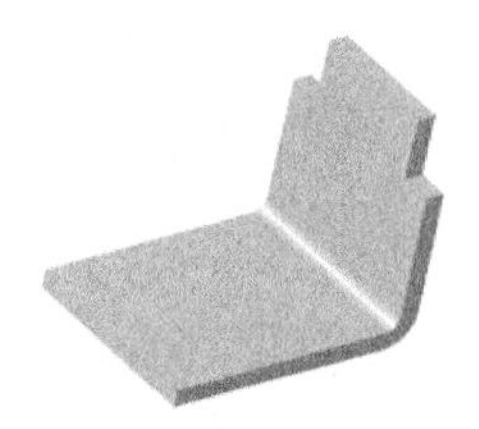

a）创建前

b）创建后

图 10.3.22 部分平整钣金壁

（2）选择命令。选择下拉菜单 插入 → Walls ▸ → Wall On Edge... 命令，系统弹出“Wall On Edge Definition”对话框。

（3）设置创建折弯的类型。在对话框 Type: 下拉列表中选择 Automatic 选项。

（4）设置折弯圆弧。在对话框中取消选中 □ With Bend 复选框。

（5）设置平整钣金壁的高度和折弯参数。在 Height: 下拉列表中选择 Height: 选项，并在其后的文本框中输入数值 10；在 Angle 下拉列表中选择 Angle 选项，并在其后的文本框中输入数值 180；在 Clearance mode: 下拉列表中选择 No Clearance 选项。

（6）定义附着边。在绘图区选取图 10.3.23 所示的边为附着边。

（7）定义限制参数。单击 Extremities 选项卡，在 Left offset: 文本框中输入数值-5，在 Right offset: 文本框中输入数值-5。

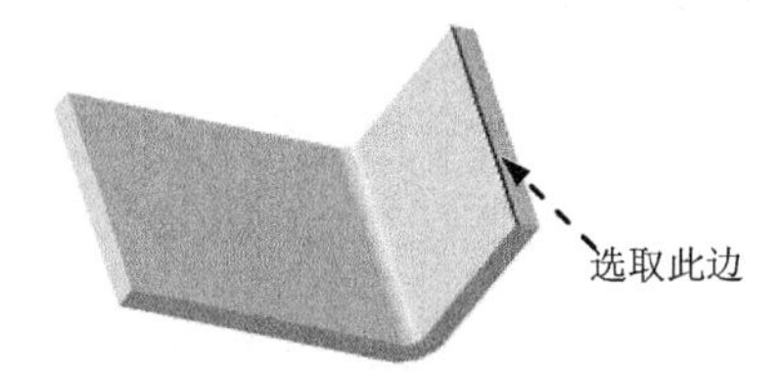

图 10.3.23 定义附着边

（8）单击 确定 按钮，完成部分平整钣金壁的创建，如图 10.3.22b 所示。

Step 3. 自定义形状的平整钣金壁。

（1）打开模型 D:\cat2016.1\work\ch10.03.03\Wall_On_Edge_Definition_03.CATPart，如图 10.3.24a 所示。

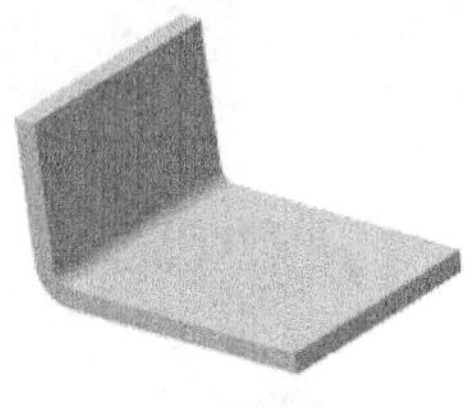

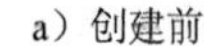

a）创建前

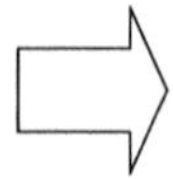

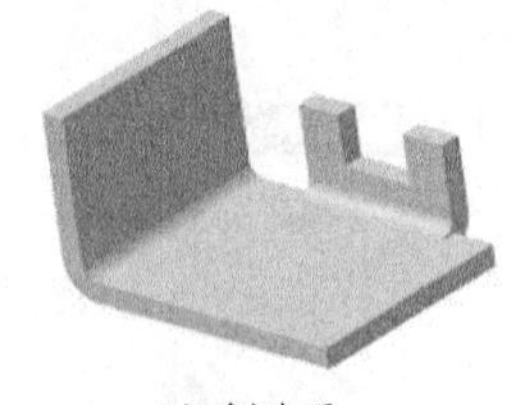

b）创建后

图 10.3.24　自定义形状的平整钣金壁

（2）选择命令。选择下拉菜单 插入 → Walls ▸ → Wall On Edge... 命令，系统弹出“Wall On Edge Definition”对话框。

（3）设置创建折弯的类型。在对话框 Type: 下拉列表中选择 Sketch Based 选项。

（4）定义附着边。在绘图区选取图 10.3.25 所示的边为附着边。

（5）定义草图平面并绘制截面草图。单击按钮，在绘图区选取图 10.3.26 所示的模型表面为草图平面；绘制图 10.3.27 所示的截面草图；单击按钮退出草图环境。

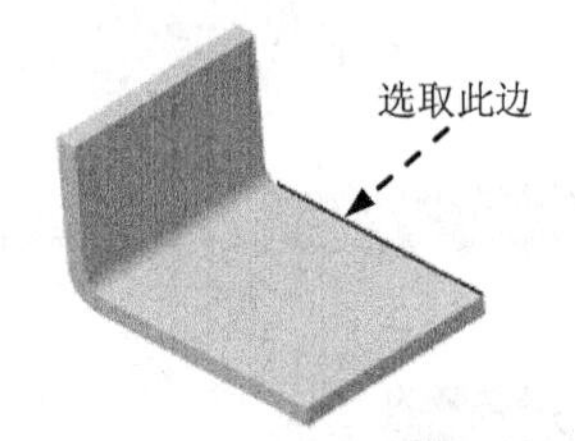

图 10.3.25　定义附着边

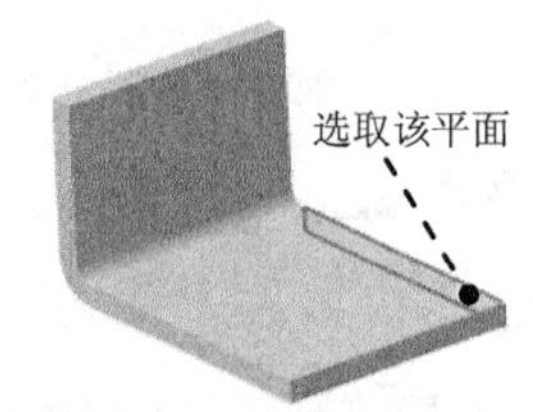

图 10.3.26　定义草图平面

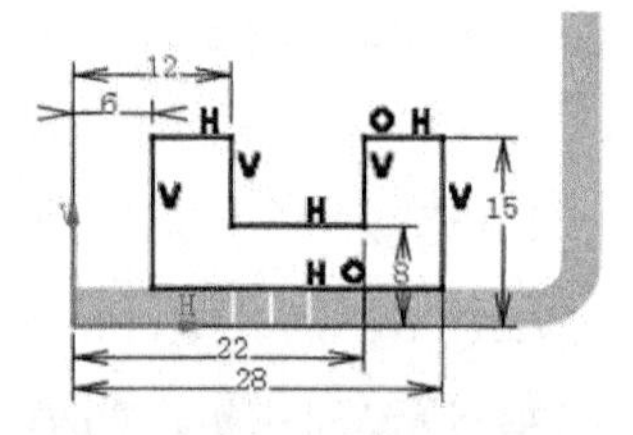

图 10.3.27　截面草图

（6）单击 确定 按钮，完成平整钣金壁的创建，如图 10.3.24b 所示。

2.　凸缘

凸缘是一种可以定义其侧面形状的钣金薄壁，其壁厚与第一钣金壁相同。在创建凸缘附加钣金壁时，需先在现有的钣金壁（第一钣金壁）上选取某条边线作为附加钣金壁的附着边，其次需要定义其侧面形状和尺寸等参数。下面介绍图 10.3.28 所示的凸缘的创建过程。

Step1. 打开模型 D:\cat2016.1\work\ch10.03.03\Flange_Definition.CATPart，如图 10.3.28a 所示。

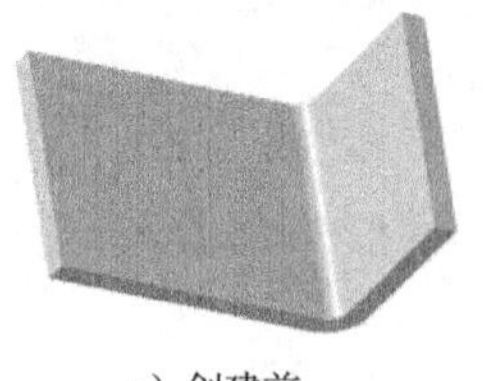

a）创建前

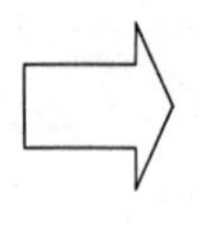

b）创建后

图 10.3.28　凸缘

Step2. 选择命令。选择下拉菜单 插入 → Walls ▸ → Swept Walls ▸ → Flange... 命令，系统弹出图 10.3.29 所示的“Flange Definition”对话框。

图 10.3.29 所示的“Flange Definition”对话框中的部分选项说明如下。

- Basic 下拉列表：用于设置创建凸缘的类型，其包括Basic选项和Relimited选项。
  - ☑ Basic选项：用于设置创建的凸缘完全附着在指定的边上。
  - ☑ Relimited选项：用于设置创建的凸缘截止在指定的点上。
  - ☑ Length: 文本框：用于定义凸缘的长度值。
  - ☑ 下拉列表：用于设置长度的类型，其包括选项、选项、选项和选项。
  - ☑ Angle: 文本框：用于定义凸缘的折弯角度。

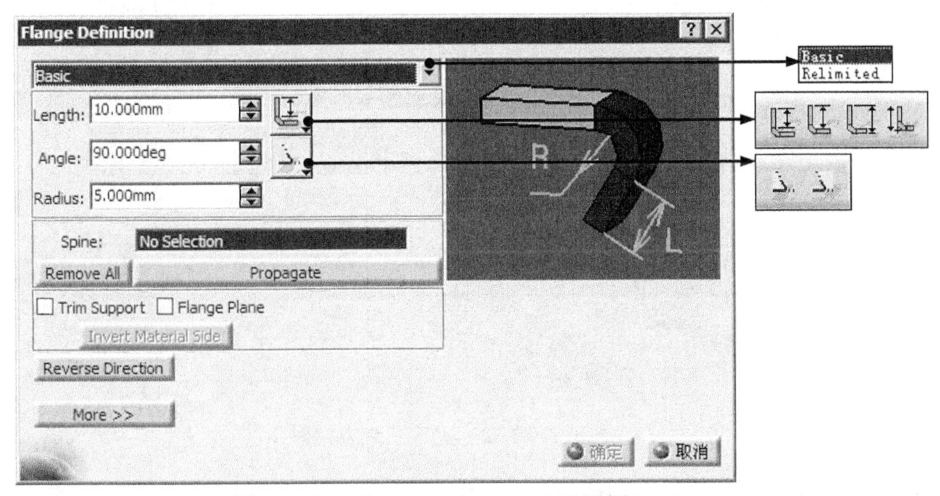

图 10.3.29 “Flange Definition”对话框（一）

- 下拉列表：用于设置限制折弯角的方式，其包括选项和选项。
  - ☑ 选项：用于设置从第一钣金壁绕附着边旋转到凸缘钣金壁所形成的角度限制折弯。
  - ☑ 选项：用于设置从第一钣金壁绕 Y 轴旋转到凸缘钣金壁所形成的角度的反角度限制折弯。
- Radius: 文本框：用于指定折弯的半径值。
- Remove All 按钮：用于清除所选择的附着边。
- Spine: 文本框：单击此文本框，用户可以在绘图区选取凸缘的附着边。
- Propagate 按钮：用于选择与指定边相切的所有边。
- Trim Support 复选框：用于设置裁剪指定的边线，如图 10.3.30 所示。
- Flange Plane 复选框：选取该复选框后，可选取一平面作为凸缘平面。
- Invert Material Side 按钮：用于更改材料边，如图 10.3.31 所示。

a）未裁剪

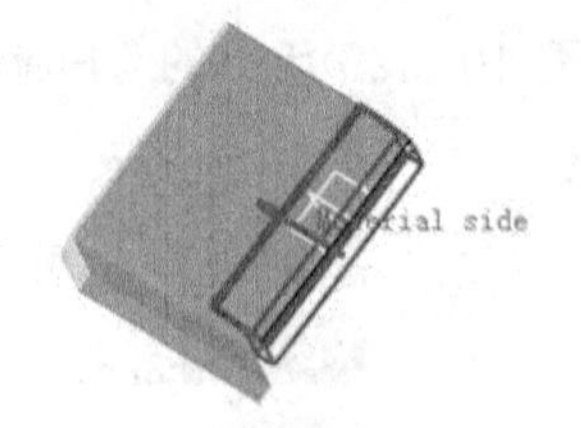

b）裁剪后

图 10.3.30　裁剪对比

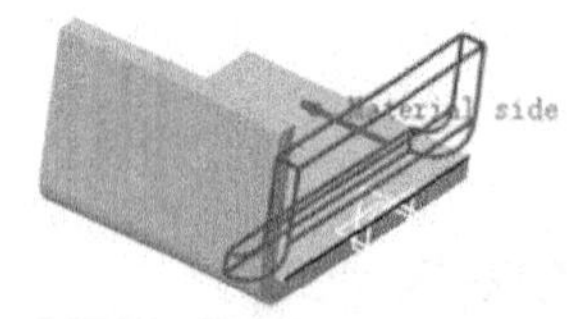

a）更改前

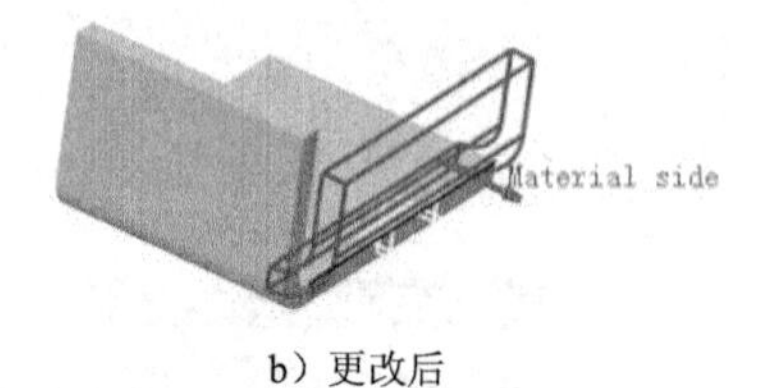

b）更改后

图 10.3.31　更改材料边对比

- Reverse Direction 按钮：用于更改凸缘的方向，如图 10.3.32 所示。

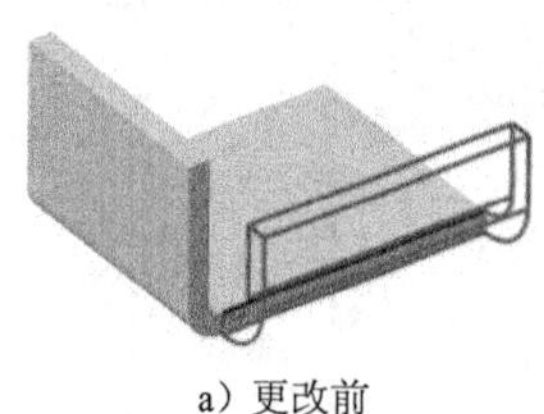

a）更改前

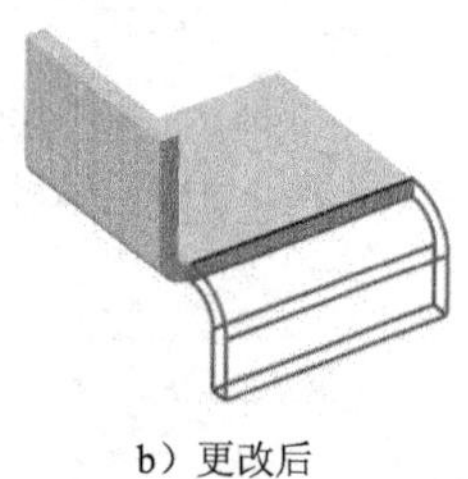

b）更改后

图 10.3.32　更改凸缘方向对比

- More >> 按钮：用于显示“Flange Definition”对话框的更多参数。单击此按钮，“Flange Definition”对话框显示图 10.3.33 所示的更多参数。

Step3. 定义附着边。在绘图区选取图 10.3.34 所示的边为附着边。

Step4. 定义创建的凸缘类型。在对话框的 Basic 下拉列表中选择 Basic 选项。

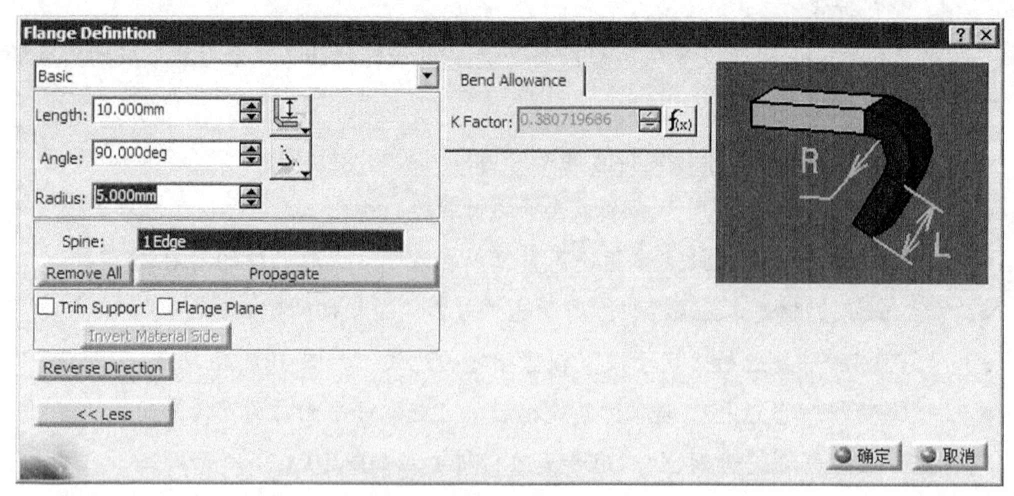

图 10.3.33　“Flange Definition”对话框（二）

Step5. 设置凸缘参数。在 Length: 文本框中输入数值 10，然后在下拉列表中选择选项；在 Angle: 文本框中输入数值 90，在其后的下拉列表中选择选项；在 Radius: 文本框中输入数值 5；单击 Reverse Direction 按钮调整图 10.3.35 所示的凸缘方向。

Step6. 单击 确定 按钮，完成凸缘的创建，如图 10.3.28b 所示。

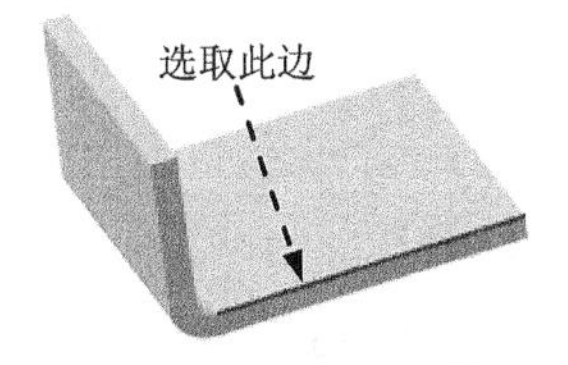

图 10.3.34　定义附着边

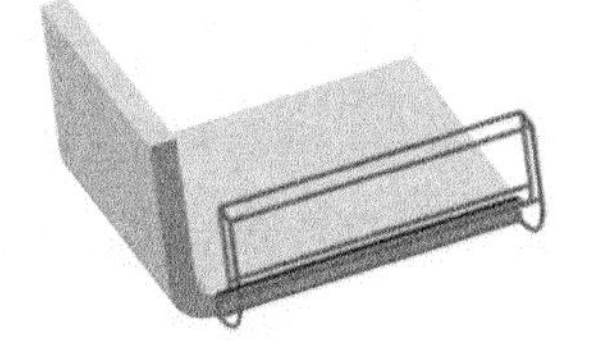

图 10.3.35　调整后的凸缘方向

3. 用户凸缘

用户凸缘是一种可以自定义其截面形状的钣金薄壁，其壁厚与第一钣金壁相同。在创建时，需先在现有的钣金壁（第一钣金壁）上选取某条边线作为附加钣金壁的附着边，其次需要定义其侧面形状和尺寸等参数。下面介绍创建图 10.3.36 所示的用户凸缘的一般过程。

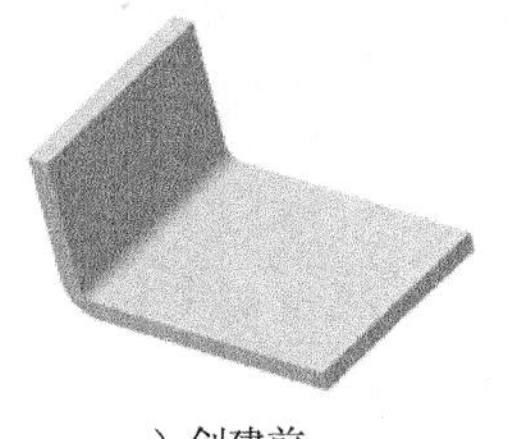

a）创建前

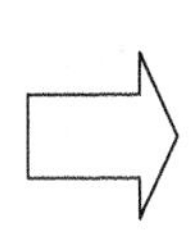

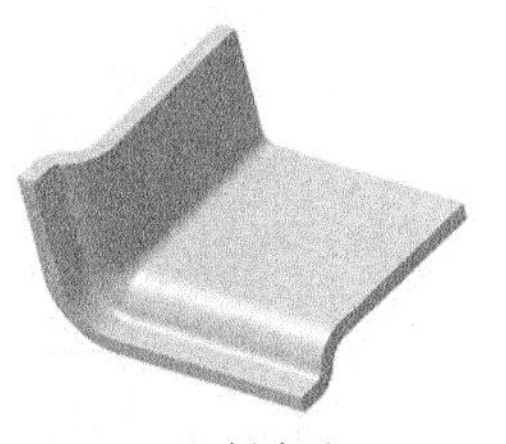

b）创建后

图 10.3.36　用户凸缘

Step1. 打开模型 D:\cat2016.1\work\ch10.03.03\User-Defined_Flange_Definition.CATPart，如图 10.3.36a 所示。

Step2. 选择命令。选择下拉菜单 插入 → Walls ▸ → Swept Walls ▸ → User Flange... 命令，系统弹出图 10.3.37 所示的“User-Defined Flange Definition”对话框。

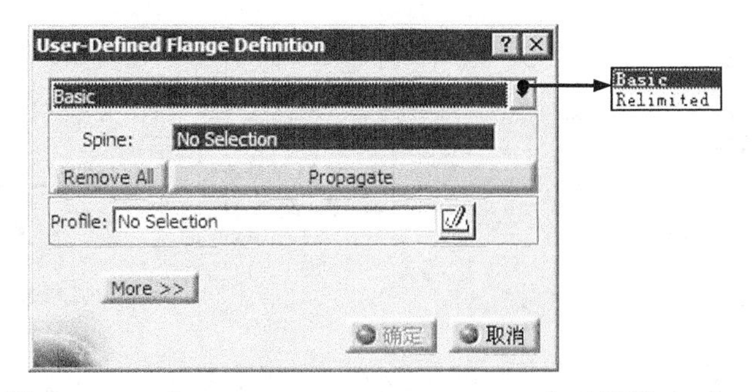

图 10.3.37　“User-Defined Flange Definition”对话框（一）

图 10.3.37 所示的“User-Defined Flange Definition”对话框（一）中的部分选项说明

如下。

- Basic 下拉列表：用于设置创建凸缘的类型，其包括 Basic 选项和 Relimited 选项。
  - ☑ Basic 选项：用于设置创建的凸缘完全附着在指定的边上。
  - ☑ Relimited 选项：用于设置创建的凸缘在附着边的起始位置和终止位置。
- Spine: 文本框：单击此文本框，用户可以在绘图区选取凸缘的附着边。
- Remove All 按钮：用于清除所选择的附着边。
- Propagate 按钮：用于选择与指定边相切的所有边。
- Profile: 文本框：单击此文本框，用户可以在绘图区选取凸缘的截面轮廓。
- 按钮：用于绘制截面草图。
- More >> 按钮：用于显示“User-Defined Flange Definition”对话框的更多参数。单击此按钮，“User-Defined Flange Definition”对话框显示图 10.3.38 所示的更多参数。

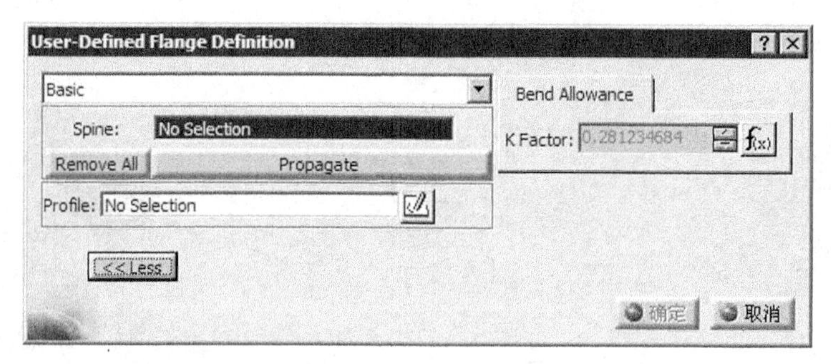

图 10.3.38 “User-Defined Flange Definition”对话框（二）

Step3. 定义附着边。在“User-Defined Flange Definition”对话框（二）中单击 Spine: 文本框，然后在绘图区选取图 10.3.39 所示的边为附着边。

Step4. 绘制截面草图。单击按钮，选取图 10.3.39 所示的模型表面为草图平面，绘制图 10.3.40 所示的截面草图；单击按钮退出草图环境。

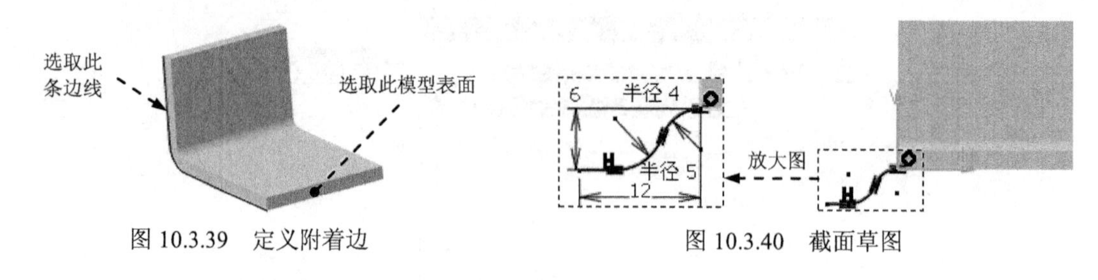

图 10.3.39 定义附着边　　图 10.3.40 截面草图

Step5. 单击 确定 按钮，完成用户凸缘的创建，如图 10.3.36b 所示。

10.4 钣金的折弯

10.4.1 钣金折弯概述

钣金折弯是将钣金的平面区域弯曲某个角度，图 10.4.1 是一个典型的折弯特征。在进行折弯操作时，应注意折弯特征仅能在钣金的平面区域建立，不能跨越另一个折弯特征。

钣金折弯特征包括三个要素（图 10.4.1）。

- 折弯线：确定折弯位置和折弯形状的几何线。
- 折弯角度：控制折弯的弯曲程度。
- 折弯半径：折弯处的内侧或外侧半径。

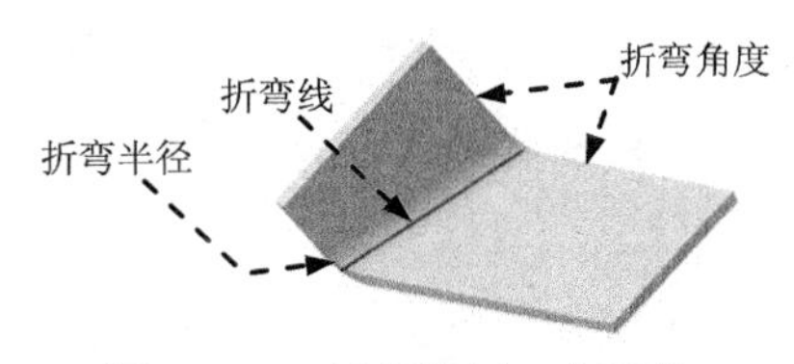

图 10.4.1 折弯特征三个要素

10.4.2 选取钣金折弯命令

选取钣金折弯命令有如下两种方法。

方法一：在“Bending”工具栏中单击按钮。

方法二：选择下拉菜单 插入 → Bending ▸ → Bend From Flat... 命令。

10.4.3 折弯操作

Step1. 打开模型 D:\cat2016.1\work\ch10.04.03\Bend_From_Flat_Definition.CATPart，如图 10.4.2a 所示。

a）创建前　　b）创建后

图 10.4.2 折弯

Step2. 选择命令。选择下拉菜单 插入 → Bending ▸ → Bend From Flat... 命令，系统弹出图 10.4.3 所示的“Bend From Flat Definition”对话框。

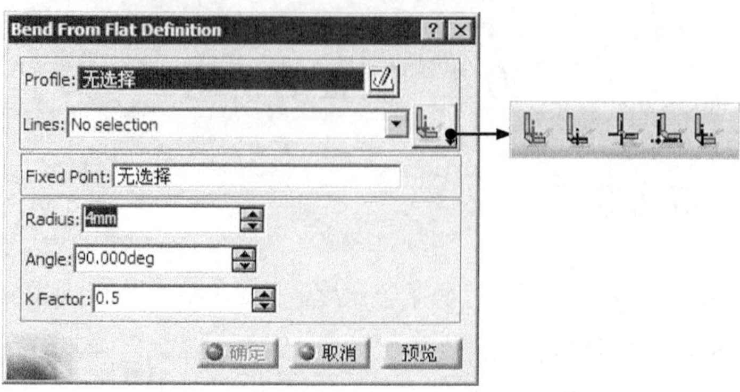

图 10.4.3 “Bend From Flat Definition”对话框

图 10.4.3 所示的“Bend From Flat Definition”对话框中的部分选项说明如下。

- Profile: 文本框：单击此文本框，用户可以在绘图区选取现有的折弯草图。
- 按钮：用于绘制折弯草图。
- Lines: 下拉列表：用于选择折弯草图中的折弯线，以便于定义折弯线的类型。
- 下拉列表：用于定义折弯线的类型，其包括选项、选项、选项、选项和选项。
  - ☑ 选项：用于设置折弯半径对称分布于折弯线两侧，如图 10.4.4 所示。
  - ☑ 选项：用于设置折弯半径与折弯线相切，如图 10.4.5 所示。

图 10.4.4 Axis　　图 10.4.5 BTL Base Feature

  - ☑ 选项：用于设置折弯线为折弯后两个钣金壁板内表面的交叉线，如图 10.4.6 所示。
  - ☑ 选项：用于设置折弯线为折弯后两个钣金壁板外表面的交叉线，如图 10.4.7 所示。

图 10.4.6 IML　　图 10.4.7 OML

  - ☑ 选项：使折弯半径与折弯线相切，并且使折弯线在折弯侧平面内，如图 10.4.8 所示。
- Radius: 文本框：用于定义折弯半径。

- Angle: 文本框：用于定义折弯角度。
- K Factor : 文本框：用于定义折弯系数。

Step3. 绘制折弯草图。在“视图”工具栏的下拉列表中选择选项，然后在对话框中单击按钮，之后选取图 10.4.9 所示的模型表面为草图平面，并绘制图 10.4.10 所示的折弯草图；单击按钮退出草图环境。

Step4. 定义折弯线的类型。在下拉列表中选择“Axis”选项。

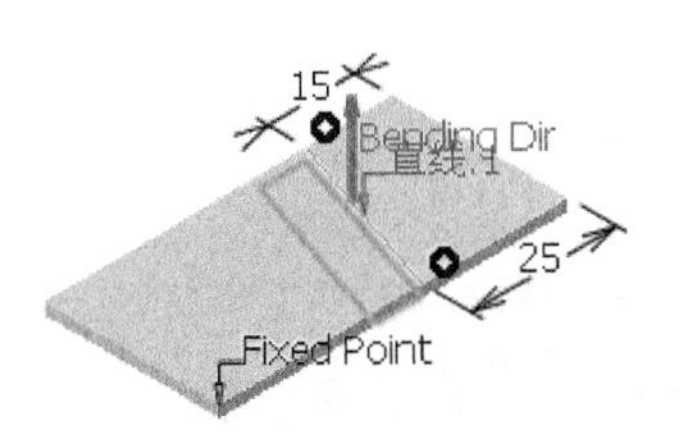

图 10.4.8 BTL Support

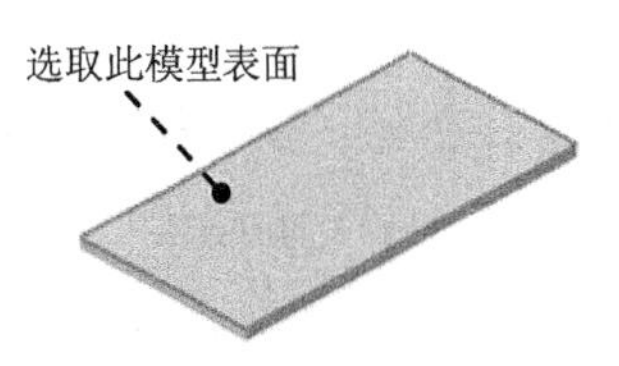

图 10.4.9 定义草图平面

Step5. 定义固定侧。单击 Fixed Point: 文本框，选取图 10.4.11 所示的点为固定点，以确定该点所在的一侧为折弯固定侧。

Step6. 定义折弯参数。在 Radius: 文本框中输入数值 4，在 Angle: 文本框中输入数值 90，其他参数保持系统默认设置值。

Step7. 单击 确定 按钮，完成折弯的创建，如图 10.4.2b 所示。

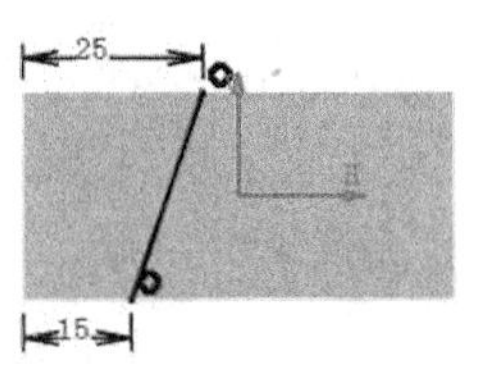

图 10.4.10 折弯草图

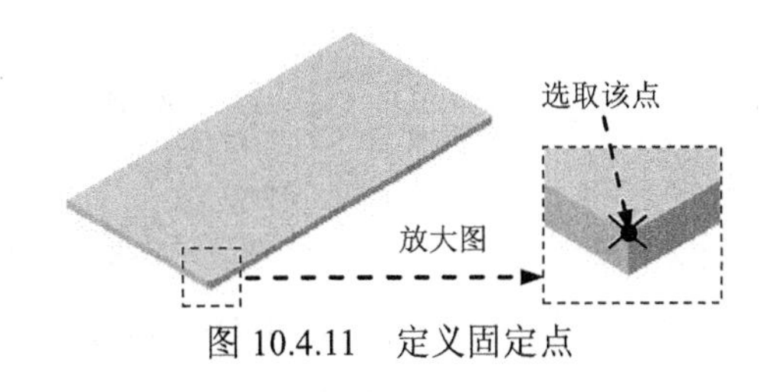

图 10.4.11 定义固定点

10.5 钣金的展开

10.5.1 钣金展开概述

在钣金设计中，可以使用展开命令将三维的折弯钣金件展开为二维平面板，如图 10.5.1 所示。

钣金展开的作用：

- 钣金展开后，可更容易地了解如何剪裁薄板以及各部分的尺寸。
- 有些钣金特征，如止裂槽需要在钣金展开后创建。
- 钣金展开对钣金的下料和钣金工程图的创建十分有用。

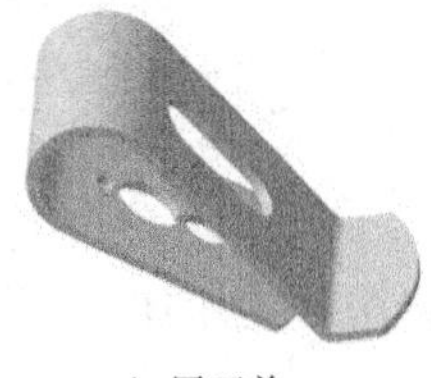
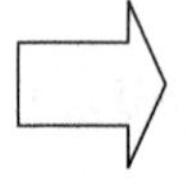

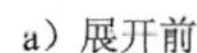

a）展开前　　b）展开后

图 10.5.1　钣金展开

10.5.2　展开的一般操作过程

选取钣金展开命令有如下两种方法。

方法一： 在“Bending”工具栏的下拉列表中选择选项。

方法二： 选择下拉菜单 插入 → Bending ▸ → Unfolding... 命令。

下面介绍全部展平钣金的一般操作过程，如图 10.5.2 所示。

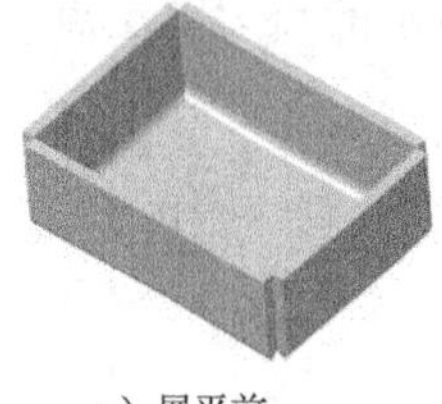
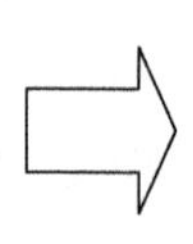

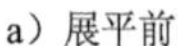

a）展平前　　b）展平后

图 10.5.2　全部展平

Step1. 打开模型 D:\cat2016.1\work\ch10.05.02\Folding_Definition_01.CATPart，如图 10.5.2a 所示。

Step2. 选择命令。选择下拉菜单 插入 → Bending ▸ → Unfolding... 命令，系统弹出图 10.5.3 所示的“Unfolding Definition”对话框。

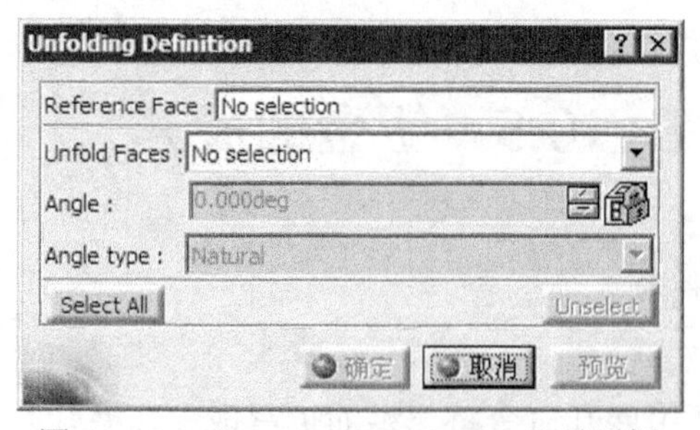

图 10.5.3　“Unfolding Definition”对话框

图 10.5.3 所示的“Unfolding Definition”对话框中的部分选项说明如下。

- Reference Face : 文本框：用于选取展开固定几何平面。
- Unfold Faces : 下拉列表：用于选择展开面。
- Select All 按钮：用于自动选取所有展开面。
- Unselect 按钮：用于自动取消选取所有展开面。

Step3. 定义固定几何平面。在绘图区选取图 10.5.4 所示的平面为固定几何平面。

Step4. 定义展开面。在对话框中单击 Select All 按钮，然后选取图 10.5.5 所示的四个展开面。

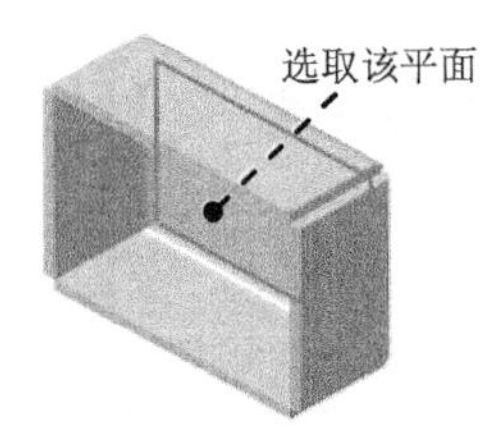

图 10.5.4 定义固定几何平面

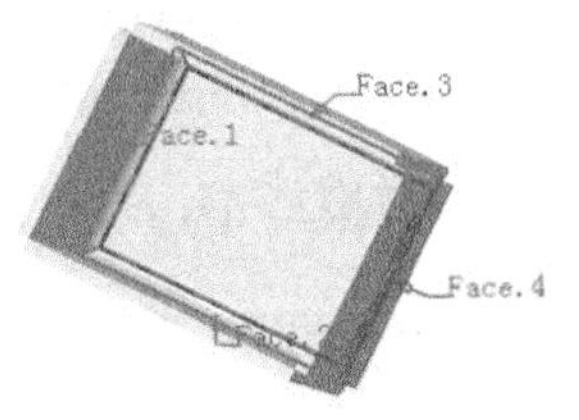

图 10.5.5 定义展开面

Step5. 单击 确定 按钮，完成展开的创建，如图 10.5.2b 所示。

10.6 钣金的折叠

10.6.1 关于钣金折叠

可以将展开钣金壁部分或全部重新折弯，使其还原至展开前的状态，这就是钣金的折叠，如图 10.6.1 所示。

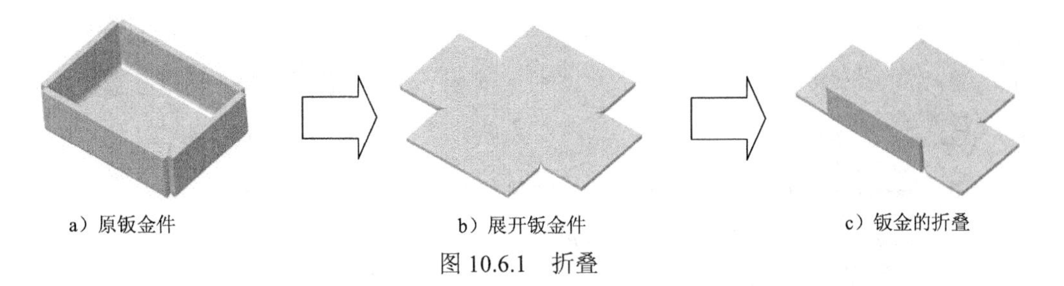

a）原钣金件　　b）展开钣金件　　c）钣金的折叠

图 10.6.1 折叠

使用折叠的注意事项：

- 如果进行展开操作（增加一个展开特征）只是为了查看钣金件在一个二维（平面）平整状态下的外观，那么在执行下一个操作之前必须将之前创建的展开特征删除。
- 不要增加不必要的展开/折叠特征，否则会增大模型文件大小，并且延长更新模型时间或可能导致更新失败。
- 如果需要在二维平整状态下建立某些特征，则可以先增加一个展开特征，在二维平面状态下再进行某些特征的创建，然后增加一个折叠特征来恢复钣金件原来的三维状态。注意：在此情况下，无需删除展开特征，否则会使参照其创建的其他特征更新失败。

10.6.2 钣金折叠的一般操作过程

选取钣金折叠（折弯回去）命令有如下两种方法。

方法一： 在“Bending”工具栏的下拉列表中选择选项。

方法二： 选择下拉菜单 插入 → Bending ▸ → Folding... 命令。

Step1.打开模型 D:\cat2016.1\work\ch10.06\Folding_Definition_01.CATPart，如图 10.6.2a 所示。

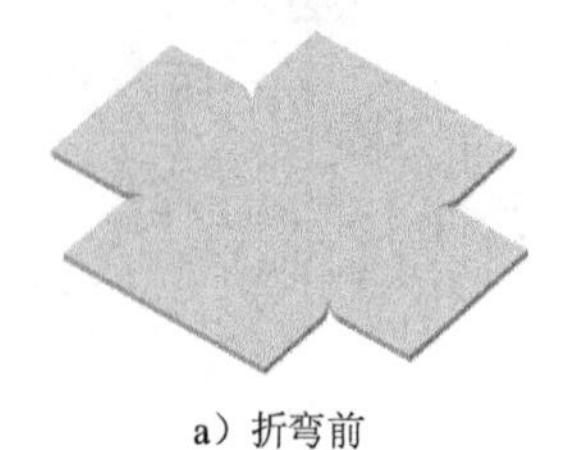

a）折弯前

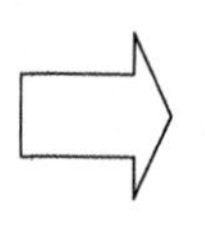

b）折弯后

图 10.6.2 折弯回去

Step2. 选择命令。选择下拉菜单 插入 → Bending ▸ → Folding... 命令，系统弹出图 10.6.3 所示的“Folding Definition”对话框。

图 10.6.3 所示的“Folding Definition”对话框中的部分选项说明如下。

- Reference Face : 文本框：用于选取折弯固定几何平面。
- Fold Faces : 下拉列表：用于选取折弯面。
- Angle: 文本框：用于定义折弯角度值。
- Angle type : 下拉列表：用于定义折弯角度类型，其包括 Natural 选项、Defined 选项和 Spring back 选项。
  - ☑ Natural 选项：用于设置使用展开前的折弯角度值。
  - ☑ Defined 选项：用于设置使用用户自定义的角度值。
  - ☑ Spring back 选项：用于使用用户自定义的角度值的补角值。
- Select All 按钮：用于自动选取所有折弯面。
- Unselect 按钮：用于自动取消选取所有折弯面。

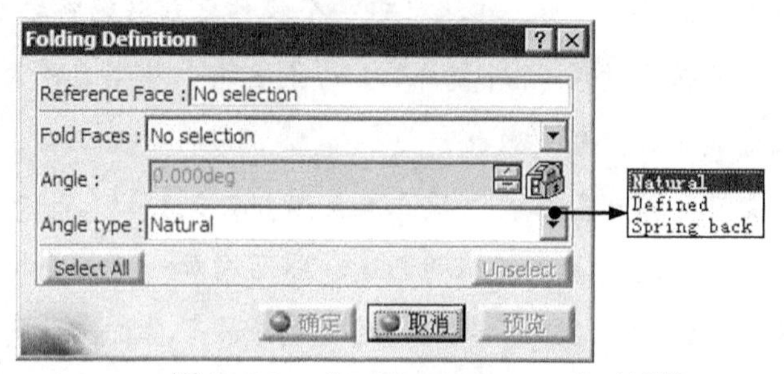

图 10.6.3 “Folding Definition”对话框

Step3. 定义固定几何平面。在“视图”工具栏的下拉列表中选择选项，然后在绘图区选取图 10.6.4 所示的平面为固定几何平面。

Step4. 定义折弯面。在对话框中单击 Select All 按钮，选取图 10.6.5 所示的折弯面。

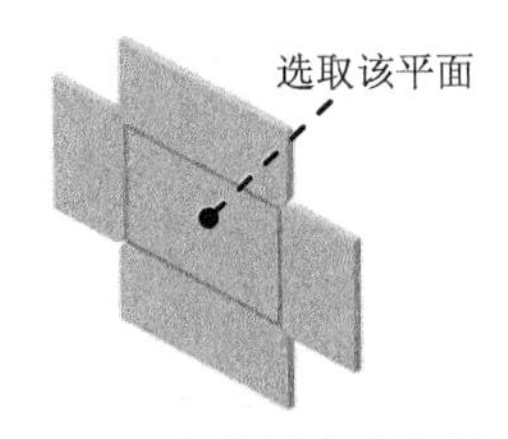

图 10.6.4 定义固定几何平面

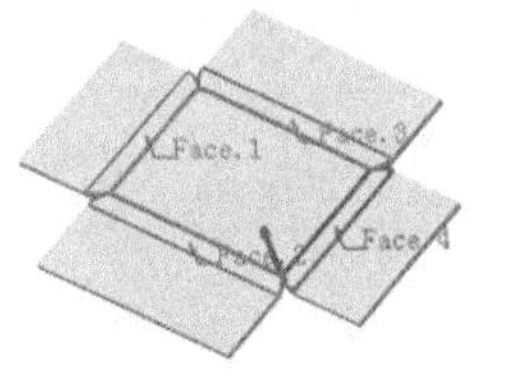

图 10.6.5 定义折弯面

Step5. 单击 确定 按钮，完成折叠的创建，如图 10.6.2b 所示。

10.7 钣金成形特征

10.7.1 成形特征概述

把一个实体零件上的某个形状印贴在钣金件上，这就是钣金成形特征，成形特征也称之为印贴特征。例如，图 10.7.1 所示的实体零件为成形冲模，该冲模中的凸起形状可以印贴在一个钣金件上而产生成形特征。

a）创建前

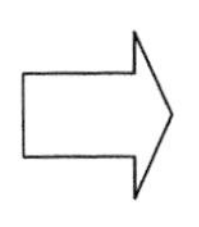

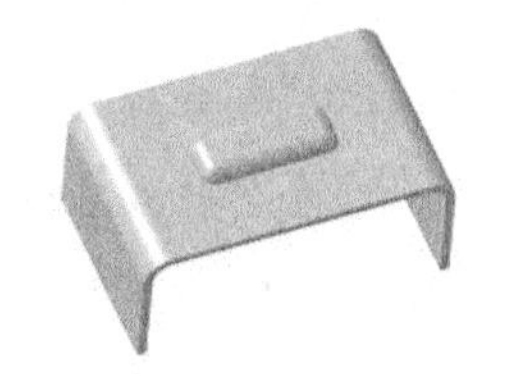

b）创建后

图 10.7.1 钣金成形特征

10.7.2 以自定义方式创建成形特征

钣金设计工作台为用户提供了多种模具来创建成形特征，同时也为用户提供了能自定义模具的命令，用户可以通过这个命令创建自定义的模具来完成特殊的成形特征。下面将对其进行介绍。

Step1. 新建一个钣金件模型，将其命名为 User-Defined_Stamp。

Step2. 设置钣金参数。选择下拉菜单 插入 → Sheet Metal Parameters... 命令，系统弹出“Sheet Metal Parameters”对话框。在 Thickness: 文本框中输入数值 2，在 Default Bend Radius: 文本框中输入数值 4；单击 Bend Extremities 选项卡，然后在 Minimum with no relief 下拉列表中选择 Minimum with no relief 选项。单击 确定 按钮完成钣金参数的设置。

Step3. 创建图 10.7.2 所示的平整钣金壁。

（1）选择命令。选择下拉菜单 插入 ➡ Walls ▸ ➡ Wall... 命令，系统弹出“Wall Definition”对话框。

（2）定义截面草图平面。在对话框中单击按钮，在特征树中选取 xy 平面为草图平面。

（3）绘制截面草图。绘制图 10.7.3 所示的截面草图。

图 10.7.2　平整钣金壁

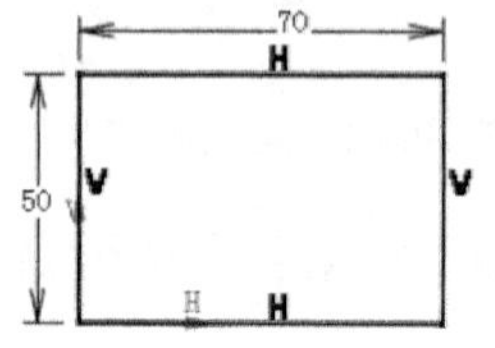

图 10.7.3　截面草图

（4）在“工作台”工具栏中单击按钮退出草图环境。

（5）单击 确定 按钮，完成平整钣金壁的创建。

Step4. 创建图 10.7.4 所示的附加钣金壁 1。

（1）选择命令。选择下拉菜单 插入 ➡ Walls ▸ ➡ Wall On Edge... 命令，系统弹出“Wall On Edge Definition”对话框。

（2）定义附着边。在“视图”工具栏的下拉列表中选择选项，然后在绘图区选取图 10.7.5 所示的边为附着边。

（3）设置创建折弯的类型。在对话框中的 Type: 下拉列表中选择 Automatic 选项。

（4）设置平整钣金壁的高度和折弯参数。在 Height: 下拉列表中选择 Height: 选项，并在其后的文本框中输入数值 30；在 Angle 下拉列表中选择 Angle 选项，并在其后的文本框中输入数值 90；在 Clearance mode: 下拉列表中选择 No Clearance 选项。

（5）设置折弯圆弧。在对话框中选中 With Bend 复选框。

图 10.7.4　附加钣金壁 1

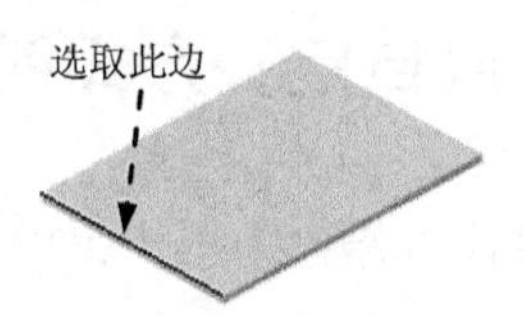

图 10.7.5　定义附着边

（6）单击 确定 按钮，完成附加钣金壁 1 的创建。

Step5. 创建图 10.7.6 所示的附加钣金壁 2。选择下拉菜单 插入 ➡ Walls ▸ ➡ Wall On Edge... 命令；选取图 10.7.7 所示的边为附着边；在对话框的 Type: 下拉列表中选择 Automatic 选项；在 Height: 下拉列表中选择 Height: 选项，并在其后的文本框中输入数值 20；在 Angle 下拉列表中选择 Angle 选项，并在其后的文本框中输入数值 90；在 Clearance mode: 下拉列表中选择 No Clearance 选项；单击 Extremities 选项卡，然后在 Left offset: 文本框中输入数值-15，在 Right offset: 文本框中输入数值-15，选中 With Bend 复选框；单击按钮，在下拉列表中选择“Mini_With_Round_Relief”选项；单击 Right Extremity 选项卡，在下拉列表中选择“Mini_With_Round_Relief”选项；单击确定按钮，完成附加钣金壁2的创建。

图 10.7.6 附加钣金壁 2

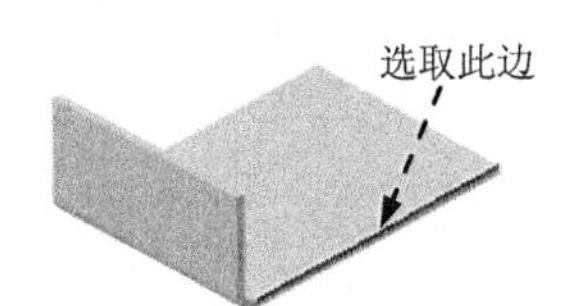

图 10.7.7 定义附着边

Step6. 创建图 10.7.8 所示的冲压模具。

（1）创建几何体。选择下拉菜单 插入 → 几何体 命令，创建几何体。

（2）切换工作台。选择下拉菜单 开始 → 机械设计 → 零件设计 命令，切换至“零件设计”工作台。

（3）创建图 10.7.9 所示的拉伸特征。

图 10.7.8 冲压模具

图 10.7.9 拉伸特征

① 选择命令。选择下拉菜单 插入 → 基于草图的特征 → 凸台... 命令，系统弹出“定义凸台”对话框。

② 绘制截面草图。在“定义凸台”对话框中单击按钮，选取 yz 平面为草图平面，并绘制图 10.7.10 所示的截面草图，单击按钮退出草图环境。

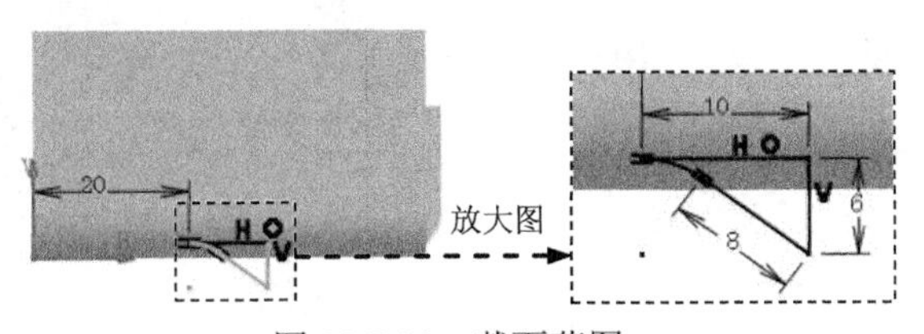

图 10.7.10 截面草图

③ 定义拉伸距离。在 第一限制 区域的 类型： 下拉列表中选取 直到平面 选项，在 限制： 文本框中右击，在弹出的快捷菜单中选择 创建平面 命令，系统弹出“平面定义”对话框，选取 yz 平面为参考元素，在 偏移： 文本框中输入数值 15，方向如图 10.7.11 所示，单击 确定 按钮完成平面的创建；单击 更多>> 按钮，在 第二限制 区域的 类型： 下拉列表中选择 直到平面 选项，在 限制： 文本框中右击，在弹出的快捷菜单中选择 创建平面 命令，系统弹出“平面定义”对话框，选取 yz 平面为参考元素，在 偏移： 文本框中输入数值 50，方向如图 10.7.12 所示，单击 确定 按钮完成平面的创建。

④ 单击 确定 按钮，完成拉伸特征的创建。

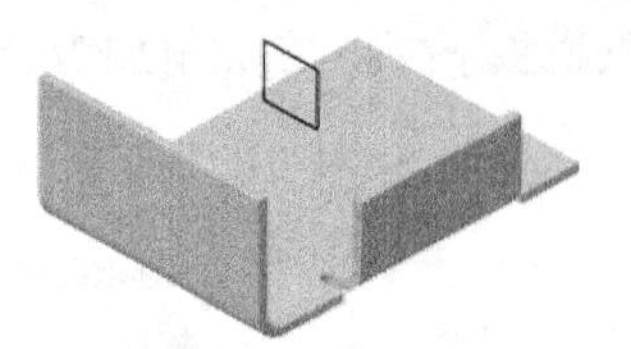

图 10.7.11 定义方向 1

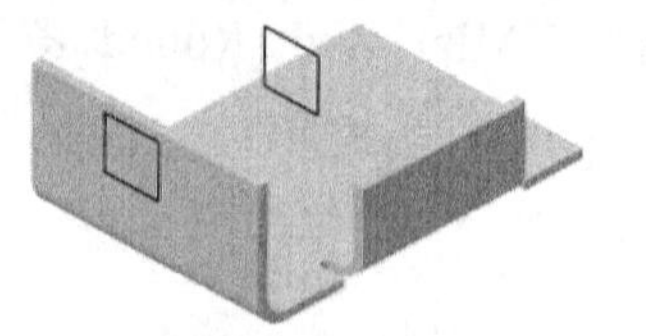

图 10.7.12 定义方向 2

Step7. 创建图 10.7.13 所示的用户冲压。

（1）切换工作台。选择下拉菜单 开始 → 机械设计 ▸ → Generative Sheetmetal Design 命令切换至“钣金设计”工作台。

（2）定义工作对象。在 零件几何体 上右击，然后在弹出的快捷菜单中选择 定义工作对象 命令。

（3）选择命令。选择下拉菜单 插入 → Stamping ▸ → User Stamp... 命令，系统弹出图 10.7.14 所示的“User-Defined Stamp Definition”对话框。

（4）定义附着面。在绘图区选取图 10.7.15 所示的模型表面为附着面，

图 10.7.13 用户冲压

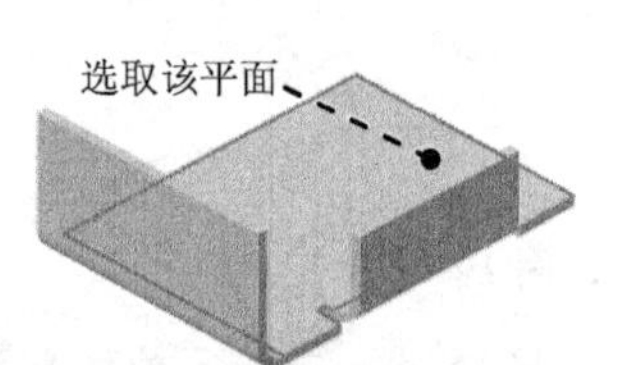

图 10.7.15 定义附着面

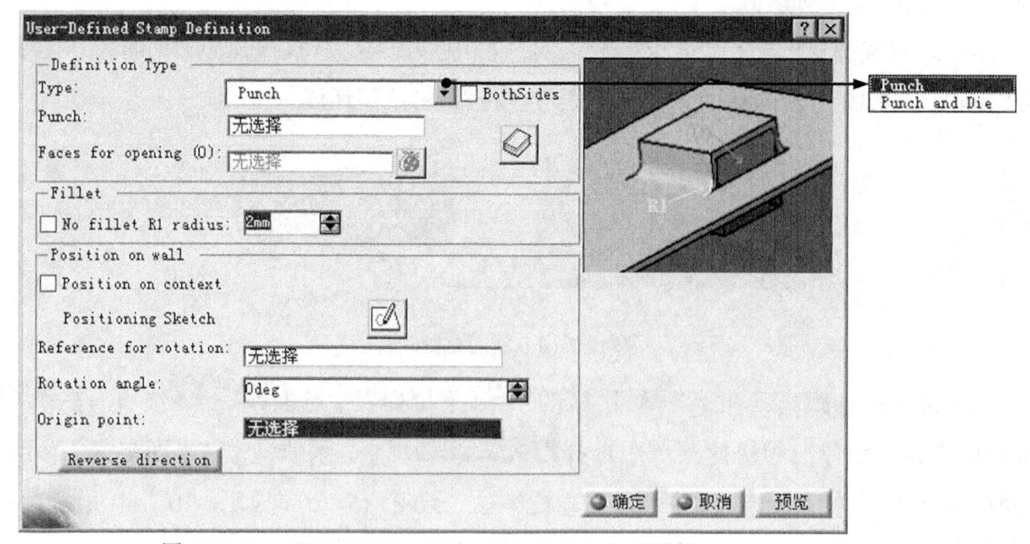

图 10.7.14 “User-Defined Stamp Definition”对话框

图 10.7.14 所示“User-Defined Stamp Definition”对话框中的部分选项说明如下。

- Definition Type : 区域：该区域用于设置冲压的类型、冲压模具及开放面，包含 Type: 下拉列表、 BothSides 复选框、 Punch: 文本框和 Faces for opening (O): 文本框。

☑ Type: 下拉列表：用于设置创建用户冲压的类型，包括Punch选项和Punch & Die选项。当选择Punch选项时，只使用冲头进行冲压，在冲压时可创建开放面；当选择Punch & Die选项时，同时使用冲头和冲模进行冲压，不可选择开放面。

☑ BothSides 复选框：当选中该复选框时，使用双向冲压；当取消选中该复选框时，使用单向冲压。

☑ Punch: 文本框：单击此文本框，用户可以在绘图区选取冲头。

☑ Faces for opening (O): 文本框：单击此文本框，用户在绘图区选取开放面。

- 按钮：用于打开"Catalog Browse"对话框，用户可以通过此对话框插入标准件。
- Fillet 区域：用于设置圆角的相关参数，其包括 No fillet 复选框和 R1 radius: 文本框。

☑ No fillet 复选框：用于设置是否创建圆角。当选中此复选框时不创建圆角，如图 10.7.16 所示；反之，则创建圆角，如图 10.7.17 所示。

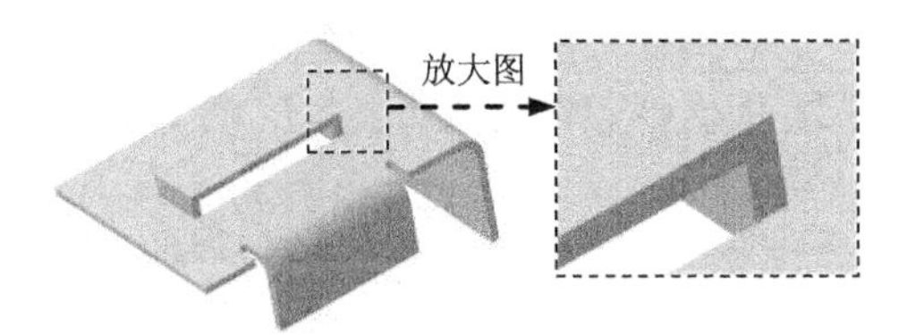

图 10.7.16 不创建圆角

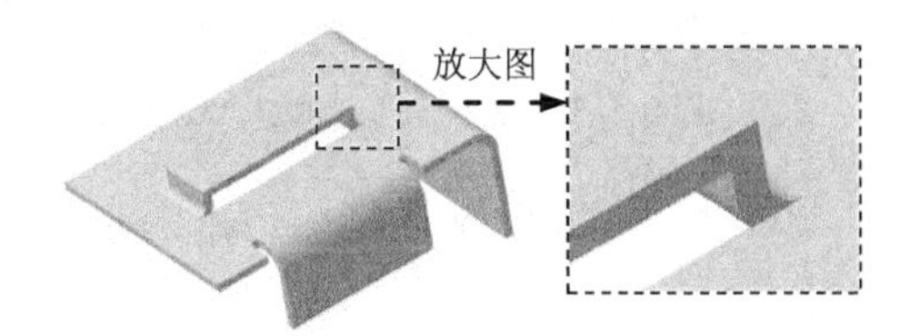

图 10.7.17 创建圆角

☑ R1 radius: 文本框：用于定义创建圆角的半径值。

- Position on wall 区域：用于设置冲压的位置参数，其包括Reference for rotation: 文本框、Rotation angle: 文本框、Origin point: 文本框、 Position on context 复选框和 Reverse direction 按钮。

☑ Reference for rotation: 文本框：单击此文本框，用户可以在绘图区选取一个参考旋转的草图。一般系统会自动创建一个由一个点构成的草图为默认草图。

☑ Rotation angle: 文本框：用于设置旋转角度值。

☑ Origin point: 文本框：单击此文本框，用户可以在绘图区选取一个旋转参考点。

☑ Position on context 复选框：用于设置冲头在最初创建的位置。当选中此复选框时， Position on wall 区域的其他参数均不可用。

☑ Reverse direction 按钮：用于设置冲压的方向。

（5）定义冲压类型。在 Type: 下拉列表中选择Punch选项。

（6）定义冲压模具。在特征树中选取几何体.2为冲压模具。

（7）定义圆角参数。在 Fillet 区域选中 No fillet 复选框。

（8）定义冲压模具的位置。在 Position on wall 区域选中 Position on context 复选框。

（9）定义开放面。选取图 10.7.18 所示的三个面为开放面。

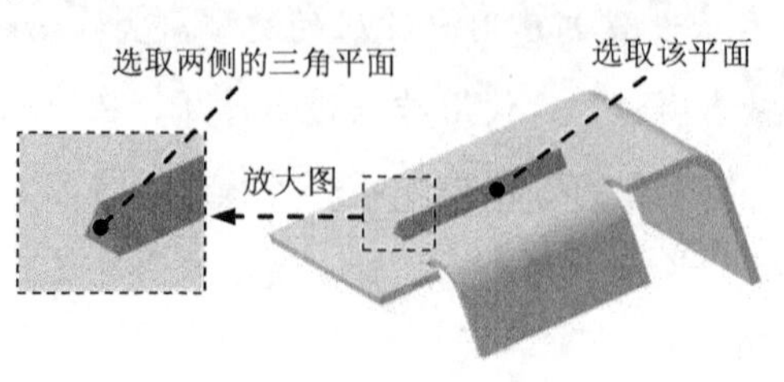

图 10.7.18　定义开放面

（10）单击 确定 按钮，完成用户冲压的创建。

10.8　钣金综合范例——托架

本范例介绍了托架的设计过程，在其设计过程中主要运用了“附加钣金壁”命令，通过对创建的附加钣金壁特征进行镜像操作来实现零件的设计，读者也可以根据零件的对称性，巧妙运用“镜像”命令来实现零件的设计。下面介绍该零件的设计过程，钣金件模型及特征树如图 10.8.1 所示。

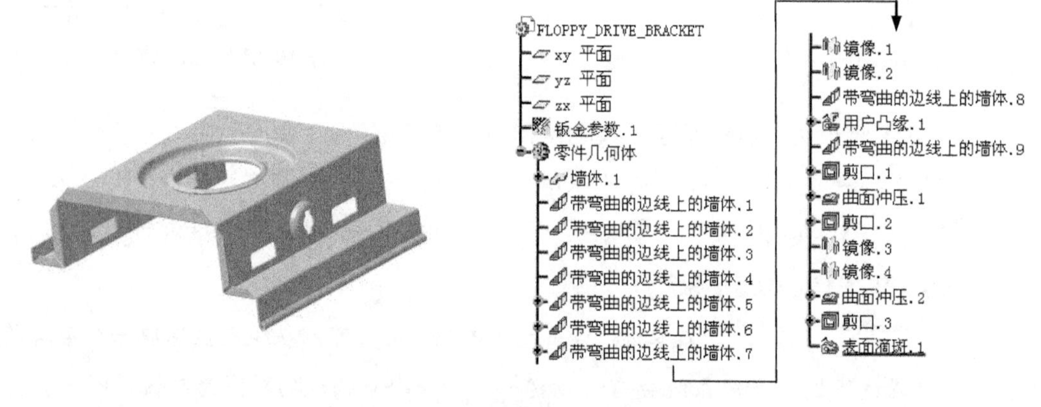

图 10.8.1　钣金件模型及特征树

Step1. 新建一个钣金件模型，将其命名为 FLOPPY_DRIVE_BRACKET。

Step2. 设置钣金参数。选择下拉菜单 插入 ➡ Sheet Metal Parameters... 命令，在 Thickness : 文本框中输入数值 1，在 Default Bend Radius : 文本框中输入数值 0.2；单击 Bend Extremities 选项卡，然后在 Minimum with no relief 下拉列表中选择 Minimum with no relief 选项。单击 确定 按钮完成钣金参数的设置。

Step3. 创建图 10.8.2 所示的特征——第一钣金壁 1。选择下拉菜单 插入 ➡ Walls ▸ ➡ Wall... 命令，在对话框中单击 按钮，选取 xy 平面为草绘平面，进入草图环境，并绘制图 10.8.3 所示的截面草图；单击 确定 按钮，完成第一钣金壁 1 的创建。

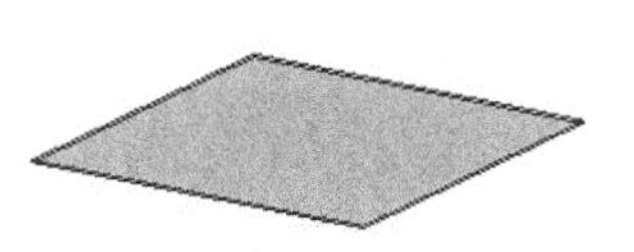

图 10.8.2 第一钣金壁 1

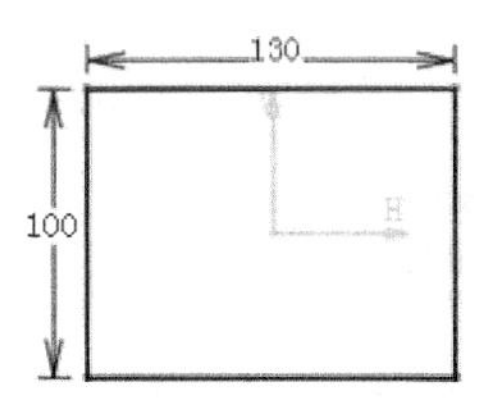

图 10.8.3 截面草图

Step4. 创建图 10.8.4 所示的特征——附加钣金壁 1。选择下拉菜单 插入 → Walls ▸ → Wall On Edge... 命令，在绘图区选取图 10.8.5 所示的边为附着边，在对话框 Type: 下拉列表中选择 Automatic 选项，在 Height: 文本框中输入数值 35，在 Angle 后的文本框中输入数值 90，单击 Reverse Position 按钮，在对话框中选中 With Bend 复选框，单击 确定 按钮，完成附加钣金壁 1 的创建。

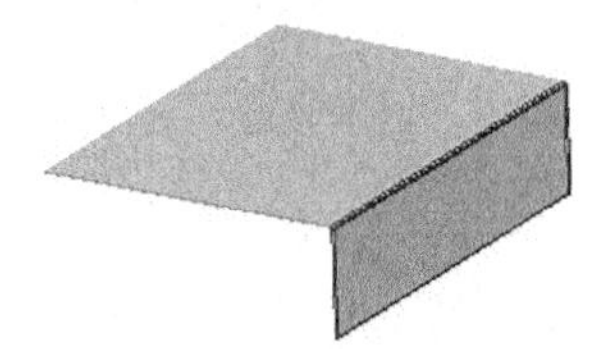

图 10.8.4 附加钣金壁 1

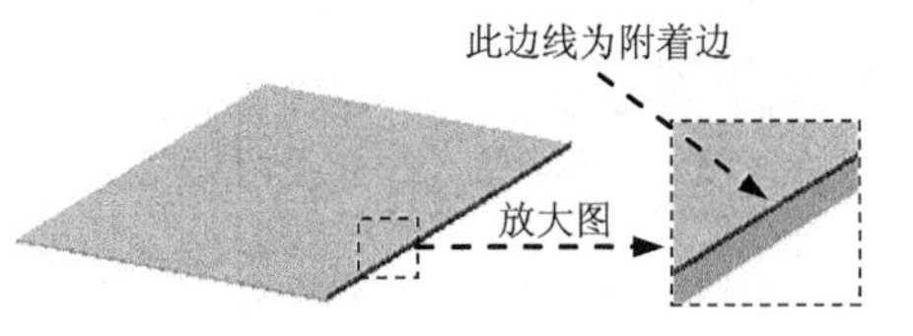

图 10.8.5 定义附着边

Step5. 创建图 10.8.6 所示的特征——附加钣金壁 2。选择下拉菜单 插入 → Walls ▸ → Wall On Edge... 命令，在绘图区选取图 10.8.7 所示的边为附着边，在对话框 Type: 下拉列表中选择 Automatic 选项，在 Height: 文本框中输入数值 35，在 Angle 后的文本框中输入数值 90，单击 Reverse Position 按钮，在对话框中选中 With Bend 复选框，单击 确定 按钮，完成附加钣金壁 2 的创建。

图 10.8.6 附加钣金壁 2

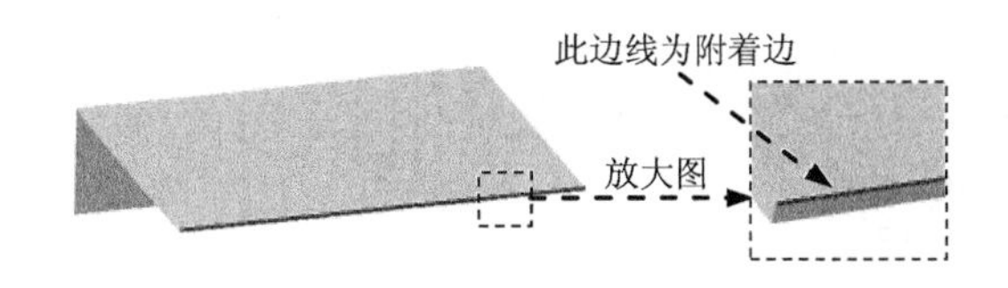

图 10.8.7 定义附着边

Step6. 创建图 10.8.8 所示的特征——附加钣金壁 3。选择下拉菜单 插入 → Walls ▸ → Wall On Edge... 命令，在绘图区选取图 10.8.9 所示的边为附着边，在对话框 Type: 下拉列表中选择 Automatic 选项，在 Height: 文本框中输入数值 20，在 Angle 后的文本框中输入数值 90，单击 Reverse Position 按钮，在对话框中选中 With Bend 复选框，单击 确定 按钮，完成附加钣金壁 3 的创建。

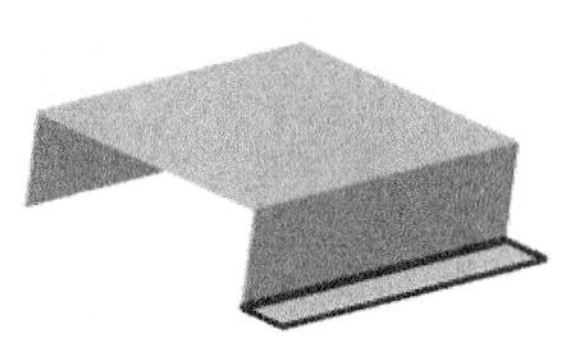

图 10.8.8 附加钣金壁 3

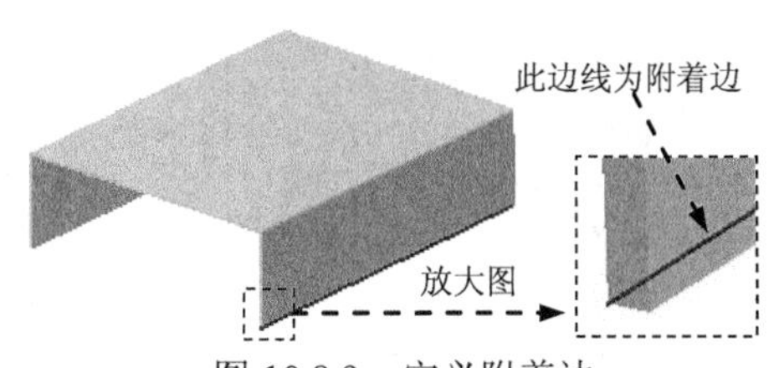

图 10.8.9 定义附着边

Step7. 创建图 10.8.10 所示的特征——附加钣金壁 4。选择下拉菜单 插入 → Walls ▸ → Wall On Edge... 命令，在绘图区选取图 10.8.11 所示的边为附着边，在对话框 Type: 下拉列表中选择 Automatic 选项，在 Height: 文本框中输入数值 20，在 Angle 后的文本框中输入数值 90，单击 Reverse Position 按钮，在对话框中选中 With Bend 复选框，单击 确定 按钮，完成附加钣金壁 4 的创建。

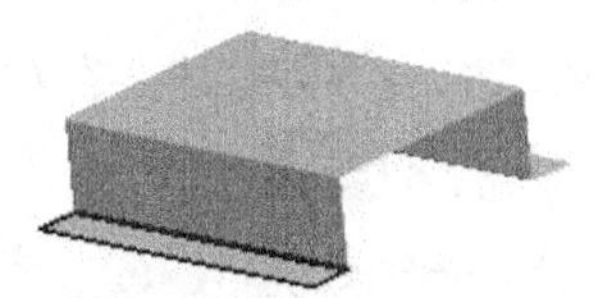
图 10.8.10 附加钣金壁 4

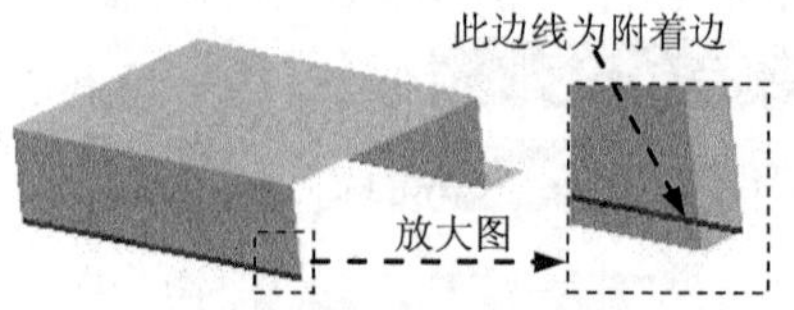

图 10.8.11 定义附着边

Step8. 创建图 10.8.12 所示的特征——附加钣金壁 5。选择下拉菜单 插入 → Walls ▸ → Wall On Edge... 命令，在绘图区选取图 10.8.13 所示的边为附着边，在对话框 Type: 下拉列表中选择 Sketch Based 选项，在 Profile: 后的文本框后单击 按钮，选取图 10.8.14 所示的平面为草绘平面，绘制图 10.8.15 所示的截面草图；单击 确定 按钮，完成附加钣金壁 5 的创建。

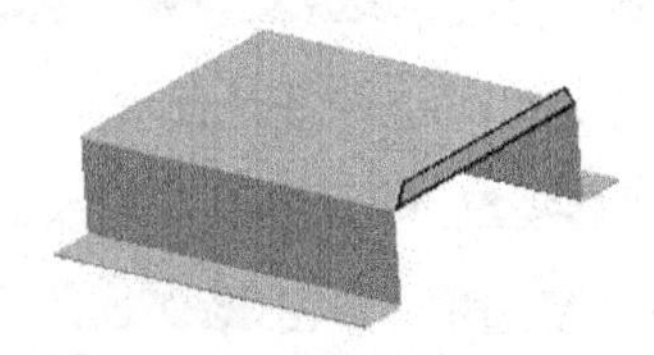
图 10.8.12 附加钣金壁 5

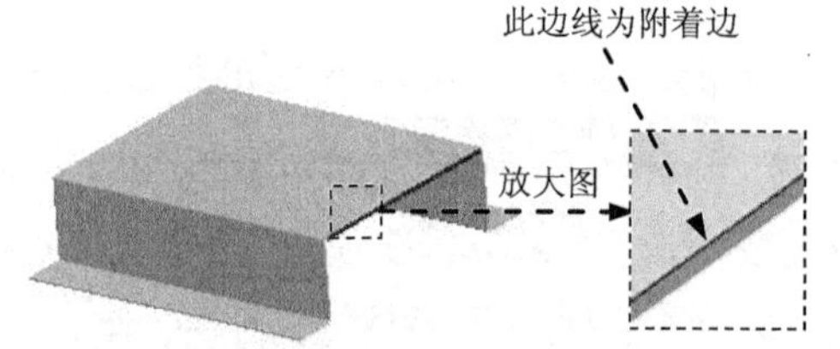

图 10.8.13 定义附着边

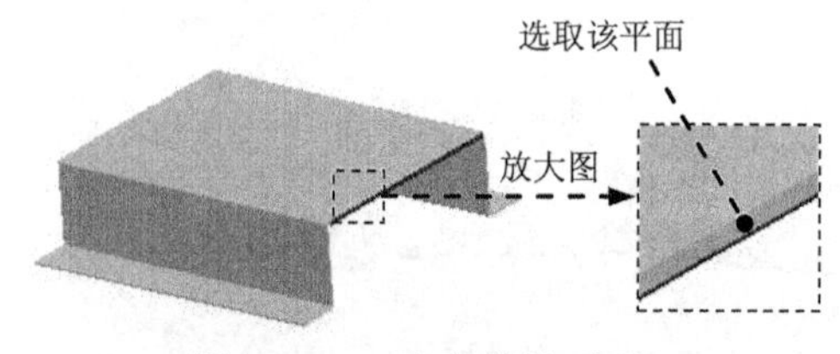

图 10.8.14 定义草绘平面

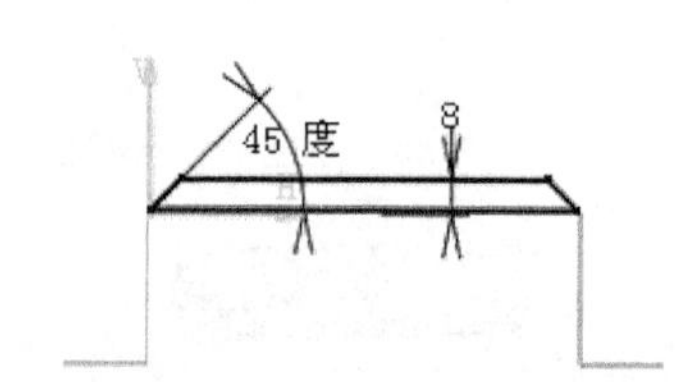

图 10.8.15 截面草图

Step9. 创建图 10.8.16 所示的特征——附加钣金壁 6。选择下拉菜单 插入 → Walls ▸ → Wall On Edge... 命令，在绘图区选取图 10.8.17 所示的边为附着边，在对话框 Type: 下拉列表中选择 Sketch Based 选项，在 Profile: 后的文本框后单击 按钮，选取图 10.8.18 所示的平面为草绘平面，绘制图 10.8.19 所示的截面草图；单击 确定 按钮，完成附加钣金壁 6 的创建。

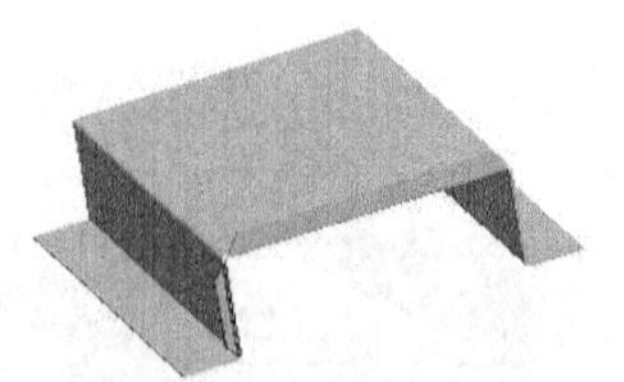
图 10.8.16 附加钣金壁 6

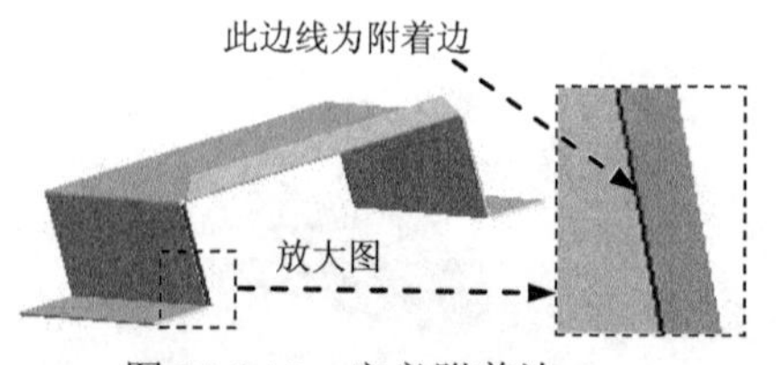

图 10.8.17 定义附着边

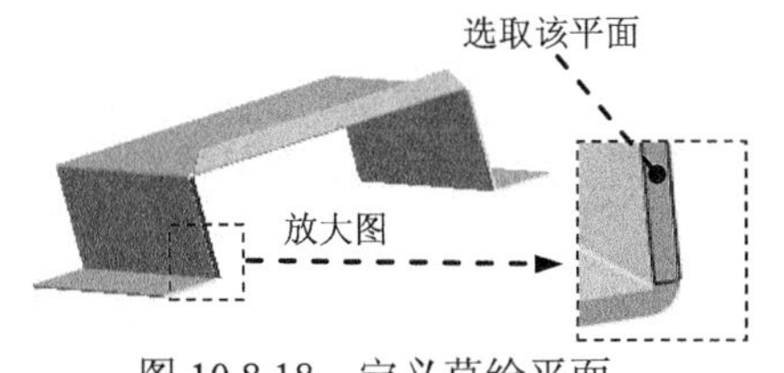

图 10.8.18 定义草绘平面

图 10.8.19 截面草图

Step10. 创建图 10.8.20 所示的特征——附加钣金壁 7。选择下拉菜单 插入 → Walls ▸ → Wall On Edge... 命令，在绘图区选取图 10.8.21 所示的边为附着边，在对话框 Type: 下拉列表中选择 Sketch Based 选项，在 Profile: 后的文本框后单击 按钮，选取图 10.8.22 所示的平面为草绘平面，绘制图 10.8.23 所示的截面草图；单击 确定 按钮，完成附加钣金壁 7 的创建。

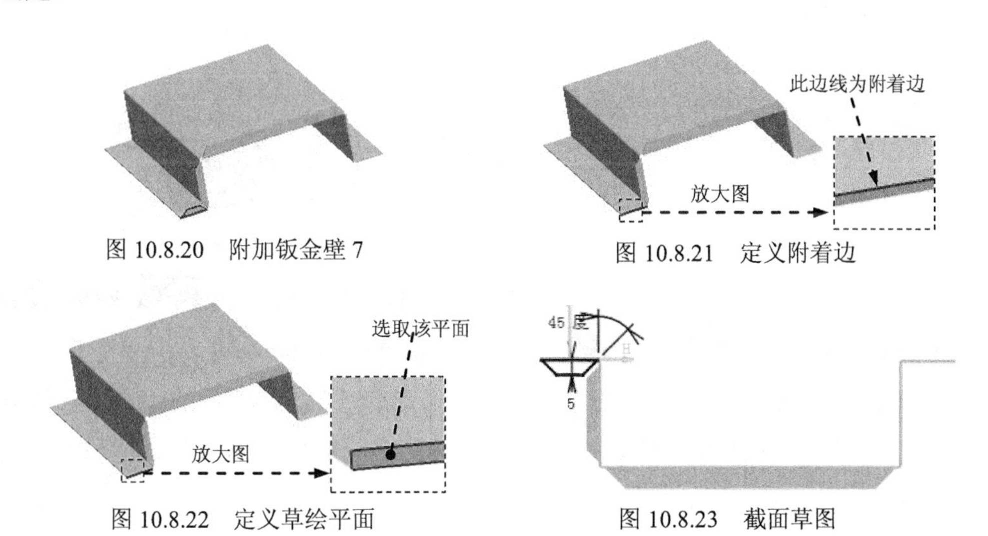

图 10.8.20 附加钣金壁 7

图 10.8.21 定义附着边

图 10.8.22 定义草绘平面

图 10.8.23 截面草图

Step11.创建图 10.8.24 所示的特征——镜像特征 1。选择菜单 插入 → Transformations ▸ → Mirror... 命令，单击 Mirroring plane: 文本框，在特征树中选取 zx 平面，单击 Element to mirror: 文本框，在特征树中选取附加钣金壁 6，单击 确定 按钮，完成镜像 1 的创建。

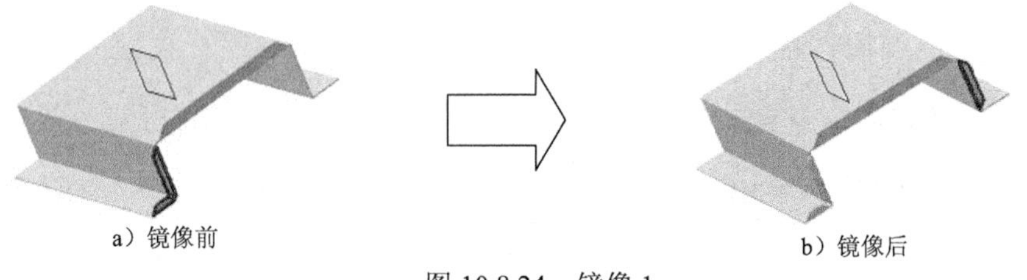

图 10.8.24 镜像 1

Step12. 参照 Step11 的操作方法，创建图 10.8.25 所示的镜像特征 2。

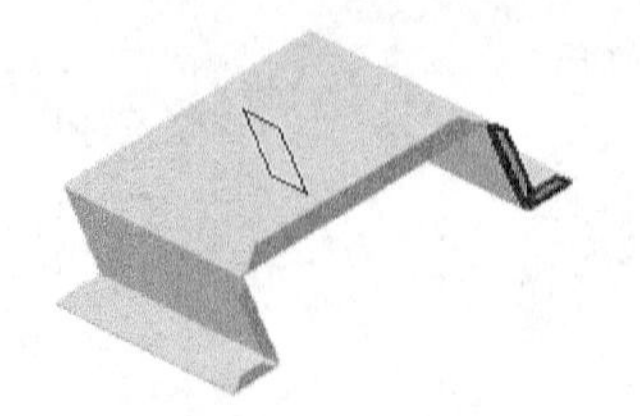

图 10.8.25　镜像 2

Step13. 创建图 10.8.26 所示的特征——附加钣金壁 8。选择下拉菜单 插入 → Walls ▸ → Wall On Edge... 命令，在绘图区选取图 10.8.27 示的边为附着边，在对话框 Type: 下拉列表中选择 Automatic 选项，在 Height: 文本框中输入数值 15，在 Angle 后的文本框中输入数值 90，单击 Reverse Position 按钮，在对话框中选中 With Bend 复选框，单击 确定 按钮，完成附加钣金壁 8 的创建。

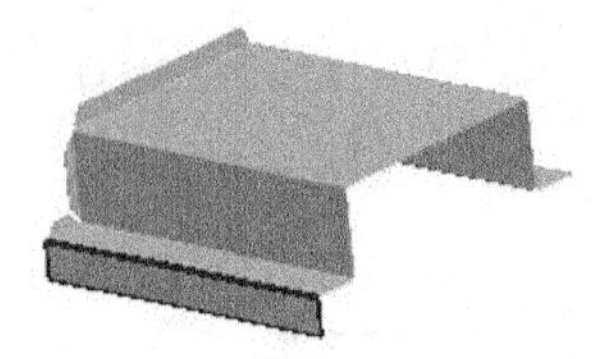

图 10.8.26　附加钣金壁 8

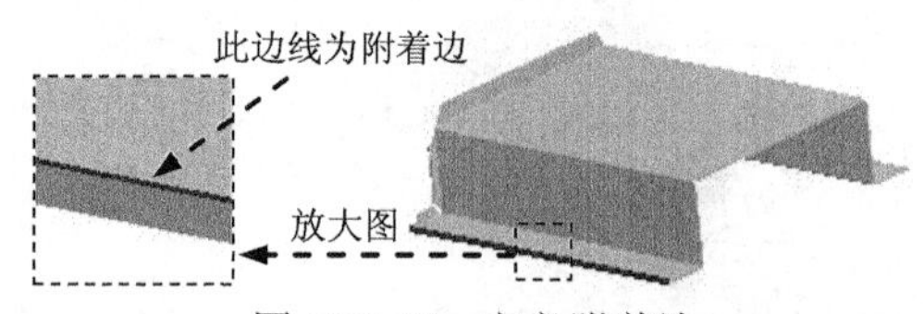

图 10.8.27　定义附着边

Step14. 创建图 10.8.28 所示的特征——用户凸缘 1。选择下拉菜单 插入 → Walls ▸ → Swept Walls ▸ → User Flange... 命令；在对话框中选取 Basic 选项，单击 Spine: 文本框，在模型区选择图 10.8.29 所示的边线为附着边；单击 Profile: 文本框后的按钮，选取图 10.8.30 所示的平面为草绘平面，绘制图 10.8.31 所示的截面草图；单击 确定 按钮，完成用户凸缘 1 的创建。

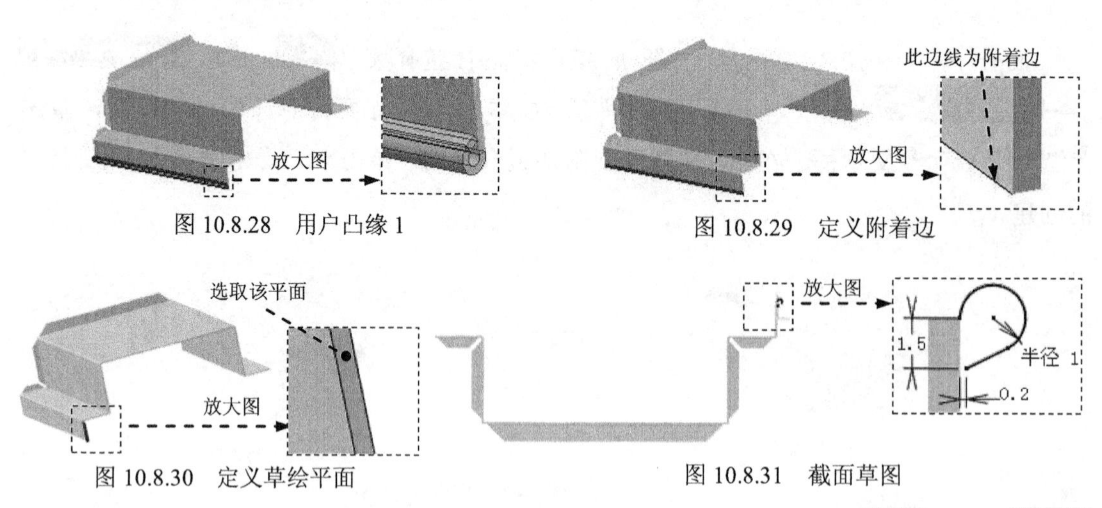

图 10.8.28　用户凸缘 1

图 10.8.29　定义附着边

图 10.8.30　定义草绘平面

图 10.8.31　截面草图

Step15. 创建图 10.8.32 所示的特征——附加钣金壁 9。选择下拉菜单 插入 → Walls ▸ → Wall On Edge... 命令，在绘图区选取图 10.8.33 所示的边为附着边，在对话框 Type: 下拉列表中选择Automatic选项，在Height:文本框中输入数值8，在Angle后的文本框中输入数值90，在对话框中选中 With Bend 复选框，单击 确定 按钮，完成附加钣金壁9的创建。

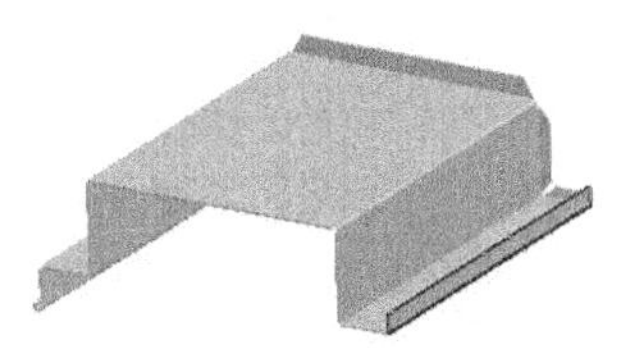

图 10.8.32　附加钣金壁 9

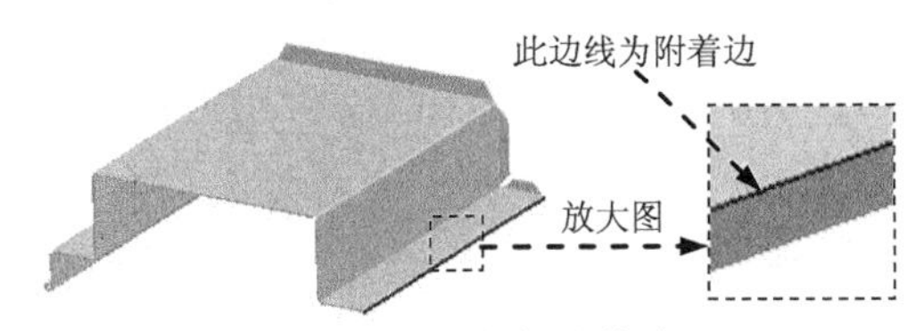

图 10.8.33　定义附着边

Step16. 创建图10.8.34所示的特征——剪口1。选择下拉菜单插入 → Cutting ▸ → Cut Out...命令；选取图10.8.34所示的平面为草绘平面，绘制图10.8.35所示的截面草图，在对话框Type:文本框中选取Up to last选项,通过单击 Reverse Side 按钮和 Reverse Direction 按钮调整轮廓方向，单击 确定 按钮，完成剪口1的创建。

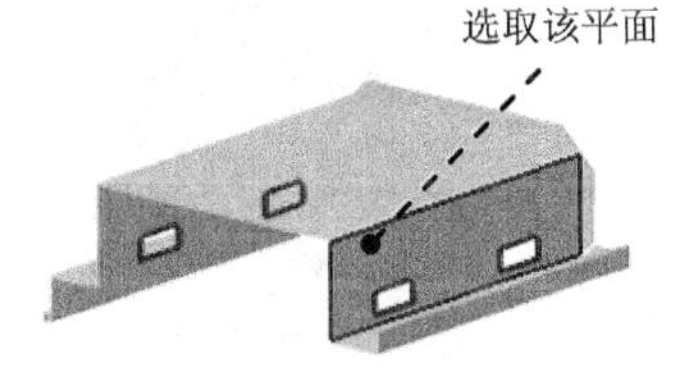

图 10.8.34　剪口 1

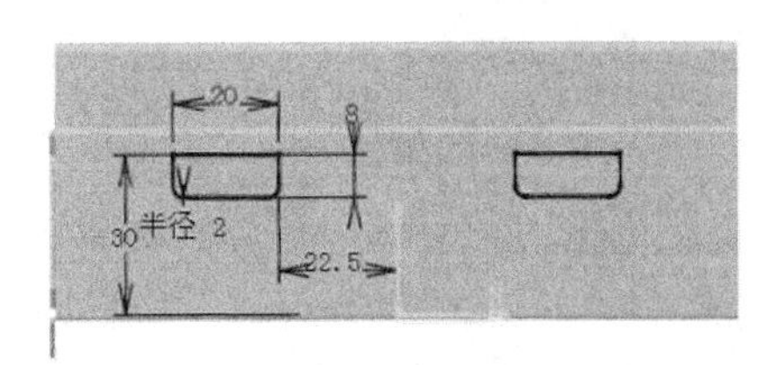

图 10.8.35　截面草图

Step17. 创建图10.8.36所示的特征—— 曲面冲压1。选择下拉菜单插入 → Stamping ▸ → Surface Stamp...命令；在Parameters choice :下拉列表中选择Punch & Die选项，在Height H :的文本框中输入数值4，单击 Profile: 后的按钮，选取图10.8.36所示的平面为草绘平面，绘制图10.8.37所示的截面草图，单击按钮退出草图环境，在 Radius R1 :文本框中输入数值1，在 Radius R2 :文本框中输入数值2；单击 确定 按钮，完成曲面冲压1的创建。

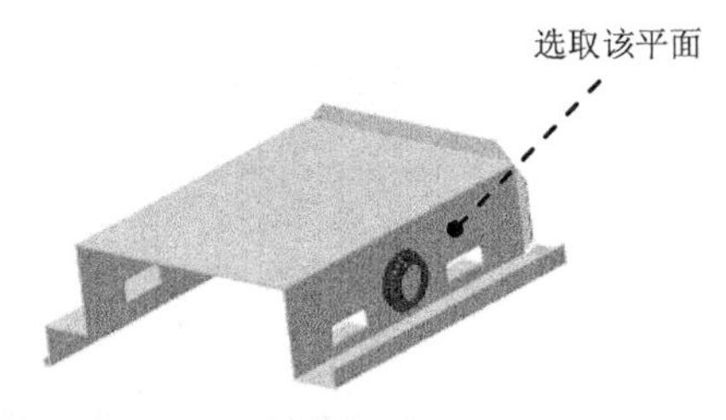

图 10.8.36　曲面冲压 1

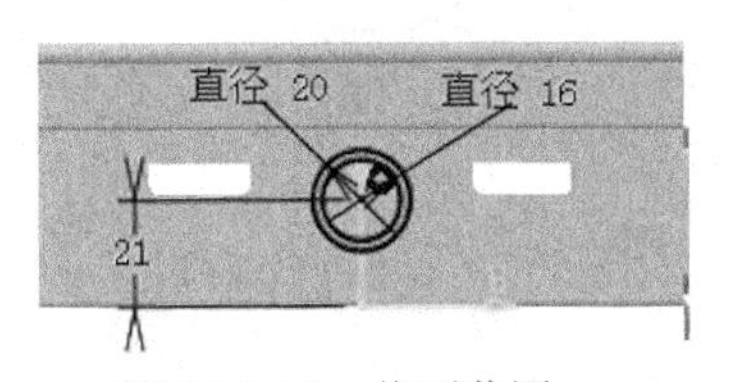

图 10.8.37　截面草图

Step18.创建图10.8.38所示的特征——剪口2。选择下拉菜单插入 → Cutting ▸ → Cut Out...命令；选取图10.8.38所示的平面为草绘平面，绘制图10.8.39所示的截面草图，在对话框 Type: 文本框中选取 Up to last 选项，通过单击 Reverse Side 按钮和 Reverse Direction 按钮调整轮廓方向，单击 确定 按钮，完成剪口2的创建。

Step19. 创建图 10.8.40 所示的特征——曲面冲压 2。选择下拉菜单 插入 → Stamping ▸ → Surface Stamp... 命令；在 Parameters choice : 下拉列表中选择 Punch & Die 选项，在 Height H : 文本框中输入数值 5，单击 Profile: 后的按钮，选取图 10.8.40 所示的平面为草绘平面，绘制图 10.8.41 所示的截面草图，单击按钮退出草图环境，在 Radius R1 : 文本框中输入数值 1.5，在 Radius R2 : 文本框中输入数值 3；单击 确定 按钮，完成曲面冲压 2 的创建。

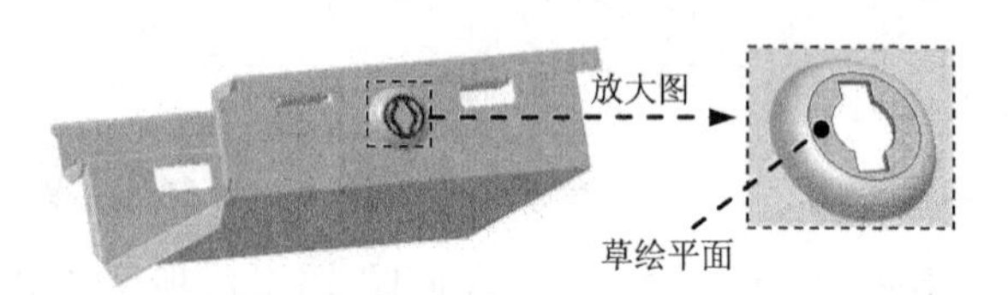

图 10.8.38　剪口 2

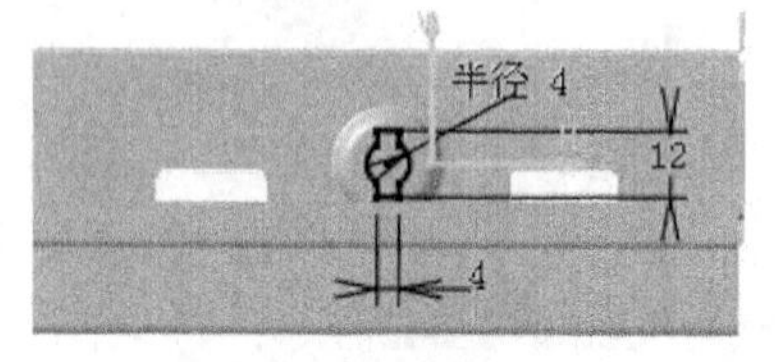

图 10.8.39　截面草图

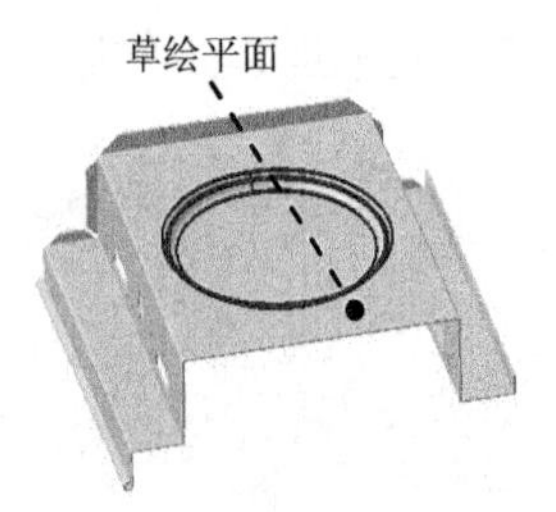

图 10.8.40　曲面冲压 2

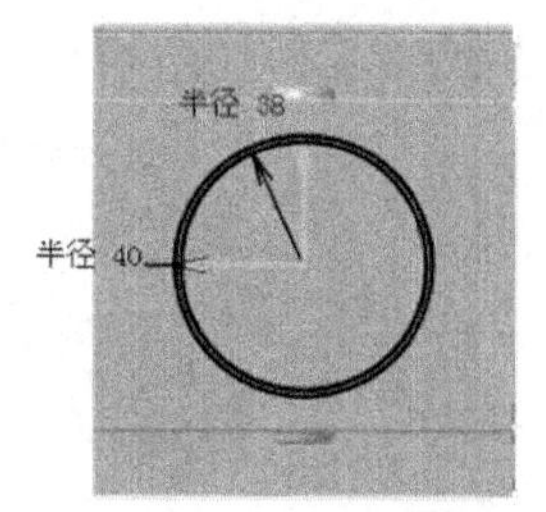

图 10.8.41　截面草图

Step20.创建图 10.8.42 所示的特征——剪口 3。选择下拉菜单 插入 → Cutting ▸ → Cut Out... 命令；选取图 10.8.42 所示的平面为草绘平面，绘制图 10.8.43 所示的截面草图，在对话框 Type: 文本框中选取 Up to last 选项，通过单击 Reverse Side 按钮和 Reverse Direction 按钮调整轮廓方向，单击 确定 按钮，完成剪口 3 的创建。

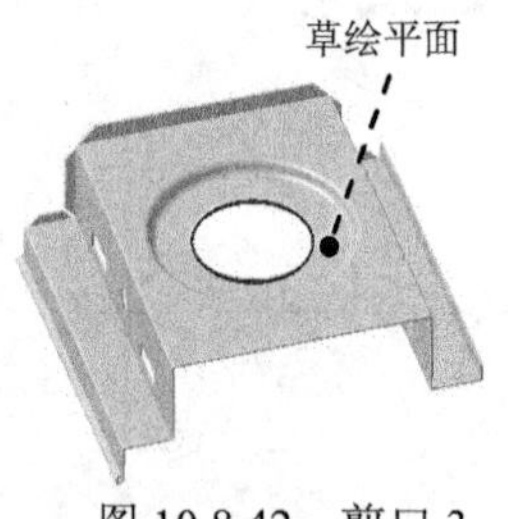

图 10.8.42　剪口 3

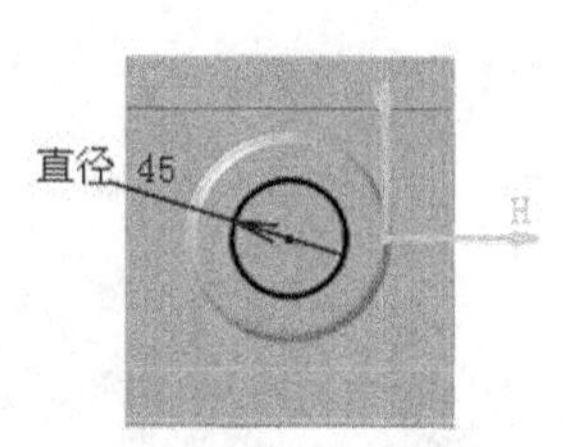

图 10.8.43　截面草图

Step21.创建图 10.8.44 所示的特征——表面滴斑。选择下拉菜单 插入 → Walls ▸ → Swept Walls ▸ → Tear Drop... 命令；在对话框中选取 Basic 选项，在 Length: 文本框中输入数值 2，在 Radius: 文本框中输入数值 0.5，单击 Spine: 后的文本框，在模型区选取图 10.8.45 所示的边线，单击 Reverse Direction 按钮调整轮廓方向，单击 确定 按钮，完成表面滴斑的创建。

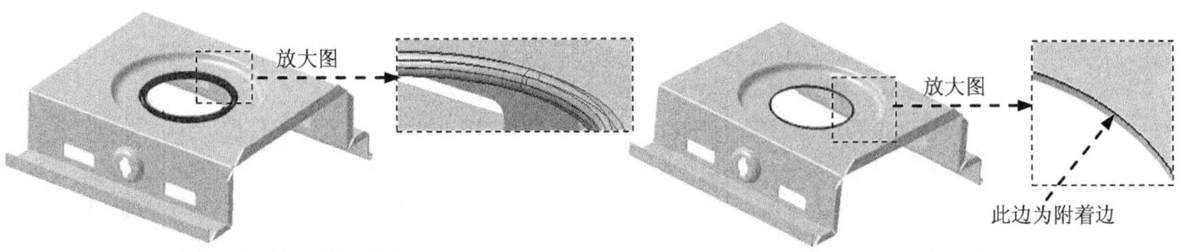

图 10.8.44 表面滴斑

图 10.8.45 定义附着边

Step22. 保存文件。

读者意见反馈卡

尊敬的读者：

感谢您购买机械工业出版社出版的图书！

我们一直致力于CAD、CAPP、PDM、CAM和CAE等相关技术的跟踪，希望能将更多优秀作者的宝贵经验与技巧介绍给您。当然，我们的工作离不开您的支持。如果您在看完本书之后，有什么好的意见和建议，或是有一些感兴趣的技术话题，都可以直接与我联系。

策划编辑：丁锋

读者购书回馈活动：

活动一：本书随书学习资源中含有该“读者意见反馈卡”的电子文档，请认真填写本反馈卡，并发E-mail给我们。E-mail：兆迪科技 zhanygjames@163.com，丁锋 fengfener@qq.com。

活动二：扫一扫右侧二维码，关注兆迪科技官方公众微信（或搜索公众号 zhaodikeji），参与互动，也可进行答疑。

凡参加以上活动，即可获得兆迪科技免费奉送的价值48元的在线课程一门，同时有机会获得价值780元的精品在线课程。

书名：CATIA V5-6R2016 快速入门教程

1. 读者个人资料：

姓名：_________性别：___年龄：____职业：________职务：________学历：______

专业：_______单位名称：____________________电话：___________手机：_________

邮寄地址：___________________________邮编：____________E-mail：____________

2. 影响您购买本书的因素（可以选择多项）：

□内容　　□作者　　□价格

□朋友推荐　　□出版社品牌　　□书评广告

□工作单位（就读学校）指定　　□内容提要、前言或目录　　□封面封底

□购买了本书所属丛书中的其他图书　　□其他____________

3. 您对本书的总体感觉：

□很好　　□一般　　□不好

4. 您认为本书的语言文字水平：

□很好　　□一般　　□不好

5. 您认为本书的版式编排：

□很好　　□一般　　□不好

6. 您认为 CATIA 其他哪些方面的内容是您所迫切需要的？

____

7. 其他哪些 CAD/CAM/CAE 方面的图书是您所需要的？

____

8. 您认为我们的图书在叙述方式、内容选择等方面还有哪些需要改进？

____